U0059591

低壓工業配線實習

黃盛豐、楊慶祥　　編著

全華圖書股份有限公司

編輯部序

INTRODUCTION

LOW VOLTAGE POWER DISTRIBUTION

「系統編輯」是我們的編輯方針，我們所提供給您的，絕不只是一本書，而是關於這門學問的所有知識，它們由淺入深，循序漸進。

目前坊間有關低壓工業配線相關書籍相當匱乏，相對在實作上更是不易理解，或因基礎知識介紹不夠周全，不能追根溯源，導致讀者似懂非懂。因此，作者在本書的安排上，先讓讀者對於工配控制零件有基本的認識，再逐步引導讀者進行低壓配線實習的練習。

本書共分爲三章，第一章介紹低壓工配的元件，以圖文並茂的方式，讓讀者能輕易的熟悉元件之構造及使用方法。第二章配線練習，爲解說各式配線器材之配線要領及注意事項。第三章提供69項實習，能使讀者經操作後吸收完整的配線知識，並啓發對控制電路的聯想力。適合科大、五專電機科系「低壓工業配線實習」課程使用及對低壓工業配線有興趣者。

同時，爲了使您能有系統且循序漸進研習相關方面的叢書，我們以流程圖方式，列出各有關圖書的閱讀順序，以減少您研習此門學問的摸索時間，並能對這門學問有完整的知識。若您在這方面有任何問題，歡迎來函連繫，我們將竭誠爲您服務。

相關叢書介紹

書號：05715
書名：高壓工業配線實習
編著：黃盛豐

書號：03961
書名：發變電工程
編著：江榮城

書號：10520
書名：電力系統
編著：卓胡誼

書號：03142
書名：工業配電
編著：羅欽煌

書號：03797
書名：電工法規(附參考資料光碟)
編著：黃文良.楊源誠.蕭盈璋

書號：05193
書名：配線設計
編著：胡崇頃

書號：06029
書名：綠色能源
編著：黃鎮江

流程圖

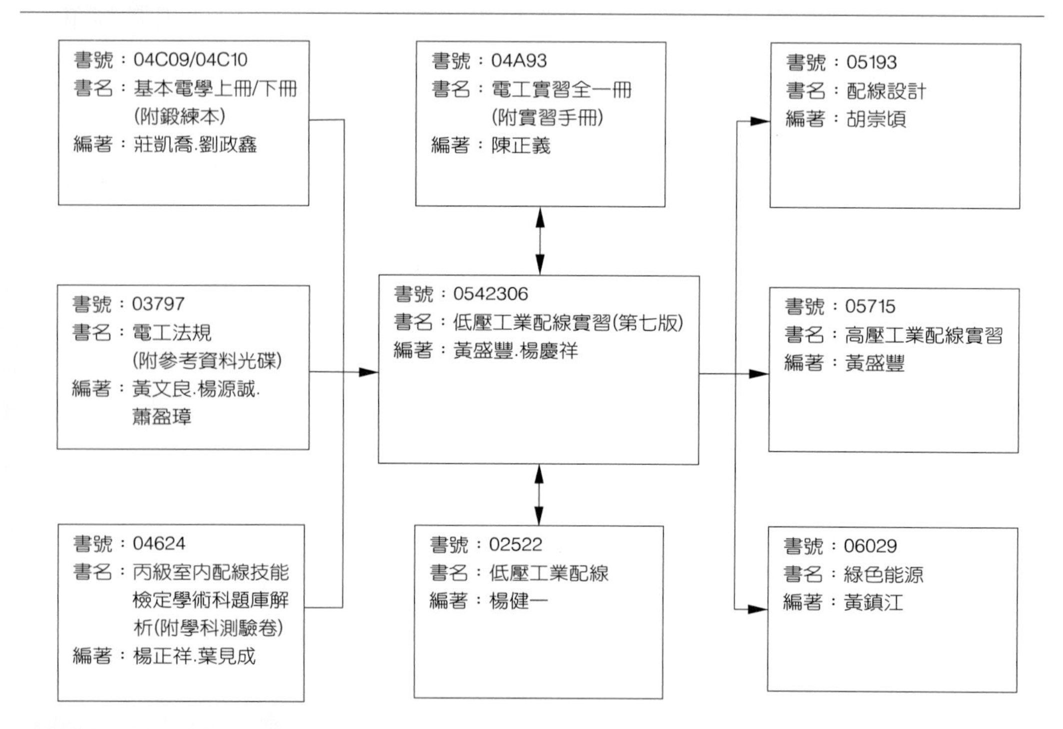

目錄

CONTENTS

附　錄

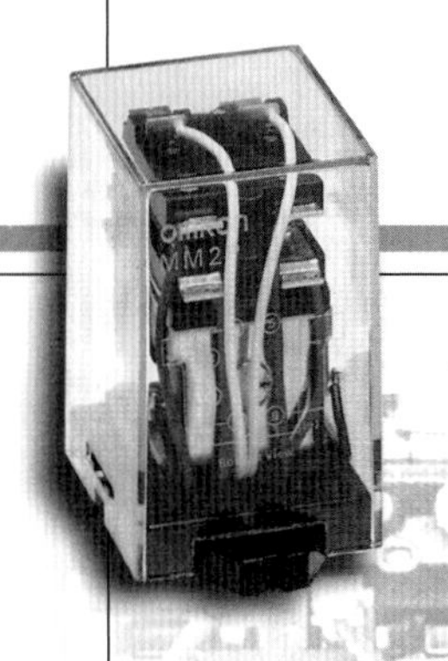

Chapter 1

低壓工業配線之元件介紹

本章重點

1-1 無熔絲開關

無熔絲開關(No Fuse Breaker)簡稱NFB，是一種低壓過電流保護斷路器，由於操作簡單、使用方便，因而廣泛地使用於一般家庭住宅與工廠的低壓過載保護電路中。在美國稱它爲模殼式斷路器(Molded Case Circuit Breaker)簡稱MCB；在日本普遍以無熔絲開關稱呼。國內則有無熔絲開關、無熔線開關或NFB等不同稱呼，其外觀及電路符號如表 1-1-1 所示。

表 1-1-1 無熔絲開關外觀及符號

極數		1P	2P	3P
外觀				
符號	屋內配線設計圖符號			
	日本電氣符號(JIC)			
	德國工業標準符號(DIN)			
	歐洲電氣符號			

無熔絲開關由於操作簡便，逐漸取代閘刀開關，產品經過不斷地研究改進後，不但可以當作負載之過載保護，甚至可以擔負線路之短路保護，使產品功能變為多樣性，但並不是每一種類的無熔絲開關都兼俱過載與短路保護功能。

由於無熔絲開關的保護功能不同，所以內部構造、跳脫方式也不一樣，目前市面上常用的無熔絲開關，若依其跳脫動作原理之不同，大致可區分為熱動式、熱動磁動式及全磁式三種動作方式，茲將三種不同的動作方式敘述如下：

1. 熱動式：

熱動式是利用雙金屬片受熱彎曲的動作特性，當負載電流超過無熔絲開關的額定電流值(AT)時，因負載電流流過雙金屬片(或周圍的受熱元件)會使雙金屬片產生熱而逐漸彎曲，當負載電流所產生的熱足以使雙金屬片彎曲弧度碰觸到無熔絲開關內部的跳脫元件時，蓄積彈簧會迅速地把無熔絲開關的接點打開，切斷負載電流。此種過載跳脫方式適用於額定容量較小之無熔絲開關，只能做過載保護，不可以擔負線路短路保護之用，請參考圖 1-1-1 所示。

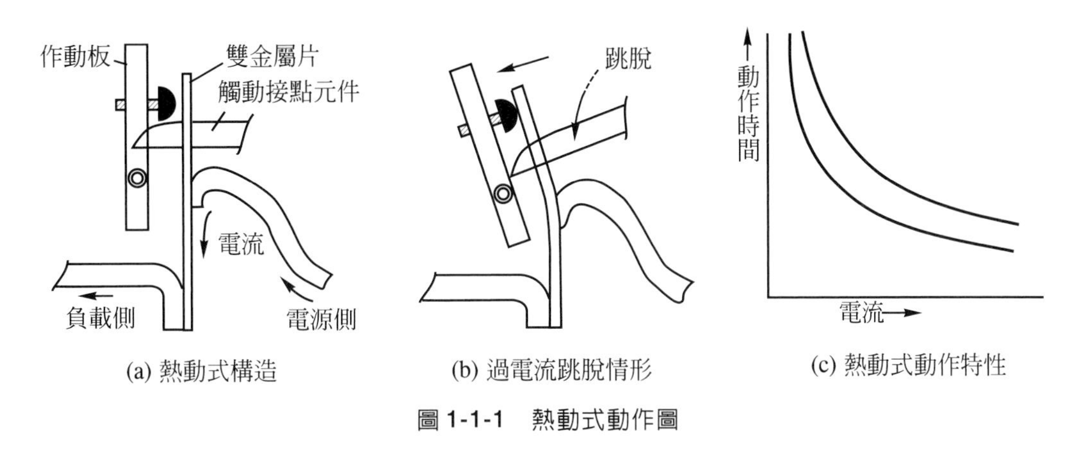

(a) 熱動式構造　(b) 過電流跳脫情形　(c) 熱動式動作特性

圖 1-1-1　熱動式動作圖

2. 熱動-電磁式：

熱動-電磁式是利用雙金屬片因負載電流受熱彎曲來擔負過載保護，以短路大電流所產生的電磁感應達到瞬時跳脫方式來擔負線路保護。因雙金屬片受熱後彎曲具有延時動作之特性，故只能做過載保護。當線路發生短路故障時，線路中瞬間會產生大量的短路電流，這些短路電流無法讓雙金屬片立即動作，所以採用電磁感應瞬時跳脫方式，當大量的短路電流通過串聯於無熔絲開關接點上的電流線圈時，電流線圈所產生的磁場會迅速吸引可動鐵心、觸動跳脫元件，迅速地將故障短路電流切斷，以達成短路保護作用，請參考圖 1-1-2 所示。

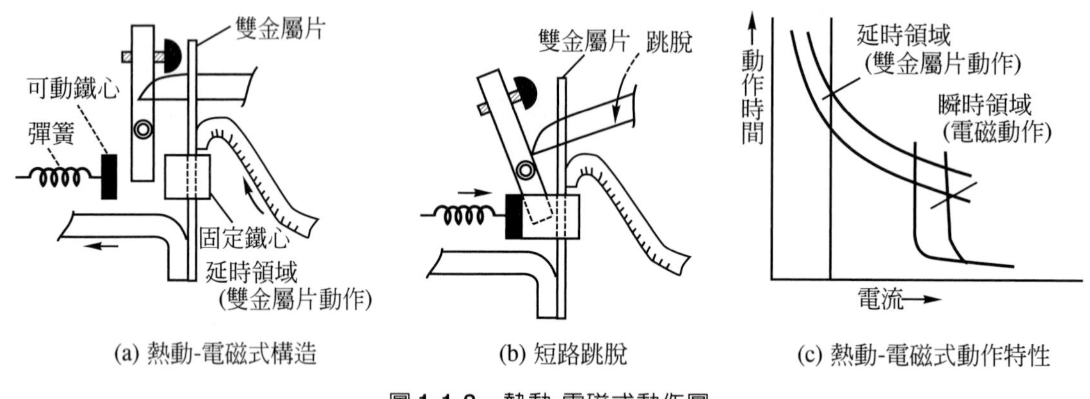

圖 1-1-2　熱動-電磁式動作圖

3.　完全電磁式(簡稱全磁式)：

完全電磁式無熔絲開關是採用電磁感應的動作方式來做為過載與短路保護開關，構造如圖 1-1-3 所示。這種無熔絲開關的動作機構包括電流線圈、可動鐵心、可動鐵片、阻尼彈簧與固定鐵心等，動作原理就以日本日立牌全磁式斷路器為例，請參考圖 1-1-4 所示。

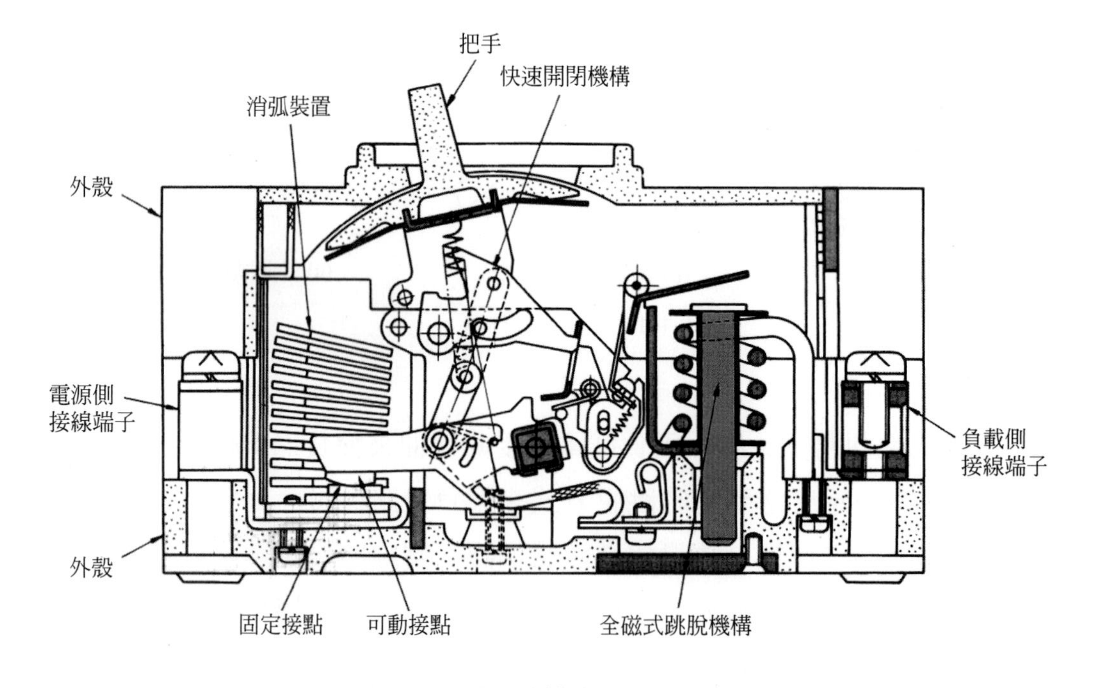

圖 1-1-3　全磁式構造圖(日本 HITACHI 牌)

(1) 過載初期，無熔絲開關上的電流線圈通過的負載電流，雖然已經超過無熔絲開關的額定電流值(AT)，但這些負載電流所產生之磁場仍然無法吸引可動鐵片，只能吸引可動鐵心，由於控制油(矽油)與彈簧的阻尼作用，所以可動鐵心只能以緩慢的速度向固定鐵心(磁極)方向移動(請參考圖 1-1-4(c)所示)，當電流線圈與固定鐵心(磁極)間的磁阻逐漸降低，固定鐵心(磁極)所產生磁場會因磁阻降低而逐漸增強，直到固定鐵心(磁極)的磁場強度增強到足以吸引可動鐵片時，才能讓可動鐵片觸動跳脫機構，切斷負載電流，以完成過載保護(請參考圖 1-1-4(d)所示)。

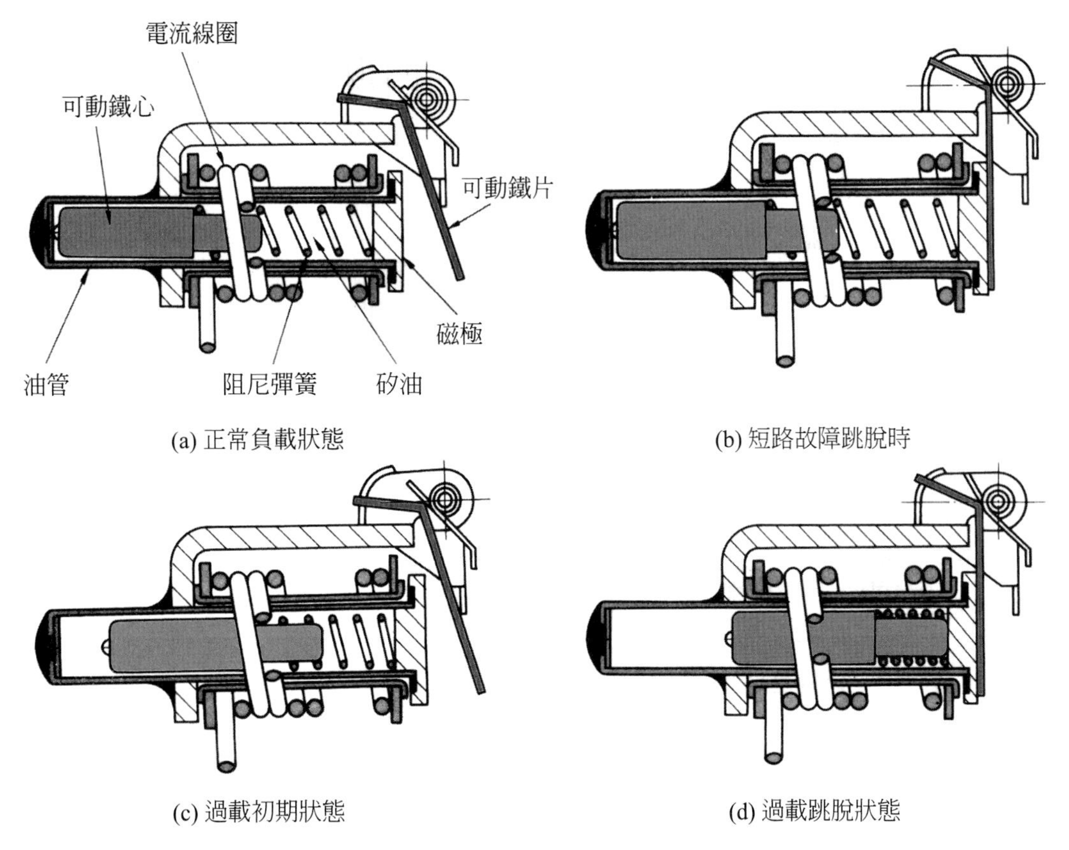

圖 1-1-4　全磁式動作原理(日本 HITACHI 牌)

(2) 當線路中發生短路故障時，無熔絲開關上的電流線圈，因瞬間通過大量的短路電流。促使固定鐵心(磁極)產生極大的電磁力，強大的磁場使可動鐵片不必等到可動鐵心移動，就能夠立即被固定鐵心(磁極)磁力吸引而動作，將跳脫機構頂開。快速切斷線路中的短路電流，以達成線路短路保護的目的(請參考圖 1-1-4(b)所示)。

1. 框架電流值(Frame Current)：簡稱 AF，這個電流值即是指無熔絲開關上的接點可以通過負載電流之安培容量大小，無熔絲開關的啓斷容量會隨著框架電流容量值改變，框架電流容量值愈大，啓斷電流容量值就愈大。所以在選擇框架容量時，應先計算出裝置保護器位置上可能產生之最大故障電流值，再來選擇能夠完全啓斷短路電流之框架容量值，而框架電流值建議選用，以日立(HITACHI) S系列爲例，國內常用AF如下：

框架電流值(AF)	額定電流值(AT)
30AF	15A、20A、30A
50AF	15A、20A、30A、50A
100AF	60A、75A、100A
225AF	125A、150A、175A、200A、225A
400AF	250A、300A、350A、400A
600AF 可選同容量或高一級容量	500A、600A

2. 額定電流值(Rate Current)：簡稱 AT，是指能夠讓無熔絲開關跳脫機構動作之電流值，所以又稱跳脫電流值。這個電流值是指無熔絲開關在運轉中，能通過之負載電流不超過溫升限制之值，當線路中的負載電流超過這個額定電流值時，無熔絲開關上的跳脫機構要能產生動作，以切斷負載電流。通常 AT≦AF，國內市面標準之額定電流值如下：

無熔絲開關額定電流選用值
15A、20A、30A、40A、50A、60A、75A、100A、125A、150A、175A、200A、225A、250A、300A、400A 、500A、600A、700A、800A、900A、1000A、1200A、1600A

3. 啓斷容量(Interrupting Capacity)：簡稱IC，是指無熔絲開關能夠啓斷故障短路電流之能力。無熔絲開關的啓斷容量需能啓斷事故發生後 1/3Hz 之不對稱短路電流爲原則。亦即無熔絲開關之額定啓斷容量需大於裝置位置可能發生之不對稱短路電流的最大值。同一形式之無熔絲開關之啓斷容量與運轉電壓成反比，電壓愈低時啓斷電流值愈高。因此IC值須大於故障時所產生之短路最大電流才不致燒毀，這個電流值大小通常以kA (仟安培)來表示。額定電流值、框架電流值和啓斷容量之間應如何去選擇與決定。一般而言，框架電流值應大於或等於額定電流值(AF≧AT)，而框架電流值和啓斷容量成正比，所以框架電流值愈大，IC值就愈大，請參考表 1-1-2。

表 1-1-2　無熔絲開關規格表

框架電流 (AF)	極數 (P)	額定電流 (AT)	額定電壓 (V)	啓斷容量 (IC)
30AF	1P	15A,20A,30A	110V/220V	5kA/2.5kA
	2P		110V/220V	5kA/2.5kA
	3P		220V	2.5kA
50AF	1P	15A,20A,30A,40A,50A	110V/220V	10kA/5kA
	2P		110V/220V	10kA/5kA
	3P		220V	5kA
60AF	2P	15A,20A,30A,40A,50A,60A	110V/220V	10kA/5kA
	3P		220V	5kA
75AF	2P	15A,20A,30A,40A,50A,60A,75A	110V/220V	15kA/7.5kA
	3P		220V	7.5kA
100AF	2P	15A,20A,30A,40A,50A, 60A,75A,100A	110V/220V	20kA/10kA
	3P		220V	10kA
225AF	3P	125A,150A,175A,200A,225A	220V	15kA

1-2 電磁接觸器

電磁接觸器(Magnetic Contactor)簡稱 MC，是一種利用電磁吸力之作用，來促使接點啓閉，做爲電動機起動、停止、制動或電熱器、電容器等電力設備動作的控制器。若與積熱電驛組合使用時，可以共同擔負負載的過載保護，兩者組合使用時稱爲電磁開關，其外觀如圖 1-2-1 所示，其端子符號請參考圖 1-2-2。

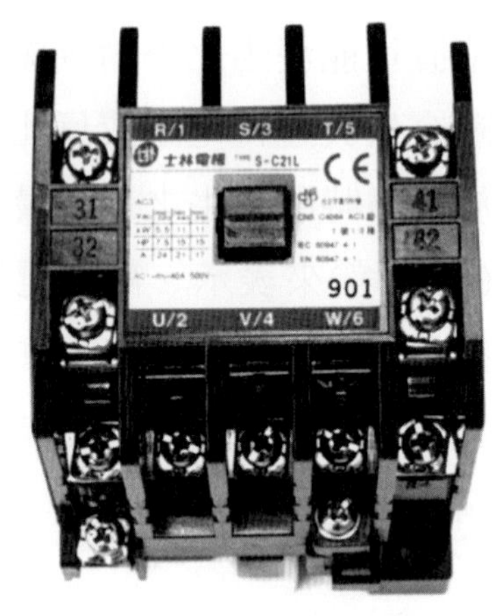

圖 1-2-1 電磁接觸器外觀圖

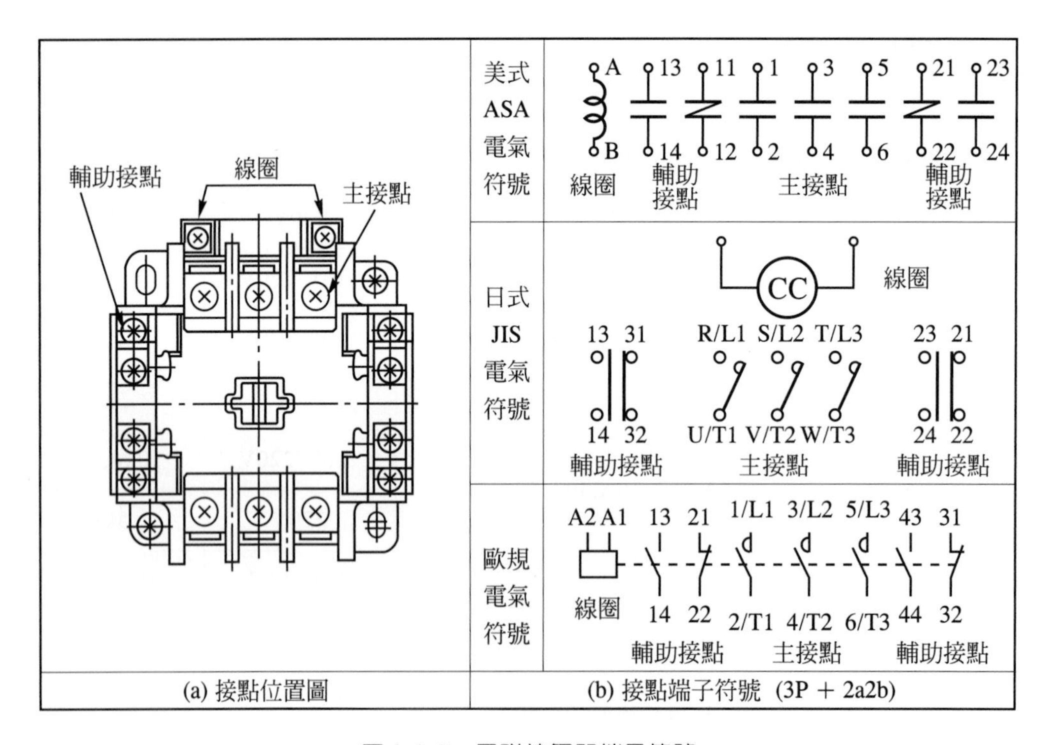

圖 1-2-2 電磁接觸器端子符號

電磁接觸器之構造包括主接點、輔助接點、 激磁線圈、可動鐵心、固定鐵心、外殼、蔽極銅環、復歸彈簧與避震墊片等，請參考圖 1-2-3，茲將其構造與功用說明如下：

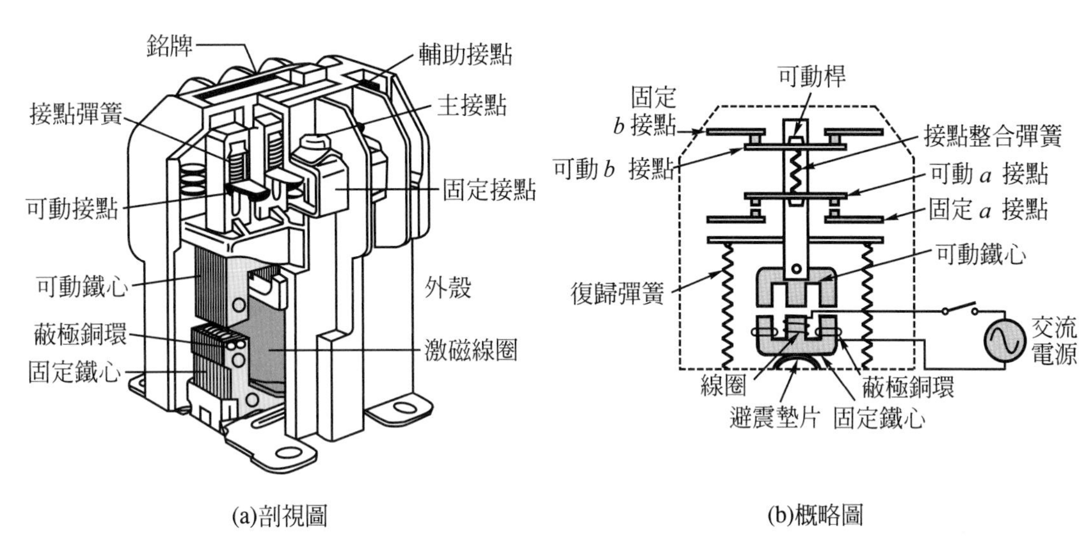

(a)剖視圖　(b)概略圖

圖 1-2-3　電磁接觸器構造圖

1. 激磁線圈

圖 1-2-4　電磁接觸器的激磁線圈

當電磁接觸器的激磁線圈被加入額定容量的電壓時，通過激磁線圈上的電流會產生一個磁場，使固定鐵心形成電磁鐵，瞬時將上部之可動鐵心吸下，帶動可動接點，使原爲閉合的*b*接點瞬時打開成開路狀態，原爲開路的*a*接點瞬時閉合，成爲導通狀態。當激磁線圈上的電源被切斷時，線圈上的磁力線消失，可動鐵心因復歸彈簧之伸張作用而恢復原狀，使動作後原爲閉合之*a*接點瞬時打開、被打開之*b*接點又瞬時閉合。激磁線圈是電磁接觸器的接點開關的主要動作機構，若外加電壓高於額定值的 110 %以上時，則線圈就有被燒燬之可能，若電壓低於額定值的 85 %以下時，電磁接觸器就會發出噪音或跳脫(tripping)之可能，請參考圖 1-2-4。

2. 電磁鐵與蔽極銅環

電磁接觸器的可動鐵心與固定鐵心是由矽鋼片一片片疊置而成的，可動鐵心與可動接點組成一個開閉機構，受到激磁線圈與固定鐵心的控制。

(1) 固定E型鐵心：由矽鋼片疊置而成，做激磁線圈的磁路以加大磁場強度。

(2) 可動 E 型鐵心：由矽鋼片疊置而成，受激磁線圈所產生的磁場吸磁後，帶動接點改變電路開閉狀態。

電磁接觸器上的固定 E 型鐵心兩端上均裝設一個蔽極銅環，這個蔽極銅環主要功用在穩定交流激磁之吸引力，可以避免可動鐵心因磁場不穩定而產生振動並減少噪音。其動作原理是：交流電源的正弦波電流流過電磁接觸器上的線圈時，通過正弦波電流的零點，會使線圈的磁場減弱，而使固定鐵心的吸磁力減少而產生振動，所以利用蔽極銅環產生滯後之磁場來消除零點磁場減弱問題，加大總合磁場，請參考圖 1-2-5。

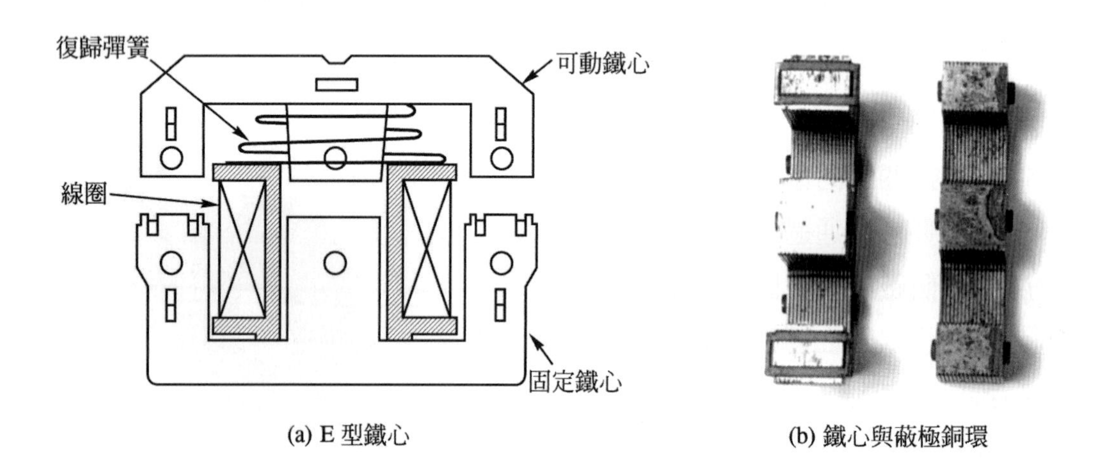

(a) E 型鐵心　　(b) 鐵心與蔽極銅環

圖 1-2-5　電磁接觸器的磁鐵與蔽極銅環

3. 避震墊片：電磁接觸器的可動鐵心因線圈激磁發生動作時，會使電磁接觸器產生震動爲減緩因吸磁產生的震動力，加裝避震墊片可以緩衝震力，減少噪音並避免外殼因衝震力過大而被震裂。

4. 接點：電磁接觸器上的接點，依通過電流之大小來區分，可分爲：

(1) 主接點：主接點的接點電流容量值大，可以通過較大的負載電流，因利用電磁力來控制接點的開關，啓閉速度快，可以連接負載，以達到控制的目的。它的電源側通常以R、S、T(或 1、3、5)來標示之，負載側則以U、V、W(或 2，4、6)來標示之，請參考圖 1-2-6。

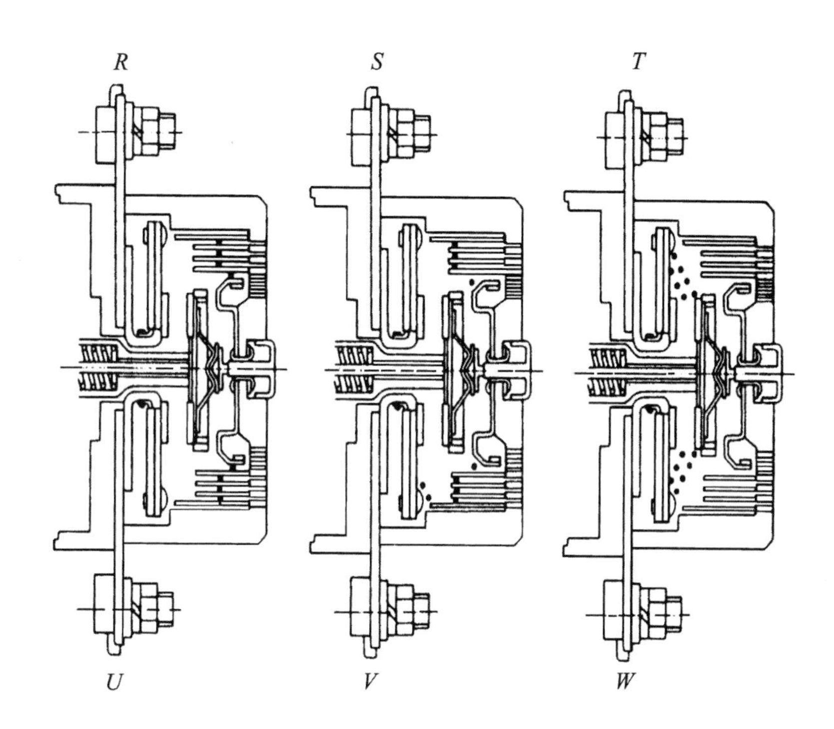

圖 1-2-6　電磁接觸器的主接點

(2)　輔助接點：輔助接點的接點電流容量較小，只能做為控制電路之控制接點使用，其連續通電容量在 10 安培以內。依其接點動作之不同，可區分為下述二種，請參考圖 1-2-7 所示。

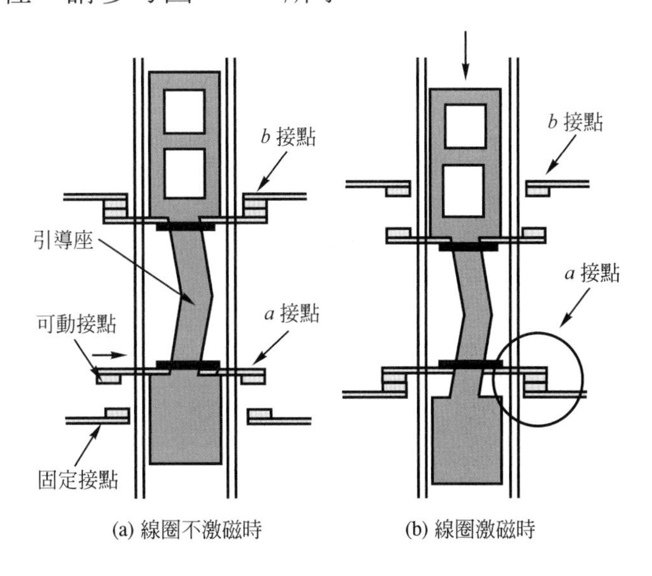

圖 1-2-7　電磁接觸器的輔助接點動作圖

① 常開接點(Normal Open)：稱爲NO接點、*a*接點或MAKE接點。在電磁線圈未通電前呈開路狀態，當電磁線圈通電後接點瞬時接通成爲閉合狀態，線圈斷電(失磁)後，接點又迅速恢復到原來開路狀態。

② 常閉接點(Normal Close)：稱爲NC接點、*b*接點或BREAK接點。在電磁線圈通電前接點呈閉合狀態，當電磁線圈通電(激磁)後接點瞬時打開，線圈斷電後，接點又恢復原來閉合狀態。

(3) 電磁接觸器上的接點及線圈符號如表1-2-1所示，本書採用美式符號。

電磁接觸器的分級是依其能啓閉額定電流之倍數，以中國國家標準(CNS)來區分，可分爲AC1、AC2B、AC2、AC3及AC4等五個等級，選用時必需依照用途之不同作適當選擇，其適用範圍請參考表1-2-2。

表1-2-2 電磁接觸器之等級

級別	額定電流之倍數		適用範圍
	接通電流試驗	切斷電流試驗	
AC1	1.5倍以上	1.5倍以上	非感應性或低感應性之電阻負載之開關。
AC2B	4倍以上	4倍以上	(1)繞線型感應電動機之起動。 (2)運轉中繞線型感應電動機之開放。
AC2	4倍以上	4倍以上	(1)繞線型感應電動機之起動。 (2)繞線型感應電動機之逆相制動。 (3)繞線型感應電動機之寸動。
AC3	10倍以上	8倍以上	(1)鼠籠型感應電動機之起動。 (2)運轉中鼠籠型感應電動機之開放。
AC4	12倍以上	10倍以上	(1)鼠籠型感應電動機之起動。 (2)鼠籠型感應電動機之逆相制動。 (3)鼠籠型感應電動機之寸動。

一個良好的電氣開關零組件，必須經過各種嚴格的測試，才能運用於實際控制電路回路中使用，尤其是開關的機械壽命及電氣壽命，一般電磁接觸器型錄上除了標示基本額定容量值外，都會另外標示機械壽命及電氣壽命兩種，其中以開及閉兩個動作，合計爲1次，茲將此兩種壽命的測試要求與組合表示方法說明如下：

表 1-2-1　電磁接觸器接點與線圈符號

名稱 ＼ 符號種類		屋內線路裝置規則	美式 ASA 電氣符號	日式 JIS 電氣符號	西德 DIN 電氣符號	歐規電氣符號(一)	歐規電氣符號(二)
主接點							
輔助接點	*a*接點						
	*b*接點						
激磁線圈		MC	M　M	MC　MC			

表 1-2-3 電磁接觸器之額定規格參考表(士林電機)

<table>
<tr><th colspan="3">型名</th><th colspan="3">S-P40</th><th colspan="3">S-P50</th></tr>
<tr><td colspan="3">馬達額定容量</td><td>kW</td><td>HP</td><td>A</td><td>kW</td><td>HP</td><td>A</td></tr>
<tr><td colspan="3">主接點</td><td colspan="3">3P</td><td colspan="3">3P</td></tr>
<tr><td rowspan="5">CNS C4084
JIS C8325
JEM 1038
AC3 級，額定容量</td><td rowspan="2">單相</td><td>100～110V</td><td>2.2</td><td>3</td><td>44</td><td>3</td><td>4</td><td>58</td></tr>
<tr><td>200～220V</td><td>4</td><td>5.5</td><td>44</td><td>5.5</td><td>7.5</td><td>58</td></tr>
<tr><td rowspan="3">三相</td><td>200～220V</td><td>11</td><td>15</td><td>44</td><td>15</td><td>20</td><td>58</td></tr>
<tr><td>380～440V</td><td>22</td><td>30</td><td>40</td><td>30</td><td>40</td><td>52</td></tr>
<tr><td>500～550V</td><td>22</td><td>30</td><td>32</td><td>30</td><td>40</td><td>41</td></tr>
<tr><td colspan="3">連續通電電流(I_{th})，AC1 級電阻性負載額定容量(A)</td><td colspan="3">65A</td><td colspan="3">80A</td></tr>
<tr><td colspan="3">額定絕緣電壓(U_i)(V)</td><td colspan="3">AC 600 V</td><td colspan="3">AC 600 V</td></tr>
<tr><td rowspan="8">補助接點</td><td rowspan="2">接點構成</td><td>標準</td><td colspan="3">2a2b(2NO 2NC)</td><td colspan="3">2a2b(2NO 2NC)</td></tr>
<tr><td>特殊</td><td colspan="3">—</td><td colspan="3">—</td></tr>
<tr><td rowspan="4">IEC 60947-5-1
EN 60947-5-1
額定電流(A)
AC12 級</td><td>110V</td><td colspan="3">6</td><td colspan="3">6</td></tr>
<tr><td>220V</td><td colspan="3">5</td><td colspan="3">5</td></tr>
<tr><td>440V</td><td colspan="3">3</td><td colspan="3">3</td></tr>
<tr><td>550V</td><td colspan="3">3</td><td colspan="3">3</td></tr>
<tr><td colspan="2">連續通電電流(I_{th})(A)</td><td colspan="3">16A</td><td colspan="3">16A</td></tr>
<tr><td colspan="2">補助接點等級(UL)</td><td colspan="3">A600,Q300</td><td colspan="3">A600,Q300</td></tr>
<tr><td colspan="3">電氣壽命(AC3 級)(萬次)</td><td colspan="3">100</td><td colspan="3">100</td></tr>
<tr><td colspan="3">機械壽命(萬次)</td><td colspan="3">500</td><td colspan="3">500</td></tr>
<tr><td colspan="3">重量(Kg)</td><td colspan="3">0.95(Kg)</td><td colspan="3">1.15(Kg)</td></tr>
</table>

1. **電氣壽命**：在額定負載電流狀態下，以 1200 次/小時之開閉頻度，能夠開閉多少次以上的壽命，以百萬次為單位，測試結果符合下列要求者：
   (1) 測試後，不會產生無法啓閉情況。

(2) 測試後，不會產生極間短路。

(3) 測試後，不致於產生對接地金屬之電弧。

(4) 測試後，不會引起接點之熔接。

(5) 能夠滿足耐電壓特性。

2. **機械壽命**：開關設備於無通電狀態下，能夠開閉多少次以上的壽命，以百萬次爲單位。

3. 例如：士林電機 S-P40 電磁接觸器，電氣壽命(AC3 級)：在負載電流狀態下開閉 100 萬次，機械壽命：在無載操作下，500 萬次。

電磁接觸器之額定容量值通常以電流(A)、馬力(HP)或千瓦(kW)來標示，規格表示以士林電機S-P40 型爲例：電磁接觸器規格爲三相AC3 級，AC220V，11kW，15HP，44A，非可逆式5a2b，表示其使用電壓爲三相交流電壓 220V，主接點的型式爲3a，容許額定負載爲 11kW 或 15HP 的三相感應電動機，額定負載電流爲 44A；輔助接點的型式爲2a2b，在電源爲 220V 時，其接點的額定電流值爲 5A，請參考表 1-2-3。

1-3 積熱電驛

積熱電驛(Thermal Relay)簡稱TH-RY，又稱爲過負載保護電驛(Over Load Relay)簡稱爲OL或OLR，又稱爲過電流電驛(Over Current Relay)簡稱爲OCR，常裝設於低壓電動機之控制電路中，擔負負載上的過載保護，其外觀及其電路符號，請參考圖 1-3-1。

積熱電驛通常是裝設在電磁接觸器之後，利用雙金屬片做爲電動機之過負載保護用，當電動機發生過載時，串聯於主電路上的發熱元件產生熱，使鄰近的雙金屬片(bimetal)受熱而彎曲，彎曲後的雙金屬片會將連接於控制電路上的接點頂開，促使電磁接觸器線圈因接點打開而失磁跳脫，電動機的電源因而被切斷，達成保護電動機免於長時間過載而被燒毀之目的，請參考圖 1-3-2。

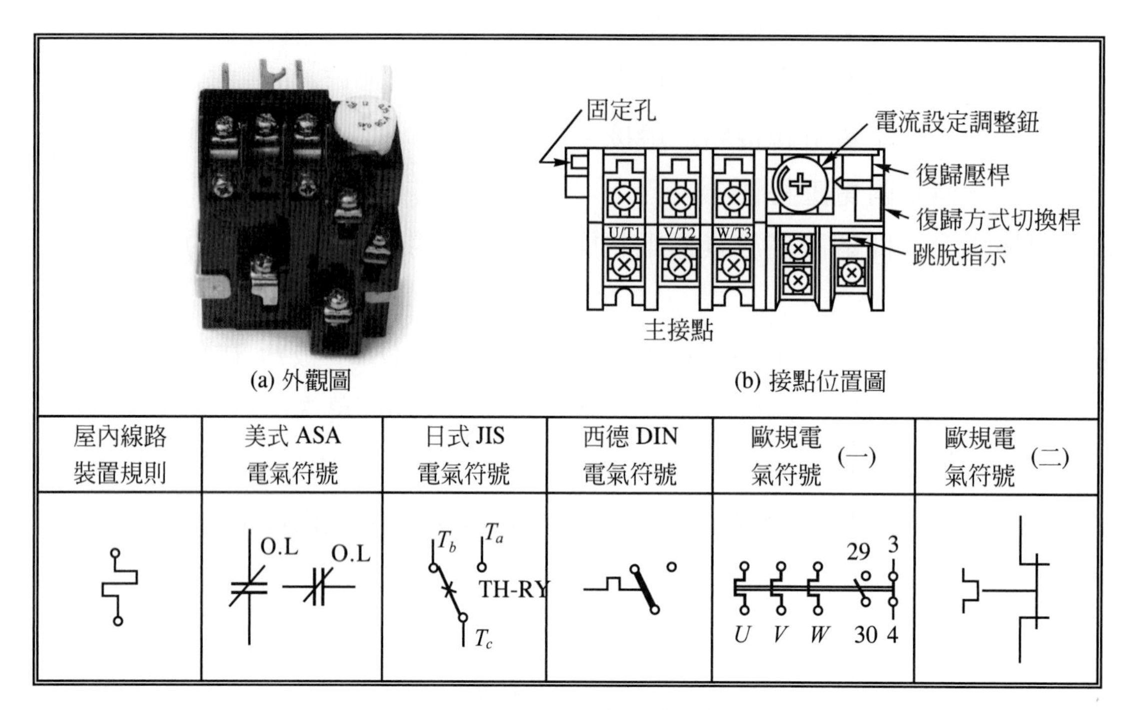

圖 1-3-1　積熱電驛外觀與電路符號

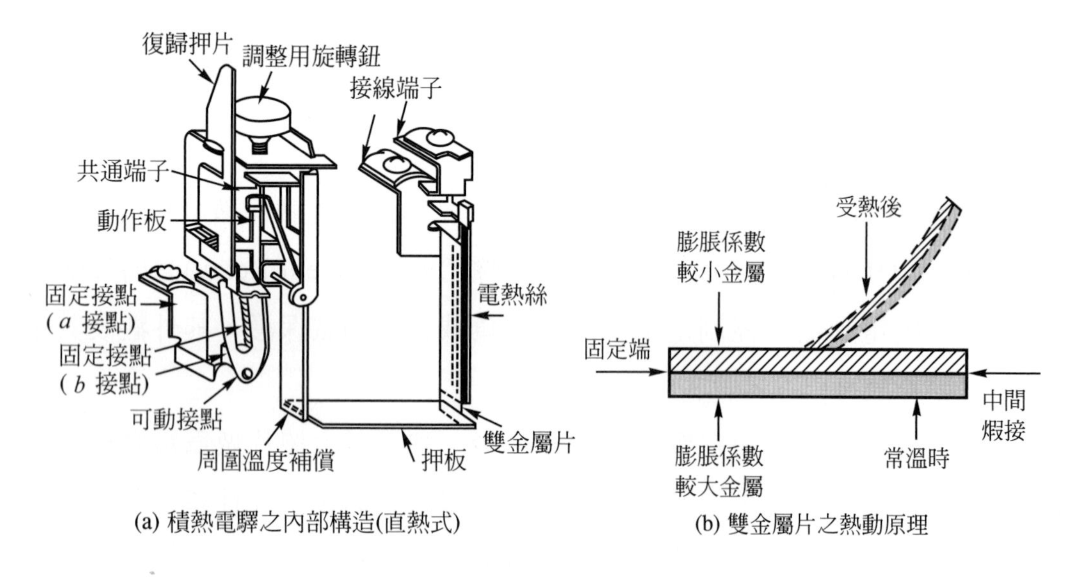

圖 1-3-2　積熱電驛的構造及動作原理

1. 積熱電驛的種類

由圖 1-3-2(a)中可以得知，雙金屬片係利用兩種不同膨脹係數之金屬疊合而成，當電路過載時，與主電路串聯之電阻便產生熱量($H=0.24iRt$)，使雙金屬片受熱，因膨脹係數大的金屬伸長較多，而膨脹係數較小的金屬伸長較少，故使雙金屬片呈彎曲狀，其加熱方式有以下三種，請參考圖 1-3-3。

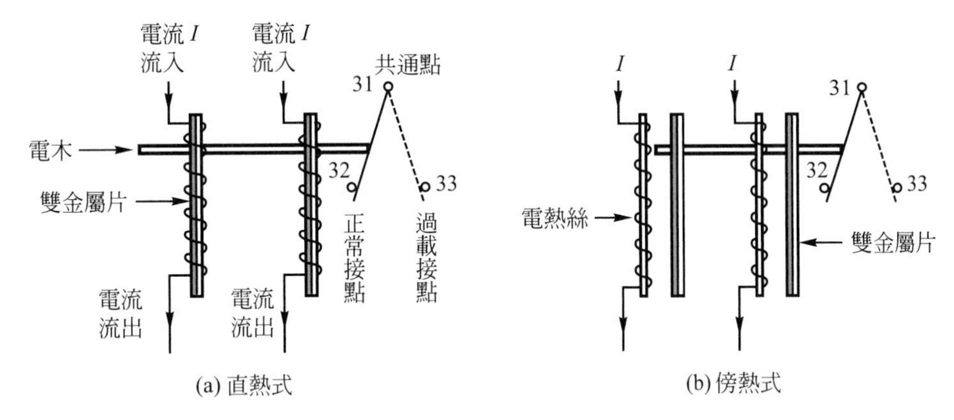

圖 1-3-3　雙金屬片加熱方式

(1) 直熱式：即電流直接通過繞在雙金屬片上的電熱絲，利用雙金屬片受熱會彎曲來頂開接點，其優點爲靈敏度較佳，缺點爲較容易故障，請參考圖 1-3-3(a)。

(2) 傍熱式：電流通過電熱絲時，其產生的熱量致使旁邊的雙金屬片彎曲而頂開接點，其優點爲故障少，缺點爲靈敏度較差，請參考圖 1-3-3(b)。

(3) 混合式：電流同時通過(1)及(2)兩個電熱絲，兩者所產生之熱量促使雙金屬片彎曲，來頂開接點，其優點爲靈敏度高及故障少，缺點爲較昂貴。

2. 積熱電驛的選定與跳脫電流設定

積熱電驛選用不當或不正確的電流設定，都會造成電動機過載而燒燬。因此當電動機於運轉中發生積熱電驛跳脫時，應先查明積熱電驛跳脫原因，檢查電動機運轉情形，是否故障或過載，仔細檢查後，還要察看積熱電驛選用與跳脫電流設定是否正確，經過這些檢查步驟後才可以將積熱電驛復歸，這樣積熱電驛才能確實達到電動機過載保護的目的。積熱電驛裝設位置、規格選定與電流設定詳細說明如下：

(1) 積熱電驛裝設於分路時，通常以不超過電動機全載電流之2.5倍爲原則。

(2) 積熱電驛裝設於幹線時，應能承擔各分路之最大負載電流及部份電動機的起動電流，如各電動機不同時起動時，其額定電流爲各分路中最大額定電動機全載電流之1.5倍再與其它各電動機全載電流之和。

(3) 爲配合大型負載，在三相220V、20Hp以上之電動機，可使用比流器來降低大電流做爲過載保護。

(4) 跳脫電流之設定原則：

① 運轉因數(Service Factor)不低於1.15之電動機，其電流設定值爲額定電流之1.25倍。

② 溫升不超過40℃之電動機，其電流設定值爲額定電流之1.25倍。

③ 不屬於上兩項之電動機，其電流設定值爲額定電流之1.15倍。

積熱電驛如依照上列規定設置，而不足以使該電動機完成起動或承受負載時，得採高一級之標置。即不超過下列電動機銘牌所標示之全載額定電流值之倍數：①、②兩項放寬爲1.4倍，③項放寬爲1.3倍。

3. 電流調整鈕之設定方法

爲了使積熱電驛能做多範圍的使用，在積熱電驛上設有電流設定用的旋鈕，此旋鈕是用來調整接點與絕緣板間的距離；如欲使通過的電流增大時，需調整旋鈕使距離增大；反之，欲使通過的電流變小時，則調整旋鈕使距離變小，而電流調整用旋鈕之可調整範圍通常是額定電流值的± 20％範圍，依製造廠家之不同，有下列三種表示方法。

(1) 電流表示法，請參考圖1-3-4(a)：

① 把跳脫電流值直接表示於調整鈕上，最小跳脫電流以A爲起點至最大。

② 將所欲設定之電流值對準箭頭位置，當電動機之電流大於設定值時，積熱電驛即跳脫，電動機停止運轉。

③ 如圖中所示，箭頭對準9A之位置，當電動機之負載電流超過9A時，積熱電驛就會跳脫。

(2) 百分率法，請參考圖1-3-4(b)：

① 在積熱電驛的跳脫電流調整鈕上註有80、90、100、110、120等字樣，表示額定電流值的百分比。

② 在跳脫電流調整鈕上註有(RC Amp)字樣，表示額定電流。

③ 如圖中所示，調整鈕置於 100 %時，其跳脫電流值為 9 × 100 % = 9A。

(3) 倍數法，請參考圖 1-3-4(c)：

① 在調整鈕上註有 0.8、0.9、1.0、1.1、1.2 等字樣，這些數字表示額定電流值之倍數。

② 設定方法與百分率相同。

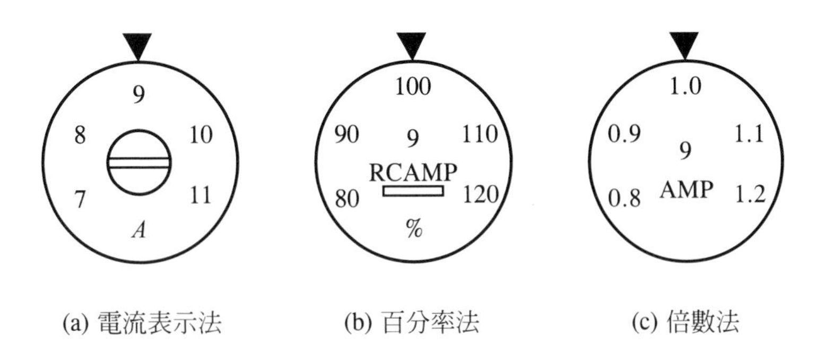

(a) 電流表示法　(b) 百分率法　(c) 倍數法

圖 1-3-4　電流調整鈕之設定方法

4. 積熱電驛的控制接點

積熱電驛上的控制接點是由串聯於主電路上的電熱絲與雙金屬片來驅動的，依控制接點之不同可分為三接點式及四接點式二種，茲分別介紹如下：

(1) 三接點式(請參考圖 1-3-5)：

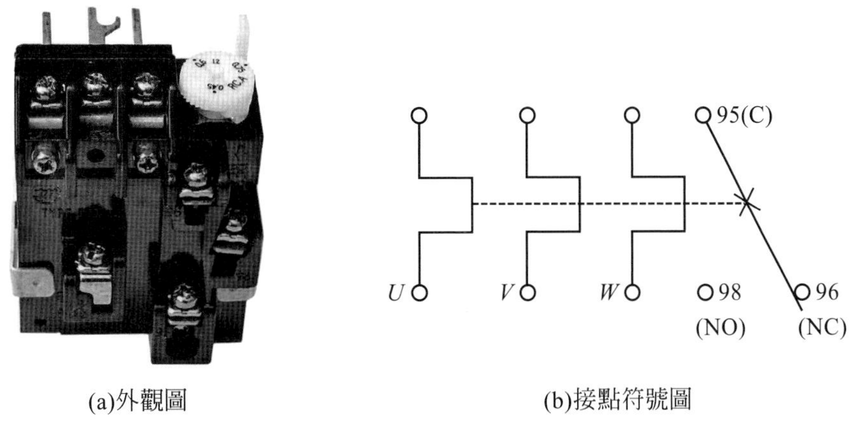

(a)外觀圖　(b)接點符號圖

圖 1-3-5　三接點式

① 將積熱電驛手動復歸桿(Reset)往下壓，使積熱電驛的控制接點置於正常開閉位置，再用三用電表Ω檔去測量三個接點的關係，先測出那二個接點是導通路狀態，並將導通的二個接點做上記號。

② 將積熱電驛手動復歸桿往上拉(有些積熱電驛必須推動跳脫桿才會跳脫)，使積熱電驛呈過載跳脫狀態，用三用電表Ω檔去測量三個接點的導通狀態，先測出那二個接點是相通後，再找出三個接點中的其中一個接點在正常狀態及跳脫狀態時與其他二個接點都是導通的，此時可以判定這一個接點就是共同點接點T_c，請參考圖 1-3-6(a)。

③ 正常狀態時與T_c接點導通的就是T_b接點，跳脫時與T_c接點導通的就是T_a接點，接線圖請參考圖 1-3-6(b)。

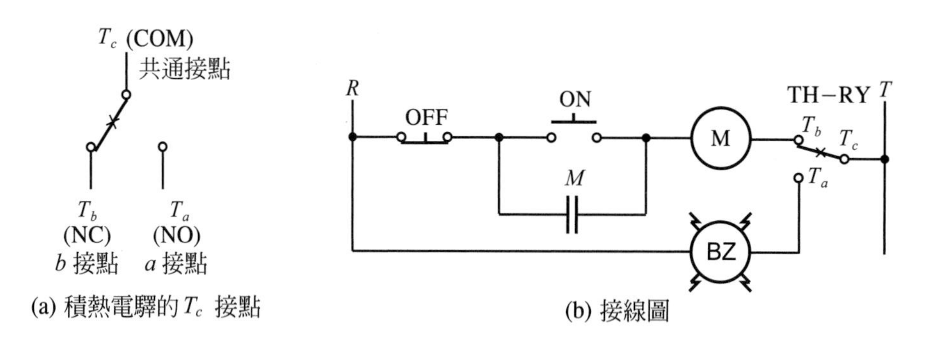

圖 1-3-6 三接點式積熱電驛的T_c接點與接線圖

⑵ 四接點式：(請參考圖 1-3-7)

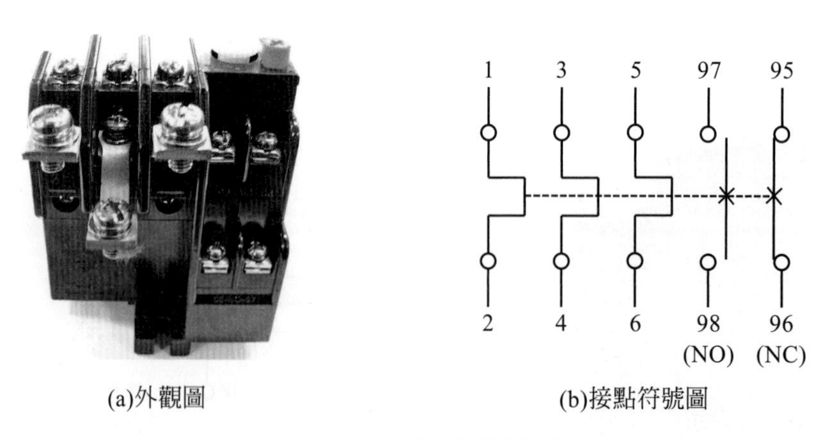

圖 1-3-7 四接點式積熱電驛

① 將積熱電驛上的手動復歸桿(Reset)往下壓，使積熱電驛控制接點處於正常開閉位置，再用三用電表Ω檔去測量四個接點的關係，測出哪二個接點是導通的，則這二個接點就是b接點。

② 再將積熱電驛手動復歸桿往上拉，使積熱電驛呈過載跳脫狀態，再用三用電表Ω檔去測另外的二個接點，此時這二個接點應是導通的，否則就是這個積熱電驛已經故障，導通的這二個接點就是*a*接點。

③ 接線方法如圖 1-3-8 所示。

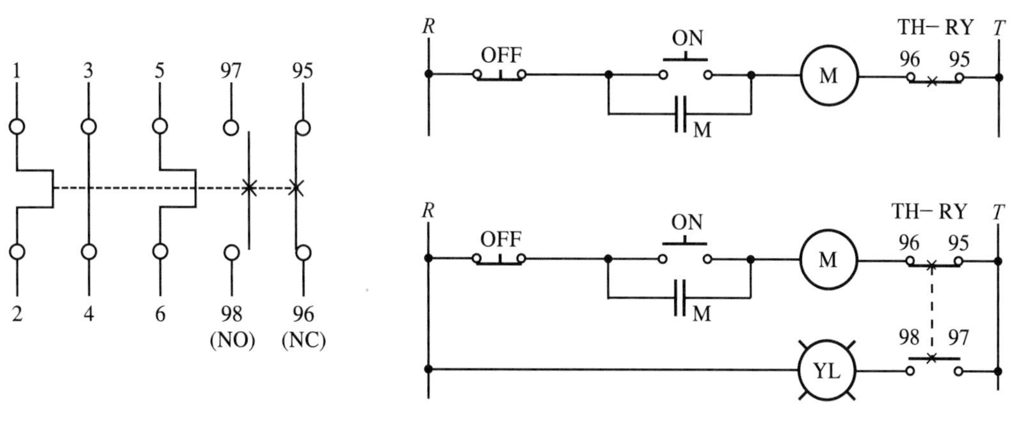

圖 1-3-8　四接點式積熱電驛的接線圖

1-4 電磁開關

電磁開關(Magnetic Switch)簡稱 MS，係由電磁接觸器與積熱電驛所組合而成的一種過載保護裝置，是一種以小電流來控制大電流的過載保護開關。當電磁開關接點閉合時，負載電流流經電磁接觸器的主接點與積熱電驛上的電熱絲，如果負載電流超過設定的跳脫電流值時，積熱電驛內的電熱絲因負載電流增加而使雙金屬片的溫度上升，促使雙金屬片彎曲而頂開接點，把通過電磁接觸器上的線圈電源切斷而使電磁開關失磁跳脫，切斷負載電流，以達成過載保護的目的，外觀請參考圖 1-4-1。

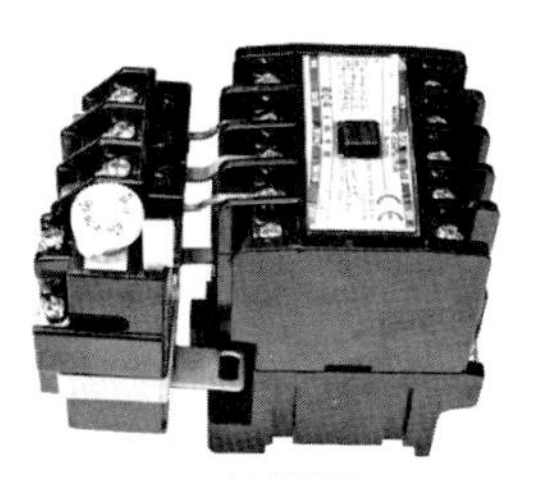

(a) 外觀圖

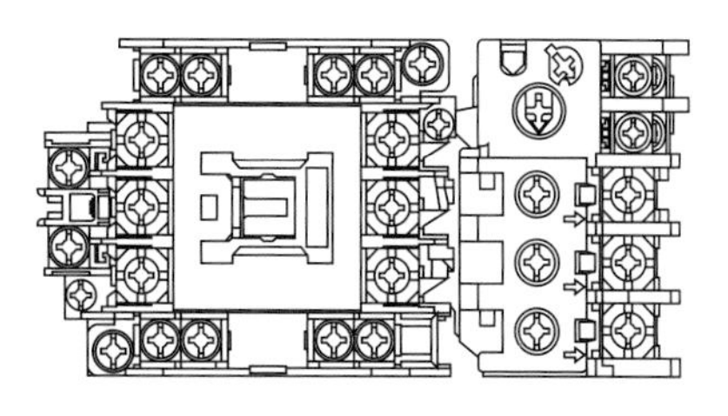

(b) 組合圖

圖 1-4-1　電磁開關

電磁開關具有快速啓閉及操作方便等優點，它是電動機自動控制電路中最重要的器具，電磁開關是針對早期閘刀開關控制大型負載時，用手操作容易產生大量火花造成危險與需要更換保險絲的缺點所改良設計而成的，它利用電磁接觸器來取代閘刀開關上的刀型開閉器，以積熱電驛取代閘刀開關上的保險絲，使電動機、電熱器……等電力設備控制、操作更爲簡便。若依其外觀來區分，可分爲開放型、密閉型電磁開關。而密閉型電磁開關又分爲按鈕控制及無按鈕控制兩種，請參考圖 1-4-2。

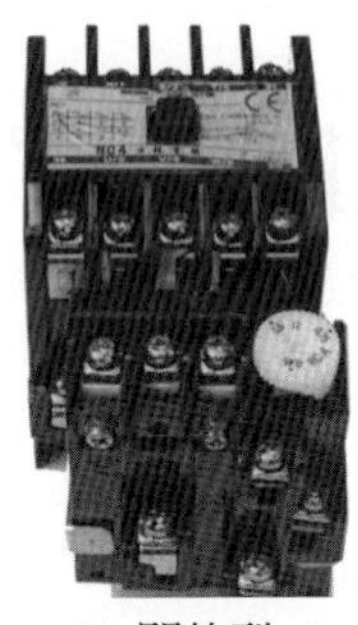
(a) 開放型

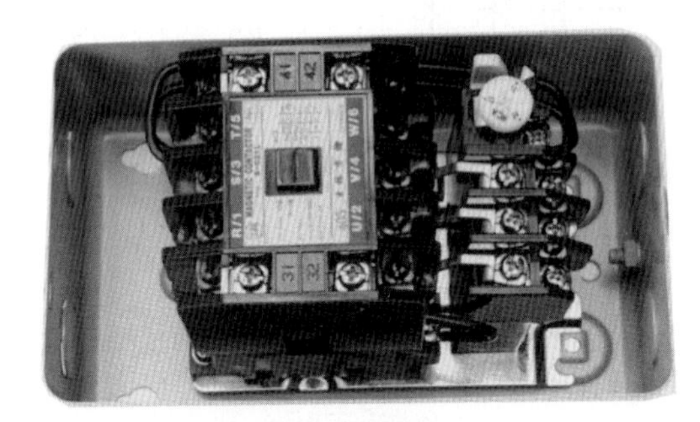
(b) 密閉型

圖 1-4-2 電磁開關的種類

1. 開放型：使用於配電盤(箱)中，同時有多回路的電動機或電熱器……等電力設備控制的場合。
2. 密閉型：適用於無配電盤(箱)之單獨電力設備控制回路中，如：抽水泵浦、工具機或大型電動機……等控制回路，依組合方式之不同可分爲：單一控制型、正逆轉控制型(又區分可逆式與非可逆式)與 Y-△起動型。
   (1) 單一控制型：單獨電力設備控制回路時使用，方便電力設備操作，保護電磁開關接點，免於工作現場所產生的塵埃或水氣造成開關接觸不良。
   (2) 正逆轉控制型：分電磁接觸器之機械互鎖裝置與電氣互鎖兩種，使用於電動機需要正逆轉控制的場所中。機械式互鎖裝置之原理：即當其中一個電磁接觸器線圈激磁時，另一個就被連桿鎖住，因此可防止因兩個電磁接觸器同時被激磁而造成短路事故，請參考圖 1-4-3。

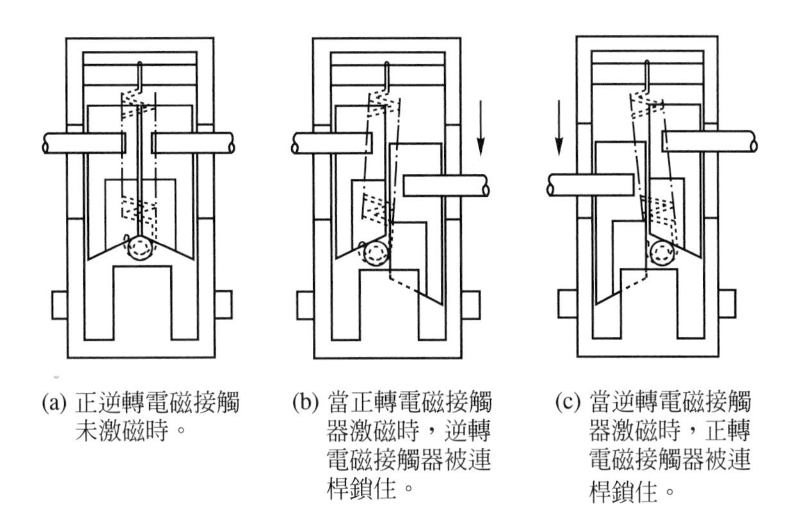

(a) 正逆轉電磁接觸未激磁時。

(b) 當正轉電磁接觸器激磁時，逆轉電磁接觸器被連桿鎖住。

(c) 當逆轉電磁接觸器激磁時，正轉電磁接觸器被連桿鎖住。

圖 1-4-3　機械式互鎖裝置之原理

表 1-4-1　電磁開關各國電氣符號表

符號 名稱 ＼ 種類		屋內線路裝置規則	美式 ASA 電氣符號	日式 JIS 電氣符號	西德 DIN 電氣符號	歐規電氣符號
主接點			M O.L	M THRY	c e	KM F
輔助接點	*a* 接點					
	b 接點					
激磁線圈		MS	M　M	M　M	C　C	KM

⑶ Y-△起動控制型：適用於低壓大型電動機的降壓起動控制場所。

1. 採用密閉型電磁開關，具有下列幾項特點：

⑴ 配線簡單，安裝、操作方便：因電磁開關的控制回路，都已配線完畢，只需將電源及電動機引線接上即可，可節省配線作業時間，安裝極爲方便。

⑵ 可以防止塵埃的污染：安裝於塵埃與水氣多的場所，採用密閉型可以防止電磁開關接點因塵埃與水氣污染，造成接觸不良或誤動作的危險。

⑶ 機械式互鎖裝置的正逆轉控制，絕對安全：因具有機械式互鎖裝置，可絕對防止因控制回路之誤動作或其他原因造成兩個電磁接觸器同時投入之危險，所以安全性特高。

2. 電磁開關電氣符號，請參考表 1-4-1。

1-5 電力電驛

電力電驛又稱爲「繼電器」或「輔助電驛」，其動作原理和電磁接觸器一樣都是利用電磁感應的原理來改變機械接點的開閉狀態，以達成控制電路導通的一種控制元件。一般用來控制小型的直流馬達，或是低壓工業配線中，擔任控制電路中因輔助電驛或輔助電磁接觸器的控制接點不足時使用，其外觀請參考圖 1-5-1。

項目＼規格	二組 C 接點 (MK2P)	三組 C 接點 (MK3P)	四組 C 接點 (MY4)
外觀	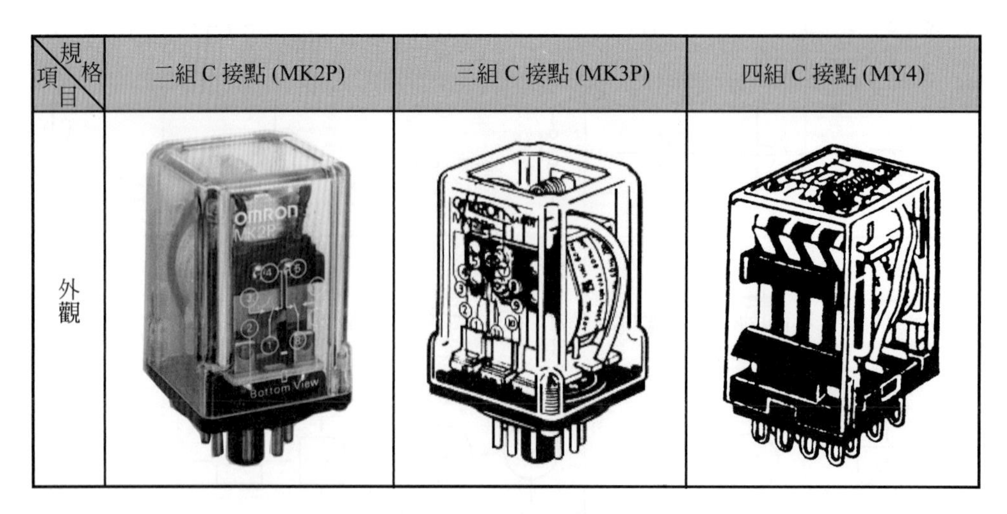		

圖 1-5-1 電力電驛

1.　電力電驛的動作說明：

電力電驛所使用的電源可分爲「直流電」以及「交流電」二種。當電力電驛的激磁線圈被加入電源後，線圈會產生一個磁場，使固定鐵心產生磁力來吸引可動鐵片，帶動可動接點改變位置，使電力電驛上的「共通接點」與「常開接點」成爲導通狀態，復歸彈簧也因鐵心電磁力的吸引而被拉開。

當電力電驛的激磁線圈斷電時，因固定鐵心上的磁場消失，而使可動鐵片因失去吸引力而被復歸彈簧的拉力拉回到原來的位置，電力電驛上的「共通接點」與「常閉接點」又恢復原來接通狀態。

2.　電力電驛構造：(請參考圖 1-5-2)

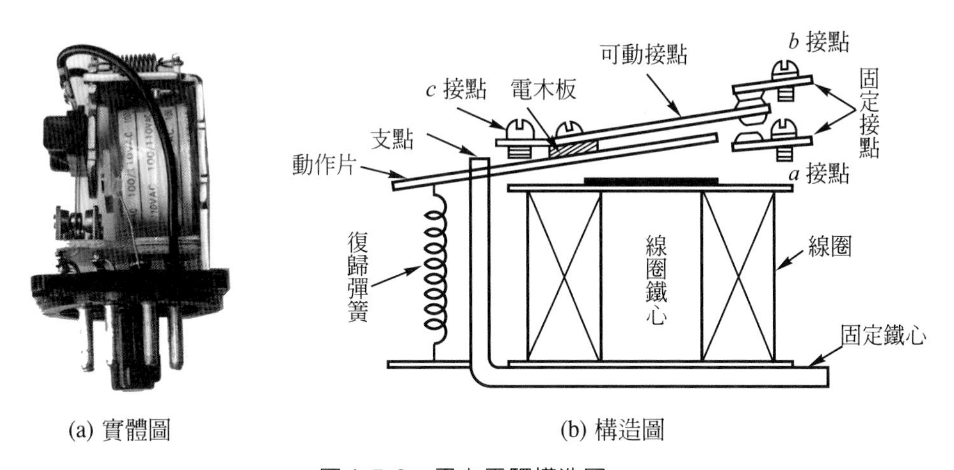

(a) 實體圖　　(b) 構造圖

圖 1-5-2　電力電驛構造圖

(1)　激磁線圈：是電力電驛產生電磁力，使可動鐵片改變位置的主要動力。

(2)　線圈鐵心：用來形成磁力線的通路，吸引可動鐵片，使接點位置改變。

(3)　復歸彈簧：當線圈斷電時，用來拉回可動鐵片的主要動力，使接點回復到原來位置。

⑷ 固定鐵片：除了可與線圈鐵心共同形成磁力線通路外，同時作爲其他部位元件的固定基座。

⑸ 接點：電力電驛的接點是由三個接點共同組合成常開接點與常閉接點，其中有一接點是共通的，稱爲*c*接點或切換接點，取change-over contact (切換接點)之意，因其同時具有*a*接點和*b*接點中可動接點部分故名，也有稱爲轉換接點。

① 可動接點：受到有無磁力的影響，可改變接點的位置。

② 常閉接點(Normal Close，簡稱 NC 接點)：NC 與 COM 兩個接點在平時是呈導通狀態，當電力電驛動作時，NC與COM兩個接點打開，呈開路狀態，又稱爲*b*接點。

③ 常開接點(Normal Open，簡稱 NO 接點)：NO 與 COM 兩個接點在平時是呈開路狀態，當電力電驛動作時，NO與COM兩個接點閉合，呈導通狀態，又稱爲*a*接點。

④ 共通接點(Common，簡稱COM接點)：是常閉接點與常開接點另一端的公共接點，所以稱爲共通接點，又稱爲*c*接點。

3.　電力電驛內部接線圖：(請參考圖 1-5-3)

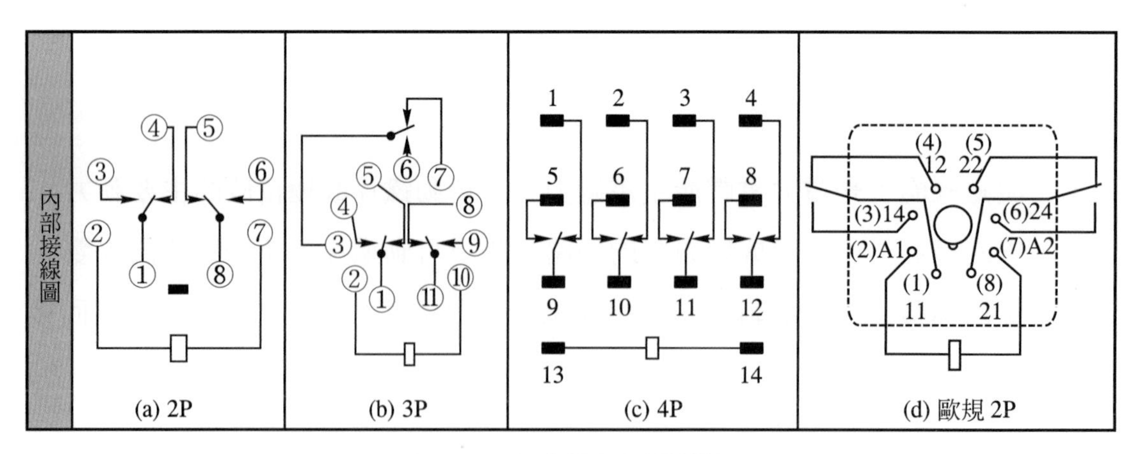

圖 1-5-3　電力電驛內部接線圖

4. 電力電驛的接點符號：(請參考表 1-5-1)

表 1-5-1　電力電驛之接點符號

符號 名稱 / 種類	接點動作方式			線圈
	*a*接點	*b*接點	*c*接點	
	1. 線圈激磁，接點閉合 2. 線圈失磁，接點打開	1. 線圈激磁，接點打開 2. 線圈失磁，接點閉合	NC與NO接點的公共點 (三接點組成)	
美式 ASA 電氣符號				R
日式 JIS 電氣符號				C
西德DIN 電氣符號				
歐規電氣 符號(一)				C
歐規電氣 符號(二)				

5. 交流電驛與直流電驛：

電力電驛依使用電源可分為交流電驛與直流電驛兩種，兩者間之差異請參考表 1-5-2，在選用電驛時應注意下列幾點：

(1) 線圈額定電壓是交流還是直流？例如：AC220V，AC110V，DC24V等。

(2) 交流的頻率有 50Hz 與 60Hz 之區別。

(3) 接點數目夠不夠？例如1*a*1*b*、2*a*2*b*、4*a*4*b*等。

(4) 接點的信賴性如何？

(5) 外形的尺寸與安裝方式。

(6) 壽命與價格如何？

表 1-5-2 交流電驛與直流電驛之比較

項目	直流電驛	交流電驛	項目	直流電驛	交流電驛
噪音振動	無	有	機械性強度	強	弱
動作時間	遲	快	線圈之形狀	細長	扁平
鐵心	塊狀	成層	起動電流	無變化	變化大
鐵心短路環	無	有	線圈之絕緣	感應電壓大	線圈層間電壓大
突波電流	有	無	吸持電壓	80 %以上	80 %以上
動作頻率	大	小	釋放電壓	10 %以下	30 %以下

1-6 電磁繼電器

電磁繼電器在構造上和電磁接觸器非常相似，不同的是電磁繼電器上的接點電流容量較小，僅能通過約 15A 以下的交流電阻負載或 6A 以下的交流線圈負載，適用於電磁開關輔助接點之不足或小型負載之控制，功用和電力電驛一樣，尤其在順序控制線路中需要多接點控制的場所，其外觀請參考圖 1-6-1。

圖 1-6-1 電磁繼電器

電磁繼電器在接點構造上與電磁接觸器相同，其接點可依實際需要加以改變，同一框內之*a*、*b*接點數可互為改變，其額定規格請參考表 1-6-1，接點符號圖，請參考表 1-6-2。

表 1-6-1　電磁繼電器額定規格表

型名			SR-P40	SR-P50
接點構成			4*a*、3*a*1*b*、2*a*2*b*	5*a*、4*a*1*b*、3*a*2*b*、2*a*3*b*
接點額定使用電流	AC12 級	110V	6	6
		220V	5	5
		440V	3	3
		550V	3	3
	DC12 級	24V	5	5
		48V	3	3
		110V	0.3	0.3
		220V	0.2	0.2
額定絕緣電壓(U_i)			660V	660V
連續通電電流(I_{th})			16A	16A
UL 接點等級			A600,Q300	A600,Q300
電氣壽命(萬次)			50 以上	50 以上
機械壽命(萬次)			500	500
重量(Kg)			0.33	0.33

表 1-6-2　電磁繼電器接點符號圖組合

種類 ＼ 符號 ＼ 接點構成	4*a*	3*a*1*b*	2*a*2*b*
美式 ASA 電氣符號	1 3 5 13 2 4 6 14	1 3 5 11 2 4 6 12	1 3 5 11 2 4 6 12
日式 JIS 電氣符號			
歐規電氣符號	53 63 73 83 54 64 74 84	53 61 73 83 54 62 74 84	53 63 71 83 54 64 72 84

1-7 時間電驛

限時電驛(Timer Relay)簡稱爲 TR，是一種定時控制裝置，經由限時電驛的時間控制，可使控制電路依一定的動作時間順序動作，是工業自動控制電路中不可或缺的元件之一，其外觀請參考圖 1-7-1。

圖 1-7-1 限時電驛

1. 限時電驛的計時模式

限時電驛的計時模式，若依其限時接點動作方式之不同，可分爲通電延遲式限時電驛(ON Delay Relay)、斷電延遲式限時電驛(OFF Delay Relay)及雙設定延遲式限時電驛等三種，茲將其動作分述如下：

⑴ 通電延遲式限時電驛(ON Delay Relay)：(外觀請參考圖 1-7-2)

圖 1-7-2 通電延遲式限時電驛(迦南)

① 當限時電驛的激磁線圈通電後，其限時接點會延遲一段吾人所設定的時間(t)後才會動作；激磁線圈斷電時，限時電驛的限時接點會立即回復原狀。

② 大部分的通電延遲式限時電驛除了限時接點外，都會附有瞬時接點，方便控制電路使用。瞬時接點與一般電力電驛的接點一樣，線圈通電時接點立即動作，線圈斷電時接點會瞬時回復原狀。

③ 通電延遲式限時電驛的內部接線圖，請參考圖 1-7-3。

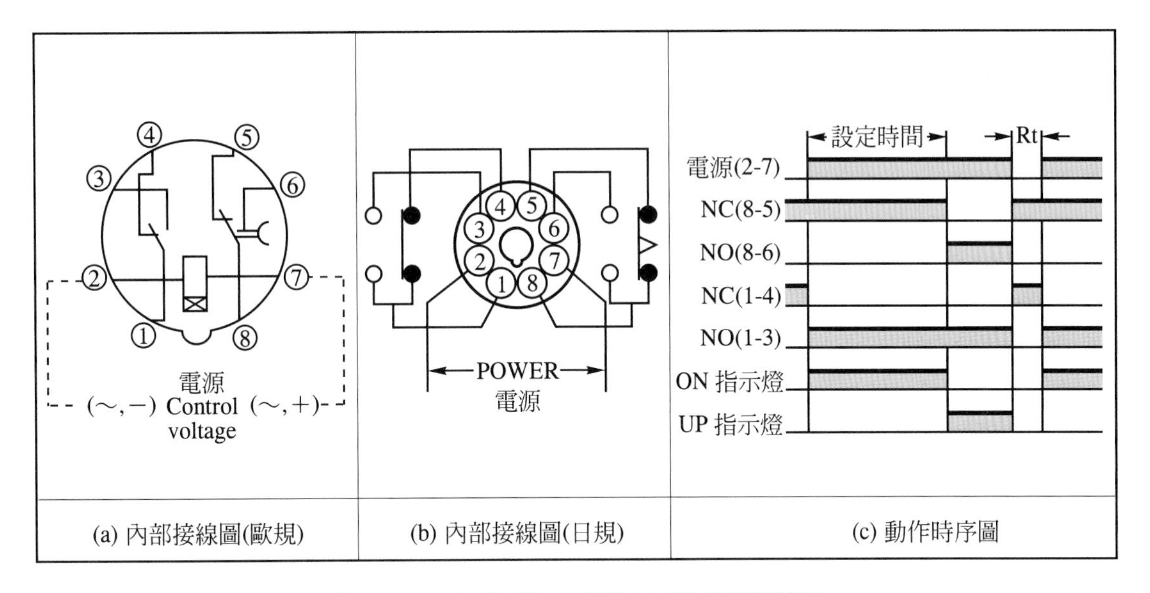

圖 1-7-3　通電延遲式限時電驛的內部接線圈

⑵ **斷電延遲式限時電驛(OFF Delay Relay)：(外觀請參考圖 1-7-4)**

① 當限時電驛的激磁線圈通電後，其限時接點會立即動作；但當激磁線圈斷電時，限時接點會延遲一段吾人所設定的時間後，才恢復線圈未通電前之狀態。

② 大部分的斷電延遲式限時電驛除了限時接點外，通常都會附有瞬時接點，方便控制電路使用。瞬時接點與一般電力電驛的接點一樣，激磁線圈通電時，瞬時接點會立即動作，激磁線圈斷電時；瞬時接點會瞬時回復原狀。

圖 1-7-4 斷電延遲式限時電驛(迦南)

③ 斷電延遲式限時電驛的內部接線圖，請參考圖 1-7-5。

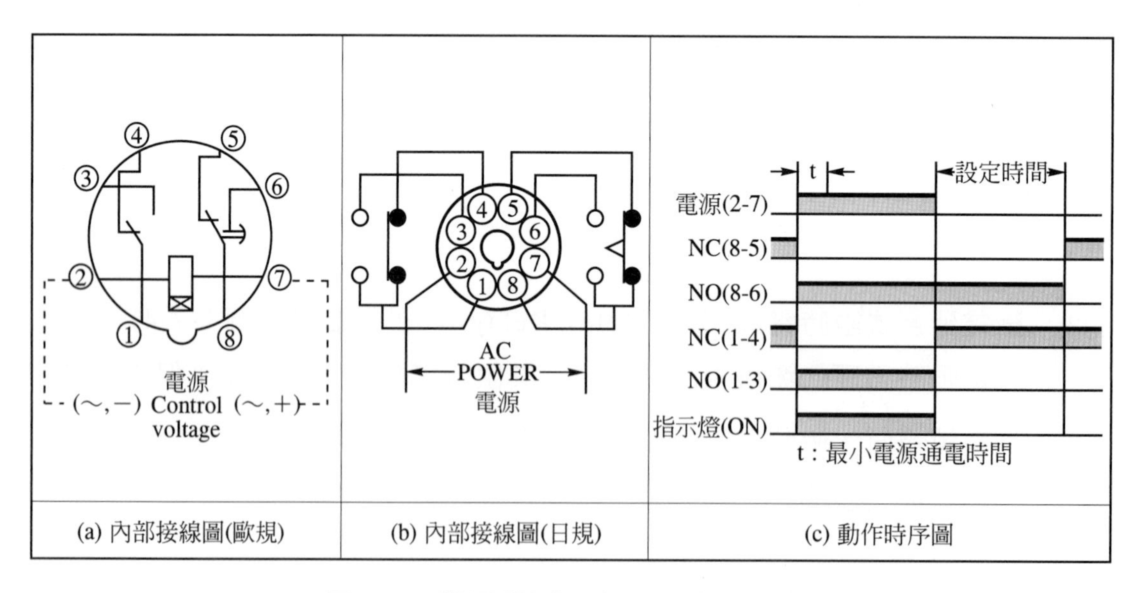

圖 1-7-5 斷電延遲式限時電驛的內部接線圖

(3) 雙設定延遲式限時電驛(ON-OFF Delay Relay 或 Twin Timer)：(外觀請參考圖 1-7-6)

圖 1-7-6　雙設定延遲式限時電驛

① 當雙設定延遲式限時電驛的激磁線圈通電後，限時接點會先延遲第一段吾人所設定的時間(OFF time)後才動作，接著限時接點又開始延遲第二段吾人所設定時間(ON time)後再動作，雙設定延遲式限時電驛的限時接點會根據 ON、OFF 兩種設定時間不斷重覆循環地動作。

② 當雙設定延遲式限時電驛的激磁線圈斷電時，限時接點又回復原狀。

③ 雙設定延遲式限時電驛的內部接線圖，請參考圖 1-7-7。

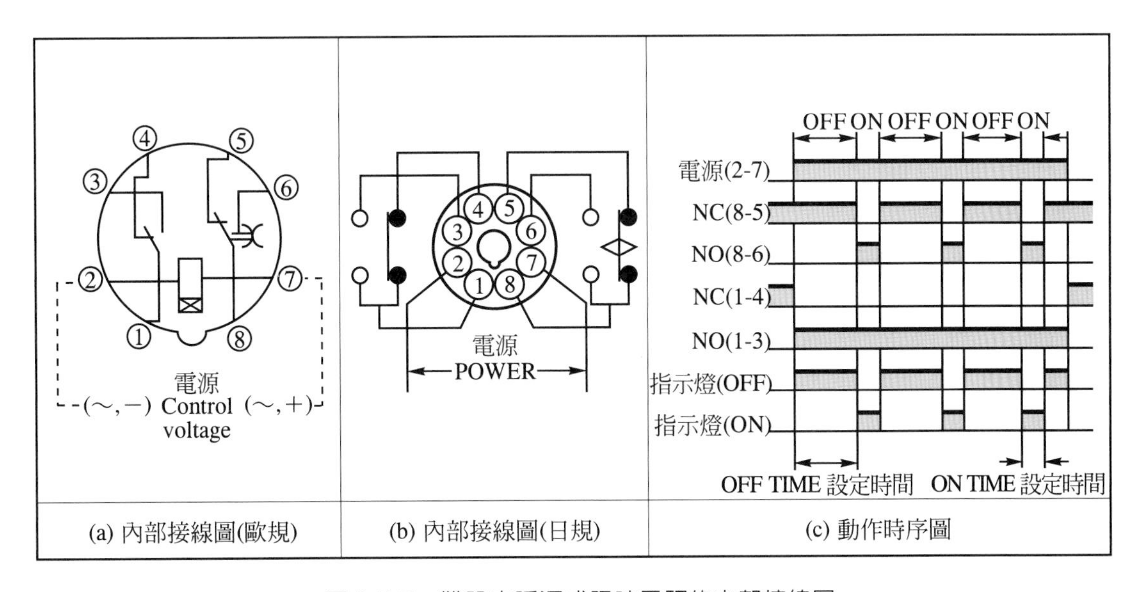

圖 1-7-7　雙設定延遲式限時電驛的內部接線圖

(4) Y-△起動專用限時電驛(Y-△ Delay Relay)：(外觀請參考圖 1-7-8)

圖 1-7-8 Y-△起動專用限時電驛(迦南)

① 當 Y-△起動專用限時電驛的激磁線圈通電後，Y 接點瞬時閉合，經過吾人設定的時間 t 秒後，Y、△二接點同時保持開路狀態(約 0.1～0.7 秒)後，△接點再閉合。

② 當 Y-△起動專用限時電驛的激磁線圈斷電時，接點即刻停止動作並恢復原來的狀態。

③ Y-△起動專用限時電驛的內部接線圖，請參考圖 1-7-9。

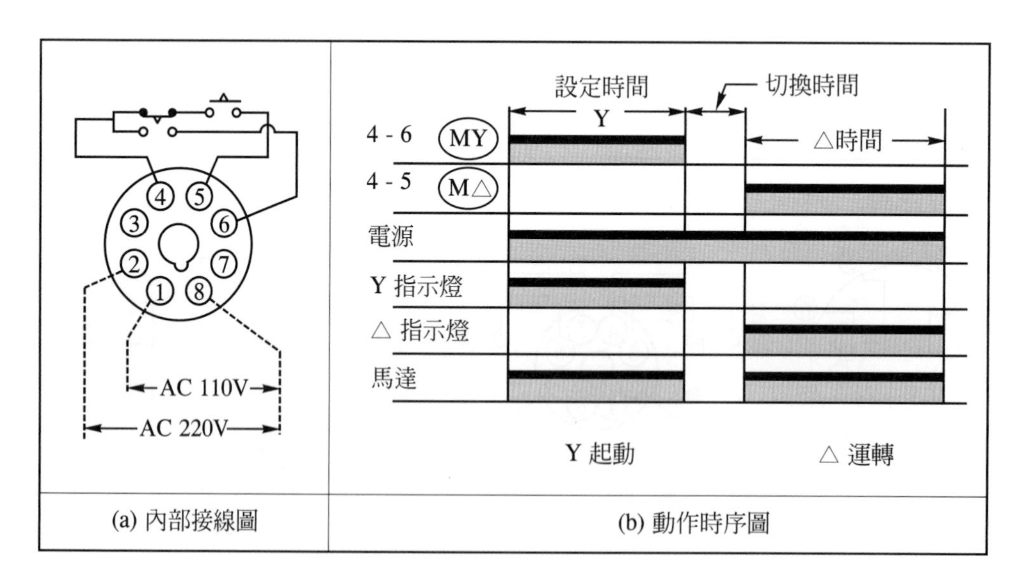

圖 1-7-9 Y-△起動專用限時電驛的內部接線圖

2. 限時電驛的接點符號及動作時序圖：(請參考圖 1-7-10)

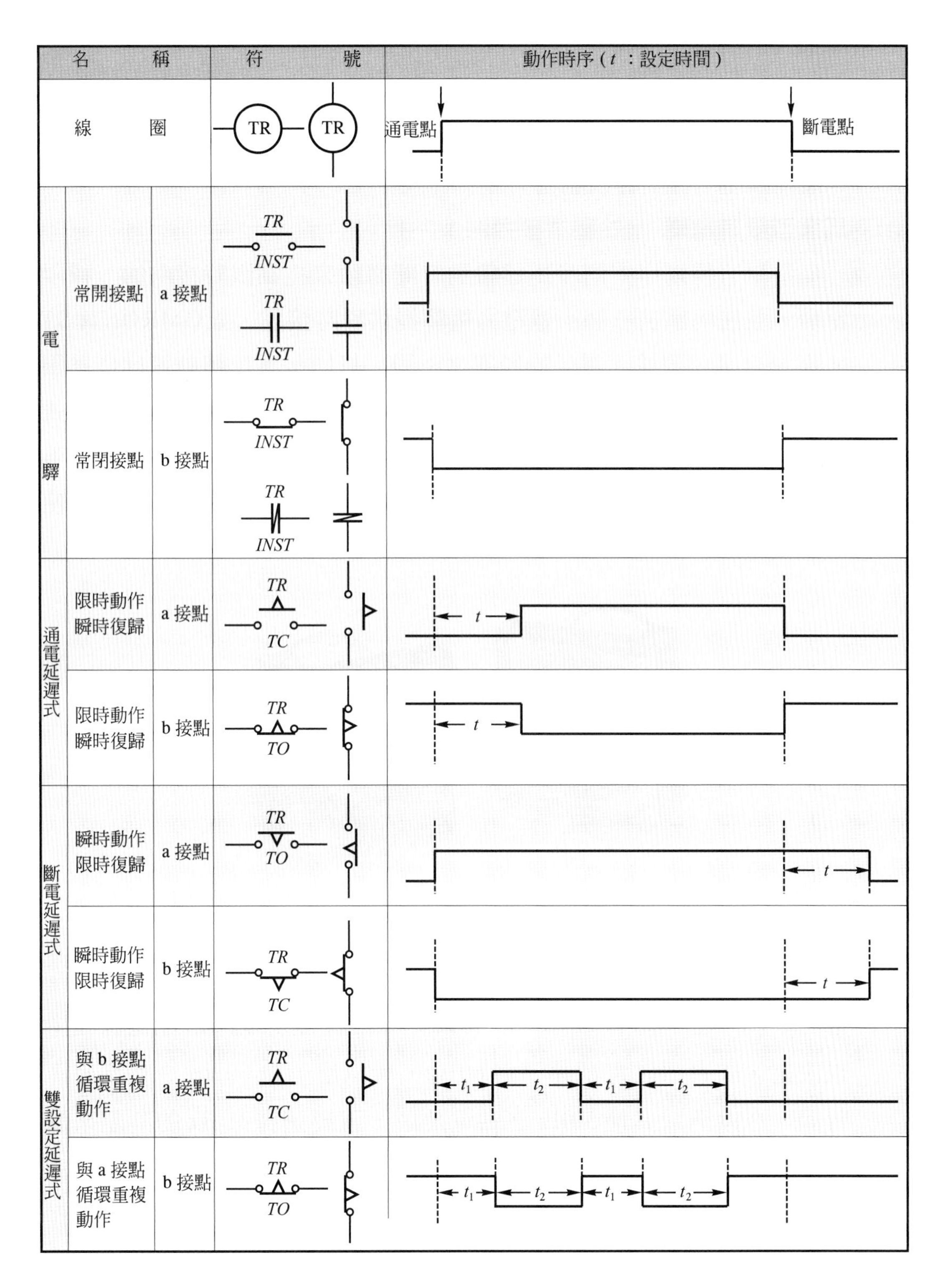

圖 1-7-10　限時電驛接點符號及動作時序圖

3. 限時電驛的構造及種類

限時電驛依其構造之不同，可分為馬達型限時電驛、固態型限時電驛、IC型限時電驛、數字型限時電驛、氣體壓力型限時電驛及長時間多點設定式定時器……等幾種類型，其動作及構造分述如下：

(1) 馬達型限時電驛：(外觀請參考圖 1-7-11)

這是一種以小型同步馬達帶動時間齒輪來控制限時接點的一種限時電驛，並在內部裝一個小型電力電驛提供瞬時接點，如OMRON牌STP-N 型，就是依照輸入電源的頻率之不同，以同步馬達轉動速度作為限時的標準，經預先設定之時間後，使馬達帶動延時接點動作。這種型式的限時電驛優點是可以調整的時間範圍較大，在電源頻率穩定的情況下，精密度相當高，同時可以經由可動指針直接調出所要設定的時間，使用上比較方便。

圖 1-7-11 馬達型限時電驛(OMRON)

圖 1-7-11 為其外觀，在其正面有一可調之時間指針，指針周圍有兩種刻劃，上面寫有 50Hz 及 60Hz，使用者必須依照當地電源頻率加以決定，如台灣之電源頻率為 60Hz，所以應選擇 60Hz 之刻劃來調整時間。在歐洲或其他 50Hz 之供電地區，就要選擇 50Hz 的刻劃來調整時間，因為同步馬達的的轉速會隨著頻率的不同而改變，設定的時間長短也就不一樣了。現在我們討論一下 STP-N 型電驛之接點動作情形，請參考圖 1-7-12，或可參考 OMRON 的 H3CR-A8E 型商品。

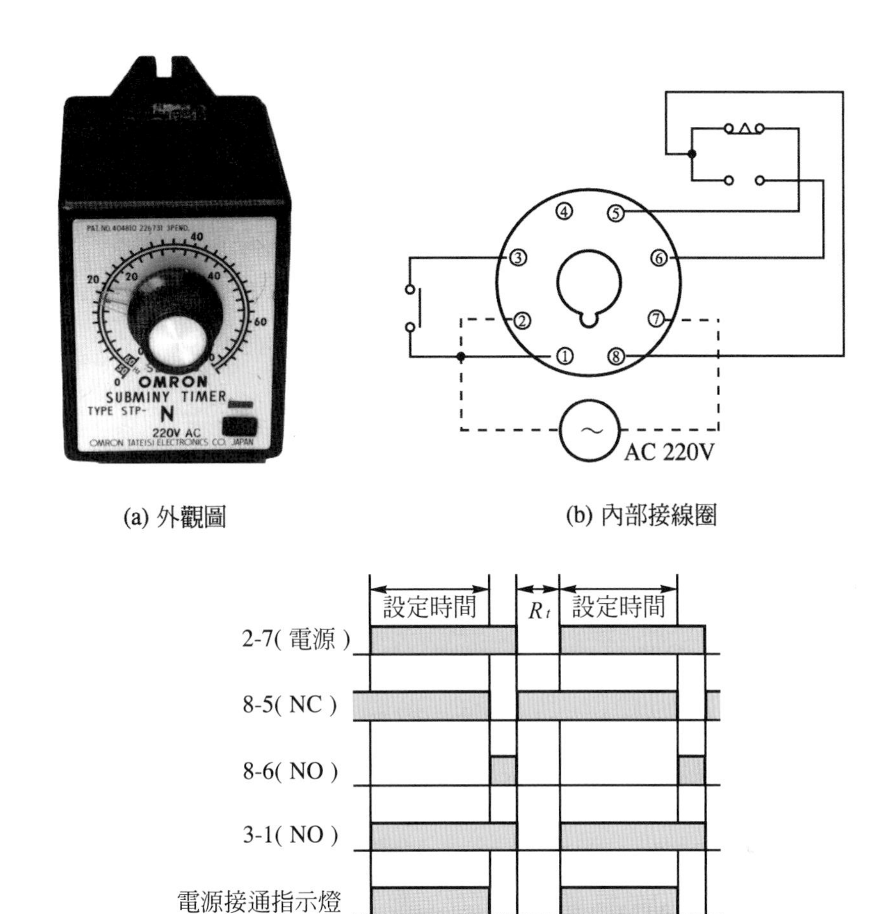

(a) 外觀圖　　(b) 內部接線圈

R_t ：復歸時間

(c) 動作時序圖

圖 1-7-12　STP-N 型電驛

① STP-N 型限時電驛的 2-7 腳爲動作線圈，第 8 腳爲共用腳。

② 當 2-7 腳未加入電源時，限時電驛的 8-5 腳接通，1-3、8-6 腳不通。

③ 當限時電驛的 2-7 腳加入電源後，8-5 腳、1-3 腳接通，電源指示燈亮，8-6 腳不通。

④ 經過一段設定時間(t)秒後，8-6 腳接通，電源指示燈熄，8-5 腳不通。

⑤ 2-7 腳電源切斷後，限時電驛接點，瞬時恢復原狀。

⑵ 固態型限時電驛

固態型限時電驛的電源輸入與時間設定範圍極爲廣泛，例如 OMRON 的 H3CR-A 型，除了可以選用 24～240VAC、50/60Hz 及 12～125VDC

的電源電壓外，由於這種限時電驛係採用電子IC元件來作爲時間設定調整，因此時間設定的精確度可高達0.05秒以上，接點輸出有繼電器及電晶體兩種型式可供選擇，所以接點動作迅速，其外觀請參考圖1-7-13。

圖 1-7-13　固態型限時電驛(OMRON)

(3)　**IC 型限時電驛**

IC 型限時電驛是使用 CMOS IC 零件作爲時間控制元件，因此具有省電、高信賴度與穩定度的特性，時間設定的精確度可高達0.1秒以上。其外觀、內部接線及動作時序圖，請參考圖1-7-14。

圖 1-7-14　IC 型限時電驛(安良)

(4)　**數字型限時電驛**

數字型限時電驛亦採用CMOS IC作爲控制元件，同樣具有省電及高精確度設定的特性，唯一不同的是在時間設定上採用7段LED數字顯示器來指示時間，時間設定調整時亦採用數字設定開關來設定，在精確度更可高達0.01秒以上，設定範圍從0.01秒到999.9小時，是一種非常精確又方便使用的限時電驛，其外觀請參考圖1-7-15。

圖 1-7-15　數字型限時電驛(安良)

⑸　氣體壓力型限時電驛

氣體壓力型限時電驛是利用電磁線圈通電後，帶動壓縮機械去壓縮橡皮氣囊，利用橡皮氣囊排氣的時間作為接點延遲的控制，至於延遲時間的長短，可調整排氣閥控制針管的大小來控制，排氣孔大時，延遲時間較短；排氣孔小時，延遲時間就會變長。其外觀請參考圖 1-7-16，或可參考 OMRON 的 H3CR 型商品。

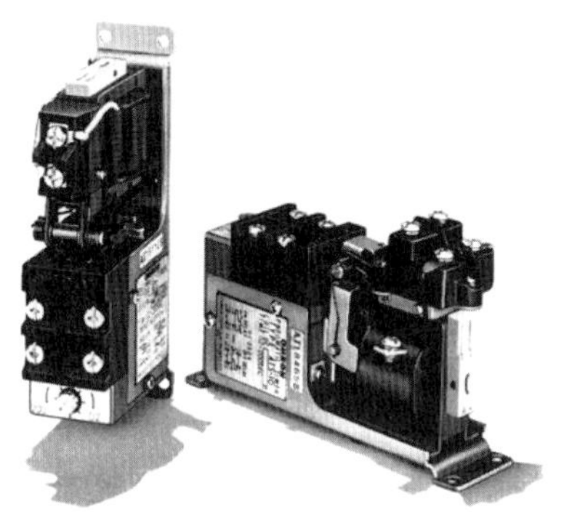

(a) 可動鐵心壓縮(OMRON)(ATS 型)

(b) 插座(OMRON)(ATSS 型)

圖 1-7-16　氣體壓力型限時電驛

⑹　長時間多段定時器

長時間多段定時器主要用途在工場機械設備之自動運轉或金庫、保全防盜系統之長時間定時控制裝置……等，依控制時間之長短有 12 小時、24 小時或一星期……等不同規格，其外觀及內部接線圖，請參考圖 1-7-17。

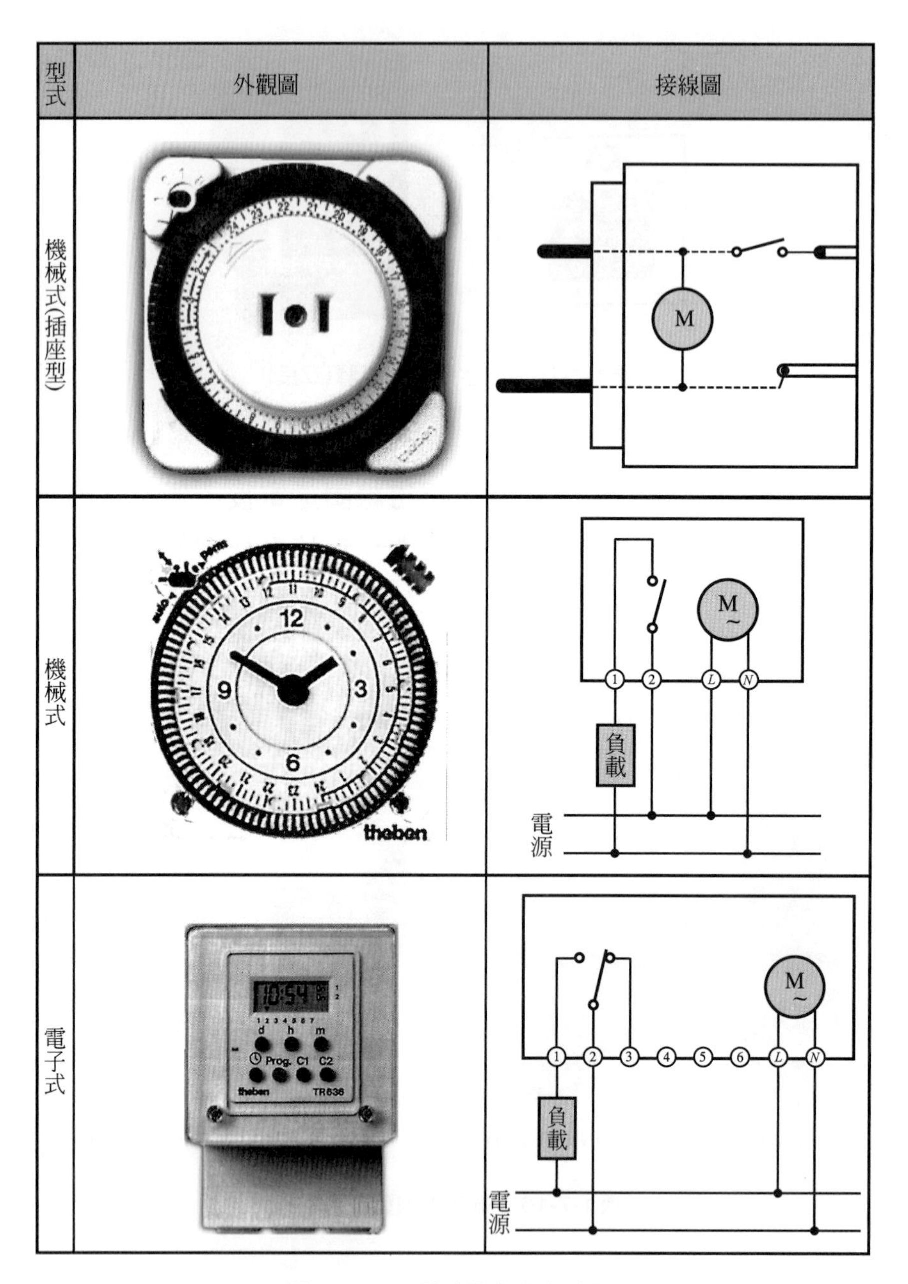

圖 1-7-17　長時間多段定時器

4. 各種限時電驛的線圈與接點電氣符號：(請參考表 1-7-1)

表 1-7-1　各種規格之限時電驛電路接點符號表

符號／種類／名稱			美式 ASA 電氣符號	日式 JIS 電氣符號	西德 DIN 電氣符號	瑞士電氣符號	歐規電氣符號
瞬時接點	瞬時動作瞬時復歸	a 接點	TR INST	TR INST			
		b 接點	TR INST	TR INST			
通電延遲式	限時動作瞬時復歸	a 接點	TR TC	TR TC			
		b 接點	TR TO	TR TO			
斷電延遲式	瞬時動作限時復歸	a 接點	TR TO	TR TO			
		b 接點	TR TC	TR TC			
雙設定延遲式	限時動作瞬時復歸(閃爍動作)	a 接點	ON | OFF	ON OFF ON－OFF			
		b 接點	ON | OFF	ON | OFF ON－OFF			
激磁線圈			TR ON　TR OFF	TL　T			

1-8 閃爍電驛

閃爍電驛(Flicker Relay)簡稱 FR，這種電驛的動作方式是短時間(約 3 秒)範圍內接點不斷地重複做開閉動作，故常使用於異常警報回路指示或間歇動作控制之輔助電驛，例如：警報電路、廣告燈、交通號誌之黃燈信號控制，其外觀請參考圖 1-8-1。

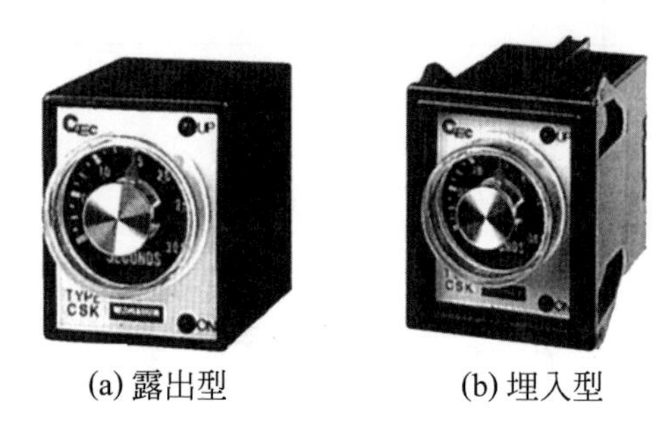

(a) 露出型　(b) 埋入型

圖 1-8-1　閃爍電驛(迦南)

1. 動作原理：

閃爍電驛內部電路是由一電容器並聯一個輔助電驛線圈再串聯輔助電驛上的*b*接點所組成一個往復充放電電路，使輔助電驛能夠按預先設定的時間做間歇激磁，達成間歇動作的目的。所以閃爍電驛顧名思義，就是指其接點會不斷地跳動，如控制指示燈時，指示燈會隨著接點的跳動不斷地閃爍，其動作原理請參考圖 1-8-2。

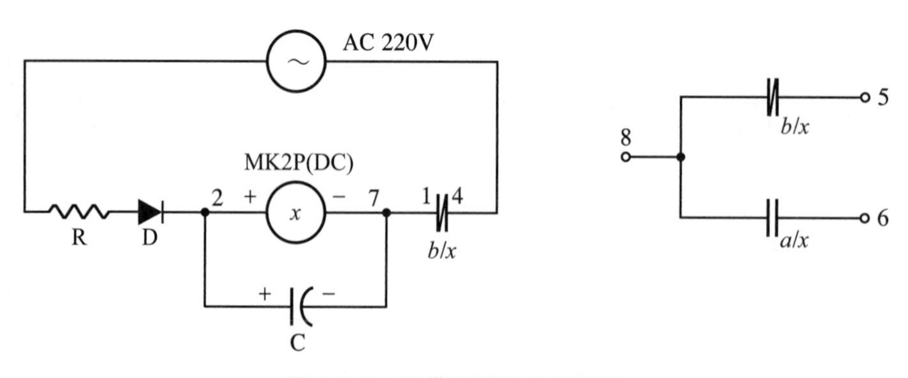

圖 1-8-2　閃爍電驛的動作原理

(1) 當電路中加入 AC220V 電源時，剛開始因線圈(X)兩端尚未達到激磁所需之電壓值，所以接點狀態不會改變。

(2) 直到電容量(C)經過一段時間充電後，電壓逐漸升高，當電壓升高至線圈(X)所需之激磁電壓時，線圈(X)開始激磁，使接點開閉狀態改變，接點打開，線圈(X)兩端的電源被切斷，由於線圈(X)兩端尚有電容器的充電電壓，所以線圈(X)仍然保持激磁狀態。

(3) 隨者電容器不斷向線圈(X)放電，直到電壓逐漸降低，當電容器的放電電壓低於線圈(X)的釋放電壓時，線圈(X)失磁，接點復歸(閉合)，動作會重複(1)循環下去，如欲控制接點閃爍時間，改變電容量(C)或(R)值即可。

2. 內部接線圖，以迦南牌爲例說明如下：(請參考圖 1-8-3)

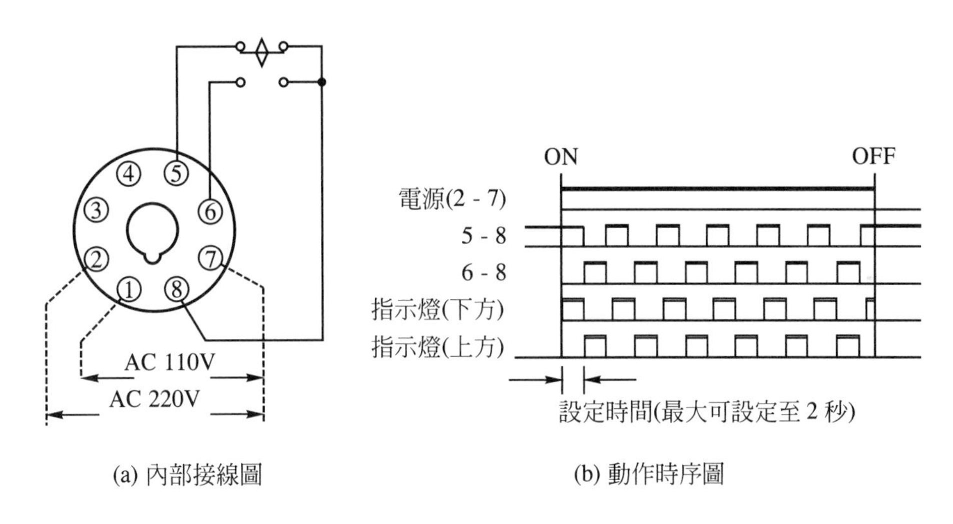

(a) 內部接線圖　　(b) 動作時序圖

圖 1-8-3　內部接線圖(迦南)

(1) 2-7 腳爲閃爍電驛線圈；8-5 腳爲閃爍的b接點，8-6 腳爲閃爍的a接點。

(2) 當 2-7 腳加入電源時，8-5 腳接通，8-6 腳不通，下方指示燈亮、上方指示燈熄。經過一段設定時間後，8-6 腳接通、8-5 腳不通，上方指示燈亮、下方指示燈熄，動作如此循環下去。

(3) 閃爍時間調整範圍：0.1～3 秒。

3. 閃爍電驛各國電氣符號表：(請參考表 1-8-1)

表 1-8-1 閃爍電驛各國電氣符號表

符號 名稱 \ 種類	美式 ASA 電氣符號	日式 JIS 電氣符號	西德 DIN 電氣符號
接點	FR FR	FC FC	FR FR
線圈	FR	FC	FR

1-9 保持電驛

保持電驛(Keep Relay)是一種栓鎖用繼電器，適用於記憶電路的控制回路中，所以又稱爲閉鎖電驛，如運用於警報回路，當電路發生故障時，要經過復歸操作控制，才能恢復正常信號，通常保持電驛的內部都會附上動作指示燈，讓操作者易於監視繼電器的動作狀態，以免發生誤動作，其外觀請參考圖 1-9-1。

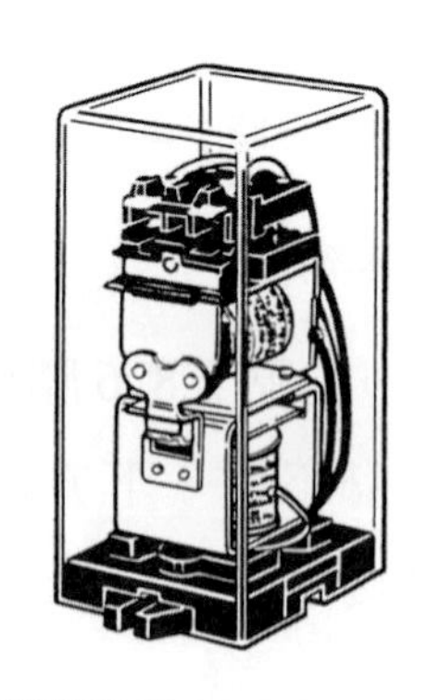

(a) 機械保持型(OMRON MM2KP)

(b) 電磁保持型(OMRON MK2KP)

圖 1-9-1 保持電驛

保持電驛一旦動作之後，即使除去動作線圈(SET)電源，其接點仍然保持動作狀態，不會改變。若欲將它解除動作使之復歸，必須在復歸線圈(RESET)

加入電源，使復歸線圈激磁後，才能消除保持電驛的自保持動作。若依栓鎖方式之不同，保持電驛可區分為機械保持型與電磁保持型兩種，茲將兩種類型的動作原理說明如下：

1. 機械保持型：機械保持型電驛是利用一個保持凸輪座與動作桿所組成的栓鎖裝置，來使接點保持不變，當電驛的動作線圈激磁後，動作桿因被吸磁而使接點位置改變，由於凸輪板及保持凸輪座的作用，使動作桿被卡住，即使把電驛的動作線圈電源切斷，使之失磁，接點仍然保持原狀。若要將接點打開，必須在電驛的復歸線圈上加入電源，使復歸線圈激磁，將保持凸輪座吸磁，才能將動作桿歸位，使接點回到原來位置。現以 OMRON MM2KP 為例，說明如下：(請參考圖 1-9-2)

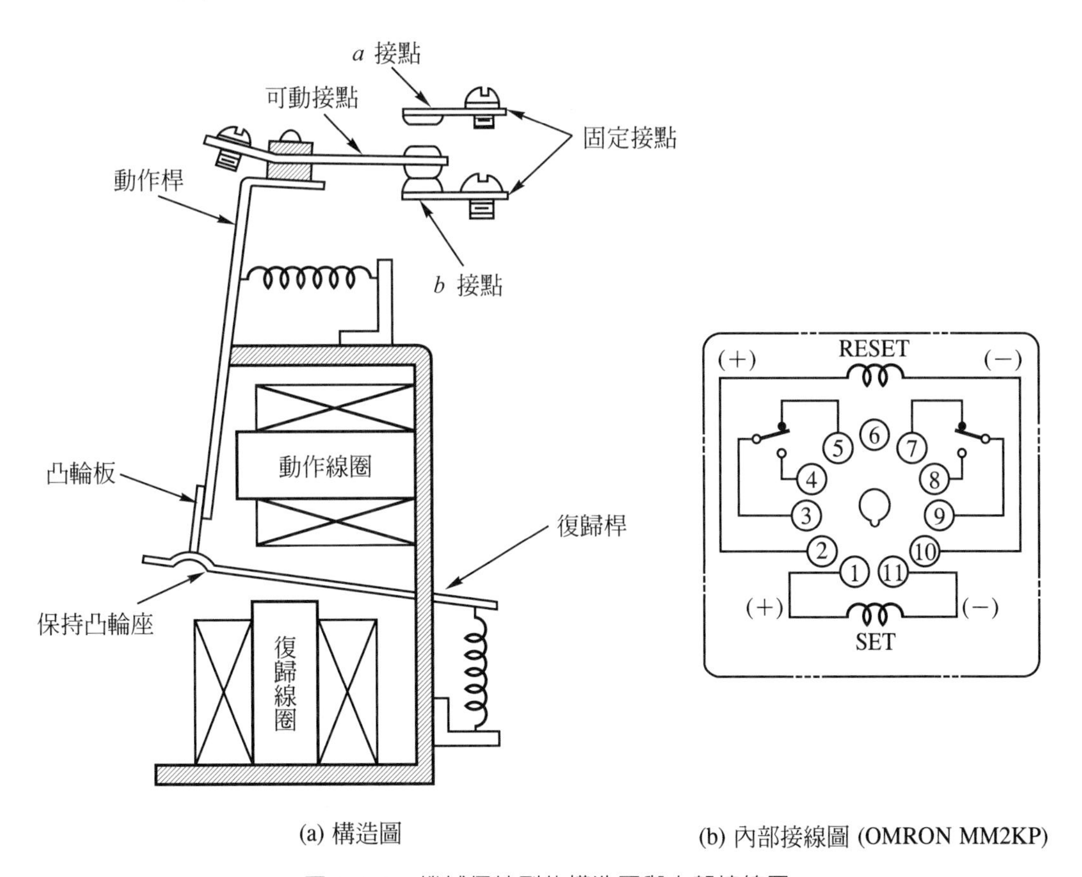

(a) 構造圖　　(b) 內部接線圖 (OMRON MM2KP)

圖 1-9-2　機械保持型的構造圖與內部接線圖

(1) 電驛的1-11腳爲動作線圈(Set Coil)，2-10腳爲復歸線圈(Reset Coil)。

(2) 當外加一電源給動作線圈(Set Coil)時，線圈會產生一個磁場，而使動作桿被吸引，動作桿上的凸輪板因吸磁被卡在保持凸輪座上，並使接點狀態改變；接點3-4、9-8接通；3-5、9-7不通。

(3) 將動作線圈上的電源除去，凸輪板依然卡在保持凸輪座上，所以接點仍保持原狀不會復歸；接點3-4、9-8接通；3-5、9-7不通。

(4) 在復歸線圈(Reset Coil)上加入一電源，復歸線圈因激磁而將復歸桿吸引，凸輪板因保持凸輪座被激磁而回到原來位置，同時也讓電驛接點復歸，回到原來位置；使接點3-5、9-7接通；3-4、9-8不通。

2. **電磁保持型**：電磁保持型保持電驛在外觀上與電力電驛非常相似，大小又差不多，使用時很容易被看錯，兩者之間的差異除了保持電驛多一個復歸線圈外，可動接點上的鐵片所使用的材料也不一樣，它是一種利用永久磁鐵來當作可動鐵片，才能使電驛接點經吸磁後能夠繼續保持栓鎖住的一種繼電器。這種保持電驛的可動接點上的鐵片是永久磁鐵製成，當電驛的動作線圈激磁後，可動鐵片因動作線圈激磁而被吸引，並使接點位置改變，由於可動鐵片是永久磁鐵製成，當它被吸引到固定鐵心上時，因固定鐵心是用磁性材料做成，所以能夠被吸磁住而繼續保持，即使電驛的動作線圈失磁後，由於磁鐵吸磁作用，接點仍然可以繼續保持原狀。若要將接點打開，必須在復歸線圈上加入電源，使復歸線圈激磁並在固定鐵心上產生一個剛好與永久磁鐵極性相反的磁場，由於磁性同性相斥的作用，就能夠把可動鐵片推開，將接點回復到原來位置。

電磁保持型採用永久磁鐵的磁力來保持，在效率與穩定性上都比機械保持型佳，而且具有動作噪音小、體積小又不佔空間等優點，廣泛被使用於控制電路中。現以OMRON MK2KP爲例，說明如下：(請參考圖1-9-3)

(1) 電驛的2-10腳爲動作線圈(Set Coil)，1-11腳爲復歸線圈(Reset Coil)。

(2) 外加一電源給動作線圈(Set Coil)時，電驛的動作線圈激磁後，可動鐵心因動作線圈激磁而被吸引並使接點位置改變，接點3-4、9-8接通；3-5、9-7不通。

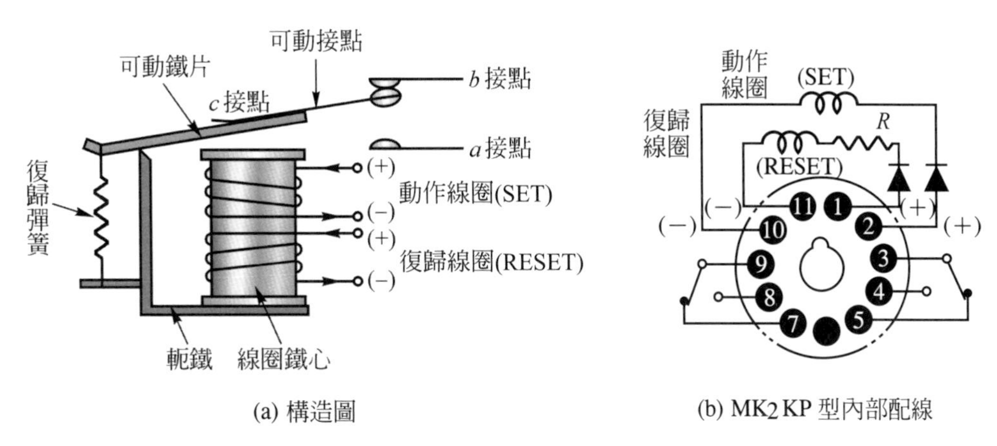

(a) 構造圖　　(b) MK2 KP 型內部配線

圖 1-9-3　電磁保持型的構造圖與內部接線圖

⑶ 將動作線圈上的電源除去時，由於可動接點上的鐵片是永久磁鐵，當它被吸引到固定鐵心上時，因固定鐵心是磁性材料做成，所以彼此能夠吸磁住，接點可以繼續保持原狀不會復歸；接點 3-4、9-8 接通；3-5、9-7 不通。

⑷ 在復歸線圈(Reset Coil)上加入一電源，因復歸線圈所產生的磁場剛好與永久磁鐵的極性相反，所以復歸線圈所產生的磁場可以將可動接點推開，使電驛接點復歸，回到原來位置；接點 3-5、9-7 接通；3-4、9-8 不通。

保持電驛的額定規格很多(以 MK 型而言)，就像電力電驛一樣，線圈電壓區分為交、直流兩種，其額定值交流有 AC6V、12V、 24V、50V、100V、110V、120V、200V、220V、240V 等規格；直流有 DC6V、12V、24V、48V、100V、110V 等規格。

1-10　棘輪電驛

棘輪電驛(Ratchet Relay)，常應用於順序控制、交換控制等控制電路中，例如：以脈動信號交換來控制電動機的交替運轉或污水抽水泵浦交替運轉、電磁閥的動作等，用途極為廣泛，外觀請參考圖 1-10-1。

圖 1-10-1　棘輪電驛

棘輪電驛是依賴棘輪機構來驅動，每當線圈被激磁一次，動作片被吸引，即可驅動凸輪(cam)轉動一個角度，在凸輪上的可動接點便會改變位置一次，如轉動位置在凸輪的凸出部份位置時，則可動接點與上面的固定接點接通；如轉動位置在凸輪的凹部份位置時，則可動接點與下面的固定接點接通，就以OMRON G4Q爲例說明如下：(請參考圖 1-10-2)

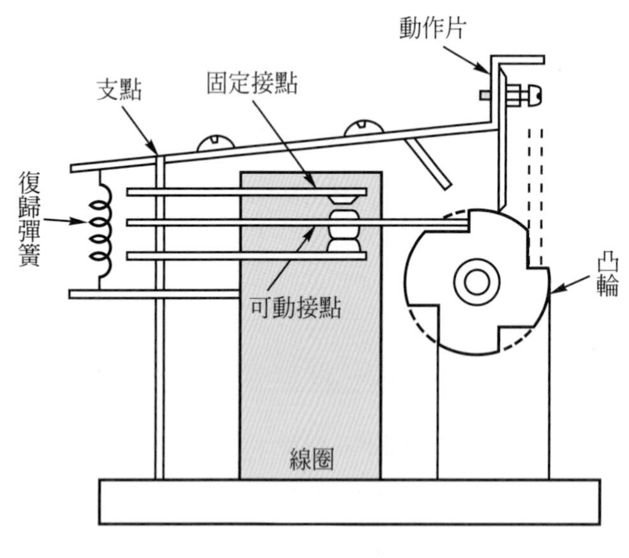

(a) 構造圖

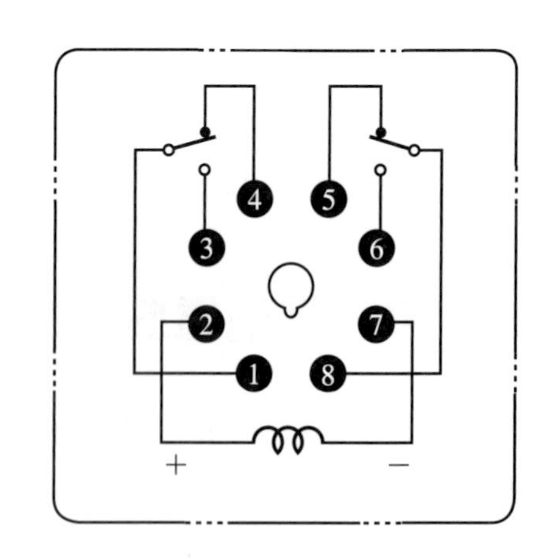

(b) 內部接線圖 (OMRON G4Q)

圖 1-10-2　棘輪電驛的構造與內部接線圖

1. 棘輪電驛的 2-7 腳爲線圈，1-8 腳爲共通點接點，當 2-7 腳末加入電源時 1-4、8-5 腳爲導通狀態：1-3、8-6 腳不通。
2. 棘輪電驛的 2-7 腳加入電源時，1-3、8-6 腳爲導通狀態；1-4、8-5 腳不通。
3. 棘輪電驛的 2-7 腳電源切斷時，1-3、8-6 腳仍然保持導通狀態；1-4、8-5 腳不通。
4. 當棘輪電驛的 2-7 腳再次被加入電源時，電驛接點導通狀態改變，1-4、8-5 腳爲導通狀態：1-3、8-6 腳不通。
5. 棘輪電驛的 2-7 腳電源切斷時，1-4、8-5 腳仍然保持導通狀態：1-3、8-6 腳不通。
6. 如此動作隨者 2-7 腳電源的改變循環下去。

1-11　按鈕開關

按鈕開關(Push Button Switch，一般通稱 Push Button)簡稱 PB，是一種手動壓按操作彈簧自動復歸的開關，由於本身接點電流容量很小，很少直接去控制負載，一般都配合電磁開關、電磁繼電器或電力電驛一起使用，是工業配線控制電路中不可或缺的控制元件。依按鈕個數來區分，可分爲單按鈕(PB-1，ON 或 OFF)、雙按鈕(PB-2，ON、OFF)及三按鈕(PB-3，FOR、REV、STOP)三種規格，若依接點的構造不同，又可分爲單層或雙層二種，其外觀及接點請參考圖 1-11-1。

按鈕開關主要是利用手動壓按可動接點時，可使固定接點改變開閉狀態及彈簧自動復歸的特性，來操控負載之起動、停止、寸動、煞車之用。由於按鈕開關內部裝有復歸彈簧，當手動壓按按鈕開關時，接點的導通狀態就會改變。手放開後，由於內部的彈簧力量會瞬時將接點自動回復原狀，因此又稱爲自動復歸型按鈕開關，其接點動作詳如下列說明：(請參考圖 1-11-2)

1. *a* 接點(ON 接點)：在按鈕開關未被壓按時接點呈開路狀態，手動壓按後接點會變成通路，手放開後接點又瞬時恢復原來開路狀態。
2. *b* 接點(OFF 接點)：在按鈕開關未被壓按時接點呈導通狀態，手動壓按後接點變成開路，手放開後接點又瞬時恢復原來導通狀態。

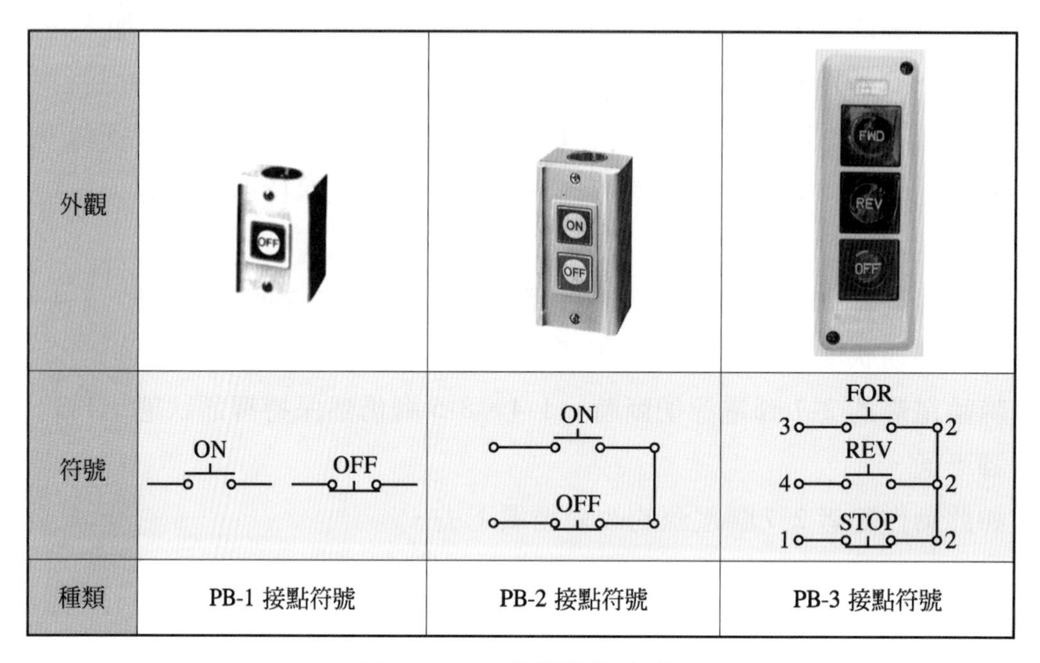

圖 1-11-1　按鈕開關(露出型)

在工業配電盤(箱)中，為滿足控制要求、操作與配線方便及盤面美觀，一般都採用單按鈕式平頭型、凸頭型、照光式與蘑菇型(或稱大頭型)按鈕開關，這種盤面型按鈕開關的優點是接點可以任意組合，可以1*a*、1*b*、2*a*、2*b*、1*a*1*b*或2*a*2*b*……等不同的組合，使配電盤(箱)操作上更為簡便。照光式按鈕開關是一種把按鈕接點與指示燈結合為一的開關，這種開關不但可以減少盤面的空間配置也方便操作者瞭解配電盤(箱)內的運轉狀態。盤面型按鈕開關依固定口徑大小之不同，可分 16mm、22mm、25mm、30mm 四種，工業用配電盤(箱)主要以 22mm、25mm、30mm 三種規格為主，外觀請參考圖 1-11-2 所示，接點符號請參考表 1-11-1。

圖 1-11-2　按鈕開關(盤面型)

表 1-11-1　按鈕開關之接點符號

符號 \ 名稱 / 種類	按鈕操作方式	
	*a*接點(彈簧復歸)	*b*接點(彈簧復歸)
	1. 手壓按按鈕，接點閉合 *2.* 手離開按鈕後，接點打開	*1.* 手壓按按鈕，接點打開 *2.* 手離開按鈕後，接點閉合
美式 ASA 電氣符號		
日式 JIS 電氣符號		
西德 DIN 電氣符號		
歐規電氣符號(一)		
歐規電氣符號(二)		

在工業配線中按鈕開關顏色上的區別是非常重要的，如不加以統一規定，不但使用時非常不方便，甚至會造成誤操作而發生危險，一般而言，顏色的區別，請參考表 1-11-2。

表 1-11-2 按鈕開關顏色所代表之意義

顏色	含義	應用舉例
紅	緊急狀況	*1.* 緊急、停止。 *2.* 防火。
	停止、切斷	*1.* 一般之停止。 *2.* 復置與停止同時動作。
黃	介入	壓抑不正常之狀況或避免不需要之變化。
綠	起動、閉合	*1.* 一般之起動。 *2.* 閉合開關裝置。
藍	除紅、黃、綠三種顏色以外之任何含義	除紅、黃、綠三種顏色以外之任何含義，均可用藍色規定之。
黑、灰、白	無特定之含意	除單一功能的停止、切斷等按鈕以外，黑、灰、白可使用於任何功能之表示。

1-12 微動開關

微動開關(Micro Switch)是一種不需要用手去操作，利用外物碰撞來使開關接點改變的小型開關，它常用來當作定位、感測或保護開關用，其外觀請參考圖 1-12-1。

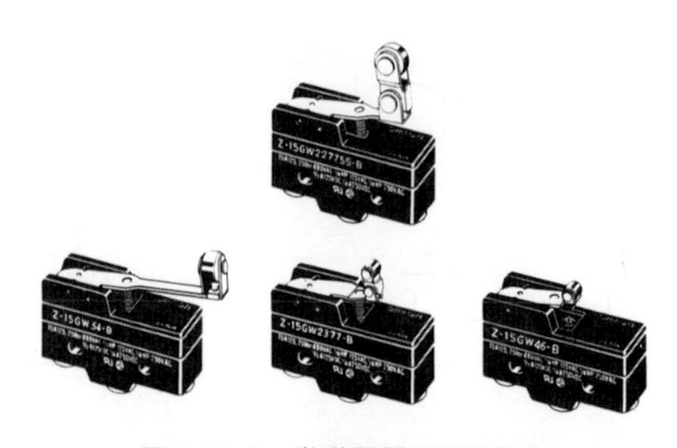

圖 1-12-1 微動開關(OMRON)

微動開關接點與一般開關接點在動作時有些差異，微動開關的外觀上備有一個引動器，且具有微小接點間隔和轉態機構，在一定作用力下產生一個啓閉動作，使開關接點開閉狀態改變。內部接點由圖 1-12-2(b)中可以看出，當壓下微動開關上的引動器時，柱塞被往下壓，而使可動接點上的彈簧片受力，當柱塞達到某一位置時，彈簧瞬間反彈，可動接點立即由上側固定接點(*b*接點)位置反轉移至下側固定接點(*a*接點)上；若外加壓力消失時，因彈簧瞬間反彈，使接點回復到原狀，其接點配置，請參考圖 1-12-2(c)。

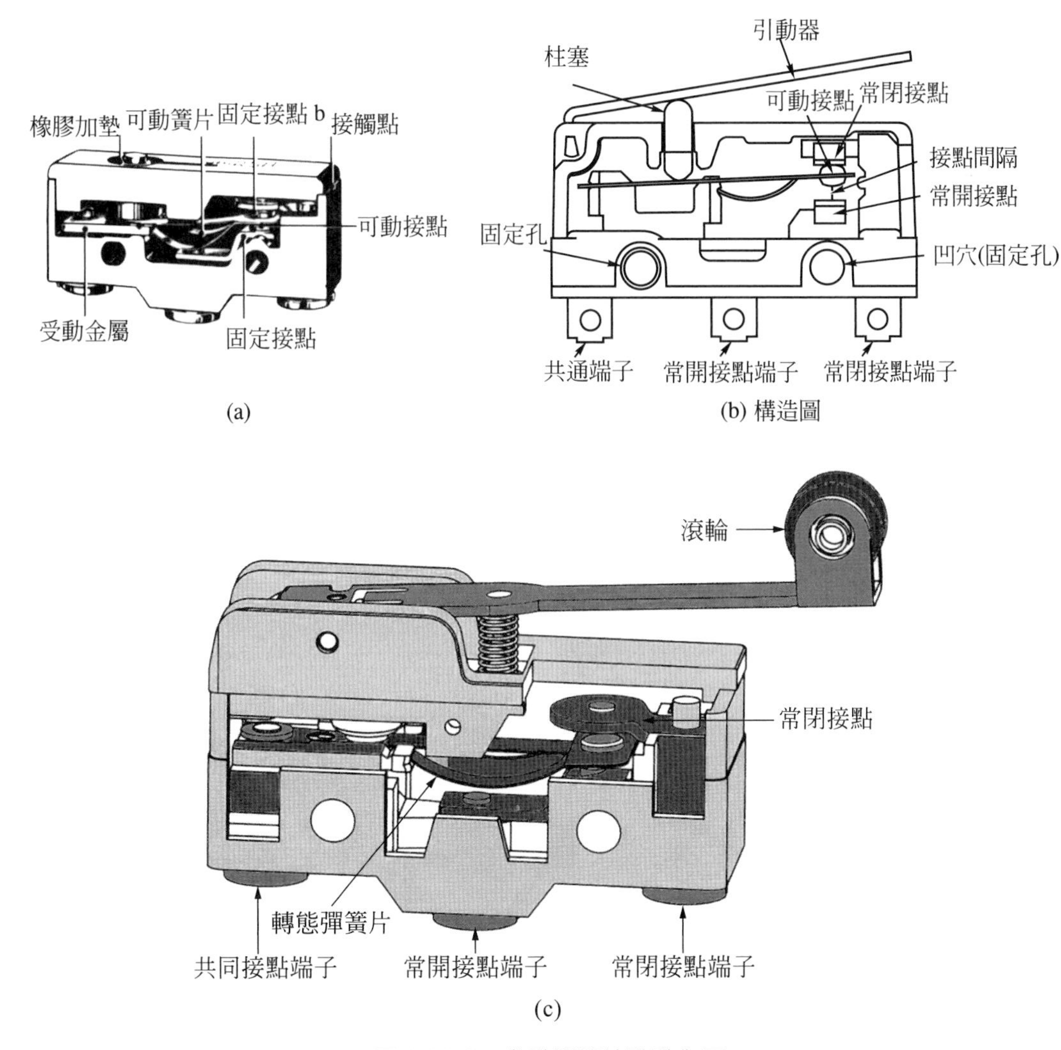

圖 1-12-2　微動開關接點動作圖

微動開關的接點電流容量從小負載 0.1A 到大負載 20A 都有，小容量接點若要控制大負載需配合電磁接觸器一起使用，大容量 20A 者，可以直接開閉小型馬達、電燈或電磁閥等負載，接點組成也因需求不同有1*a*、1*b*、1*c*等不同組合，請參考表 1-12-1，它的各種電氣符號請參考表 1-12-2。

表 1-12-1 微動開關接點的組成型態

端子位置 \ 接點型態	1*c* 接點(切換接點)	1*b* 接點(常閉接點)	1*a* 接點(常開接點)
下端端子	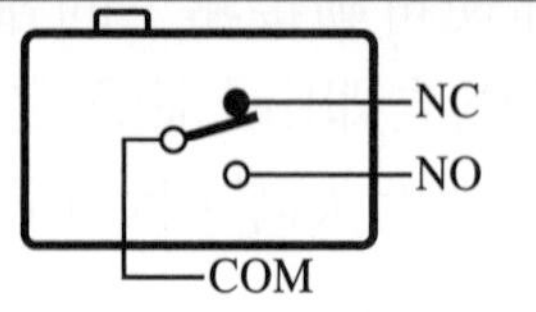 NC NO COM	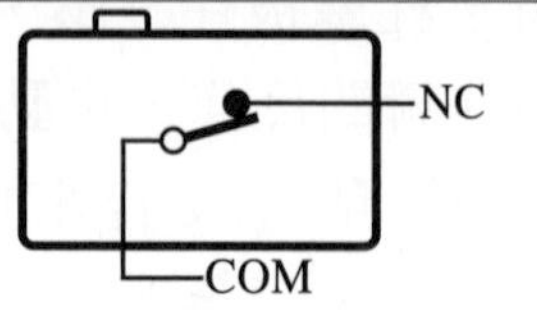 NC COM	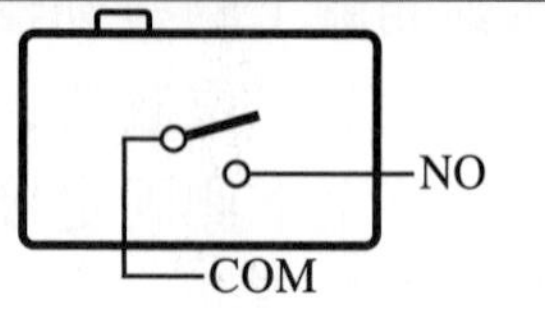 NO COM
側邊端子	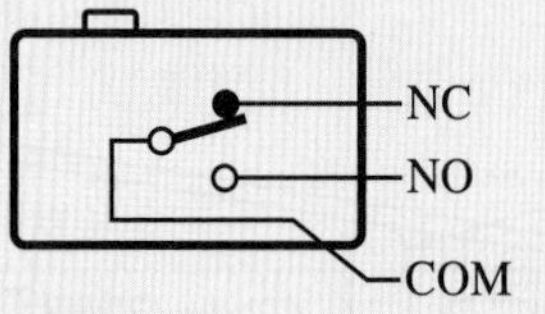 NC NO COM	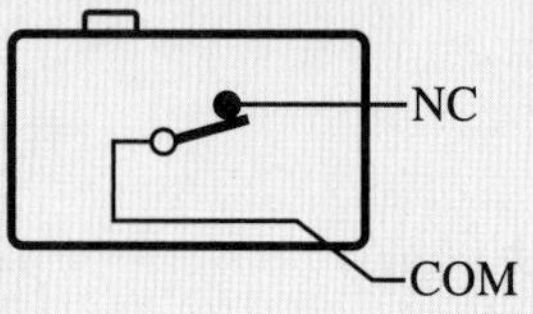 NC COM	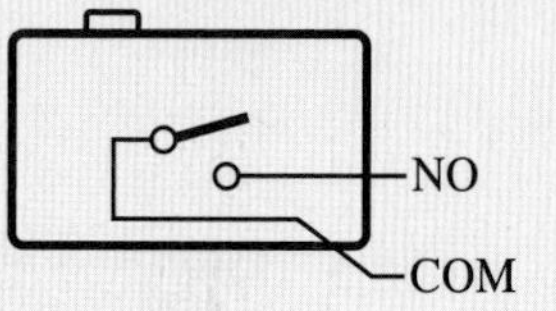 NO COM

表 1-12-2 各種微動開關的接點電氣符號

種類 \ 接點型態	*c* 接點(切換接點)	*b* 接點(常閉接點)	*a* 接點(常開接點)
	是 NC(*b* 接點)與 NO(*a* 接點)接點的公共點： 1. 被物體碰撞時，與*a*接點導通。 2. 碰撞物離開後，與*b*接點導通。	1. 被物體碰撞時，接點打開。 2. 碰撞物離開後，接點閉合。	1. 被物體碰撞時，接點閉合。 2. 碰撞物離開後，接點打開。
美式 ASA 電氣符號	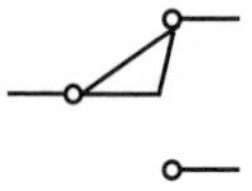	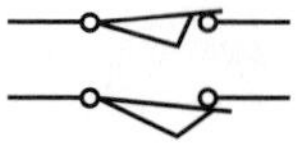	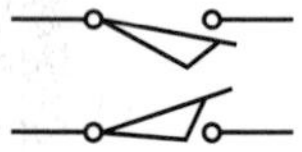
日式 JIS 電氣符號	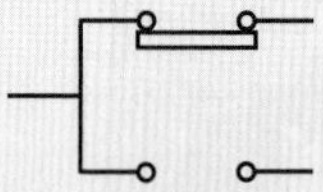	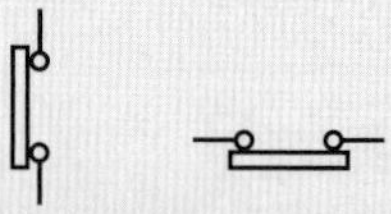	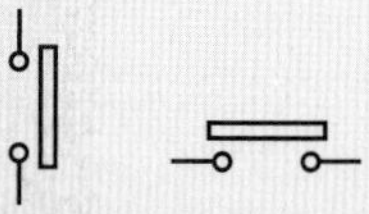
西德 DIN 電氣符號	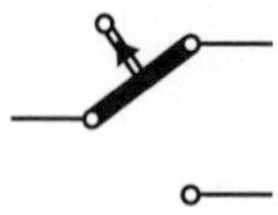		
歐規電氣符號(一)			
歐規電氣符號(二)	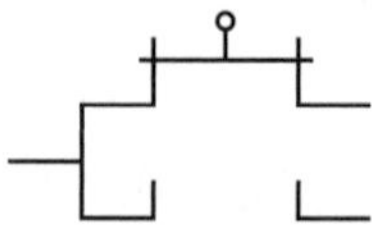	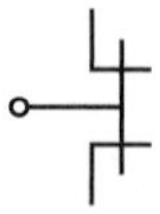	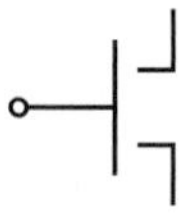

1-13　限制開關

限制開關(Limit Switch)簡稱爲 LS，亦稱爲極限開關，主要用於檢知移動性物體的位置，以做適當的控制，例如自動門、升降機、輸送帶等移動性機器位置控制。當機器於動作過程中到達事先設定的位置(即極限開關位置)時，碰觸到極限開關後會使開關的接點狀態改變，自動檢出機器的動作行程，所以限制開關的接點開閉是受到外來機械碰觸來改變，是電機自動控制電路中經常使用的重要控制元件之一，其外觀請參考圖 1-13-1。

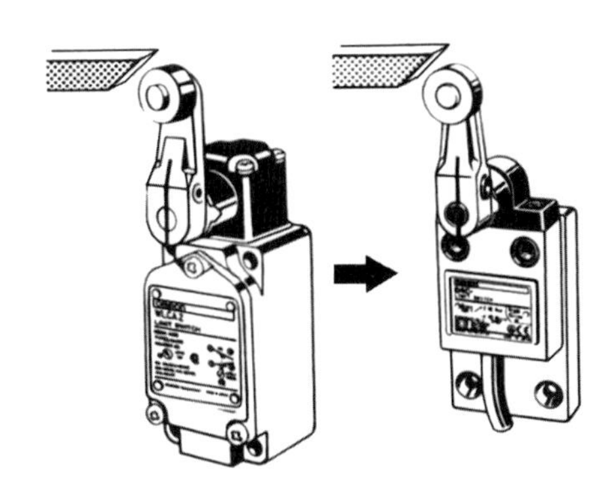

圖 1-13-1　限制開關(OMRON)

限制開關若依內部的開關接點組合之不同，有雙接點式(*b* 或 *a* 接點)、三接點式、四接點式與多接點式等不同組合請參考表 1-13-1，電路符號請參考表 1-13-2。

表 1-13-1　限制開關接點的組成型態

接點型態	1*c* 接點(切換接點)	2*a*2*b* 接點	4*a*4*b* 接點
接點圖	NC　NO　COM	4 (NO)　3 (NO) 1 (NC)　2 (NC)	24(NO)　23(NO)　14(NO)　13(NO) 21(NC)　22(NC)　11(NC)　12(NC) (自由位置狀態)

表 1-13-2　各國限制開關的接點電氣符號

接點型態／種類	*a* 接點	*b* 接點
美式 ASA 電氣符號		
日式 JIS 電氣符號		
西德 DIN 電氣符號		
歐規電氣符號(一)		
歐規電氣符號(二)		

1-14　切換開關

切換開關(Change Over Switch)簡稱COS，亦稱爲選擇開關(Choose Switch)簡稱爲CS，常用於兩個以上的不同控制回路需要切換的場所或用電設備，不但方便操作者操作使用，並可使電路達到更完善的控制。例如：手動、自動控制切換或兩個不同供電系統的供電切換，都會用到切換開關。若依其旋鈕之形式可分爲手動型及附鎖型兩種。附鎖型切換開關，因只有特定人員才可以操作，所以可以有效防止他人因任意操作而發生危險，請參考圖 1-14-1。

圖 1-14-1　切換開關

切換開關的接點組與平頭型按鈕開關相同，兩者之間的差異在開關上的操作機構，按鈕開關的操作機構是手動壓按與彈簧復歸，而切換開關的操作機構是旋轉鈕與換段栓，換段栓是切換開關接點切換的主要機構，連接方法與接點切換動作圖，請參考圖 1-14-2。

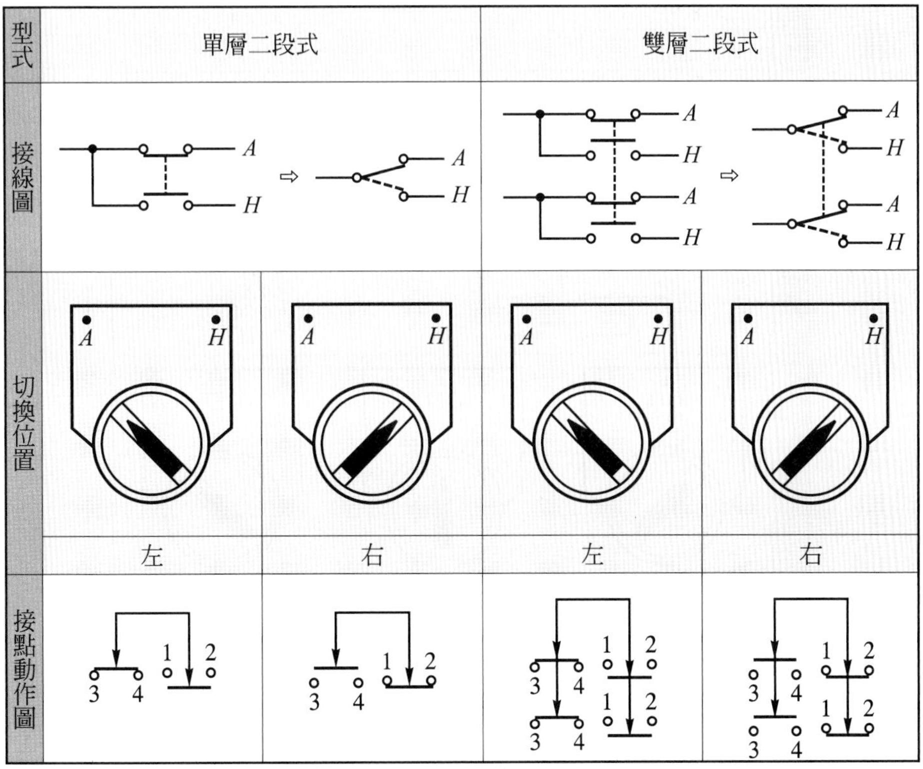

型式	單層二段式		雙層二段式	
接線圖	A, H ⇨ A, H		A, H, A, H ⇨ A, H, A, H	
切換位置	A H	A H	A H	A H
	左	右	左	右
接點動作圖	1 2 3 4	1 2 3 4	1 2 3 4 1 2 3 4	1 2 3 4 1 2 3 4

(a) 二段式

圖 1-14-2　連接方法與接點切換動作圖

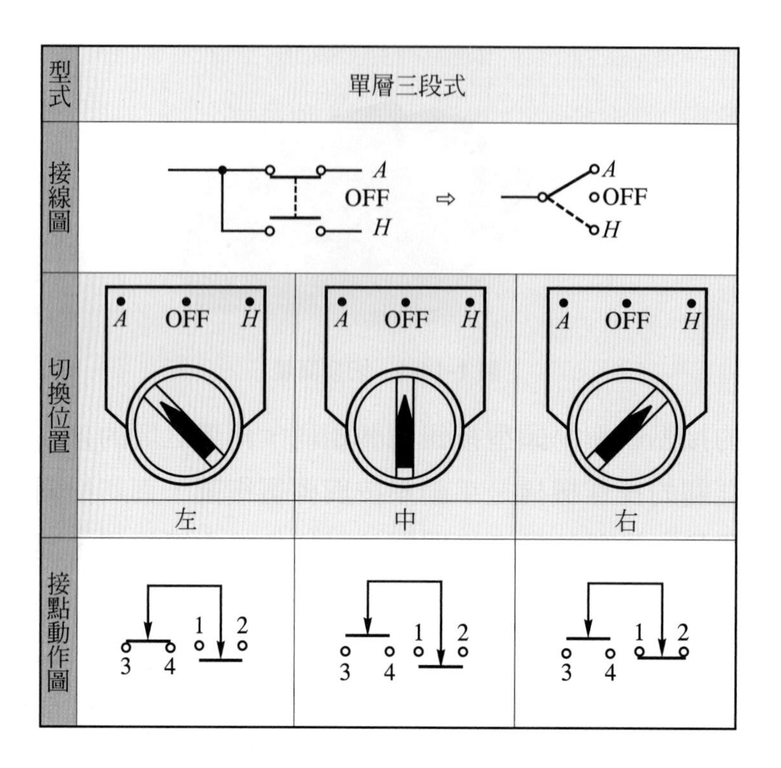

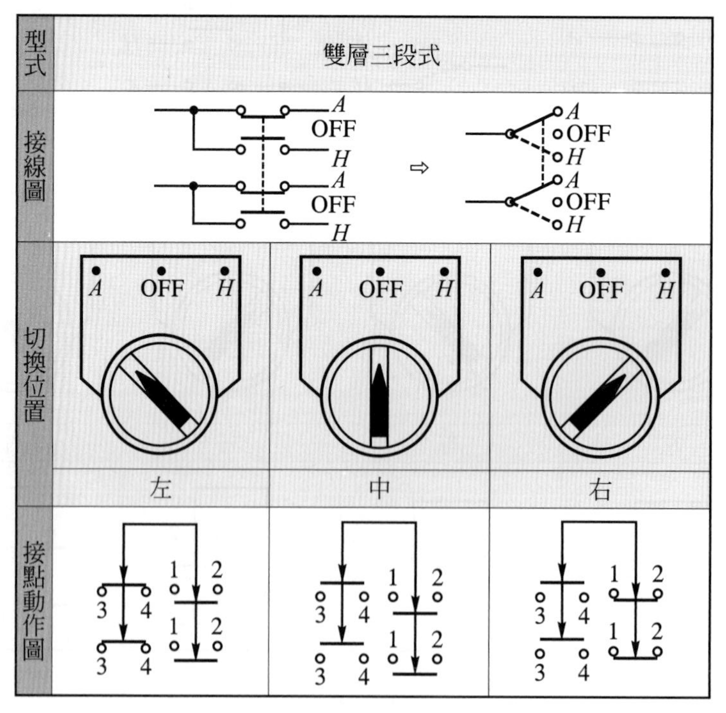

(b) 三段式

圖 1-14-2　連接方法與接點切換動作圖(續)

切換開關之切換功能雖有二段與三段之分，但是二段與三段要更換時，必須拆開切換開關內部的換段栓，改變其位置，就能夠改變它的切換功能，更換方法如下所述：(請參考圖 1-14-3 所示)

1. 將切換開關的接點組拆下。
2. 拆下切換開關的中蓋，記住旋轉鈕應在下方，以免換段栓掉落地下而遺失。
3. 將中蓋拆下後，將換段栓移轉至與原位置 90 度之槽中，如此段式就改變了。
4. 原來若是二段式，將換段栓轉移 90 度後，就變成三段式切換開關了。

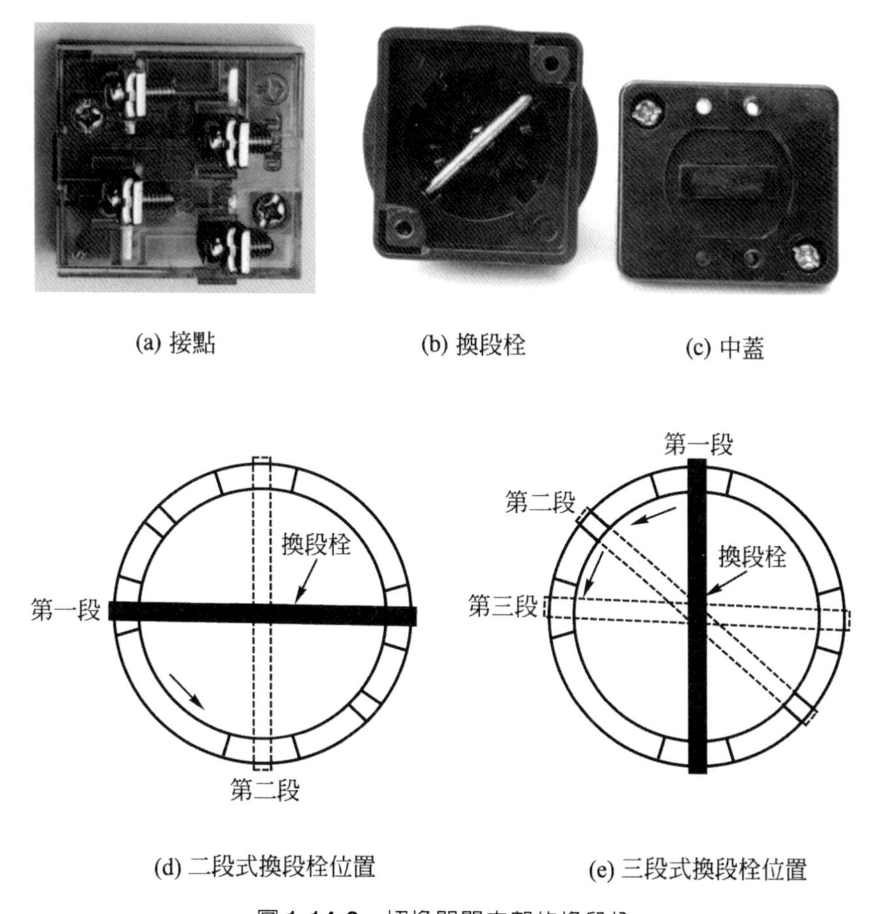

圖 1-14-3　切換開關內部的換段栓

1-15 指示燈

指示燈(Pilot Lamp)簡稱 PL，使用於配電盤或自動控制電路中，如為了引起操作者之注意或指示操作者執行指定之操作，通常採用紅、黃、綠、藍等顏色。如為了確認一項命令、敘述、狀況已被完成或確認轉變期間已終止，通常採用藍、白、綠等顏色，其外觀請參考圖 1-15-1。

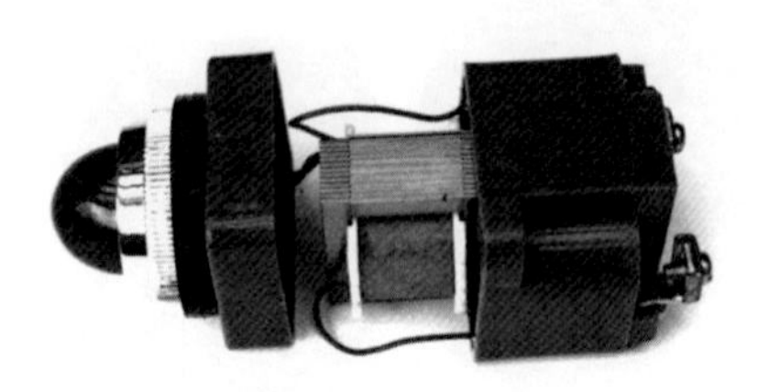

(a) 內附變壓器型

(b) 直接電源型

圖 1-15-1　指示燈外觀圖

指示燈的內部裝有一變壓器，其一次額定電壓有 I10V、220V、380V 及 440V 等規格；二次額定電壓有 6.3V、15V、24V 及 30V 等規格，如果指示燈的內部沒有裝變壓器，採用直接電源型，其電壓規格有 18V、24V、110V、220V 等規格，請參考表 1-15-2。

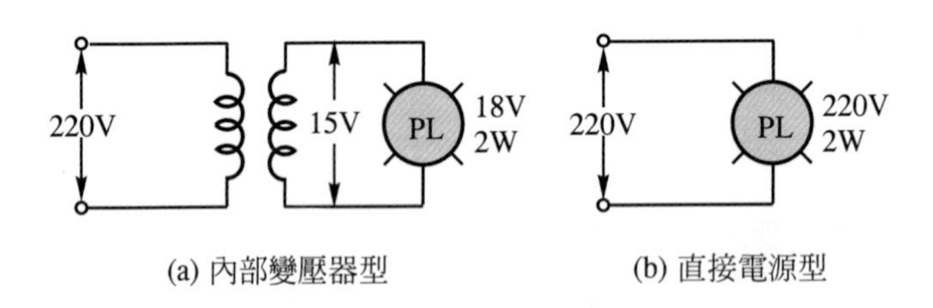

(a) 內部變壓器型　　(b) 直接電源型

圖 1-15-2　內部接線圖

指示燈之燈罩顏色均有其特定之意義，一般而言，用於指示燈之顏色有紅、黃、藍、白(燈罩可為透明型或擴散型)等五種，請參考表 1-15-1。

表 1-15-1　指示燈顏色所代表之意義

顏色	含義	說　　明	應　用　舉　例
紅	危險、警報。	潛在危險之警告或急需緊急處理之狀況。	1. 滑油失壓。 2. 溫度超過安全限度。 3. 保護裝置跳脫，致使重要裝備停轉。 4. 電氣設備供電中。
黃	注意	狀況之改變。	1. 溫度或壓力失常。 2. 過載。
綠	安全	安全之狀況。	1. 冷卻水流通正常。 2. 鍋爐自動控制正常運轉。 3. 機組待機狀態。 4. 電氣設備斷電中。
藍	依需要規定其含義。	除紅、黃、綠三種顏色之含義以外，均可規定。	1. 遙控指示。 2. 選擇開關置於「設定」。
白	無特定之含意。	任何含義均可規定。 常使用紅、黃、綠會造成疑義時，使用白色。	

指示燈依安裝於配電盤之口徑差異有 25mm 及 30mm 二種可供使用，其電路符號請參考表 1-15-2。

表 1-15-2　各種規格之指示燈電路符號表

種類	屋内線路裝置規則	美式 ASA 電氣符號	日式 JIS 電氣符號	西德 DIN 電氣符號	瑞士電氣符號	歐規電氣符號
指示燈	 L			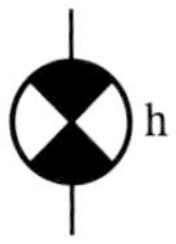 h	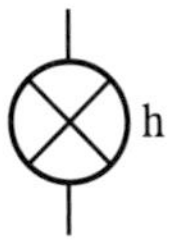 h	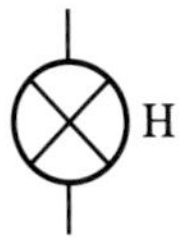 H

1-16　栓型保險絲

1. 栓型保險絲(D-FUSE)之絕緣座體由瓷器或合成樹脂製成，保險絲內部裝有石英粉、硼酸粒及其他種類之消弧材料，啓斷容量較大，故常做爲控制電路短路保護之用。

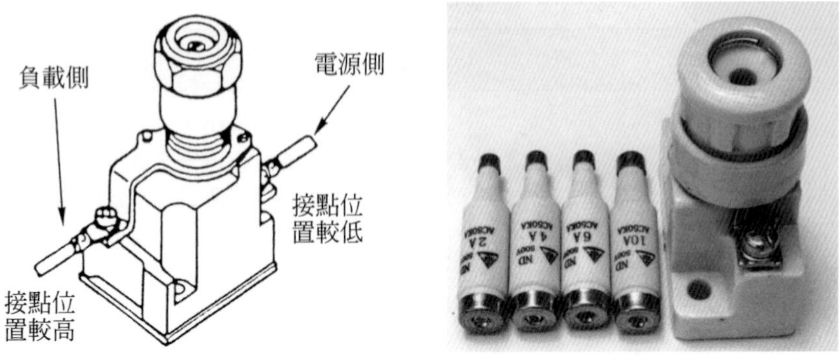

(a) 構造圖　　(b) 實體圖

圖 1-16-1　栓型保險絲

2. 栓型保險絲之熔絲固定於兩端銅帽之銅片上，上方一端裝有熔斷指示器，當熔絲熔斷後，熔斷指示器會被彈出，由螺絲帽之視窗可查看到。

表 1-16-1　栓型保險絲的額定電流表

額定電流	3A	5A	7A	10A	15A	20A	30A	40A	60A	70A	100A	125A
環套顏色	桃	褐	綠	紅	灰	藍	紫	黑	銅	銀	紅	黃

3. 栓型保險絲座之導線接點，一端接底座中央接點，另一端接螺紋殼接點，因此在配線時，螺紋殼端之接點(爲較高位置之接點)應爲負載側，才能於保險絲熔斷後，使螺絲殼不帶電，以策安全，請參考圖 1-16-1 及表 1-16-1。
4. 栓型保險絲電路符號表，請參考表 1-16-2。

表 1-16-2　各種規格之栓型保險絲電路符號表

種類	屋內線路裝置規則	美式 ASA 電氣符號	日式 JIS 電氣符號	西德 DIN 電氣符號	瑞士電氣符號	歐規電氣符號
栓型保險絲	—	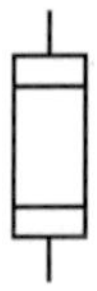	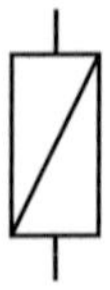	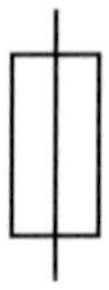	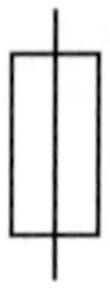 e	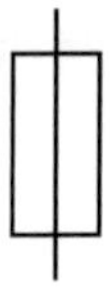 F

1-17　端子台

端子台(Terminal Block)，簡稱 TB。常見的中文名稱有端子盤、端子盒、端子板、端子座、接線端子、接線端子台、接線排、接線座等。端子台係指由絕緣底座和一個以上之導電金屬元件所組合成的固定裝置。每個導電元件可作爲兩個或多個導體(導線)之連接的接合點，通常使用於控制電路的輸入電源、外接負載、外接指示電路或控制裝置的場合中。端子台使用非常廣泛，經常使用於配電盤中的端子台，依固定螺絲不同可分華司壓片型與彈簧墊圈型兩種，請參考圖 1-17-1 所示。

(a) 彈簧墊圈型

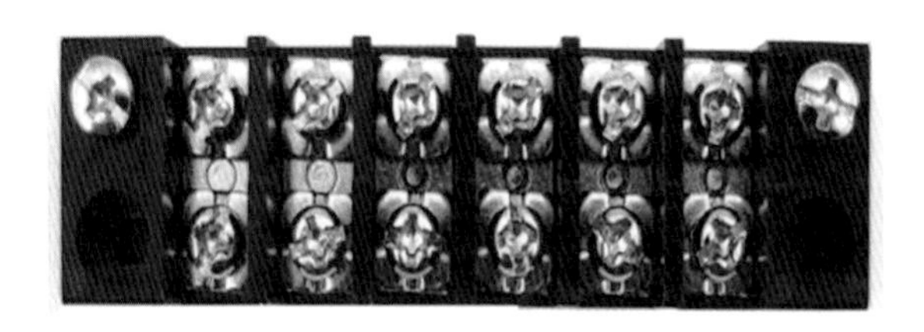

(b) 華司壓片型

圖 1-17-1　配電盤用端子台

1. 端子台的容量是由導電金屬元件可容許通過安全電流值來決定，固定螺絲也隨著電流增加而變粗，常用者有 I0A、15A、20A、25A、30A、40A、50A、60A、I00A　150A、200A、300A 等。在配線時須慎選適當螺絲孔的壓接端子，才能順利連接。
2. 以極數而言有3P、6P、8P、12P、16P、20P、24P、36P及40P等多種規格。
3. 端子台裝置：裝置方式通常爲直接固定於板面，華司壓片型端子台導線彈簧墊圈型不過目前當配合鋁軌(Mounting Rail or Mounting Channel)來裝置，鋁軌除了可讓端子台固定使用外，其它器具如電磁接觸器、電驛腳座等也都有使用，其外觀請參考圖 1-17-2 所示。

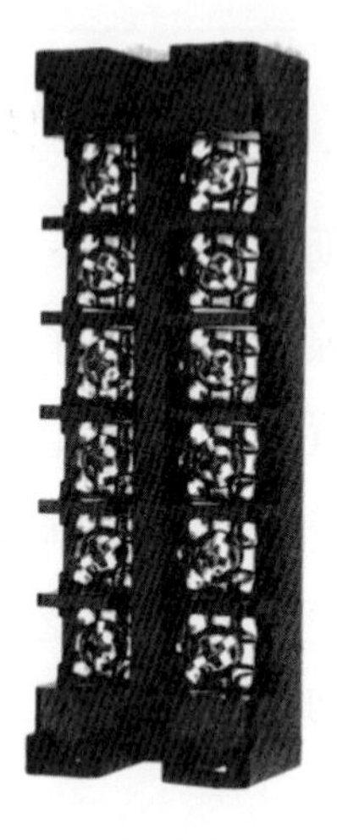

(a) 日規

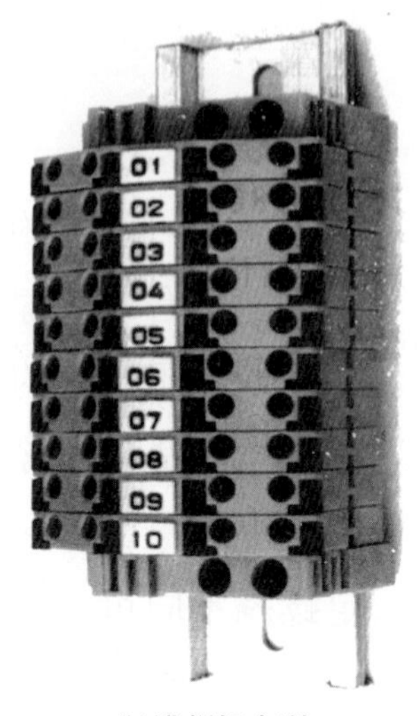

(b)歐規組合型

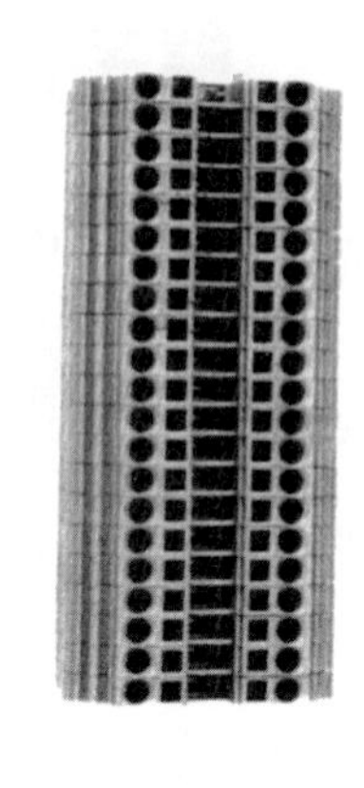

(c)歐規

圖 1-17-2 端子台裝置

4. 端子台導線連接：華司壓片型端子台導線固定時，控制電路可直接固定或使用壓接端子固定，主電路或電流較大的導線應使用壓接端子固定；彈簧墊圈型端子台控制電路與主電路都應使用壓接端子固定，端子台上的每一顆螺絲最多只能固定兩條導線，請參考圖 1-17-3 所示。

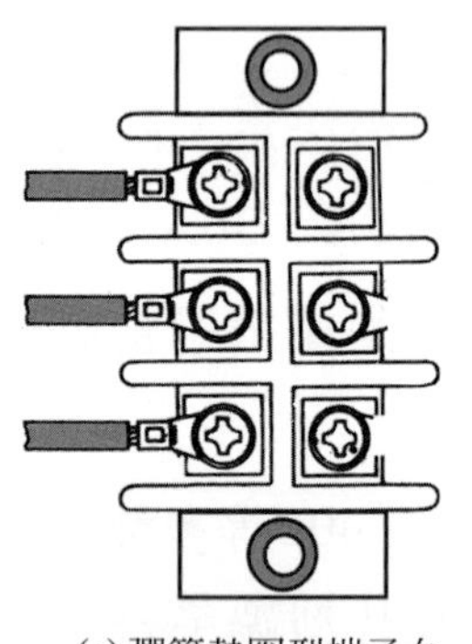

(a) 彈簧墊圈型端子台

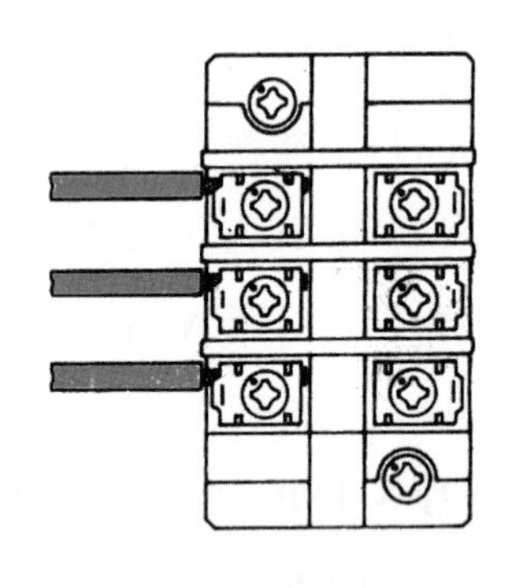

(b) 華司壓片型端子台

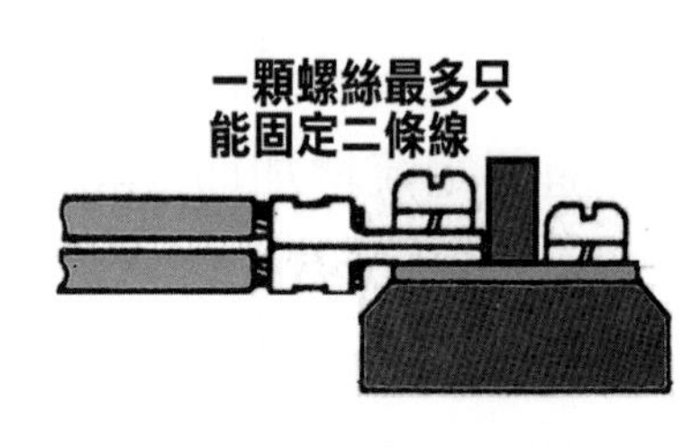

(c) 螺絲導線固定

圖 1-17-3 端子台導線連接

1-18 蜂鳴器

1. 蜂鳴器(Buzzer，BZ)爲警告電路(Warning Circuit)中之主要元件，作爲電路異常時警示用，其外觀請參考圖 1-18-1。

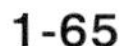

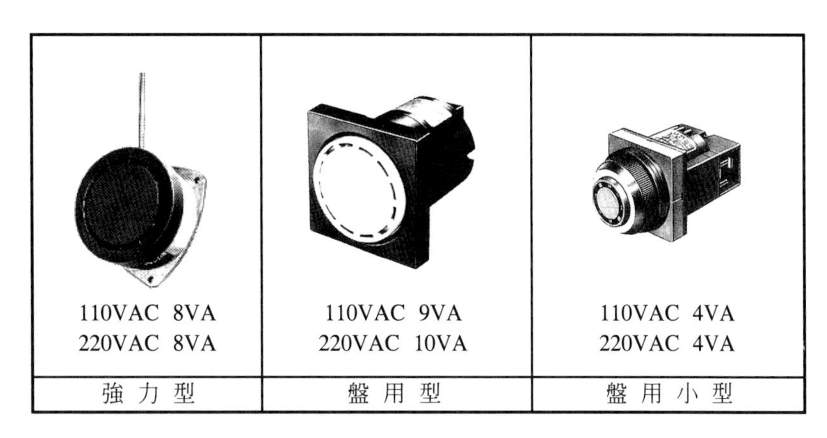

圖 1-18-1　蜂鳴器

2. 蜂鳴器可分爲露出型(Flush Mounting Type)及埋入型(Surface Mounting Type)，露出型常用的有 3"ϕ。埋入型有兩種，一爲套入式，常用之孔徑(Mounting Hole)爲 30mmϕ；另一爲嵌入式(Nut Mounting)，板面嵌入孔徑爲 65mmϕ，固定螺絲位置及尺寸爲 62mm，M4 × 11mm，L × 4。
3. 蜂鳴器一般特性：外加 1500VAC 電壓能耐久 1 分鐘，額定電壓之服務壽命超過 30 分鐘，音量約 75dB～80dB。
4. 露出型蜂鳴器常用之額定電壓有 110VAC 及 220VAC。埋入型蜂鳴器之額定電壓有 110VAC 及 220VAC、24VDC 及 12VDC。另外直流電壓的埋入型蜂鳴器又分有極性與無極性兩種，其中標示有＋、－極性之蜂鳴器，若極性使用錯誤時將會燒毀，因此選用無極性者較方便。
5. 各種規格之蜂鳴器與電鈴電路符號，請參考表 1-18-1。

表 1-18-1　各種規格之蜂鳴器與電鈴電路符號表

種類	屋內線路裝置規則	美式 ASA 電氣符號	日式 JIS 電氣符號	西德 DIN 電氣符號	歐規電氣符號(一)	歐規電氣符號(二)
蜂鳴器		BZ			B	
電鈴		BL		—	—	

1-19 光電開關

光電開關是無接觸信號檢出器之一種，因不需要和被檢出物體直接接觸就能檢出信號，所以不會產生機械的磨損，使用壽命長，因搭配採無接點方式輸出，所以可以達成高速反應的一種檢出設備，請參考圖 1-19-1。

(a)外觀圖

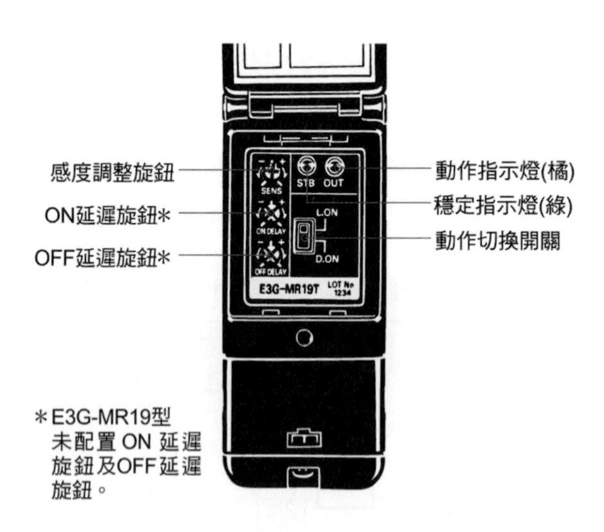

(b)面版圖

圖 1-19-1　光電開關

光電開關檢出物體的方式以OMRON產品爲例，可以分成：透過型、回歸反射型、擴散反射型、光纖維式等四種，請參考表 1-19-1。其動作方式也可分爲遮光動作型和入光動作型等兩種，請參考表 1-19-2。

表 1-19-1　光電開關的配線

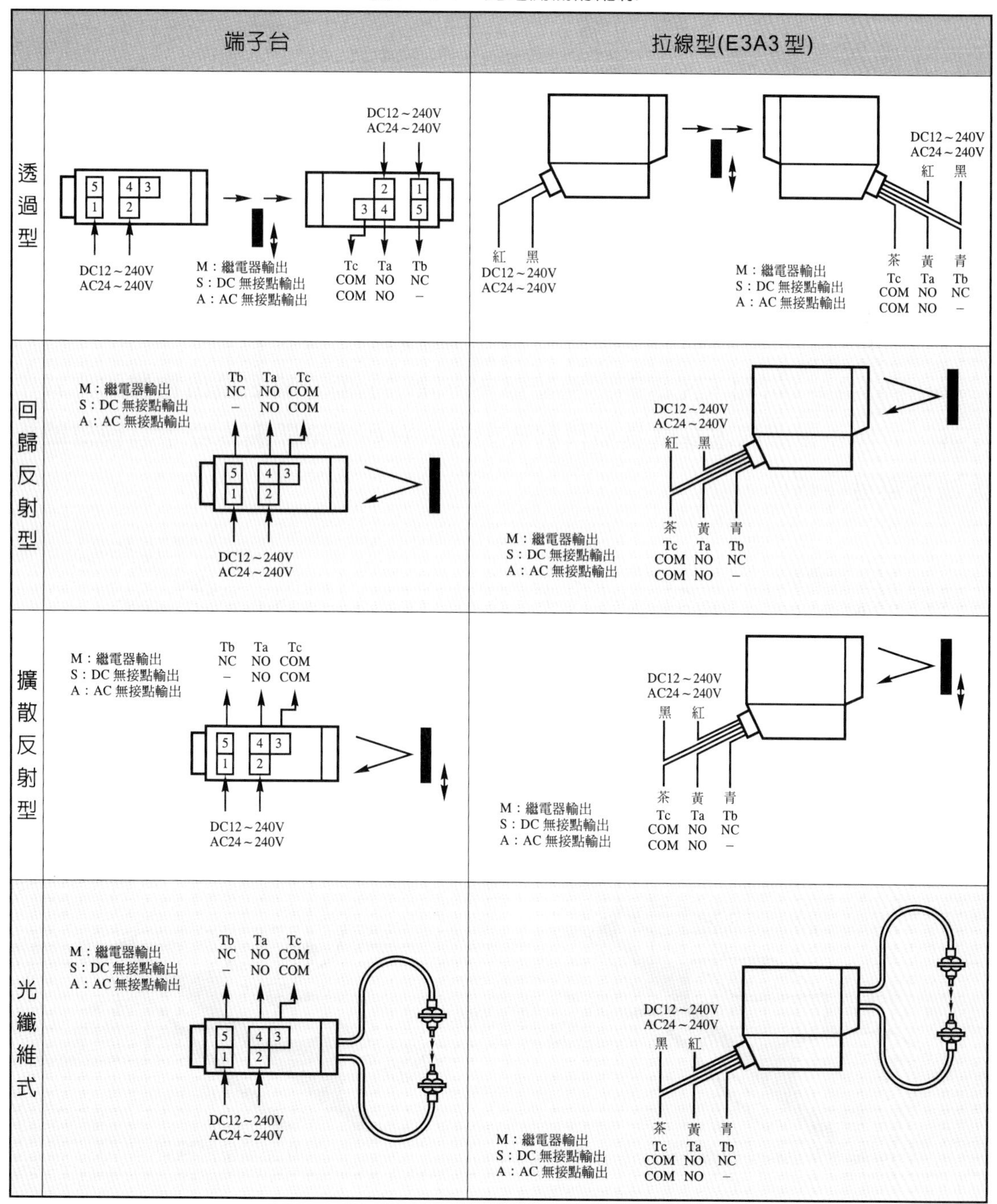

表 1-19-2 光電開關的動作方式

	透過型和回歸反射型	擴散反射型
光線被遮斷時動作 (遮光動作)	有物體被檢出時 動作	沒有物體被檢出時 動作
光線投入時動作 (入光動作)	沒有物體被檢出時 動作	有物體被檢出時 動作

1. “遮光動作”型光電開關係指，當投入受光器之光線被遮斷或減少時，立即動作之光電開關。
2. “入光動作”型光電開關則是指，投入受光器之光線增加時，立即動作之光電開關。

由圖 1-19-2 可知，光電開關種類很多，除了上面介紹之檢出物體的方式不同外，有些光電開關本身就具備信號放大器，有些光電開關本身不具備信號放大器而需另外購買。

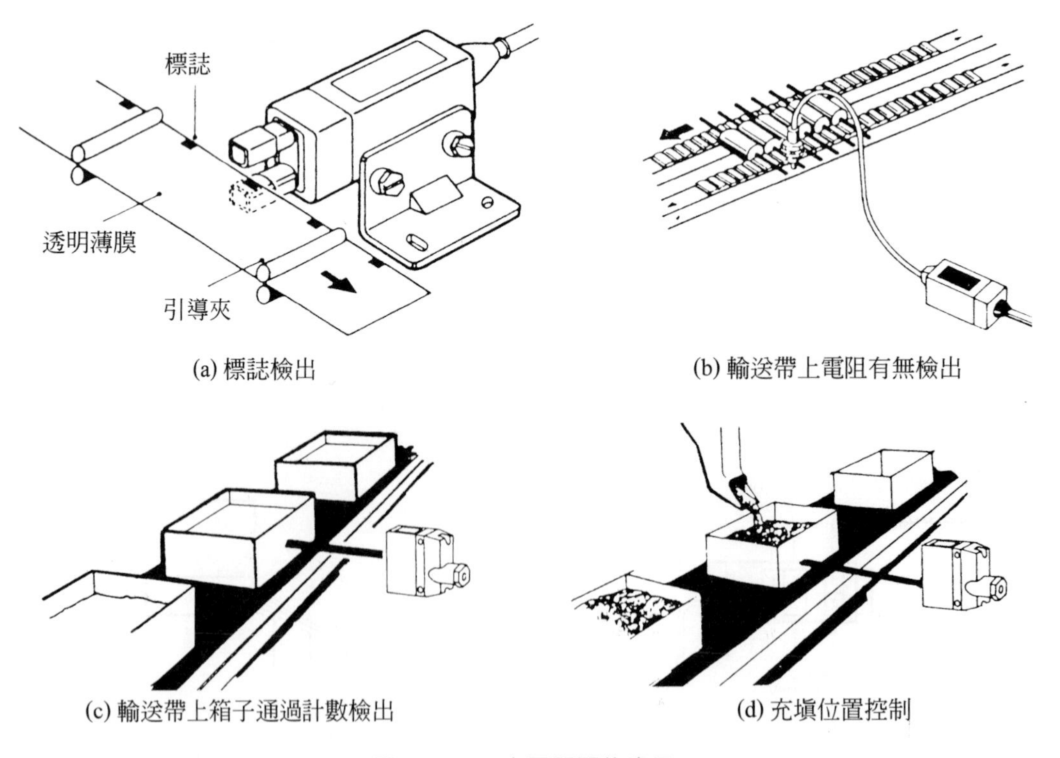

(a) 標誌檢出
(b) 輸送帶上電阻有無檢出
(c) 輸送帶上箱子通過計數檢出
(d) 充填位置控制

圖 1-19-2 光電開關的應用

1-20　近接開關

近接開關(Proximity Switch)與微動開關、限制開關都發源於美國，其中限制開關、微動開關都是利用碰觸方式來檢出信號，近接開關是一種不需接觸即能檢出信號的開關，其動作非常類似擴散型光電開關。近接開關的規格及型式非常多，若依其動作原理來區分，大致可分爲磁力型、高頻震盪型、靜電容型及超音波型等四種，茲分別說明如下：

1.　磁力型

以磁簧開關爲例，其構造可分爲兩大部份，一爲內藏永久磁鐵的電磁部，另一爲內有磁簧開關的接觸部。使用時將接觸部固定不動，再將電磁部慢慢向接觸部移動，當電磁中心和接觸部中心一致時，電磁部所產生之磁場會使接觸部內的磁簧開關接點變成閉合；反之電磁部遠離時，磁力消失，接觸部內的磁簧開關接點便打開，其動作距離因型式的差異約爲 20mm～120mm，交直流均適用，其控制接點受到容量的限制，但不需要放大器或電源即可改變接點的狀態，此爲磁簧開關的最大特點，且與機械開關有互換性，請參考圖 1-20-1。

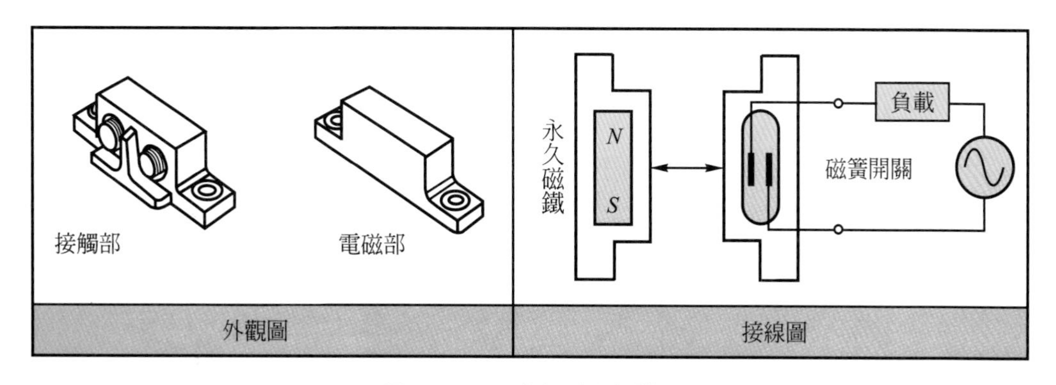

圖 1-20-1　磁力型之結構圖

2. 高頻率震盪型

其動作原理，係使感測器震盪產生高頻率後，再利用被檢出體之接近，使震盪電路產生變化而動作，且因感測器係以線圈為主體，故可以做成各種形式，除了可以小型化外且可靠性高，預測能成為未來的中心機種，目前在穩定度及對耐環境性仍有缺點需要改良，其動作距離因型式的不同而有些差異，其檢測距離約為 1mm～50mm 範圍之間，請參考圖 1-20-2 及 1-20-3。

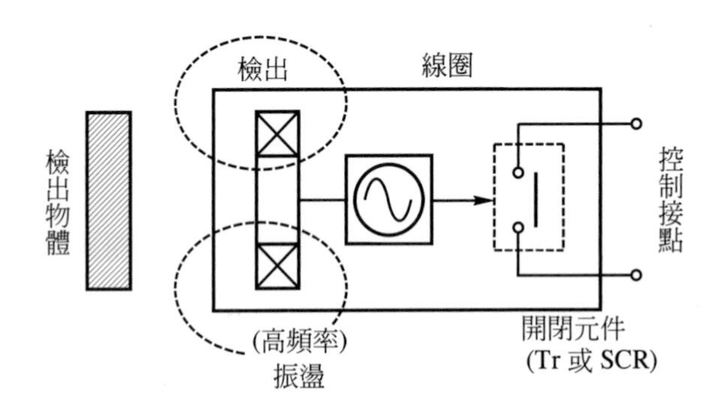

圖 1-20-2　高頻率震盪型之結構圖

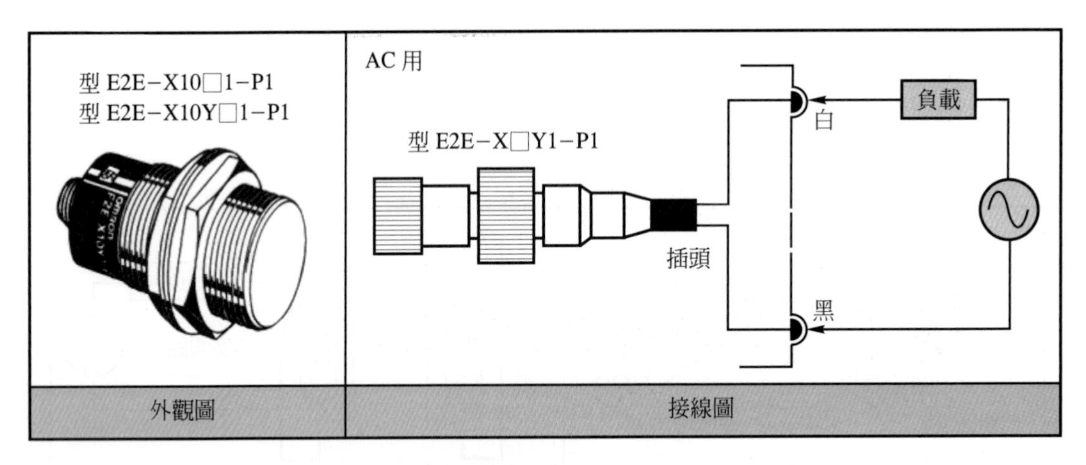

圖 1-20-3　高頻率震盪型之外觀及接線圖(OMRON)

3. 靜電容量型

其動作原理係以電橋來檢出，因受被檢出物體之接近，其所產生之靜電容量會隨之改變。可檢出金屬和非金屬物體(包括玻璃、木材、水、油、塑膠等)等物質，而且感測器(Sensors)精度良好；但價格昂貴、耐環境性差為其主要缺點，其檢測距離為 3mm～25mm(可變)，動作圖請參考圖 1-20-4 及圖 1-20-5。

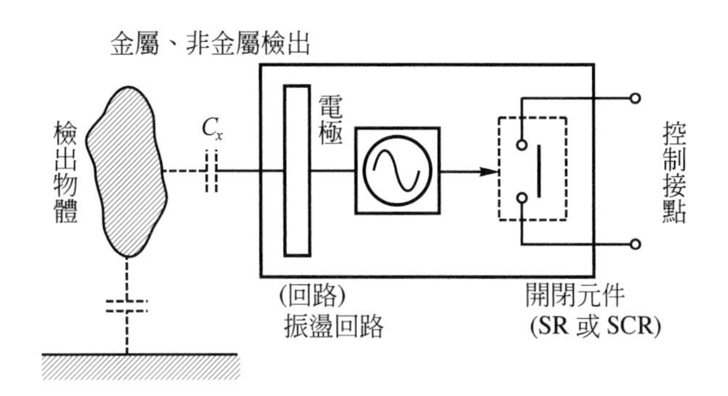

圖 1-20-4　靜電容量型之結構圖

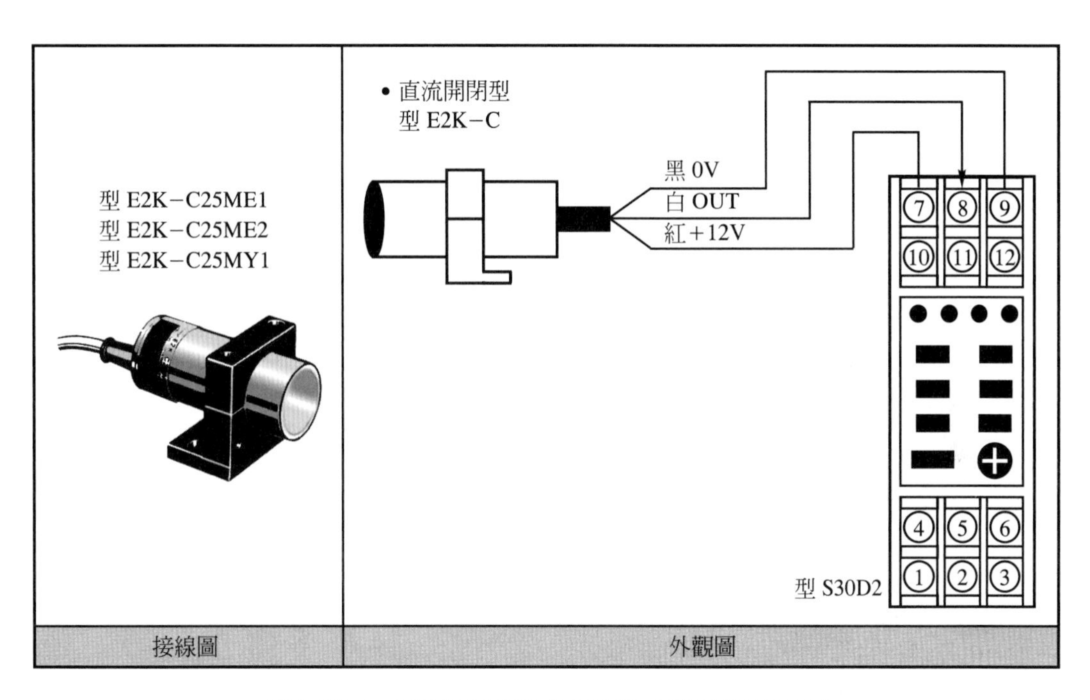

圖 1-20-5　靜電容量型之外觀圖及接線圖(OMRON)

4. 超音波型

依其檢出方式可分為相向型及反射型兩種，茲分述如下：

(1) 相向型：將送波與受波感測器以相向位置設置，當超音波束被物體遮斷時，即可檢出物體，並使控制接點產生變化。

⑵ 反射型：將送波與受波感測器合為一體，利用送波感測器發出超音波，射至被測物體後再反射回到受波感測器，即可檢出物體，並使控制接點產生變化。

此型之近接開關，使用於液體或粉末狀物體之位面檢出、物體輸送之計數檢出或金屬、非金屬之表面凹凸檢出等，請參考圖 1-20-6 及圖 1-20-7，或可參考 OMRON 的 E4E2 型及 E4PA 型商品。

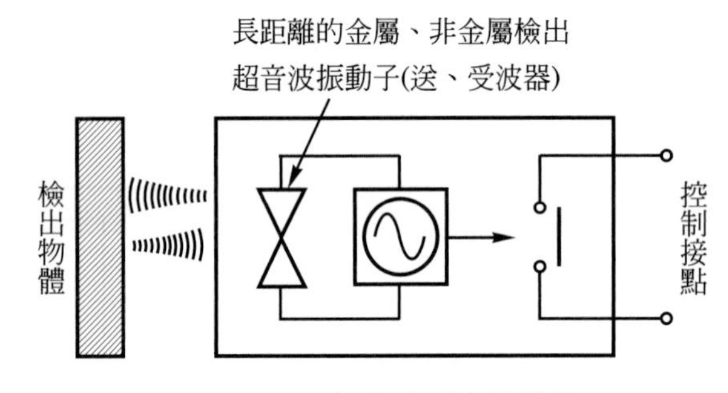

圖 1-20-6　超音波型之結構圖

圖 1-20-7　超音波型之外觀圖(OMRON)

1-21　計數器

1. 計數器(Counter)的種類很多，目前常用的以電子式計數器為主，使用計數器應了解其特性，例如：驅動電壓、觸發信號、計數方式、復歸方式、輸出模式……等。
2. 計數器安裝方式常用的有露出式、嵌入式及PC板安裝等，其外觀請參考圖 1-21-1，其內部接線，請參考圖 1-21-2。

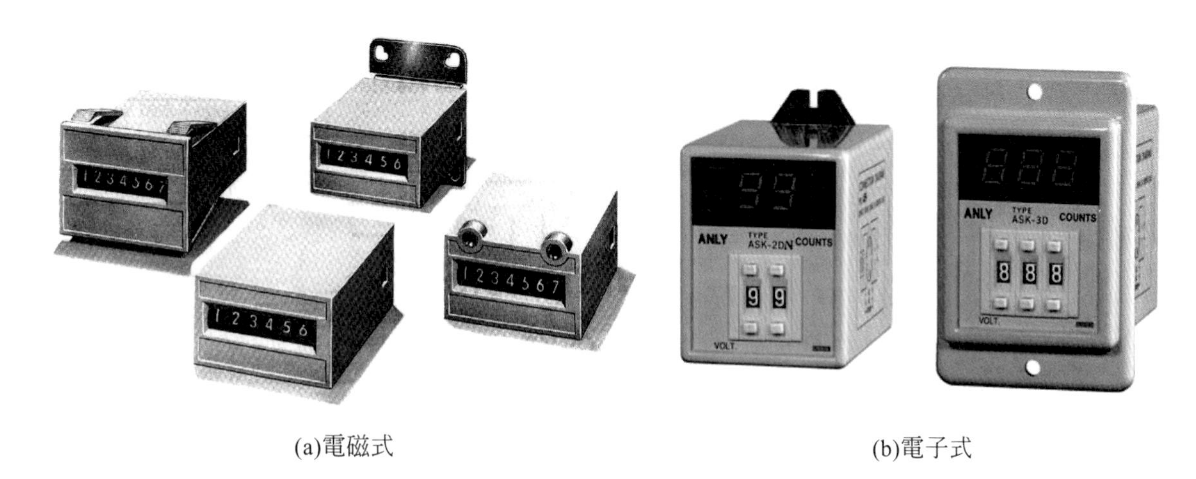

(a)電磁式　　　　(b)電子式

圖 1-21-1　計數器外觀圖

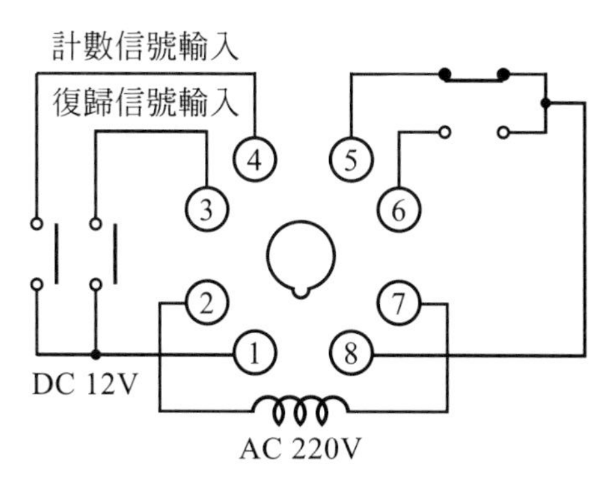

圖 1-21-2　內部接線

3. 計數器之動作說明：
   (1) 當 2-7 接點加入 AC220V 電源時，表頭會顯示 0，此時可調整設定值。
   (2) 當 1-4 接點輸入DC12V的閉合動作一次時，會增加計數器的計數次數，並由表頭顯示之，於達到設定值時，8-6 接點閉合而 8-5 接點打開。
   (3) 當 1-3 接點輸入DC12V的閉合動作一次，會使計數器復歸為 0，並使 8-6 接點打開而 8-5 接點閉合。

1-22 溫度控制器

溫度控制器(Temperature Controller)，簡稱 TC，是一種利用測溫體來感測控制對象的溫度，並將溫度轉換成電氣信號，然後利用這個信號來操控溫度控制器的開與關，使控制對象的溫度維持在一定的範圍內，其外觀如圖 1-22-1。

(a)類比式

(b)數位式(OMRON)

圖 1-22-1　溫度控制器外觀圖

一般控制方式可分爲反饋控制及順序控制二種，溫度控制是典型的反饋控制，其組成架構如圖 1-22-2 所示，且說明如下：

1. 測溫體：其結構是把溫度變換爲電氣信號的元件，用管子加以保護，將此元件設置在想保持恆定溫度的部位(檢測部)而使用的。
2. 操作器：是指在機器設備上使爐、箱等加熱或冷卻的電磁開關或控制閥門等。
3. 電子溫度控制器：它是接受測溫體的電氣信號，再和設定溫度進行比較，然後向操作器輸出控制信號的一種控制裝置，其內部具有大容量的控制繼電器(Relay)，因此也兼具操作器的功能。

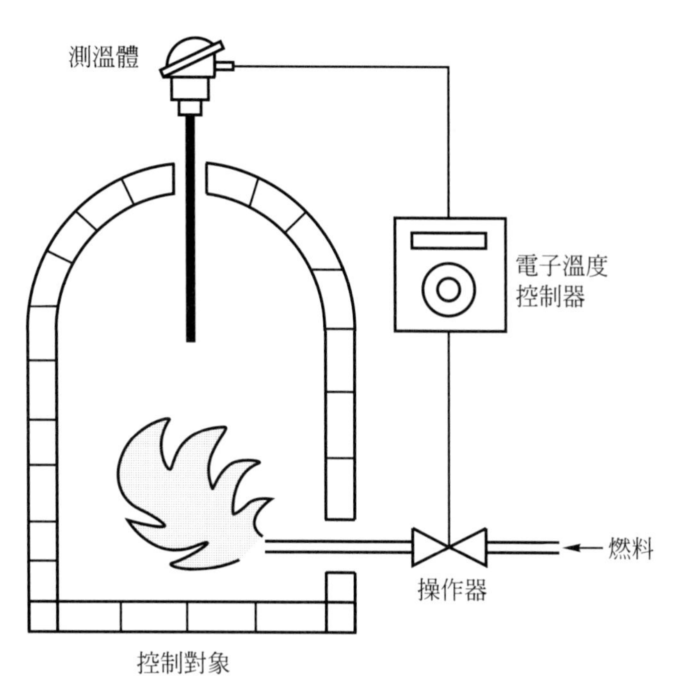

圖 1-22-2　溫度控制的基本架構

要達到最佳的溫度控制，除了溫度控制器的種類要依控制對象的特性妥善選擇外，在選用控制器和測溫體之前，要先充份了解控制對象具有哪些熱學特性，茲將常見熱學特性分析如下：

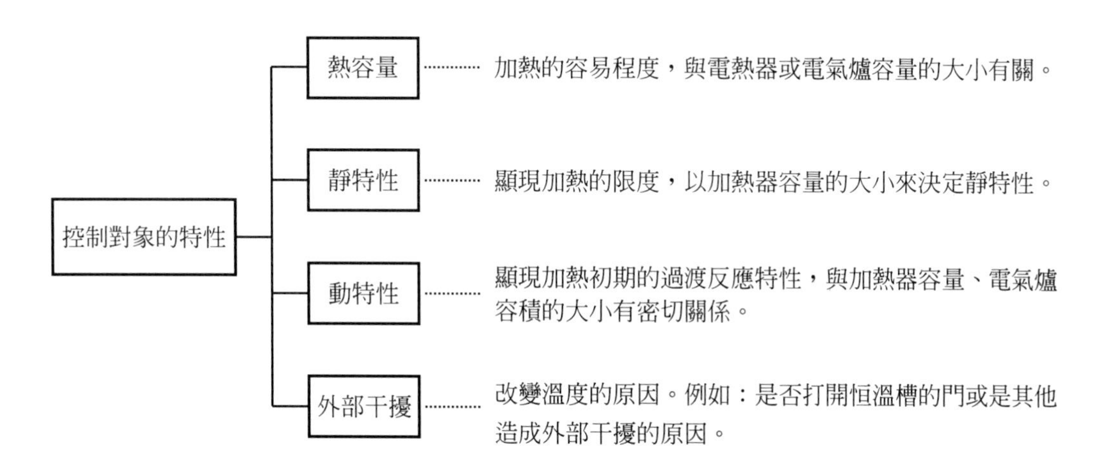

測溫體是溫度控制器的感測元件，依測定溫度的高低、場所、周圍環境……等條件之不同，選擇適合的測溫體，才能達到最佳的溫度控制狀態，其外觀請參考圖 1-22-3。

圖 1-22-3 測溫體(OMRON)

常見的測溫體檢測元件大致上可分爲熱電偶、白金測溫阻抗體及熱敏電阻三種，茲將其特性分述如下：

1. 熱電偶：熱電偶溫度感測器是將二種金屬加以連接，其接點分別稱爲熱接點與基準接點，若改變兩接點之間溫差時，會產生對應的熱起電力，因此，若保持基準接點溫度一定，就可以從熱起電力知道其熱接點的溫度。熱電偶就是利用這種測定方法，在接觸式溫度感應器中是唯一能夠測到最高溫度的溫度感測器，請參考圖 1-22-4。

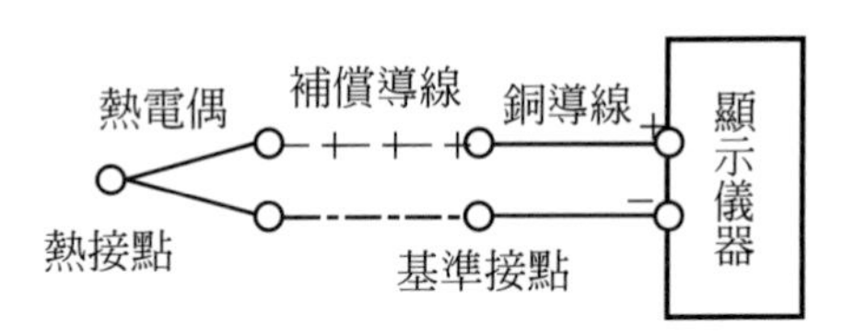

註：若極性相反，無法正確測定溫度。

圖 1-22-4 熱電偶接線圖

2. 白金測溫阻抗體：測溫阻抗體爲了保護阻抗元件，通常裝入金屬或非金屬保護管內使用。一般的內部結構如圖 1-22-5 所示，它是由阻抗體元件、內部導線、絕緣管、端子板及保護它們的保護管、端子盒等所構成。希望內部導線的電阻小，並能承受所使用的最高溫度，不蒸發、不氧化以及不變質等特性，一般大都使用銀絲，也有部份使用鎳線、康銅線、銅線等材料。

絕緣管除了要能承受使用的最高溫度外、電氣絕緣性能也要非常好，因此通常採用瓷絕緣管、鐵氟龍管、玻璃纖維包層線等。

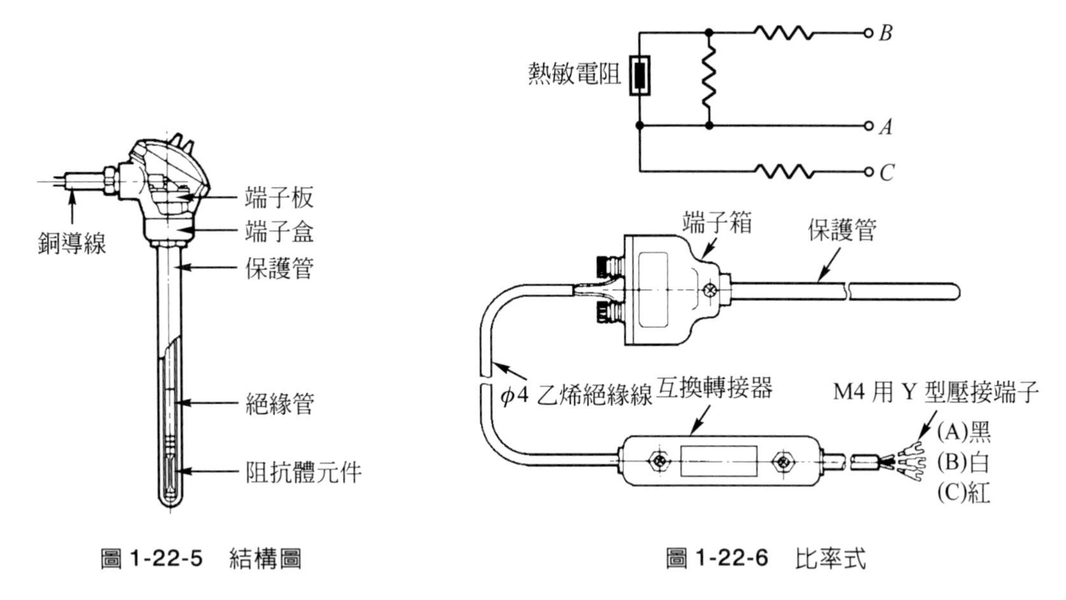

圖 1-22-5　結構圖　　　　圖 1-22-6　比率式

3. 熱敏電阻：熱敏電阻根據回路方式的不同，有比率式和元件互換式二種方式。

(1) 比率式：(請參考圖 1-22-6)

檢測部使用珠狀熱敏電阻，由於元件特性的分散性，所以沒有互換性，必須裝上阻抗回路(互換轉接器)後，才能使其具有互換性。

(2) 元件互換式：(請參考圖 1-22-7)

檢測部使用珠狀熱敏電阻，選擇阻抗值及熱敏電阻常數，使二個熱敏電阻成串聯或並聯組合使用，以彌補其特性分散的缺點，使其具有互換性。

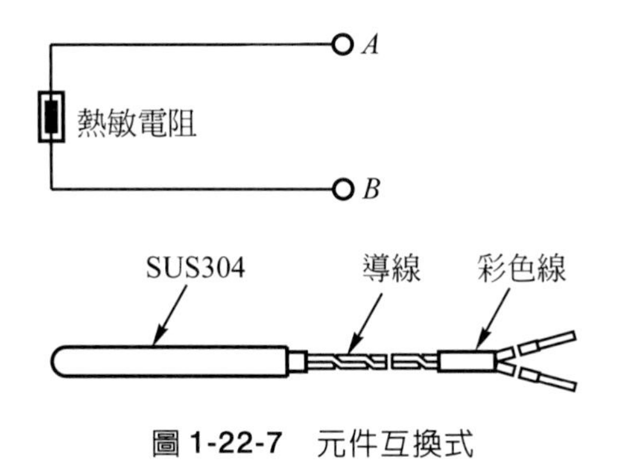

圖 1-22-7　元件互換式

4. 詳細比較表，詳如表 1-22-1 及表 1-22-2。

表 1-22-1 檢測元件的種類

名稱項目	熱電偶	白金測溫阻抗體	熱敏電阻
檢測原理	利用在相異的 2 種金屬回路上，雙方的接合部產生溫度差時，所產生對應的熱起電力現象。	利用白金的固有阻抗特性，會隨著溫度上升而使阻抗增加的性質。	是一種燒接半導體，利用固有阻抗，會隨著溫度上升而減少的性質。
構造例	焊接 2 種金屬的尖端。	在雲母或陶瓷管上，纏繞白金線。	熱敏電阻 玻璃 把珠狀熱敏電阻用玻璃進行封裝。
優點	・能測小地方的溫度，熱反應快。 ・耐振動、衝擊。 ・能測高溫區。	・精度好。	・能測小地方的溫度。 ・變化率大。 ・固有阻抗大，即使延長導線，誤差也少。
缺點	・變化率小。 ・溫差檢測方式，故要修正冷接點溫度。	・熱反應慢。 ・不耐振動、衝擊。 ・無法測到高溫區。(一般到 300℃)	・變化率不是線性的。 ・無法測到高溫區。(一般到 300℃)

表 1-22-2　保護管構造的種類

名稱項目	帶殼型	一般型
構造	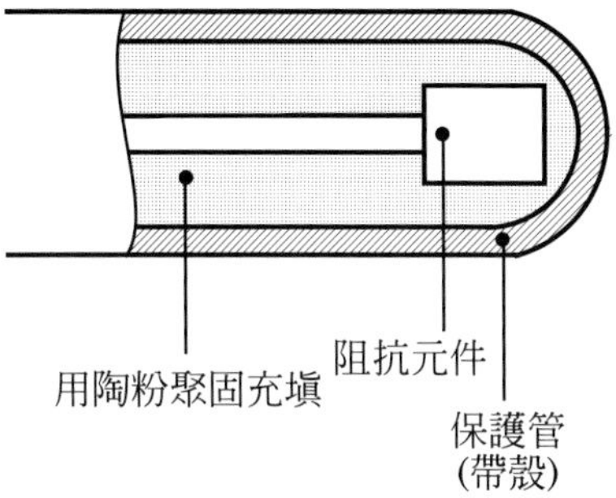 用陶粉聚固充填 阻抗元件 保護管(帶殼)	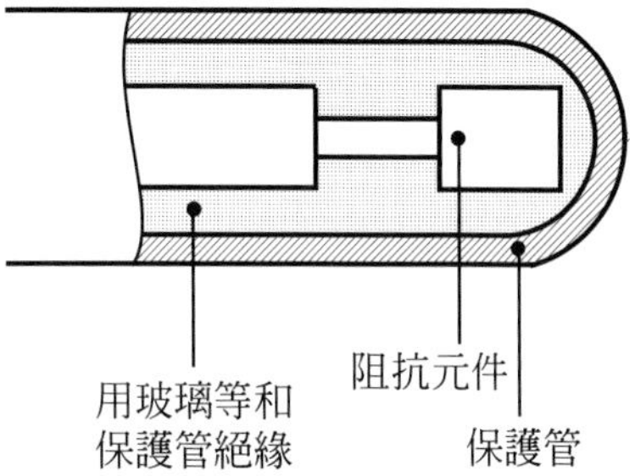 用玻璃等和保護管絕緣 阻抗元件 保護管
性能	‧熱反應快。 ‧耐振動、衝擊。 ‧能彎曲外殼使用。	‧熱反應慢。 ‧保護管和阻抗元件因能分離，保護管的形狀、材質、壁厚等能做特殊對應。 ‧保護管一般都很粗，強度佳。

溫度控制器外部接線圖：(請參考圖 1-22-8)

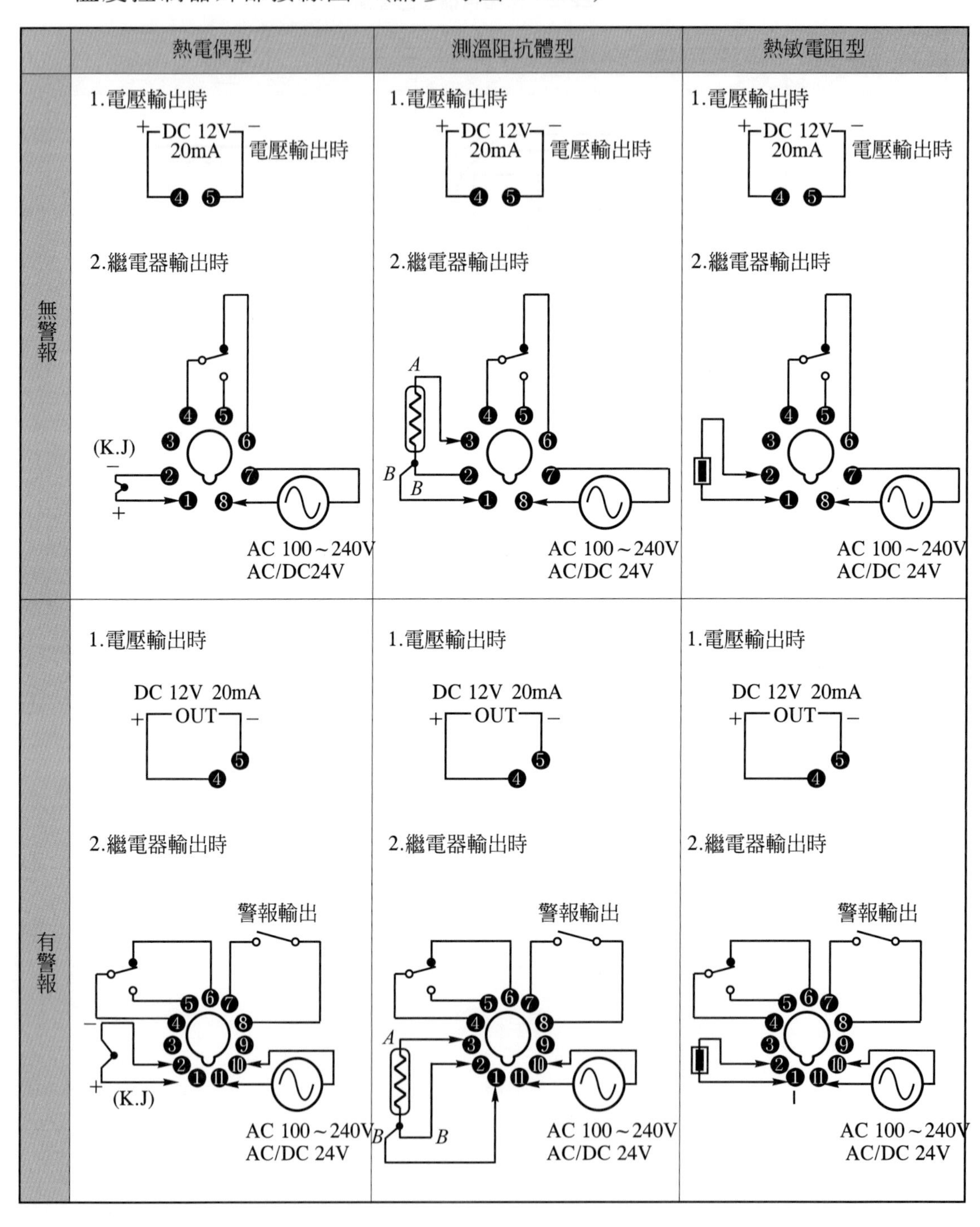

註：電壓輸出(DC12V 20mA)未和內部回路絕緣，故使用接地型熱電偶測溫體時，請勿把④或⑤號端子接地(若接地，則產生回流，測定溫度會產生誤差)。

圖 1-22-8 接線圖(OMRON)

1-23　浮球開關

1.　浮球液位開關

浮球液位開關(Float Switch)簡稱爲 FS，是一種結構簡單，且使用安裝方便的液位控制器，常使用於一般家庭自來水水塔自動抽水控制電路中，浮球開關是由開關本體、尼龍線及兩個水球所組成，其外觀如圖 1-23-1 所示。

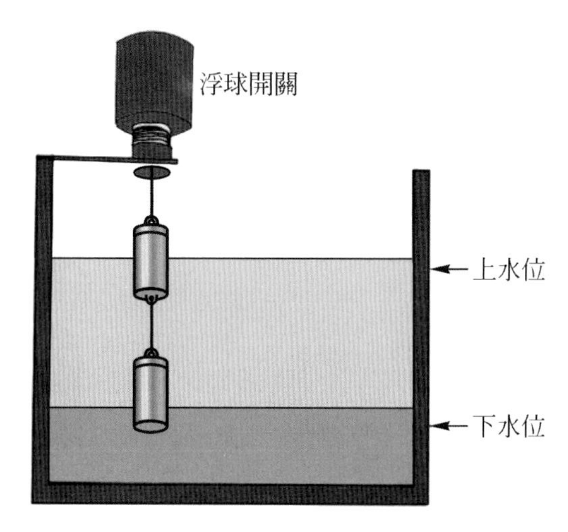

圖 1-23-1　浮球液位開關外觀圖

浮球開關裝在水塔的上方，兩個水球的高度可以隨意調整，上水球指定最高水位，而下水球指定最低水位，兩個水球裡面要注滿水(有些廠商出廠時並沒注水，所以必須自己注水)，利用浮球在水中的液面位置升降變化，改變兩個水球的重量。當下水位時，兩個水球的重量使微動開關的接點閉合，自動控制抽水幫浦運轉；水位一直上升，兩個水球的重量逐漸減輕，當水位一直上升到上水位時，水球的重量小於微動開關內的彈性簧片彈力時，彈性簧片將開關接點打開，抽水幫浦停止抽水。由於微動開關內的接點容量很小，不能直接控制負載，所以必須配合電磁開關一起使用。

A接點：(即微動開關內的A_1與A_2)爲常開接點，拉下浮球開關的狀態下，接點爲閉合，因此A接點開關適合使用於屋頂水塔。

B接點：(即微動開關內的B_1與B_2)爲常閉接點，拉下浮球開關時的狀態下，接點爲開路，因此B接點開關適合使用於水源水塔，請參考圖 1-23-2。

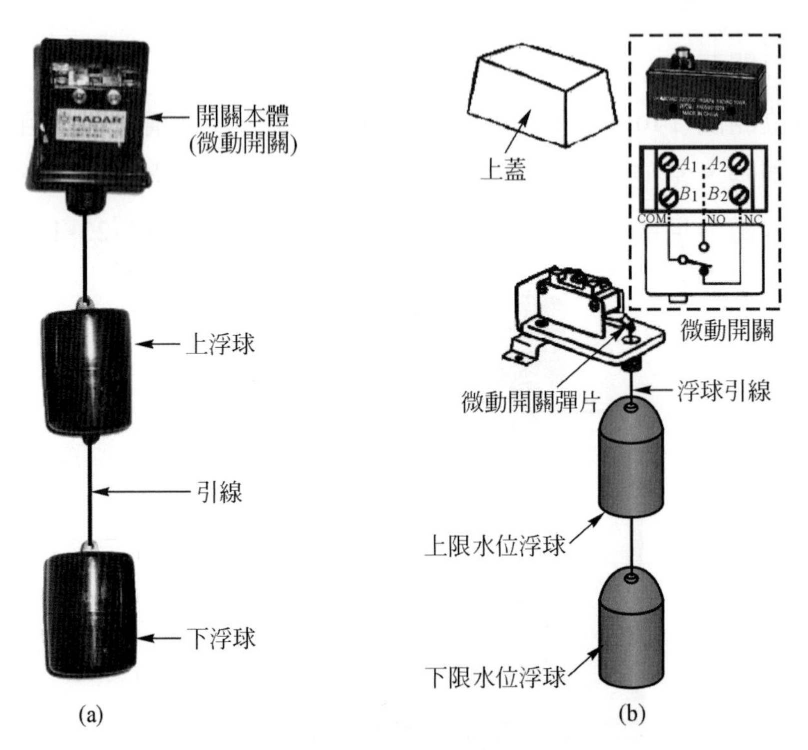

圖 1-23-2　浮球開關構造圖

浮球開關的動作原理：

(1)　單組浮球自動抽水：(請參考圖 1-23-3)

浮球開關是裝在水塔的上方 ，兩個水球的高度可以隨意調整，上水球指定最高水位，而下水球指定最低水位，在最低水位時因兩個水球的重量使微動開關向下，接點閉合，抽水幫浦開始運轉；當水位逐漸上升，淹過下水球時，因上水球的重量仍舊保持，所以微動開關內的接點A_1與A_2仍然保持接通狀態。水塔內的水位繼續上升到超過上水球時，因兩個浮球都浮起，水球的重量小於微動開關內的彈性簧片彈力時，彈性簧片將開關接點打開，A_1與A_2不通變成B_1與B_2接通，抽水幫浦停止抽水。

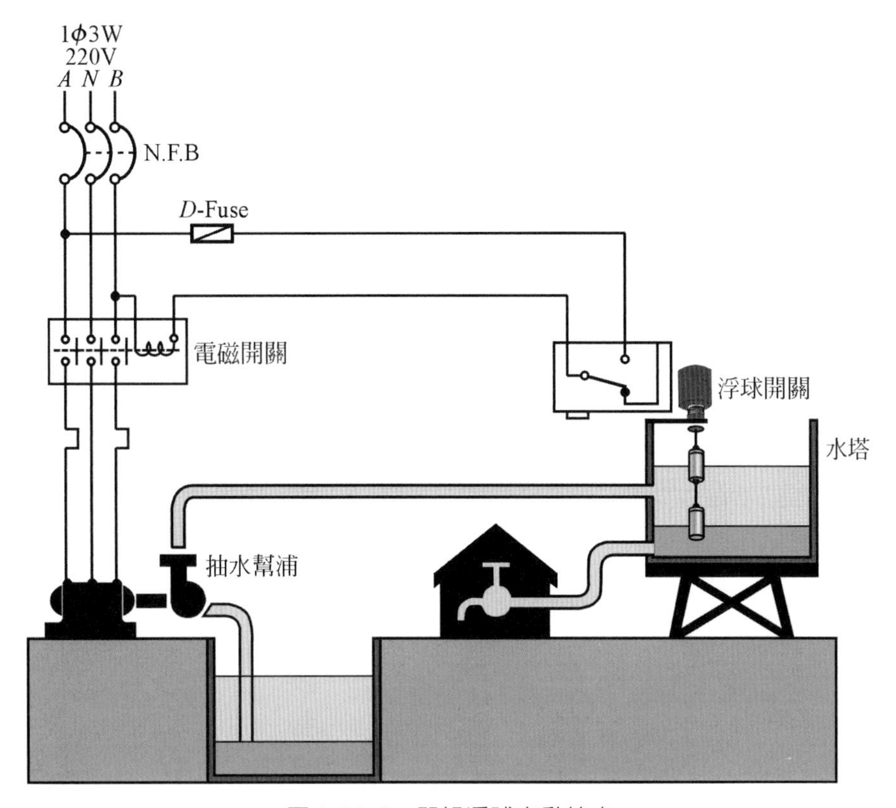

圖 1-23-3　單組浮球自動抽水

(2) 雙組浮球自動抽水：(請參考圖 1-23-4)

雙組浮球的功用是保護抽水幫浦，避免水源沒有水時，抽水幫浦空轉以及防止抽水馬達抽停太頻繁，而降低馬達壽命。利用屋頂與一樓的浮球開關來控制抽水馬達的運轉與停止。在屋頂水塔及一樓水塔內分別裝一組浮球，屋頂水塔的水是抽水幫浦從一樓水塔將水抽上去的，然後再供應各個樓層用水。一樓的浮球是控制自來水水源的水位，屋頂水塔的浮球是控制各個樓層用水水塔內水位。

剛開始時，一樓及屋頂水塔都沒水，所以浮球開關的接點都是A_1與A_2接通。當自來水開始進水後，一樓水塔內的水位逐漸上升，淹過下浮球開關時，一樓水塔內的微動開關接點仍然停留在A_1與A_2接通狀態，自來水持續進水，當淹過上水位浮球時，接點變成B_1與B_2接通，抽水幫浦開始運轉，將水抽到屋頂水塔。

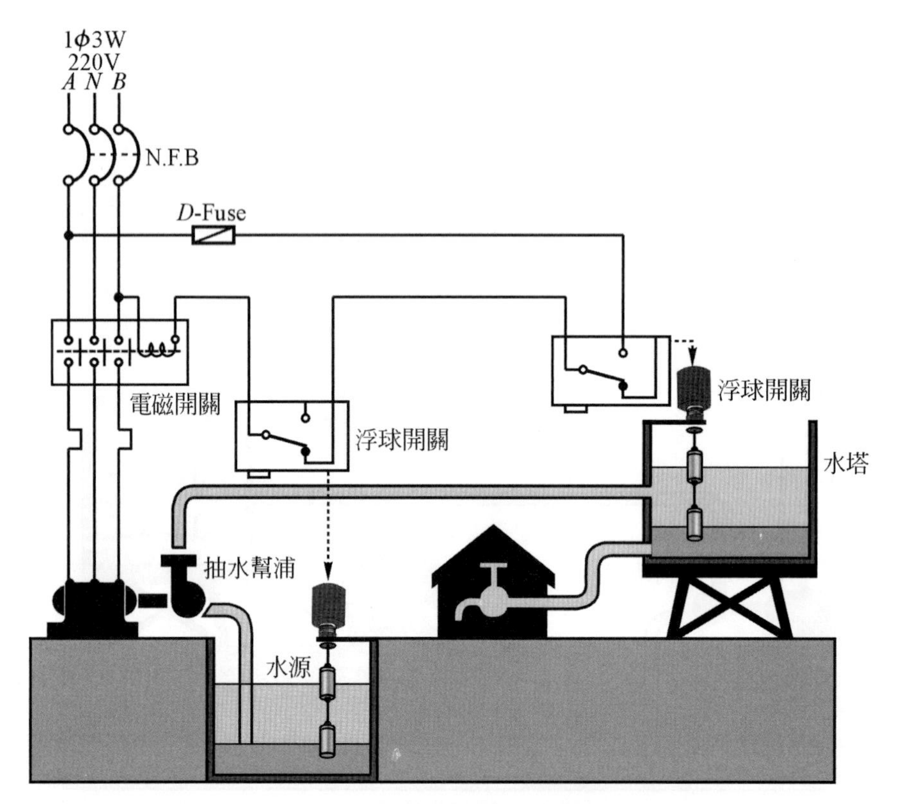

圖 1-23-4 雙組浮球自動抽水

屋頂水塔持續進水，水位淹沒下浮球時仍繼續抽水，直到水位上升到上浮球時，屋頂水塔內的微動開關接點A_1與A_2打開，變成B_1與B_2接通，所以抽水幫浦停止運轉。

當抽水幫浦抽水的同時，一樓水塔的水浮球開關會因水位下降而持續補水，因此除非停水，一樓水塔會一直保持滿水位，而屋頂水塔因各樓層用水會使水位慢慢降低，當屋頂水塔降到低水位時，屋頂水塔的微動開關接點A_1與A_2 接通， 抽水幫浦又開始啓動抽水。

接線注意事項：

① 兩個浮球開關與抽水馬達的控制開關線圈，在線路接線是成串聯的。

② 一樓的浮球開關必須接在微動開關上的B_1與B_2接點，屋頂的浮球開關必須接在微動開關上的A_1與A_2接點。

2.　水銀浮球開關：(外觀請參考圖 1-23-5)

水銀浮球開關是利用水銀開關做爲接點零件，水銀浮球開關以重錘爲支點，當角度上仰超過 10 度以上時，水銀浮球開關的接點便會有ON或OFF的信號輸出，經由水銀開關接點改變，透過控制箱內的控制器，控制抽水幫浦的起動與停止抽水。

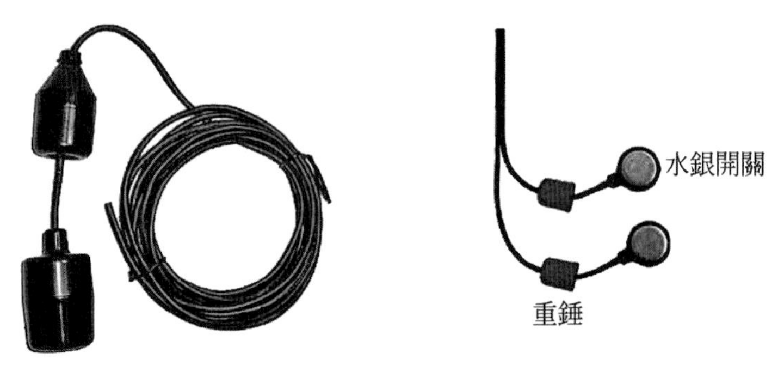

圖 1-23-5　水銀浮球開關

浮球開關是利用塑膠射出一體成型，所以結構堅固、價格低及壽命長。對長距離、多點液位控制、沉水泵或含有粒狀／塊狀雜質之液體控制非常佳，當然對於一般性的液體亦可使用。

水銀開關是利用液體的導電性，在一密閉的眞空玻璃容器內，封入一對電極及水銀，利用水銀的良好導電性，當開關傾斜時，水銀介於兩電極間使接點導通，玻璃容器裡面加進隋性氣體是爲了不使電極產生火花，延長其壽命。而水銀開關接觸電阻小，安定性高，在小信號的處理上，有更高的信賴性，請參考圖 1-23-6。

(a) 水銀開關外觀圖　(b) 水銀開關構造圖

圖 1-23-6　水銀開關

由於水銀開關的接點額定電流容量很小，不能直接控制負載，必須透過控制箱內的電磁接觸器或繼電器來控制負載。利用儲水槽內的液面上下變化，以重錘爲支點，由水銀開關外面的浮球之傾斜變化，當角度超過 10 度以上時，水銀開關的接點便會有 ON 或 OFF 的信號輸出，經由水銀開關接點改變，透過控制箱內的控制器，控制抽水幫浦的起動與停止抽水，請參考圖 1-23-7。

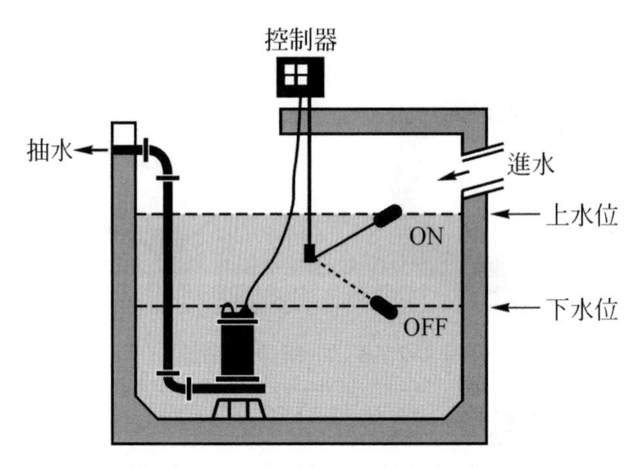

圖 1-23-7　水銀浮球開關自動抽水圖

1-24　電極式液面控制開關

電極式液面控制開關在價格方面，雖然比浮球式液面控制開關貴，但因其電磁式準確性高、故障少且較爲安全實用，故漸有取代浮球式開關的趨勢。其因具有避雷器，所以不會受到雷擊及感應閃電的影響，圖 1-24-1 爲其外觀圖。

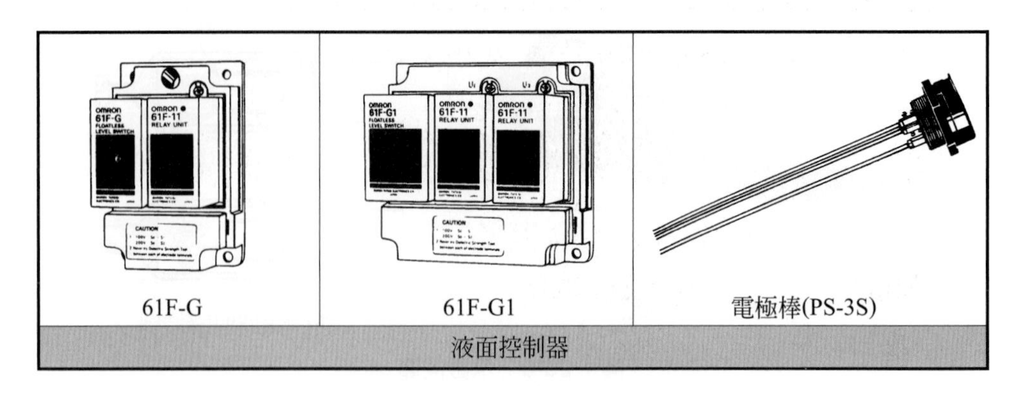

圖 1-24-1　外觀圖(OMRON)

電極式液面控制器以OMRON牌61F型爲例，其額定電壓適用於AC110V、AC220V 二種電壓，內部電極電壓有 AC 8V、AC 24V 等二種，消耗電力約3.2VA，控制輸出額定容量爲AC 220V 5A，現以實例說明如下：

1. 自動給水控制以(61F-G)型爲例：(請參考圖 1-24-2 及圖 1-24-3)
   (1) (61F-G)適用於 AC 110V 或 AC 220V 二種電源。
   (2) 當水槽缺水時，(U)電驛不會動作，所以此時T_c與T_b接通，故 T 相電源經$T_c \rightarrow T_b \rightarrow$(MC)到 R 相電源，(MC)激磁，抽水機抽水。
   (3) 隨著水槽內的水位逐漸升高，水位由E_3升高至E_2時，抽水機仍然不斷地抽水，當水位升高到E_1時，(U)電驛動作，使T_c與T_b接點分開，抽水機停止抽水。

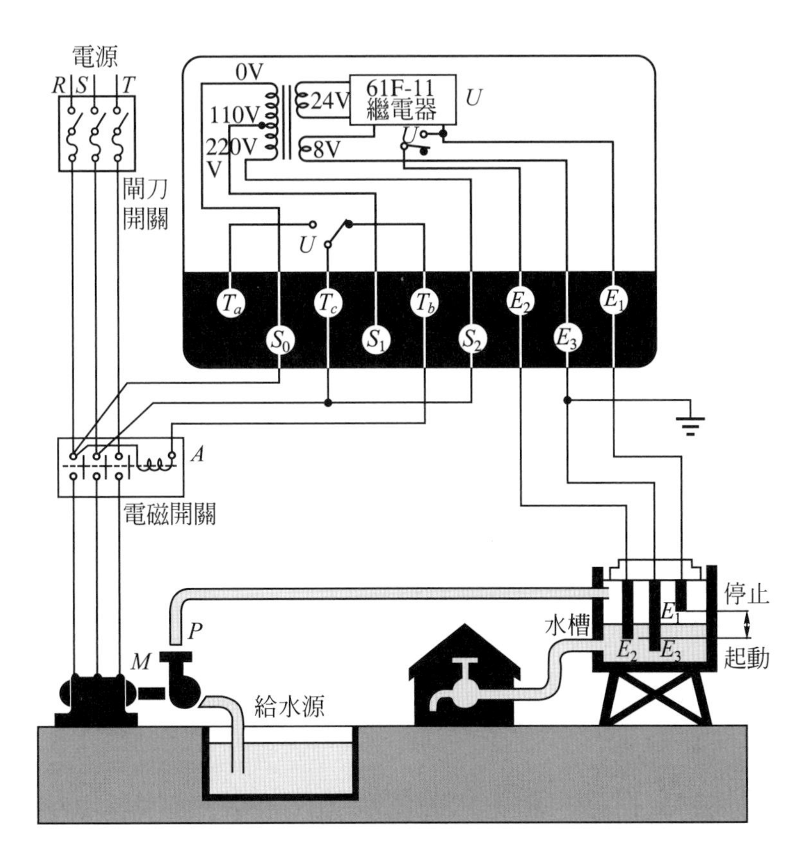

圖 1-24-2　61F-G 之配線圖

(4) 當水槽水位降到E_1以下時，(U)電驛仍然保持激磁動作，所以抽水機仍然不動作，當水槽水位下降到E_2以下時，(U)電驛電源被切斷而失磁，此時T_c與T_b接點接通，抽水機又開始抽水。

(5) 當水位升高至E_1時，抽水機停止抽水，當水槽的水位降低至E_2以下時，抽水機開始抽水，所以稱E_1爲水位之上限，E_2爲水位之下限。

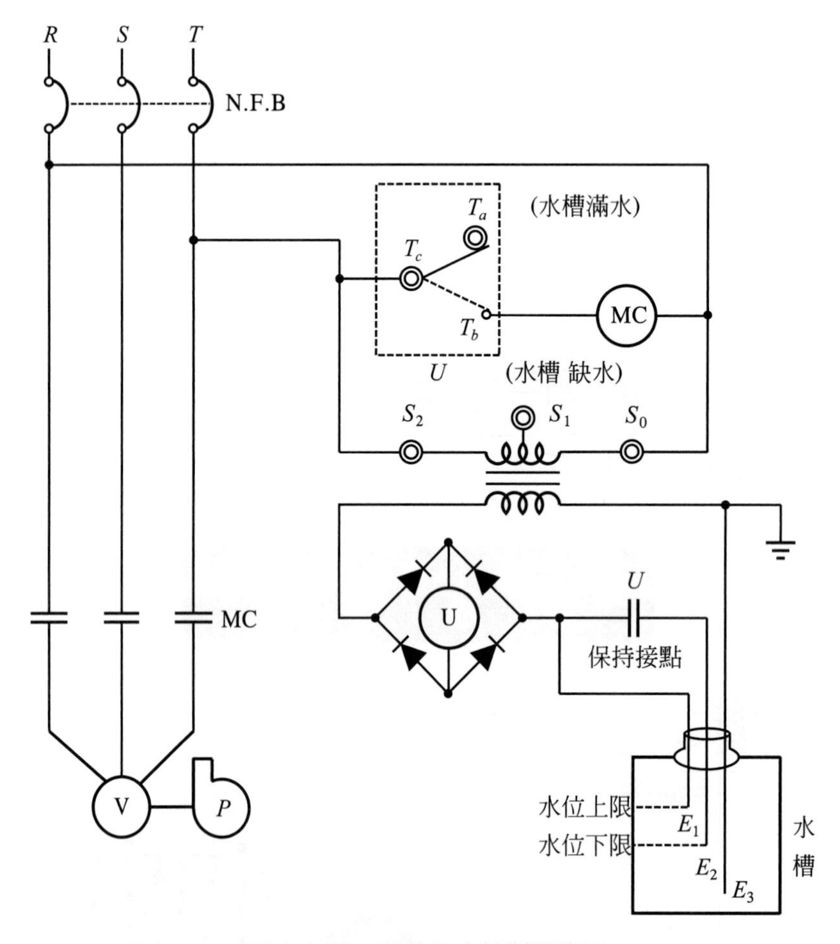

圖 1-24-3　61F-G 之控制電路圖

2. 具防止泵浦空轉裝置之自動給水控制液面控制器，以OMRON (61F-G1)型爲例：(請參考圖 1-24-4 及圖 1-24-5)

(1)　U_1電驛動作分析：

①　由圖中可知，E_1'、E_2'、E_3'三根電極棒是用來感測水源之水位高低。

②　當水源水位在E_2'以下時(U_1)不會激磁，所以(BZ)發出警報，通知水源缺水。當水源水位升高至E_2'，(U_1)仍不會激磁，一直到水源水位升高至E_1'時，(U_1)才會激磁。

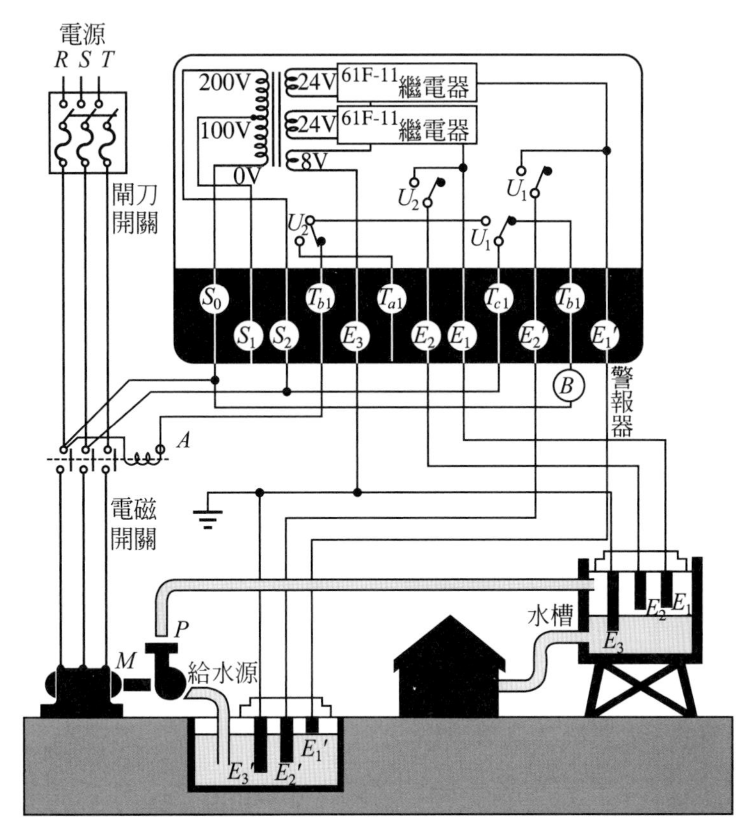

圖 1-24-4　61F-G1 之控制配線圖

③　(U_1)動作以後，水源之水位如下降至E_1'以下時，(U_1)靠本身a接點的自保繼續動作，水源之水位如再繼續降至E_2'以下時，(U_1)繼電器因斷電而失磁，(BZ)才會發出警報。

④ 因此E_1'爲水源水位的上限，E_2'爲水源水位的下限，而且只有在(U_1)動作以後，抽水機才能抽水至水塔。

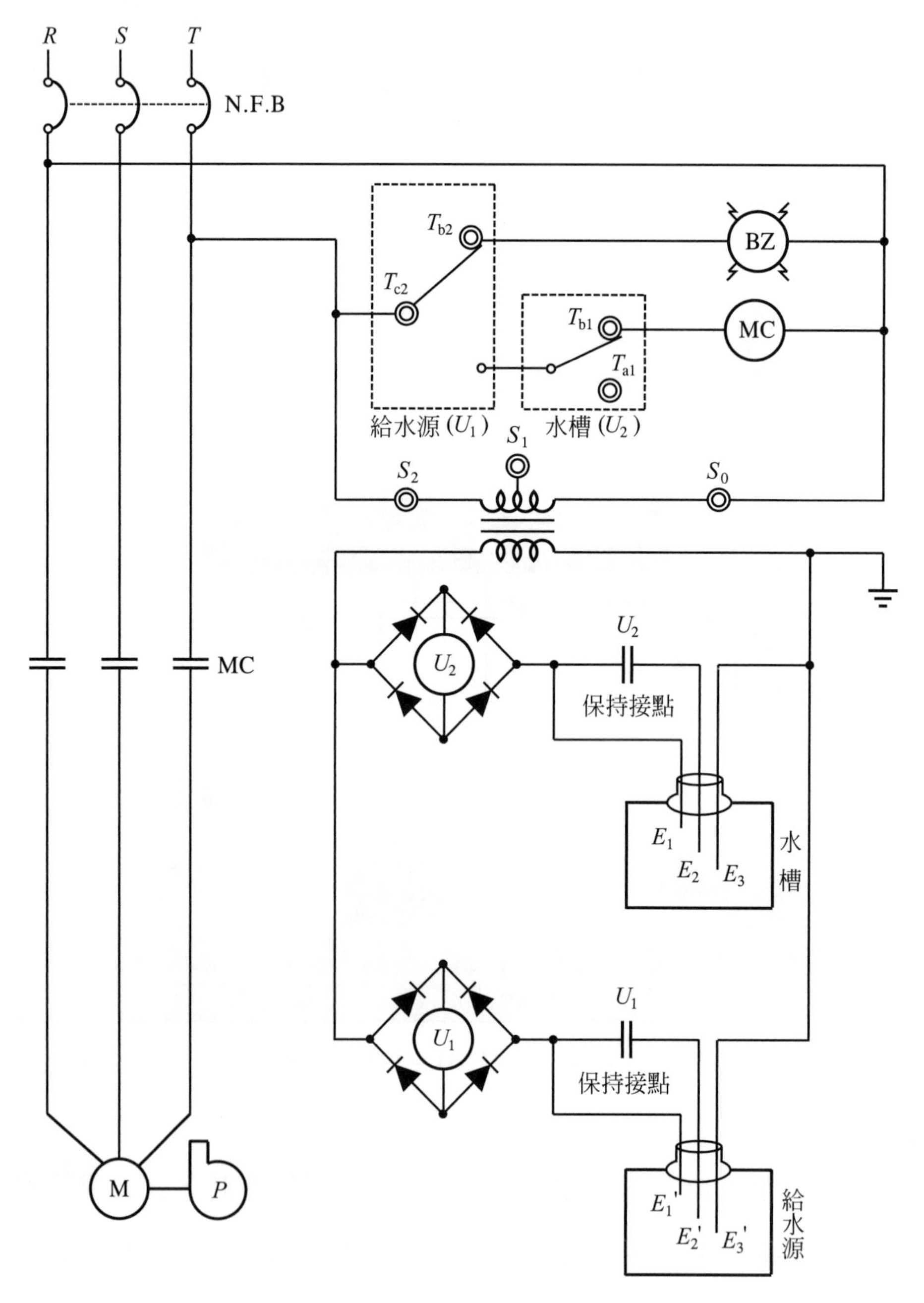

圖 1-24-5 61F-G1 之控制電路圖

(2)　U_2電驛動作分析：(當水源有水時)

①　由圖中可知，E_1、E_2、E_3三根電極棒是用來感測水槽水位之高低。

②　當水槽缺水時，E_1、E_2電極棒離開水面，(U_2)不激磁，所以抽水機抽水。

③　當水槽水位升高至E_2時，(U_2)仍然不會激磁，一直到水槽水位升高至E_1時，E_1、E_2、E_3全部浸在水中，(U_2)才會激磁，此時T_{c2}與T_{b1}接點不通，所以抽水機停止抽水。

④　當水槽水位下降至E_1以下時，(U_2)利用本身a接點的自保，所以(U_2)仍然激磁，所以抽水機仍然不抽水。一直到水槽水位降至E_2以下時，(U_2)繼電器斷電而失磁，此時T_{c2}與T_{b1}接點又接通，抽水機開始抽水。

⑤　水槽水位之上限爲E_1，水槽水位之下限爲E_2。

1-25　SE 電驛

1.　SE 電驛的概述

靜止型馬達保護電驛(Static Elements Relay)簡稱 SE 電驛，又稱爲馬達繼電器(Motor Relay)，是一顆使用於三相感應電動機的靜止型保護電驛，它可利用面板上的功能設定開關，來選擇使用過載、欠相、逆相中的一項、二項或三項的保護功能。當發生故障時，面板上的動作指示燈(LED)會用亮燈來分別指示故障原因，使得檢修更加方便，於故障排除後，它的復歸方式依型號的區分有手動復歸型及自動復歸型可供選用，而且因採用電壓的方式來做逆相檢測，所以可以不用起動電動機就能判斷三相電源是否逆相，非常實用，(SE)電驛必須配合電流轉換器一起使用，請參考圖 1-25-1 所示。

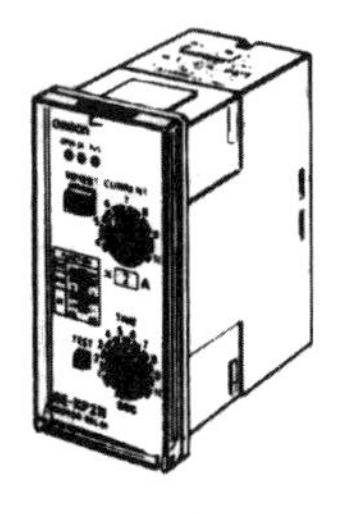

(a) 盤面安裝型

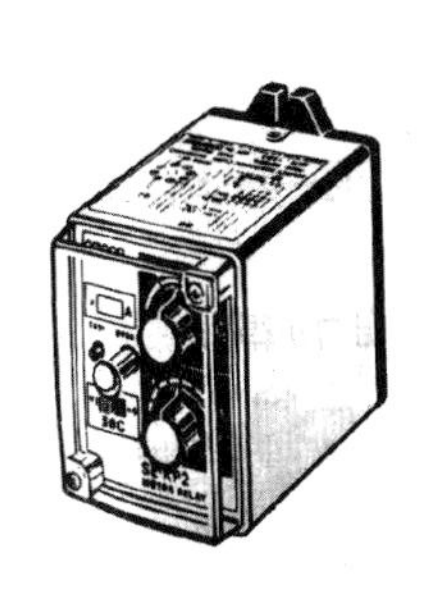

(b) 插入型

(c) 電流轉換器

圖 1-25-1　SE 電驛外觀圖(OMRON)

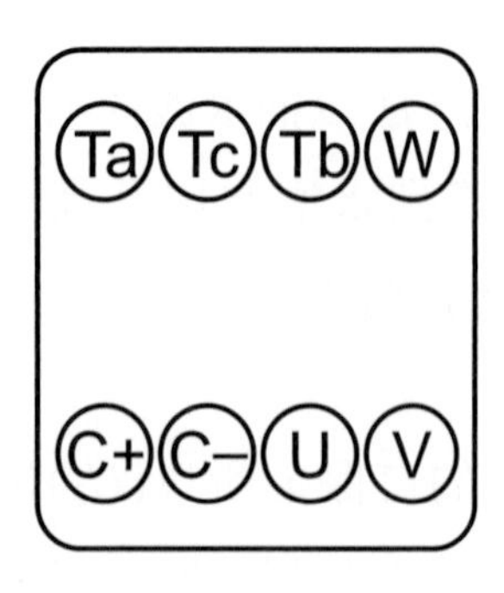

(d) 盤面型接線端子

功能	設定	設定內容
逆相	ON	使用逆相
	OFF	不使用逆柏
欠相	ON	使用欠相
	OFF	不使用欠相
	H	動作不平衡率：35%±10%
	L	動作不平衡率：65%
過載	ON	使用過載
	OFF	不使用過載
	×4 Sec	動作時間:4~40s（起動時鎖定時間）
	×1 Sec	動作時間:1~10s（起動時鎖定時間）

(e) 功能設定開關

圖 1-25-1　SE 電驛外觀圖(OMRON)(續)

2.　SE 電驛的特性

(1) 額定頻率：50/60Hz，容許±5%的變動範圍。

(2) 操作電源電壓：ACI00/110/120V，AC200/220/240V，AC380/400/440V。

(3) 操作電源電壓的容許變動範圍：額定電壓的 85%～110%。

(4) 電流設定範圍:1～160 安培。配合(SET-3A)型的電流轉換器可適用在 1～80 安培，配合(SET-3B)型的電流轉換器可適用在 64～160 安培。

(5) 過載的電流動作值：電流設定值的 115%動作。

(6) 過載的動作時間特性：有反限時動作特性(使用 SE-KP□N 型或 SE-K□N 型)及起動時鎖定/瞬時動作特性(使用 SE-KQP□N 型或 SE-KQ□N 型)兩種。

(7) 過載的動作時間：反限時型約 1～40 秒，瞬時型則約 0.5 秒以下。

(8) 欠相的電流動作值：電流設定值的 50%以下動作(一相完全欠相時)。

(9) 欠相的動作時間：於高感度設定(H)時，2 秒以下；於低感度設定(L)時，3±1 秒。

(10) 逆相的電壓動作值：額定電壓的 80%以下。

(11) 逆相的動作時間：0.5 秒以下(在額定電壓的狀態下)。

(12) 反限時動作型：當過電流越大，而動作時間越短時，稱之。

(13) 過載(反限時型)的動作時間特性曲線，請參考圖 1-25-2。

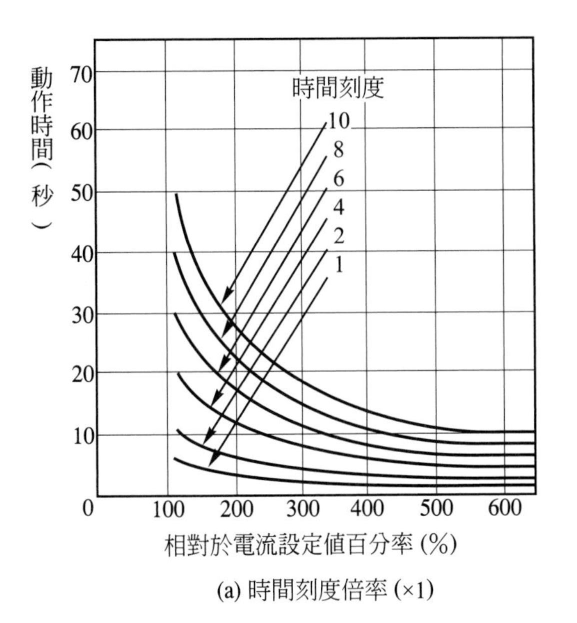

(a) 時間刻度倍率 (×1)

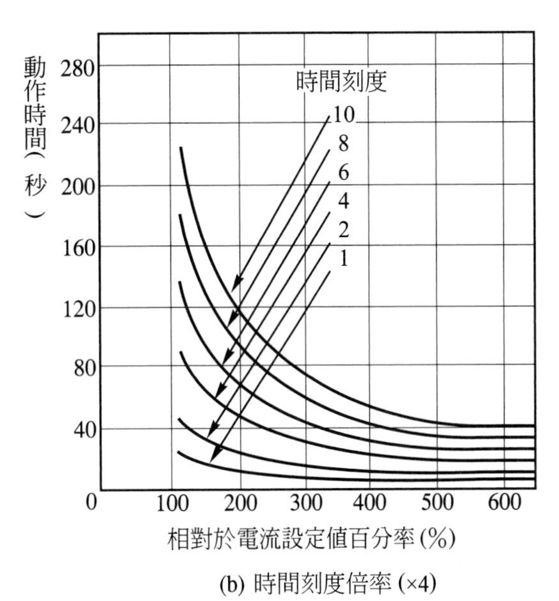

(b) 時間刻度倍率 (×4)

圖 1-25-2　過載的動作時間特性曲線

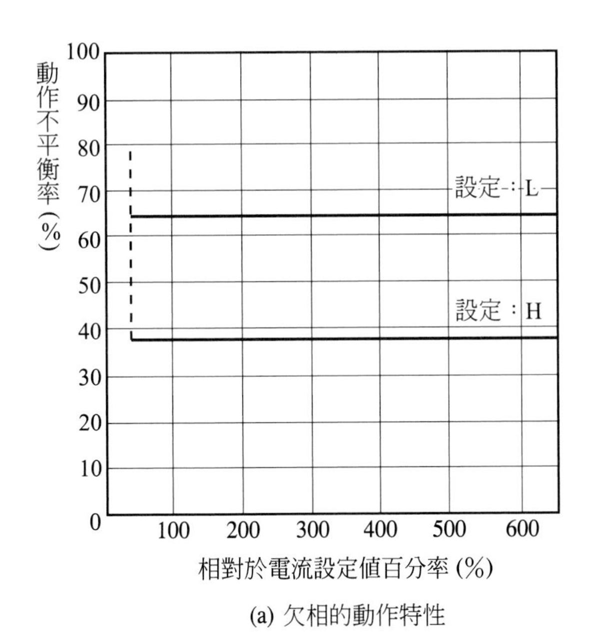

(a) 欠相的動作特性

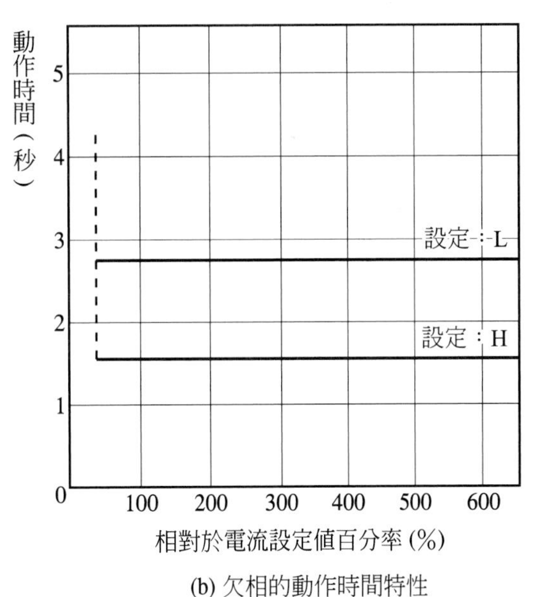

(b) 欠相的動作時間特性

圖 1-25-3　欠相的動作及動作時間特性曲線

⒁　欠相的動作及動作時間特性曲線，請參考圖 1-25-3。

⒂　設定電流一覽表，請參考表 1-25-1。

表 1-25-1 設定電流一覽表

<table>
<tr><th colspan="3" rowspan="2">項目
電動機額定容量
3φ3W, 220V 4P</th><th colspan="2">SE 電驛</th><th colspan="3" rowspan="2">電流轉換器</th></tr>
<tr><th rowspan="2">額定電流
(電流設定範圍)
(A)</th><th rowspan="2">電流刻度倍率
(貼紙 NO.)</th></tr>
<tr><th>kW</th><th>HP</th><th>A</th><th>導體貫通匝數(匝)</th><th>設定分接頭</th><th>型號</th></tr>
<tr><td>0.2
0.4</td><td>1/4
1/2</td><td>1.4
2.2</td><td>1～2.5</td><td>0.25</td><td>8</td><td>20</td><td rowspan="4">SET-3A</td></tr>
<tr><td>0.4
0.75</td><td>1/2
1</td><td>2.2
3.5</td><td rowspan="2">2～5</td><td rowspan="2">0.5</td><td rowspan="2">4</td><td rowspan="2">20</td></tr>
<tr><td colspan="2">超出 37kW 的電動機
市售 CT 的二次側</td><td>5</td></tr>
<tr><td>0.75
1.5
2.2</td><td>1
2
3</td><td>3.5
6.5
9</td><td>4～10</td><td>1</td><td>2</td><td>20</td></tr>
<tr><td>2.2
3.7</td><td>3
5</td><td>9
15</td><td>8～20</td><td>2</td><td>1</td><td>20</td><td>SET-3A</td></tr>
<tr><td>5.5
7.5</td><td>7.5
10</td><td>22
27</td><td>16～40</td><td>4</td><td rowspan="3">1</td><td>40</td><td rowspan="2">SET-3A</td></tr>
<tr><td>11
15
19</td><td>15
20
25</td><td>40
52
64</td><td>32～80</td><td>8</td><td>80</td></tr>
<tr><td>19
22
30
37</td><td>25
30
40
50</td><td>64
78
104
125</td><td>64～160</td><td>16</td><td>固定</td><td>SET-3B</td></tr>
</table>

3. SE 電驛的說明與使用法

(1) 說明：(請參考圖 1-25-4)

① 電流刻度倍率之決定：由表 1-25-1 之電流設定範圍決定之。以使用 3ϕ，3W，220V，3.7kW 的電動機額定電流為 15A 為範例：

例：因電流落於 8～20A 之間，則電流刻度倍率為 2(貼紙為 2)。

② 動作電流設定：(請參考表 1-25-2)

額定電流值＝電流刻度值 × 電流刻度倍率

動作電流值＝額定電流值 × 115 %

例：電流刻度值爲 7.5A

電流刻度倍率爲 2

則額定電流值＝ 7.5A × 2 ＝ 15A

動作電流值＝ 15A × 115 %＝ 17.25A

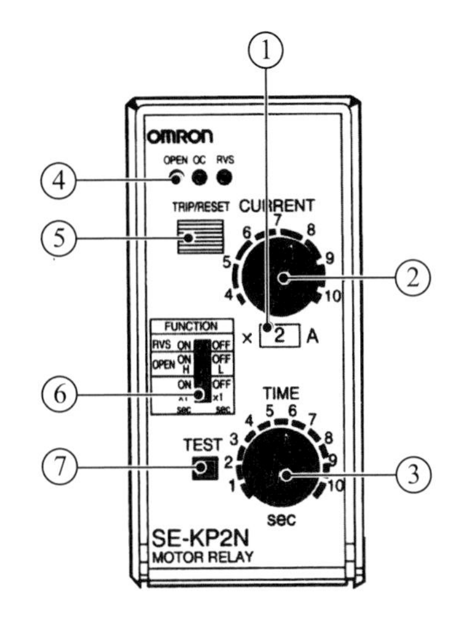

NO.	名稱
①	電流刻度倍率貼紙
②	動作電流設定旋鈕
③	動作時間設定旋鈕
④	動作指示 LED(OPEN 欠相/OC 過載/RVS：逆相)
⑤	跳脫顯示窗/復歸按鈕(僅限手動復歸型)
⑥	功能設定開關
⑦	測試按鈕

圖 1-25-4 SE 電驛之面板圖(OMRON)

表 1-25-2 設定電流表

		設定電流值(A)						
電流刻度倍率(貼紙 NO.)	×0.25	1	1.25	1.5	1.75	2	2.25	2.5
	×0.5	2	2.5	3	3.5	4	4.5	5
	×1	4	5	6	7	8	9	10
	×2	8	10	12	14	16	18	20
	×4	16	20	24	28	32	36	40
	×8	32	40	48	56	64	72	80
	×16	64	80	96	112	128	144	160
電流刻度值		4	5	6	7	8	9	10

表 1-25-3 動作時間表

時間刻度值 \ 刻度倍率	刻度倍率	
	×1	×4
2	2 秒	8
3	3	12
4	4	16
5	5	20
6	6	24
7	7	28
8	8	32
9	9	36
10	10	40

③ 動作時間設定：(請參考表 1-25-3)

動作時間＝時間刻度值×刻度倍率

例：時間刻度值爲 3

刻度倍率爲 4

則吾人設定時間＝ 3×4 ＝ 12 秒

所以動作時間＝ 12 秒

④ 復歸按鈕：(SE)電驛動作後，對應的動作指示燈(LED)會亮燈。若要將接點復歸，需按復歸按鈕，才表眞正復歸。

⑤ 測試(TEST)按鈕：若動作時間被設定爲 12 秒，當過載測試時，按(TEST)鈕，經 12 秒後(SE)電驛動作。但電源欠相及逆相時不需按鈕，即可自動動作。

⑵ 使用法：(請參考圖 1-25-5)

① 假設電動機額定電流爲 12A，可在圖 1-25-5(a)AMPS 欄找出 8-20 這一欄，其相關 TURNS 爲每相貫穿一匝，TAP 爲 20，須在 20▷處上緊螺絲。貼紙號碼(STICKER NO.)爲 2，須在圖 1-25-5(b)× ☐ 欄內貼上黃色印字膠帶 2，CURRENT 需置於 6，則表示其動作電流爲 2×6×1.15 ＝ 13.8A。

② 動作跳脫時間(TIME)設定鈕，若扳到×4 的位置，而旋鈕若置於 4 的

位置，則過載測定時需按(TEST)按鈕，經 4×4 ＝ 16 秒，(SE)電驛才會動作。一般跳脫時間與過電流倍數有關，但電源欠相及逆相時不需按，就立即動作。

③ 若相序不對，(SE)電驛立即跳脫，此時只要將任兩相對調即可。查明故障後，一定要作手動復歸的動作。

④ 匝數的計算，請參考圖 1-25-6。

⊕ +

CURRENT CONVERTER TYPE

⊕ −

AMPS	TURNS	STICKER NO.	TAP
1 ～2.5	8	0.25	20
2 ～5	4	0.5	
4 ～10	2	1	
8 ～20	1	2	
16 ～40	1	4	40
32 ～80	1	8	80

20 ▷ (◎)
40 ▷ ( )
80 ▷ ( )

(a) 電流轉換器的面板圖

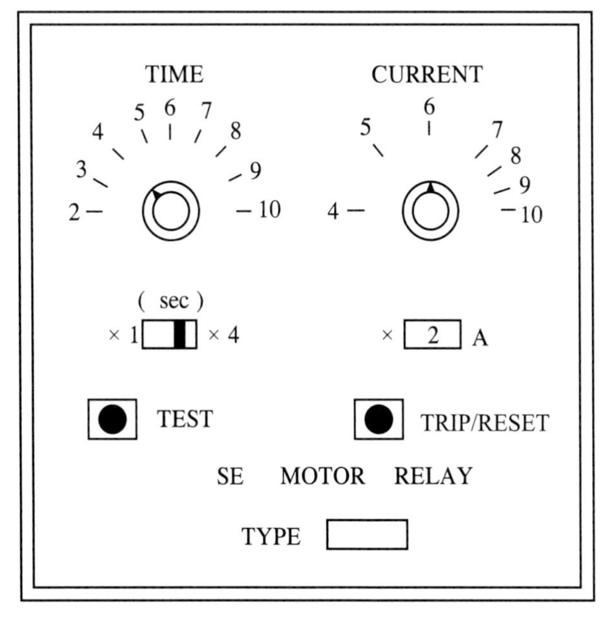

(b) SE電驛的面板圖

圖 1-25-5　電流轉換器及 SE 電譯的面板圖

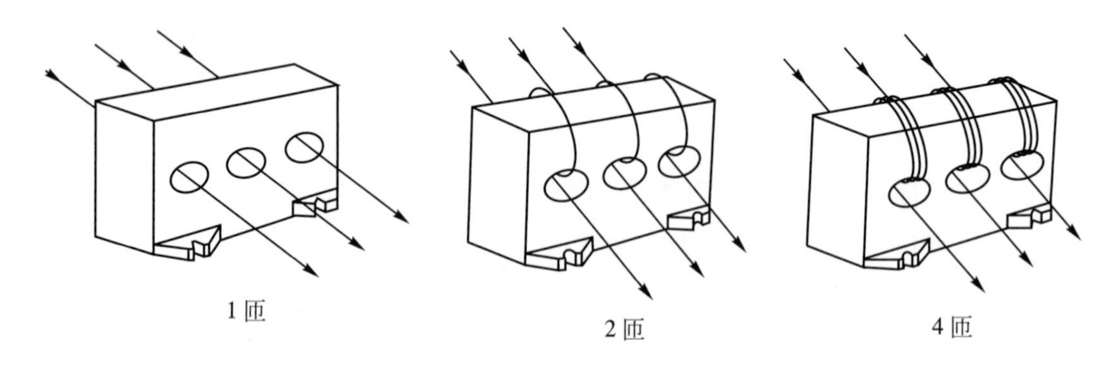

圖 1-25-6　電流轉換器的匝數計算

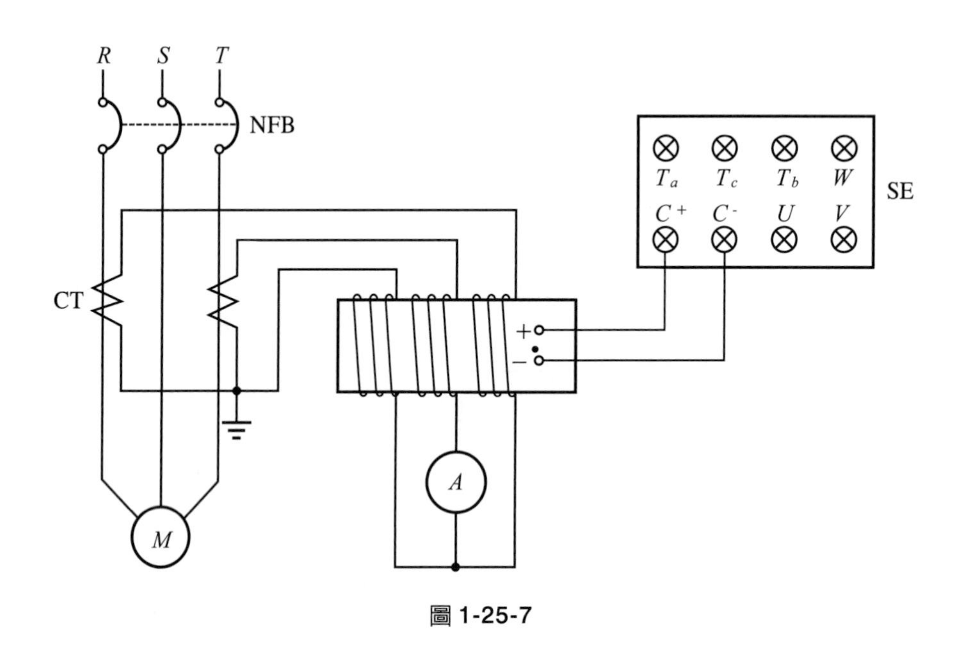

圖 1-25-7

4. 例題

有一三相，AC 220V 15HP的感應電動機，額定電流爲40A，(CT)爲150/5，一次側貫穿導體數爲2匝，使用75/5A之電流表，請設計電流轉換器(Converter)的貫穿匝數及電流刻度倍率值。(請參考圖1-25-7)

⑴ 先求CT二次側匝數，依$\frac{N_1}{N_2}=\frac{I_2}{I_1}$，即$\frac{2}{N_2}=\frac{5}{150}$，故$N_2=60$匝。

⑵ 再求CT的一次側匝數$=\frac{\text{CT 的一次電流} \times \text{基本匝數}}{\text{電流表的一次電流}}=\frac{150\times 2}{75}=4$匝。

⑶ 計算滿載時，CT二次側電流值$=40\times\frac{4}{60}=2.7(\text{A})$。

(4) 決定電流轉換器(Converter)的貫穿匝數，由圖 1-25-5(a)可決定之，由於 2.7A 介於 2～5A 之間，因此必需貫穿 4 匝。其貼紙號碼(STICKER ON.)爲 0.5，即電流刻度倍率爲 0.5。

(5) TAP 值在 20A 範圍內，須在 20⊳處上緊螺絲。

(6) (SE)之設定時間，視需要而定。

5. SE 電驛之接線圖例

(1) 手動運轉低壓電路(圖 1-25-8)。

(2) 自動運轉低壓電路(圖 1-25-9)。

(3) Y-△起動電路(圖 1-25-10)。

(4) 手動運轉低壓電路(圖 1-25-11)。

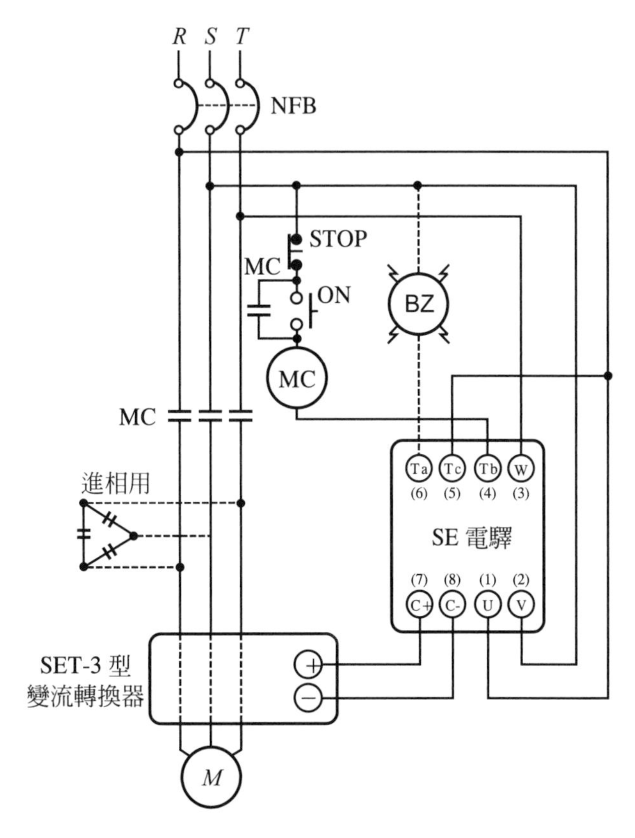

圖 1-25-8　手動運轉低壓電路

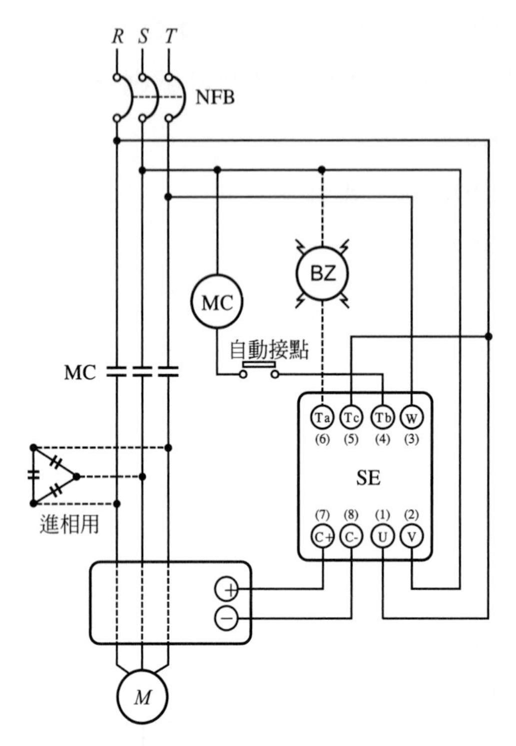

圖 1-25-9　自動運轉低壓電路

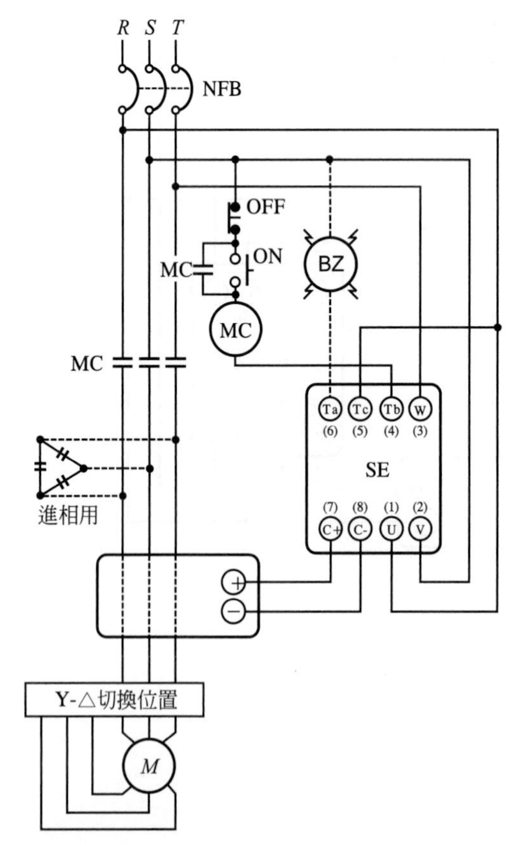

圖 1-25-10　Y-△起動電路

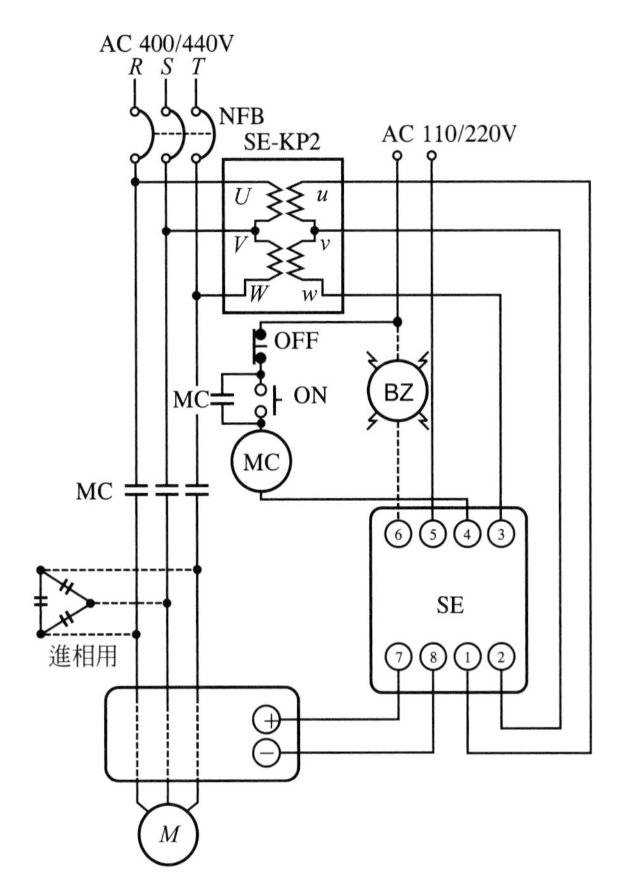

圖 1-25-11　手動運轉低壓電路

⑸　低壓大容量電動機(圖 1-25-12)。

⑹　(SE)電驛配合(61F-G)電極式液位控制開關之應用例(可適用於所有 61F 系列之開關(圖 1-25-13)。

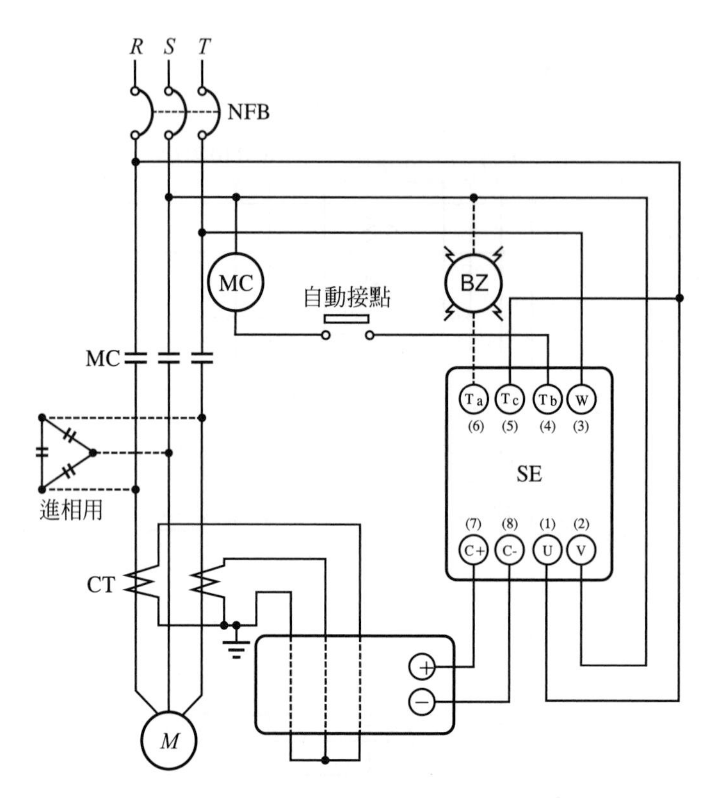

圖 1-25-12　低壓大容量電動機

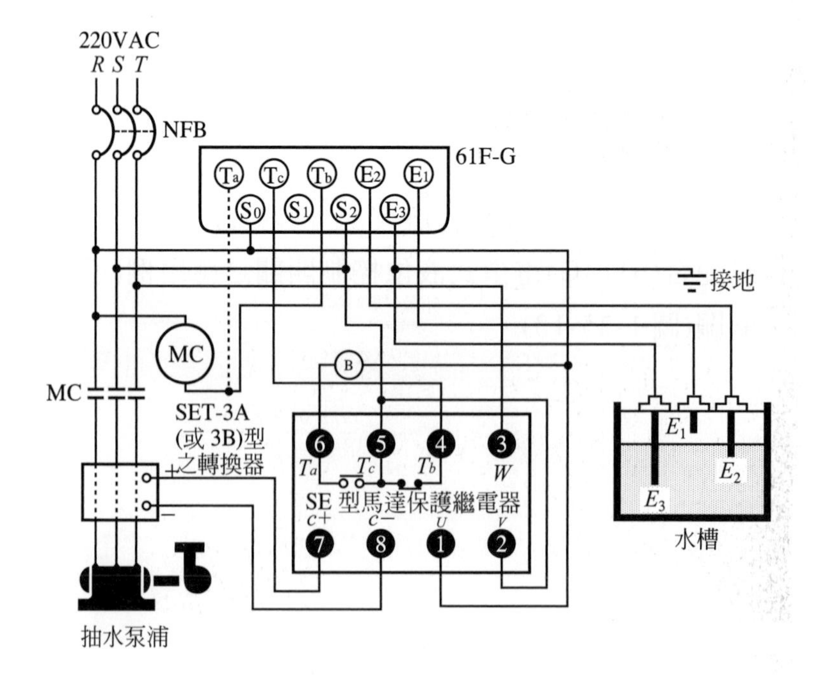

圖 1-25-13　SE 與 61F-G 之配合應用例

⑺　高壓電動機無電壓跳脫電路(圖 1-25-14)。

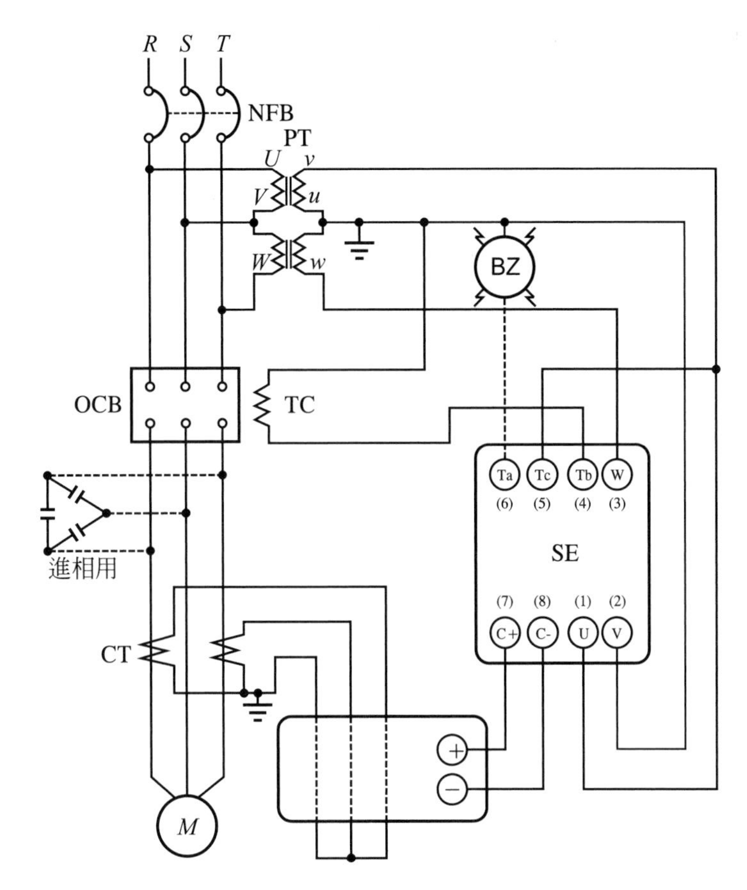

圖 1-25-14　高壓電動機無電壓跳脫電路

1-26　限時電驛測試

在做配線練習時，送電前應先測試各種限時電驛是否正常，才不致影響線路之動作功能，或送電時發生電路故障要判別限時電驛是否損壞時，若只用三用電表去測試，很難判別電驛的好壞，下面提供二個電路，以供實習時做爲測試限時電驛之用。

1.　ON-DELAY 限時電驛測試

⑴　圖 1-26-1 中是限時電驛之測試接線圖，圖 1-26-2 是(ON-DELAY)限時電驛之內部接線圖。

⑵ 將限時電驛(ON-DELAY)插到圖 1-26-1 之電驛測試座中。

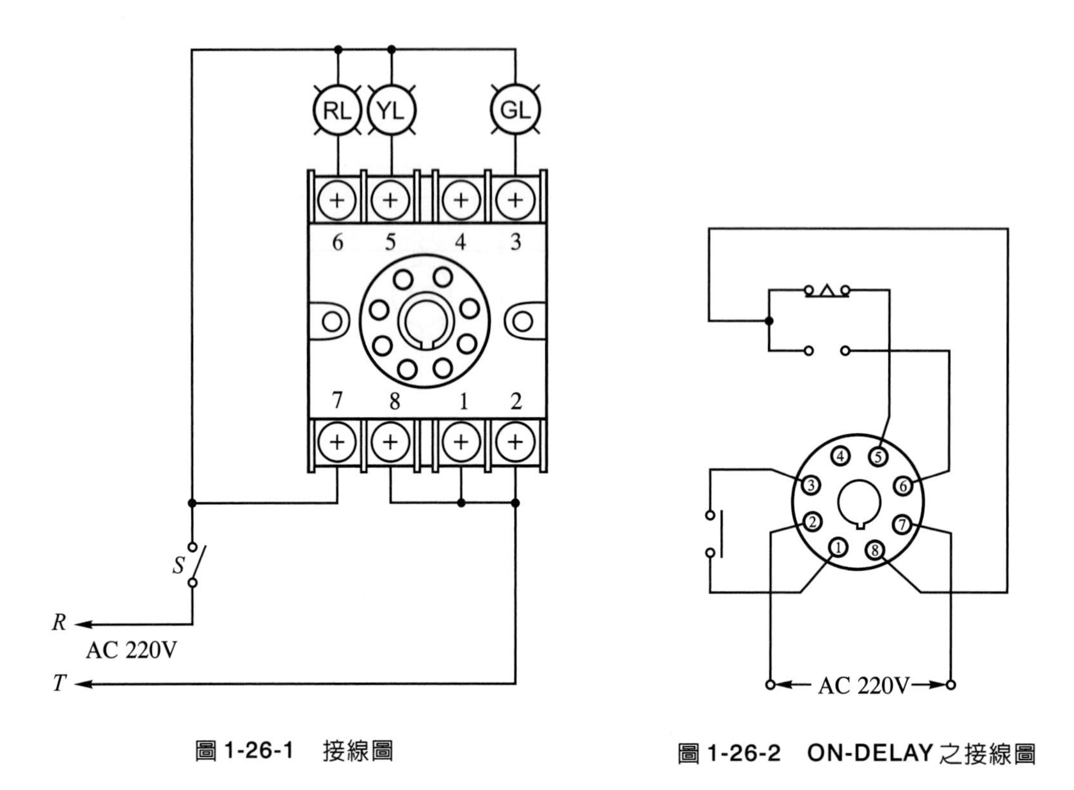

圖 1-26-1 接線圖

圖 1-26-2 ON-DELAY 之接線圖

⑶ 將開關(S)ON，綠色指示燈(GL)及黃色指示燈(YL)亮，經過電驛設定時間，黃色指示燈(YL)熄，紅色指示燈(RL)亮，即表示測試中之限時電驛是好的。

2. 閃爍電驛(FR)之測試

⑴ 將閃爍電驛插到圖 1-26-1 之測試座上。

⑵ 將開關(S) ON，則黃色指示燈(YL)及綠色指示燈同時亮，然後黃色指示燈及紅色指示燈二燈會交互明滅，綠色指示燈則是閃爍明滅，即表示測試中之閃爍電驛是好的。

3. OFF DELAY 限時電驛之測試

⑴ 將(OFF DELAY)限時電驛，插到圖 1-26-5 之電驛測試座上。

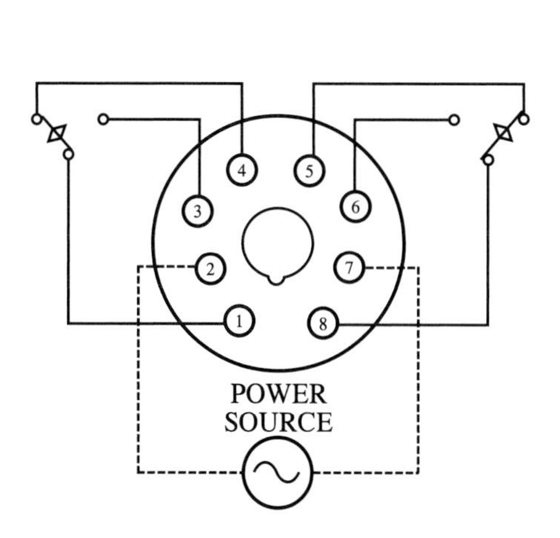

圖 1-26-3　閃爍電驛之內部接線

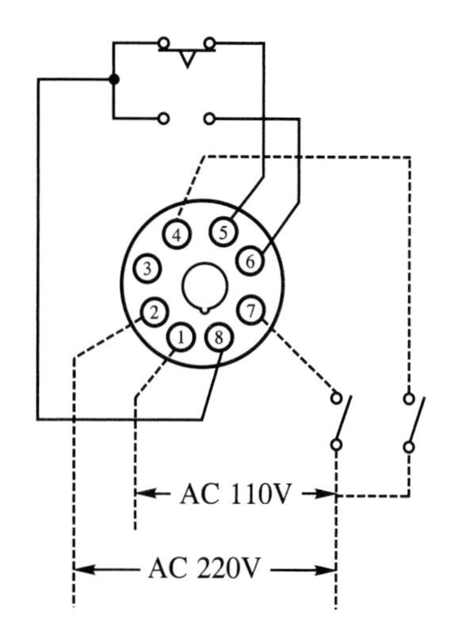

圖 1-26-4　OFF DELAY 之內部接線圖

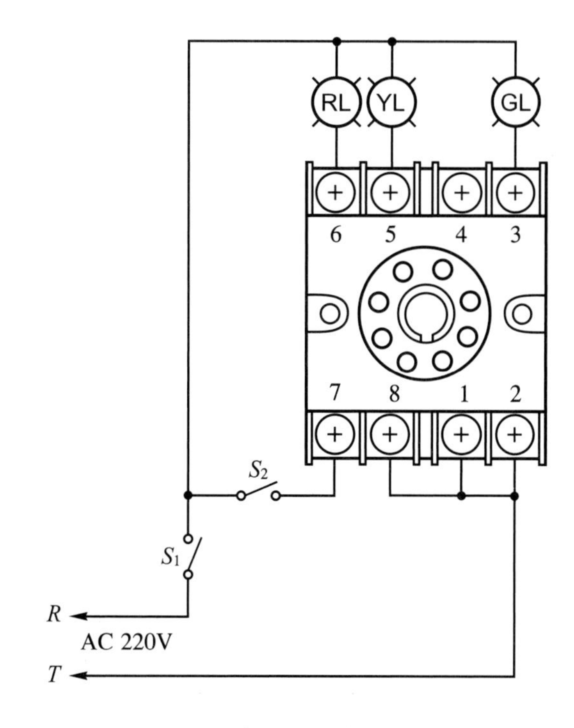

圖 1-26-5　接線圖

⑵ 將開關(S_1)及(S_2) ON，則紅色指示燈亮，如電驛(OFF-DELAY)有瞬時接點(即1與3腳)時，綠色指示燈(GL)亮。

⑶ 將開關(S_2) OFF 時(表示斷電)，紅色指示燈仍會繼續亮，有瞬時接點之(OFF-DELAY)電驛，綠燈(GL)會瞬時熄滅。經過設定時間後，紅色指示燈(RL)熄，黃色指示燈亮，即表示測試中(OFF-DELAY)電驛是好的。

1-27 電流切換開關

電流切換開關(Ammeter Changeover Switch)簡稱為AS，在$3\phi3W$及$3\phi4W$配電系統中，若欲得知該供電線路中的各相電流，必須使用三個電流表，不但佔空間又不經濟，如果配合電流切換開關(AS)來使用時，只要使用一個電流表就可以輕易指示出電路中的每相電流值，非常方便實用。如配合比流器一起使用，更可以用來監控工廠中所使用的大負載電流，其外觀請參考圖1-27-1所示。

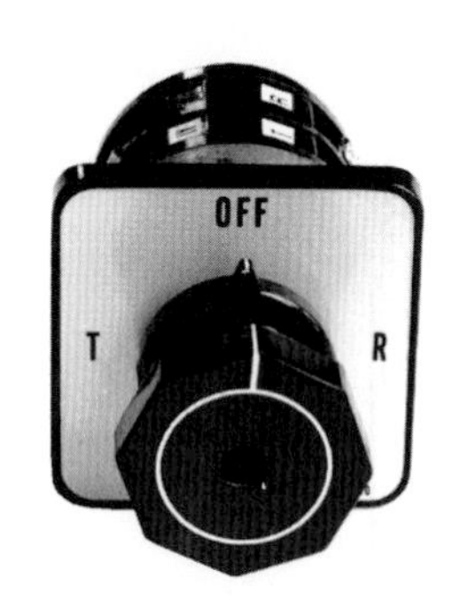

(a) 凸輪型(如山河牌)

(b) 鼓型(如大同牌)

(c) 符號

圖 1-27-1 電流切換開關外觀圖

電流切換開關是一種利用內部切換機構控制接線端子的導通狀態而能改變外部接線的開關，因此，只要切換開關就可以改變流經電流表的接線，所以，只要一只電流表就可以測量不同相的電流值。若以內部切換機構的構造不同來區分，大致上可區分為凸輪型切換開關(如山河牌)與鼓型切換開關(如大同牌)兩種。

1. 電流切換開關內部接點展開圖與接點導通狀態表：(請參考圖 1-27-2、1-27-3 所示)

(1) 3ϕ3W 式

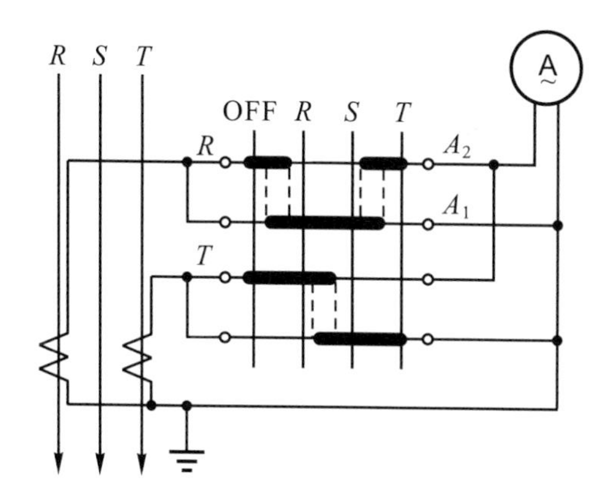

(a) 內部接點展開圖

AS位置 / 端子接點	OFF	R	S	T
R-A_1	√			√
R-A_2		√	√	
T-A_1	√	√		
T-A_2			√	√

註："√"表示接通

(b) 接點導通狀態表

圖 1-27-2　3ϕ3W 式電流切換開關

(2) 3ϕ4W 式

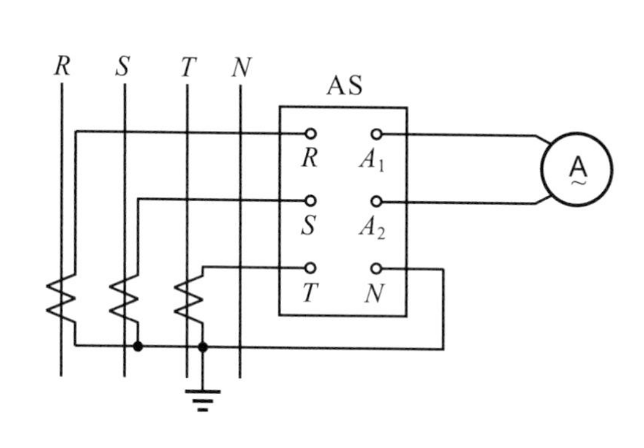

(a) 內部接點展開圖

AS位置 / 端子接點	OFF	R	S	T
R-A_1	√		√	√
R-A_2		√		
S-A_1	√	√		√
S-A_2			√	
T-A_1	√	√	√	
T-A_2				√
N-A_1	√	√	√	√

註："√"表示接通

(b) 接點導通狀態表

圖 1-27-3　3ϕ4W 式電流切換開關

2. 電流切換開關接點端子接點判別：(以凸輪型 3ϕ3W 式為例)

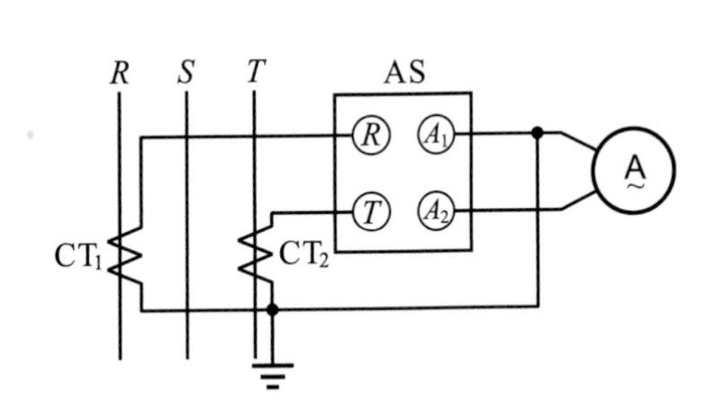

(a) 3ϕ3W式電流切換開關接線圖

(b) 接點切到OFF位置

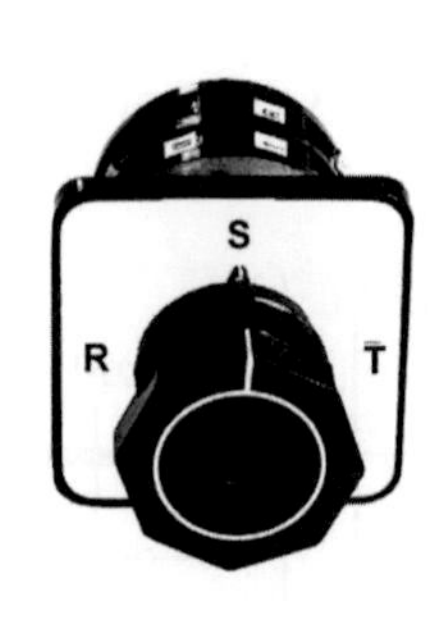

(c) 接點切到S位置

圖 1-27-4 3ϕ3W 式電流切換開關接線圖

電流切換開關端子判別步驟：(以圖 1-27-4(a)式爲例)

(1) 首先判定出二次側的非接地點A_2。

將電流切換開關切換到OFF位置(如圖 1-27-4(b)所示)，因比流器(CT)二次側不能開路，在OFF位置時，表示電流表開路，所以沒有電流指示，兩只比流器(CT)二次側必須短路。所以利用三用電錶的Ω (歐姆)檔去測量四個接點，會有一個接點和另外三點都不通，這一個與另外三點都不通的接點就是非接地點A_2。

(2) 再判定出二次側的接地點A_1。

將電流切換開關切換到S位置(如圖 1-27-4(c)所示)，因電流表指示S相電流，S相電流爲R相與T相電流之向量和，所以兩只比流器(CT)二次側電流必須流過電流表。所以利用三用電錶的Ω (歐姆)檔去測量四個接點，會有一個接點和另外三點都不通，這一個與另外三點都不通的接點就是非接地點A_1。

(3) 判定出一次側的R相接點。

將電流切換開關切換到R位置，利用三用電錶的Ω (歐姆)檔去測量四個接點，與二次側的接地點A_2導通的接點就是R相接點。

(4) 判定出一次側的T相接點。

將電流切換開關切換到T位置，利用三用電錶的Ω (歐姆)檔去測量四個接點，與二次側的接地點A_2導通的接點就是T相接點。

1-28　電壓切換開關

電壓切換開關(Voltmeter Changeover Switch)簡稱爲 VS，其功能與電流切換開關相同，即只要使用電壓切換便可測量三相電力系統中任意二相間的電壓值。在低壓受配電系統中，配合適當的電壓表使用，但在高壓系統中，爲了安全起見，必須配合比壓器(PT)才能使用，其外觀及符號請參考圖 1-28-1。

(a) 凸輪型

(b) 鼓型

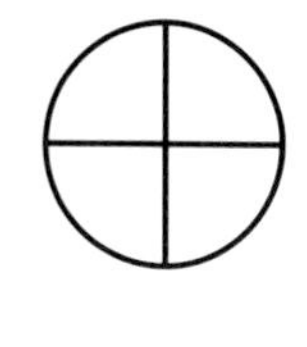

(c) 符號

圖 1-28-1　電壓切換開關外觀及符號圖

1. 電壓切換開關內部接點展開圖與接點導通狀態表：(請參考圖 1-28-2、1-28-3 所示)

(1) 3ϕ3W 式

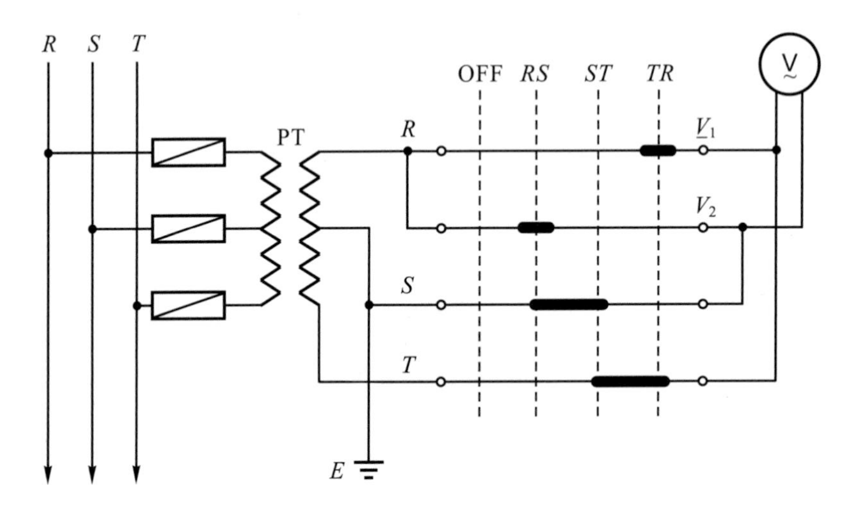

(a) 內部接點展開圖

端子	VS位置	OFF	RS	ST	RT
R	V_1				√
S			√	√	
T					
R	V_2		√		
S					
T				√	√

(b) 接點導通狀態表

圖 1-28-2 3ϕ3W 式電壓切換開關

(2)　$3\phi 4W$ 式

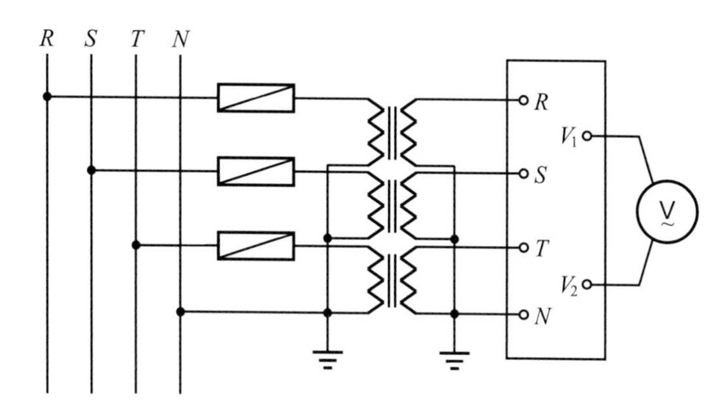

(a) 內部接點展開圖

端子 \ VS接點	RN	RS	ST	TR
R-V_1	√	√		√
S-V_2		√	√	
T-V_2			√	√
N-V_2	√			

註："√"表示接通

(b) 接點導通狀態表

圖 1-28-3　$3\phi 4W$ 式電壓切換開關

電壓切換開關之原理和電流切換開關不同，電流切換開關是將欲測知之相電流先經電流表再接地(即回到 CT 之 ℓ 端，形成一回路)，而將其他各相之比流器直接接地(即將CT二次側短路)。但電壓切換開關則是將欲測知之二相電源與電壓表並聯連接，以指示出該二相間之電壓值，而其他一相電源則使其開路。

2.　電壓切換開關的連接端子圖

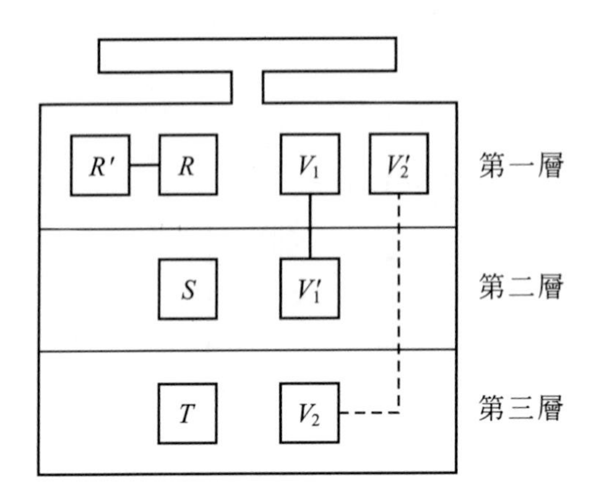

(a) 3ϕ3W式

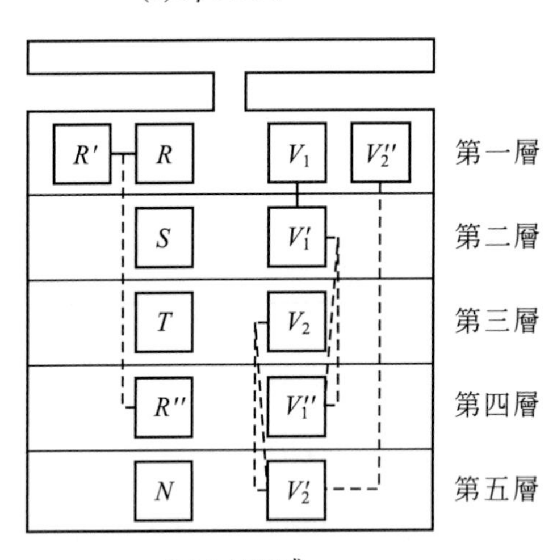

(b) 3ϕ4W式

圖 1-28-4　電壓切換開關連接端子圖

註：❶連接端子間的實線部份爲已接之短路片。

❷端子間虛線部份爲使用時應連接之導線。

❸端子V_1'、V_2'、V_2''、R'、R''是爲了方便說明而加上去的，實體則無此標註。

當電壓切換開關標籤模糊或沒有標籤的情況下，如何去判斷其接點呢?(請參考圖 1-28-4 所示)

(1) 首先我們先將(VS)置於OFF位置，此時輸出部份之V_1、V_2端與R、S、T相都不通。

(2) 當(VS)置於RS位置時，用三用電表Ω檔去測量，則R與V_2端子通，S與V_1端子通，而T則與V_1及V_2都不通。

(3) 當(VS)置於ST位置時，S與V_1端子通，T與V_2端子通，R與V_1及V_2都不通。

(4) 當(VS)置於RT位置時，R與V_1通，T與V_2通，S則與V_1及V_2都不通。

3. 電壓切換開關的接線圖

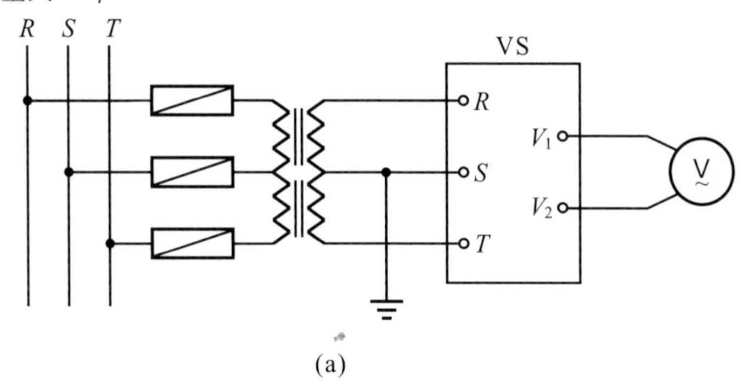

(a)

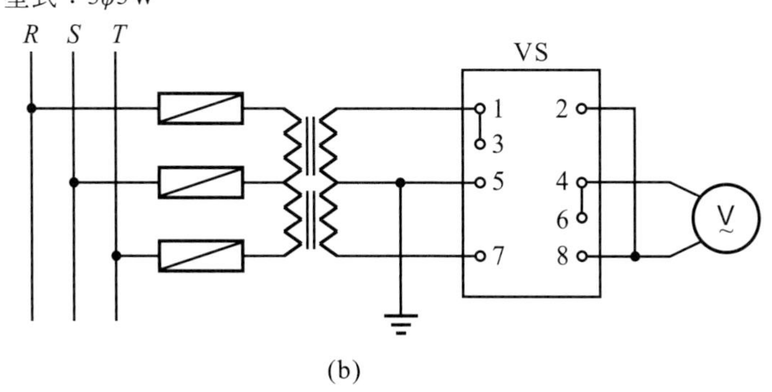

(b)

圖 1-28-5　電壓切換開關的接線圖

廠牌：山河牌
型式：3ϕ4W

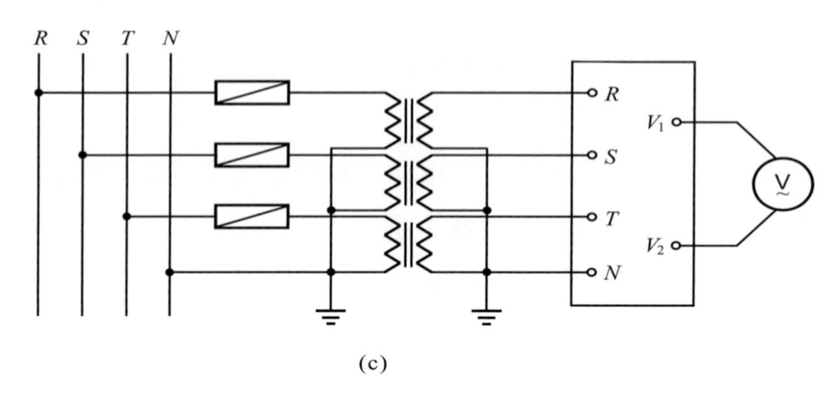

(c)

圖 1-28-5 電壓切換開關的接線圖(續)

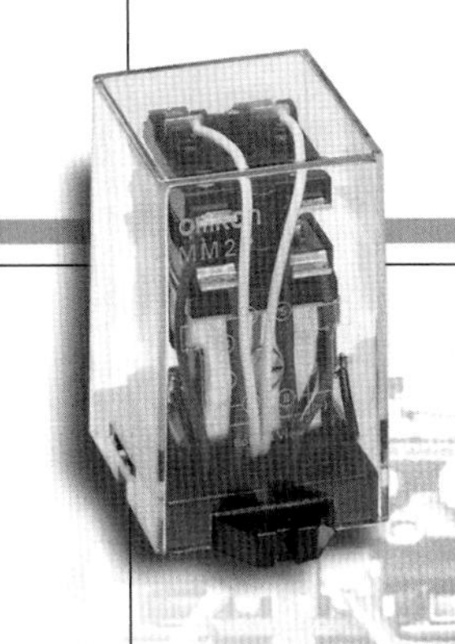

LOW VOLTAGE POWER DISTRIBUTION

Chapter 2

配線練習

本章重點

配電盤內的斷路器、電磁開關、輔助繼電器、限時電驛、端子台等，以及盤面上的按鈕開關、切換開關、指示燈等器具都要經過配線後才能使用。這些器具裝配除了動作要正確外，配線整齊、固定確實也很重要。所以配線時，除了應考量配線美觀外，還要注意配線的順序及配線要領。

配線線路可分爲主電路及控制電路，配線時，通常會先配置控制電路，線路完成後先經過靜態、通電測試無誤後，再進行主電路裝配。當控制電路配線完成測試後，要先將控制電路整理整齊、線端固定牢固後，再送電測試，動作正確後，才裝配主電路。

配線方式有束線配線及線槽配線，一般場合採束線配線法，配線較簡單，但理線費時，想要線路配得美觀還須要有點技術。束線配線法依束線材料之不同又可分PVC綁紮帶與束線帶兩種。近年來，由於人工成本提高，高低壓配電盤的配電線路逐漸被線槽配線所取代，它的特點就是不需要花時間理線，絕緣好又安全。現將常用之配線器材及配線應注意事項說明如下：

2-1 配線器材之認識

1. 絕緣配線槽，請參考圖 2-1-1。

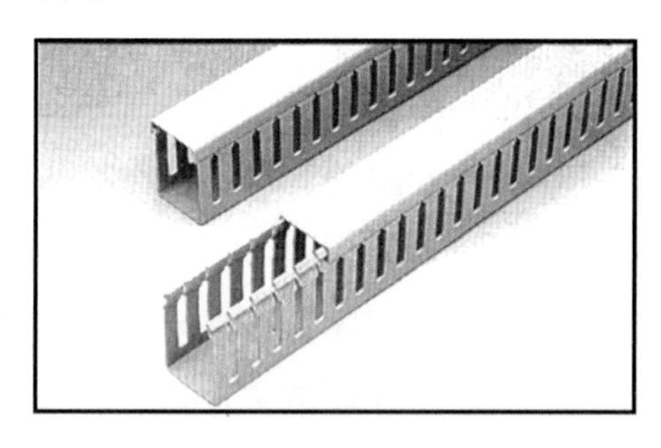

圖 2-1-1

2. 迫緊式電纜固定頭，請參考圖 2-1-2。

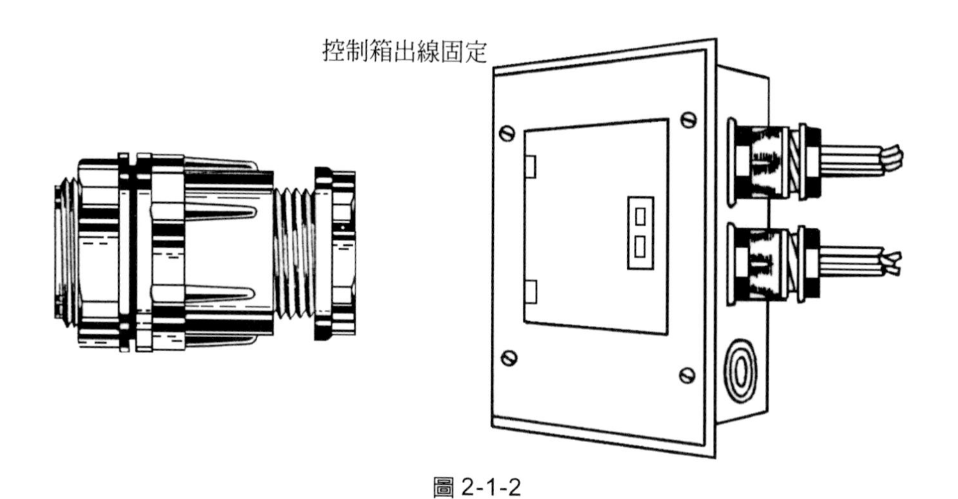

圖 2-1-2

3. C 型夾式電線標誌，請參考圖 2-1-3。

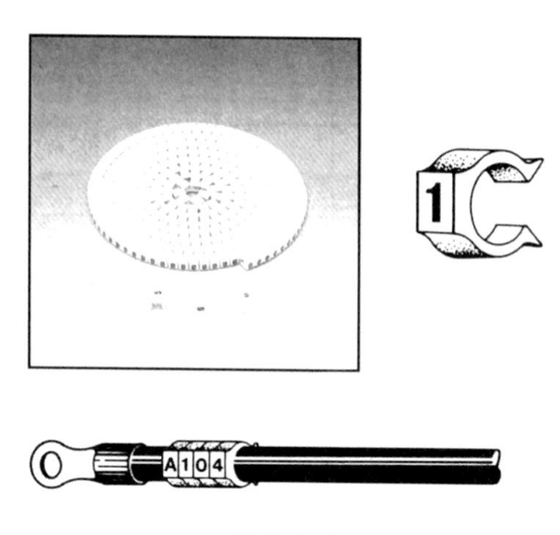

圖 2-1-3

4. 黏貼電線標誌帶，請參考圖 2-1-4。

材質及構造：採軟性布質背膠，上面印有文字及代號。
使用方法：將標誌帶撕下，黏貼於電線，長度分 20m/m 及 40m/m 兩用，如需 20m/m 只要輕輕一撕即可撕斷，一般為纏繞使用，小電線對折黏即可。

圖 2-1-4

5. PVC 綁紮線，請參考圖 2-1-5。

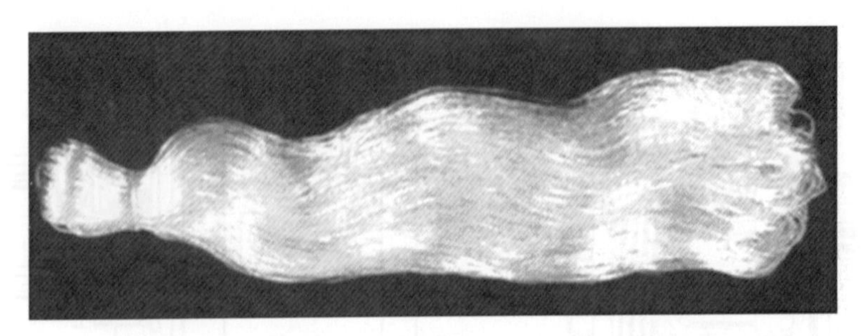

採透明 PVC 材料製成，爲透明線狀，供一般綁紮使用。

圖 2-1-5

6. 束線紮帶，請參考圖 2-1-6。

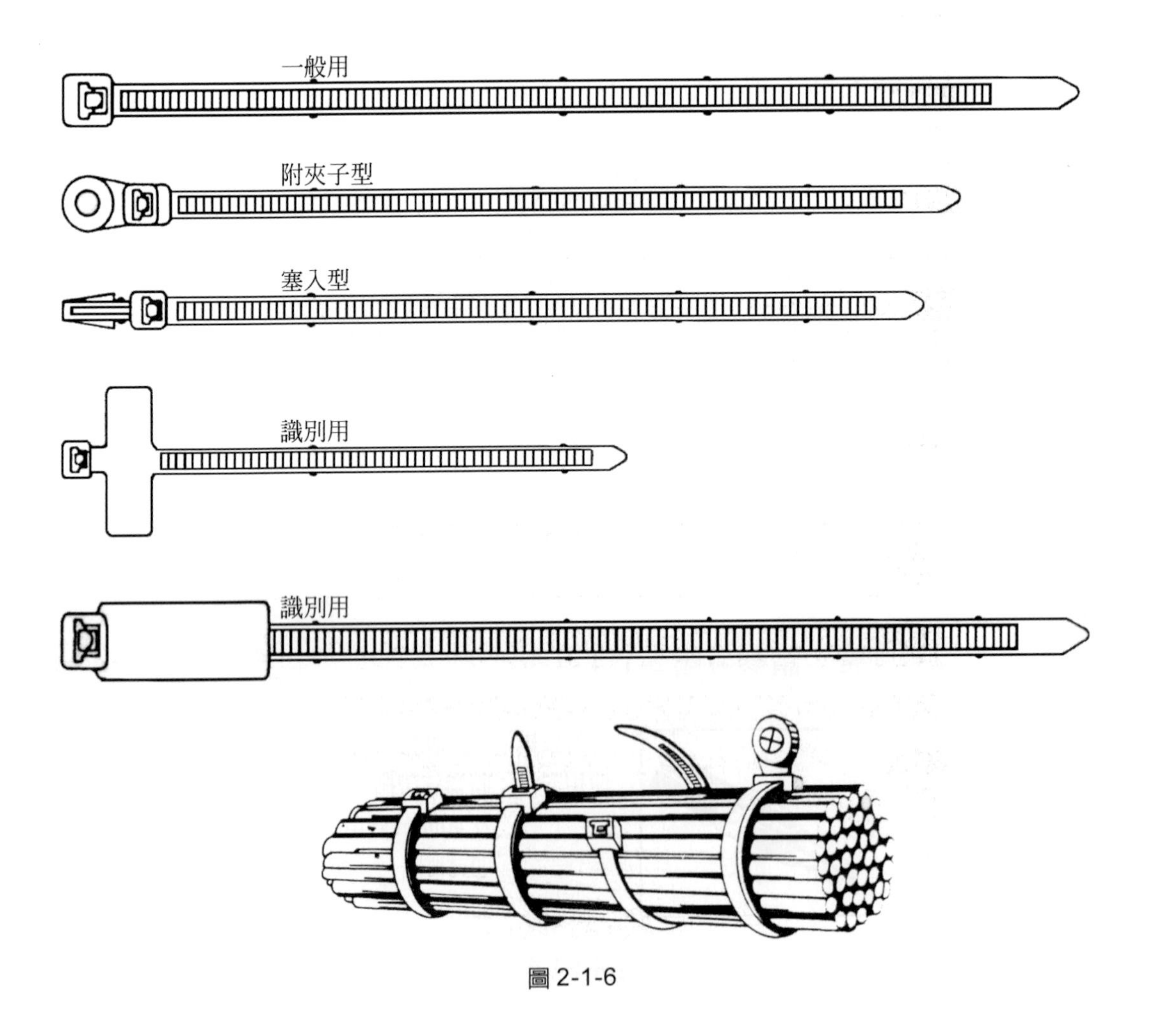

圖 2-1-6

7. 捲式束線紮帶，請參考圖2-1-7。

圖2-1-7

8. ECM型電線標誌管，請參考圖2-1-8。

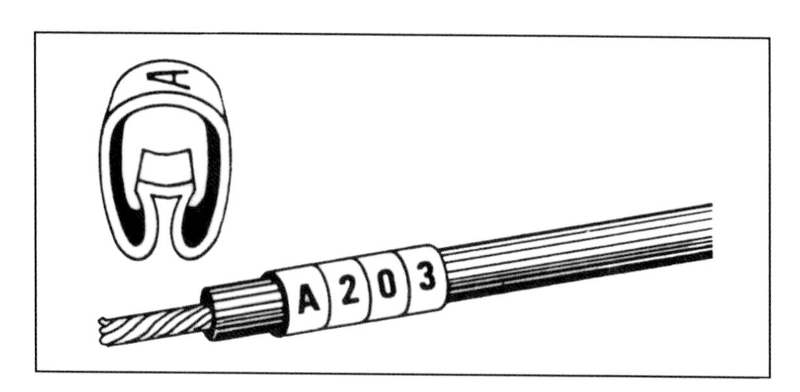

使用方法：將標誌套於電線，然後將端子壓著，併字例 A203，用[A][2][0][3]四個標誌，併成 [A][2][0][3]，如圖 2-1-8 所示。

用途：適用於盤內不同規格電線及一般修護或使用量不多而電線規格複雜時，採此型甚為便利。

圖2-1-8

9. 圓型單式長型標誌管，請參考圖 2-1-9。

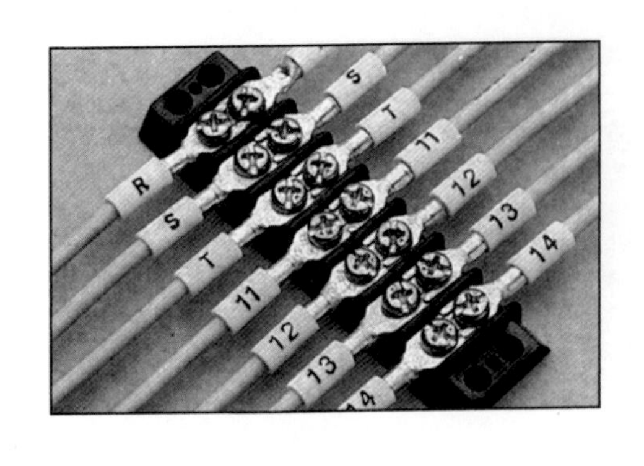

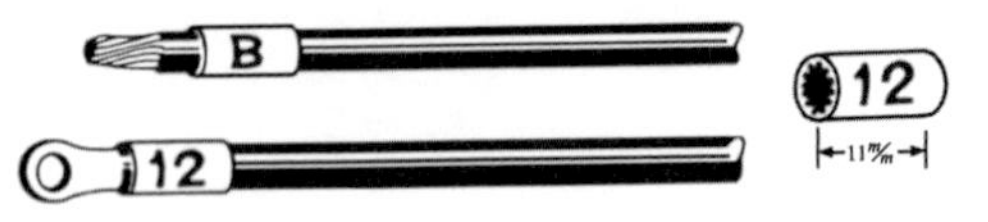

使用方法：使用時先將標誌套於電線，然後將端子壓著，再將標誌推於端子之上即可。

用途：供一般電線標示及絕緣用。

圖 2-1-9

10. C 型電線標誌，請參考圖 2-1-10。

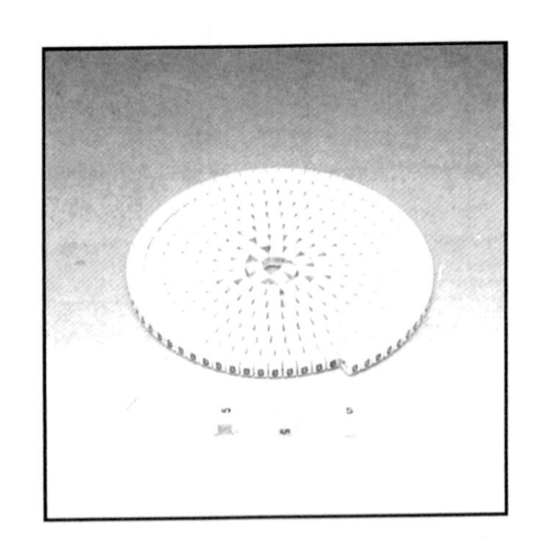

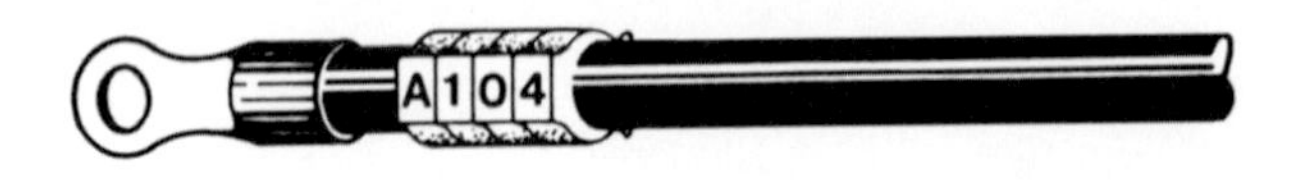

使用方法：只要將標誌輕輕一按，即可扣住電線，併成 A104，用 [A][1][0][4] 四個標誌，併成 [A|1|0|4]。

用途：供已完成裝設端子之電線使用。

圖 2-1-10

2-2　配線的束線方法

絕緣電線的絕緣皮很容易被刮傷，特別是PVC電線，若用金屬製品直接來固定這些電線，容易造成電線絕緣皮損傷，配線若不固定，除了雜亂又不美觀，萬一導線脫落或配線錯誤時很難查起，所以必須以PVC綁紮線、麻束線或束線紮帶來整束電線，現將束線綁紮方法及應注意事項說明如下:

1. 雙套節的紮法：首先將電線束整理整齊，再以此法適宜的束緊電線，請參考圖 2-2-1 及圖 2-2-3 所示。

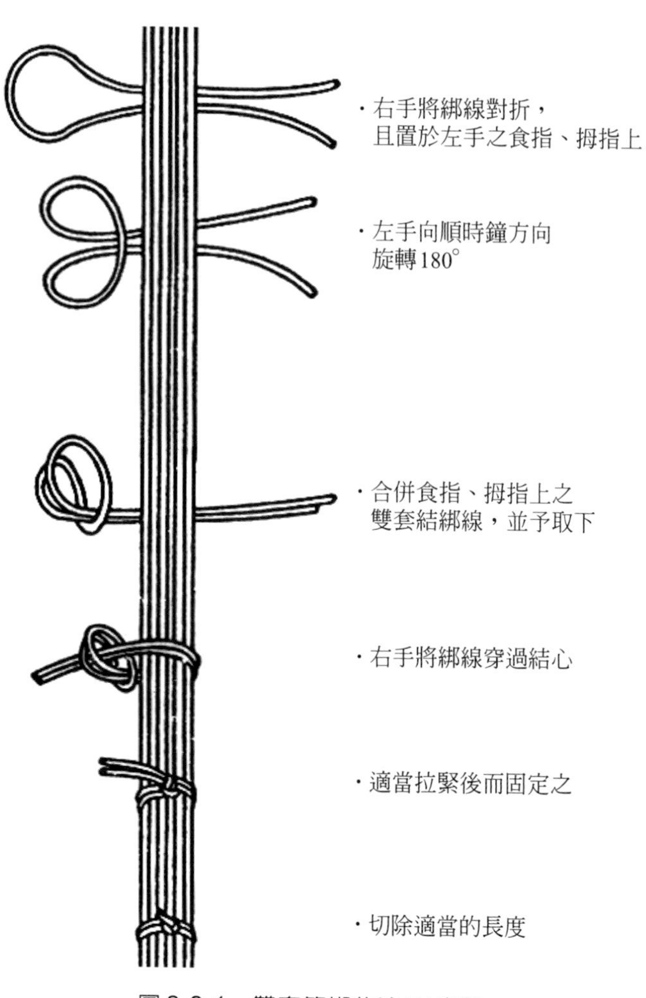

圖 2-2-1　雙套節綁紮法(1)步驟

2. 配線分歧的綁法：首先將電線分歧處整理整齊，線束之彎曲半徑，不得小於導線外徑的5倍，再以圖2-2-2所示處理之。
3. 電線要拉直，不可彎來彎去，然後束結在一起，兩束線距離約在30～40mm爲宜，且間隙距離要相等，請參考圖2-2-4(b)所示。
4. 如遇長距離導線時，間隙距離可加大，但最長以不超過100mm爲宜。
5. 端子台和電線間的間隔在20～30mm左右的距離，束線的間隔依電線匝動量的大小而定；如遇分歧時，其電線彎曲的位置必須整齊，請參考圖2-2-5及圖2-2-6所示。
6. 使用束線紮帶整理線束所須注意的事項，和PVC束線的綁線方法相同，請參考圖2-2-7所示。

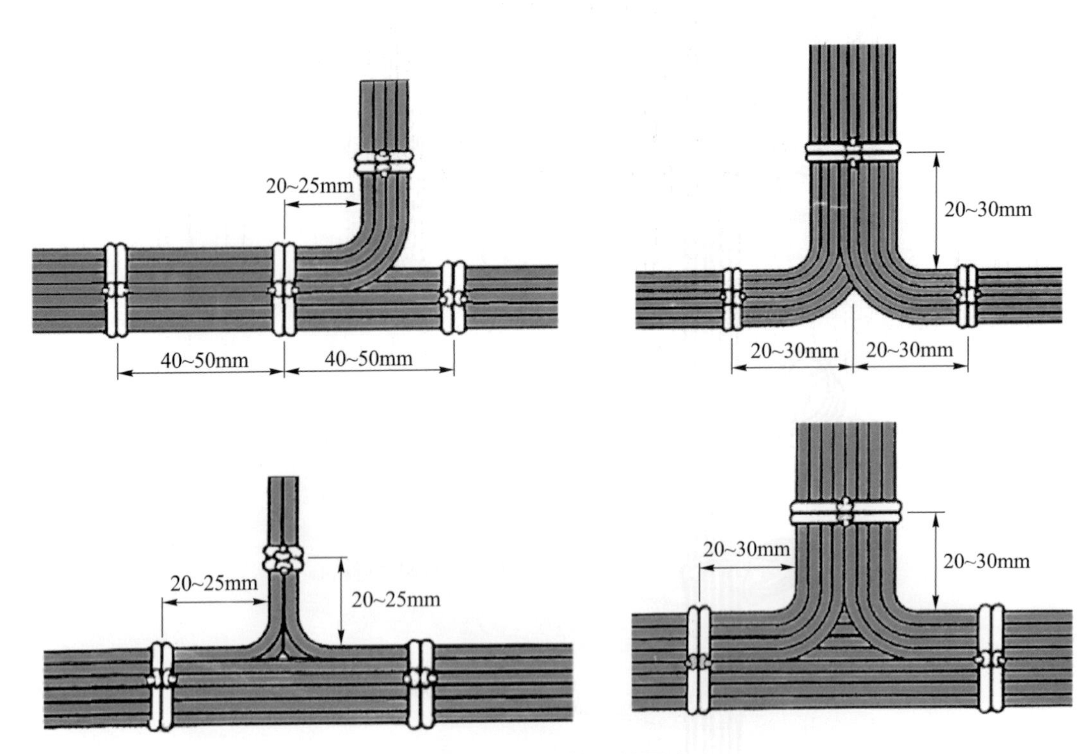

圖2-2-2 導線分岐固定

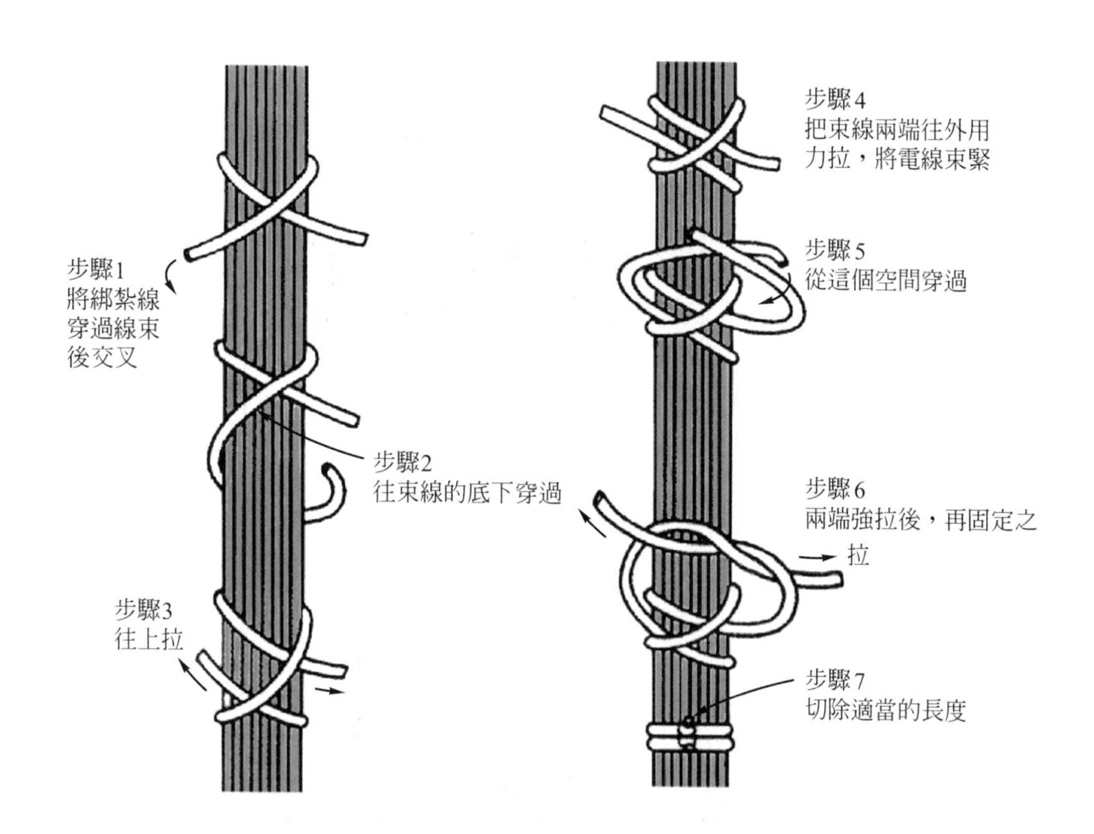

圖 2-2-3　雙套節綁紮法(2)步驟

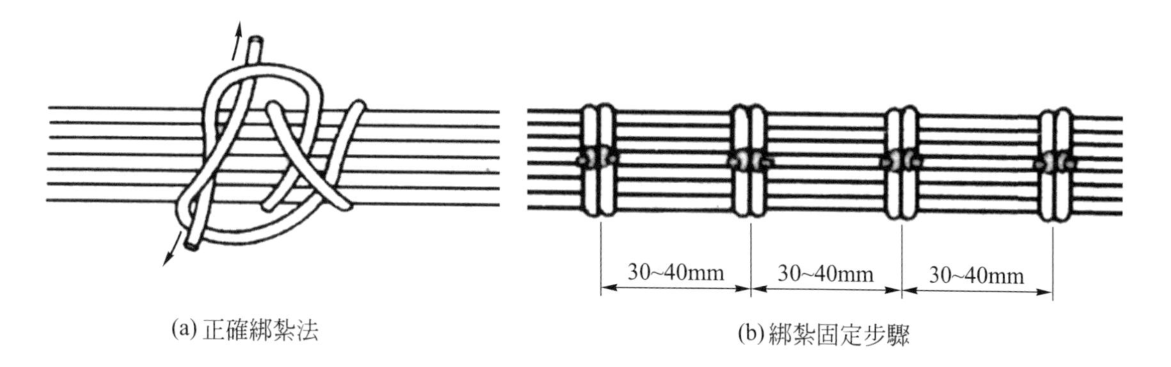

(a) 正確綁紮法

(b) 綁紮固定步驟

圖 2-2-4　雙套節綁紮法(2)

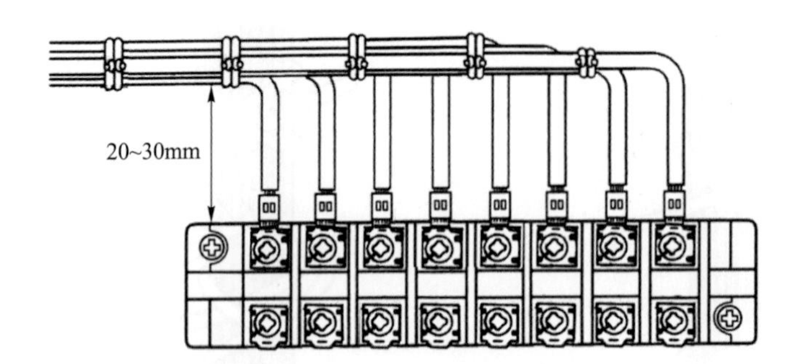

圖 2-2-5 端子台和電線間的間隔

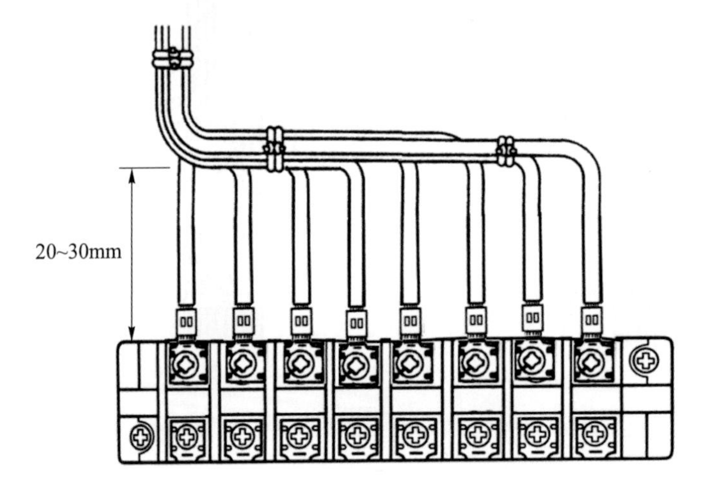

圖 2-2-6 端子台和電線間彎曲時

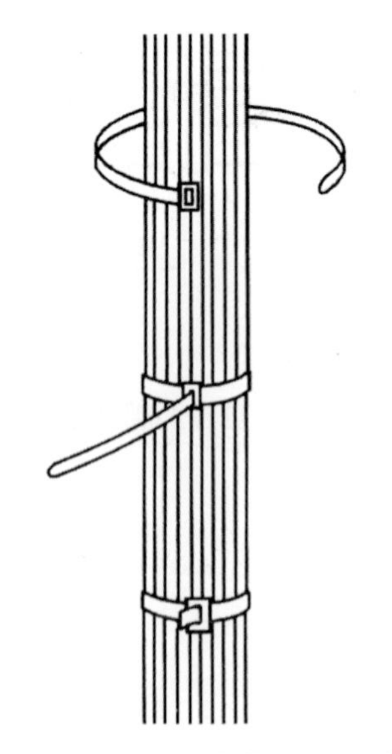

圖 2-2-7 束線紮帶綁線方法

7. 整理線束其他應注意事項及要領：

(1) 由一端開始整向另外一端。

(2) 長線放上面，短線放下面，即長線蓋住短線，以美化線束外觀。

(3) 線條分歧處宜由線束下方分出，避免飛越線束。

(4) 必須保持線束上方平整。

(5) 線束的的綁紮間隔依電線匝數量的大小而定，一般以在 30~40mm 以下的距離爲適宜，如遇長條線束，則可增長而約 100mm 左右的距離綁一處即可。

(6) 線束如遇分歧處不必每一分歧處均綁線，以牢靠爲原則即可，而線束彎曲處綁線於距離彎曲中心約 20~30mm 處。

(7) 線束與端子台或器具之距離要適當(約 20~30mm)。

(8) 在配線的中途，導線不可有接續之處。

(9) 導線或線束不可與盤面相接觸(至少離盤面 5mm 以上)。

(10) 主電路與控制電路要分別束結，兩個電路不可以混在一起。

(11) 配線的末端要使用壓接端子，但是壓片式接續或端子台爲華司壓片型，亦可免除端子之壓接，請參考圖 2-2-8 及圖 2-2-9 所示。

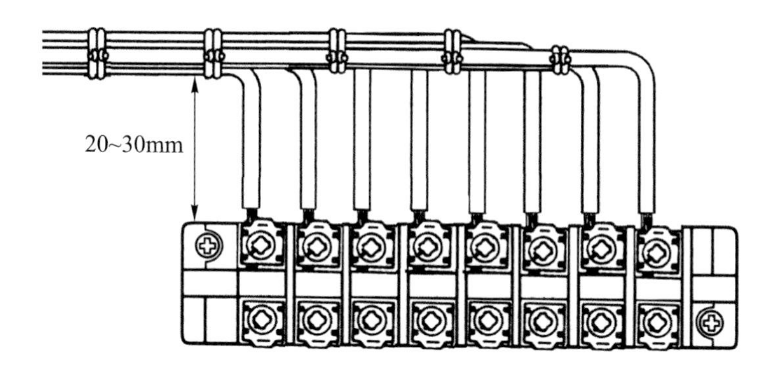

圖 2-2-8　有華司壓片型之端子台連接法

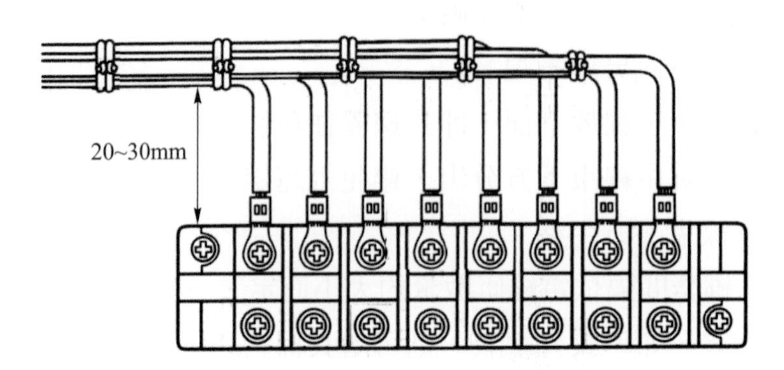

圖 2-2-9　彈簧墊圈型之端子台連接法

⑿　主電路與控制電路同時接在同一位置時，須將主電路之壓接端子放在下面，控制電路之壓接端子放在上面，請參考圖 2-2-10。

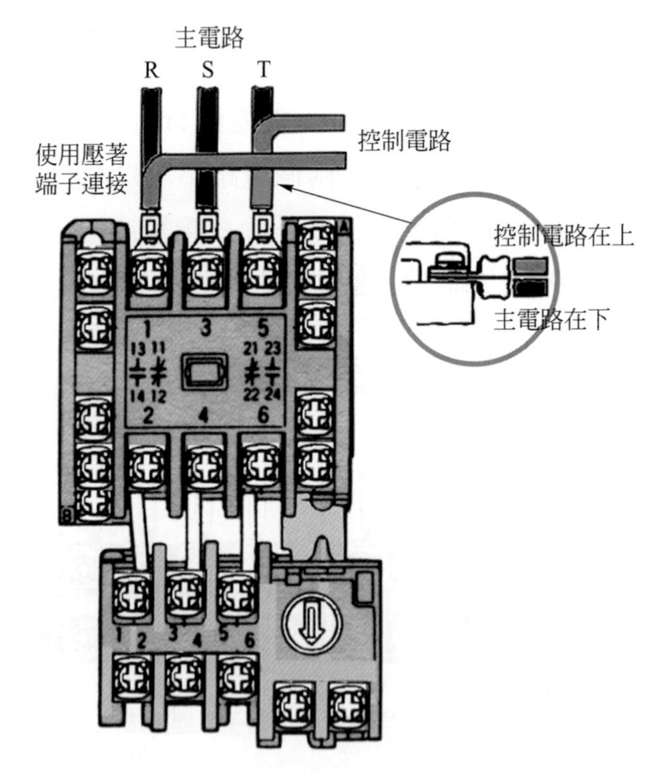

圖 2-2-10　主電路與控制電路接在同一位置時

⒀　器具之接線位置，不可同時有兩條以上之導線。

⒁　主電路之接線，一律使用壓接端子。

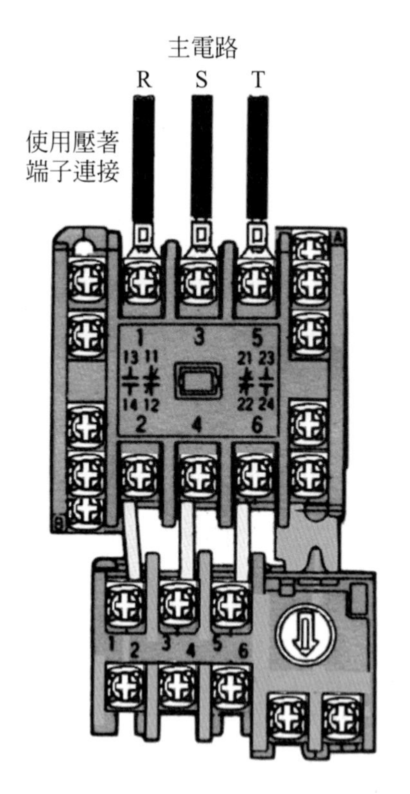

圖 2-2-11　主電路之接線，一律使用壓接端子

⒂　器具之螺絲不管是否接線，須全部鎖緊。

2-3　電纜線的配線

1.　電纜線和端子台間的連接，詳如圖 2-3-1 所示。

⑴　電纜線端先整理成整束，然後再與端子台連接。

⑵　利用線束處理方法將電纜線末端綁整齊。

⑶　電纜被覆的末端線頭附近以護管帶固定之。

⑷　護管帶和端子的位置不要太接近。

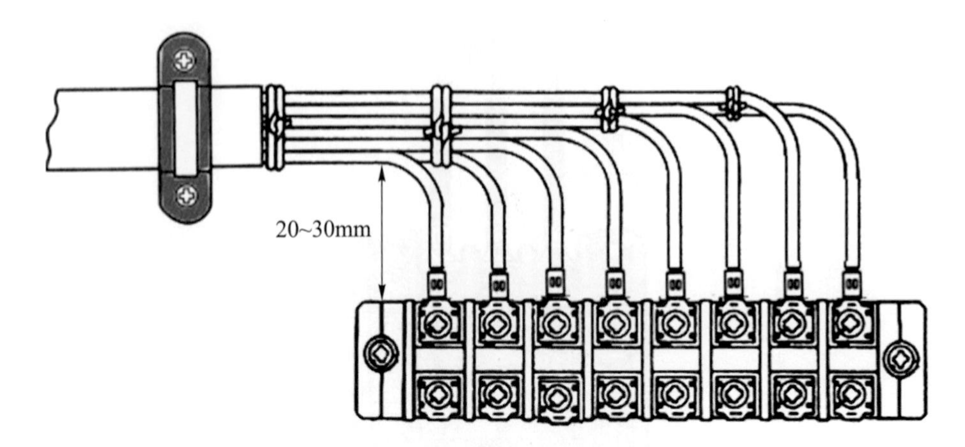

圖 2-3-1 電纜線和端子台間的連接

2. 多餘電線的處理：電纜處理後如有多餘的電線線頭未使用時，爲將來增設的考慮，應捲成圓圈再用束線綁好，詳如圖 2-3-2 所示。

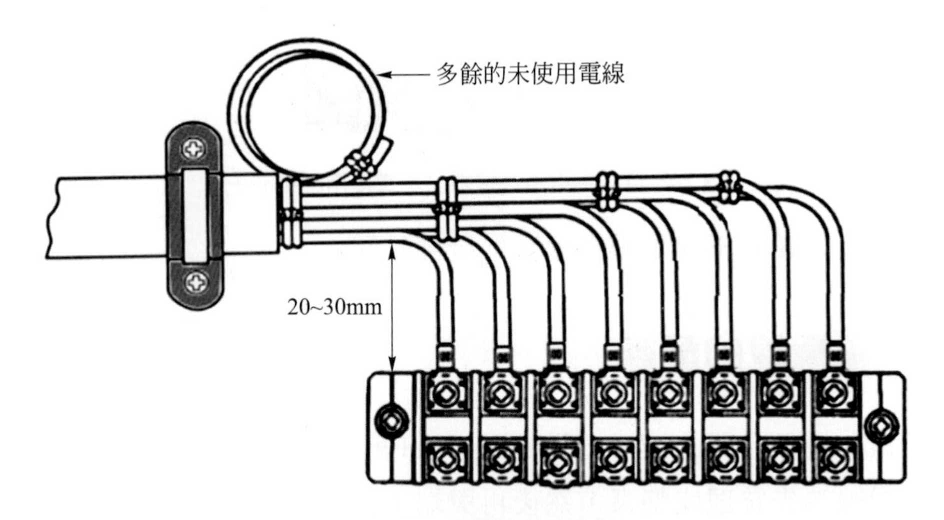

圖 2-3-2 多餘電線的處理

3. 電纜線和端子台接近的場合；電纜與端子裝配的位置太接近時電線須捲一圈，預留一段長度，詳如圖 2-3-3 所示。

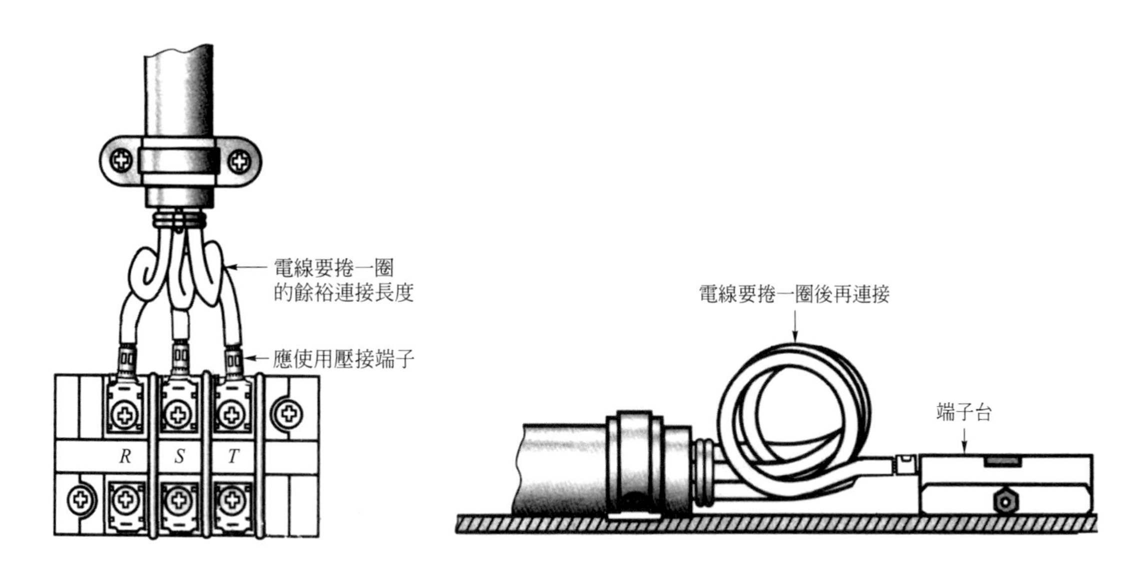

圖 2-3-3　電纜線和端子台接近的場合

4. 電纜線內絕緣電線的色別與電源用端子的關係，詳如圖 2-3-4 所示，R 相為紅色，S 相為白色，T 相為黑色。

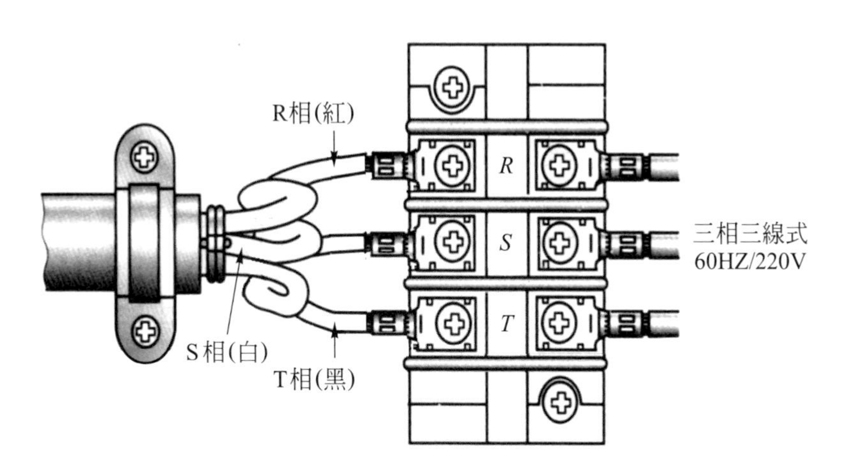

圖 2-3-4　電纜線內電線色別與端子關係

(1) 電纜末端先整理成整束，然後再與端子連接。

(2) 利用線束處理方法將電纜線末端綁整齊。

(3) 電纜被覆的末端線頭附近以護管帶固定之。

(4) 護管帶和端子的位置不要太接近。

2-4　壓接端子的接續

1. 電工配線與器具端子連接時，一般都使用壓接端子來連接，以使接點牢固不容易脫落，配電盤內配電線路常用的壓接端子有O型(圓形)及Y型兩種，其形式及種類如圖 2-4-1 所示。

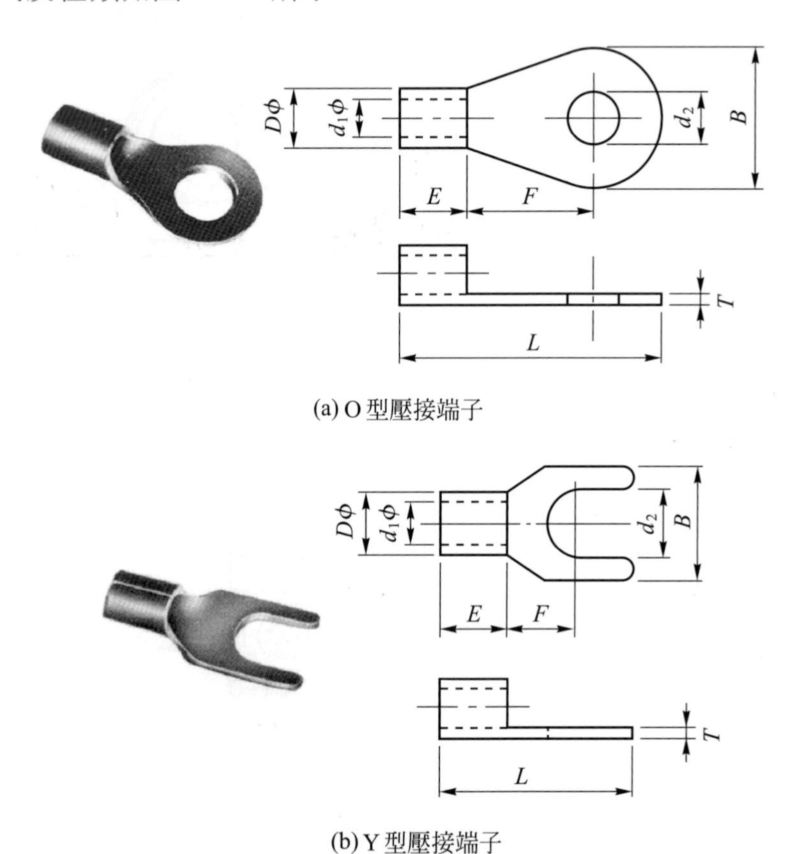

圖 2-4-1　壓接瑞子的外觀圖及規格(富士)

2. 壓接端子的規格請參考表 2-4-1，以富士端子 Y 型爲例。

表 2-4-1　富士端子 Y 型

壓接端子規格		固定口徑大小 d_2	固定螺絲大小 B	端子總長度 L	F	壓接口的長度 E	端子壓接外徑 $D\phi$	端子壓接內徑 $d_1\phi$	端子銅板厚度 T	適合電線		適合壓接工具	適合導線線徑大小
										單線 mm	絞線 mm^2		
1.25	1.25-YAS3	3.3	5.9	15.0	6.3	4.5	3.5	1.7	0.8	0.57～1.44	0.25～1.65	壓接口徑大小：1.25mm ~8.0mm 手壓式壓接箝	1.25mm
	1.25-YAS3.5	3.7	6.4		6.0								
	1.25-YAS4	4.3	6.8		5.8								
	1.25-YAS5	5.3	7.8		5.3								
2	2- YAS3	3.3	5.8	16.0	7.6	5.0	4.0	2.3	0.8	1.44～1.82	1.04～2.63	壓接口徑大小：1.25mm ~8.0mm 手壓式壓接箝	2.0mm
	2- YAS3.5	3.7	6.8		7.1								
	2- YAS4	4.3											
	2- YAS5	5.3	8.1		6.6								
	2- YAS6	6.2	11.0	20.0	8.6	4.5							
5.5	5.5-YAS4	4.3	7.3	19.0	7.4	6.5	5.5	3.4	0.95	1.82～2.89	2.63～6.64	壓接口徑大小：1.25mm ~8.0mm 手壓式壓接箝	5.5mm
	5.5-YAS5	5.3	8.3		6.9								
	5.5-YAS46	6.4	12.0	25.5	12.0	6.8							

3. 壓接鉗的外觀圖及壓接端子時所需之壓接力，請參考圖 2-4-2 及表 2-4-2 所示。

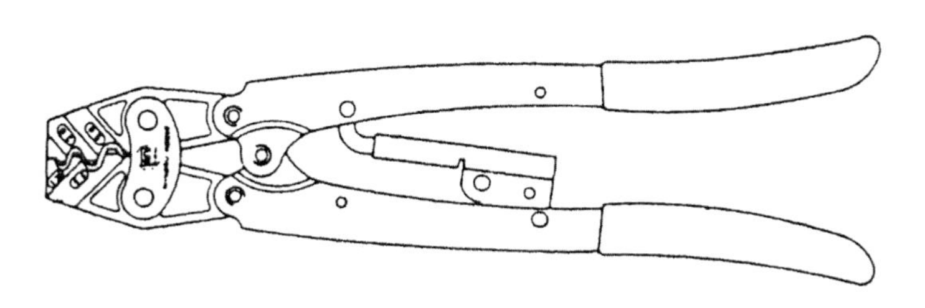

圖 2-4-2　壓接鉗的外觀圖

表 2-4-2

壓接端子的型號	使用電線[mm²]	壓接力[kg]
1.25	1.25	20
2	1.25	20
	2.0	30
5.5	3.5	55
	5.5	80
8	8	100
14	14	140
22	22	180

4. 壓接端子和電線的連接：*D* 及 *d* 值符合規定，一般導線與壓接端子間的距離 *D* 約為 0.5～2.0mm 程度，而伸出壓接端子的導線長度 *d* 為 0.5～1.0mm 程度，不宜太長而影響固定，留太短則導線容易壓接不良而脫落，請參考圖 2-4-3 所示。

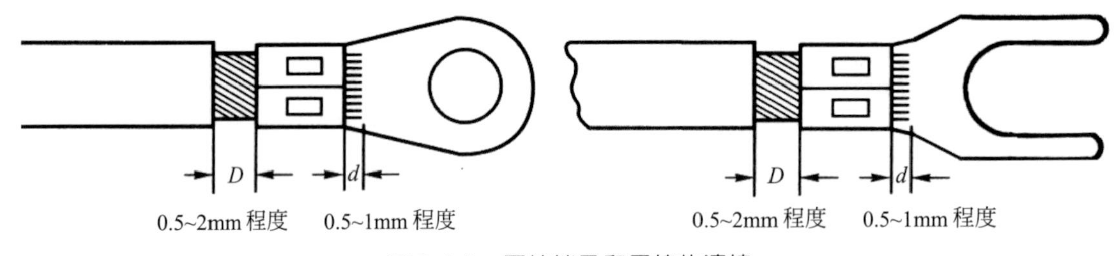

圖 2-4-3　壓接端子和電線的連接

5. 壓接端子使用於須要彎曲的場合，其彎曲角度應在 60°以內，若確實需要時，要使端子彎曲，請參考圖 2-4-4 所示。

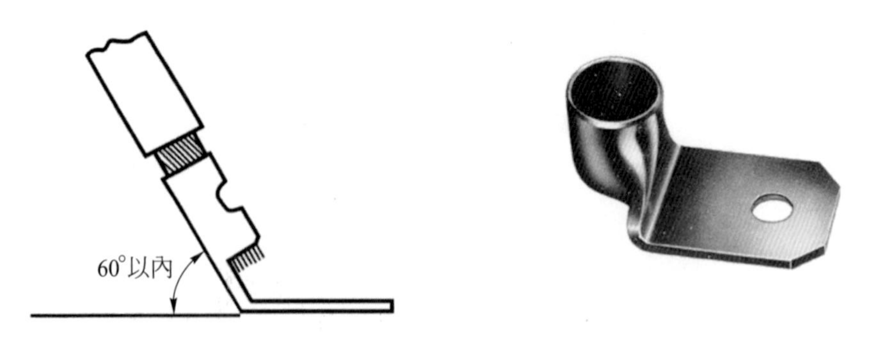

圖 2-4-4　壓接端子使用於須要彎曲的場合

6. 壓接工作應注意之事項：(請參考圖 2-4-5)

(1) 選擇壓接端子規格大小與電線的粗細要配合。

(2) 使用壓接工具時，其壓接鉗的齒口應壓在壓接端子上附有焊錫的凸出側中央，再壓下去。

(3) 端子及工具的尺寸在端子的表面及壓接工具的齒口上，均有標記尺寸大小，在壓接作業時，宜注意之。

(4) 端子與電線被壓接鉗壓接時，要聽到壓接鉗「喀」一聲，壓接作業才算完畢。

(5) 接線端子上一個螺絲最多只能連接二個壓接端子，其他應注意事項請參考圖 2-4-6 所示。

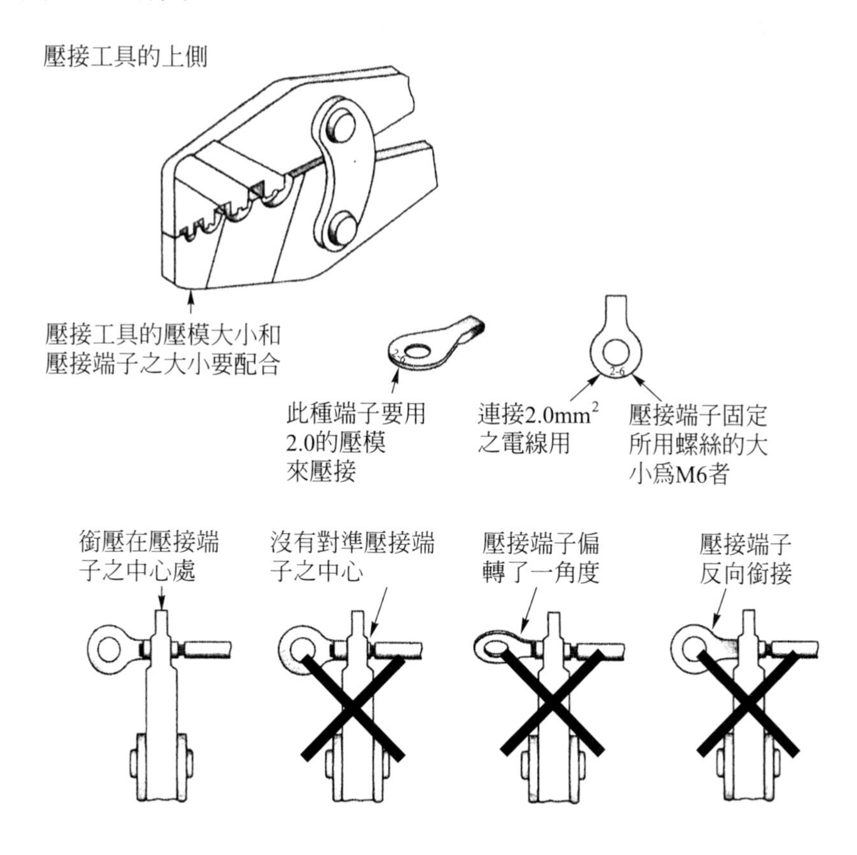

圖 2-4-5

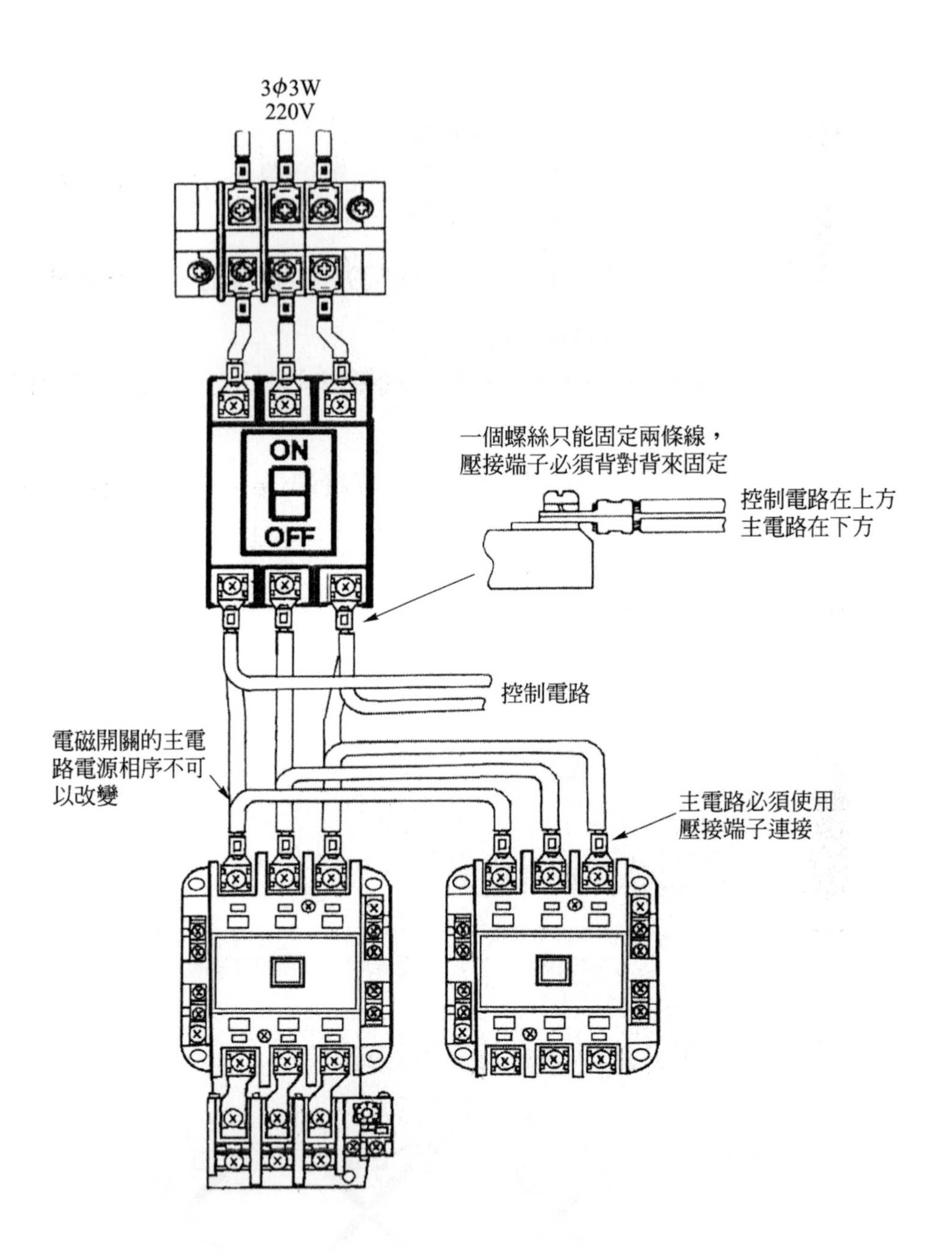
3ϕ3W
220V
ON
OFF
一個螺絲只能固定兩條線，
壓接端子必須背對背來固定
控制電路在上方
主電路在下方
控制電路
電磁開關的主電
路電源相序不可
以改變
主電路必須使用
壓接端子連接

圖 2-4-6

2-5　主電路其相序的配置和色別的選擇

1. 三相主電路一般以黑色配置爲原則，線徑隨負載大小而定，相序由左而右，由上而下分別以R相、S相、T相爲代稱，若是電纜線紅色代表R相、白色代表S相、黑色代表T相，請參考圖 2-5-1 所示。

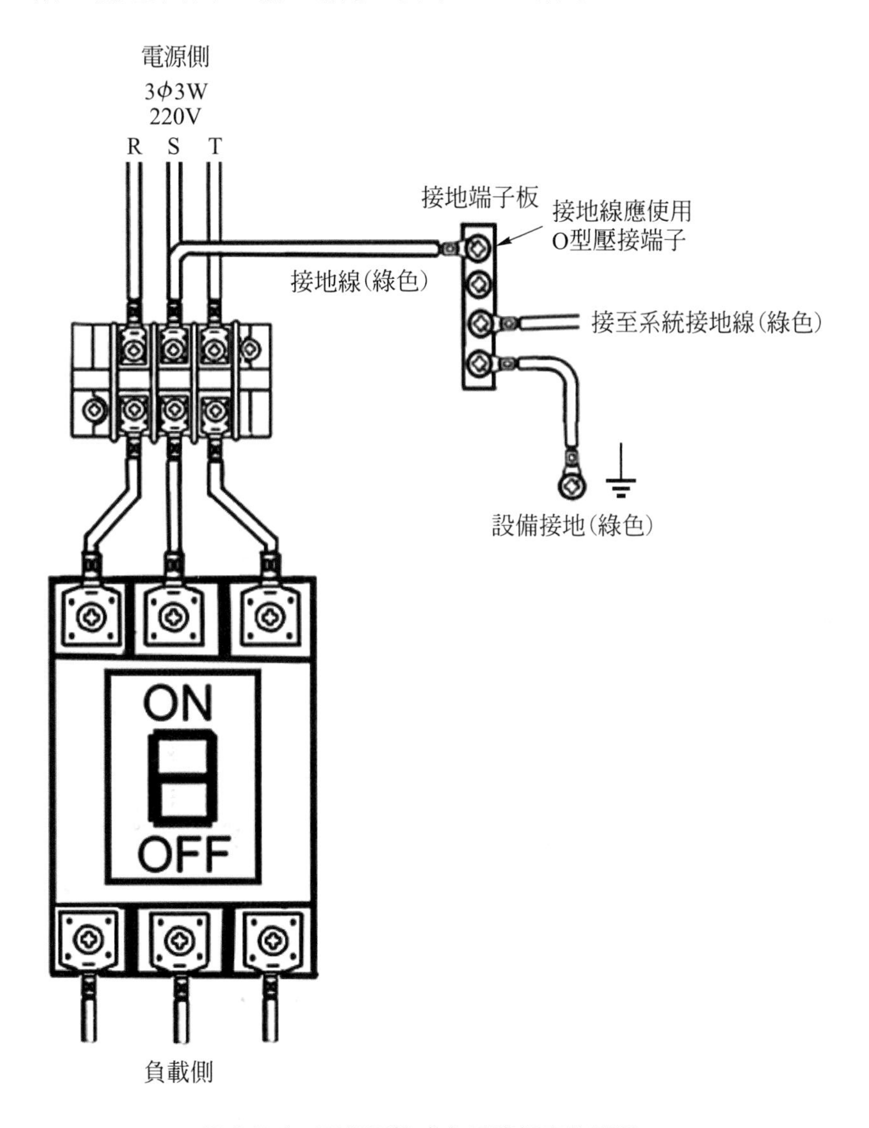

圖 2-5-1　三相三線式主電路相序的配置

2. 單相三線式主電路一般以黑色配線爲原則，線徑隨負載大小而定，相序由左而右，由上而下分別以 A 代表第一相，N 代表中性相，B 代表第二相，若是電纜線紅色代表 A 相，白色代表 N 相(中性相)、黑色代表 B 相，請參考圖 2-5-2 所示。

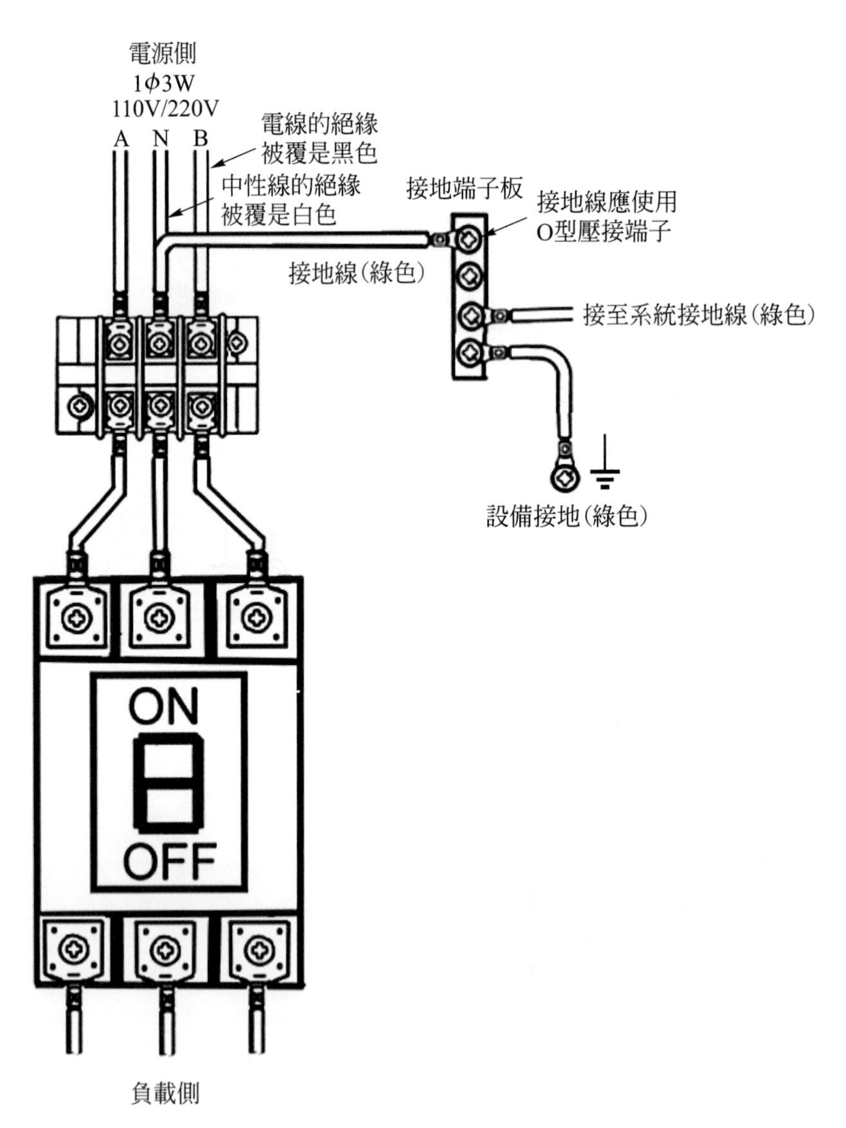

圖 2-5-2　單相三線式主電路相序的配置

3. 單相二線式主電路一般以黑色或紅色配線爲原則，線徑隨負載大小而定，相序由左而右，由上而下分別以 L1 代表火線，L2 代表地線，若是電纜線黑色代表 L1 相(火線)，白色代表 L2 相(地線)，請參考圖 2-5-3 所示。

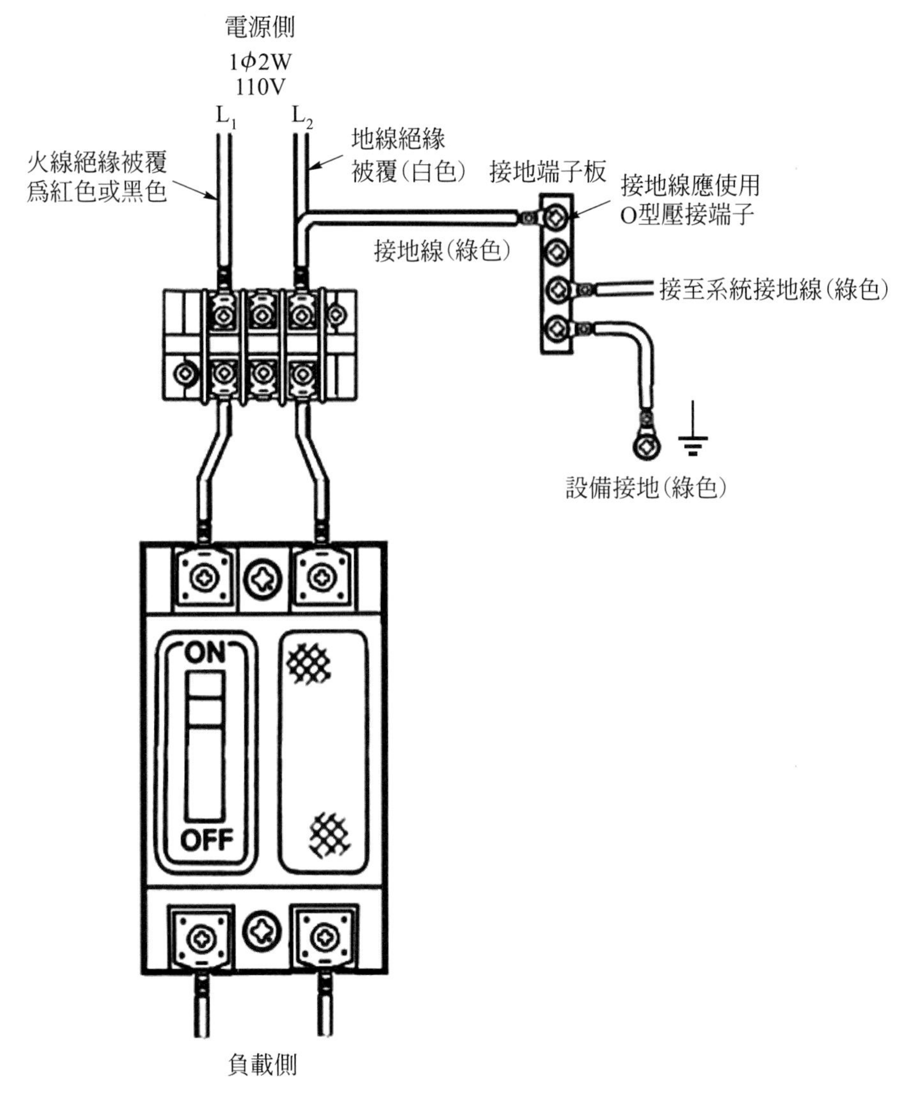

圖 2-5-3　單相二線式主電路相序的配置

4. 直流主電路，一般未降壓整流前以黑色配置為原則，降壓整流後的相序由左而右，分別以藍色代表負極、棕色代表正極，由上而下，分別以棕色代表正極、藍色代表負極，請參考圖 2-5-4 所示。

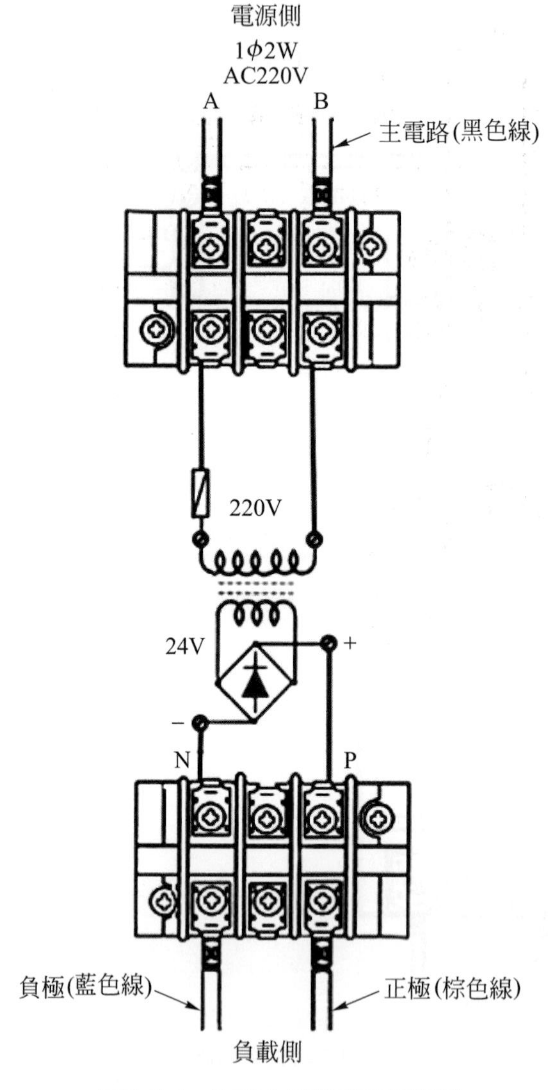

圖 2-5-4　直流主電路相序的配置

2-6　控制電路線徑的大小與色別的選擇

1. 交流控制電路一般採 1.25mm^{2}黃色配線爲原則。
2. 直流控制電路一般採 2.0mm^{2}黃色配線爲原則。
3. 比壓器(PT)二次側電路一般採 2.0mm^{2}紅色配線爲原則。
4. 比流器(CT)二次側電路一般採 2.0mm^{2}黑色配線爲原則。
5. 儀表電路之電壓線圈一般採 2.0mm^{2}紅色配線爲原則。
6. 儀表電路之電流線圈一般採 2.0mm^{2}黑色配線爲原則。
7. 盤內接地線一般採 2.0mm^{2}以上的綠色配線爲原則，線徑大小以該用電設備之過電流保護器的額定電流值來決定。
8. 變比器二次側接地線應使用 5.5mm^{2}以上的綠色絕緣導線。

2-7　器具固定應注意事項

1. 各種電驛之固定，應求器具對稱，不可使本體以倒置或錯誤方向配置，請參考圖 2-7-1 所示。

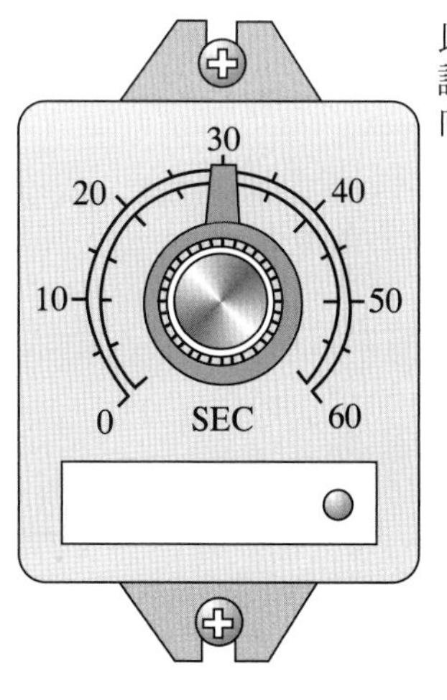

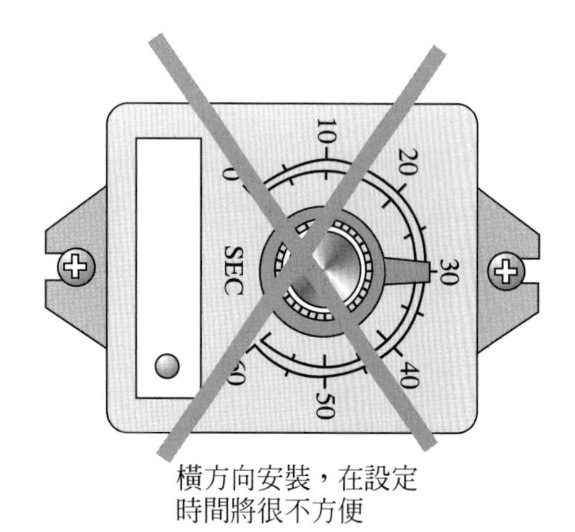

(a) 限時電驛

圖 2-7-1

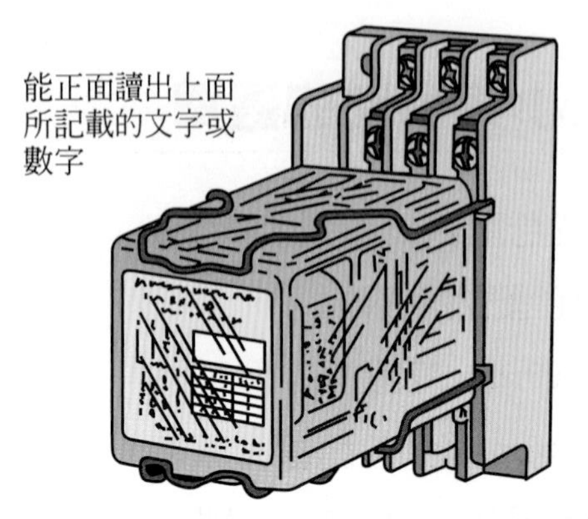

(b) 電力電驛

圖 2-7-1　(續)

2. 栓型保險絲的配線方法，請參考圖 2-7-2 所示。

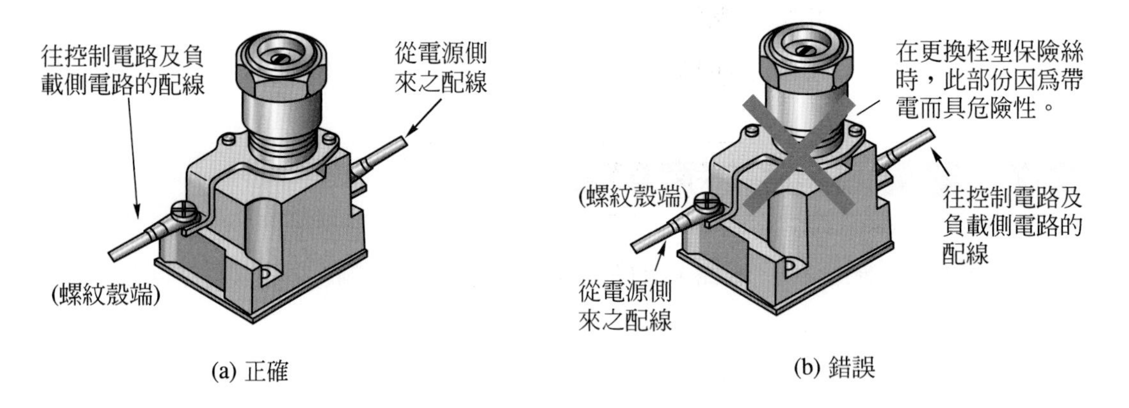

(a) 正確　　(b) 錯誤

圖 2-7-2

3. 保險絲應以其指示值可正視者來配置，請參考圖 2-7-3 所示。

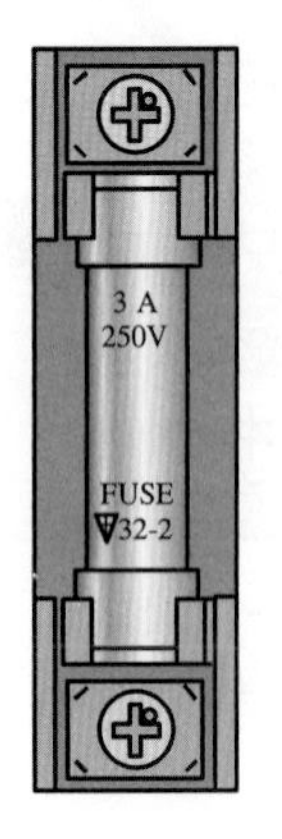

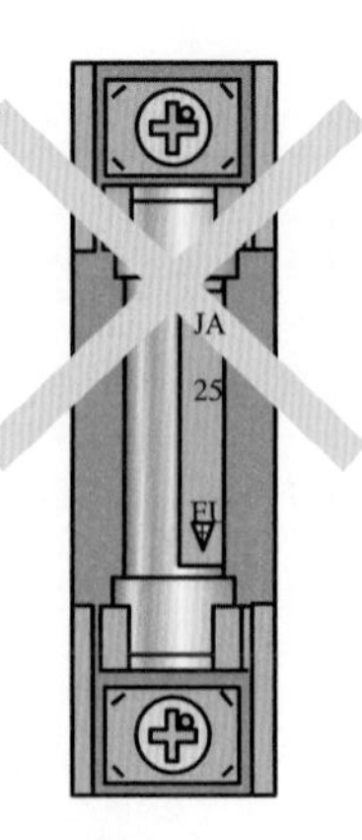

圖 2-7-3　保險絲配置

4. 除接地及保險絲座外，器具用螺帽不可突出盤面，請參考圖 2-7-4 所示。

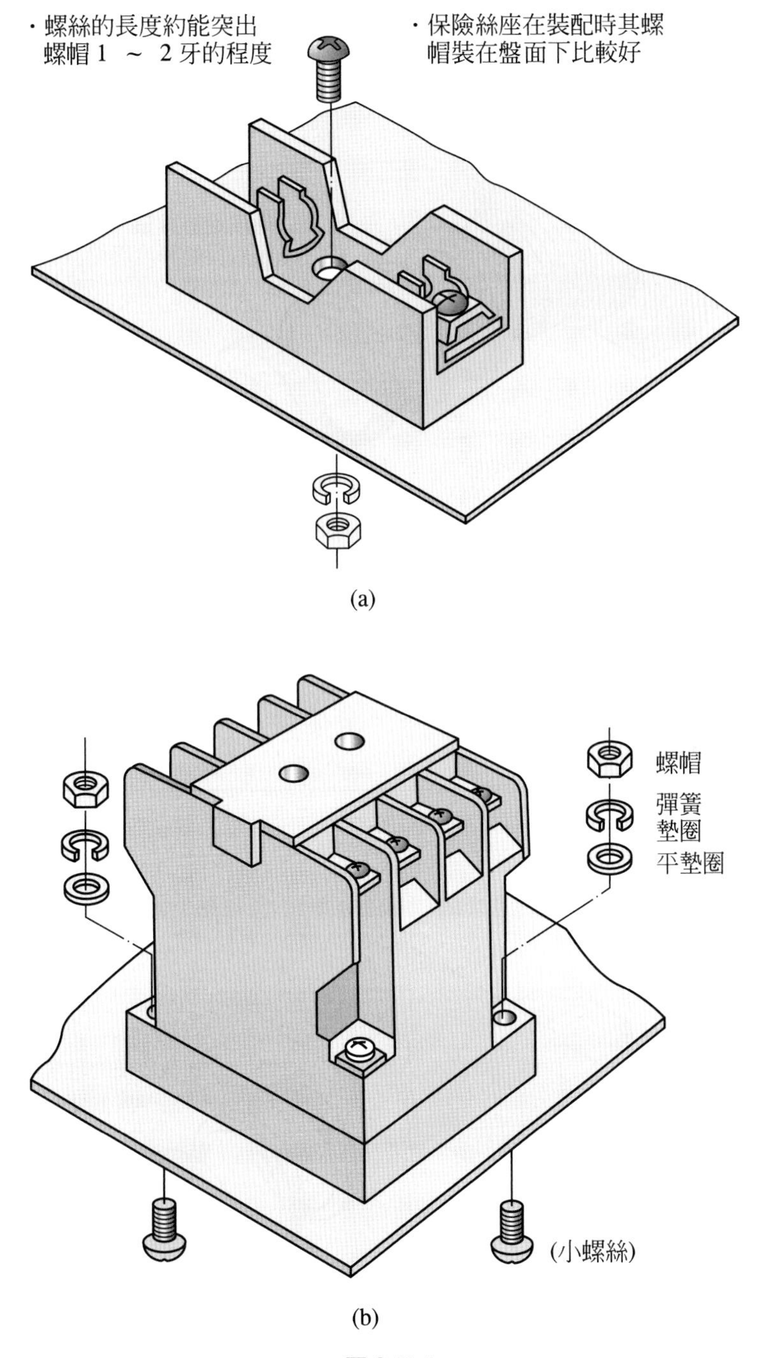

(a)

(b)

圖 2-7-4

5. 指示燈的裝配方法，請參考圖 2-7-5 所示。

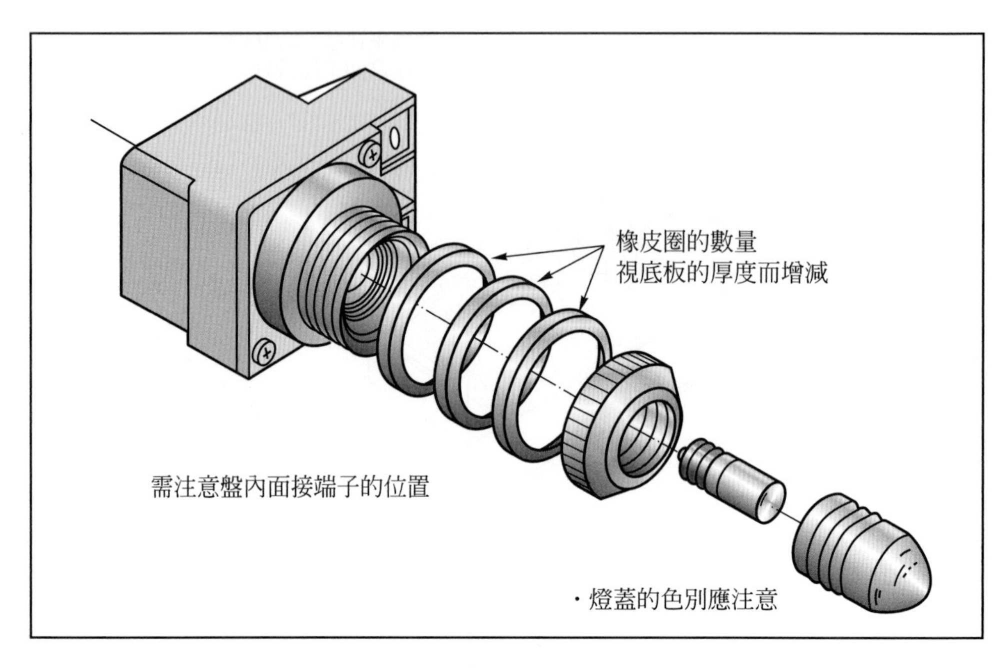

圖 2-7-5

6. 按鈕開關的裝配方法，請參考圖 2-7-6 所示。

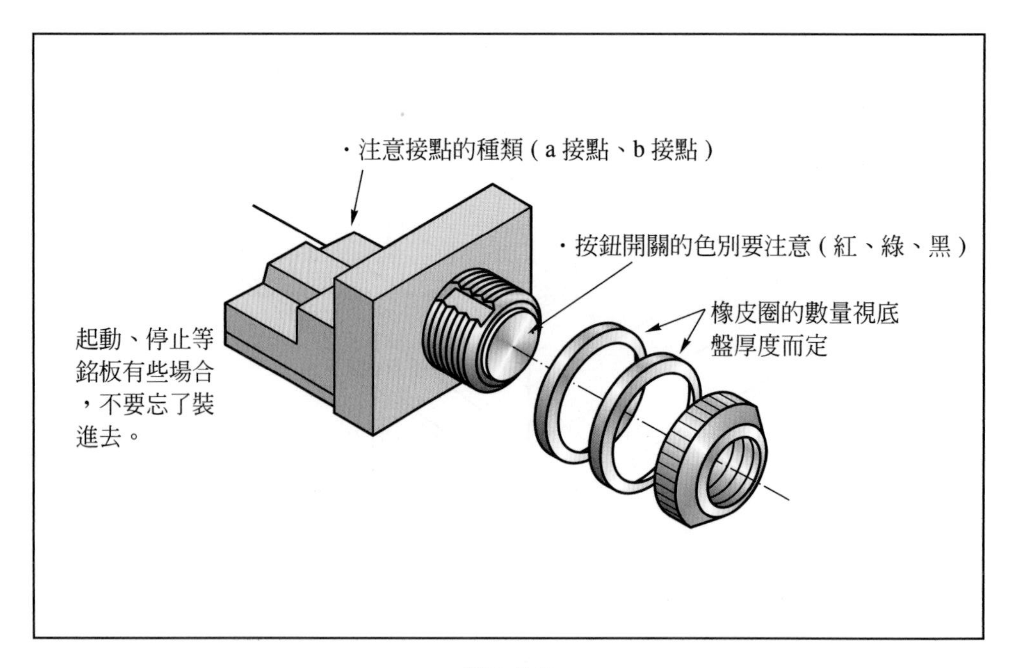

圖 2-7-6

7. 功率線繞式電阻器的裝配方法，請參考圖 2-7-7 所示。

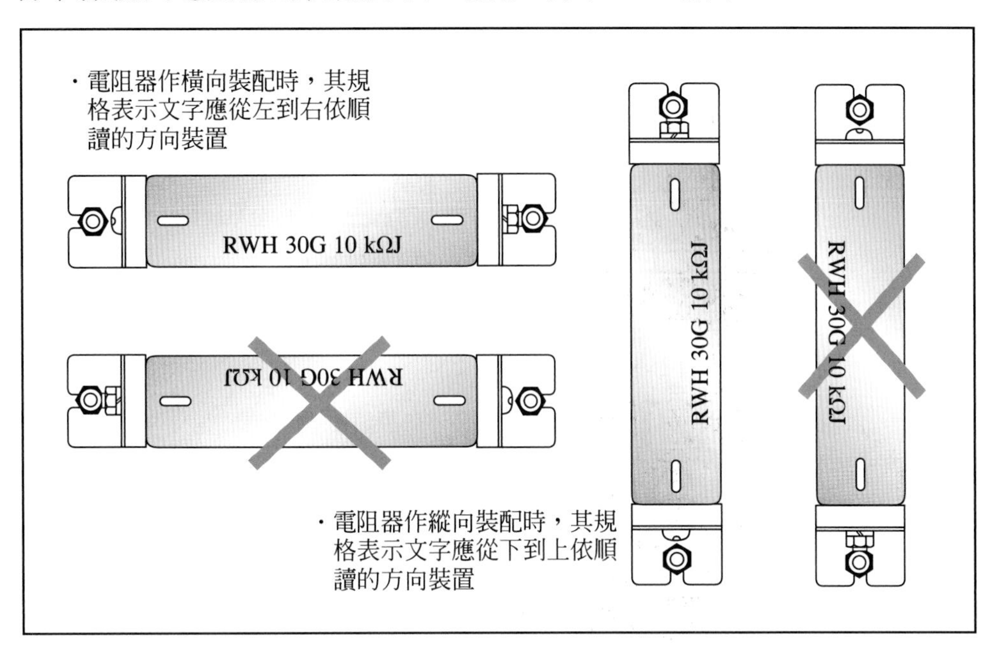

圖 2-7-7

2-8 配線要領

1. 電磁接觸器上之配線方法，請參考圖 2-8-1 所示。

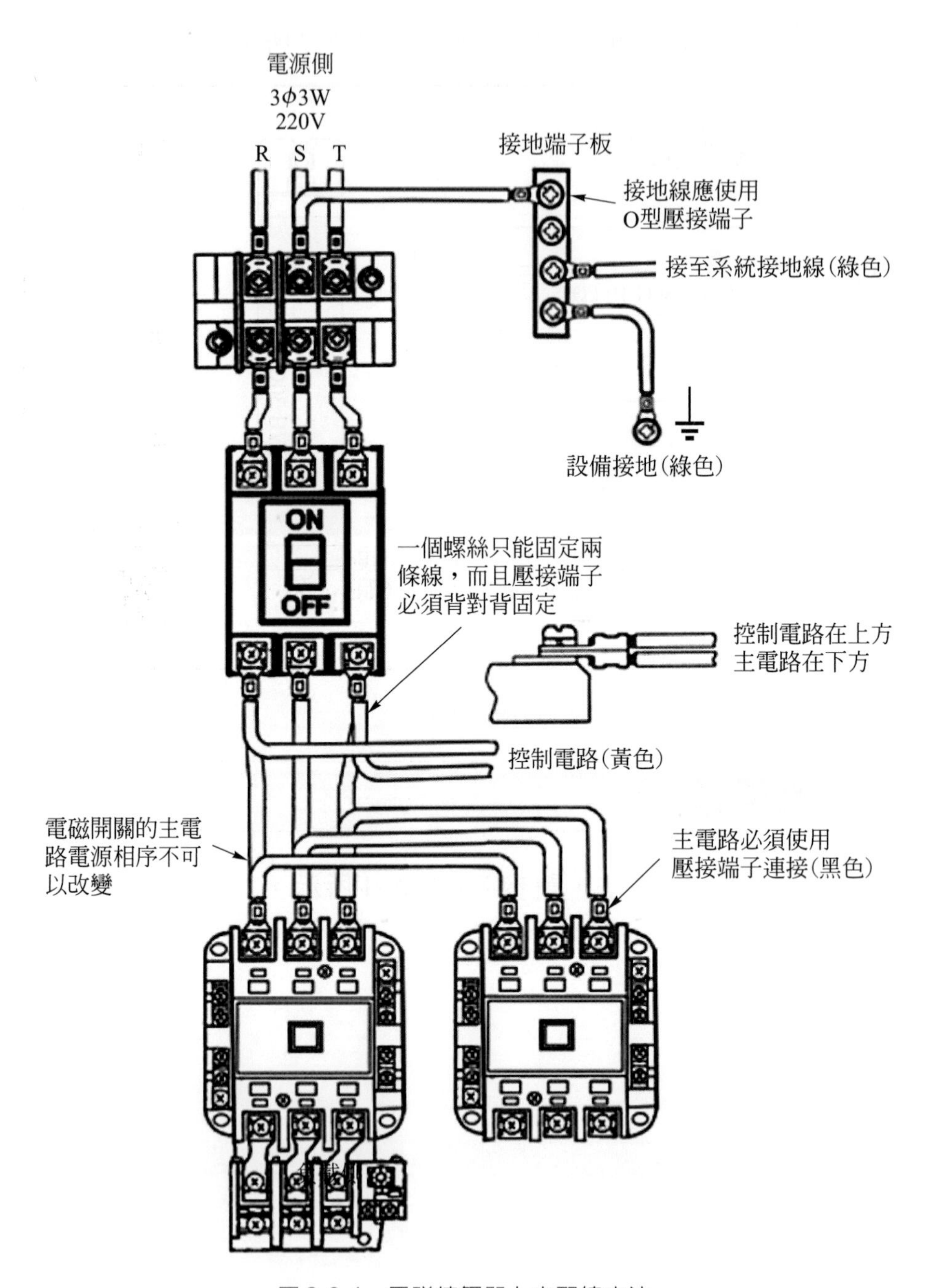

圖 2-8-1　電磁接觸器上之配線方法

2. 正逆轉主電路之配線方法，電磁接觸器的一次側主電路電源要一致，相序改變在二次側，S相是被接地相，通常是不改變的，所以逆轉是改變R、T相電源，請參考圖2-8-2所示。

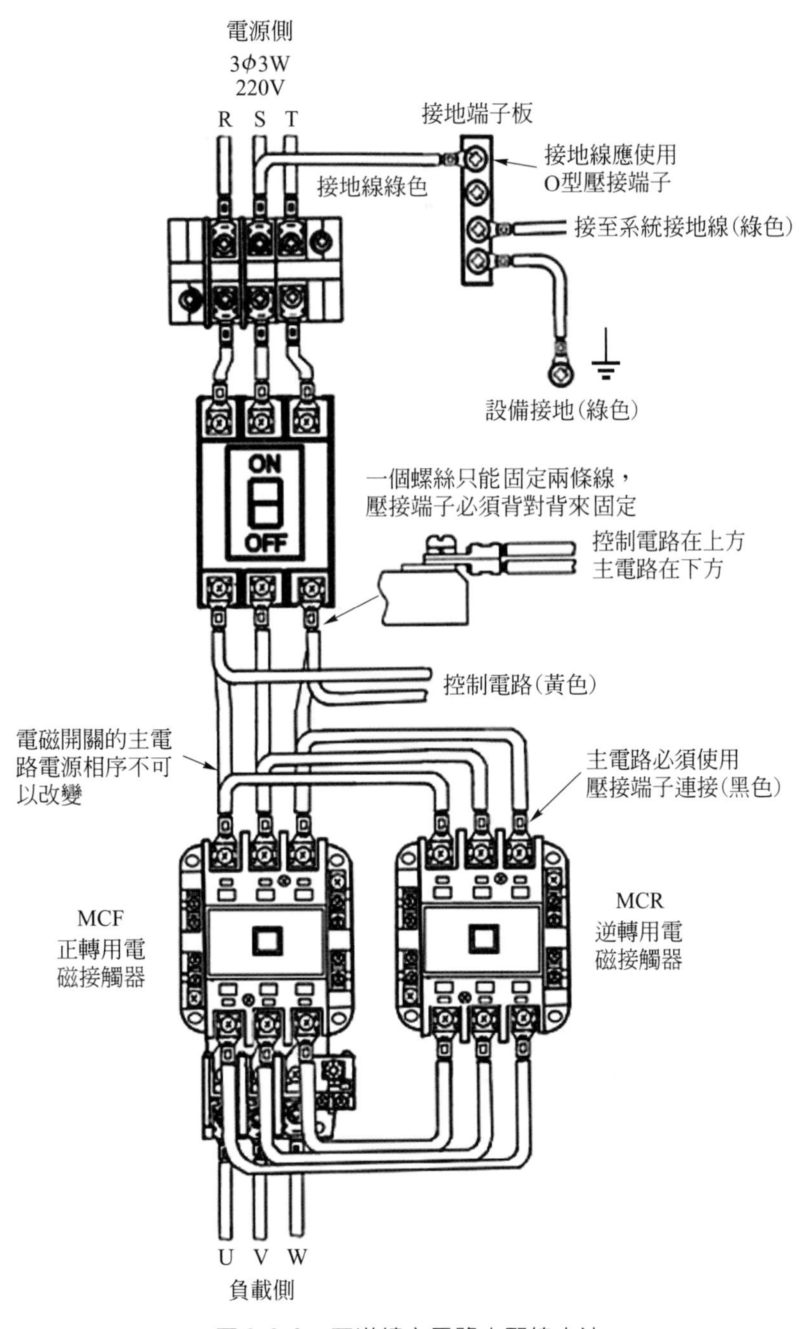

圖2-8-2 正逆轉主電路之配線方法

3. 線束與端子台或器具之距離要適當，端子或器具和線束的距離約在20~30mm左右，請參考圖 2-8-3 所示。

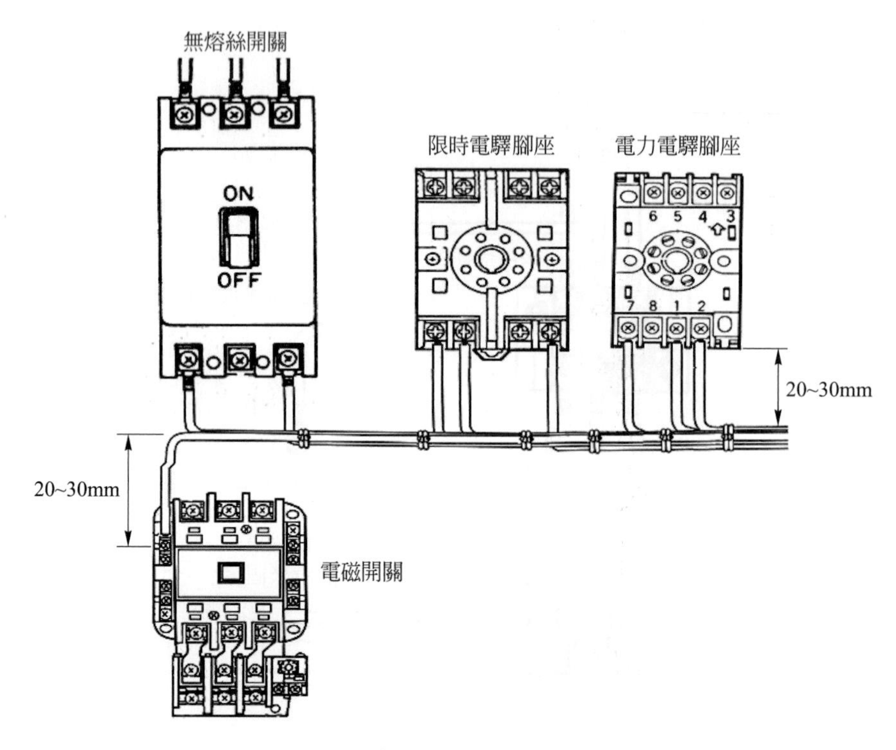

圖 2-8-3 線束與端子台或器具之距離要適當

4. 電線與限時電驛腳座端子間的連接，其中保留間隙d_1及d_2之尺寸隨電線的粗細而作適當的調整，d_1約 I～3mm 程度，d_2約 0.5～2mm 程度，不可以剝太長，也不能剝太短，太短容易脫落或固定到絕緣皮而造成接觸不良，請參考圖 2-8-4 所示。

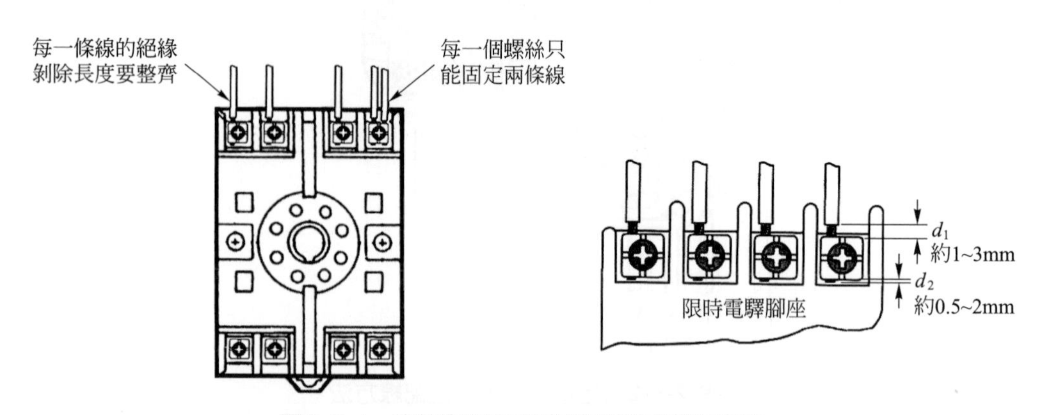

圖 2-8-4 電線與限時電驛腳座端子間的連接

5. 在配線的中途，導線不可有接續之處。
6. 導線或線束不可與盤面相接觸(至少離盤面 5mm 以上)。
7. 主電路與控制電路要分別束結，兩個電路不可以混在一起。
8. 端子台與電動機接線時，除了要注意端子台的安全電流容量外，必要時應於端子台上留有一段適當距離，可以避免誤接，請參考圖 2-8-5。

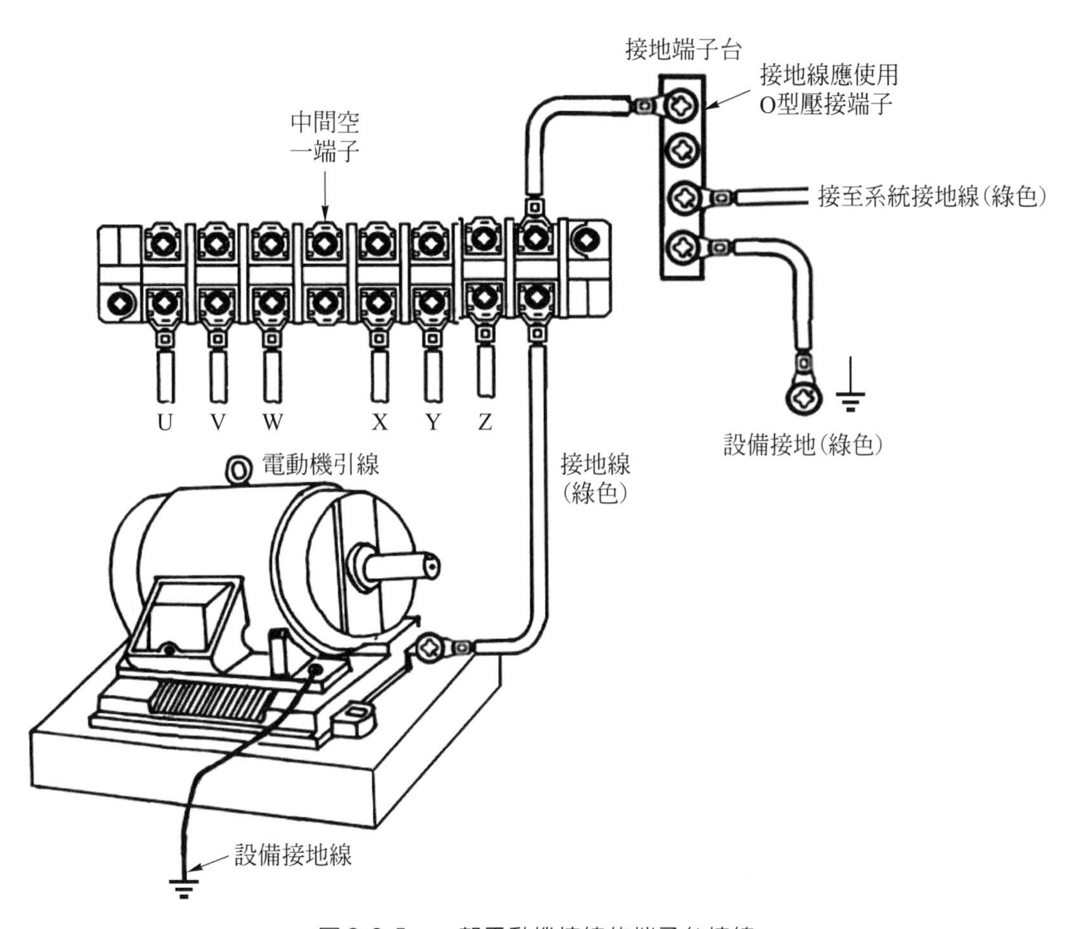

圖 2-8-5　一部電動機接線的端子台接線

9. 端子台與二部電動機以上接線時，除了要注意端子台的安全電流容量外，最好各別使用一個端子台，二個端子台間應保持適當的安全距離，更換時以策安全，請參考圖 2-8-6 所示。

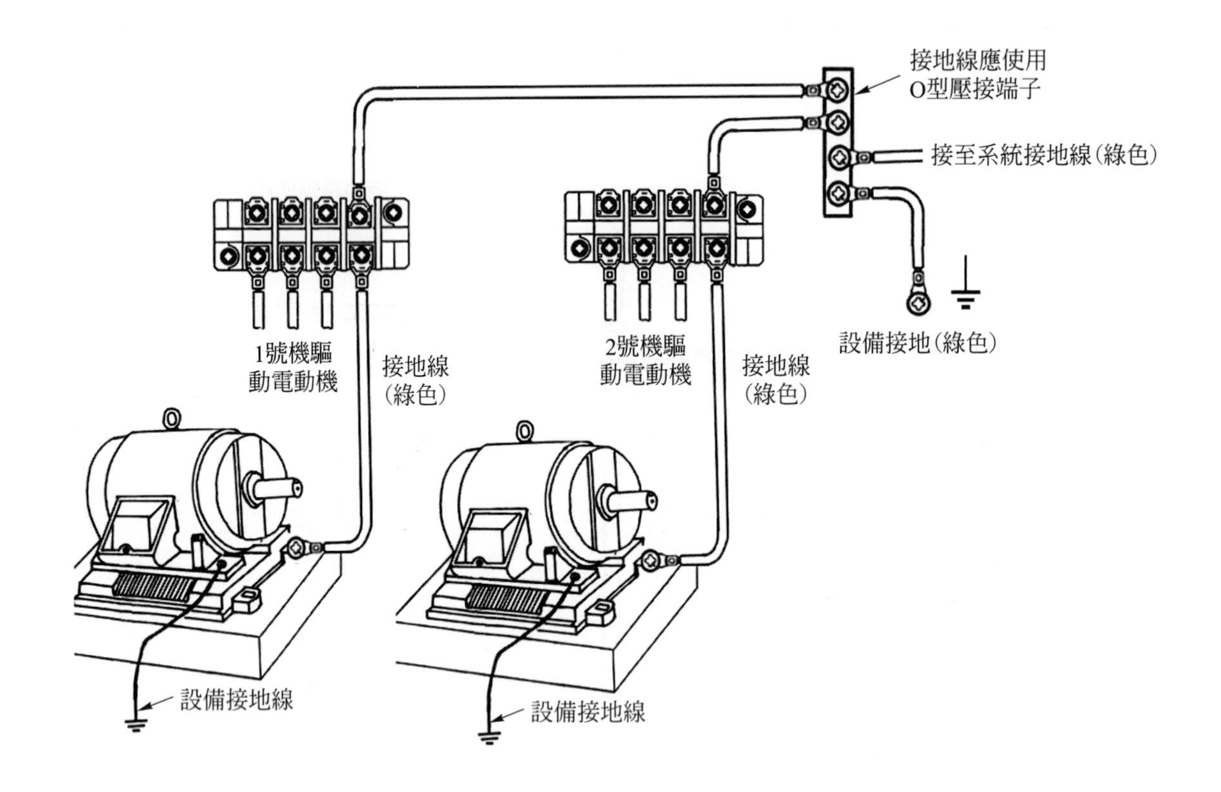

圖 2-8-6　二部電動機接線的端子台接線

2-9 配線練習

1. 實作說明

   (1) 配置圖單位採用公厘(mm)，圖中虛線部份表示線束中心。

   (2) 配置圖中，TB_1～TB_4代表15P端子台，X_1～X_2代表電力電驛之腳座，TR_1～TR_2代表限時電驛之腳座。

   (3) 採用束線配線法及逐點檢查法行之。

2. 配置圖

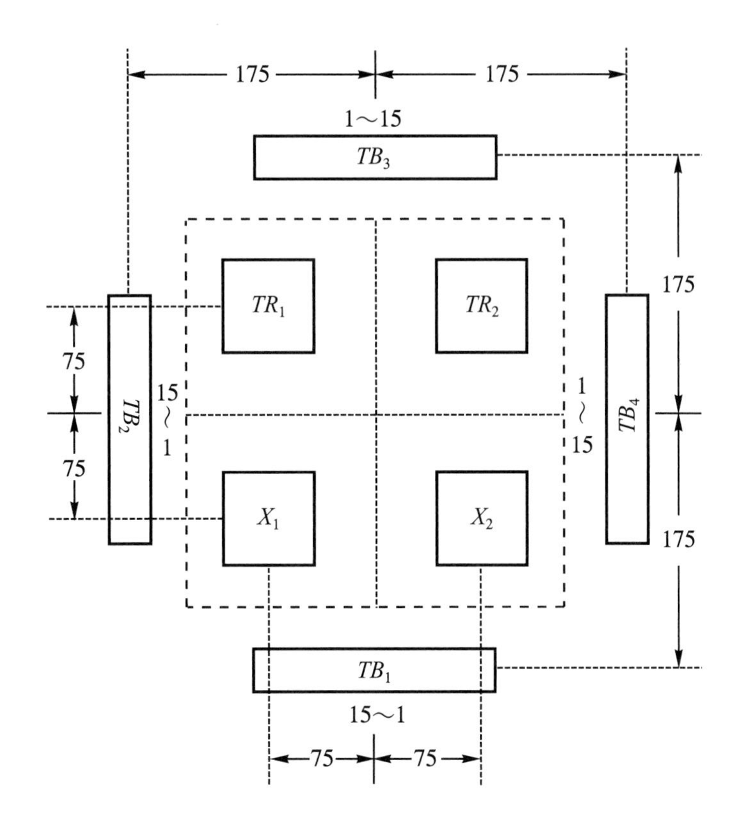

3. 配線順序

   (1) $TB_{1-1} \rightarrow TB_{2-1} \rightarrow TB_{3-1} \rightarrow TB_{4-1} \rightarrow TR_{2-2} \rightarrow TB_{1-2} \rightarrow X_{1-2} \rightarrow X_{2-2}$。

   (2) $TB_{1-4} \rightarrow TB_{2-4} \rightarrow X_{1-3} \rightarrow TB_{4-4} \rightarrow TB_{3-4} \rightarrow X_{1-6} \rightarrow TR_{1-7} \rightarrow TB_{4-11} \rightarrow TB_{3-11} \rightarrow TB_{2-11} \rightarrow TB_{1-11}$。

(3) $X_{2\text{-}1} \rightarrow TB_{4\text{-}2} \rightarrow TB_{2\text{-}7} \rightarrow X_{1\text{-}4} \rightarrow TR_{1\text{-}6} \rightarrow TB_{1\text{-}3} \rightarrow TB_{4\text{-}5} \rightarrow X_{2\text{-}7}$ 。

(4) $TB_{1\text{-}7} \rightarrow X_{2\text{-}4} \rightarrow TB_{2\text{-}10} \rightarrow X_{1\text{-}5} \rightarrow TB_{4\text{-}9} \rightarrow TB_{3\text{-}9} \rightarrow TB_{2\text{-}9} \rightarrow TB_{1\text{-}9}$ 。

(5) $TB_{1\text{-}10} \rightarrow TR_{2\text{-}4} \rightarrow TR_{2\text{-}7} \rightarrow TB_{3\text{-}2} \rightarrow TB_{4\text{-}10} \rightarrow TB_{2\text{-}2} \rightarrow X_{1\text{-}7} \rightarrow TR_{1\text{-}5} \rightarrow TB_{1\text{-}15} \rightarrow TB_{3\text{-}15}$ $\rightarrow TB_{2\text{-}15} \rightarrow TB_{4\text{-}15}$

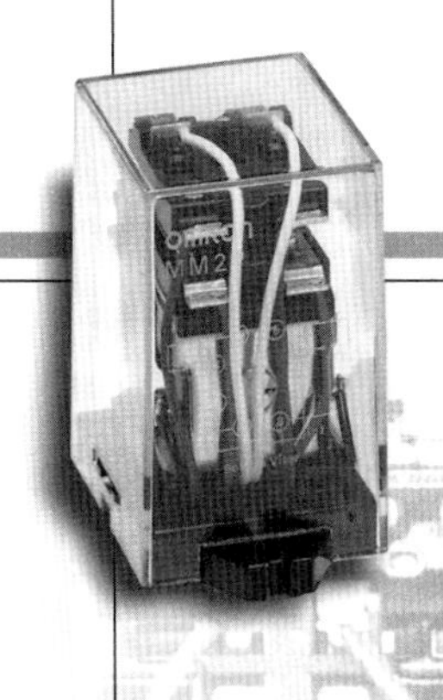

LOW VOLTAGE POWER DISTRIBUTION

Chapter 3

低壓配線實習

本章重點

- 實習 1　電動機之起動、停止控制電路
- 實習 2　多處控制電路
- 實習 3　寸動控制電路
- 實習 4　浮球式液面控制電路
- 實習 5　手動順序控制電路
- 實習 6　加熱、冷卻二段溫度控制電路
- 實習 7　壓力控制電路
- 實習 8　電流切換開關與電壓切換開關接線實習
- 實習 9　電熱線恆溫控制電路
- 實習 10　利用光電開關做防盜控制
- 實習 11　利用近接開關做運轉控制
- 實習 12　追次控制電路
- 實習 13　自動點滅器控制電路
- 實習 14　手動、自動切換控制電路

- 實習 15 單相感應電動機之正逆轉控制
- 實習 16 三相感應電動機正逆轉控制電路
- 實習 17 三相感應電動機正逆轉及寸動控制電路
- 實習 18 三相感應電動機之單繞組雙速率控制電路
- 實習 19 三相感應電動機自動順序控制電路
- 實習 20 循環控制電路
- 實習 21 三相感應電動機自動循環正逆轉控制電路
- 實習 22 三相感應電動機 Y-△降壓起動控制電路(一)
- 實習 23 三相感應電動機 Y-△降壓起動控制電路(二)
- 實習 24 三相感應電動機一次電阻自動降壓起動控制電路
- 實習 25 三相感應電動機電抗降壓起動控制電路
- 實習 26 三相感應電動機起動補償器(自耦變壓器)降壓起動控制電路
- 實習 27 三相感應電動機手動 Y-△降壓起動控制電路
- 實習 28 三相感應電動機雙繞組變極控制電路
- 實習 29 三相感應電動機自動逆向剎車控制電路
- 實習 30 三相非接地系統感應電動機之過載保護、過載警報及接地警報之控制電路
- 實習 31 低壓三相感應電動機多處正逆轉控制裝置
- 實習 32 正逆轉控制與 Y-△起動裝置
- 實習 33 三相繞線型感應電動機起動控制及保護電路
- 實習 34 三相感應電動機正逆轉控制裝置(光電開關)
- 實習 35 低壓三相感應電動機自動正逆轉控制裝置
- 實習 36 單相電容分相式感應電動機正逆轉控制裝置
- 實習 37 低壓三相感應電動機順序控制裝置
- 實習 38 低壓三相感應電動機起動與停止控制裝置
- 實習 39 抽水電動機之 Y-△起動及液面控制裝置
- 實習 40 感應電動機之過載保護和警報及接地警報接線
- 實習 41 交通號誌燈(一)
- 實習 42 交通號誌燈(二)
- 實習 43 交通號誌燈(三)

- 實習 44　交通號誌燈(四)
- 實習 45　交通號誌燈(五)
- 實習 46　交通號誌燈(六)
- 實習 47　三相感應電動機 Y-△起動控制及保護電路
- 實習 48　三相繞線型感應電動機起動控制及保護電路裝配
- 實習 49　低壓三相感應電動機正逆轉起動附直流剎車系統控制電路
- 實習 50　三相單繞組雙速雙方向感應電動機起動控制及保護電路
- 實習 51　三相極數變換感應電動機起動控制及保護電路
- 實習 52　二台抽水機之自動交替與手動控制裝置
- 實習 53　排抽風機之定時交替與手動控制裝置
- 實習 54　預備機之自動起動電路
- 實習 55　主電源與備用電源停電自動切換控制
- 實習 56　手動自動正反轉定時交替電路
- 實習 57　重型攪拌機控制電路裝配
- 實習 58　單相感應電動機自動交替正逆轉
- 實習 59　常用電源與預備電源供電電路裝置
- 實習 60　三部抽水機順序運轉電路
- 實習 61　三部電動機順序運轉電路
- 實習 62　同步電動機發電機組控制電路
- 實習 63　三部電動機二部順序運轉電路之裝配
- 實習 64　三相感應電動機定時正逆轉電路裝置
- 實習 65　昇降機控制電路
- 實習 66　自動攪拌機控制電路之裝配工作
- 實習 67　交流電動機手動、自動連鎖，順序控制
- 實習 68　自動洗車電路
- 實習 69　空調系統之起動及保護電路之裝配

實習 1　電動機之起動、停止控制電路

一　動作順序

1. 電源通電時，電動機不動作。
2. 按下按鈕開關(ON)時，電動機起動運轉。
3. 按下按鈕開關(OFF)時，電動機停止運轉。
4. 因過載或其他故障發生致使積熱電驛動作時，電動機停止運轉，蜂鳴器發出警報，積熱電驛復歸時，蜂鳴器停響，電動機不會自行再起動。

二　使用器材

符號	名稱	規格	數量	備註
	配線板	600mm×500mm×2.3t　或 800mm×600mm×20t	1 塊	
NFB	無熔絲開關	3P，50AF，20AT	1 只	
MC	電磁接觸器	3ϕ，5HP，AC 220V，5a2b	1 只	
TH-RY	積熱電驛	3ϕ，AC 220V，9A	1 只	
PB	按鈕開關	PB-2(ON-OFF)	1 只	附固定架
BZ	蜂鳴器	AC 220V，強力型圓型，3"	1 只	
TB	端子台	3P，20A	2 只	TB_1，TB_2
TB	端子台	16P，20A	2 只	TB_3，TB_4

三 位置圖

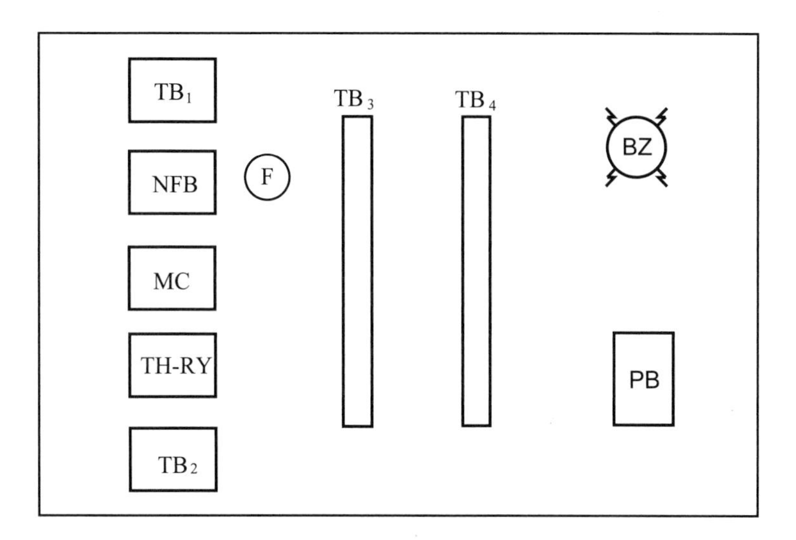

四 線路圖及展開圖

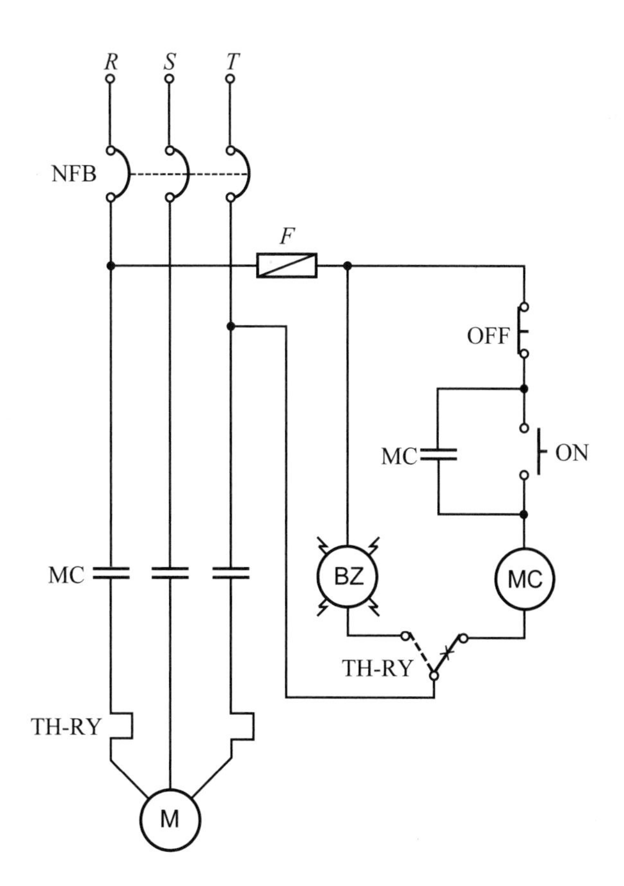

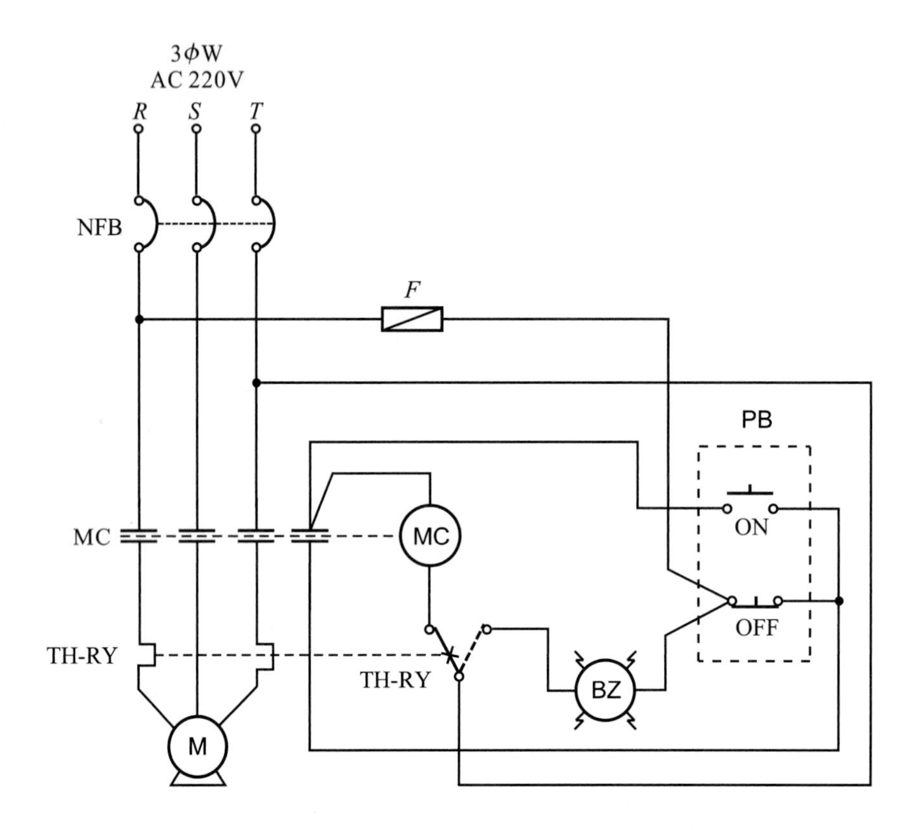

五 動作分析

1. 動作時間表

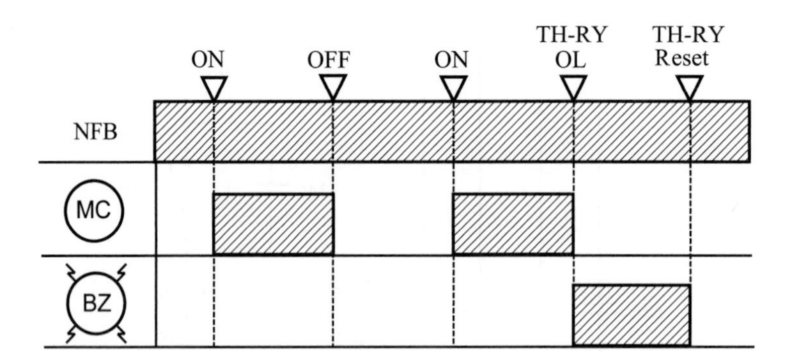

2. 動作說明

⑴ 接上電源，按下按鈕開關(ON)時，電磁接觸器(MC)激磁並自保，電動機運轉。

⑵ 按下按鈕開關(OFF)時，電磁接觸器(MC)失磁，電動機停止運轉。

(3) 電動機運轉中，發生過載，積熱電驛跳脫，蜂鳴器(BZ)響，電動機停止運轉，故障排除後，(BZ)停響，電動機不會自行運轉。

六 測試要領

接線完成後，不要立刻通電，先用三用電表檢查是否有短路現象及動作是否正確，方法如下：

1. 將三用電表置於$R\times10$檔，並作歸零調整。
2. 將兩測試棒分別夾於RT相，此時三用電表指針不動，按下按鈕開關(ON)，則三用電表指示(MC)線圈之電阻值，放開時，三用電表指針回復到∞位置，按下按鈕開關(OFF)指針不偏轉時，表示按鈕開關功能正確。
3. 若使(TH-RY)跳脫時，三用電表會指示出(BZ)的電阻值，壓下(TH-RY)復歸桿，則三用電表指針指示值為無窮大。
4. 壓下(MC)上面之可動桿，則三用電表應指示(MC)線圈之電阻值，同時表示可以自保。
5. 若將兩測試棒夾於RT相，而三用電表指示零值，則表示短路，如果按下按鈕開關(ON)，電阻值為無窮大，則表示開路，應重新逐步檢查線路，找出錯誤所在，以便更正之。

七 相關知識

1. 其他控制線路

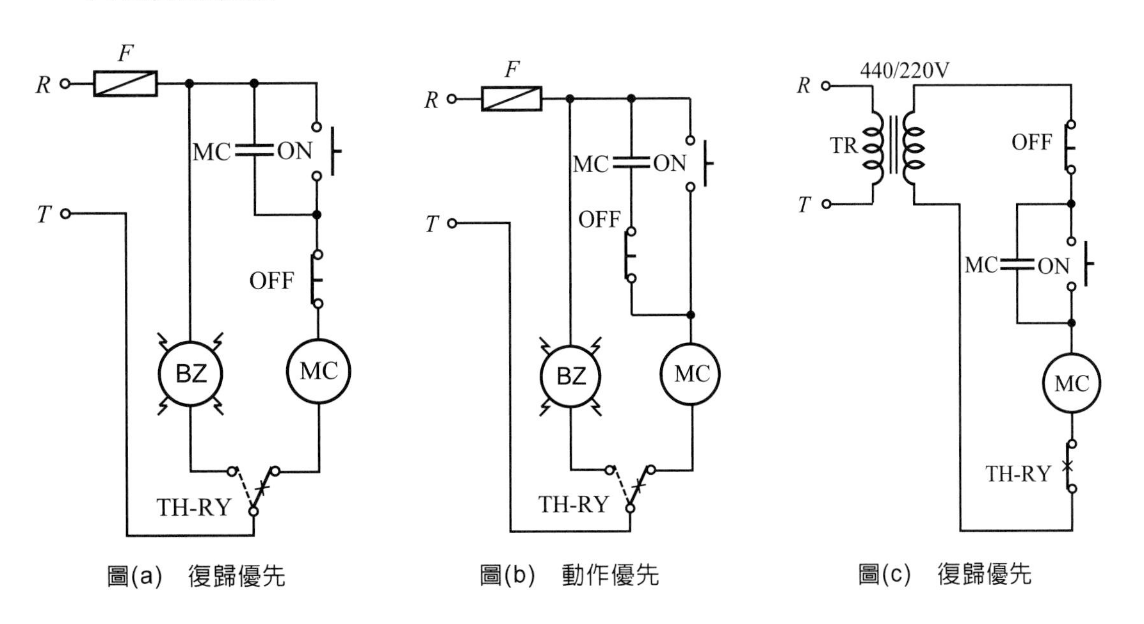

圖(a)　復歸優先　　圖(b)　動作優先　　圖(c)　復歸優先

2. 說明

(1) 圖(a)與實習之線路圖都是停止優先電路，即同時按下(ON、OFF)兩個按鈕，線圈不激磁，電動機不會起動運轉，此種電路稱爲復歸優先亦稱爲斷電優先。

(2) 圖(b)是起動優先電路，即同時按下(ON、OFF)兩個按鈕，線圈會激磁，電動機開始起動運轉，此種電路稱爲動作優先，亦稱爲通電優先。

(3) 當電磁接觸器之線圈額定電壓值與主線路電源不相同時，可利用變壓器降壓，配線如圖(c)所示。

3. 主線路線徑之選擇

(1) 主線路如只接一部電動機，則其最小線徑之安全電流量爲電動機額定電流之 1.25 倍。

例：3ϕ，AC 380V，5HP 之電動機，由附錄 C 知額定電流值爲 8.1A。

$8.1\times1.25=10.125\text{A}$

由附錄 D 知主電路最小線徑應選擇 2mm^2之 PVC 導線。

(2) 主線路如接多部電動機，則其最小線徑之安全電流量爲通過電路中最大電動機額定電流之 1.25 倍及其他電動機額定電流之和。

例：3ϕ，AC 380V，3HP一部，其額定電流值爲 5.4A；3ϕ，AC 380V，7.5HP一部，其額定電流值爲 11.9A；3ϕ，AC 380V，10HP一部，其額定電流值爲 15.9A。

$15.9\times1.25+11.9+5.4=37.175\text{A}$

由附錄 D 知主電路最小線徑應選擇 14mm^2之 PVC 導線。

4. NFB 保護器容量之選擇

(1) (NFB)之額定容量視電動機之起動情形而定，通常以不超過電動機全載電流之 2.5 倍爲原則，說明如下：

① 一台電動機時：

$I_B=C\times I_R\cdots\cdots(\text{a})$

② 二台以上電動機，但不同時起動時：

$$I_B=(\Sigma I_R-I_{\max})\times 需量率+C_{\max}\times I_{R_{\max}}\cdots\cdots(b)$$

③　二台以上電動機，且同時起動時：

$$I_B=C_1 I_{R1}+C_2 I_{R2}+\cdots+C_n I_{RN}\cdots\cdots(c)$$

上列各式中

I_B：NFB(或熔絲)之額定電流值(A)。

I_R：電動機之全載電流值(A)。

C：起動電流乘率，一般取 1.5～2.5 倍。

$需量率=\frac{最大需量}{設備容量}$，若不能確定以 1 表示。

(2)　假設(NFB)之跳脫容量最低值為 15AT，而使用之電動機額定電流低於 15A，於選用(NFB)之跳脫容量值時，仍須選用 15AT 之規格品。

(3)　(NFB)之框架容量(AF)之選定通常應大於或等於跳脫容量(AT)。

(4)　例題一：某線路僅連接3ϕ，AC 220V，5HP 電動機一台，試問其(NFB)之額定為若干？

由附錄 B，查知其額定電流為 15A，若 C 採用 2 倍，

由(a)式：

$$I_B=2\times 15=30\text{A}$$

則本題選用 3P，30AT 之 NFB。

(5)　例題二：某線路連接三台3ϕ，AC 220V，5HP之電動機，若三台電動機不同時起動，需量率為 1，試問其(NFB)之額定為若干？

由附錄 B，查知其額定電流為 15A，若 C 採用 2 倍，

由(b)式：

$$I_B=(15+15+15-15)\times 1+2\times 15=60(\text{A})$$

則本題選用 3P，60AT 之 NFB。

(6)　例題三：線路與例題二相同，但三台電動機同時起動，則其(NFB)之額定為若干？

由(c)式：

$$I_B = 2\times 15 + 2\times 15 + 2\times 15 = 90(A)$$

則本題選用 3P，90AT 之 NFB。

5. 設計例

有一小型工廠擬裝設3ϕ，AC 220V，2HP 一台、3HP 一台、5HP 一台、10HP 一台，各電動機不同時起動，但同時使用，且以 PVC 管配線，試問其主線路及分路使用之線徑大小及(NFB)之額定為若干？

(1) 分路線徑及(NFB)之選擇：

① 2HP 採全壓起動。

由附錄 B，查知其額定電流為 6.5A。

$6.5\times 1.25 = 8.125A$

故最小線徑選用 2mm^{2}之導線。

$6.5\times 2 = 13A$

故採用 3P 30AF 15AT 之 NFB。

② 3HP 採全壓起動。

由附錄 B，查知其額定電流為 9A。

$9\times 1.25 = 11.25A$

故最小線徑選用 2mm^{2}之導線。

$9\times 2 = 18A$

故採用 3P 30AF 20AT 之 NFB。

③ 5HP 採全壓起動。

由附錄 B，查知其額定電流為 15A。

$15\times 1.25 = 18.75A$

故最小線徑選用 3.5mm^{2}之導線。

$15 \times 2 = 30\text{A}$

故採用 3P 30AF 30AT 之 NFB。

④ 10HP 採全壓起動。

由附錄 B，查知其額定電流為 27A。

$27 \times 1.25 = 33.75\text{A}$

故最小線徑選用 8mm^{2}之導線。

$27 \times 2 = 54\text{A}$

故採用 3P 100AF 60AT 之 NFB。

(2) 主線路之線徑及(NFB)之選擇：

$27 \times 1.25 + 15 + 9 + 6.5 = 64.25\text{A}$

由附錄 D，查知最小線徑選用 30mm^{2}之導線。

由(b)式：

$I_B = (27 + 15 + 9 + 6.5 - 27) \times 1 + 2 \times 27 = 84.5\text{A}$

故採用 3P 100AF 100AT 之 NFB。

八　問　題

1. 配線時，一般習慣主線路採用何種顏色？控制線路採用何種顏色？
2. 何謂自己保持電路？
3. 如何使用三用電表，辨別(TH-RY)的控制接點？
4. 積熱電驛可否有短路保護的功用？為什麼？
5. 試述動作優先及復歸優先各使用在何種場合？
6. 有一台3ϕ，AC 220V，7.5HP 電動機，請問主線路採用多大線徑？控制線路採用多大線徑？(NFB)容量為若干？
7. 說明圖(1)之動作順序，並繪出其動作時間表。

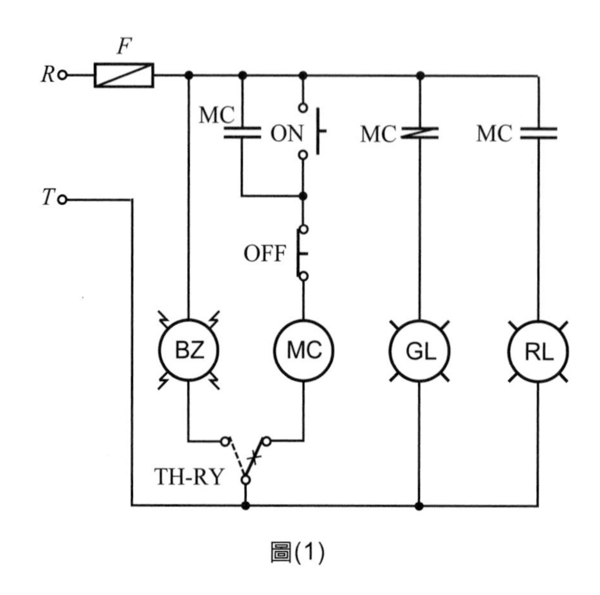

圖(1)

實習 2 多處控制電路

一 動作順序

1. 電源通電時，電壓計(V)應指示RT相之電壓值。
2. 無熔絲開關(NFB)ON時，指示燈綠燈(GL)亮，其餘指示燈均熄，電動機不轉動。
3. 按下按鈕開關(ON_1)或(ON_2)時，電磁開關(MC)動作，電動機立即運轉，指示燈紅燈(RL)亮，綠燈熄，電流表應指示S相之線電流值。
4. 按下按鈕開關(OFF_1)或(OFF_2)時，電磁開關(MC)失磁，電動機停止運轉，指示燈紅燈熄，綠燈亮。
5. 電動機於正常運轉中因過載致使積熱電驛(TH-RY)動作時，電動機停止運轉，蜂鳴器發出警報，指示燈綠燈亮，紅燈熄。

二 使用器材

符號	名稱	規格	數量	備註
	配線板	600mm×500mm×2.6t　或 800mm×600mm×20t	1 塊	
NFB	無熔絲開關	3P，50AF，30AT	1 只	
MC	電磁接觸器	3P，AC 220V，5HP 5a2b	1 只	
TH-RY	積熱電驛	3ϕ，AC 220V，15A	1 只	
V	電壓表	0～300V	1 只	
A	電流表	0～50A	1 只	
BZ	蜂鳴器	AC 220V，圓形，3"	1 只	
PB	按鈕開關	二點式(ON，OFF)	2 只	
GL	指示燈	AC 220/15V，綠色	1 只	附架
RL	指示燈	AC 220/15V，紅色	1 只	附架
TB	端子台	3P，50A	2 只	TB_1，TB_2
TB	端子台	15P，30A	2 只	TB_3，TB_4

三 位置圖

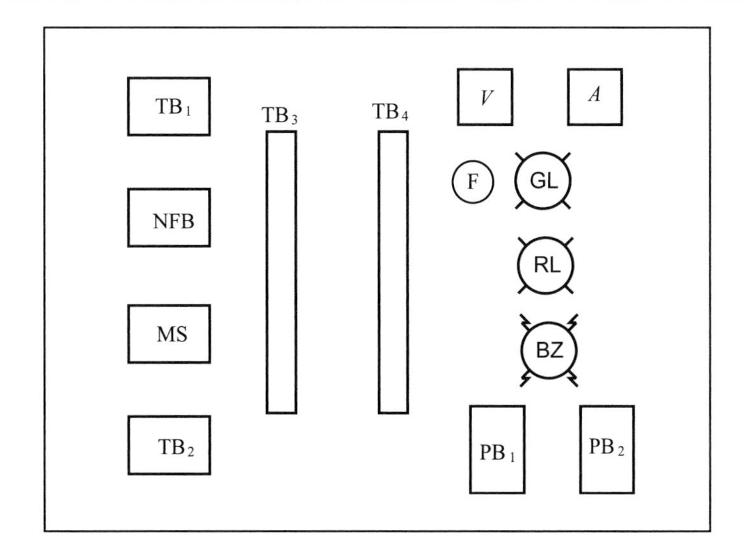

四 線路圖

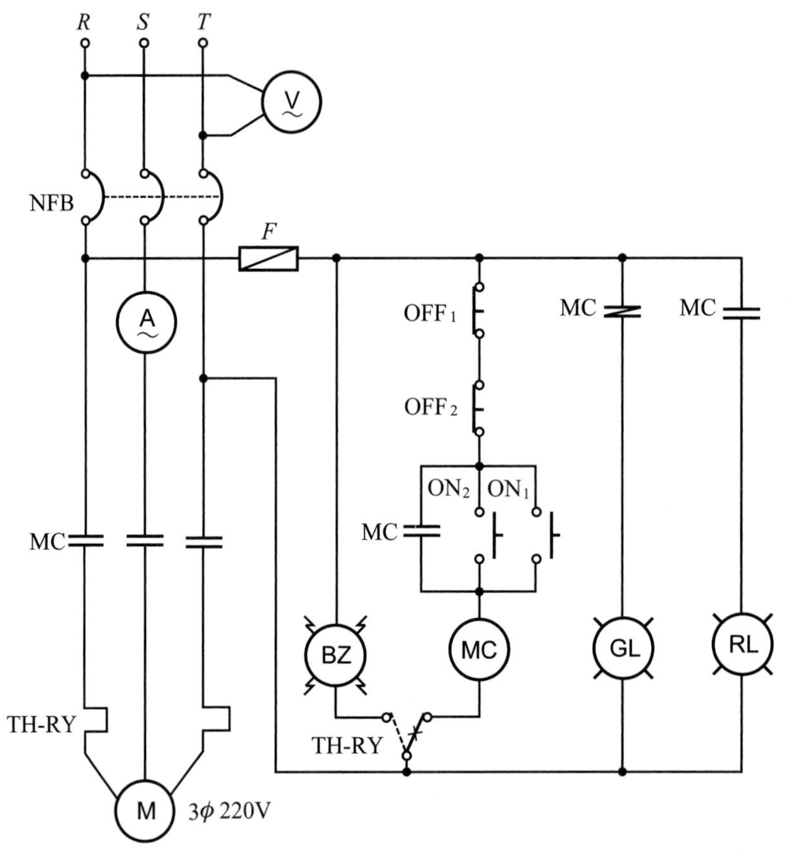

五 動作分析

1. 動作時間表

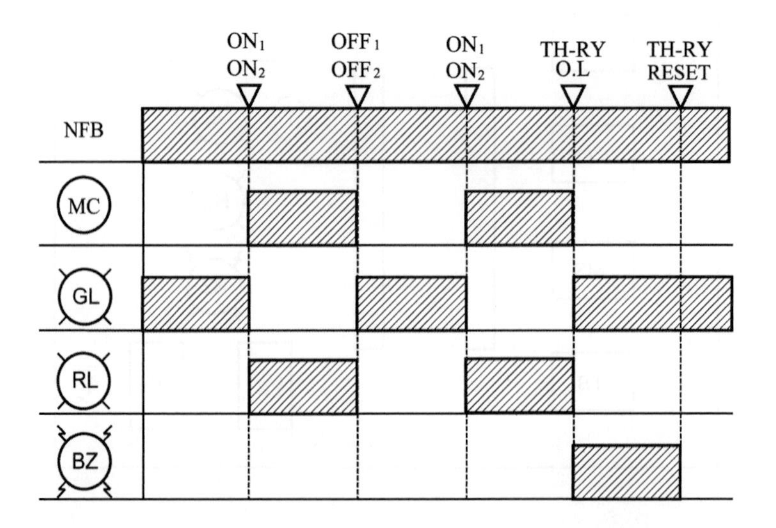

2. 動作說明

(1) 按下按鈕開關(ON_1)或(ON_2)，都能使電磁接觸器(MC)激磁，(GL)指示燈熄，(RL)指示燈亮，電動機運轉。

(2) 按下按鈕開關(OFF_1)或(OFF_2)，都能使電磁接觸器(MC)失磁，(GL)指示燈亮，(RL)指示燈熄，電動機停止運轉。

(3) 電動機於正常運轉中，發生過載致使積熱電驛跳脫時，蜂鳴器(BZ)響，(GL)指示燈亮，(RL)指示燈熄，電動機停止運轉。

(4) 故障排除後，(BZ)停響，(GL)亮，(RL)熄，電動機不會自行起動。

六 測試要領

1. 將三用電表置於$R\times 10$檔，並作歸零調整。
2. 將兩測試棒分別夾於RT相，此時三用電表應指示(GL)指示燈之線圈電阻值，按下(ON_1)，三用電表應指示(GL)指示燈之線圈與(MC)線圈之並聯電阻值，放開(ON_1)，按下(ON_2)，所得之值應相同；同時按下(ON)與(OFF)，三用電表應指示(GL)之線圈電阻值。
3. 若使(TH-RY)跳脫，則三用電表應指示(GL)之線圈與(BZ)之線圈之並聯電阻值。
4. 將(TH-RY)復歸，測試結果正確無誤，即可通電試驗。

七 相關知識

1. 其他控制線路

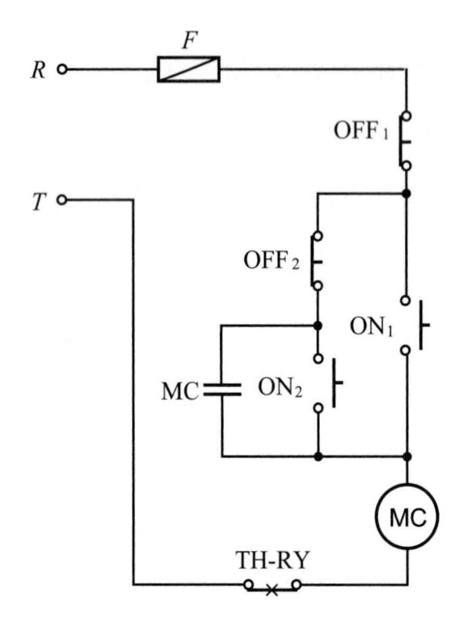

圖(a) 二處控制復歸優先電路

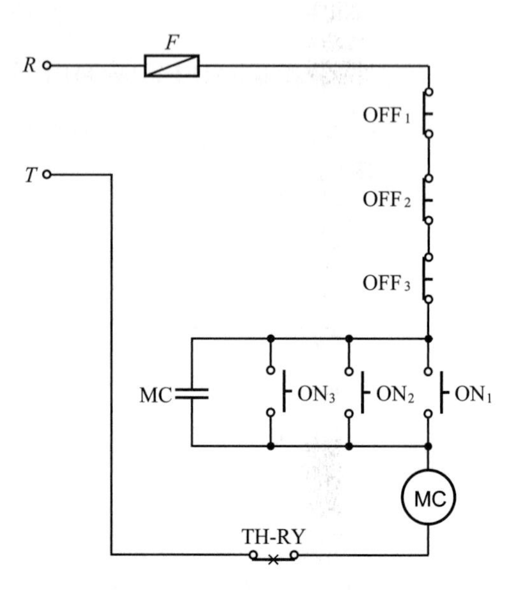

圖(b) 三處控制復歸優先電路

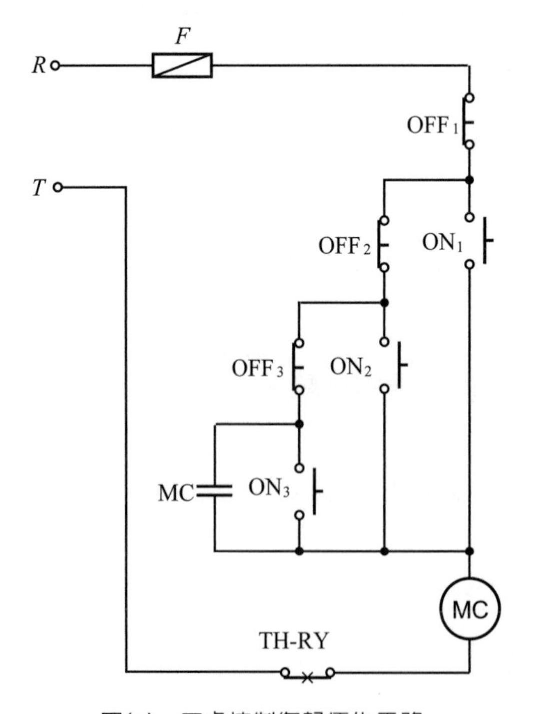

圖(c) 三處控制復歸優先電路

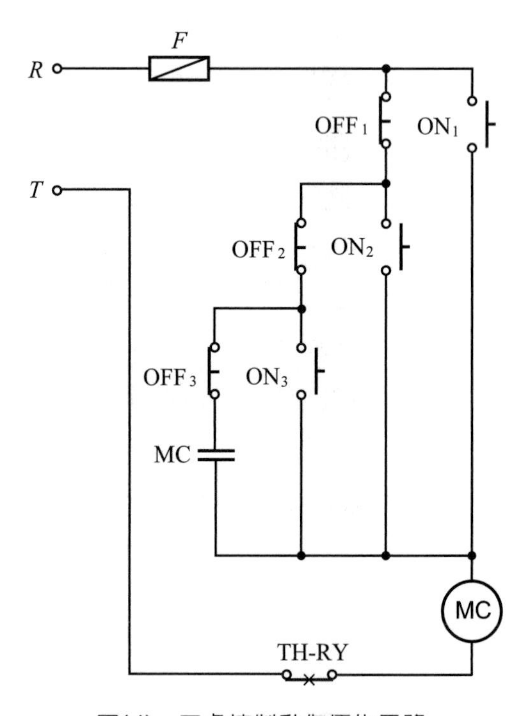

圖(d) 三處控制動作優先電路

2. 說明

(1) 實習之線路圖爲二處控制之基本線路；圖(a)爲二處控制之復歸優先線路。

(2) 圖(b)爲三處控制之復歸優先線路；圖(c)爲三處控制復歸優先線路；圖(d)爲三處控制動作優先線路。

3. 一台電動機由二處以上控制點來控制之線路接線要點

(1) *a*接點一定是並聯。

(2) *b*接點一定是串聯。

八 問　題

1. 試設計一個二處控制動作優先線路？
2. 試設計一個四處控制線路？
3. 說明圖(1)之動作順序，並繪出其動作時間表？

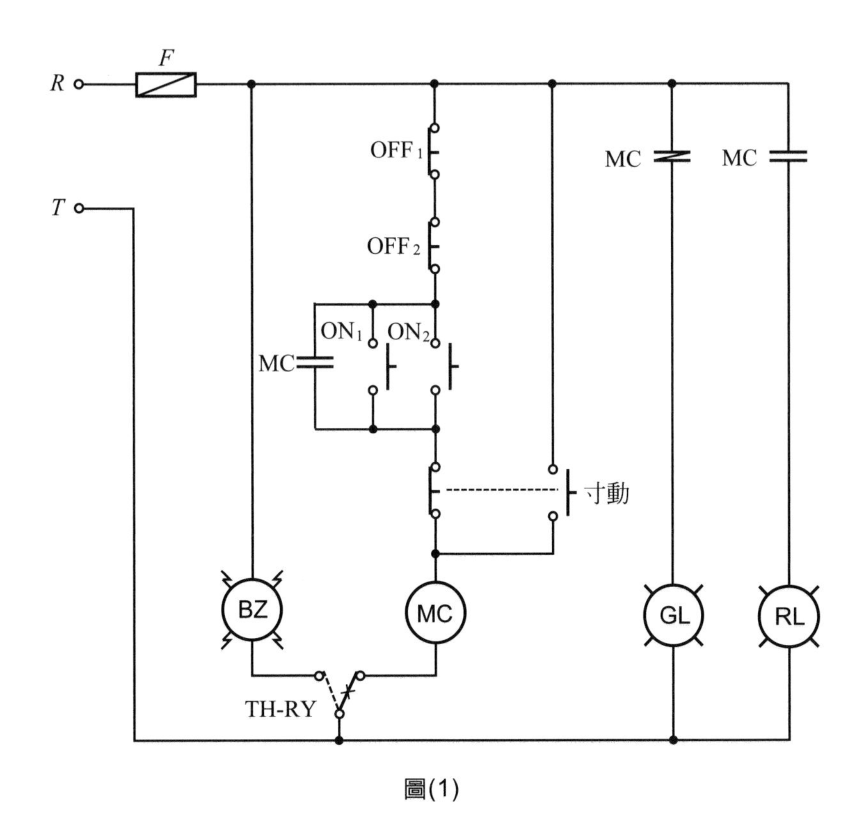

圖(1)

4. 請將二處控制之基本線路與復歸優先線路作一比較，並說明其優劣點？

實習 3　寸動控制電路

一　動作順序

1. 接上電源，綠燈亮，紅燈熄。
2. 按下按鈕開關(PB_2)，電動機運轉，按下按鈕開關(PB_1)，電動機停止運轉。
3. 電動機未起動之前，按下按鈕開關(PB_3)，可以控制電動機做寸動運轉。
4. 積熱電驛跳脫時，蜂鳴器響，綠燈亮，紅燈熄，電動機不運轉，積熱電驛復歸時，蜂鳴器停響，綠燈亮，紅燈熄，電動機不會自行起動。

二　使用器材

符號	名稱	規格	數量	備註
	配線板	600mm×500mm×2.3t　或 800mm×600mm×20t	1 塊	
NFB	無熔絲開關	3P，50AF，30AT	1 只	
MC	電磁接觸器	3ϕ，5HP，AC 220V，5a2b	1 只	
TH-RY	積熱電驛	3ϕ，250V，15A	1 只	
GL	指示燈	AC 220/15V，綠色	1 只	附架
RL	指示燈	AC 220/15V，紅色	1 只	附架
PB	按鈕開關	30ϕ，1a1b，綠色	1 只	PB_1
PB	按鈕開關	30ϕ，1a1b，紅色	1 只	PB_2
BZ	蜂鳴器	AC 220V，圓形，3"	1 只	
TB	端子台	3P，20A	2 只	TB_1，TB_2
TB	端子台	16P，20A	2 只	TB_3，TB_4

三 位置圖

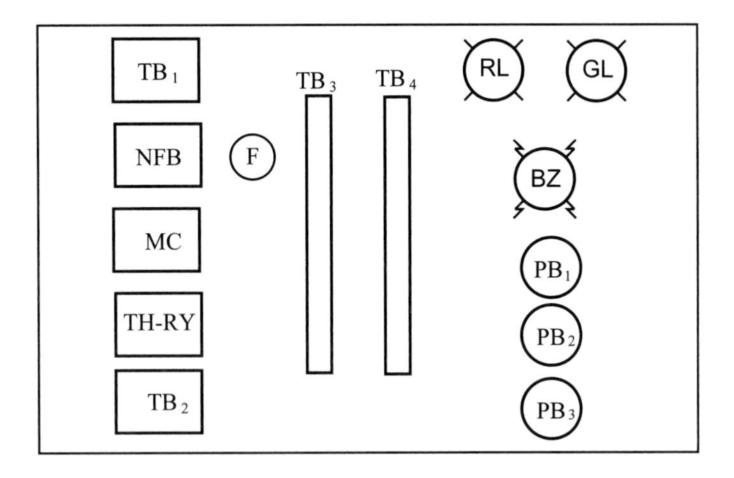
TB 1
TB 3
TB 4
RL
GL
NFB
F
BZ
MC
PB1
TH-RY
PB2
TB 2
PB3

四 線路圖

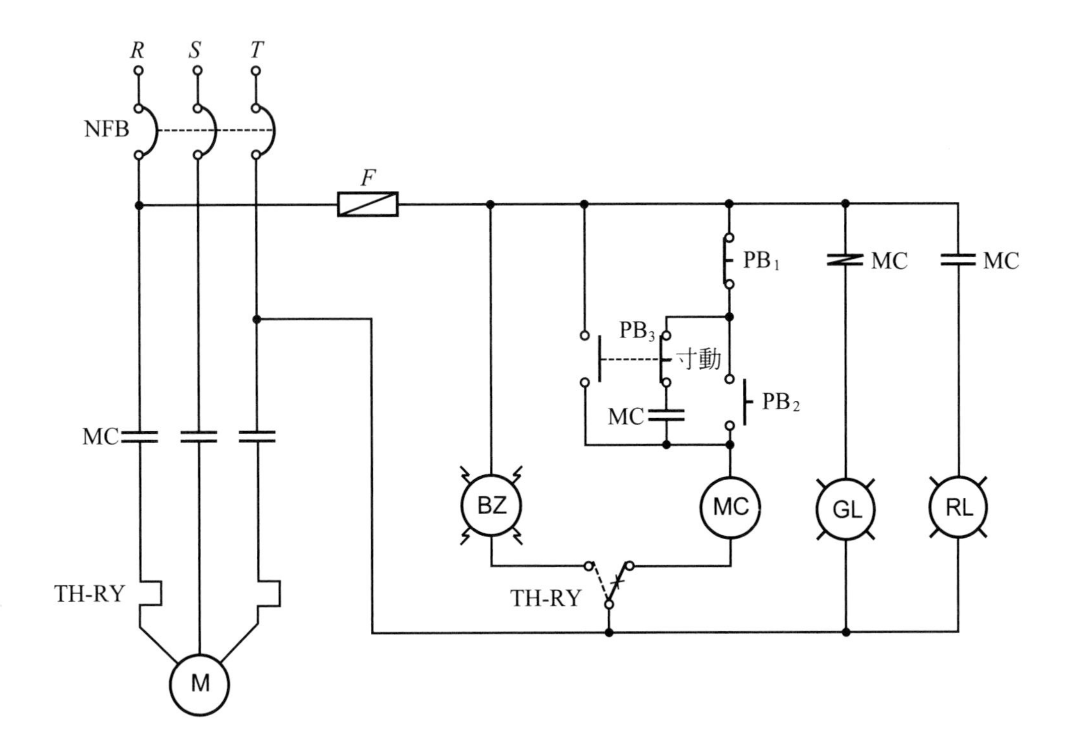
R
S
T
NFB
F
PB1
MC
MC
PB3
寸動
PB2
MC
MC
BZ
MC
GL
RL
TH-RY
TH-RY
M

五 動作分析

1. 動作時間表

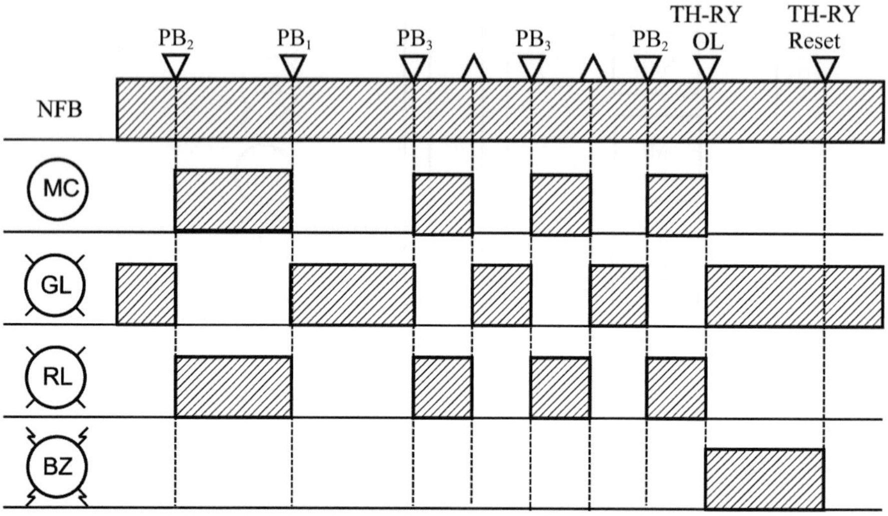

2. 動作說明

⑴ 按下按鈕開關(PB_2)時，電磁接觸器(MC)激磁，電動機運轉，(RL)指示燈亮，(GL)指示燈熄。

⑵ 按下按鈕開關(PB_1)時，(MC)失磁，電動機停止運轉，(GL)指示燈亮，(RL)指示燈熄。

⑶ 按下按鈕開關(PB_3)時，(MC)激磁，但不能自保磁，故電動機作間歇運轉。

⑷ 電動機運轉中，發生過載，積熱電驛跳脫，蜂鳴器(BZ)響，(GL)指示燈亮，(RL)指示燈熄，電動機停止運轉。

⑸ 故障排除後，(BZ)停響，(GL)亮，(RL)熄，電動機不會自行起動。

六 測試要領

1. 將三用電表置於$R\times10$檔，並作歸零調整。
2. 將兩測試棒分別夾於RT相，此時三用電表應指示(GL)之線圈電阻值，按下(PB_2)，三用電表應指示(MC)線圈與(GL)指示燈並聯之電阻值，同時按下(PB_1)與(PB_3)，三用電表也應指示(MC)線圈與(GL)指示燈並聯之電阻值。

3. 用手壓按電磁接觸器時，三用電表應指示(MC)線圈與(RL)指示燈並聯之電阻值。(測試自保接點)
4. 若使(TH-RY)跳脫，則指針應指示(BZ)線圈與(GL)指示燈並聯之電阻值。

七　相關知識

1. 其他控制線路

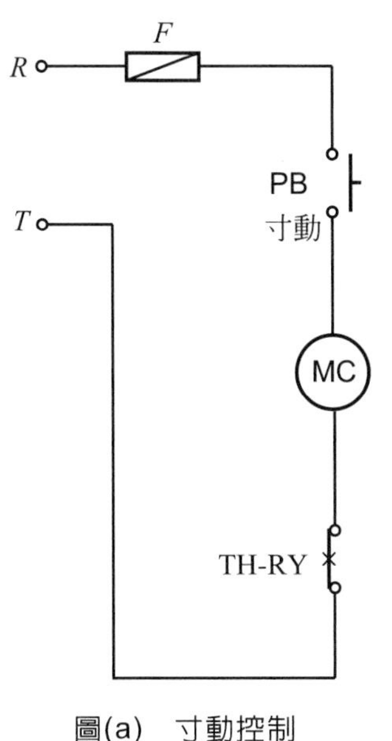

圖(a)　寸動控制

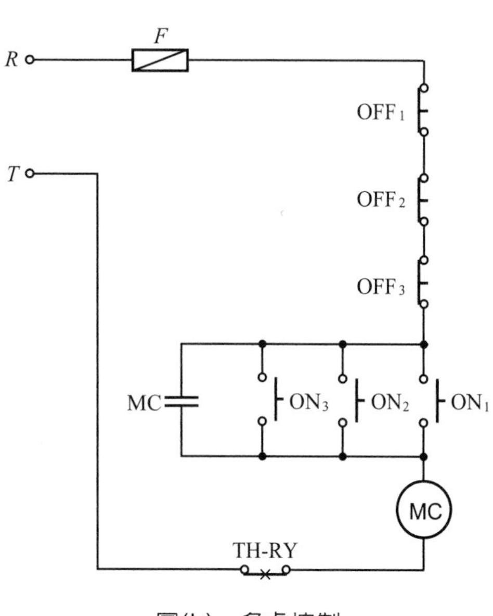

圖(b)　多處控制

2. 說明

(1) 圖(a)之線路，只能使電動機做寸動運轉，而無法使(MC)自保持，圖(b)為多處控制之線路圖，過載時，積熱電驛跳脫，只能令(MC)失磁，而無蜂鳴器之警報聲，圖(c)與圖(d)的動作，與本實習相似。

(2) 圖(e)利用選擇開關的切換做寸動與非寸動的選擇，(GL)為電源指示燈，(YL)為寸動指示燈，(RL)為電動機運轉指示燈。

(3) 圖(f)之線路，過載時，積熱電驛跳脫，蜂鳴器(BZ)響，按下(ON_3)可以使(BZ)停響，但(YL)指示燈仍然亮著；(YL)為過載指示燈，(*X*)為電力電驛(例如MK-2K)。

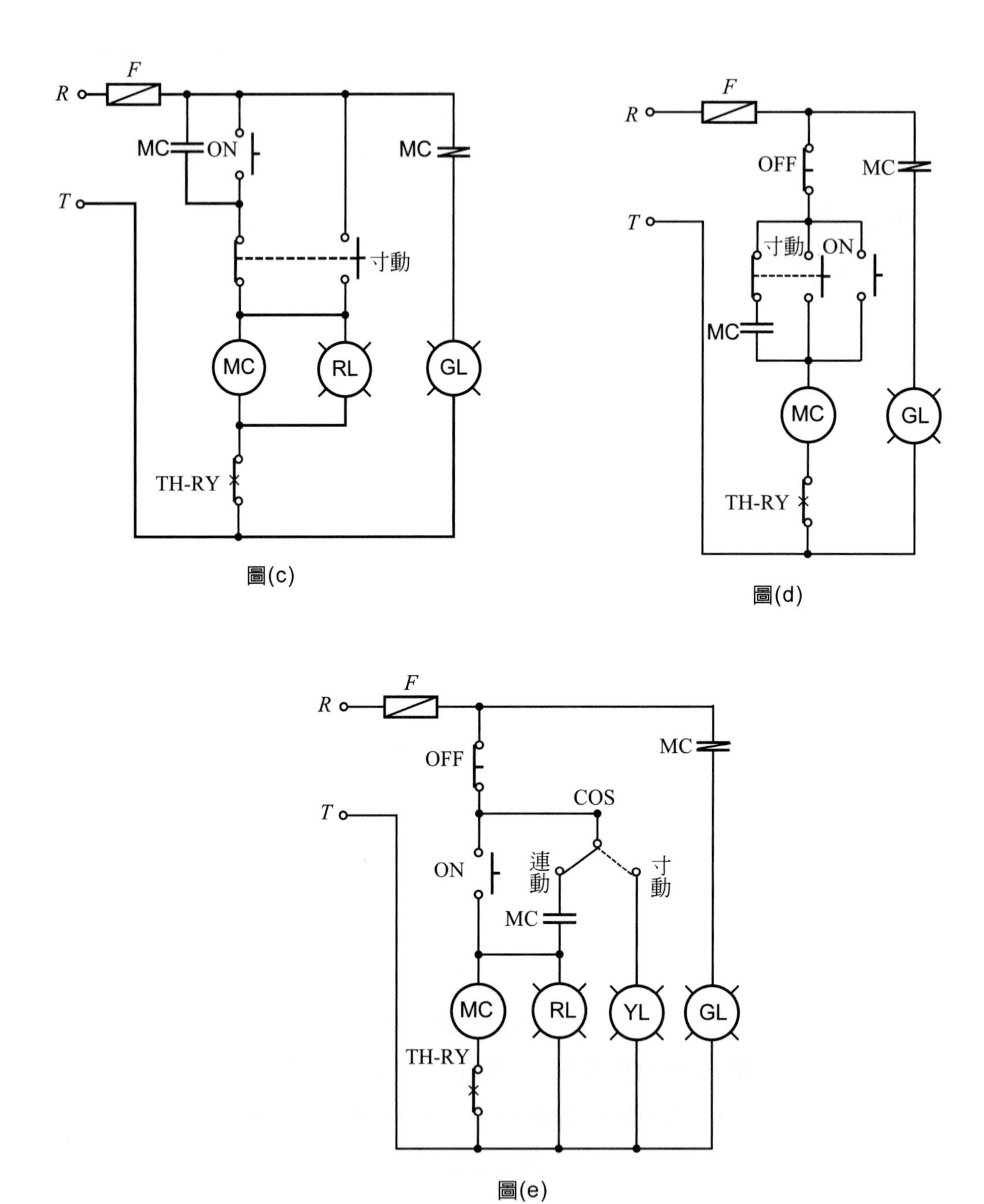
F
R
T
MC
ON
MC
寸動
MC
RL
GL
TH-RY
圖(c)
F
R
OFF
MC
T
寸動
ON
MC
MC
GL
TH-RY
圖(d)

F
R
OFF
MC
COS
T
ON
連動
寸動
MC
MC
RL
YL
GL
TH-RY

圖(e)

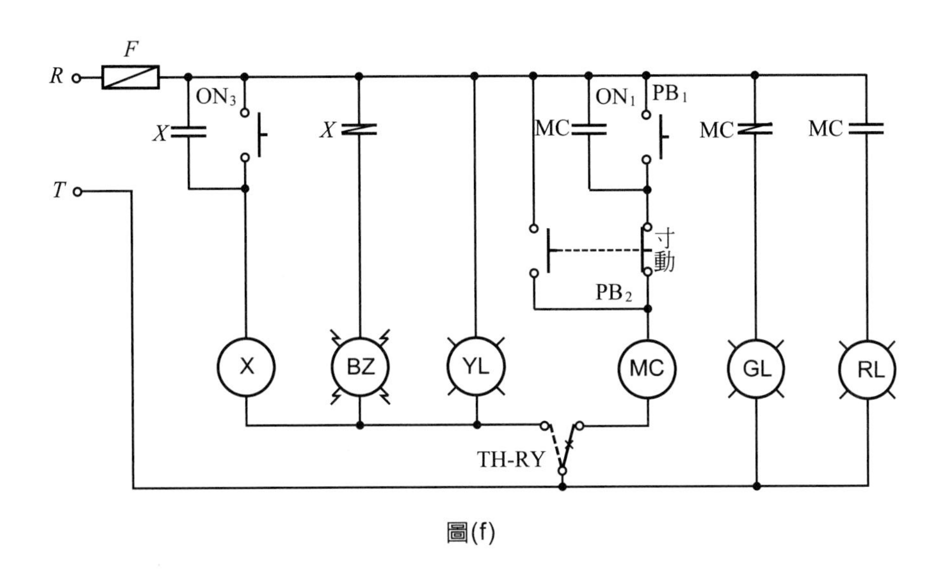

圖(f)

3. 電動機直接起動時，電磁接觸器之選用

(1) 起動用電磁接觸器(MC)一般考慮之安全係數為 1.5 倍；例如鼠籠型感應電動機直接起動時之電流約為滿載額定電流的 6 倍，1.5×6 = 9 倍，故選用具有 10 倍額定電流的閉路(close)及啓斷(interrupt)電流容量的電磁接觸器已足夠了。

(2) AC3 級電磁接觸器的啓閉電流容量為電動機額定電流的 10 倍以上。

(3) 鼠籠型感應電動機直接起動法，需選用 AC3 級電磁接觸器。

(4) 直接起動法又稱為全電壓起動法，適用於 15HP 以下之電動機起動。

(5) 例題：有一三相感應電動機之額定為 AC 220V，10HP，需選用之電磁接觸器為何？

需選用之電磁接觸器，可參閱附錄 B。

4. 電動機直接起動時，積熱電驛之使用

(1) 一般而言，積熱電驛係直接串接於負載回路上，並可作±20%之調整。

(2) 例題：有一三相 AC 220V，10HP 之電動機，額定電流為 27A，應如何選用及調整積熱電驛之設定值？

以百分率法說明如下：

設選用 RC AMP = 30A 之積熱電驛，若將旋鈕設定於 80%時，則跳脫電流值為

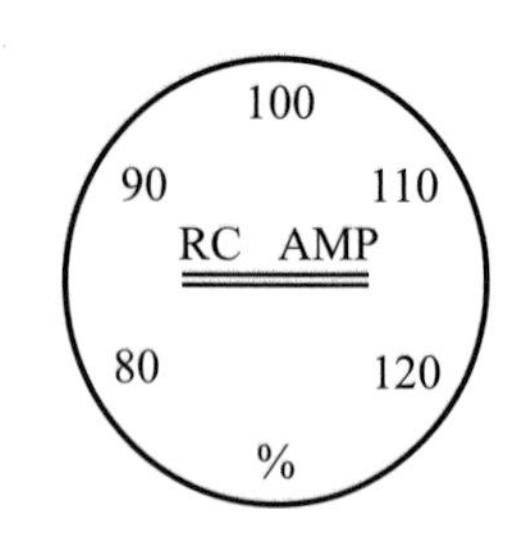

$$30 \times \frac{80}{100} = 24A$$

若將旋鈕設定於90%時，則跳脫電流值爲

$$30 \times \frac{90}{100} = 27A$$

若將旋鈕設定於100%時，則跳脫電流值爲

$$30 \times \frac{100}{100} = 30A$$

若將旋鈕設定於110%時，則跳脫電流值爲

$$30 \times \frac{110}{100} = 33A$$

若將旋鈕設定於120%時，則跳脫電流值爲

$$30 \times \frac{120}{100} = 36A$$

如設定跳脫電流爲

$27 \times 1.15 = 31.05A$ $\quad$ $31.05 \div 30 = 1.035 = 103\%$

則本題選用之積熱電驛應調整於103%處，過載時，就能跳脫以保護電動機。

八 問題

1. 試述寸動控制線路的設計要領？
2. 試述寸動控制應用於哪些場合？
3. 說明圖(1)之動作順序，並繪出其動作時間表？

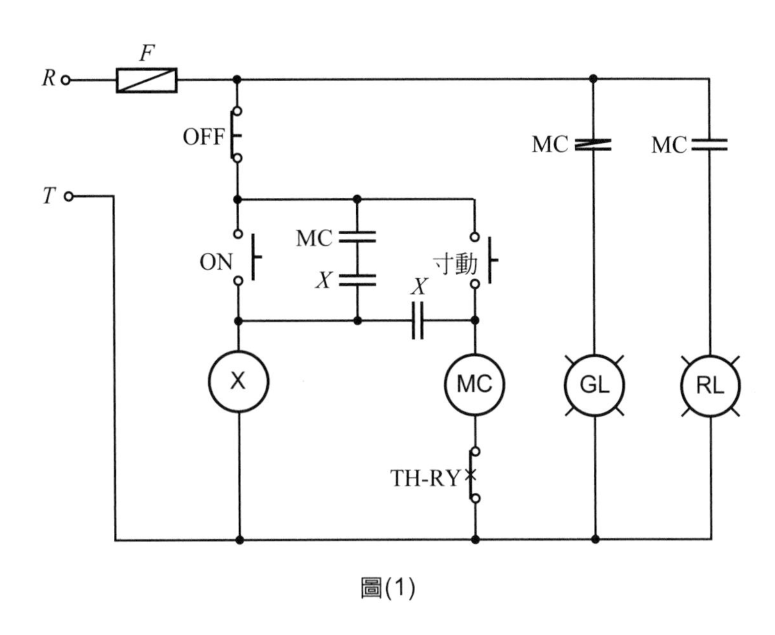

圖(1)

4. 有一三相AC 220V，10HP之電動機，額定電流爲27A，試回答下列問題？

(1) 若選用RC AMP＝27A之(TH-RY)，則負載電流僅25A時，則應設定於何位置？

(2) 在(1)的情況下若設定於80%會有何種現象發生？

(3) 額定電流爲27A的電動機能否設定於120%的位置？

(4) 在問題(3)的情況下，若設定於120%會有何種現象發生？

(5) 若由於負載之關係使負載電流成爲30A，則此電動機在何種情形下可繼續使用？又積熱電驛如何設定？

(6) 若負載電流超過120%之額定時，積熱電驛仍不會跳脫，則其原因何在？

實習4　浮球式液面控制電路

一　動作順序

1. 電源通電時，若水塔水位下降到令二個球都懸掛著，則浮球開關接點閉合，抽水機開始抽水。
2. 當水塔水位上升至令二個球都飄浮著時，則浮球開關接點打開，抽水機停止抽水。

3. 因過載或其他故障發生，致使積熱電驛動作時，電動機停止運轉，蜂鳴器發出警報，指示燈黃燈閃爍，積熱電驛復歸時，蜂鳴器停響，指示燈黃燈熄。

二 使用器材

符號	名稱	規格	數量	備註
	配線板	600mm×500mm×2.3t　或 800mm×600mm×20t	1塊	
NFB	無熔絲開關	3P，50AF，30AT	1只	
MC	電磁接觸器	3ϕ，5HP，AC 220V，5a2b	1只	
TH-RY	積熱電驛	3ϕ，250V，15A	1只	
FR	閃爍電驛	AC 220V，0.1～2秒，可調式	1只	附底座
S	浮球開關	AC 220V，雙球式	1只	
GL	指示燈	AC 220V/15V，綠色	1只	附架
YL	指示燈	AC 220V/15V，黃色	1只	附架
RL	指示燈	AC 220V/18V，紅色	1只	附架
BZ	蜂鳴器	AC 220V，圓形，3"	1只	
TB	端子台	3P，20A	2只	TB_1，TB_2
TB	端子台	16P，20A	2只	TB_3，TB_4

三 位置圖

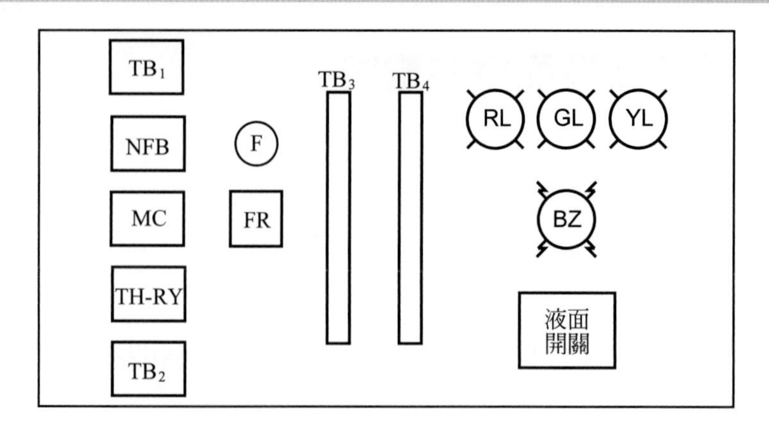

四 線路圖及構成圖

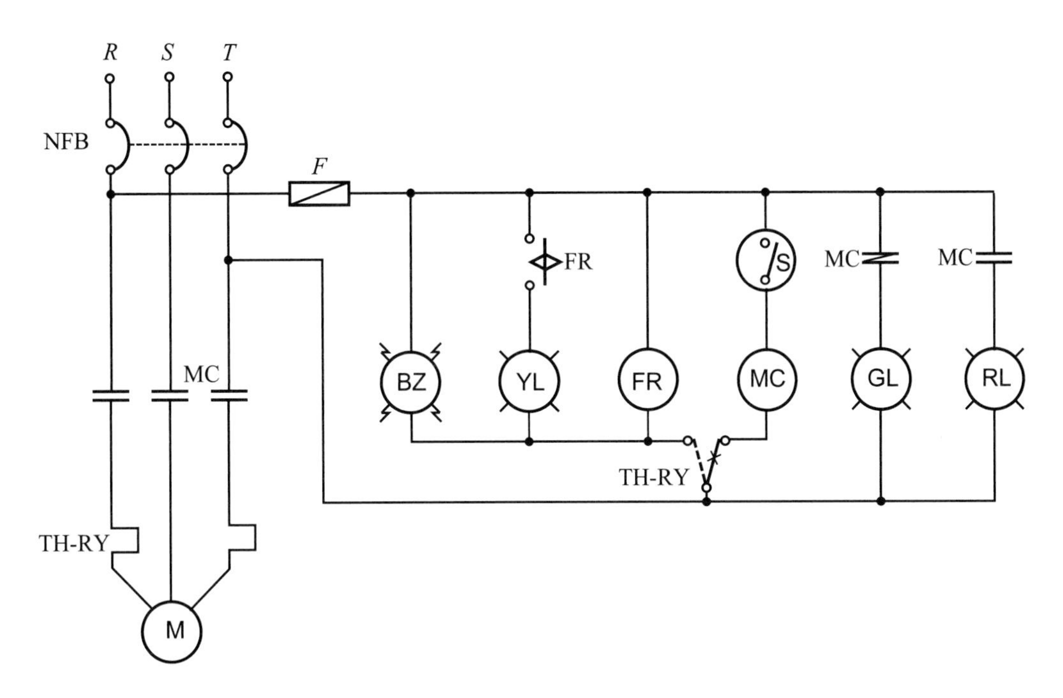

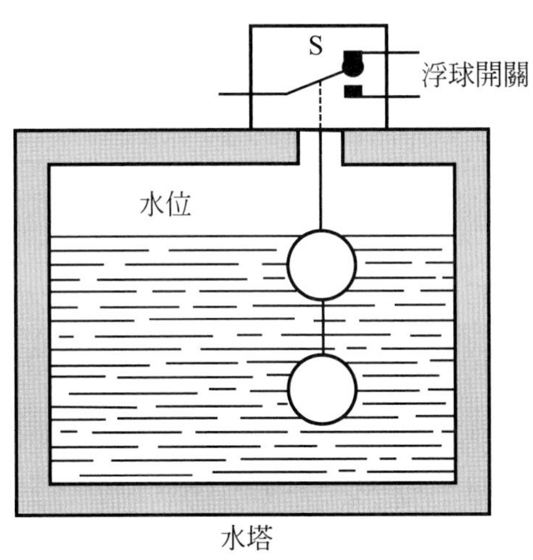

五 動作分析

1. 動作時間表

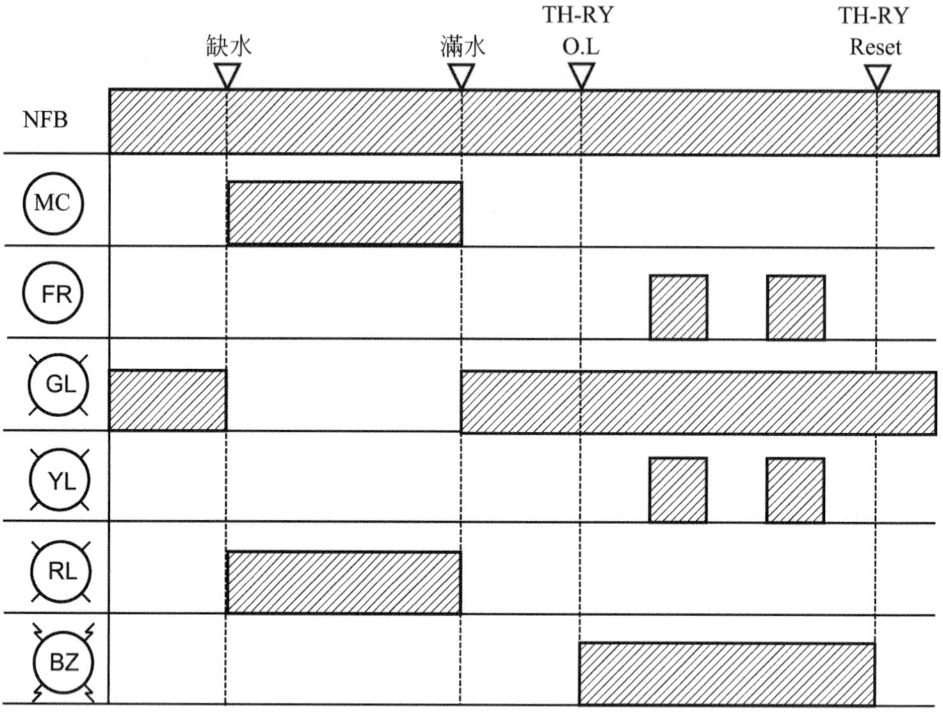

2. 動作說明

(1) 水塔缺水時，浮球開關接點(*S*)閉合，電磁接觸器(MC)激磁，電動機帶動抽水機開始抽水，(RL)指示燈亮，其餘指示燈熄；當水塔水位到達上限位置時，浮球開關接點(*S*)打開，(MC)失磁，電動機停止運轉，抽水機停止抽水，(GL)指示燈亮，其餘指示燈熄。

(2) 過載時，積熱電驛(TH-RY)跳脫，電動機停轉，蜂鳴器(BZ)響，(YL)指示燈閃爍，(GL)指示燈亮，(RL)指示燈熄。

(3) 積熱電驛(TH-RY)復歸，蜂鳴器(BZ)停響，(YL)指示燈停止閃爍，(GL)指示燈亮，(RL)指示燈熄，電動機停轉。

六 測試要領

1. 三用電表置於$R\times10\Omega$檔，並做歸零調整，將兩測試棒分別夾於RT相，則指示(GL)線圈電阻值，拿掉(TH-RY)與(GL)及(RL)之連接線，將兩個浮球提起，則指示(MC)線圈電阻值。
2. 若使(TH-RY)跳脫，則指示(BZ)與(FR)線圈並聯之電阻值。
3. 使(TH-RY)復歸，重新接上(TH-RY)與(GL)及(RL)之連接線。
4. 測試結果都正確，則可通電試驗。

七 相關知識

浮球式液位控制器使用於家庭用水塔的液位控制及工業用水槽的液位控制，依構造之不同可分爲下列三種，說明如下：

1. 單邊控制方式

利用兩個浮球做爲液位的上限及下限來偵測液面的高低，目前一般家庭用水塔大都使用此種控制方式；其優點爲構造簡單、價錢便宜、接線容易；缺點是故障較多、危險性較大，如本實習之線路圖所示。

2. 雙邊控制方式

即利用兩個浮球開關分別偵測水源及水塔的液位高低；當水池有水、水塔缺水，電動機運轉，當水池缺水、水塔也缺水，電動機不運轉，其線路圖及構成圖如圖(a)、(b)所示。

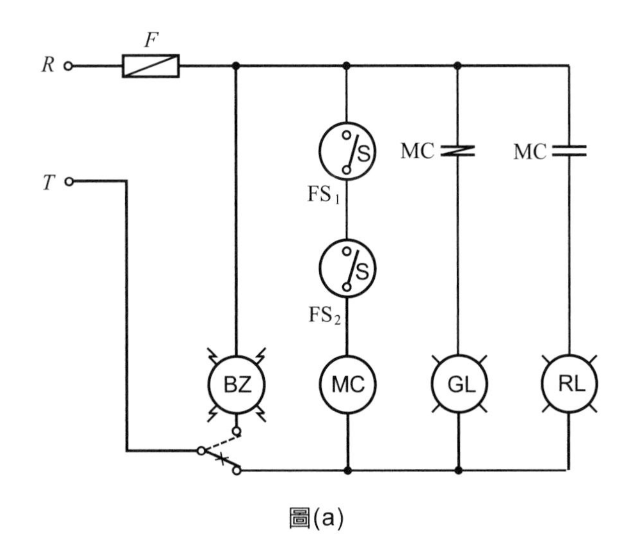

圖(a)

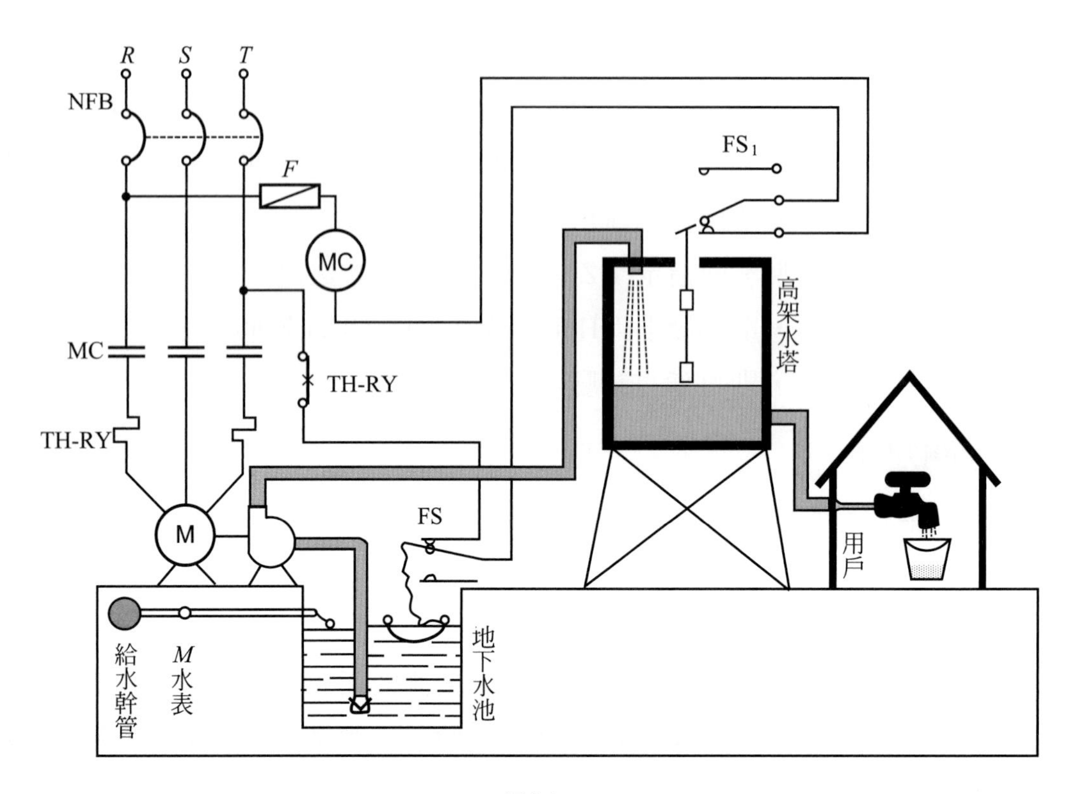

圖(b)

3. 浮筒式

利用浮筒所受浮力而上下動作去觸動內部之微動開關，以控制抽水機之起動與停止。此種控制方式優點爲價廉可靠，但在安裝上困難，水密處理要好是其缺點，其構造圖如圖(c)所示。

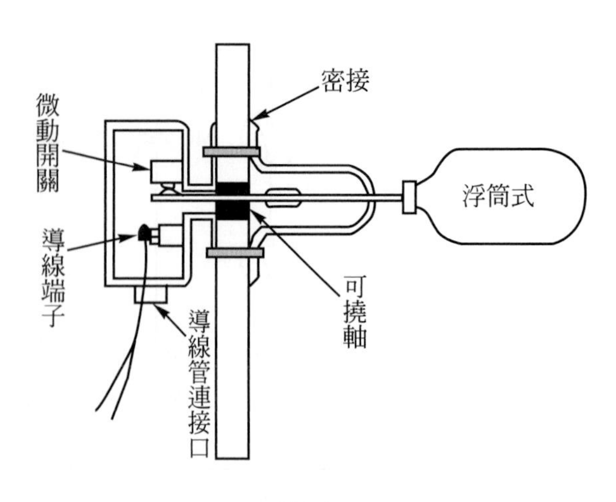

圖(c)

八　問　題

1. 請將單邊控制及雙邊控制式浮球開關做一比較？
2. 設計一雙邊浮球控制電路，當水源有水、水塔無水時，抽水機運轉抽水，水滿後，抽水機停轉，當過載時(BZ)響，按下按鈕開關，(BZ)停響。(以最節省材料方式設計)。
3. 說明圖(1)之動作順序及電路之優點，並劃出其動作時間表？

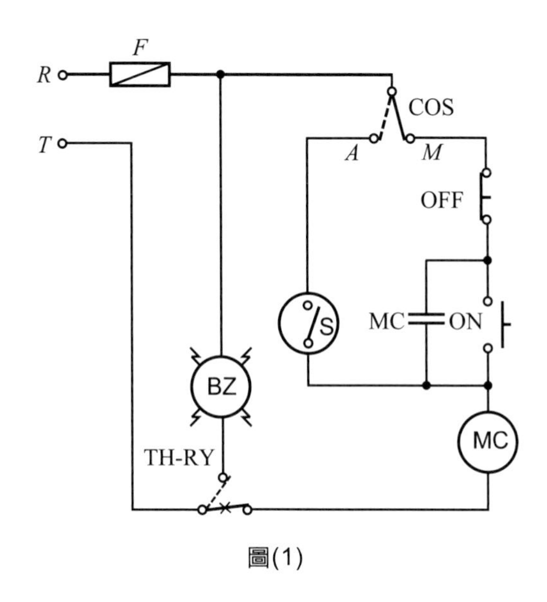

圖(1)

實習5　手動順序控制電路

一　動作順序

1. 無熔絲開關(NFB)ON時，任一電動機均不轉動。
2. 三部電動機(M_1、M_2、M_3)，分別由三個按鈕開關(PB_1、PB_2、PB_3)所控制，電動機起動順序由(M_1)先行起動，之後(M_2)才可以起動，接著(M_3)才可以起動。
3. 按下按鈕開關(OFF_1)時，三部電動機一起停止運轉。
4. 電動機(M_1)運轉時，黃燈(YL)亮，電動機(M_2)運轉時，紅燈(RL)亮，電動機(M_3)運轉時，橙燈(OL)亮。

5. 三部電動機同時運轉中，若積熱電驛(TH-RY_1)跳脫，則(M_1)、(M_2)、(M_3)同時停止運轉，若積熱電驛(TH-RY_2)跳脫，則(M_2)及(M_3)同時停止運轉，若積熱電驛(TH-RY_2)跳脫，則(M_3)停止運轉。

二 使用器材

符號	名稱	規格	數量	備註
	配線板	600mm×500mm×2.3*t* 或 800mm×600mm×20*t*	1塊	
NFB	無熔絲開關	3P，50AF，50AT	1只	
NFB	無熔絲開關	3P，50AF，15AT	3只	
MC	電磁接觸器	3P，AC 220V，5HP，5*a*2*b*	3只	
TH-RY	積熱電驛	3ϕ，AC 220V，15A	3只	
PB	按鈕開關	AC 250V，ON-OFF，1*a*1*b*	3只	露出型
RL	指示燈	AC 220V/15V，紅色	1只	附架
YL	指示燈	AC 220V/15V，黃色	1只	附架
OL	指示燈	AC 220V/15V，橙色	1只	附架
TB	端子台	3P，50A	1只	TB_1
TB	端子台	3P，15A	3只	TB_2，TB_3，TB_4
TB	端子台	30P，15A	2只	TB_5，TB_6

三 位置圖

(見圖於下頁)

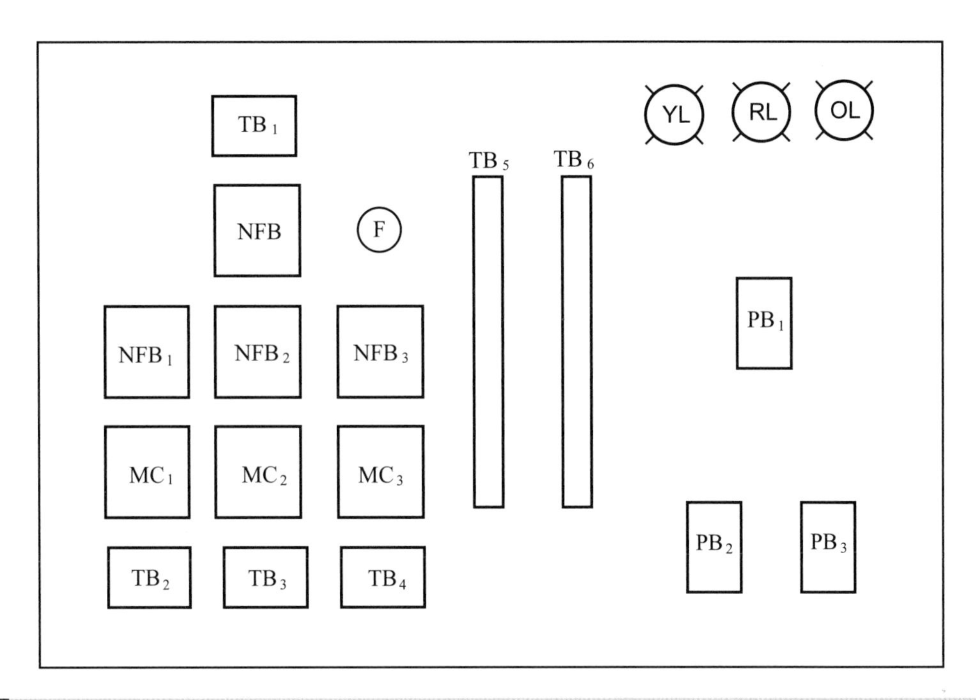
TB 1
NFB
F
TB 5
TB 6
YL
RL
OL
NFB 1
NFB 2
NFB 3
PB 1
MC 1
MC 2
MC 3
PB 2
PB 3
TB 2
TB 3
TB 4

四　線路圖

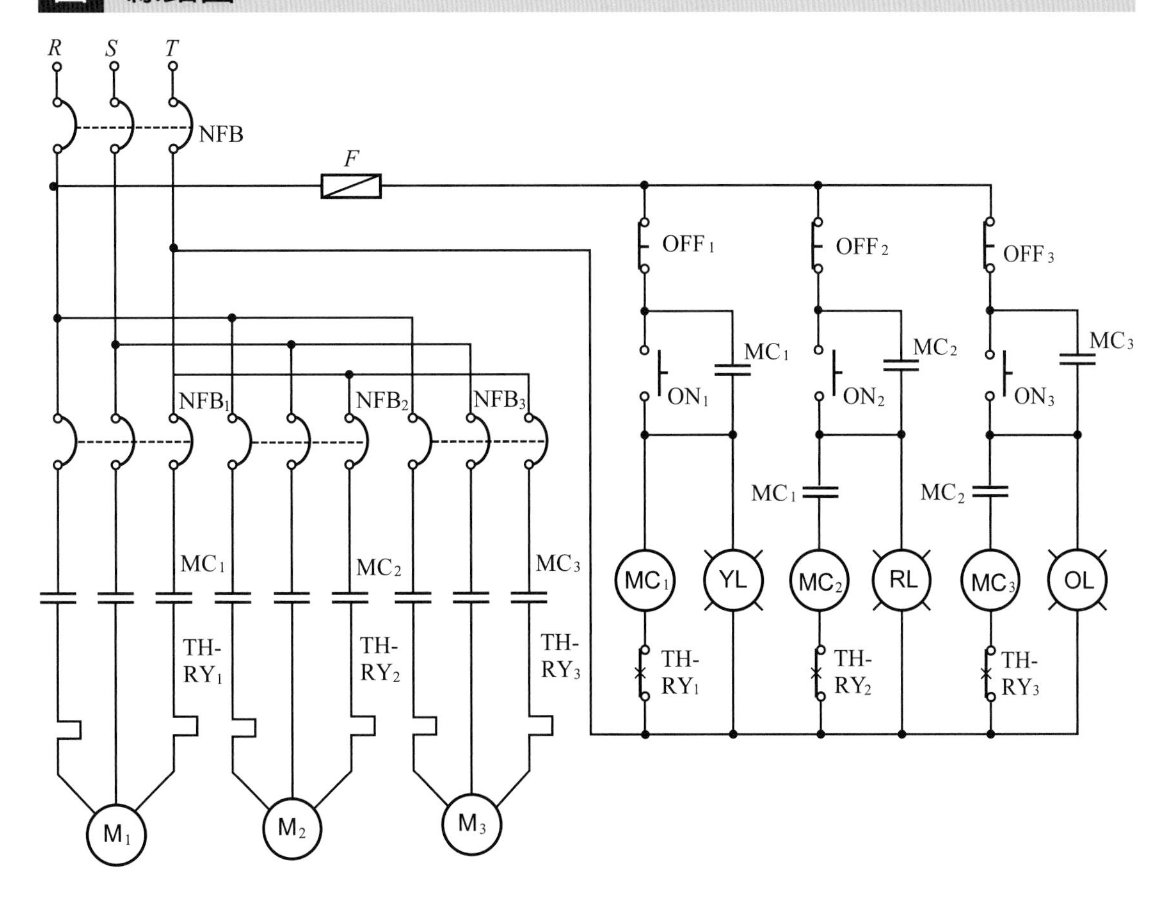
R
S
T
NFB
F
OFF 1
OFF 2
OFF 3
MC 1
MC 2
MC 3
ON 1
ON 2
ON 3
NFB 1
NFB 2
NFB 3
MC 1
MC 2
MC 1
MC 2
MC 3
MC 1
YL
MC 2
RL
MC 3
OL
TH-
RY 1
TH-
RY 2
TH-
RY 3
TH-
RY 1
TH-
RY 2
TH-
RY 3
M 1
M 2
M 3

五 動作分析

1. 動作時間表

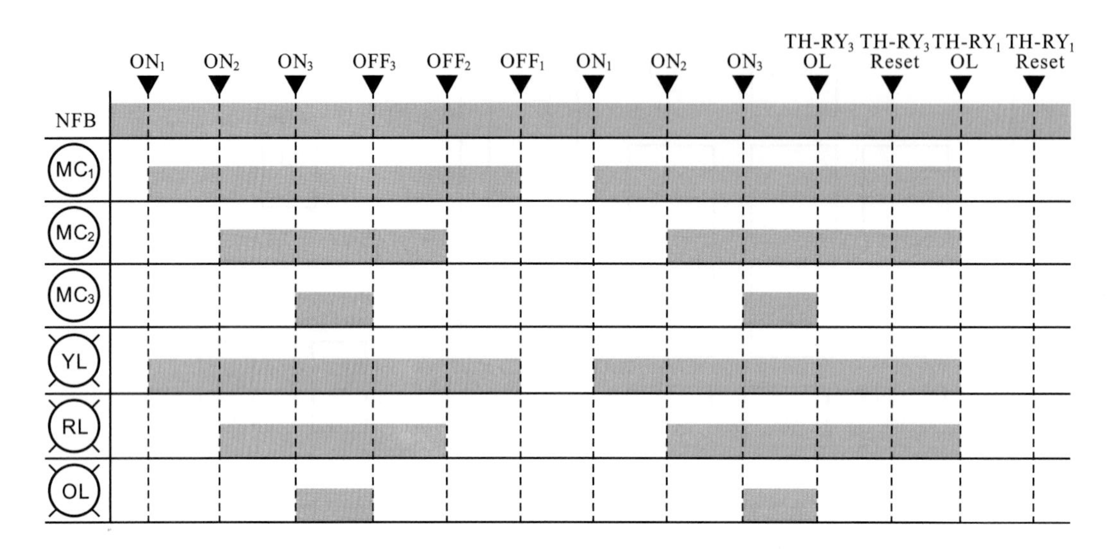

2. 動作說明

(1) 按下按鈕開關(ON_1)，電磁接觸器(MC_1)激磁，(YL)指示燈亮，電動機(M_1)運轉，再按下(ON_2)，電磁接觸器(MC_2)激磁，(RL)指示燈也亮，電動機(M_2)也運轉，再按下(ON_3)，電磁接觸器(MC_3)激磁，(OL)指示燈也亮，電動機(M_3)也運轉。

(2) 按下(OFF_3)，電磁接觸器(MC_3)失磁，(OL)指示燈熄，(M_3)停止運轉；再按下(OFF_2)，電磁接觸器(MC_2)失磁，(RL)指示燈熄，(M_2)停止運轉；再按下(OFF_1)，電磁接觸器(MC_1)失磁，(YL)指示燈熄，(M_1)停止運轉。

(3) 發生過載時，若積熱電驛(TH-RY$_3$)跳脫，則(M_3)停止運轉；若積熱電驛(TH-RY$_2$)跳脫，則(M_2)及(M_3)均停止運轉；若積熱電驛(TH-RY$_1$)跳脫，則三部電動機同時停止運轉。

(4) 故障排除後，電動機不會自行運轉。

六　其他手動順序控制電路

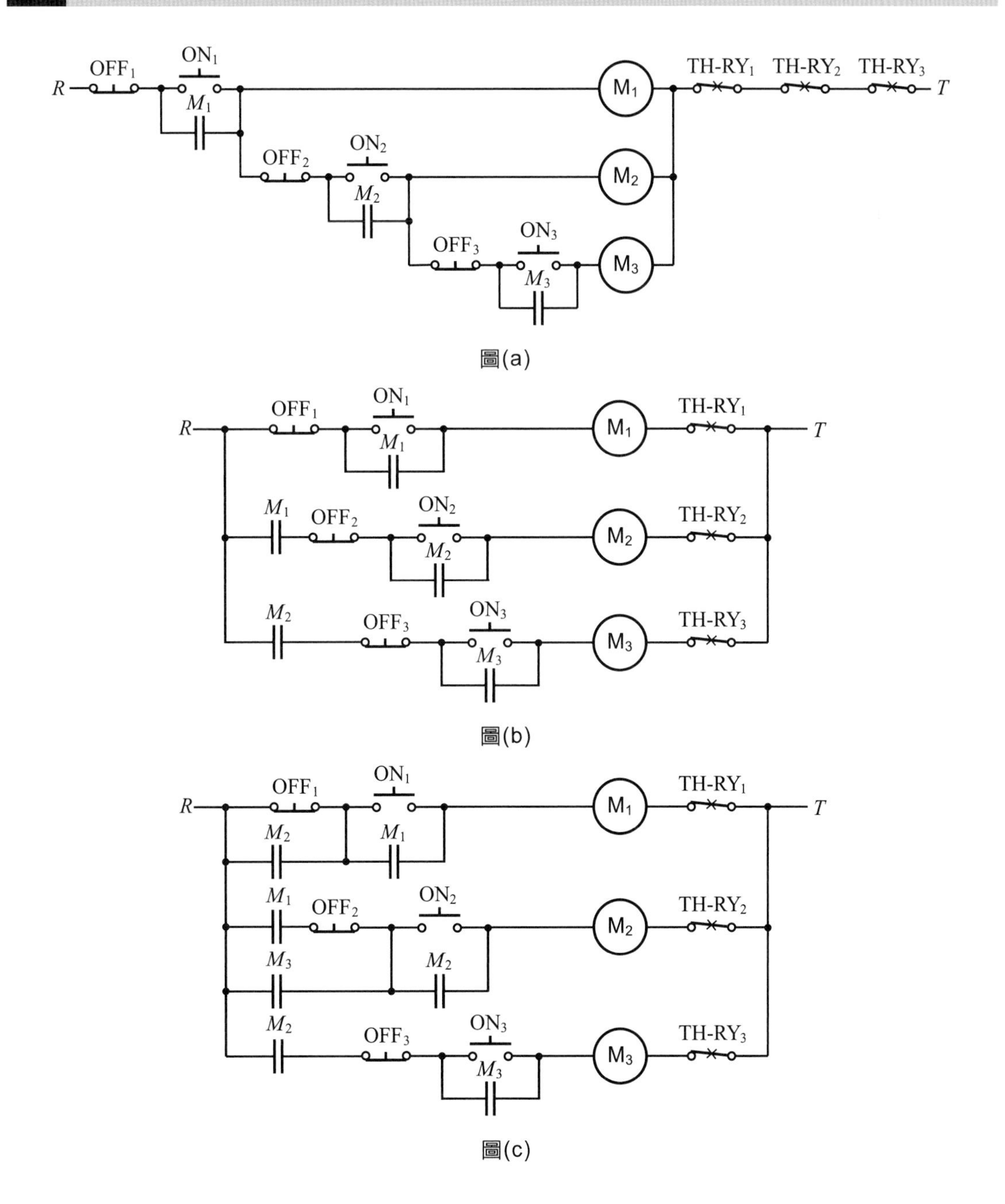

圖(a)

圖(b)

圖(c)

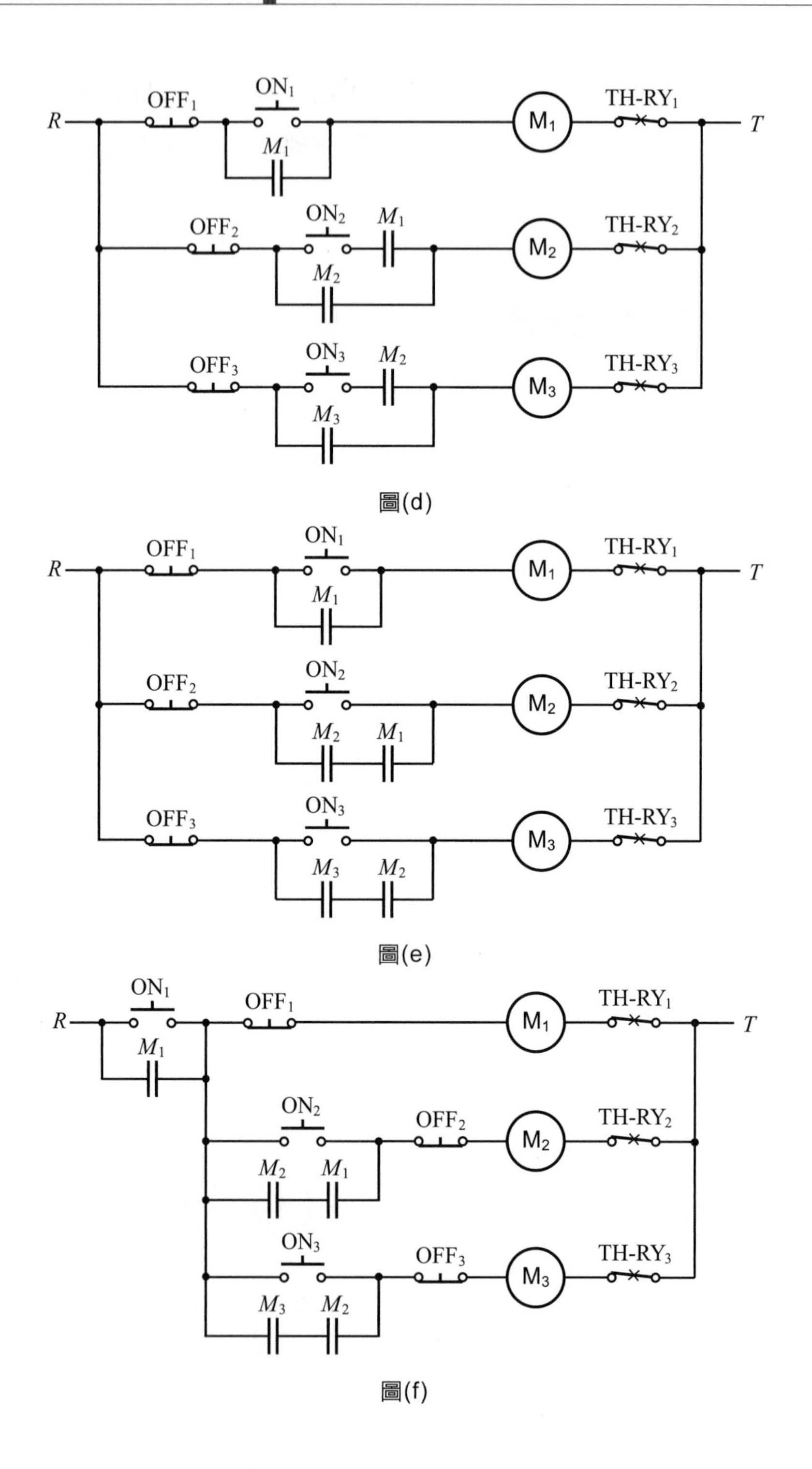
R
OFF1
ON1
M1
M1
TH-RY1
T
OFF2
ON2
M1
M2
M2
TH-RY2
OFF3
ON3
M2
M3
M3
TH-RY3

圖(d)

圖(e)

圖(f)

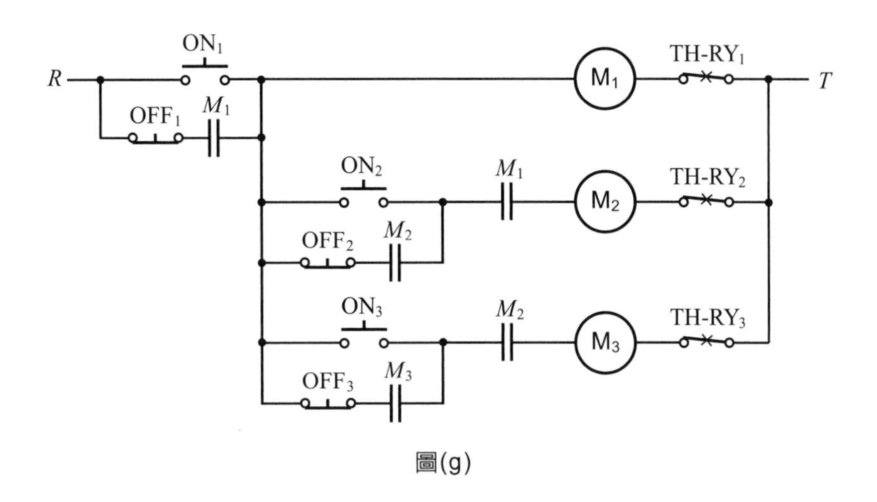

圖(g)

七　問　題

1. 請列舉三個順序控制的應用例子？
2. 說明圖(1)之動作順序，並劃出其動作時間表。

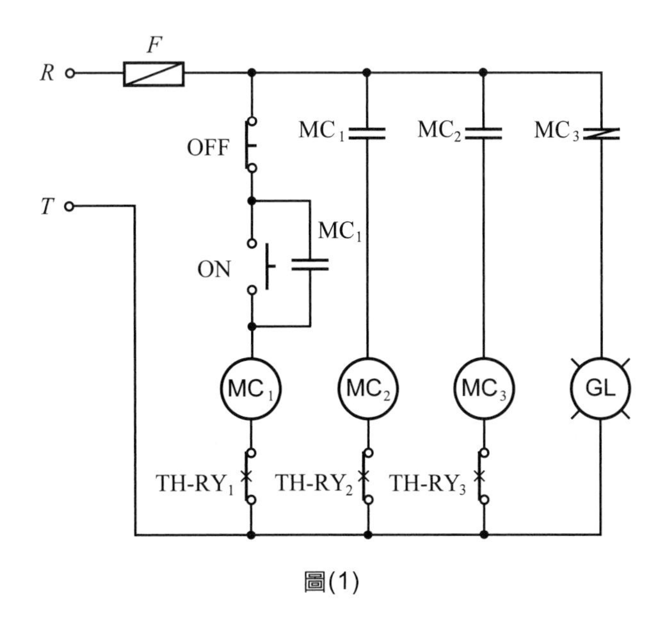

圖(1)

3. 說明圖(2)之動作順序，並劃出其動作時間表。

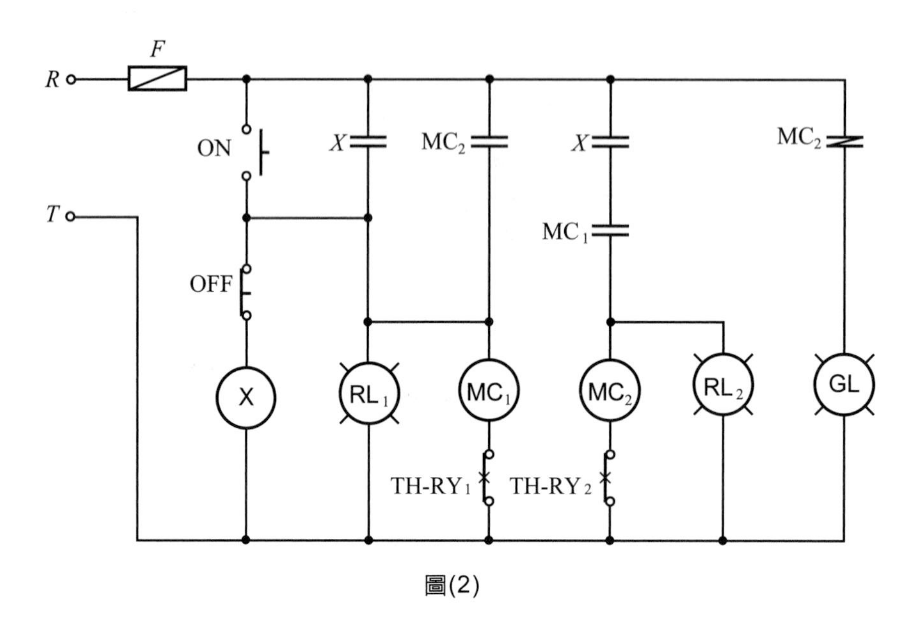

圖(2)

4. 以本實習線路爲例，假設三部感應電動機均爲三相AC 220V 2HP，試求出：
   (1) 無熔絲開關之選用容量？
   (2) 電磁接觸器之選用容量？
   (3) 積熱電驛之選用容量？

實習6　加熱、冷卻二段溫度控制電路

一 動作順序

1. 漏電斷路器(GLB)ON時，指示燈(GL)亮，其餘指示燈均熄。
2. 當控制室溫度超出最高設定溫度時，溫度開關(THS_1)動作，電磁接觸器(MC_1)與電磁閥(SOL_1)激磁，流入冷水進入控制室冷卻，在冷卻進行中黃色燈(YL)亮，其餘指示燈均熄。
3. 由於冷卻的結果，使控制室溫度降至最低設定溫度以下，此時加熱用溫度開關(THS_2)復歸，接點閉合，電磁接觸器(MC_2)與加熱用電磁閥(SOL_2)激磁，流入熱水而加熱，加熱中紅色燈(RL)亮，其餘指示燈均熄。

4. 積熱電驛(TH-RY_1或 TH-RY_2)，只要其中有一個過載跳脫，蜂鳴器就會發出警報，綠燈亮，其餘指示燈均熄。

二 使用器材

符號	名稱	規格	數量	備註
	配線板	600mm×500mm×2.3*t* 或 800mm×600mm×20*t*	1 職	
GLB	漏電斷路器	3P，50AF，30AT	1只	或NFB
MC	電磁接觸器	AC 220V，5HP，5*a*2*b*	2只	
TH-RY	積熱電驛	3ϕ，AC 250V，15A	2只	
GL	指示燈	AC 220/15V，綠色	1只	附架
RL	指示燈	AC 220/15V，紅色	1只	附架
YL	指示燈	AC 220/15V，黃色	1只	附架
	溫度控制器	AC 220V，V-50，0～1600℃	2只	
	感溫棒	INT RES 200Ω/8.724mV PR EXT RES 5Ω	2只	
SOL	電磁閥	AC 220V，60Hz，MFH-2-M5	2只	
TB	端子台	3P，20A	5只	
TB	端子台	16P，20A	2只	TB_6，TB_7

三 位置圖

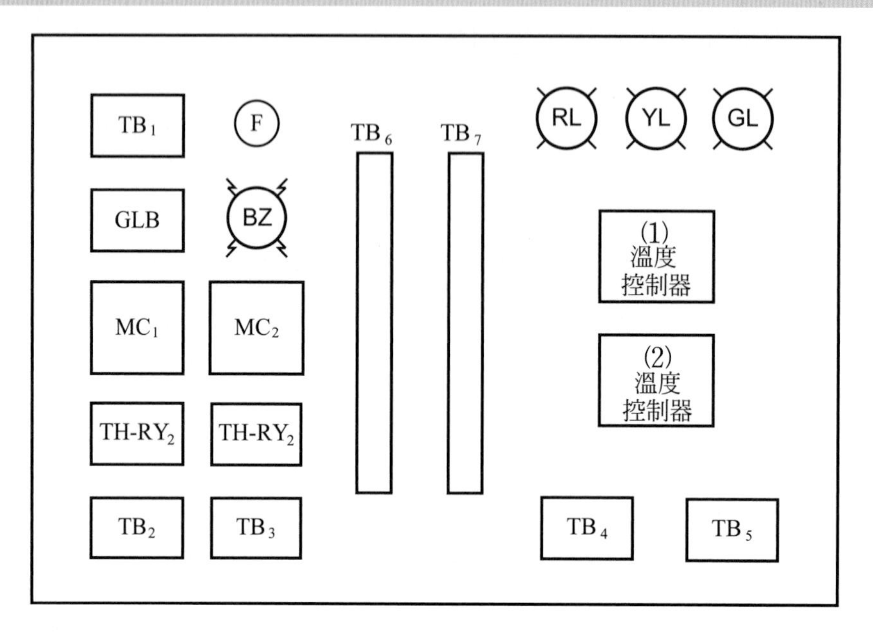

四 線路圖及構成圖

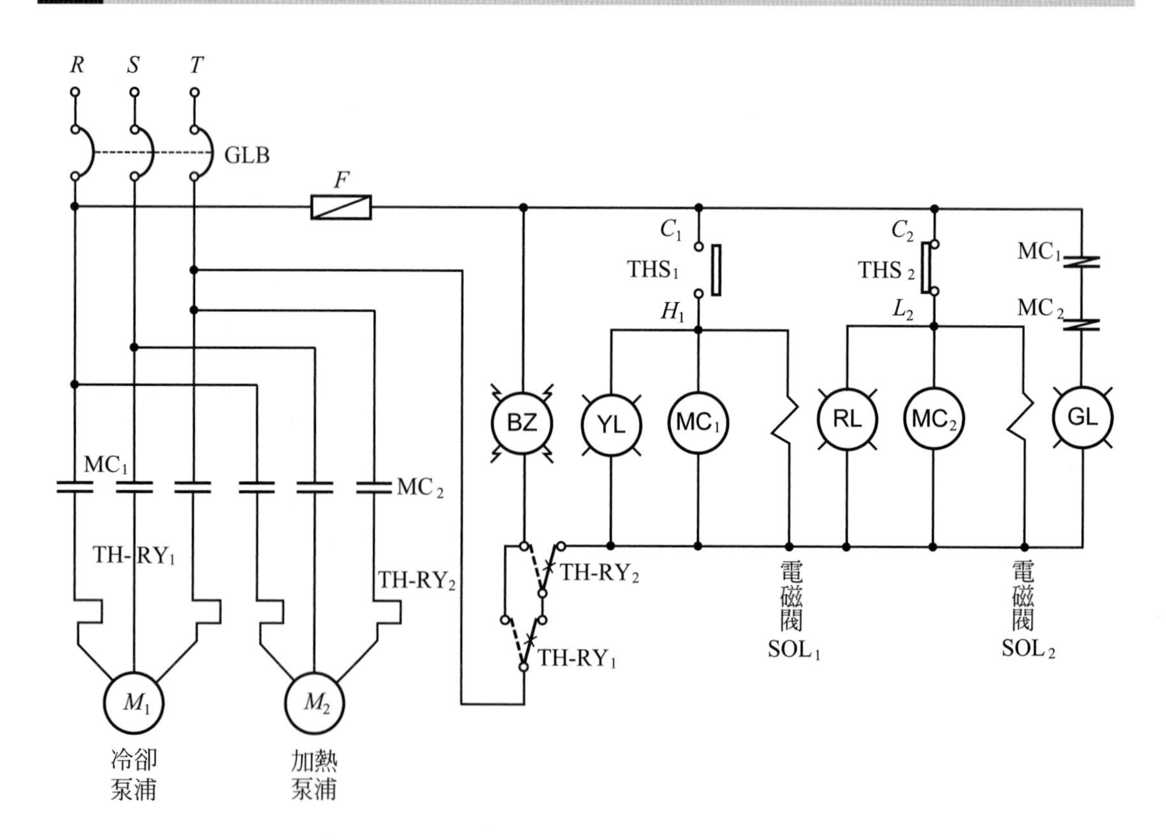

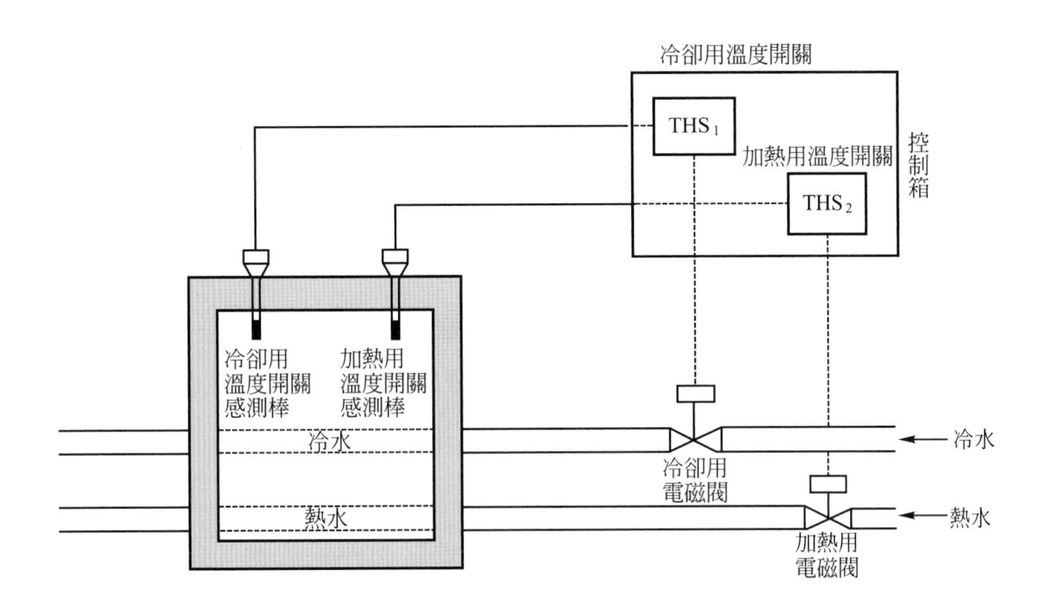

五　動作分析

1.　動作時間表

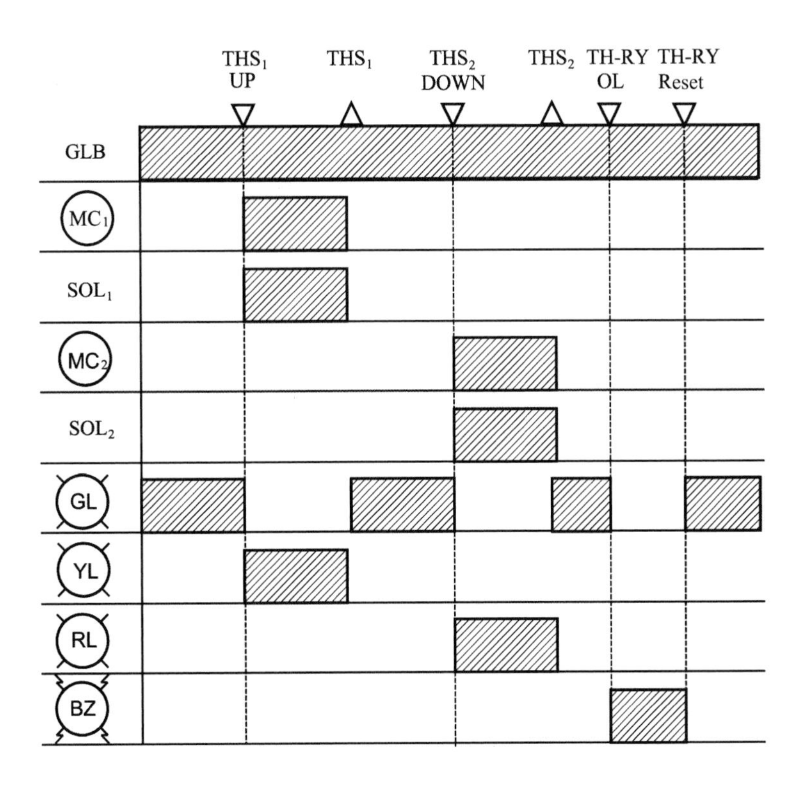

2. 動作說明

(1) 當控制室內溫度高於(THS_1)之設定溫度時，(THS_1)之*a*接點閉合，電磁接觸器(MC_1)及電磁閥(SOL_1)均激磁，冷卻泵浦運轉，送冷水進入控制室進行冷卻作用，(YL)指示燈亮，其餘指示燈熄。

(2) 當控制室內溫度低於(THS_1)之設定溫度時，(THS_1)之*a*接點打開，(MC_1)及(SOL_1)均失磁，(GL)指示燈亮，其餘指示燈熄。

(3) 當控制室內溫度低於(THS_2)之設定溫度時，(THS_2)之*b*接點閉合，(MC_2)及(SOL_2)均激磁，加熱泵浦運轉，送熱水進入控制室進行加熱作用，(RL)指示燈亮，其餘指示燈熄，一直加熱至感溫棒感測溫度高於(THS_2)之設定溫度時，(MC_2)及(SOL_2)均失磁，加熱泵浦停止運轉，(GL)指示燈亮，其餘指示燈熄，如此循環下去，以做二段的溫度控制。

(4) 過載時，積熱電驛($TH\text{-}RY_1$或$TH\text{-}RY_2$)跳脫，泵浦停止運轉，蜂鳴器(BZ)響。

(5) 故障排除後，積熱電驛($TH\text{-}RY_1$或 $TH\text{-}RY_2$)復歸，蜂鳴器(BZ)停響，泵浦恢復控制。

六 問　題

1. 簡述電磁閥之構造，並說明之？
2. 敘述感溫棒使用時，應注意事項？
3. 說明平時如何測試溫度控制器的接點？

實習 7　壓力控制電路

一 動作順序

1. 電源通電時，綠燈亮，紅燈熄，電動機(*M*)不運轉。
2. 空氣槽內的壓力在上限壓力以下時，壓力開關(63-1)接點閉合，按下按鈕開關(ON)時，電動機(*M*)才能起動運轉。

3. 空氣槽內的壓力在下限用壓力開關(63-2)的設定壓力以下時，壓力開關(63-2)復歸，電磁接觸器(MC)動作，電動機(M)起動，壓縮機自行運轉，此時綠燈熄，紅燈亮。
4. 當空氣槽內的壓力上升到上限用壓力開關(63-1)的設定壓力以上時，壓力開關(63-1)的接點開啓，電動機停止運轉，壓縮機也停止運轉。
5. 積熱電驛因過載而跳脫時，蜂鳴器發生警報，綠燈亮，紅燈熄，電動機及壓縮機均停止運轉。

二　使用器材

符號	名稱	規格	數量	備註
	配線板	600mm×500mm×2.3t　或 800mm×600mm×20t	1 塊	
NFB	無熔絲開關	3P，50AF，20AT	1 只	
MC	電磁接觸器	3ϕ，AC 220V，5HP，5a2b	1 只	
PB	按鈕開關	PB-2(ON-OFF)	1 只	露出型
GL	指示燈	AC 220/15V，綠色	1 只	附架
RL	指示燈	AC 220/15V，紅色	1 只	附架
BZ	蜂鳴器	AC 220V，圓型，3"	1 只	
TB	端子台	3P，20A	4 只	
TB	端子台	16P，20A	2 只	TB_5，TB_6
PS	壓力開關	AC 220V，9083PEV-$\frac{1}{4}$	2 只	9349 APL-2N-PEV

三　位置圖

(見圖於下頁)

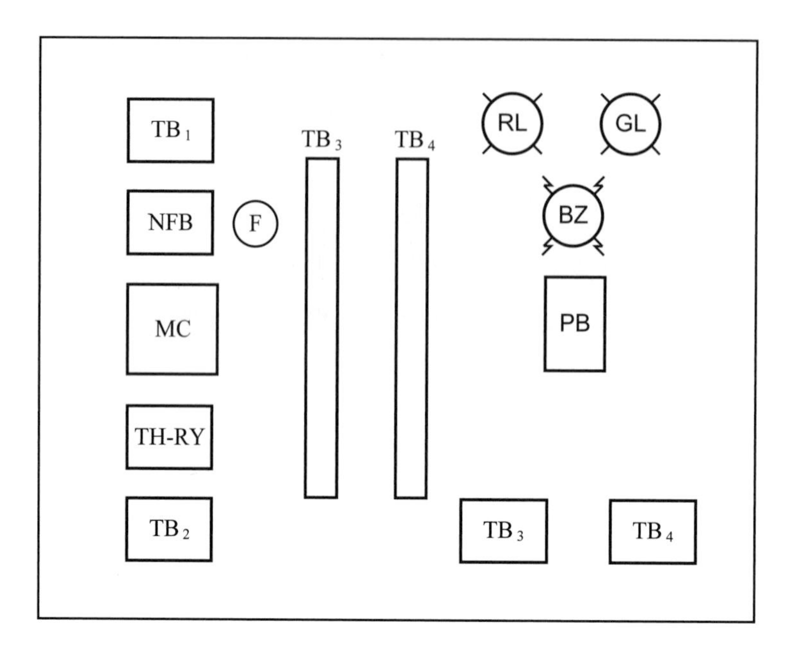
TB 1
NFB
F
MC
TH-RY
TB 2
TB 3
TB 4
RL
GL
BZ
PB
TB 3
TB 4

四 線路圖及構成圖

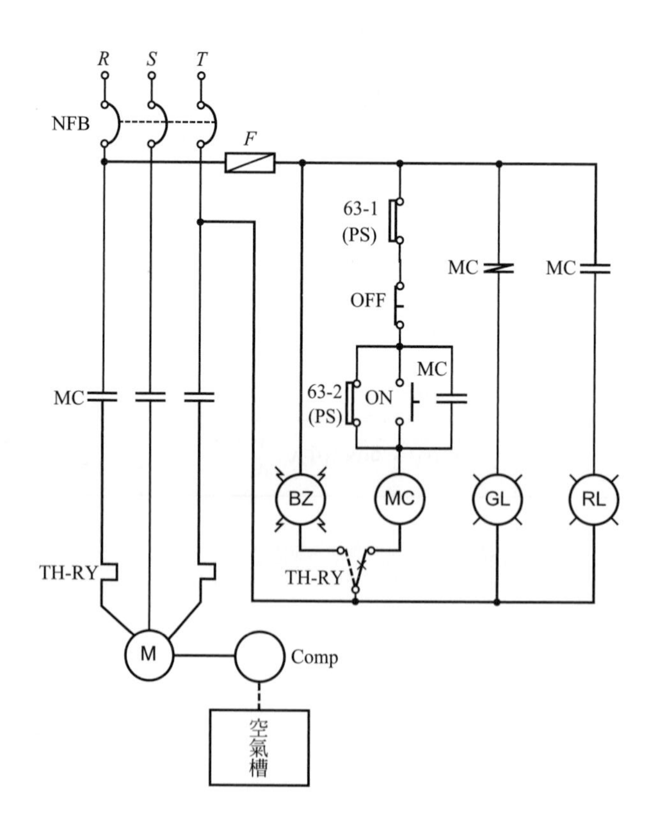
R
S
T
NFB
F
63-1
(PS)
MC
MC
OFF
MC
63-2
(PS)
ON
MC
BZ
MC
GL
RL
TH-RY
TH-RY
M
Comp
空氣槽

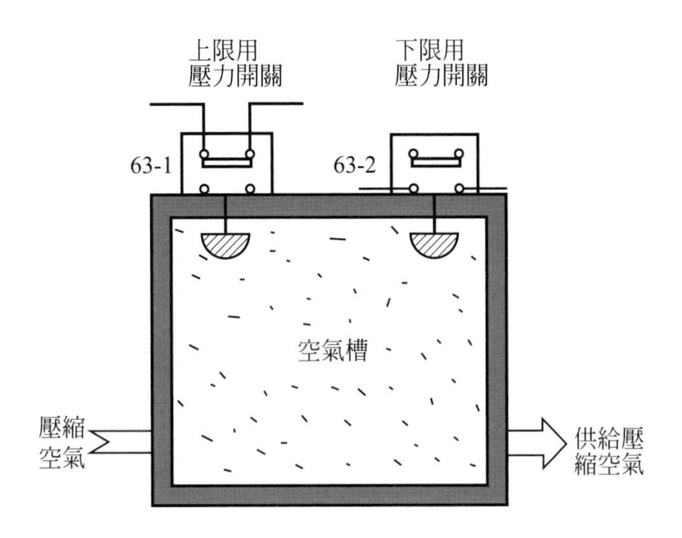

五　動作分析

1. 動作時間表

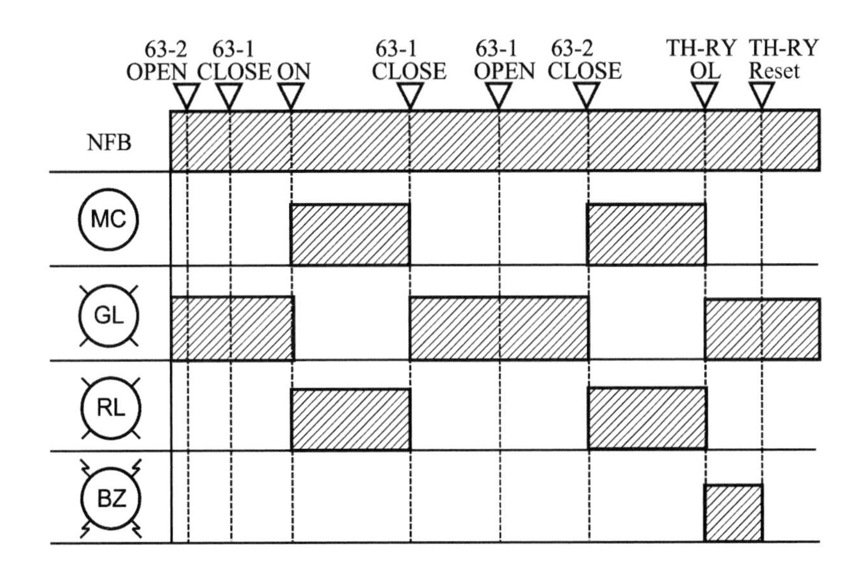

2. 動作說明

(1) 下限用壓力開關(63-2)開路，上限用壓力開關(63-1)閉路時，電動機不會運轉，如按下按鈕開關(ON)，則電動機帶動壓縮機運轉，空氣槽內壓力逐漸上升，當達到(63-1)之設定點時，(63-1)接點被頂開，電磁接觸器(MC)失磁，電動機停止運轉，此時(GL)指示燈亮，(RL)指示燈熄。

⑵ 空氣槽內壓力逐漸下降時，(63-1)接點又閉合，如下降至(63-2)之設定點時，(63-2)之接點閉合，使電動機再行運轉，如此循環不已。

⑶ 過載時，積熱電驛(TH-RY)跳脫，電動機停轉，(GL)指示燈亮，(RL)指示燈熄，蜂鳴器(BZ)響。

⑷ 積熱電驛(TH-RY)復歸，蜂鳴器(BZ)停響，電動機停轉，(GL)指示燈亮，(RL)指示燈熄。

六 問 題

1. 簡述壓力開關的構造，並說明之？
2. 設計一個可以做手動、自動切換選擇的壓力控制電路。

實習 8 電流切換開關與電壓切換開關接線實習

一 動作說明

1. 接上電源3ϕ3W 220V 電源，電壓切換開關置於RS(或ST、RT)位置時，電壓表應指示 220V 電壓，繼續切換電壓切換開關，應能分別指示二相間的電壓。
2. 接上負載後，將電流切換開關分別置於R、S、T任一相時，電流表應能正確指示出各相的負載電流。

二 實習材料表

見圖於下頁。

符號	名稱	規格	數量	備註
NFB	無熔絲開關	3P，50AF，30AT	1 具	
PT	比壓器	220V/110V，1ϕ100VA	2 具	
VS	電壓切換開關	3ϕ3W，大同鼓型，TS1-V1	1 具	
V	電壓計	盤面型，AC 0～150V，刻度 0～300V	1 具	
CT	比流器	30/5A，15VA	2 具	
AS	電流切換開關	3ϕ3W，大同鼓型，TS1-A1	1 具	
D-Fuse	栓型保險絲	2A，250A，含保險絲座	3 具	
A	電流計	盤面型，刻度 0～30V，30/5A	1 具	
TB	端子台	3P，20A，250V	2 具	
TB	端子台	45P，20A，250V	2 具	

三　器具配置圖

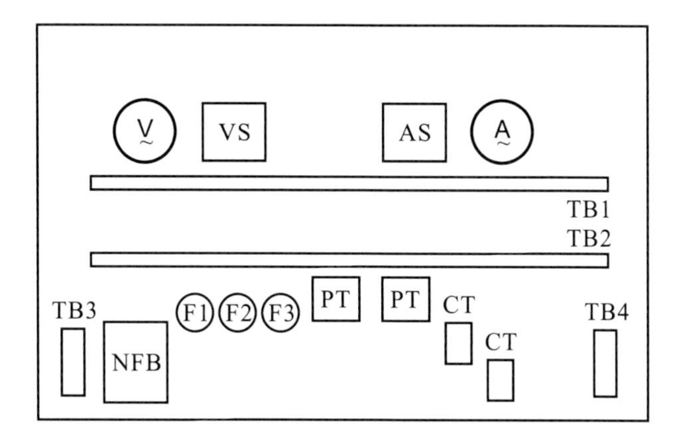

四 實習電路圖

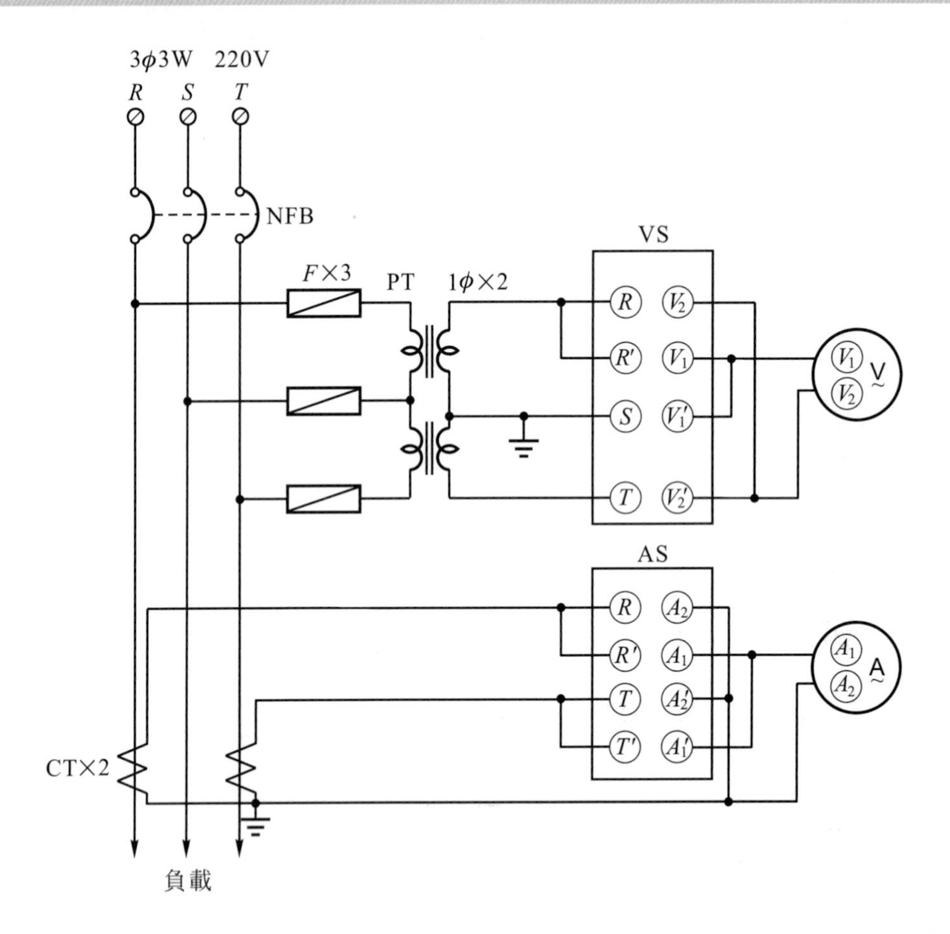

五 實作說明

1. 首先判別電流切換開關(AS)的A_1或A_2端，何端爲接地端。(請參考電流切換開關器材說明)
2. 電壓切換開關接點判別。(請參考電壓切換開關器材說明)
3. 判別比壓器(PT)的相序
   (1) 比壓器一次側額定電壓值爲 220V，二次側額定電壓值爲 110V，兩個比壓器以 V-V 接線方式，接到電壓切換開關。
   (2) 接到R相電源的，相對應二次側爲R'端；兩個比壓器串聯連接端，接到S相電源的，相對應二次側爲S'端；接到T相電源的，相對應二次側爲T'端。

4. 先用黑色導線完成(CT)回路接線，要特別注意(CT)二次側與電流切換開關之間先用黑色導線連接後，(CT)的 l 端再用綠色導線接地。
5. 先用紅色導線完成比壓器(PT)回路接線，再將比壓器二次側 S' 端接地。
6. 連接主線路：
   ⑴ 要注意供應負載容量大小，以決定主線路線徑大小。
   ⑵ 要注意貫穿型比流器(CT)基本貫穿匝數及電流表的電流比，兩者要相配合。
      ① 貫穿型比流器一次側貫穿匝數：比流器如與電流表共同使用時，必需配合適當的貫穿匝數才能量測到正確的負載電流。因此，在工業配線時應特別注意。圖(a)為比流器上的銘牌，其貫穿匝數公式如下所示：

$$比流器貫穿匝數=\frac{比流器一次電流值(A)\times基本匝數(匝)}{電流表刻度(A)}$$

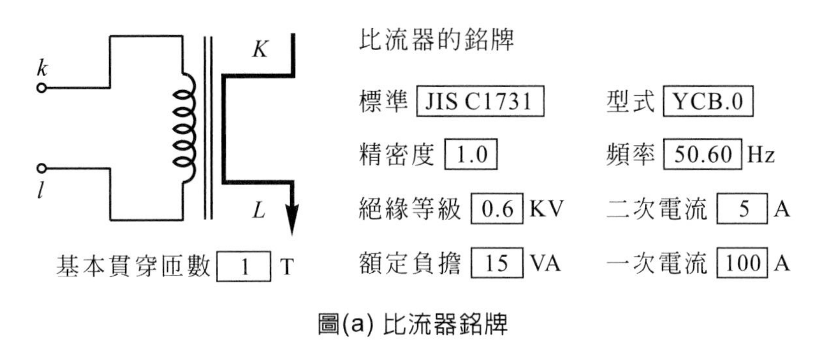

圖(a) 比流器銘牌

      ② 實例說明

例 若(CT)使用100/5，基本貫穿匝數為1匝，與50/5電流表一齊使用，試問(CT)應貫穿幾匝？ 若(CT)基本貫穿匝數為2匝時，應貫穿幾匝？

解 比流器貫穿匝數=(100 × 1)÷50=2匝。
若CT基本貫穿匝數為2匝時。
CT應貫穿匝數=2匝× 2=4匝。

例 有一三相 AC220V，25HP 感應電動機，使用 75/5 比流器(CT)，基本貫穿匝數為 2 匝，若與 50/5 電流表配合使用時，比流器應貫穿幾匝？

解 比流器貫穿匝數=(75 × 2)÷50=3 匝。

六 實習要領

1. 比壓器(PT)與比流器(CT)要注意相序。
   (1) 一般三相電源相序的區分，無熔絲開關(NFB)橫的裝置時，由上而下分別為*R*、*S*、*T*。垂直裝置時，由左到右分別為*R*、*S*、*T*。
   (2) 比壓器相序
      ① 比壓器的二次側電壓為 110V。
      ② 三相 V 形比壓器接線，一次側接*R*相電源，相對應二次側是 P1；接*S*相電源的兩串接比壓器，相對應二次側是P2；接*T*相電源，相對應二次側是 P3。(註：假設比壓器為減極性)。
   (3) 比流壓器相序：貫穿*R*相的貫穿型比流器，二次側*k*端為 1*S*、*l*端為1*L*：貫穿*T*相的貫穿型比流器，二次側*k*端為 3*S*、*l* 端為3*L*。
2. 接線時要注意導線的顏色及線徑大小。
   (1) 比壓器(PT)接線：使用 2 平方公厘(mm^2)紅色絕緣導線。
   (2) 比流器(CT)接線：使用 2 平方公厘(mm^2)黑色絕緣導線。
   (3) 比壓器(PT)與比流器(CT)二次側接地線：使用 5 平方公厘(mm^2)以上的綠色接地導線。
3. 接線順序：接線時可以先接比壓器(PT)線路，次接比流器(CT)線路，續接比壓器(PT)與比流器(CT)的接地線，最後再接主線路。
4. 要特別注意接地線與被接地線之差異。
   (1) 被接地線是可以載流的，如連接比流器(CT)的 *l* 端與電流切換開關的A_1端(或A_2)兩者之間的導線，就是被接地線，應使用 2 平方公厘(mm^2)黑色絕緣導線。
   (2) 接地線是連接被接地線與接地端子間的導線，應使用 5 平方公厘(mm^2)以上的綠色接地導線。

5. 注意貫穿型比流器與電流表兩者的電流比，來決定主電路的貫穿匝數。

七 接線測試

1. 電壓切換開關測試：
   (1) 如要測試電壓切換開關接線是否正確時，可以取下比壓器一次側栓型保險絲檢測。
   (2) 例如：將R相栓型保險絲取下時，只有電壓切換開關置於(ST)位置時有電，其他與R相有關的的切換位置(RT、RS)，電壓表無指示。如電壓表有電壓值出現，即表示接線錯誤。
   (3) 其他各相測試方法，請參考(2)。
2. 電流切換開關測試：
   (1) 如要測試電流切換開關接線是否正確時，可以將欲測量的該線(相)電流，以直接接地的方式進行檢測。
   (2) 例如：將電流切換開關置於R相位置時，此時電流表上應指示出R相電流值，若用一條導線將電流切換開關上的R(或R')端子直接接地(即與A_2或A_1連接)，電流表應該馬上歸零，無電流值。若電流表上的電流指示值無變動時，可能是接線錯誤。若電流表上的電流指示值有降低，但無歸零，可能原因是短路導線太細長、電阻太大，使部份電流仍然流過電流表所致。
   (3) 其他各相測試方法，請參考(2)。

八 模擬電路圖

見圖於下頁。

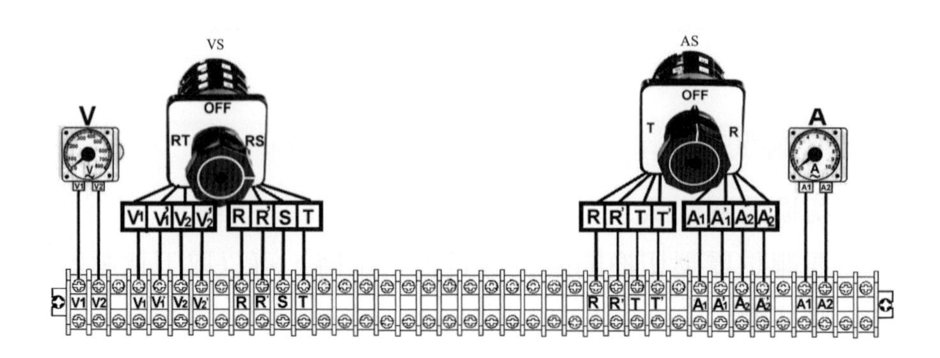
VS
OFF
RT
RS
V
AS
OFF
T
R
A
V1
V2
R
R'
S
T
R
R'
T
T'
A1
A2

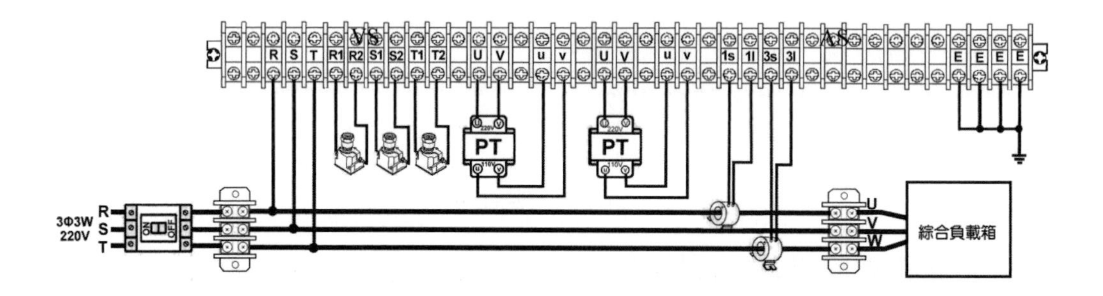
VS
AS
R
S
T
R1
R2
S1
S2
T1
T2
U
V
u
v
1s
1l
3s
3l
E
PT
PT
3Φ3W
220V
U
V
W
綜合負載箱

實習9　電熱線恆溫控制電路

一　動作順序

1. 接上電源，綠色指示燈(GL)亮，電壓表指示一電壓值，電壓表經由電壓切換開關切換時，能正確指示各線間電壓。
2. 電流表能正確指示電熱器之負載電流，電流表經由電流切換開關切換時，能正確指示各相電流。
3. 當選擇開關(COS)置於手動位置時，按下按鈕開關(ON)，電磁開關(MC)動作，紅色指示燈(RL)亮，綠色指示燈(GL)熄滅，電熱線通電加熱。按下按鈕開關(OFF)，電磁開關(MC)失磁，紅色指示燈(RL)熄滅，綠色指示燈(GL)亮，電熱線停止加熱。
4. 當選擇開關(COS)置於自動位置時，電磁開關(MC)動作，紅色指示燈(RL)亮，綠色指示燈(GL)熄滅，電熱線通電加熱，當電熱爐溫度上升至設定溫度時，溫度開關接點(C-L)打開，電磁開關(MC)失磁，紅色指示燈(RL)熄滅，綠色指示燈(GL) 亮，電熱線停止加熱。
5. 溫度下降低於設定溫度時，溫度開關接點(C-L)閉合，電磁開關(MC)動作，紅色指示燈(RL)亮，綠色指示燈(GL)熄滅，電熱線通電加熱，如此循環下去以做恆溫控制。
6. 加熱中，如發生過載故障時，電磁開關的積熱電驛(TH-RY)跳脫，電熱線停止加熱，此時只有黃色指示燈(YL)亮。

二 使用器材

符號	名稱	規格	數量	備註
	配線板	600mm×500mm×2.3fgg 800mm×600mm×20f	1塊	
GLB	漏電斷路器	3ϕ3W，AC 220V，50A，IC 2.5kA BN53	1只	或 NFB
PB	按鈕開關	30ϕ，AC220V，1a1b	2只	紅綠各1
COS	選擇開關	30ϕ，3段式	1只	
RL	紅色指示燈	30ϕ，AC220V/15V	1只	
GL	綠色指示燈	30ϕ，AC220V/15V	1只	
YL	黃色指示燈	30ϕ，AC220V/15V	1只	
MC	電磁開關	3ϕ3W，37A，5a2b	1只	
TH-RY	積熱電驛	TH-50，42A	1只	
CT	比流器	1600V，10/5A，15VA	1只	
A	電流表	0~50A (CT10/5A)	2只	
AS	電流切換開關	3ϕ3W式，凸輪型	1只	
PT	比壓器	1ϕ，50VA，220V/110V	1只	
V	電壓表	0～300V(PT220V/110V)	1只	
VS	電壓切換開關	3ϕ3W式，凸輪型	1只	
D	D型熔絲	500V，2A	3只	附座
TB	端子台	3P，50A	2只	TB_1，TB_2
TB	端子台	12P，15A	2只	TB_3，TB_4
TH	溫度控制器	AC220V，V-50，0~1600℃	1只	
	感溫棒	INT RES 200Ω/8.724mV PR EXT RES 5Ω	1只	

三 位置圖

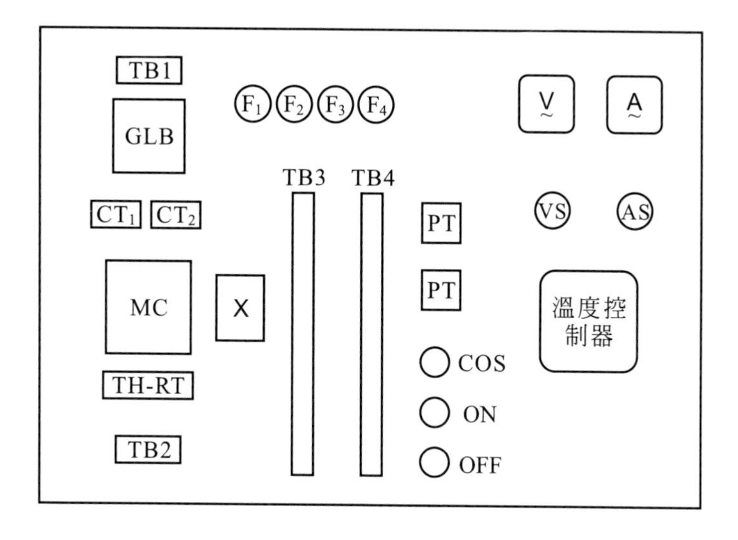

四 電路圖及構成圖

1. 電路圖

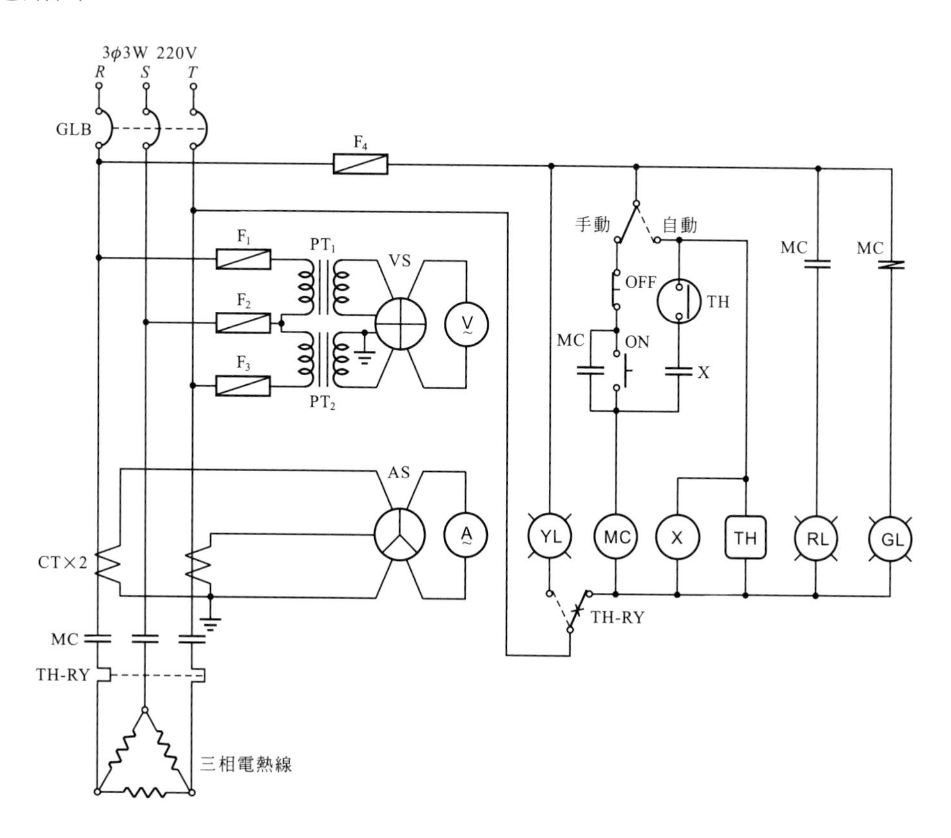

2. 溫度控制器(正面)

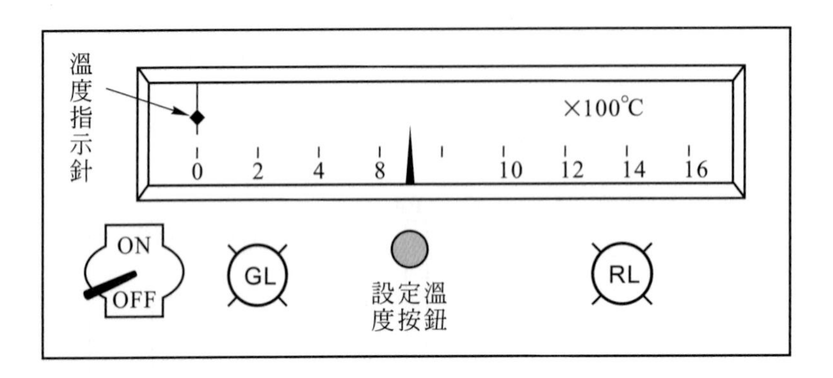

3. 溫度控制器(背面)

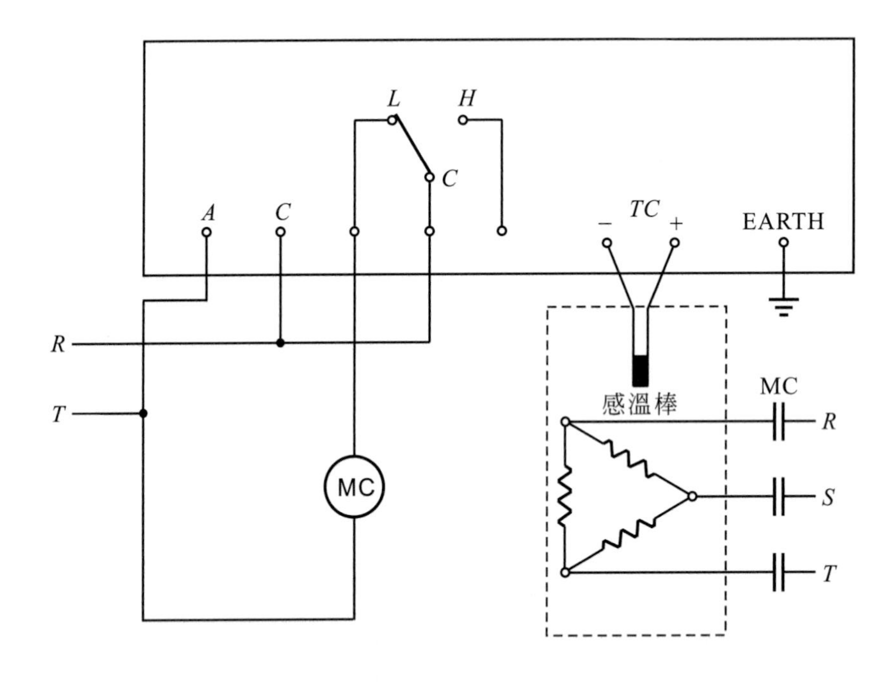

五 動作分析

1. 動作時間表

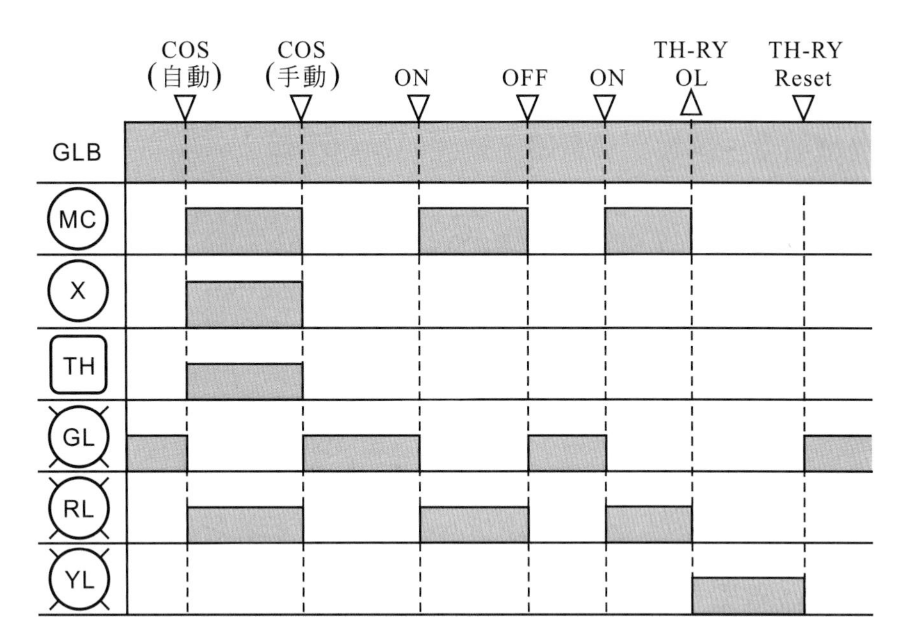

2. 動作說明

(1) 當選擇開關(COS)置於自動位置時，電力電驛(X)激磁，溫度控制器之手捺開關(ON)時，如電熱爐內之溫度低於設定溫度，則(C-L)接點閉合，電磁開關(MC)激磁，三相電熱線通電加熱。

(2) 當電熱爐內之溫度由感溫棒(熱偶)感測，達到設定溫度時，(C-L)接點打開，電磁開關(MC)失磁，三相電熱線斷電。

(3) 當電熱爐內之溫度由感溫棒感測到溫度低於設定溫度時，(C-L)接點閉合，電磁開關(MC)激磁，三相電熱線通電加熱，如此循環下去，以做恆溫控制。

(4) 當選擇開關(COS)置於手動位置時，按下按鈕開關(ON)，電磁開關(MC)動作，紅色指示燈(RL)亮，綠色指示燈(GL)熄滅，電熱線通電加熱。

(5) 按下按鈕開關(OFF)，電磁開關(MC)失磁，紅色指示燈(RL)熄滅，綠色指示燈(GL)亮，電熱線停止加熱。

六 問 題

1. 說明溫度控制器之(C-L)、(C-H))接點的測試方法？
2. 有一加工廠，想做電氣焊錫爐的自動加溫控制，當焊錫爐溫度高於250℃時，自動切斷電熱線之電源，當溫度下降到240℃時，電熱線電源自動接通，繼續加溫，試設計其電路，並說明操作步驟？

實習 10 利用光電開關作防盜控制

一 動作順序

1. 電源通電時，將光電開關(PH)遮光後，電磁接觸器動作且自保持，同時閃爍電驛激磁，指示燈紅燈閃爍，蜂鳴器發出警報，白熾燈(L)亮。
2. 按下按鈕開關(OFF)，電磁接觸器及閃爍電驛不動作，指示燈紅燈熄，白熾燈(L)熄，蜂鳴器停響。

二 使用器材

符號	名稱	規格	數量	備註
	配線板	600mm×500mm×2.3*t* 或 800mm×600mm×20*t*	1塊	
NFB	無熔絲開關	2P，50AF，15AT	1只	
MC	電磁接觸器	AC 220V，15A，5*a*2*b*	1只	
FR	閃爍電驛	AC 220V，0.1～2秒，可調式	1只	
PH	光電開關	E3B-10K，AC 220V，10M，透過型	1只	或其相等品
RL	指示燈	AC 220/15V，紅色	1只	附架

(續前表)

符號	名稱	規格	數量	備註
R	矮腳燈座	AC 250V，6A	1只	
L	白熾燈	AC 220V，100W	1只	
BZ	蜂鳴器	AC 220V，圓形，3"	1只	
TB	端子台	3P，20A	2只	TB_1，TB_2
TB	端子台	16P，20A	2只	TB_3，TB_4
PB	按鈕開關	PB_1(OFF)	1只	

三 位置圖

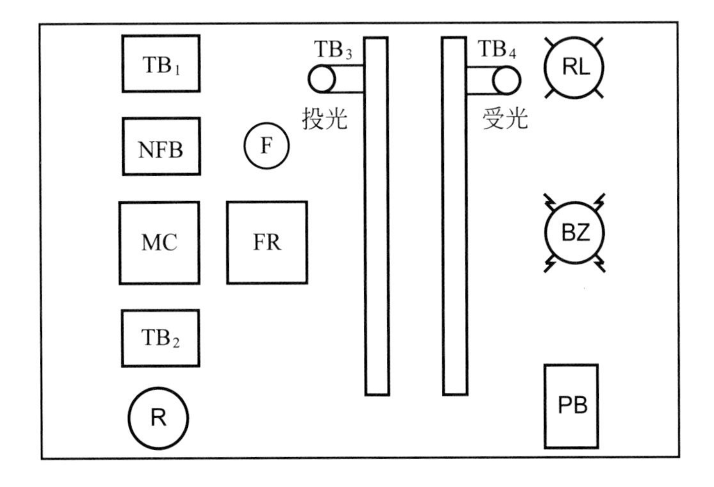

四 線路圖及構成圖

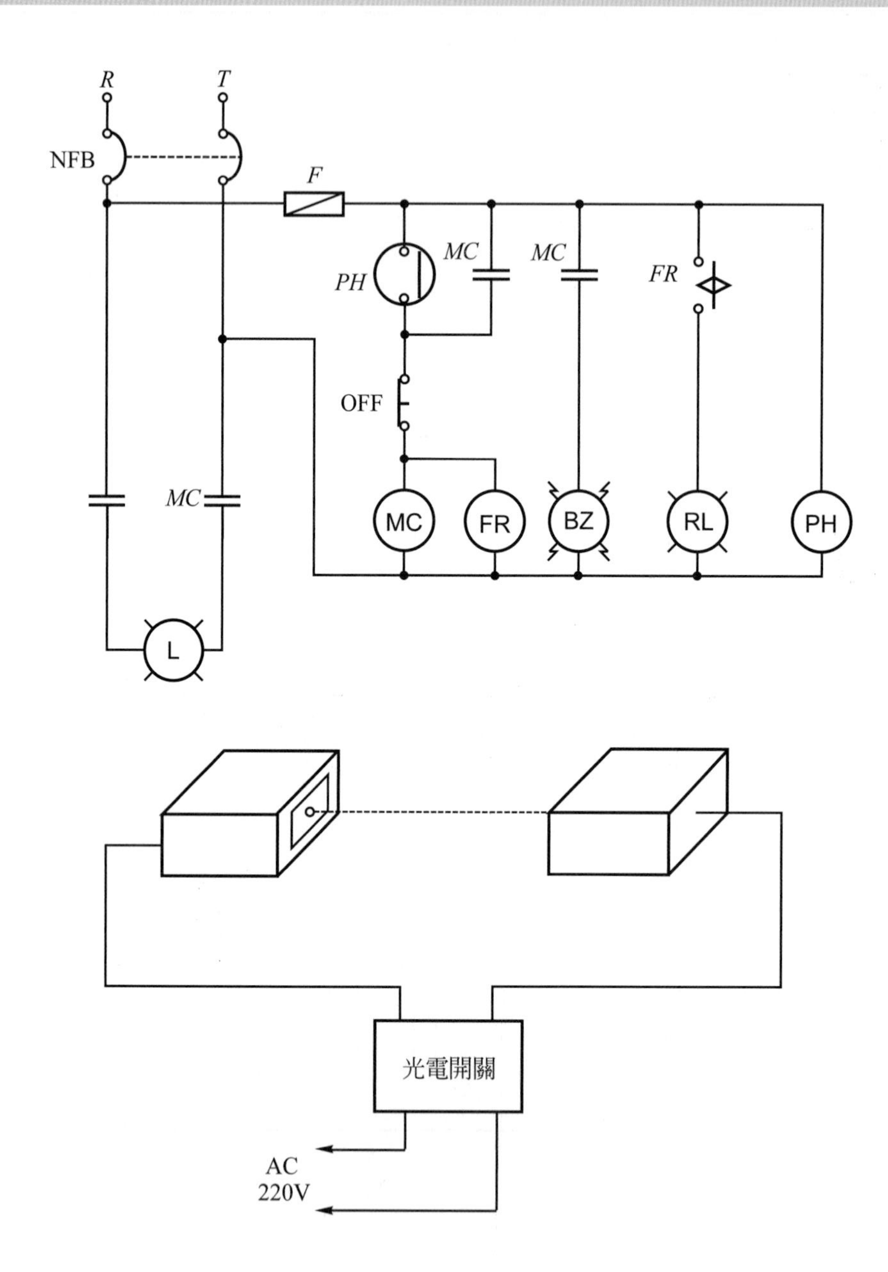

五　動作分析

1. 動作時間表

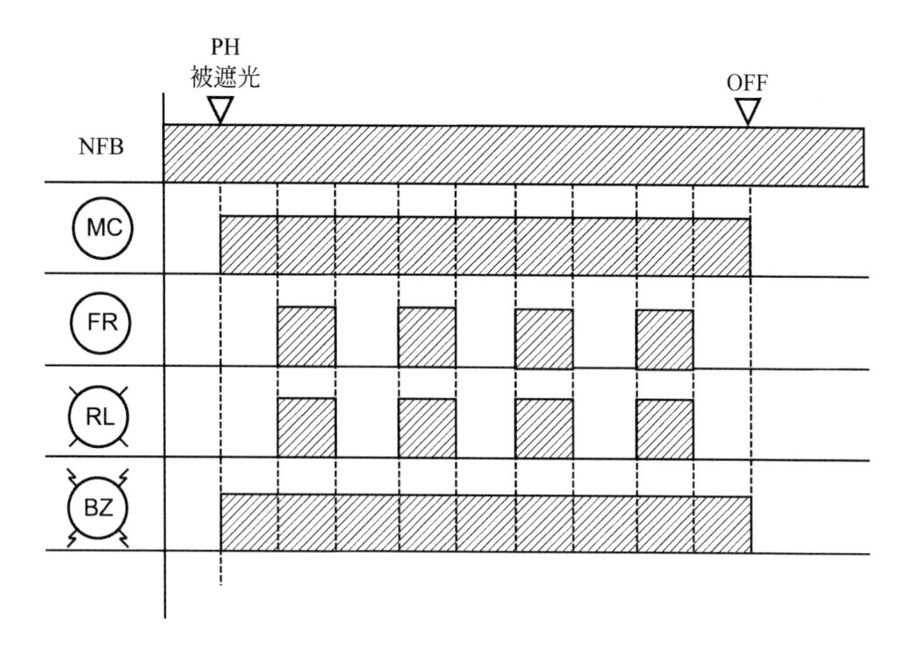

2. 動作說明

(1) 光電開關採用透過型遮光動作，平時未被遮光前光電開關*a*接點打開，如果被遮光，則(PH)接點閉合，電磁接觸器(MC)激磁且形成自保持，因此，白熾燈(*L*)亮，蜂鳴器(BZ)響，(RL)指示燈開始閃爍。

(2) 按下按鈕開關(OFF)，使(MC)失磁，白熾燈(*L*)熄，(BZ)停響，(RL)指示燈熄，光電開關恢復監視功能。

六　問　題

1. 在一大樓之地下停車場可停放汽車 25 台，請利用光電開關設計一指示牌，可指示當車位未停滿，綠燈亮，車位停滿，紅燈亮。
2. 試設計一電路，有一台電鋸，當板子靠近時，圓鋸自動起動，當木板鋸完 30 秒後，沒有再鋸，則圓鋸自動停止。

實習 11　利用近接開關做運轉控制

一 動作順序

1. 電源通電時，按下按鈕開關(ON)，則電動機之運轉動作由限時電驛及近接開關來控制。
2. 電動機(M)傳動輸送帶，使上面的金屬產品在上面流動，每當接近近接開關時，便停止一段設定時間，之後輸送帶再繼續傳動前進。
3. 電動機(M)運轉中，指示燈紅燈(RL)亮，黃燈熄；電動機(M)因金屬產品接近近接開關而停止時，指示燈黃燈(YL)亮，紅燈熄。
4. 過載時，積熱電驛跳脫，蜂鳴器發出警報，傳動馬達停止運轉。

二 使用器材

符號	名稱	規格	數量	備註
	配線板	600mm×500mm×2.3t　或 800mm×600mm×20t	1 塊	
NFB	無熔絲開關	3P，50AF，20AT	1 只	
MC	電磁接觸器	3ϕ，AC 220V，5HP，5a2b	1 只	
TH-RY	積熱電驛	AC 220V，15A	1 只	
PB	按鈕開關	二點式(ON-OFF)	1 只	
X	電力電驛	AC 220V，10A，2C	2 只	
TR	限時電驛	AC 220V，ON-DELAY，0～30 秒	1 只	附底座
RL	指示燈	AC 220/15V，紅色	1 只	附架
YL	指示燈	AC 220/15V，黃色	1 只	附架
PC	近接開關	AC 220V，NO，E2K-C25MY$_1$	1 只	
TB	端子台	3P，20A	2 只	TB$_1$，TB$_2$
TB	端子台	20P，20A	2 只	TB$_3$，TB$_4$
TH	溫度控制器	AC 220V，V-50，0～1600℃	1 只	

三　位置圖

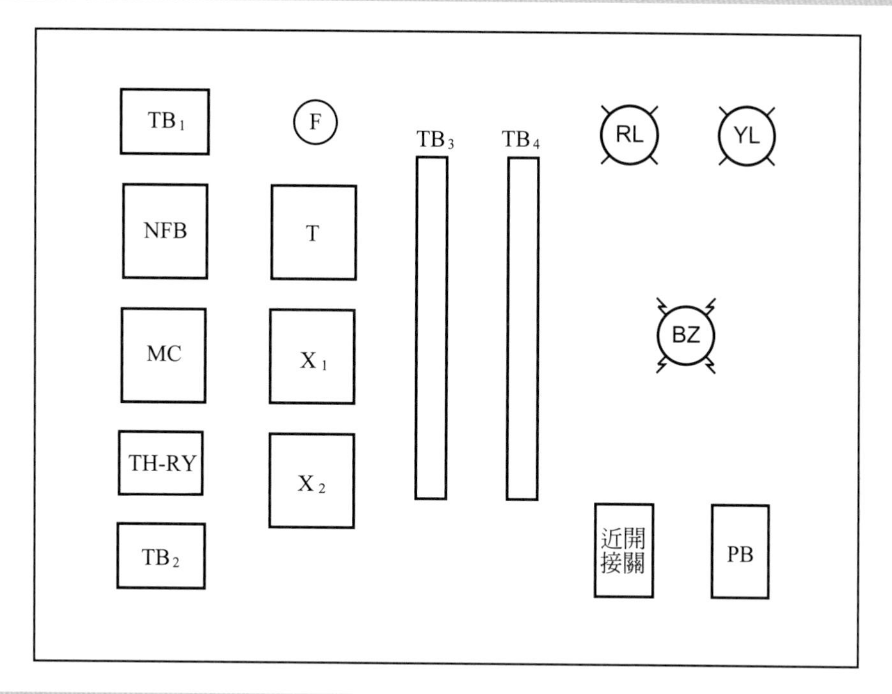

四　線路圖及構成圖

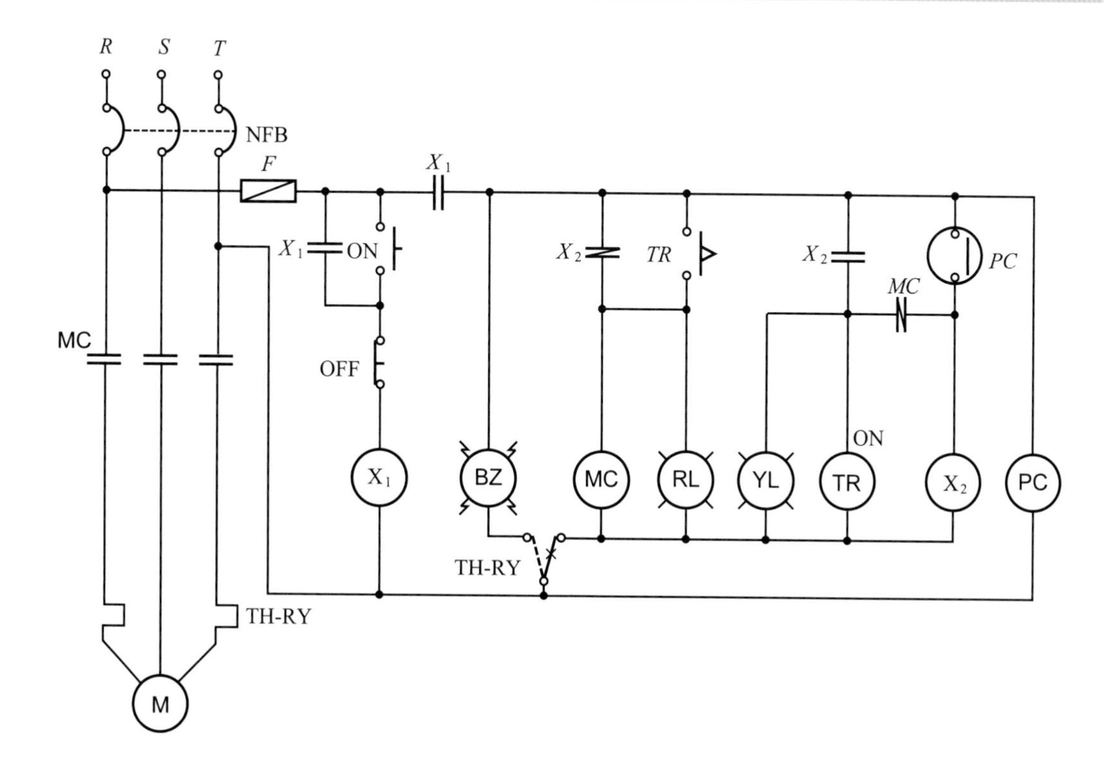

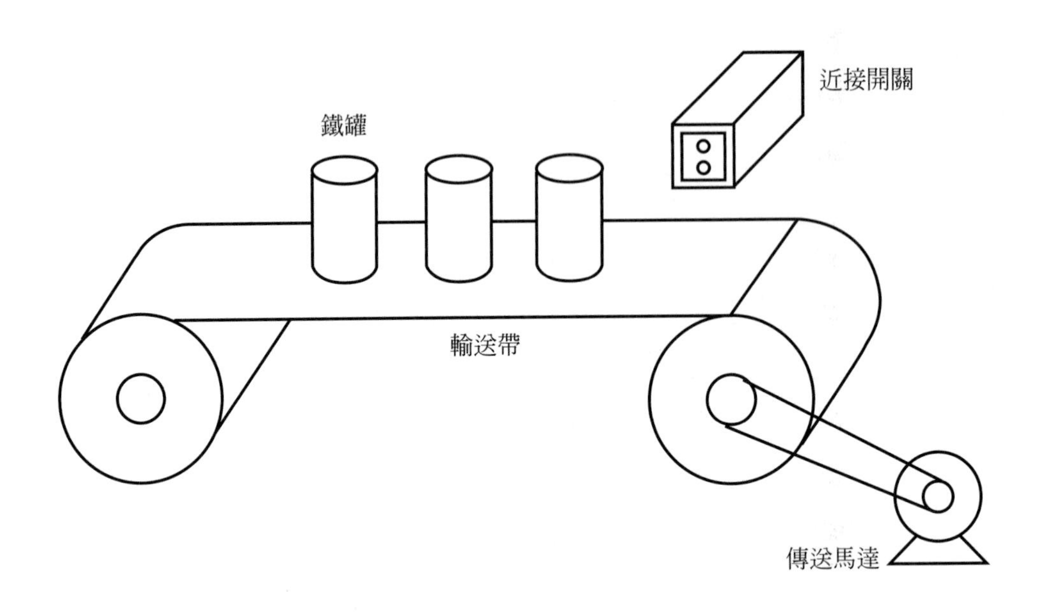

五 動作分析

1. 動作時間表

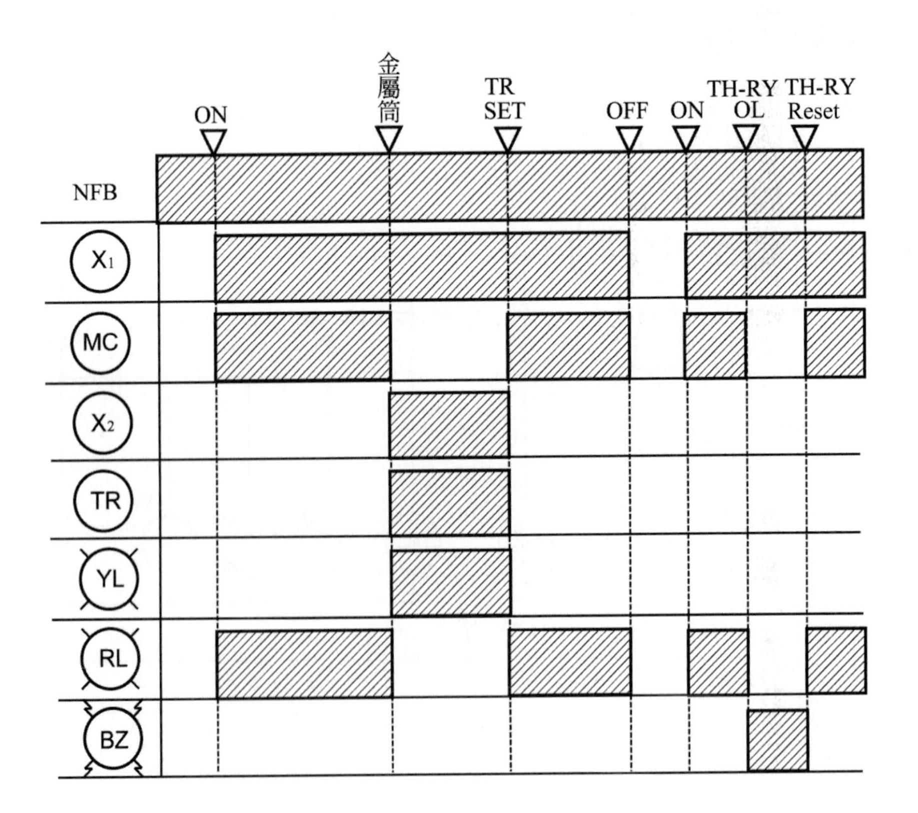

2. 動作說明

(1) 按下按鈕開關(ON)，電力電驛(X_1)及電磁接觸器(MC)激磁，電動機運轉，輸送帶也開始傳送金屬物品，接近近接開關時，近接開關a接點閉合，(X_2)激磁，(TR)激磁，(MC)失磁，電動機及輸送帶停轉，(YL)指示燈亮，(RL)指示燈熄。

(2) 經過(TR)之設定時間後，(MC)激磁，(X_2)及(TR)均失磁，電動機及輸送帶又開始運轉，(RL)指示燈亮，(YL)指示燈熄，動作如此循環下去。

(3) 過載時，積熱電驛跳脫，電動機停轉，蜂鳴器(BZ)響。

(4) 積熱電驛復歸，蜂鳴器(BZ)停響，電動機受到控制後開始運轉。

實習 12　追次控制電路

一　動作順序

1. 無熔絲開關(NFB)ON時，指示燈綠燈亮，其餘指示燈均熄，任一電動機均不運轉。
2. 按下按鈕開關(ON_1)時，電磁接觸器(MC_1)激磁，指示燈紅燈亮，綠燈熄，電動機(M_1)運轉，再按下按鈕開關(ON_2)時，指示燈黃燈亮，電動機(M_2)也運轉。
3. 未按下按鈕開關(ON_1)，而先按下按鈕開關(ON_2)時，電動機(M_2)不會運轉。
4. 兩部電動機於正常運轉中，電動機(M_2)必須先停止，然後按下按鈕開關(OFF_1)，才能使電動機(M_1)停止。
5. 兩部電動機於正常運轉中，若積熱電驛($TH\text{-}RY_1$)跳脫，則兩部電動機全部停止運轉，若是積熱電驛($TH\text{-}RY_2$)跳脫時，則只有電動機(M_2)停止運轉。

二 使用器材

符號	名稱	規格	數量	備註
	配線板	600mm×500mm×2.3t 或 800mm×600mm×20t	1塊	
NFB	無熔絲開關	3P，50AF，30AT	1只	
MC	電磁接觸器	3ϕ，AC 220V，5HP，5a2b	2只	
TH-RY	積熱電驛	3ϕ，AC 220V，15A	2只	
PB	按鈕開關	二點式(ON-OFF)	2只	露出型
GL	指示燈	AC 220/15V，綠色	1只	附架
RL	指示燈	AC 220/15V，紅色	1只	附架
YL	指示燈	AC 220/15V，黃色	1只	附架
TB	端子台	3P，20A	3只	TB_1，TB_2，TB_3
TB	端子台	15P，20A	2只	TB_4，TB_5

三 位置圖

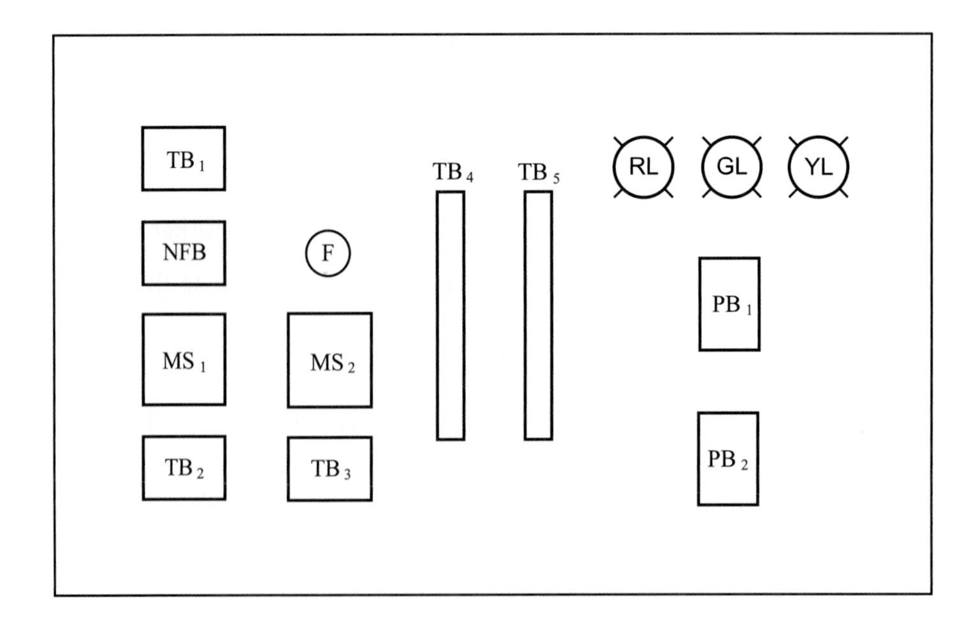

四　線路圖

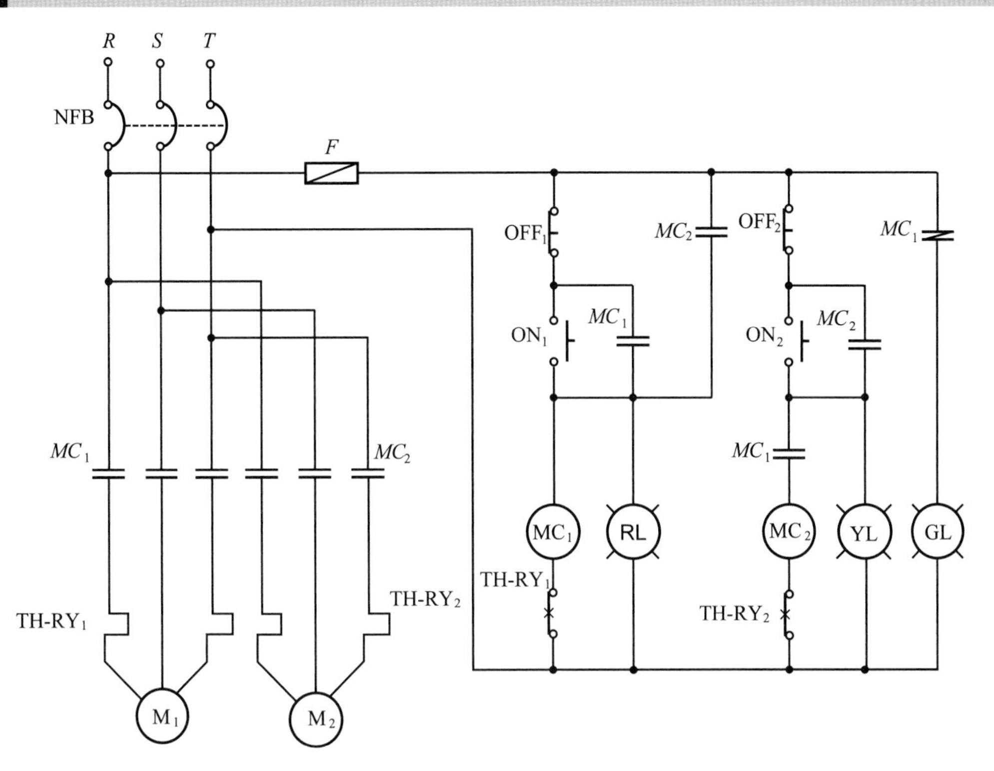

五　動作分析

1. 動作時間表

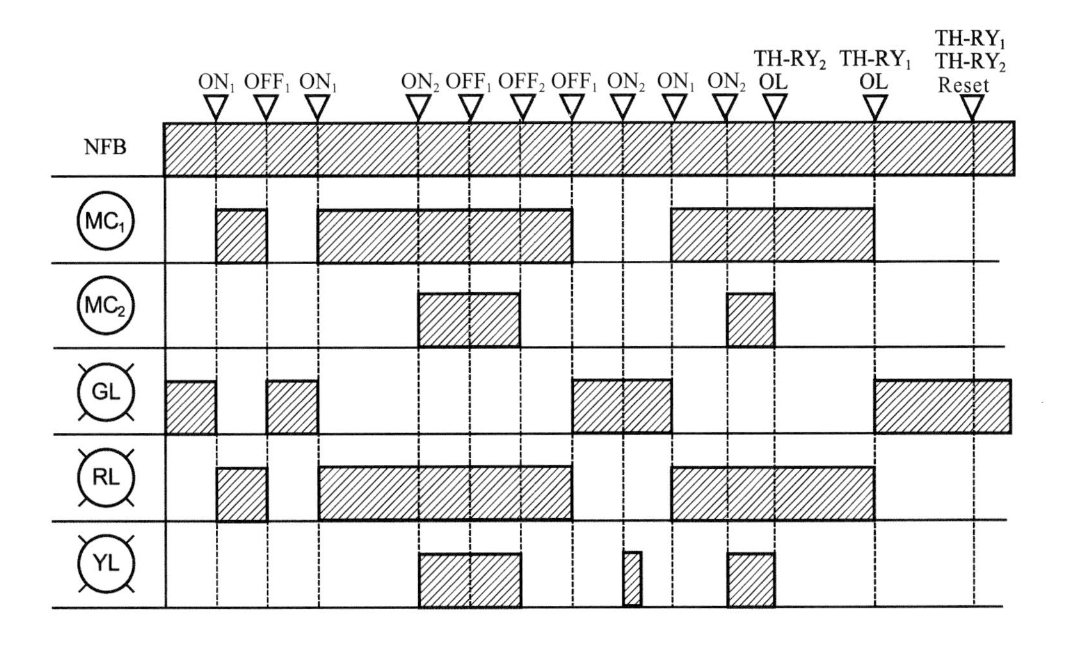

2. 動作說明

(1) 按下按鈕開關(ON_1)，電磁接觸器(MC)激磁，(RL)指示燈亮，(GL)指示燈熄，(YL)指示燈熄，電動機(M_1)運轉，此時如按下按鈕開關(OFF_1)，則(M_1)電動機停止運轉，(GL)燈光，(RL)燈熄。

(2) 未按下(ON_1)，而先按(ON_2)時，電磁接觸器(MC_2)不會激磁，電動機(M_2)不會運轉

(3) 按下(ON_1)後再按下(ON_2)時，電動機(M_1)及(M_2)均運轉，(GL)指示燈熄，(RL)指示燈亮，(YL)指示燈亮，此時若按(OFF_1)，不會令電動機停止運轉。

(4) 電動機(M_1)及(M_2)均運轉中，按下(OFF_2)，則電磁接觸器(MC_2)失磁，電動機(M_2)停止運轉，再按下(OFF_1)，電磁接觸器(MC_1)失磁，電動機(M_1)停止運轉。

(5) 發生過載時，若積熱電驛(TH-RY_1)跳脫，則兩部電動機同時停止運轉，若積熱電驛(TH-RY_2)跳脫時，則電動機(M_2)停止運轉，電動機(M_1)繼續運轉。

六 問 題

1. 何謂感應電動機之追次控制，試述之。

實習 13 自動點滅器控制電路

一 動作順序

1. 接上電源，若選擇開關(COS)置於手動(M)位置時，電路則由按鈕開關控制白熾燈(L)及指示燈(RL)之明滅。
2. 若選擇開關(COS)置於自動(A)位置時，電路則由自動點滅器來控制白熾燈(L)及指示燈(RL)之明滅。
3. 因過載而致使積熱電驛跳脫時，電磁接觸器不動作，白熾燈熄滅。

二　使用器材

符號	名稱	規格	數量	備註
	配線板	600mm×500mm×2.3t　或 800mm×600mm×20t	1 塊	
NFB	無熔絲開關	3P，50AF，15AT	1 只	
MC	電磁接觸器	AC 220V，5HP，5a2b	1 只	
TH-RY	積熱電驛	AC 220V，9A	1 只	
COS	選擇開關	AUTO/MANU，AC 250V，5A	1 只	
PB	按鈕開關	ON-OFF (1a1b)	1 只	露出型
RL	指示燈	AC 220/15V，紅色	1 只	附架
CdS	自動點滅器	AC 250V，10A	1 只	
TB	端子台	2P，20A	2 只	TB_1，TB_2
TB	端子台	20P，15A	2 只	TB_3，TB_4
L	白熾燈	AC 220V，100W	1 只	

三　位置圖

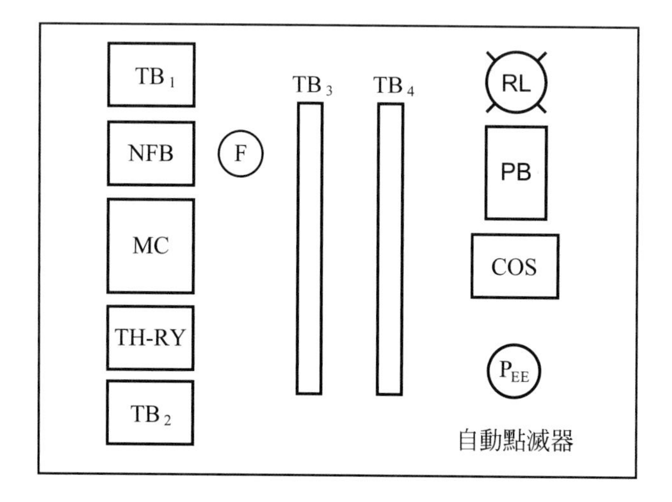

四 線路圖

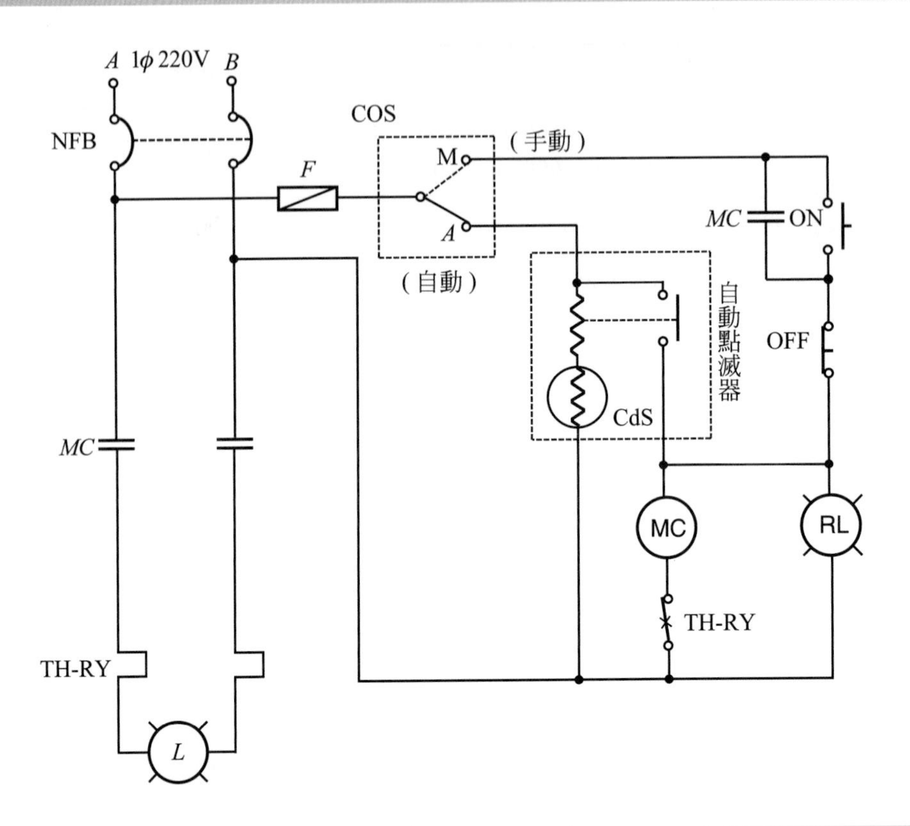

五 動作分析

1. 動作時間表

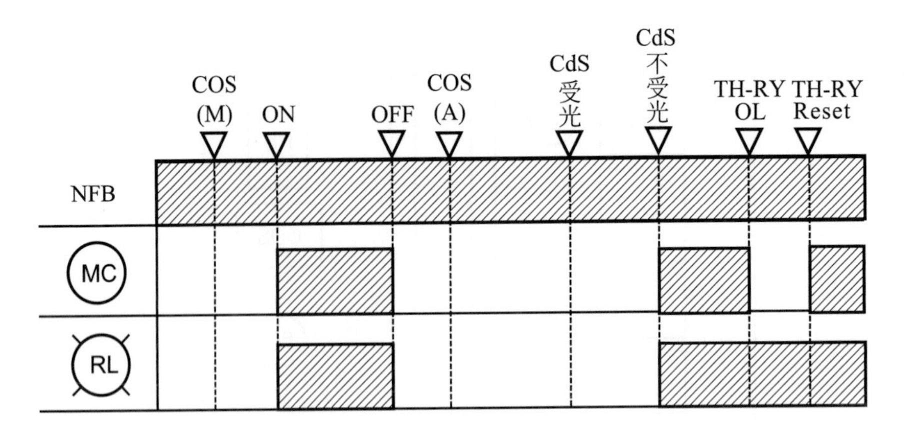

2. 動作說明

(1) 選擇開關(COS)扳到(M)位置時，按下按鈕開關(ON)，電磁接觸器(MC)激磁，白熾燈(*L*)亮，(RL)指示燈亮；按下按鈕開關(OFF)，(MC)失磁，(*L*)熄，(RL)指示燈熄。

(2) 選擇開關(COS)扳到(A)位置時，在白天時，由於(CdS)受光照射，電阻值變低，雙金屬片流過較大電流，雙金屬片受熱而彎曲，致使接點打開，(MC)不激磁，故白熾燈(*L*)不亮。在晚上時，由於(CdS)沒有光照射，電阻值變大，雙金屬片不受熱，故接點閉合，(MC)激磁，白熾燈(*L*)亮，(RL)指示燈亮。

(3) 過載時，積熱電驛(TH-RY)跳脫，白熾燈(*L*)熄。

(4) 積熱電驛(TH-RY)復歸後，白熾燈(*L*)才又恢復控制。

六 相關知識

1. 熱控式自動點滅器

熱控式自動點滅器乃由光敏電阻、發熱器及雙金屬片等元件所組成，封於半透明的塑膠殼內，如圖(a)所示。

光敏電阻器由硫化鎘(CdS)所製成，如圖(b)所示，在黑暗中其電阻可高達數 10MΩ，在一般陽光照射下其電阻降至僅有數 100Ω。

圖(a)中爲熱控制式自動點滅器之電路圖，黑白兩線接電源，紅白二線接至負載，白色爲共用線。夜晚光線弱，光敏電阻器(CdS)呈現高電阻狀態，流過發熱器的電流甚小，在發熱器所產生之熱不足以使雙金屬片彎曲，故其接點閉合，電源經其接點送至負載。白天光度強，光敏電阻呈現低電阻，通過發熱器之電流增加，發熱器所產生的熱量致使雙金屬片彎曲，頂開接點而切斷加到負載之電源。

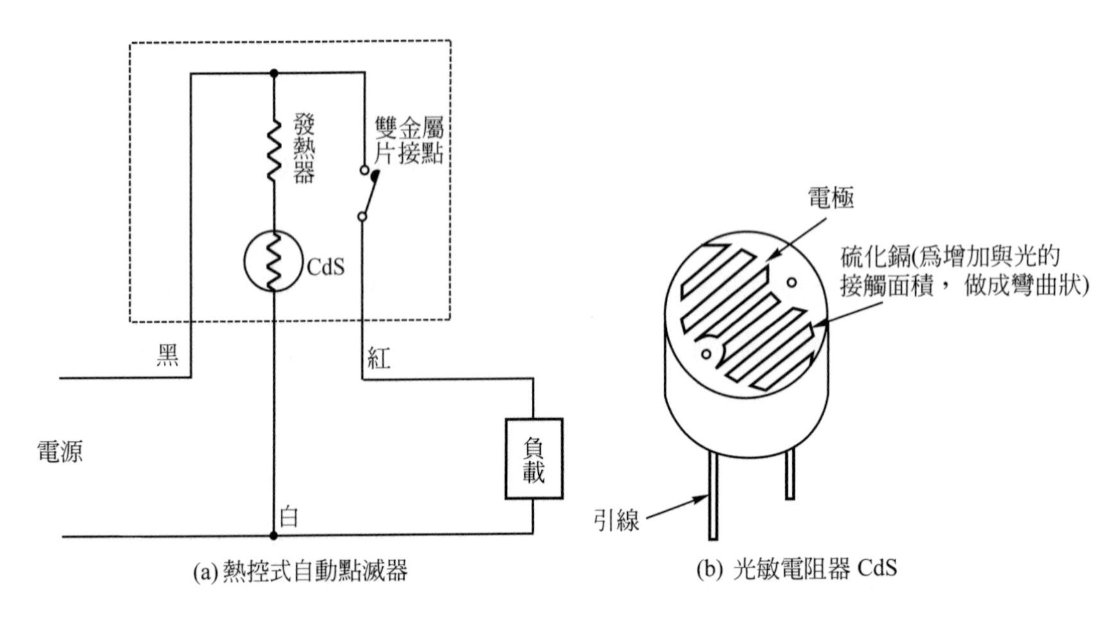

(a) 熱控式自動點滅器　(b) 光敏電阻器 CdS

2. 繼電器式自動點滅器

圖(c)中為繼電器式自動點滅器之電路圖，夜晚光線微弱時，流過繼電器線圈之電流微乎其微，無法使繼電器動作，繼電器的控制接點為閉合狀態，故電源經繼電器的常閉接點而送至負載。白天光度強時，光敏電阻器呈現極低之電阻值，通過繼電器線圈二端的電壓增加，使繼電器線圈激磁，致使其常閉接點打開而切斷加至負載之電源。

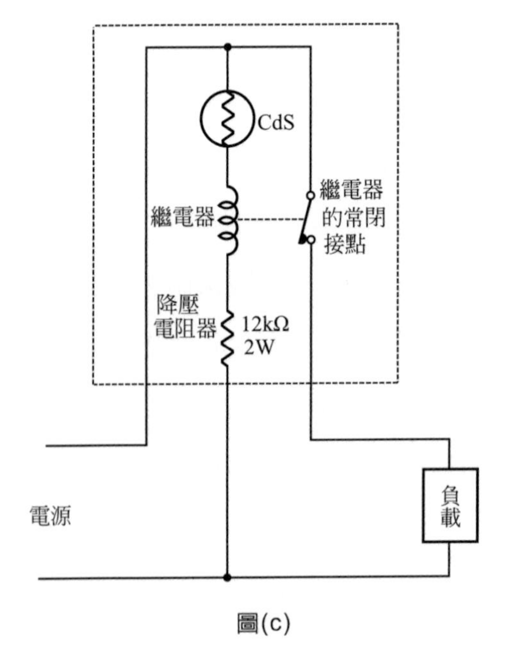

圖(c)

●各式之燈光自動點滅器

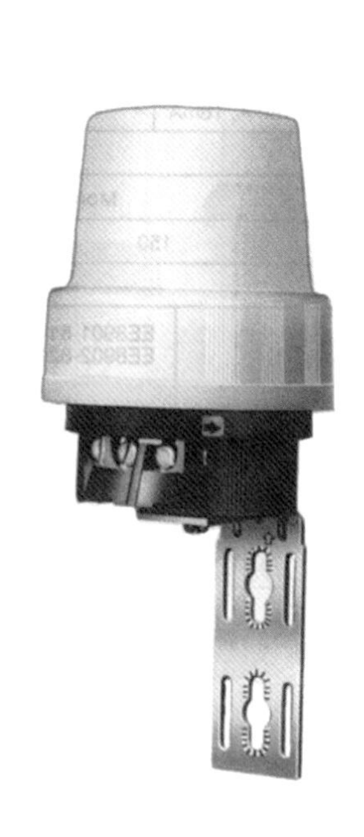

(a) 雙金屬片控制型

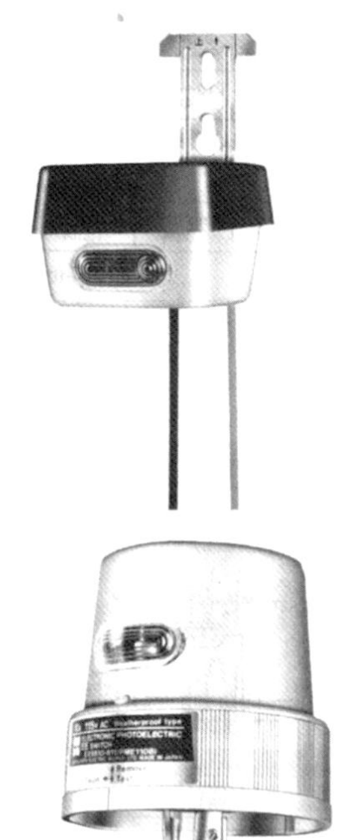

(b) 電子控制型

(c) 熱控繼電器型

七　問　題

1. 試問光敏電阻(CdS)受光時，與不受光時電阻如何變化？
2. 試問如將控制電路接成如圖(1)所示，會有何種情況產生？

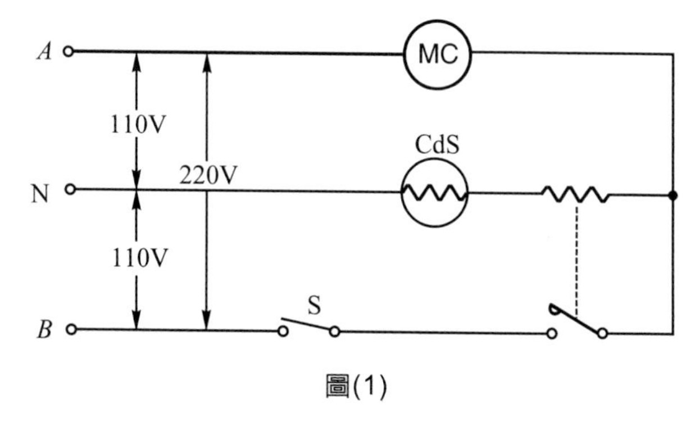

圖(1)

3. 請利用自動點滅器設計一個廣告燈控制電路？
4. 說明圖(2)之動作順序，並劃出動作時間表。

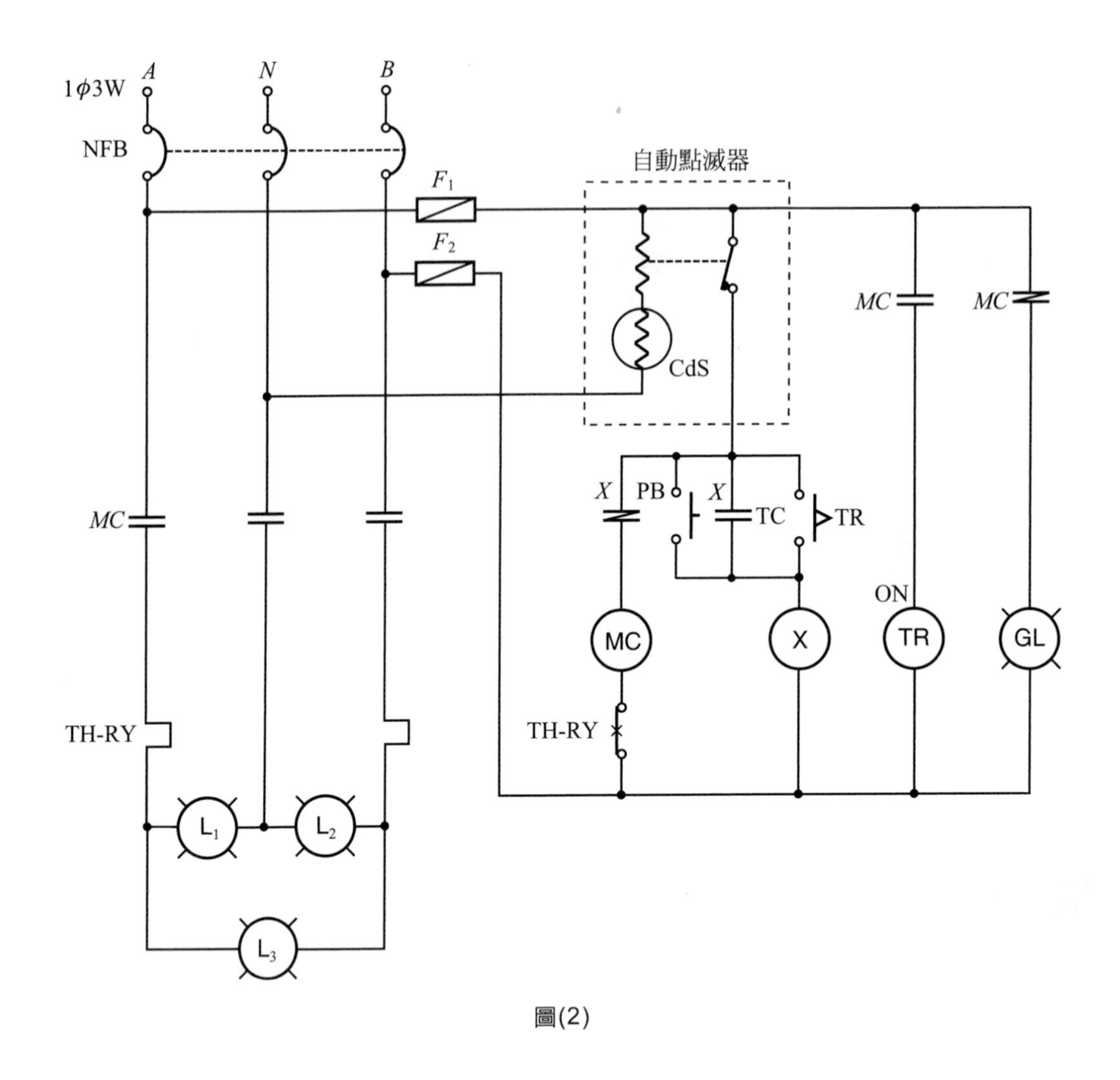

圖(2)

實習 14 手動、自動切換控制電路

一 動作順序

1. 電源通電時，若將切換開關(COS)置於手動側(*M*)時，指示燈白燈(WL)亮、綠燈(GL)亮、紅燈(RL)及橙燈(OL)熄；若將切換開關(COS)置於自動側(*A*)時，指示燈橙燈(OL)亮、綠燈亮、紅燈及白燈熄。
2. 當切換開關(COS)置於自動側(*A*)時，橙燈亮，由壓力開關(PS)控制電動機之運轉；若壓力下降，則(PS)接點閉合，電磁接觸器(MC)激磁，電動機運轉，紅燈亮、綠燈及白燈熄；當壓力上升至設定點時，則(PS)接點打開，電磁接觸器(MC)失磁，電動機停止運轉，壓縮機也隨著停止運轉。

3. 線路發生過載時，則積熱電驛(TH-RY)跳脫，蜂鳴器發出警報，只有綠燈亮，電動機停止運轉。

二 使用器材

符號	名稱	規格	數量	備註
	配線板	600mm×500mm×2.3t 或 800mm×600mm×20t	1塊	
GLB	漏電斷路器	3P，50AF，30AT	1只	或NFB
MC	電磁接觸器	3P，50AF，5HP，5a2b	1只	
TH-RY	積熱電驛	AC 220V，15A	1只	
F	栓型保險絲	AC 220V，10A	1只	附座
PB	按鈕開關	PB-2(ON-OFF)	1只	露出型
COS	切換開關	AC 220V，10A，二段式	1只	
BZ	蜂鳴器	AC 220V，圓形3"	1只	
GL	指示燈	AC 220/15V，綠色	1只	附架
RL	指示燈	AC 220/15V，紅色	1只	附架
OL	指示燈	AC 220/15V，橙色	1只	附架
WL	指示燈	AC 220/15V，白色	1只	附架
PS	壓力開關	AC 220V，9083 PEV-$\frac{1}{4}$	1只	9349 APL-2N-PEN
TB	端子台	3P，20A	2只	TB_1，TB_2
TB	端子台	15P，20A	2只	TB_3，TB_4

三 位置圖

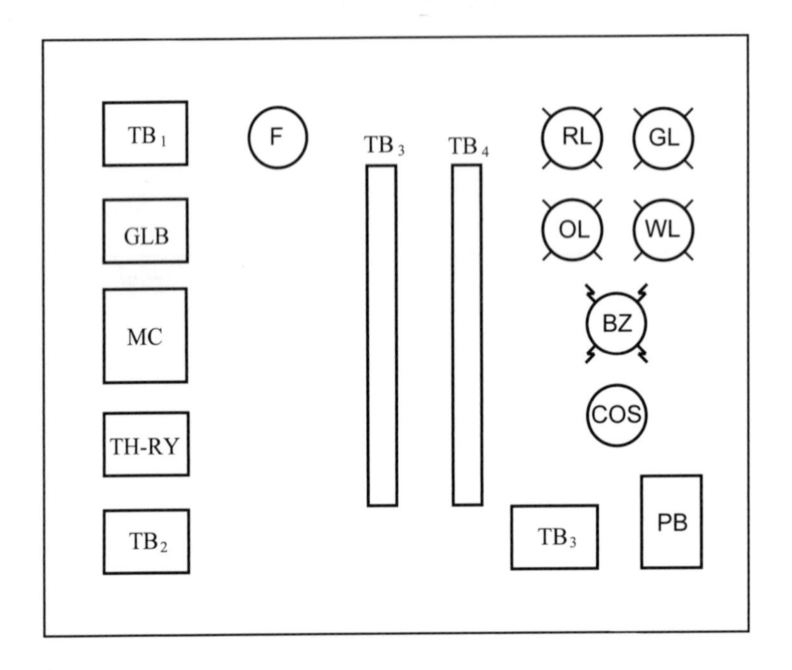
TB1
F
TB3
TB4
RL
GL
GLB
OL
WL
MC
BZ
COS
TH-RY
TB2
TB3
PB

四 線路圖

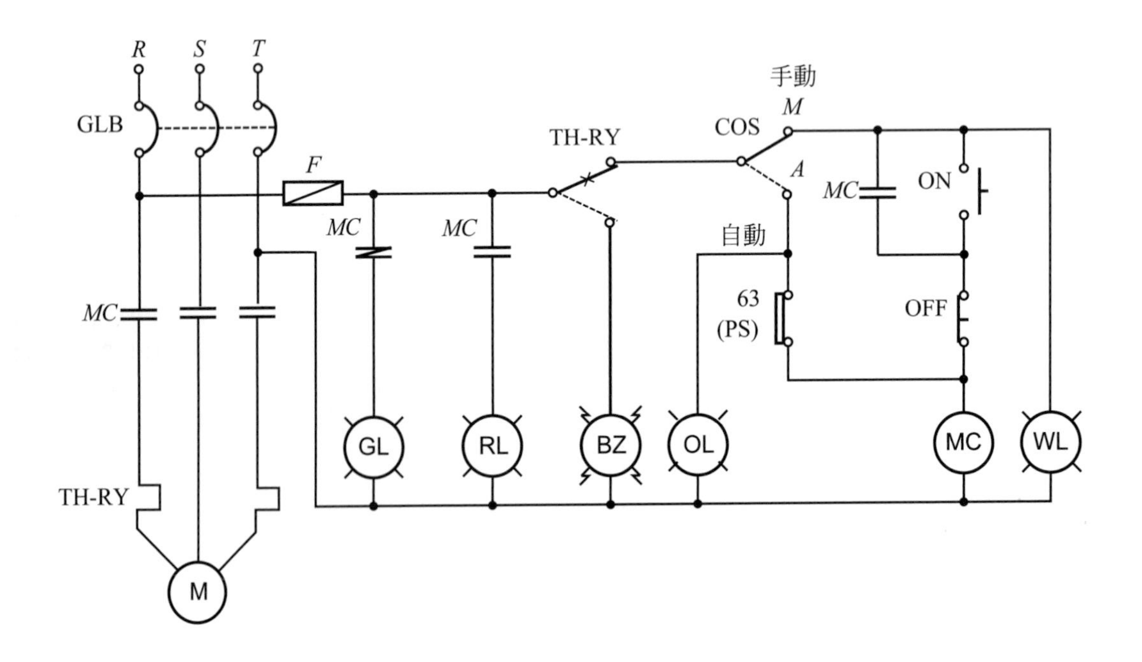
R
S
T
GLB
F
TH-RY
COS
手動
M
A
MC
ON
MC
MC
自動
63
(PS)
OFF
MC
GL
RL
BZ
OL
MC
WL
TH-RY
M

五　動作分析

1.　動作時間表

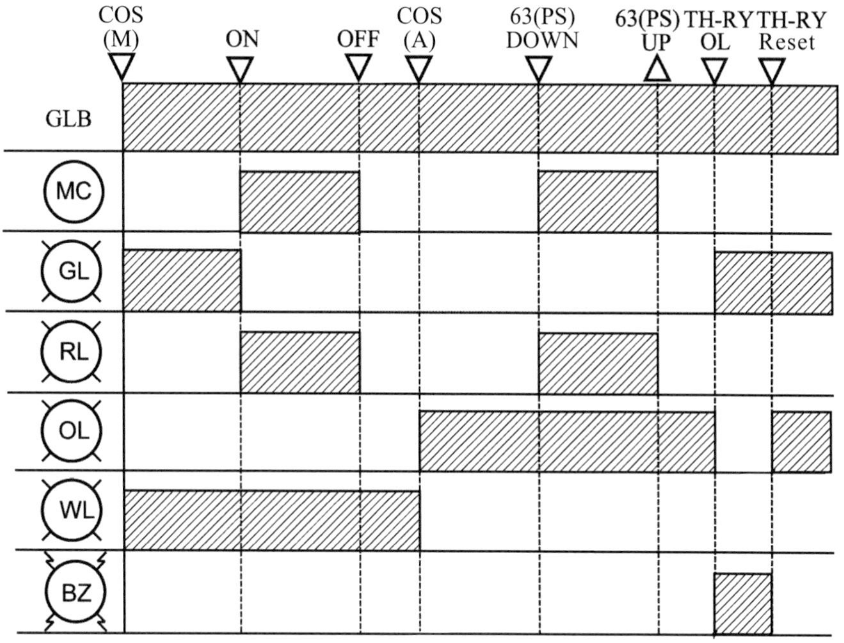

2.　動作說明

⑴　當切換開關(COS)切於手動側(*M*)時，按下按鈕開關(ON)，電磁接觸器(MC)激磁，電動機運轉，(RL)及(WL)指示燈均亮，其餘指示燈熄，但必須注意壓力的大小，如壓力已達需要，按下(OFF)，(MC)失磁，電動機停止運動，(GL)及(WL)指示燈均亮，其餘指示燈熄。

⑵　當切換開關(COS)切於自動側(*A*)時，若空氣槽內壓力低於設定點時，(PS)之*b*接點閉合，(MC)激磁，電動機開始運轉，(RL)及(OL)指示燈均亮，其餘指示燈熄；當空氣槽內壓力上升至設定點時，(PS)之*b*接點打開，(MC)失磁，電動機停轉，(GL)及(OL)指示燈均亮，其餘指示燈熄。

(3) 過載時，積熱電驛(TH-RY)跳脫，電動機停止運轉，蜂鳴器(BZ)響，(GL)指示燈亮，其餘指示燈熄。

(4) 積熱電驛(TH-RY)復歸時，蜂鳴器(BZ)停響，(GL)指示燈亮，其餘動作同前。

六　相關知識

切換之原則如下：

1. 手動、自動之切換，必須注意在任何情況下不能有互相干擾的現象發生。
2. 具有安全裝置之控制線路或連鎖線路，必須要小心安排。
3. 手動操作時，必須注意防止誤動作產生。
4. 可能的話，最好安裝指示燈或警報器，以防患事故於未然。

七　問　題

1. 試述切換開關的切換方法及其種類？
2. 電動機的控制線路如圖(1)所示，是否可以？如不可以請說出為什麼？

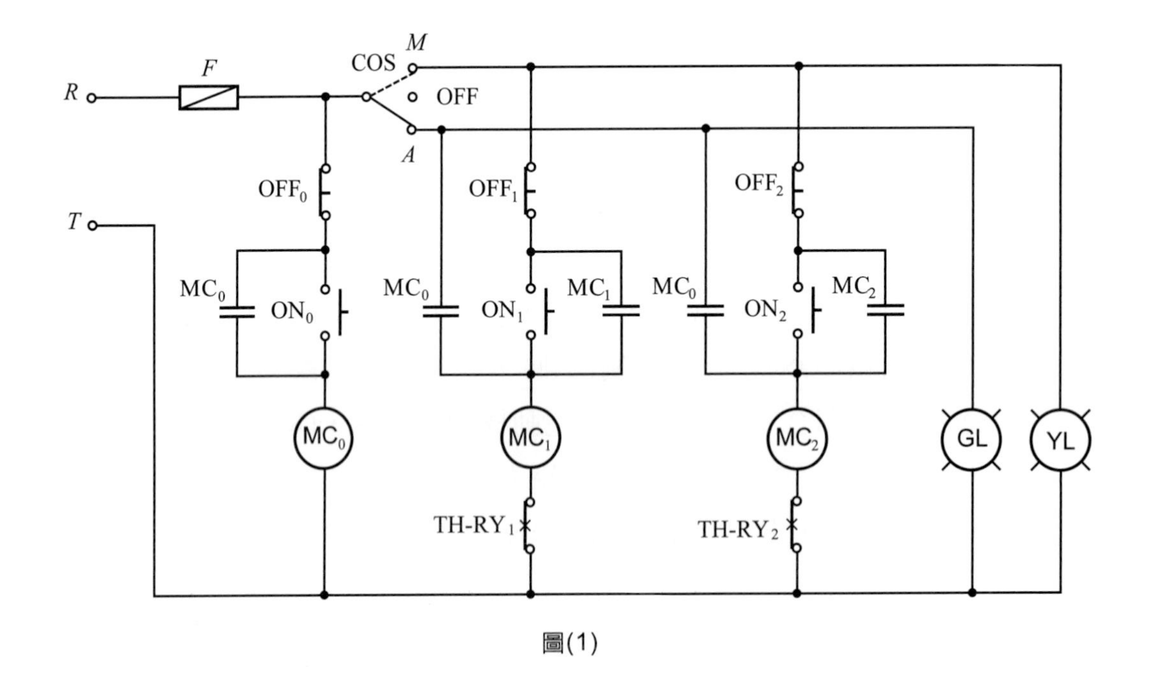

圖(1)

3. 試述圖(2)之動作順序，並劃出其動作時間表？

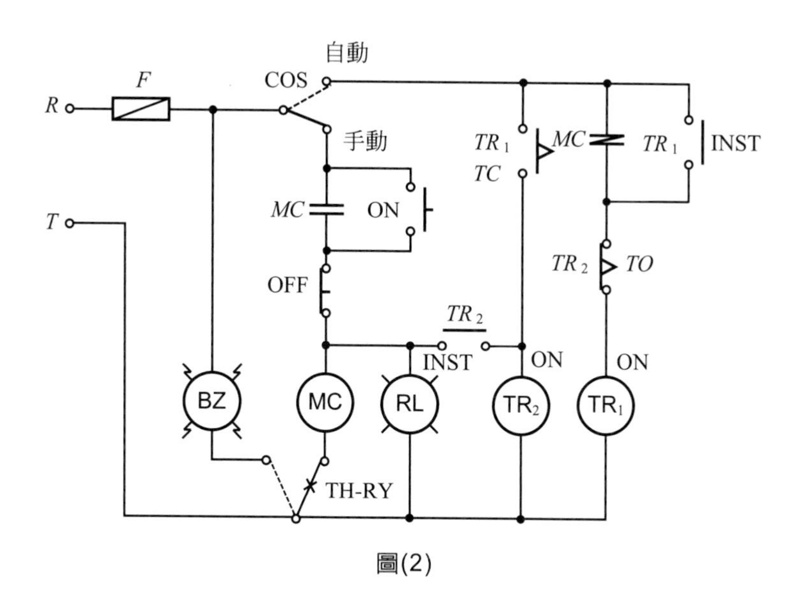

圖(2)

實習 15　單相感應電動機之正逆轉控制

一　使用器材

符號	名稱	規格	數量	備註
NFB	無熔絲開關	2P，30AF，20AT	1 只	
MC	電磁接觸器	AC 220V，3HP，$5a2b$	2 只	
TH-RY	積熱電驛	2.5～25A	1 只	
PB	按鈕開關	單層正逆轉控制用	1 只	
RL	指示燈	30ϕ，220/15V，紅色	1 只	
YL	指示燈	30ϕ，220/15V，黃色	1 只	
GL	指示燈	30ϕ，220/15V，綠色	1 只	
M	電動機	單相變壓電動機， 110/220V	1 台	

二 位置圖

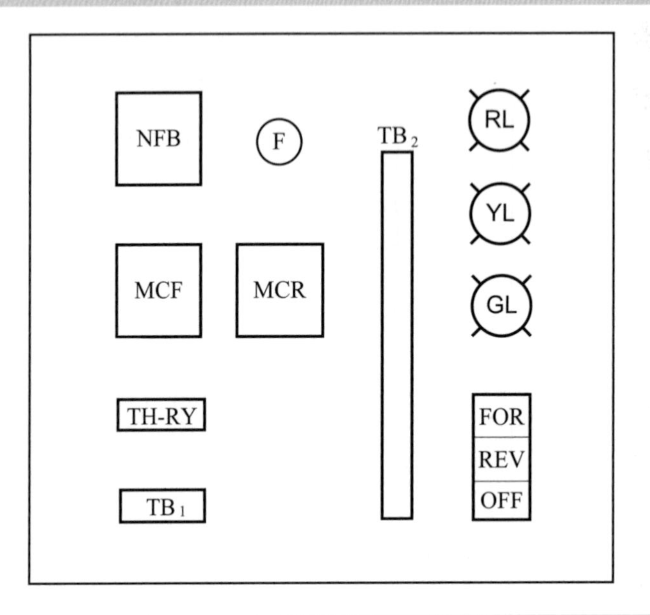
NFB
F
TB₂
RL
YL
GL
MCF
MCR
TH-RY
FOR
REV
OFF
TB₁

三 線路圖

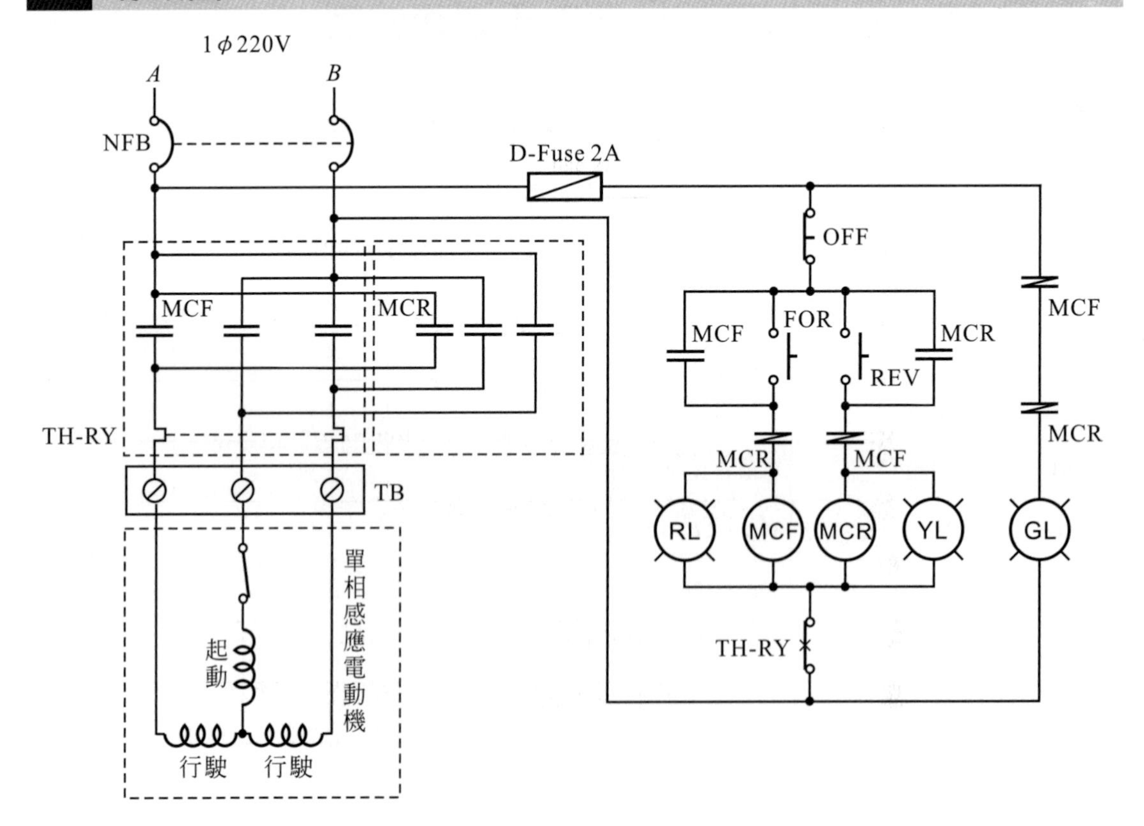
1φ220V
A
B
NFB
D-Fuse 2A
OFF
MCF
MCR
FOR
REV
MCF
MCR
TH-RY
TB
RL
MCF
MCR
YL
GL
TH-RY
單相感應電動機
起動
行駛
行駛

四　動作分析

1. 動作時間表

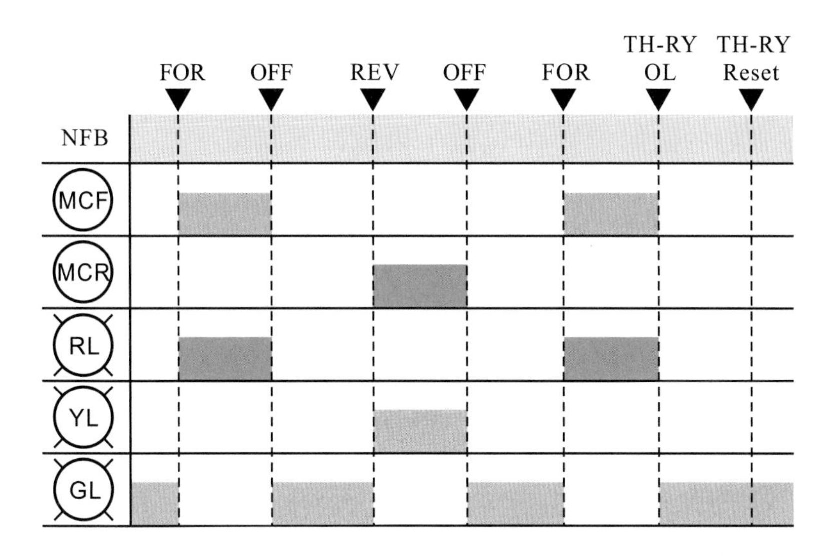

2. 動作說明

(1) 接上電源，將無熔絲開關(NFB)置於ON位置，綠燈(GL)亮。

(2) 按下按鈕開關(FOR)，電磁接觸器(MCF)激磁，電動機正轉，紅色指示燈(RL)亮、(GL)熄。

(3) 按下按鈕開關(OFF)，電磁接觸器(MCF)失磁，電動機停止運轉，紅燈熄、綠燈亮。

(4) 按下按鈕開關(REV)，電磁接觸器(MCR)激磁，電動機逆轉，黃燈(YL)亮、綠燈熄。

(5) 按下按鈕開關(OFF)，電磁接觸器(MCR)失磁，電動機停止運轉，黃燈熄、綠燈亮。

(6) 電動機在運轉中，因過載或其他故障原因致使積熱電驛(TH-RY)動作，電動機應停止運轉，綠色指示燈亮。

(7) 電磁接觸器(MCR)與(MCF)必須有電氣互鎖，不得同時動作。

五 測 試

1. 將三用電表置於歐姆檔×10位置，再做歸零調整。
2. 將電表測試棒置於*RT*相，此時電表應指示綠色指示燈(GL)之電阻值。
3. 按下按鈕開關(FOR)，應可測得綠燈(GL)、紅燈(RL)與電磁接觸器(MCF)三者並聯之電阻值，電表指針應向右偏轉。(因並聯電阻減少之故)
4. 按下按鈕開關(REV)，應可測得綠燈(GL)、黃燈(YL)與電磁接觸器(MCR)三者並聯之電阻值，指針應向右偏轉。(因原指示(GL)電阻，再按(REV)時，(GL)、(YL)與(MCR)三者之線圈並聯，電阻降低，故電表指針向右偏轉。)
5. 用手壓下電磁接觸器(MCF)，使其*a*接點閉合，此時應可測得(RL)與(MCF)線圈並聯之電阻值。(倘若只有(RL)之電阻值時，即可知其(MCF)之自保接點沒有接或是接錯。)
6. 用手壓下電磁接觸器(MCR)，可測得(YL)與(MCR)線圈並聯之電阻值。

六 相關知識

1. 雙壓單相感應電動機極性判別

雙壓單相感應電動機，有兩組運轉線圈及一組起動線圈。起動線圈是決定單相感應電動機轉向，因此不必做極性試驗，但如將運轉線圈極性接錯，將使單相電動機之運轉電流增加，故需做極性試驗，極性試驗步驟如下：

(1) **理組**

① 用三用電表歐姆檔*R*×1位置，找出三組線圈，並做記號*A*、*B*、*C*。

② 用三用電表歐姆檔*R*×1位置，分別測量*A*、*B*、*C*三組線圈之電阻值，其電阻值最大的即是起動線圈。

(2) **極性試驗**

① 按圖(a)接線。

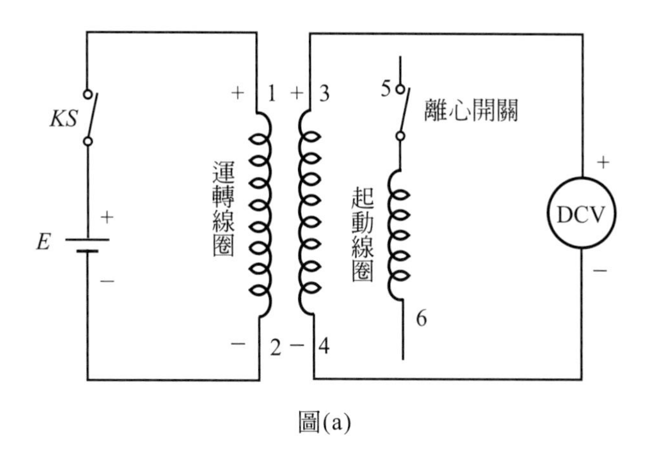

圖(a)

② 將 KS 按下，若直流電壓表 DCV 向右偏轉(即順時針方向)時，則同側爲同極性端(亦即出線頭 1 與 3 爲同極性，即乾電池的正極與三用電表的紅色(＋)測試棒端爲同極性)。

(3) **結線**

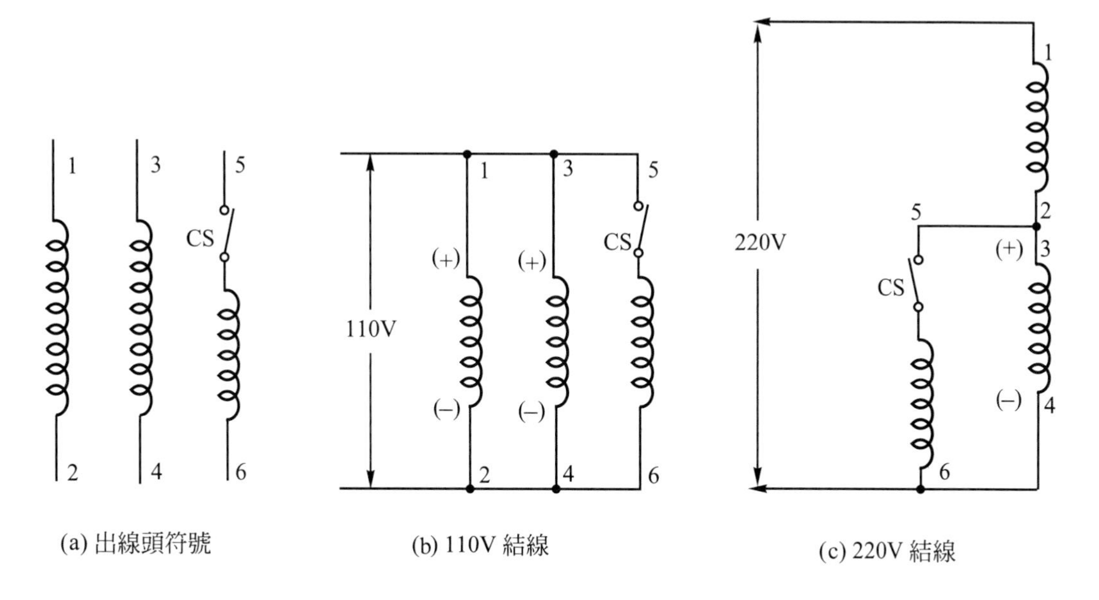

(a) 出線頭符號　(b) 110V 結線　(c) 220V 結線

2. 接線方法

單相感應電動機在家庭或工業上應用極爲廣泛，其優點爲體積小、構造簡單又方便，只要改變起動線圈之電流方向就可以改變轉向。

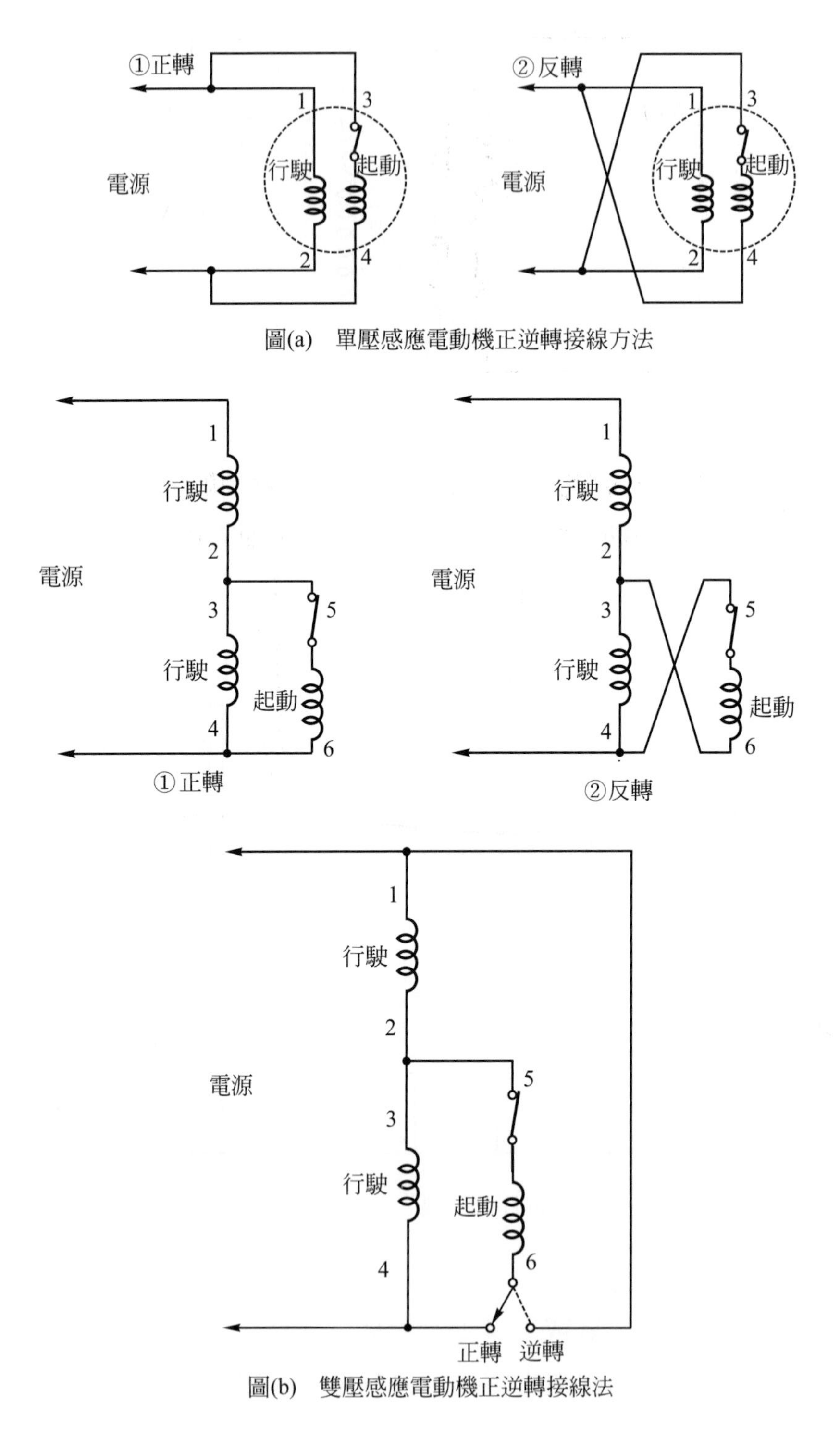

圖(a) 單壓感應電動機正逆轉接線方法

圖(b) 雙壓感應電動機正逆轉接線法

而單相感應電動機之正逆轉控制除用電磁接觸器控制外，尚可用閘刀開關或鼓形開關來控制。

1.　鼓形開關控制正逆轉

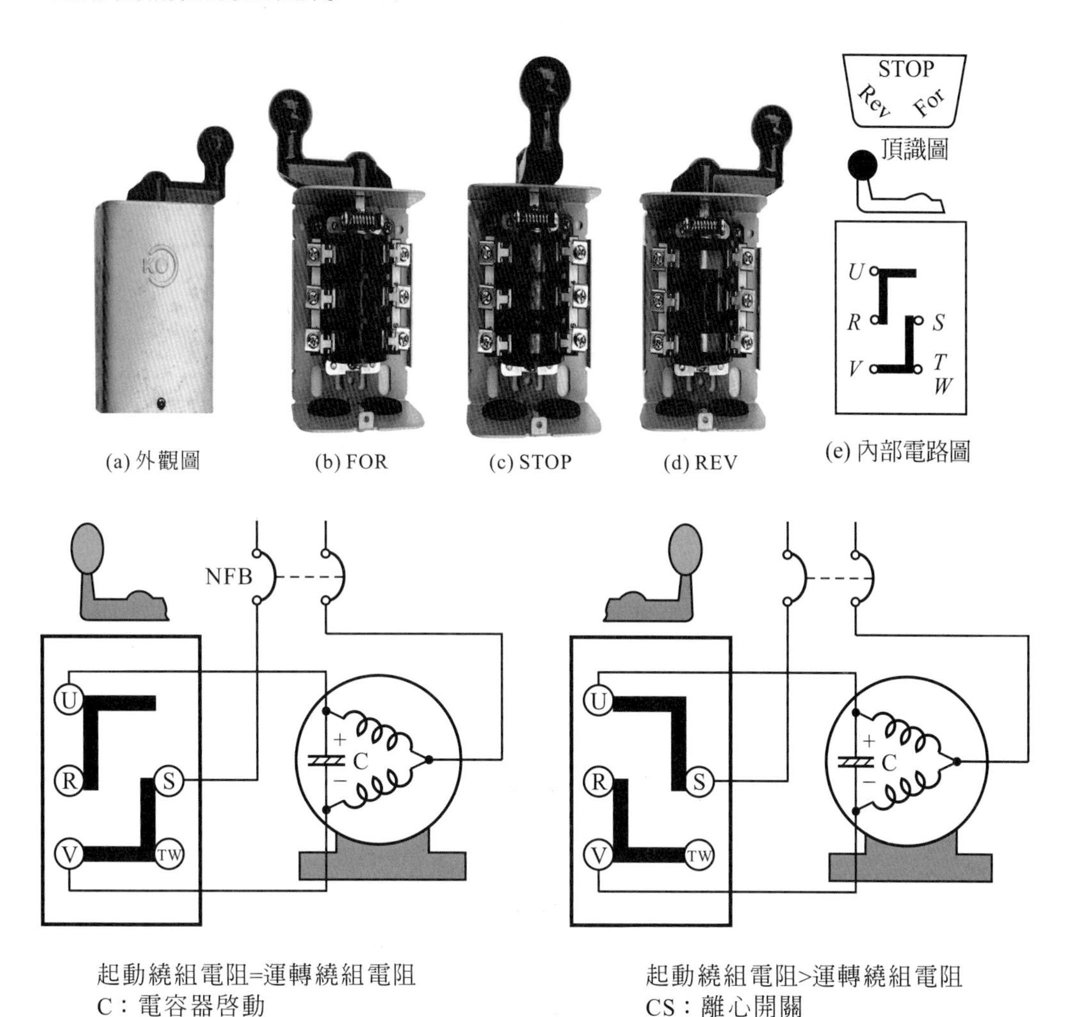

圖(f)　鼓形開關控制正逆轉

2.　閘刀開關控制正逆轉

(1)　3引線單相馬達控制

①　單刀雙投控制馬達正逆轉，如圖(1)所示。

②　雙刀雙投控制馬達正逆轉，如圖(2)所示。

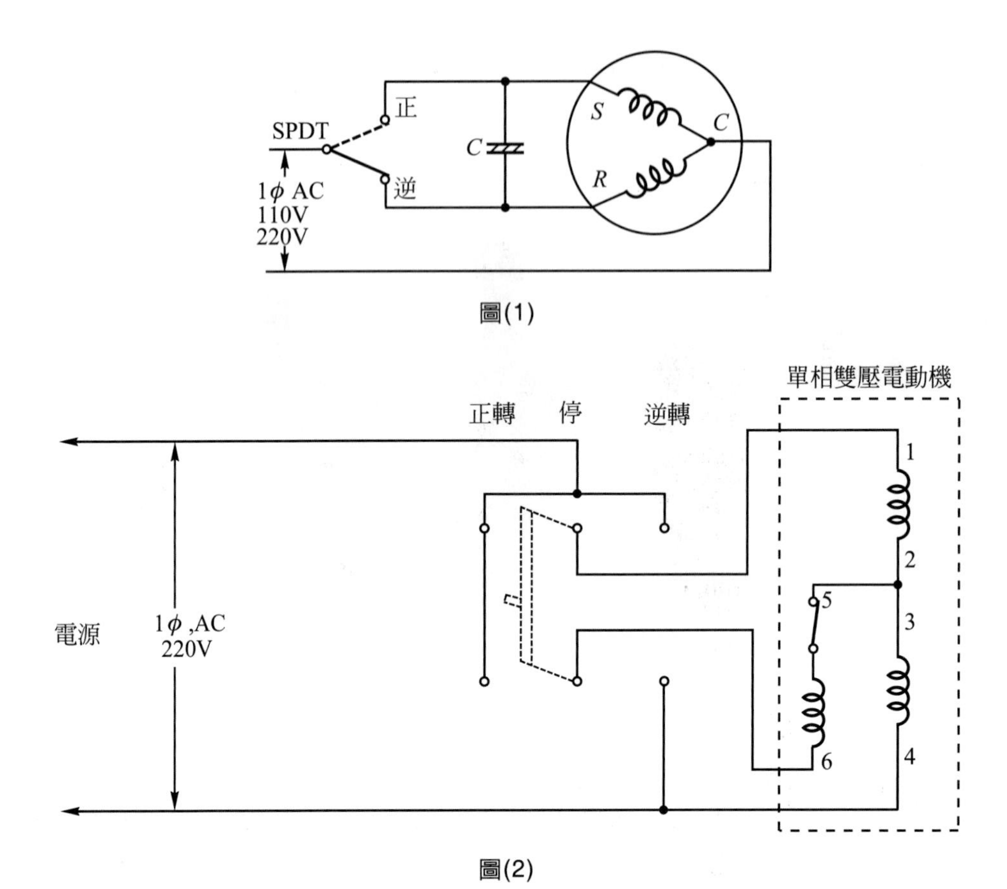

圖(1)

圖(2)

⑵ 4引線單相馬達控制

以三刀雙投控制馬達正逆轉，如圖(3)所示。

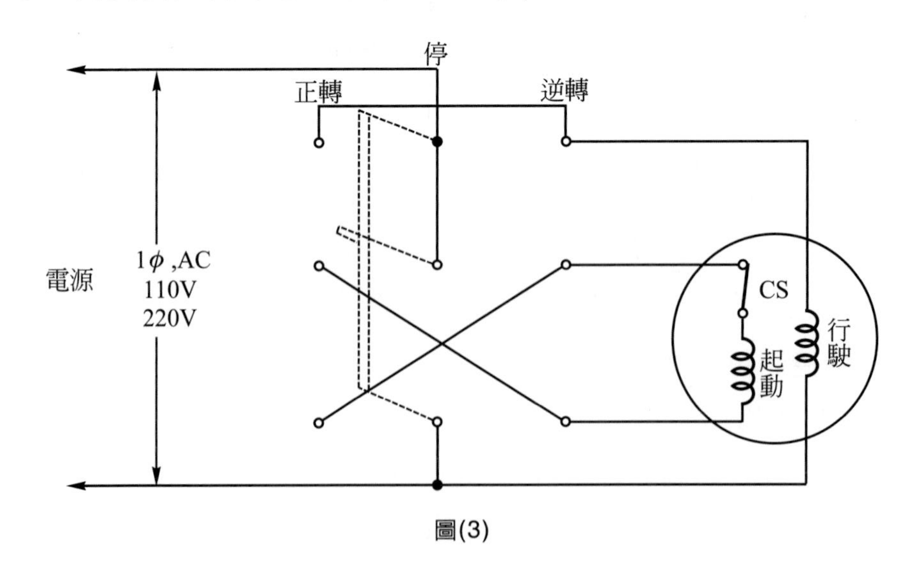

圖(3)

七 問　題

1. 單相感應電動機之繞組可分為哪幾種？如何測試，說明之？
2. 單相感應電動機使用離心開關目的何在？並說明離心開關之動作原理？
3. 單相感應電動機可分為單壓與雙壓兩種，試分別說明如何做極性試驗？
4. 感應電動機如果接線時繞組之極性有誤，則電動機是否能正常運轉？

實習 16　三相感應電動機正逆轉控制電路

一 動作順序

1. 接上電源，指示燈綠燈亮，電動機不運轉。
2. 利用三點式單層正逆轉按鈕開關(FOR-REV-OFF)分別控制電動機之正逆轉及停止。
3. 電動機正常運轉中，欲改變轉向，須先按停止(OFF)鈕。
4. 電動機正轉時，指示燈紅燈亮，電動機逆轉時，指示燈黃燈亮，其餘指示燈均熄。
5. 積熱電驛過載跳脫時，蜂鳴器發出警報，綠燈亮，其餘指示燈均熄。

二 使用器材

符號	名稱	規格	數量	備註
	配線板	600mm×500mm×2.3*t*　或 800mm×600mm×20*t*	1 塊	
NFB	無熔絲開關	3P，50AF，20AT	1 只	
MS	正逆轉電磁開關	AC 220V，5HP，5*a*2*b*，TH-RY 9A	1 組	
PB	按鈕開關	PB-3，FOR，REV，OFF，單層	1 只	附固定架
GL	指示燈	AC 220/15V，綠色	1 只	附架
RL	指示燈	AC 220/15V，紅色	1 只	附架
YL	指示燈	AC 220/15V，黃色	1 只	附架
TB	端子台	3P，20A	2 只	TB_1，TB_2
TB	端子台	30P，20A	2 只	TB_3，TB_4

三 位置圖

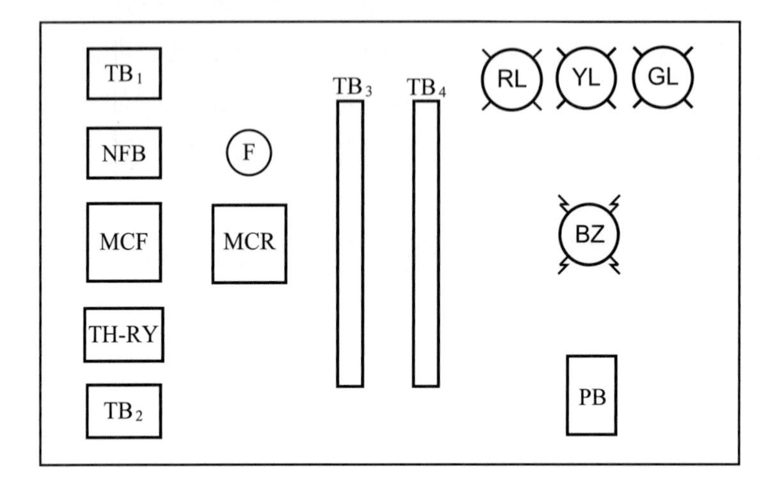

TB1
NFB
MCF
TH-RY
TB2
F
MCR
TB3
TB4
RL
YL
GL
BZ
PB

四 線路圖

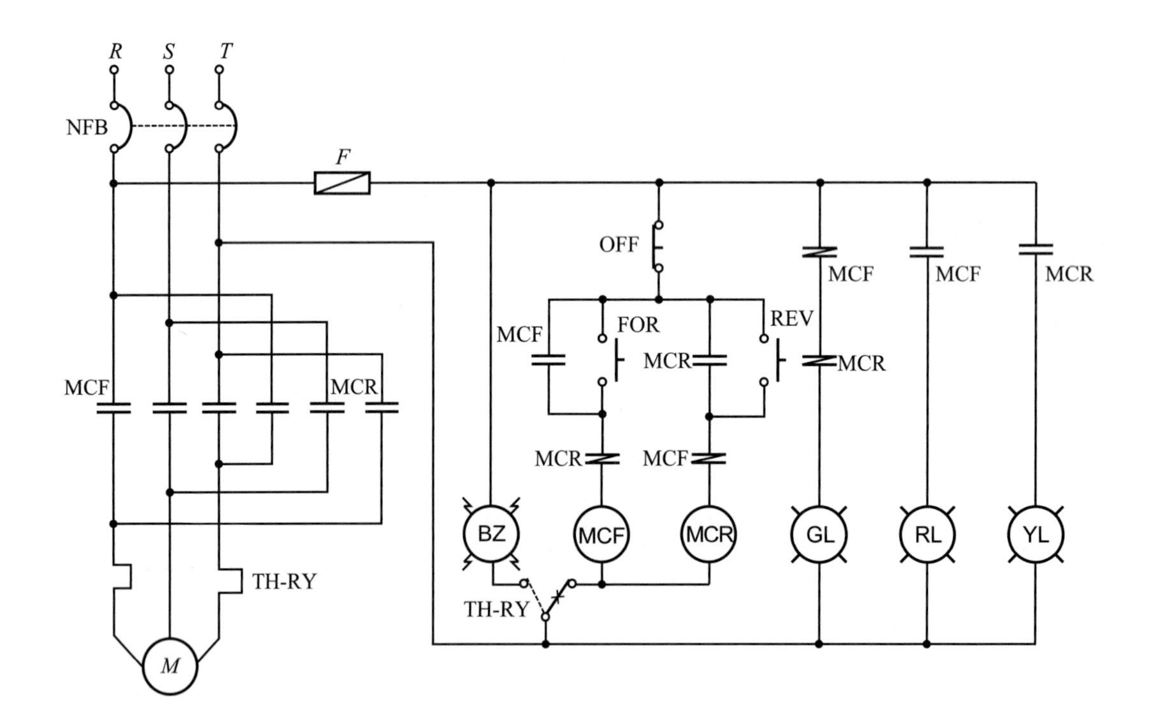

R
S
T
NFB
F
OFF
MCF
MCF
MCR
MCF
FOR
MCR
REV
MCR
MCF
MCR
MCR
MCF
BZ
MCF
MCR
GL
RL
YL
TH-RY
TH-RY
M

五　動作分析

1. 動作時間表

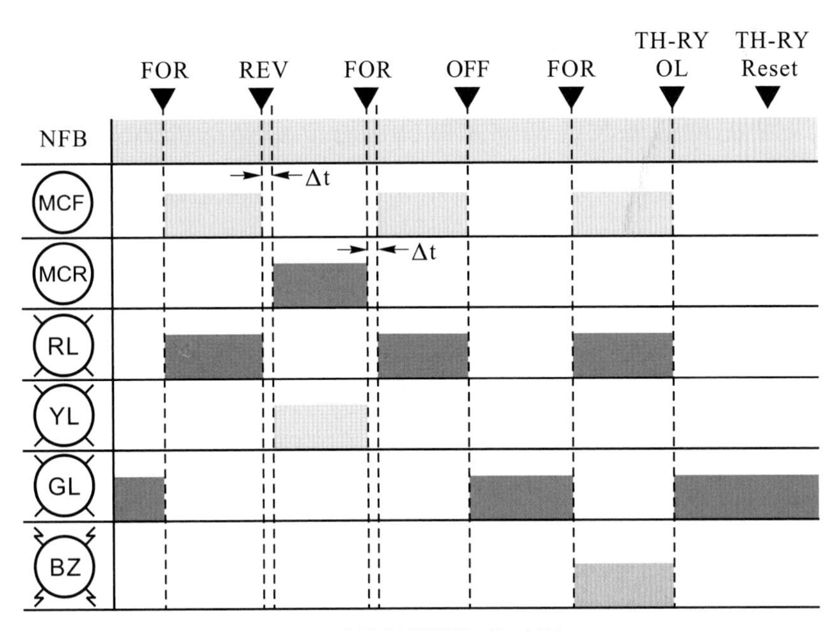

Δt：爲按鈕開關切換時間

2. 動作說明

(1) 按下按鈕開關(FOR)，電磁接觸器(MCF)激磁，電動機正轉，(RL)指示燈亮，(GL)及(YL)指示燈均熄。

(2) 按下按鈕開關(OFF)，電磁接觸器(MCF)失磁，電動機停止運轉，(GL)指示燈亮，(RL)及(YL)指示燈均熄。

(3) 按下按鈕開關(REV)，電磁接觸器(MCR)激磁，電動機逆轉，(YL)指示燈亮，(GL)及(RL)指示燈均熄。

(4) 運轉中，如發生過載，則電動機停止運轉，蜂鳴器(BZ)響，(GL)指示燈亮，(RL)及(YL)指示燈均熄。

(5) 故障排除後，蜂鳴器(BZ)停響，(GL)指示燈亮，(RL)及(YL)指示燈均熄，電動機不會自行起動運轉。

六　相關知識

1.　三相感應電動機之極性試驗

三相感應電動機出線頭之極性若接錯，將使電動機之運轉電流升高而燒燬，因此電動機之出線頭必須標註極性，以免接錯。通常電動機出線頭之極性都由製造廠標註，若因標註脫落或損壞不明時，就必須做極性判別。最簡單的方法是用直流法去判別其極性，如圖(a)所示，當 KS 閉合之瞬間，Ⓥ正轉(即順時針方向)時，對角爲同線端，反之，當KS閉合之瞬間，Ⓥ逆轉(即反時針方向)時，同側爲同線端。

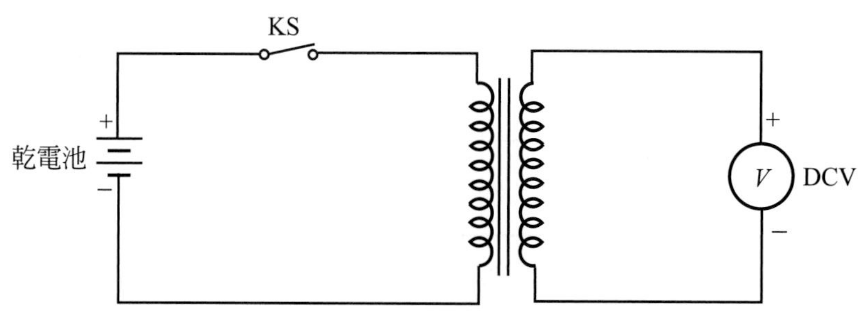

圖(a)　直流法極性判別

2.　六條線之極性判別(請參考圖(b))

(1)　理組

先用三用電表歐姆檔($R \times 1$)理出各繞組，以A、B、C做爲三繞組之記號。

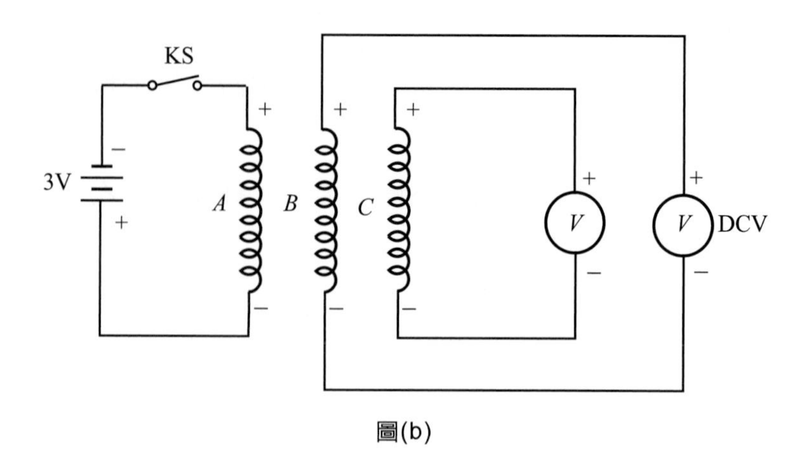

圖(b)

⑵　極性判別

① 將其中任一組接乾電池，一端接電池(＋)端，另一端串聯一開關KS再接到電池之(－)端，然後將另二組分別接三用電表DCV檔位置(2.5V)。

② 按下KS時，若三用電表指針向右偏轉，則將接於三用電表紅色測試棒(即＋端)之線頭標註(＋)，而連接於黑色測試棒(即－端)之線頭標註(－)。

③ 同步驟②測量另一繞組。

④ 然後將連接於乾電池負端之線頭標註(＋)，而連接於乾電池正端之線頭標註(－)。

⑤ 由標註之記號中，可以知道所有(＋)記號是爲同線端，而所有(－)記號爲另一個同線端。

⑥ 結線如圖(c)所示。

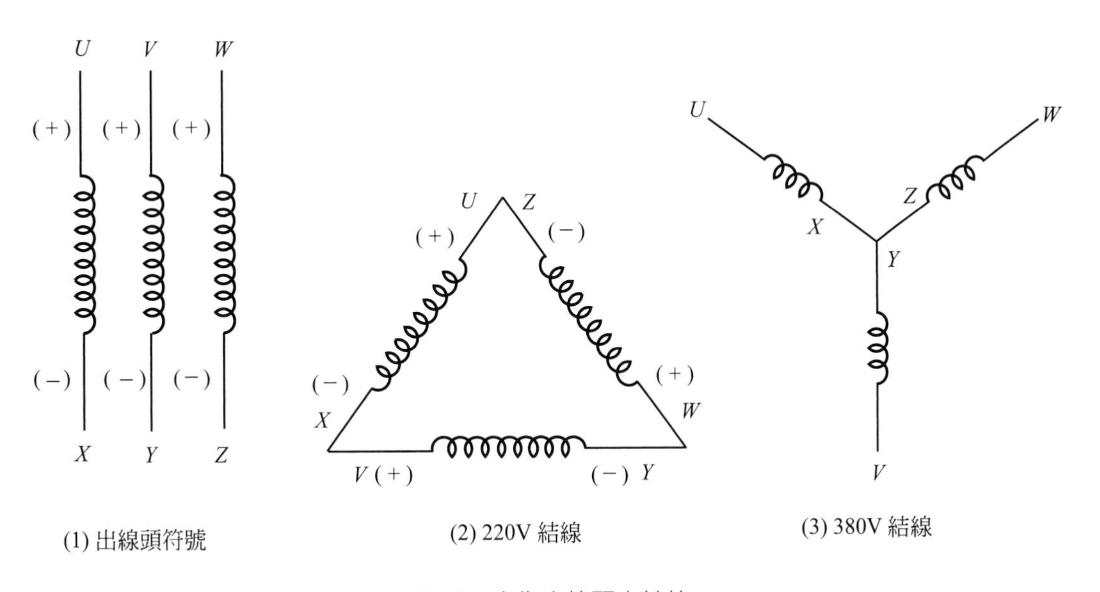

圖(c)　六條出線頭之結線

3.　接線方法

交流三相感應電動機旋轉原理，乃是定子繞組接上平衡三相交流電源，以產生三相平衡電流，因而形成旋轉磁場沿著空氣隙轉動，此磁場割切轉子繞組而在轉子導體內產生電流，同時產生一轉矩，使轉子旋轉，如圖(1)是三相感應電動機的標準旋轉方向。

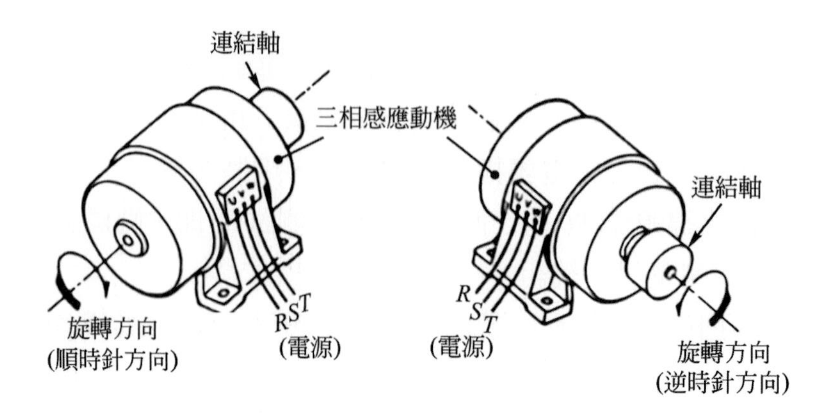

圖(1)

交流三相感應電動機欲改變旋轉方向，只需要將三條電源中之任意二條對調即可，如圖(2)所示。

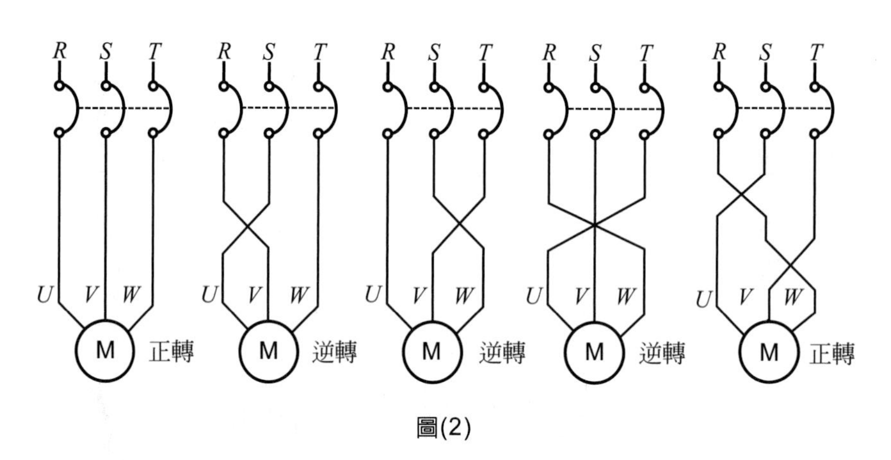

圖(2)

4. 三相感應電動機正逆轉控制方法

(1) **以閘刀開關控制正逆轉**

① 以三刀雙投閘刀開關控制，如圖(a)所示。

動作原理

❶ 當閘刀開關左投時

R 相電源→*U* 馬達線端
S 相電源→*V* 馬達線端 } 馬達正轉
T 相電源→*W* 馬達線端

❷ 當閘刀開關右投時

R相電源→V馬達線端
S相電源→U馬達線端 }馬達反轉
T相電源→W馬達線端

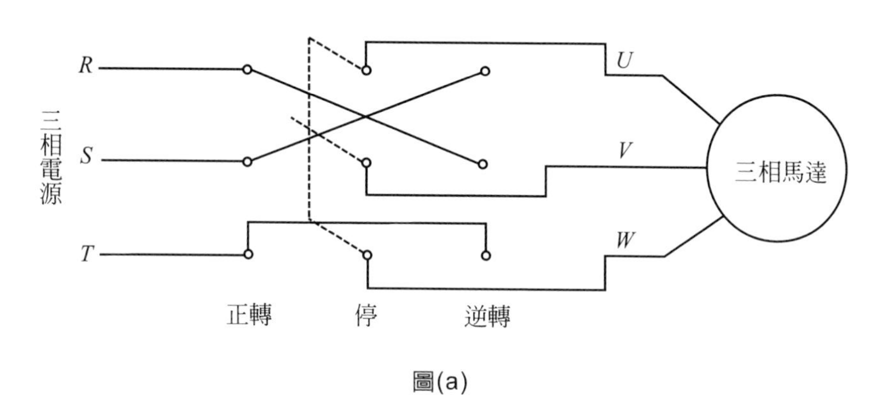

圖(a)

② 以二只三刀單投開關控制，如圖(b)所示。
動作原理

❶ 當左邊閘刀開關投入時，電動機正轉。

❷ 當右邊閘刀開關投入時，電動機反轉。

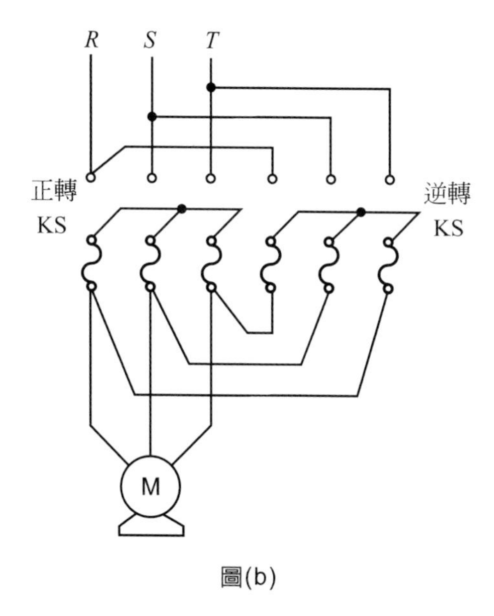

圖(b)

(2) **以鼓形開關控制正逆轉**

① 鼓形開關(Drum Switch)，其接點容量大，故可用於10HP以下電動機之操作。

② 一般機械比較簡單者，如普通車床、輪壓機等常以手動操作，因此這些機械上常配置低廉的正逆轉鼓形開關來控制轉向。

③ 三相正逆轉鼓形開關及其接線圖，如圖(c)所示。

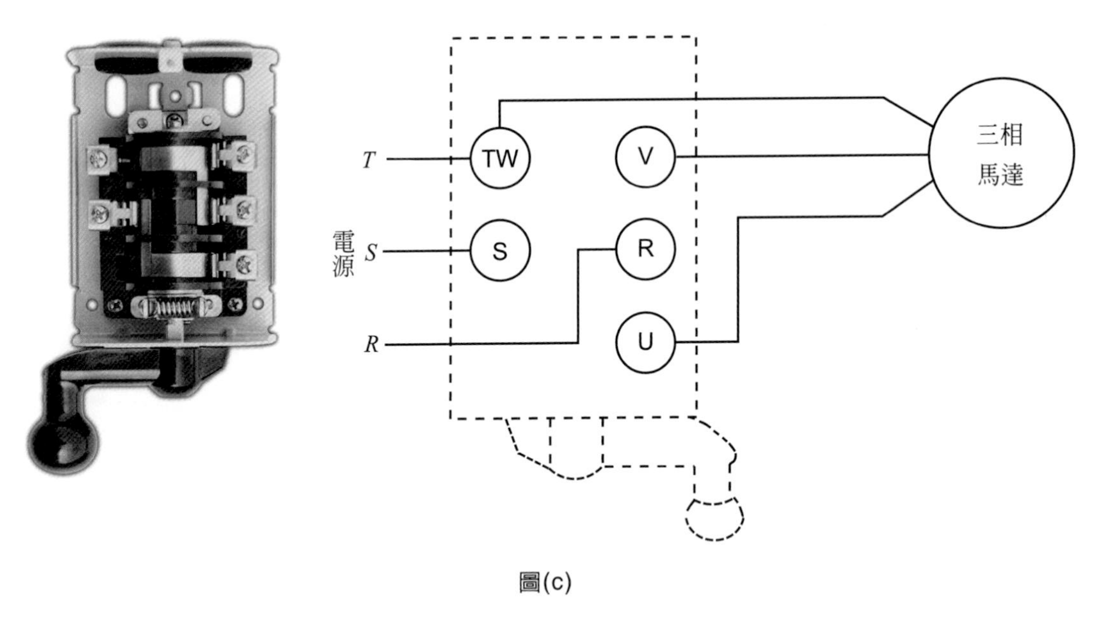

圖(c)

④ 三相正逆轉鼓形開關各接點導電情形，如圖(d)所示。

動作原理

❶ 當鼓形開關向左時

*R*相電源→*U*馬達線端
*S*相電源→*V*馬達線端 } 馬達正轉
*T*相電源→*W*馬達線端

❷ 當鼓形開關向右時

*R*相電源→*V*馬達線端
*S*相電源→*U*馬達線端 } 馬達逆轉
*T*相電源→*W*馬達線端

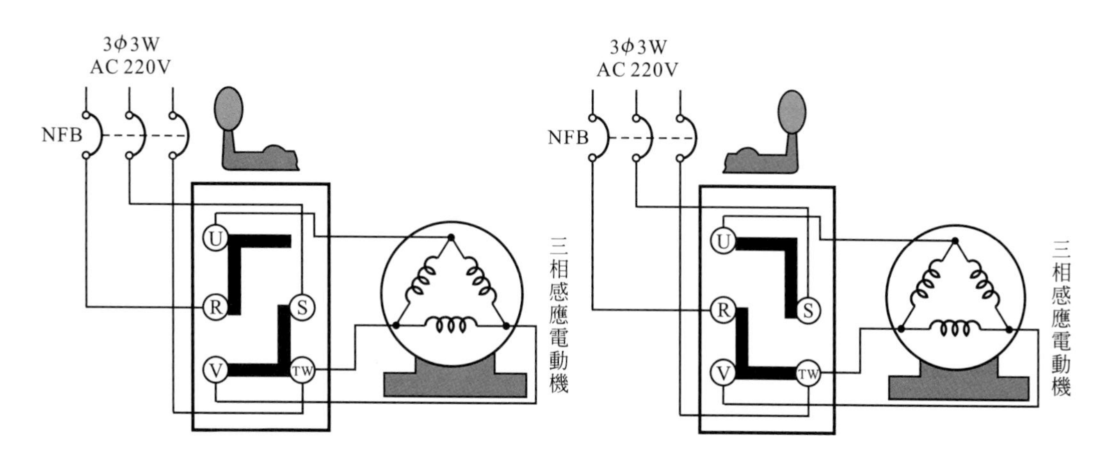

圖(d)　鼓形開關接點動作圖

5.　三相感應電動機之結線方法說明如下

(1)　**六條出線頭**

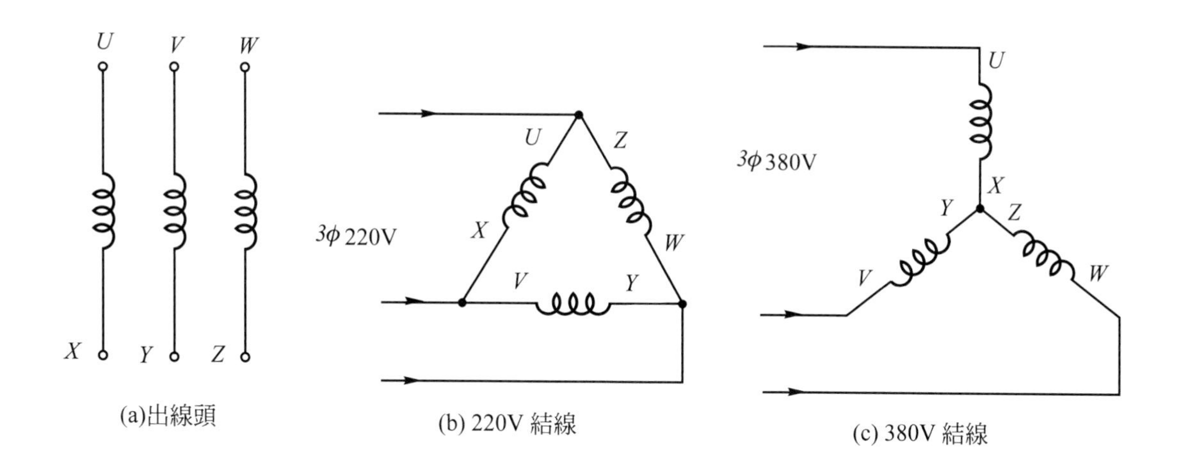

(a)出線頭　(b) 220V 結線　(c) 380V 結線

⑵ 九條出線頭

① Y 連接

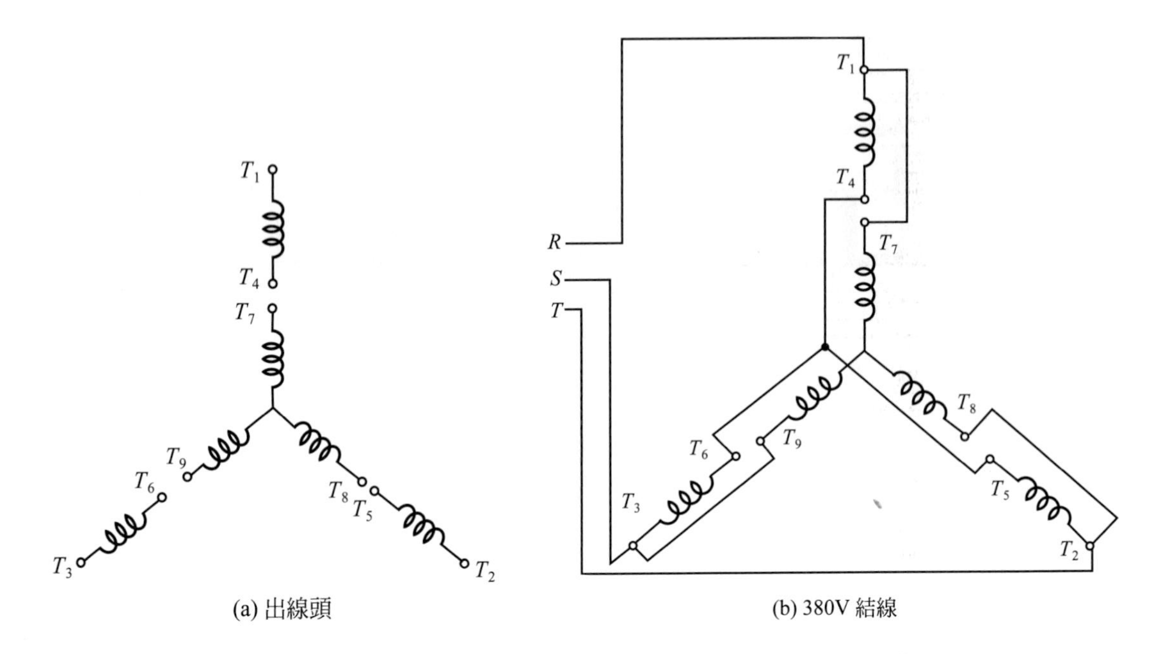

(a) 出線頭　　(b) 380V 結線

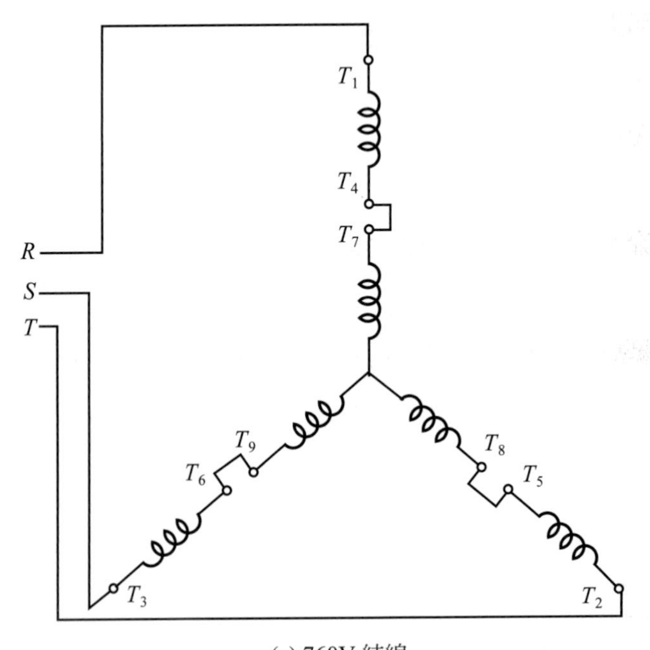

(c) 760V 結線

②　△連接

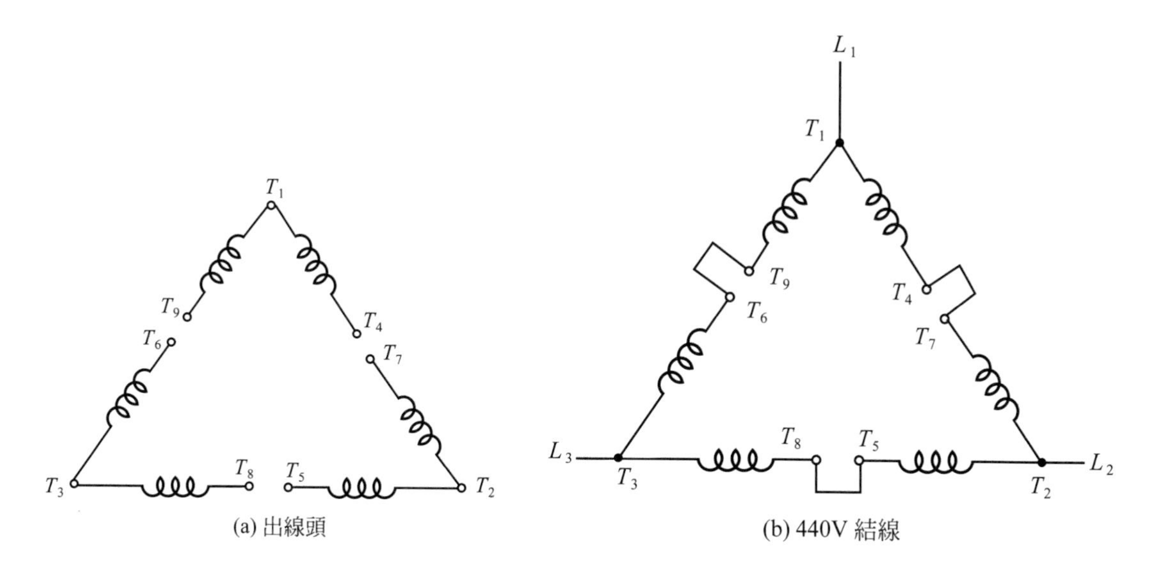

(a) 出線頭　　(b) 440V 結線

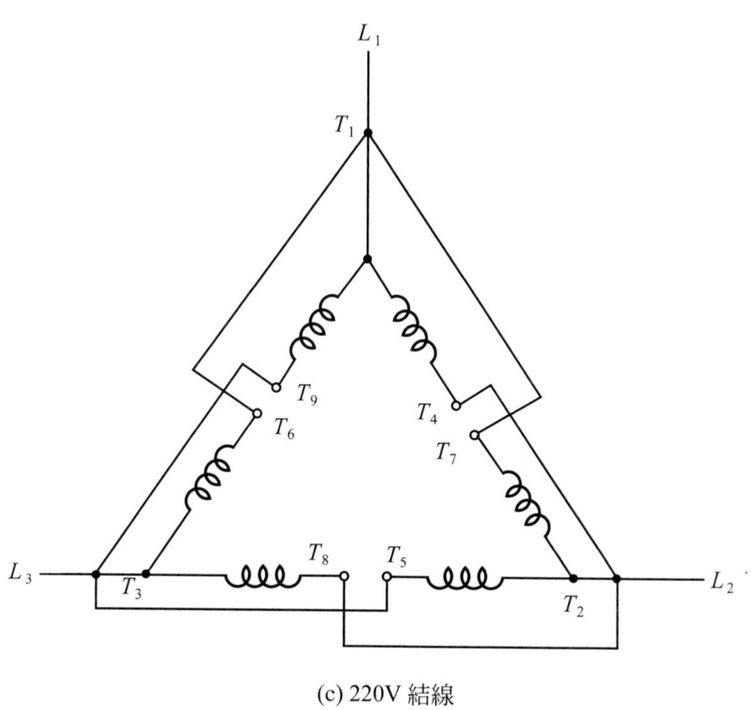

(c) 220V 結線

(3) **十二條出線頭**

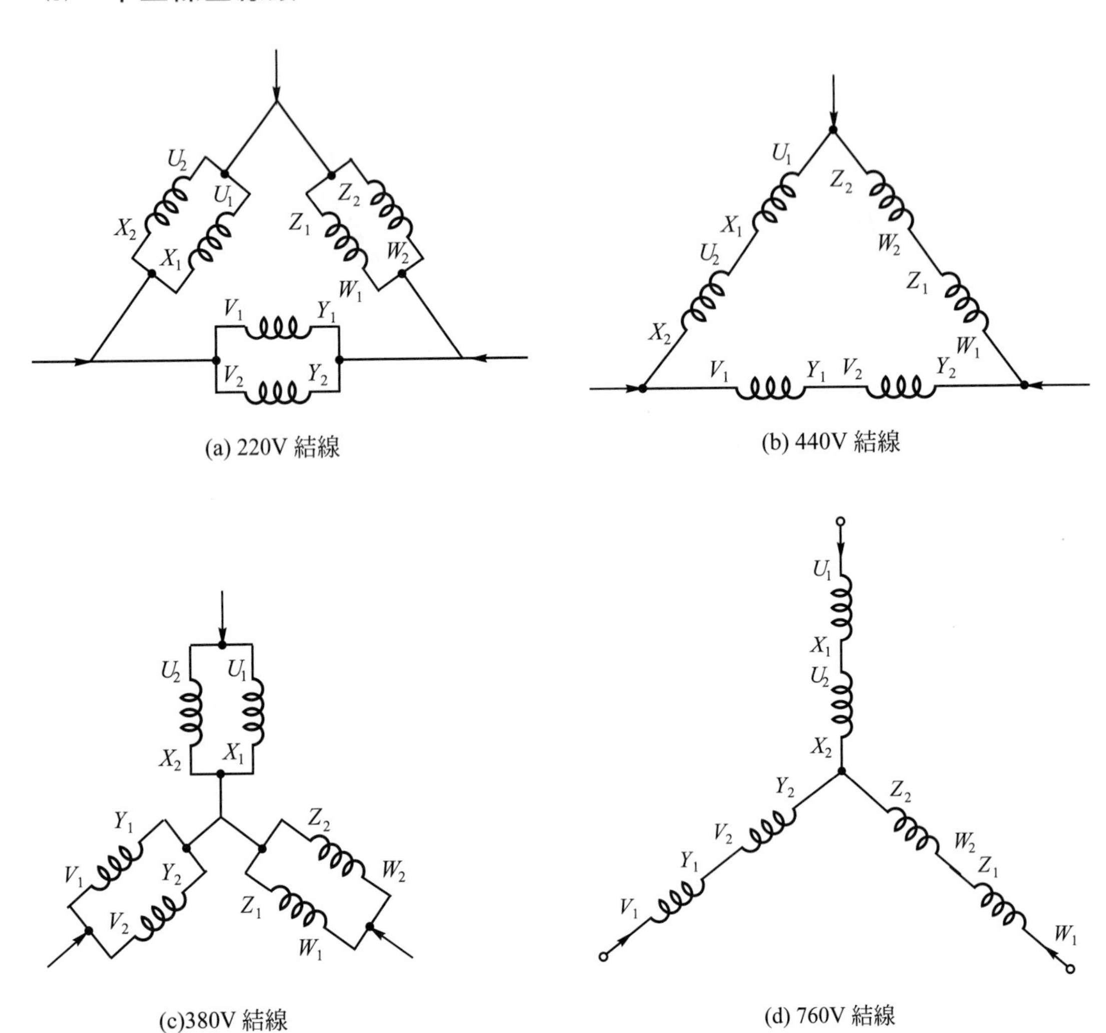

(a) 220V 結線

(b) 440V 結線

(c)380V 結線

(d) 760V 結線

七 問 題

1. 三相感應電動機正逆轉控制電路中，爲何要加上電氣連鎖，作用何在？假如正逆轉開關同時動作時，將會發生何種狀況？
2. 試繪出圖(1)之動作時間表並說明其動作原理。

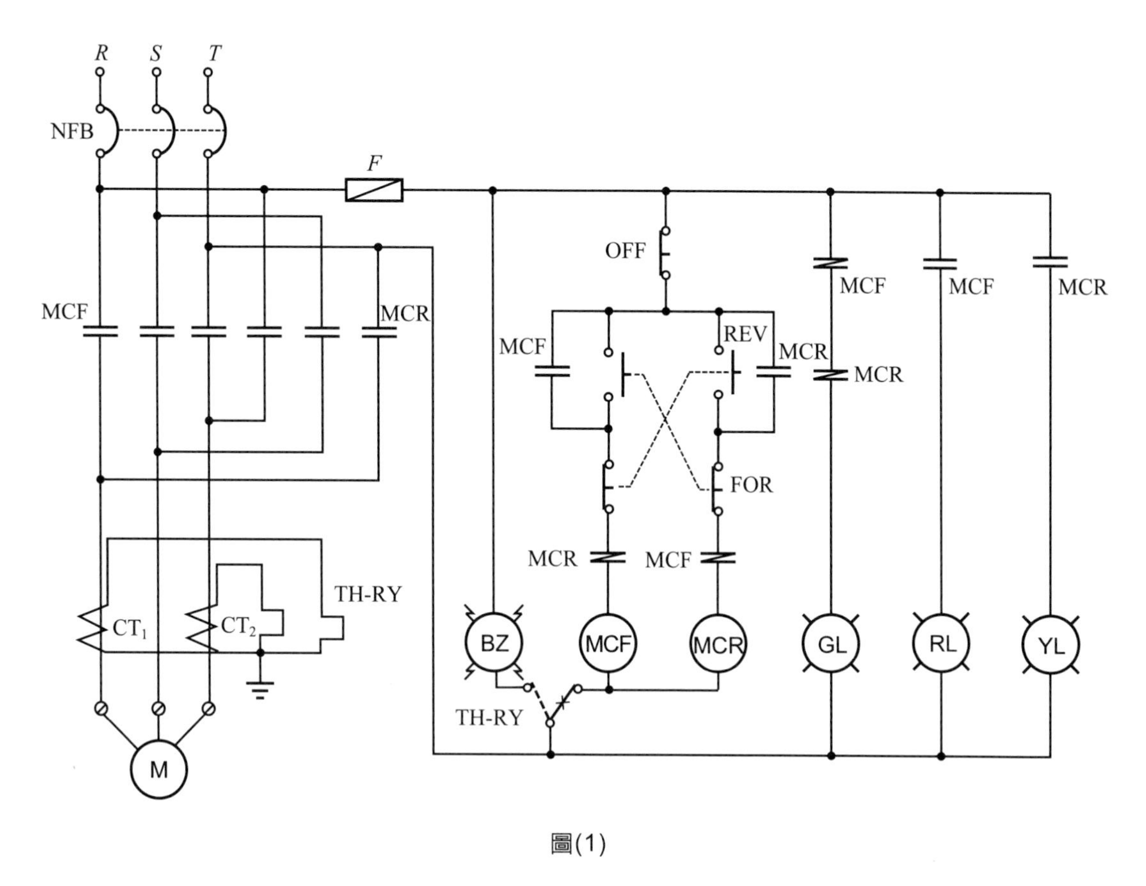

圖(1)

3. 三相感應電動機如何做極性試驗及△型與Y型之接線方法如何，試說明之？

實習 17　三相感應電動機正逆轉及寸動控制電路

一　動作順序

1. 電源通電時，綠燈亮，電動機不運轉。
2. 利用按鈕開關(PB_1及PB_2)控制電動機之正逆轉及停止，但改變電動機之轉向前，需先按下停止按鈕(STOP)。
3. 電動機正轉運轉時，指示燈紅燈亮、黃綠燈熄；電動機逆轉運轉時，指示燈黃燈亮、紅綠燈熄。
4. 過載時，積熱電驛跳脫，電動機停止運轉，綠燈亮、紅黃燈熄。

二 使用器材

符號	名稱	規格	數量	備註
	配線板	600mm×500mm×2.3*t* 或 800mm×600mm×20*t*	1塊	
NFB	無熔絲開關	3P，50AF，20AT	1只	
MS	正逆轉電磁開關	AC 220V，5HP，5*a*2*b*，TH-RY 9A	1組	
PB	按鈕開關	PB-3，FOR，REV，STOP，單層	1只	附架
PB	按鈕開關	PB-3，FOR，REV，STOP，雙層	1只	附架
GL	指示燈	AC 220/15V，綠色	1只	附架
RL	指示燈	AC 220/15V，紅色	1只	附架
YL	指示燈	AC 220/15V，黃色	1只	附架
BZ	蜂鳴器	AC 220V，圓形，3"	1只	
TB	端子台	3P，20A	2只	TB_1，TB_2
TB	端子台	20P，20A	2只	TB_3，TB_4

三 位置圖

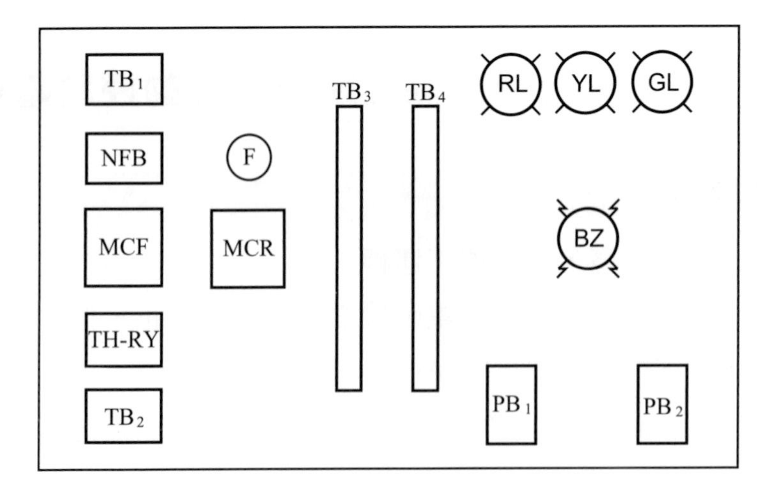

四　線路圖

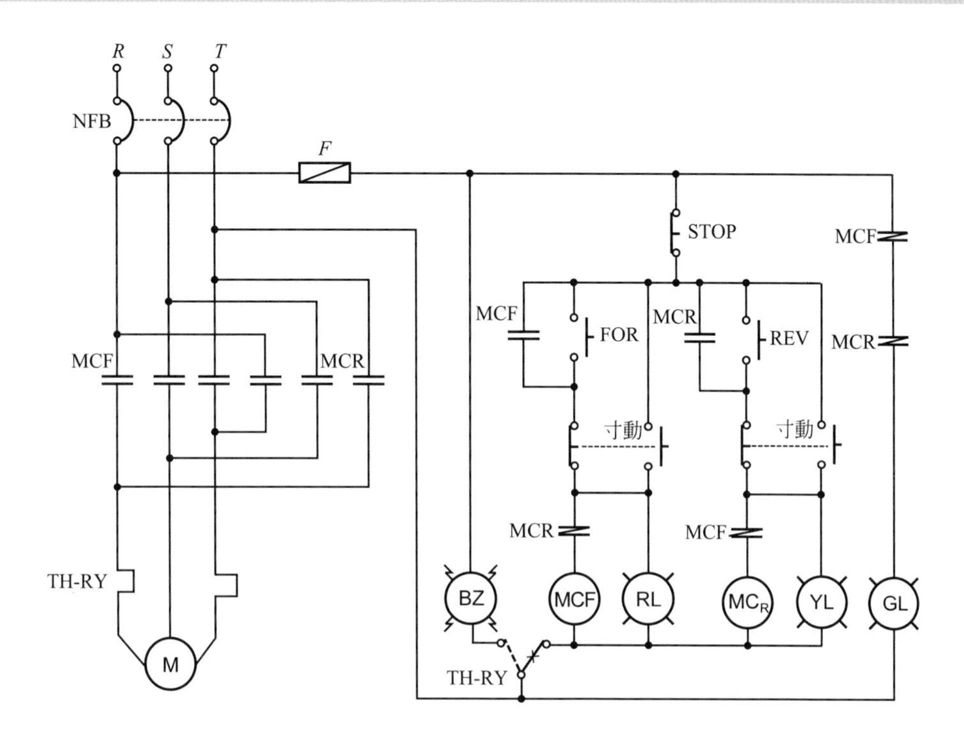

五　動作分析

1.　動作時間表

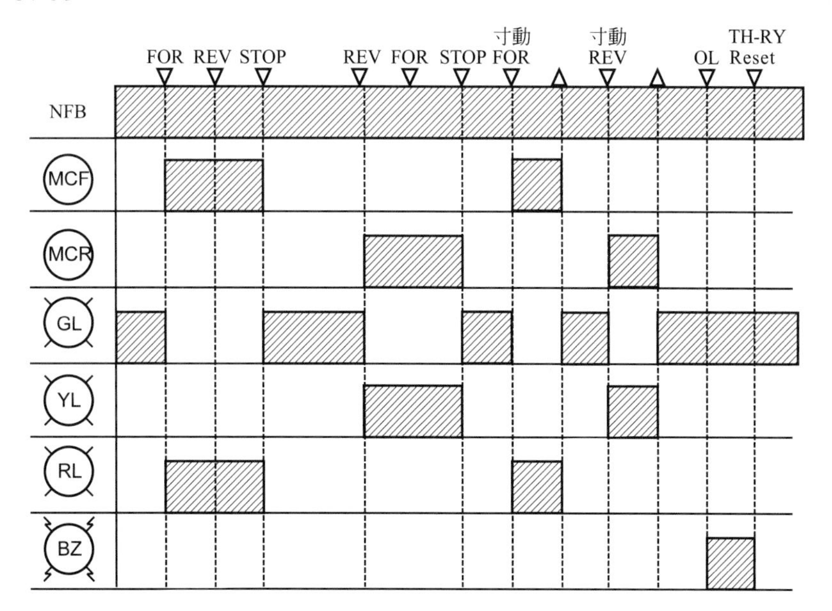

2. 動作說明

(1) 按下按鈕開關(FOR)，電動機正轉，(RL)指示燈亮，其餘指示燈均熄。按下按鈕開關(STOP)，電動機停止運轉，(GL)指示燈亮，其餘指示燈均熄。

(2) 按下按鈕開關(REV)，電動機逆轉，(YL)指示燈亮，其餘指示燈均熄。

(3) 電動機停止運轉時，如按寸動開關(FOR)，則電動機正轉，但由於電磁接觸器(MCF)不能自保，因此，手一離開按鈕開關，電動機又停止，如按寸動開關(REV)時，電動機也只做間歇的逆轉。

(4) 電動機運轉中如發生過載，則積熱電驛跳脫，電動機停止運轉，蜂鳴器(BZ)響，(GL)指示燈亮，其餘指示燈熄。故障排除後，使積熱電驛復歸，蜂鳴器(BZ)停響，(GL)指示燈亮，其餘指示燈熄，電動機不會自行起動。

六 問 題

1. 三相正逆轉控制電路中，如不採電氣互鎖保護裝置，正逆轉開關同時動作時，會有何種情況發生？
2. 試述在動力方面，爲何大部分採用三相電動機，而不採用單相電動機？
3. 請問三相正逆轉與單相正逆轉在原理上有何不同？試述之。
4. 說明下圖之動作順序，並劃出其動作時間表？

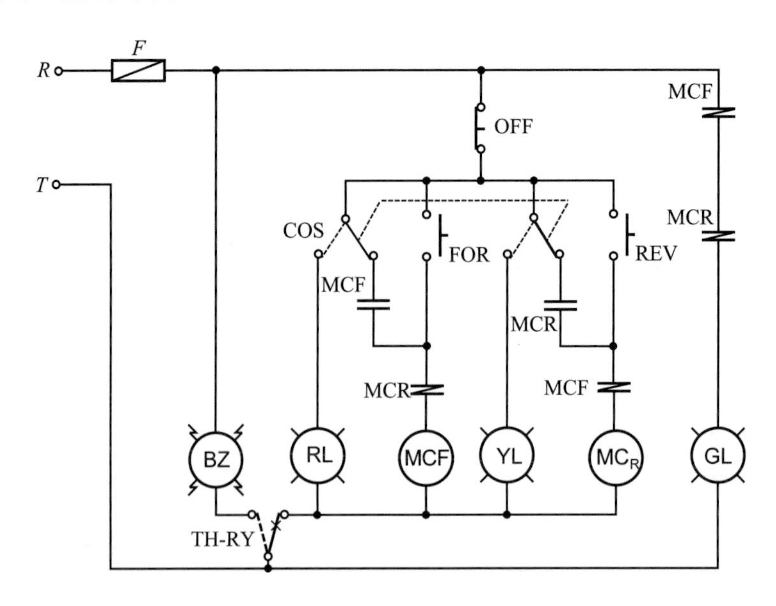

實習 18　三相感應電動機之單繞組雙速率控制電路

一　動作順序

1. 無熔絲開關(NFB)ON 後，只有指示燈綠燈(GL)亮。
2. 按下按鈕開關(ON_1)，電動機作高速運轉；按下按鈕開關(ON_2)，電動機作低速運轉，但改變轉速前，須分別先按下按鈕開關(OFF_1或 OFF_2)。
3. 電動機作高速運轉時，指示燈黃燈(YL)亮、紅綠燈熄，電動機作低速運轉時，指示燈紅燈(RL)亮、黃綠燈熄。
4. 過載時，若積熱電驛($TH\text{-}RY_1$)跳脫，則蜂鳴器發出警報，電動機停止運轉；若積熱電驛($TH\text{-}RY_2$)跳脫，則蜂鳴器發出警報，指示燈綠燈亮、紅黃燈熄，電動機停止運轉。

二　使用器材

符號	名稱	規格	數量	備註
	配線板	600mm×500mm×2.3*t*　或 800mm×600mm×20*t*	1 塊	
NFB	無熔絲開關	3P，50AF，30AT	1 只	
MC	電磁接觸器	AC 220V，5HP，5*a*2*b*	2 只	
TH-RY	積熱電驛	AC 220V，15A	1 只	
MC_2	輔助電驛	AC 220V，9A，4*a*4*b*	1 只	
F	栓型保險絲	AC 600V，5A	2 只	
PB	按鈕開關	PB-2(ON-OFF)	3 只	
BZ	蜂鳴器	AC 220V，圓形，3"	1 只	
GL	指示燈	AC 220/15V，綠色	1 只	附架
RL	指示燈	AC 220/15V，紅色	1 只	附架

(續前表)

符號	名稱	規格	數量	備註
YL	指示燈	AC 220/15V，黃色	1只	附架
TB	端子台	3P，20A	3只	
TB	端子台	30P，20A	2只	TB_4，TB_5

三 位置圖

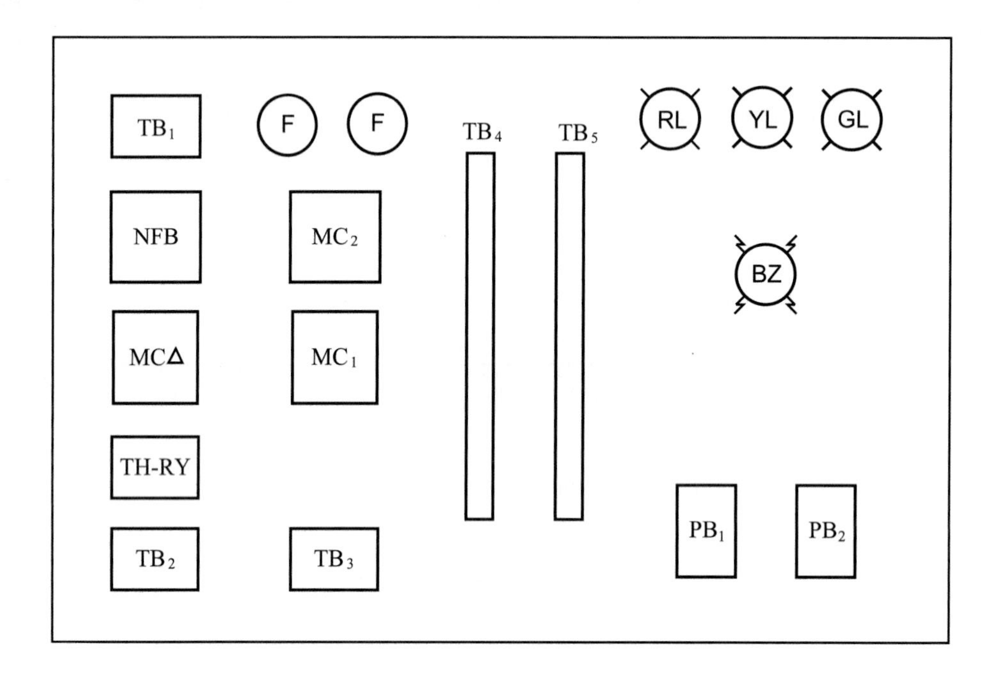

四 線路圖

見圖於下頁。

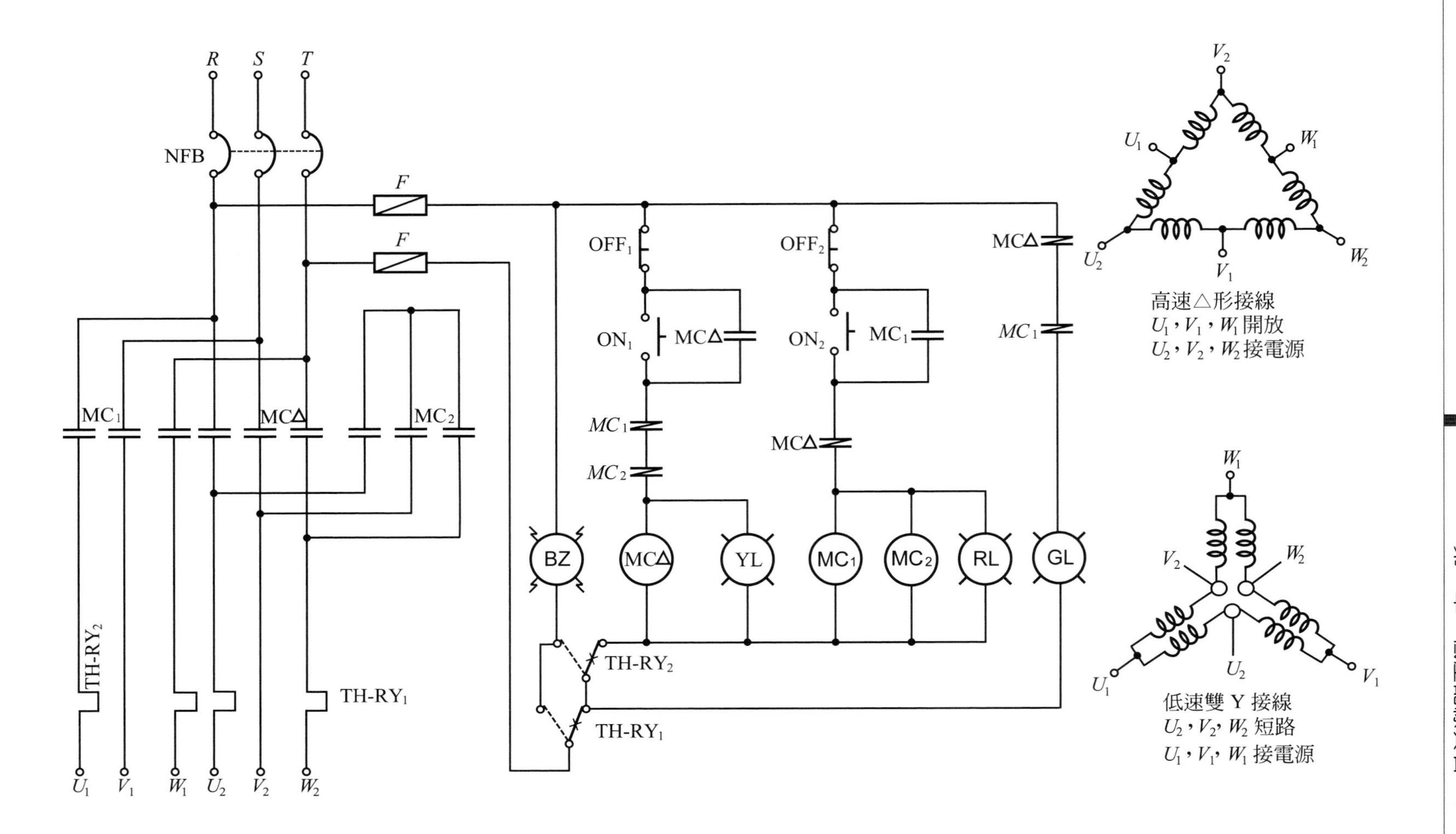
R
S
T
NFB
F
F
MC1
MCΔ
MC2
TH-RY2
TH-RY1
U1
V1
W1
U2
V2
W2
OFF1
ON1
MCΔ
MC1
MC2
OFF2
ON2
MC1
MCΔ
MCΔ
MC1
BZ
MCΔ
YL
MC1
MC2
RL
GL
TH-RY2
TH-RY1
高速△形接線
U1, V1, W1 開放
U2, V2, W2 接電源
低速雙 Y 接線
U2, V2, W2 短路
U1, V1, W1 接電源

五 動作分析

1. 動作時間表

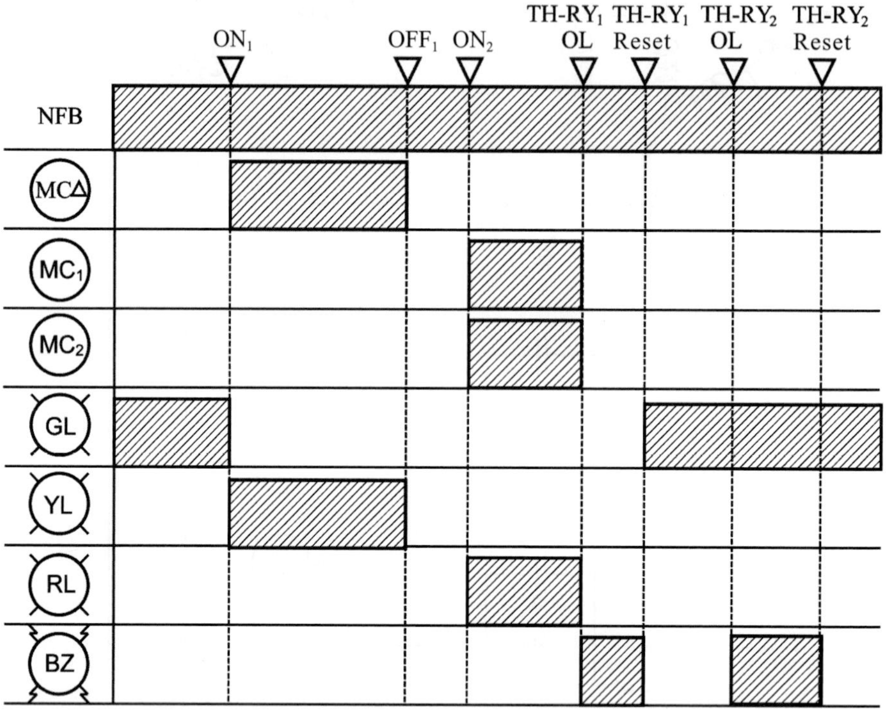

ON$_1$ OFF$_1$ ON$_2$ TH-RY$_1$ OL TH-RY$_1$ Reset TH-RY$_2$ OL TH-RY$_2$ Reset

NFB

MC△

MC$_1$

MC$_2$

GL

YL

RL

BZ

2. 動作說明

⑴ 按下按鈕開關(ON$_1$)，電磁接觸器(MC△)激磁，電動機以△接線，高速運轉，(YL)指示燈亮，其餘指示燈熄。按下(OFF$_1$)，電動機停止運轉。

⑵ 按下按鈕開關(ON$_2$)，電磁接觸器(MC$_1$)及(MC$_2$)均激磁，電動機以雙 Y 接線，低速運轉，(RL)指示燈亮，其餘指示燈熄。

⑶ 過載時，積熱電驛跳脫，電動機停止運轉，蜂鳴器(BZ)響，故障排除後，使積熱電驛復歸，蜂鳴器停響，(GL)指示燈亮，其餘指示燈熄，電動機不會自行起動運轉。

六　相關知識

改變三相感應電動機速率之方法很多，其中最常見的有以下數種：

1. VS馬達，一般謂之無段變速馬達，利用此種馬達可以做大範圍的速率變化。
2. 利用雙繞組做雙速的變化。
3. 利用變速齒輪來改變速率。
4. 由轉速公式$N_r = 120f/P(1 - S)$知，可以利用雙頻機來改變外加之頻率，以改變速率。
5. 改變三相感應電動機定子線圈之接線，使其極數改變之方法稱為“生成磁極法”，其速度比一般為2：1，此種方法最常用也最經濟。

   茲將單繞組雙速率感應電動機之調速方法說明如下：

   (1) 此種感應電動機採用雙極調速法，如在頻率60Hz時，常設計為3600/1800rpm (2/4極)、1800/900rpm(4/8極)、1200/600rpm(6/12極)。
   (2) 變極調速法也稱為“生成磁極法”，只要改變線圈組間的連接法即可獲致。例如圖(a)、(b)連接成NS二個磁極，而成為二極電動機；圖(c)、(d)連接成NN二個磁極，但因每兩個N極中間會生成一個S磁極，所以圖(c)、(d)的連接法會造成$NSNS$四個磁極，而成為四極電動機。

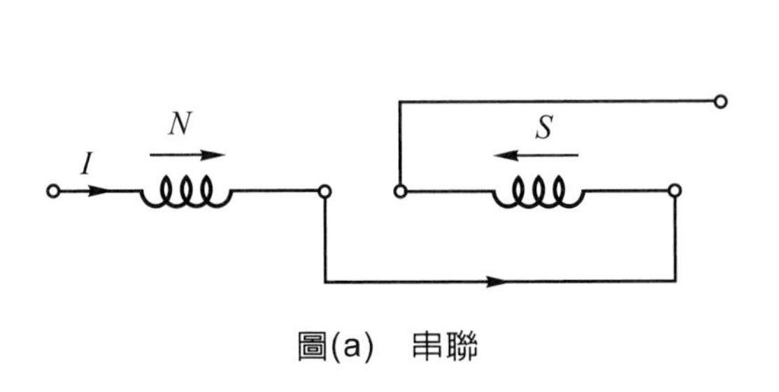

圖(a)　串聯

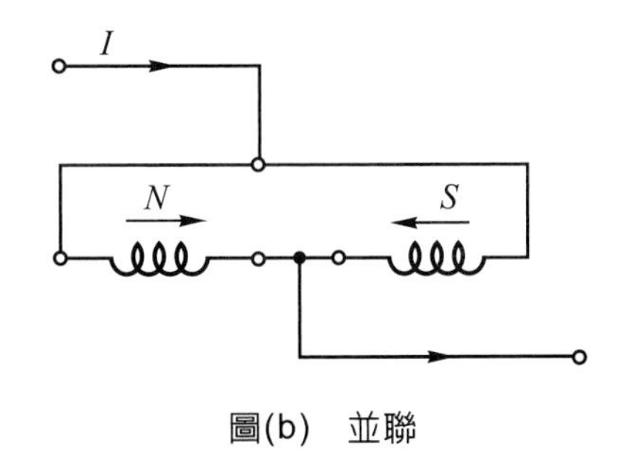

圖(b)　並聯

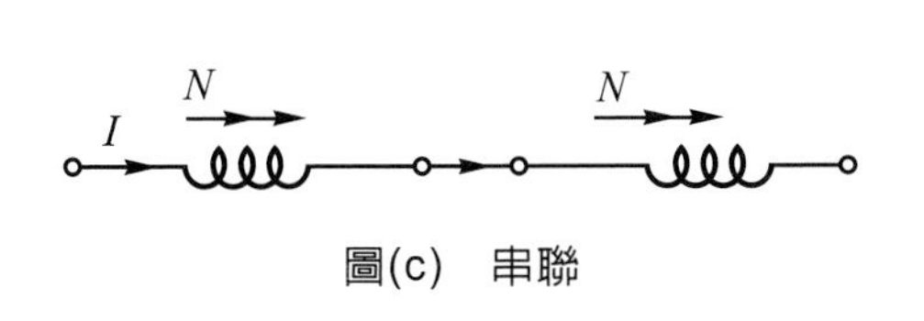

圖(c)　串聯

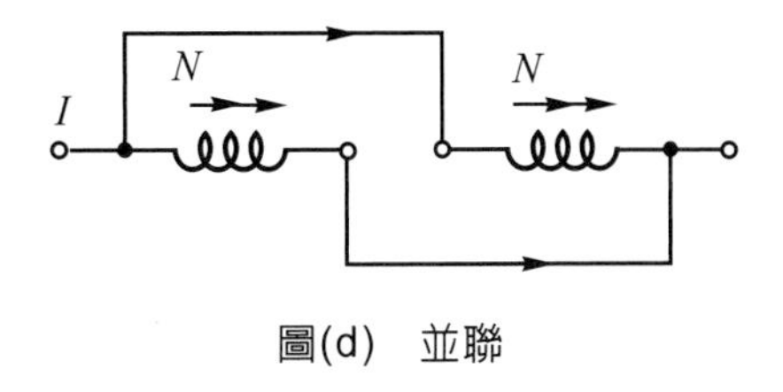

圖(d)　並聯

⑶　一般而言單繞組雙轉速感應電動機之調速方法可分爲定馬力、定轉矩及變動轉矩三種，茲分述如下：

①　定馬力

$$轉矩(T)=\frac{33000P_0}{2\pi N_r}=\frac{5252P_0}{N_r}\cdots\cdots(轉矩公式)$$

$$\therefore P_0(\mathrm{HP})=\frac{T\times N_r}{5252}=\frac{轉矩\times 轉速}{5252}$$

T：轉矩(lb-ft)　P_0：馬力(HP)　N_r：轉速(rpm)

由上面之轉矩公式中得知，若感應電動機在不同轉速情況下，要使馬力數維持不變，則其轉矩必須與轉速成反比，即轉速愈快，則轉矩愈小；反之，轉速愈慢，轉矩愈大，能具有此種特性者，稱爲定馬力感應電動機，這種電動機常應用於低速時需要較大轉矩之鑽床、銑床、車床、吊車……等機器上，茲以(2/4 極)之定馬力感應電動機之接線方法，示於圖(e)、(f)、(g)，請參考。

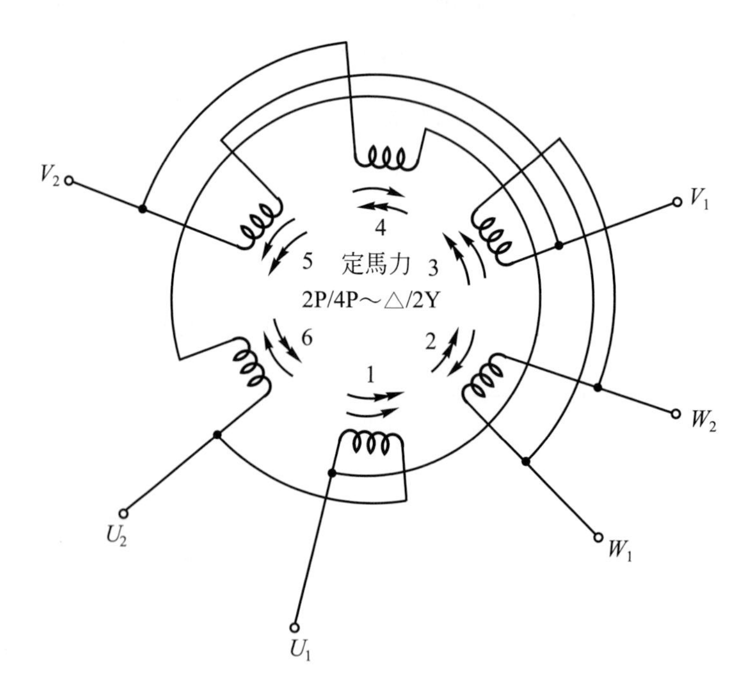

圖(e)　2/4 極定馬力電動機

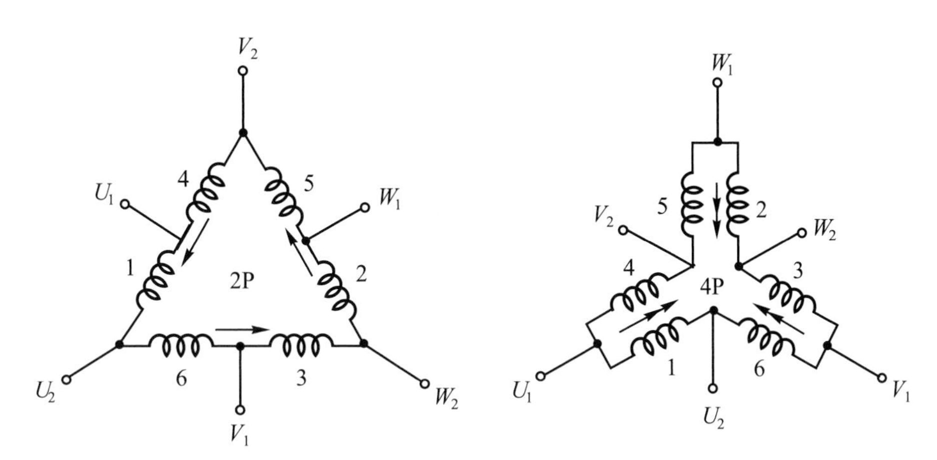

速度	極數(P)	結線	R	S	T	連線	分別絕緣
高速	2	串聯單△接(△)	U_2	V_2	W_2		U_1，V_1，W_1
低速	4	雙並聯 Y 接(2Y)	U_1	V_1	W_1	U_2，V_2，W_2	

圖(e)　2/4 極定馬力電動機(續)

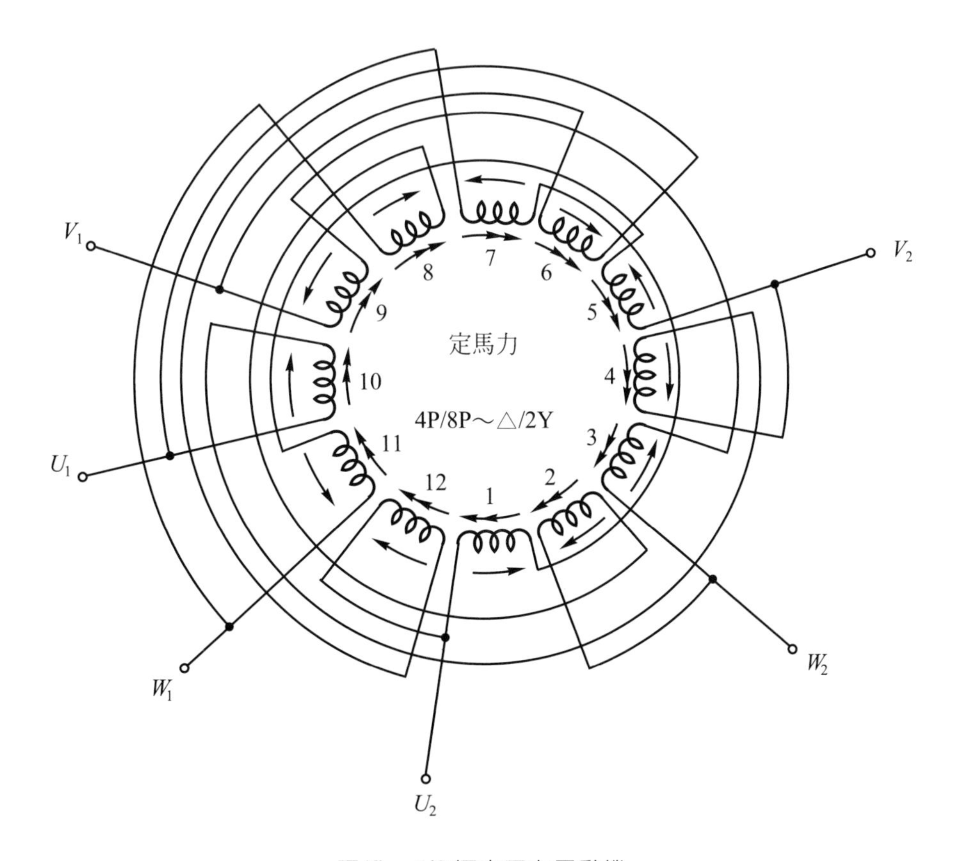

圖(f)　4/8 極定馬力電動機

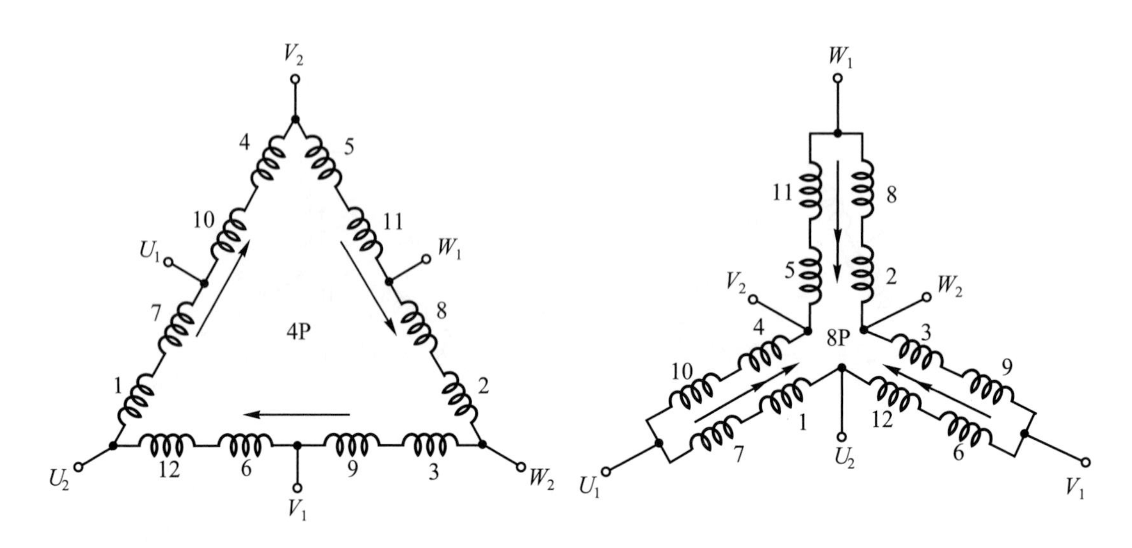

速度	極數(P)	結線	R	S	T	連線	分別絕緣
高速	4	串聯單△接(△)	U_2	V_2	W_2		U_1，V_1，W_1
低速	8	雙並聯 Y 接(2Y)	U_1	V_1	W_1	U_2，V_2，W_2	

圖(f) 4/8 極定馬力電動機(續)

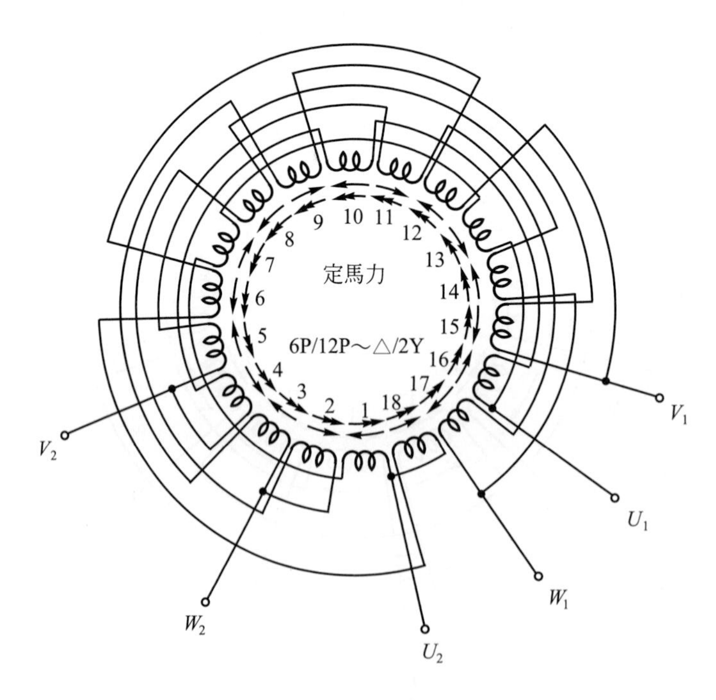

圖(g) 6/12 極定馬力電動機

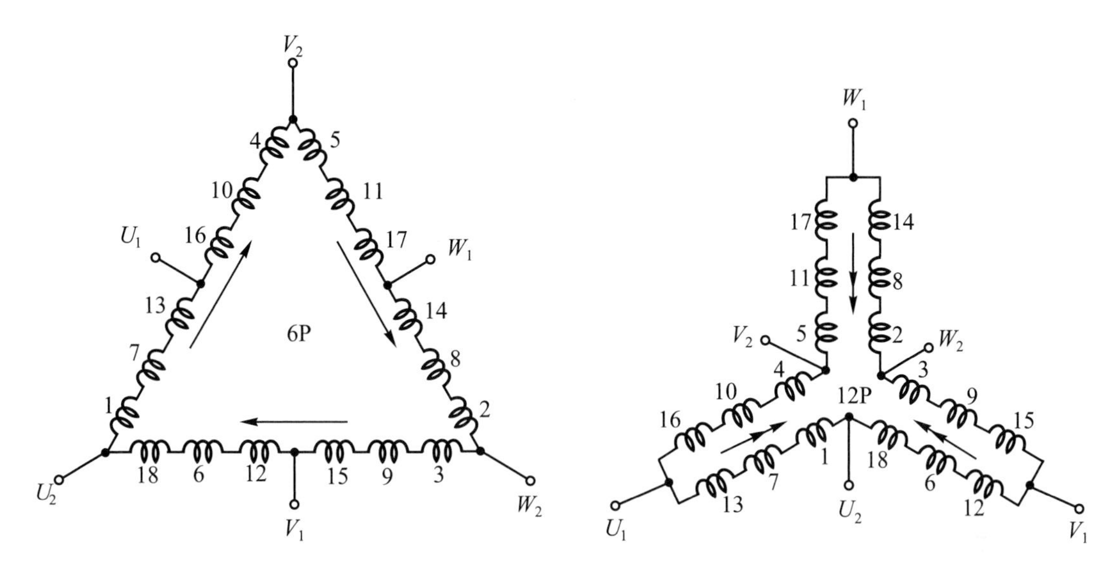

速度	極數(P)	結線	R	S	T	連線	分別絕緣
高速	6	串聯單△接(△)	U_2	V_2	W_2		U_1，V_1，W_1
低速	12	雙並聯 Y 接(2Y)	U_1	V_1	W_1	U_2，V_2，W_2	

圖(g)　6/12 極定馬力電動機(續)

② 定轉矩

由轉矩公式中得知，若感應電動機在不同轉速之情況下，要使轉矩保持一定時，則其馬力數必與轉速成正比，即轉速愈快時，馬力數愈大；反之，轉速愈慢時，馬力數愈小。能具有這種特性之電動機，稱爲定轉矩感應電動機，其常應用於需要恆定轉矩之壓縮機或輸送帶等機器上。茲以(2/4 極)之定轉矩感應電動機之接線方法示於圖(h)、(i)，請參考。

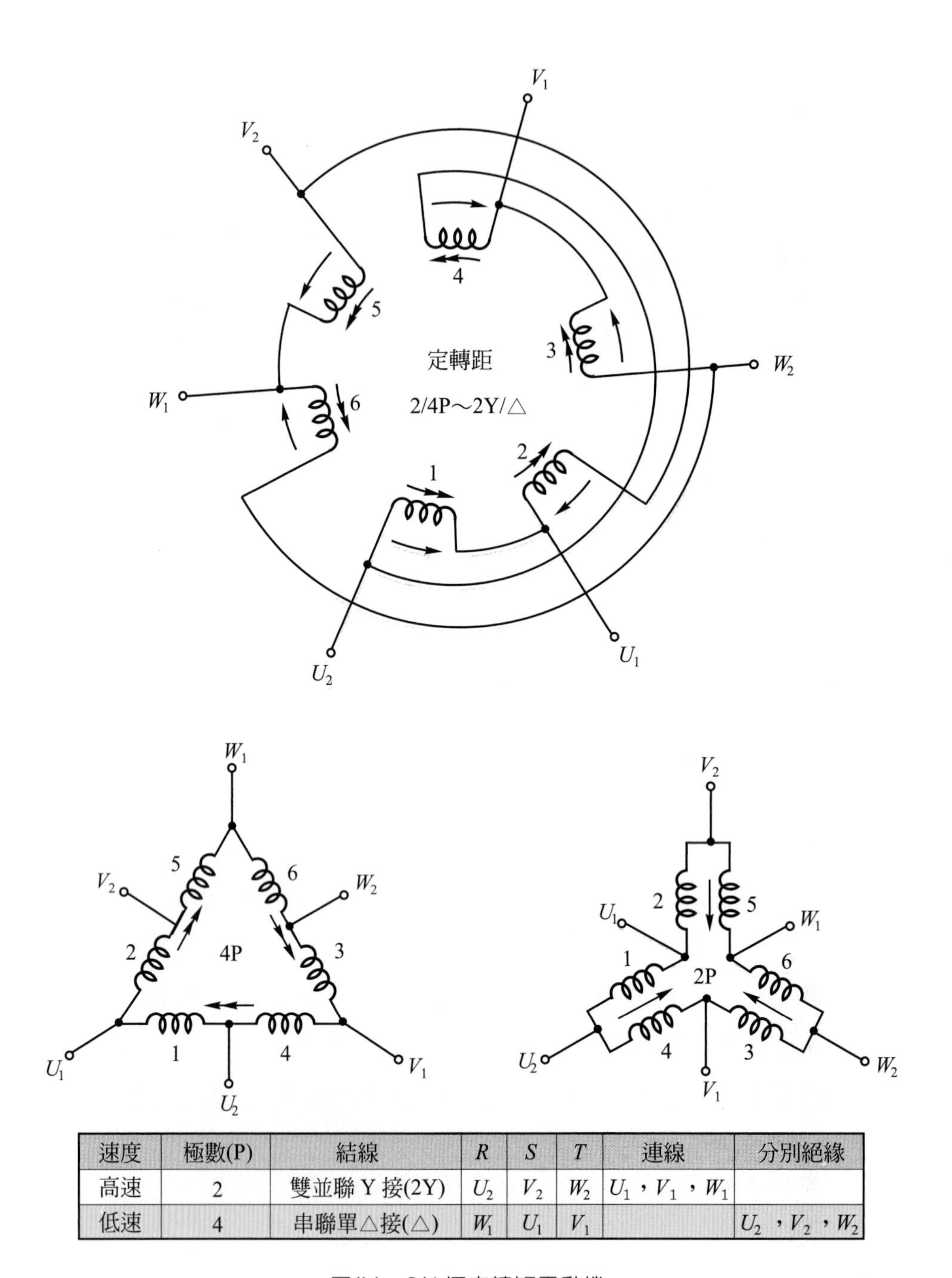

速度	極數(P)	結線	R	S	T	連線	分別絕緣
高速	2	雙並聯 Y 接(2Y)	U_2	V_2	W_2	U_1，V_1，W_1	
低速	4	串聯單△接(△)	W_1	U_1	V_1		U_2 ，V_2 ，W_2

圖(h) 2/4 極定轉矩電動機

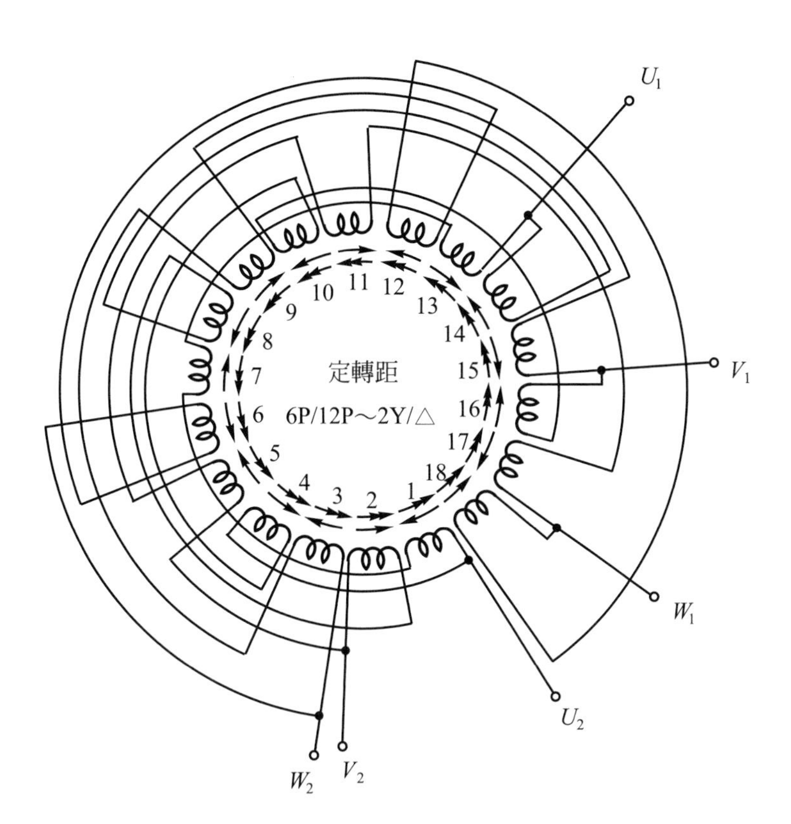

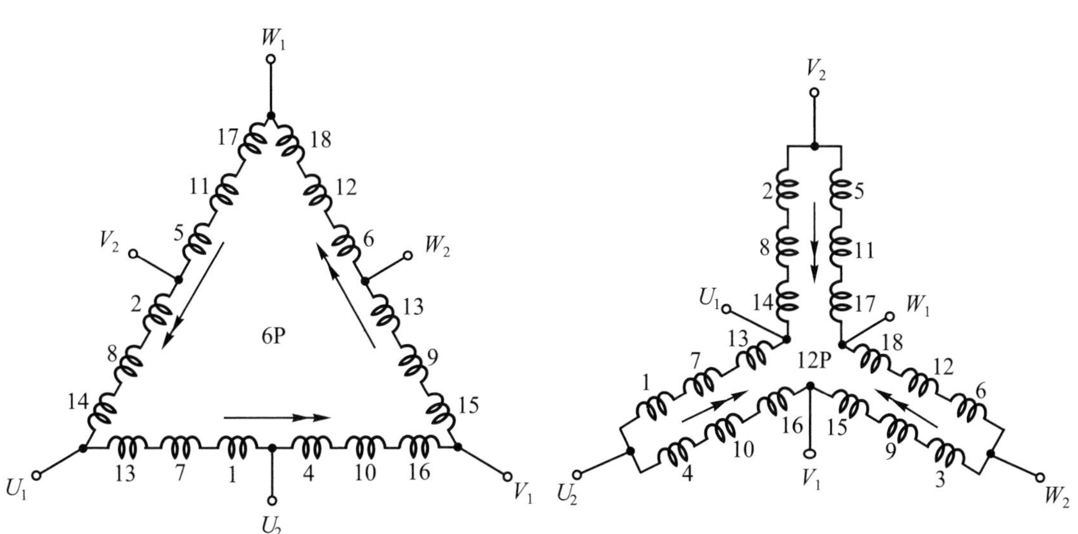

速度	極數(P)	結線	R	S	T	連線	分別絕緣
高速	6	雙並聯 Y 接(2Y)	U_2	V_2	W_2	U_1，V_1，W_1	
低速	12	串聯單△接(△)	U_1	V_1	W_1		U_2，V_2，W_2

圖(i)　6/12 極定轉矩電動機

③ 變動轉矩

若感應電動機之輸出轉矩隨著轉速而改變，且其輸出馬力與轉速的平方值成正比者，稱爲變動轉矩感應電動機。例如 1800/900rpm 之變動轉矩感應電動機，轉速 1800rpm 時，輸出馬力爲 10HP；而轉速在 900rpm時，輸出馬力降爲 2.5HP。茲以變動轉矩電動機之接線方法示於圖(j)，請參考。

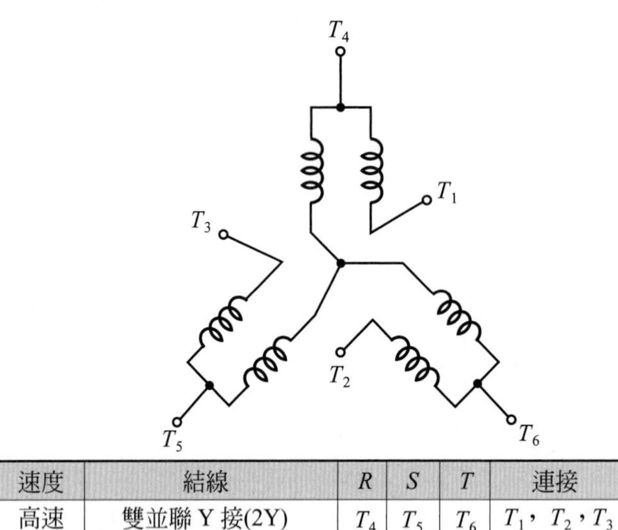

速度	結線	R	S	T	連接	分別絕緣
高速	雙並聯 Y 接(2Y)	T_4	T_5	T_6	T_1，T_2，T_3	
低速	串聯單 Y 接(Y)	T_1	T_2	T_3		T_4，T_5，T_6

圖(j) 變動轉矩電動機

七 問 題

1. 何謂變極調速法。
2. 請設計一個單繞組高速雙轉向，低速單轉向之線路圖，並說明其動作原理。
3. 請設計一個單繞組高速單轉向，低速雙轉向之線路圖，並說明其動作原理。

實習 19 三相感應電動機自動順序控制電路

一 動作順序

1. 無熔絲開關(NFB)置於 ON 位置時，指示燈綠燈(GL)亮，表示電源有電。

2. 電動機(M_1)運轉，指示燈綠燈(GL)熄、黃燈(YL)亮；電動機(M_2)運轉時，指示燈紅燈(RL)亮。
3. 按下按鈕開關(ON)，電磁接觸器(MC_1)動作，電動機(M_1)運轉，限時電驛(TR_1)開始激磁，經過一段設定時間後，電磁接觸器(MC_2)動作，電動機(M_2)亦隨著運轉，限時電驛(TR_2)瞬時動作。
4. 按下按鈕開關(OFF)，電動機(M_1)先停止運轉，限時電驛(TR_2)線圈失磁，並開始計時，經過一段時間延遲後，電動機亦隨著停止運轉。
5. 線路過載時，積熱電驛($TH\text{-}RY_1$或 $TH\text{-}RY_2$)跳脫，則蜂鳴器發出警報，電動機(M_1及M_2)皆停止運轉。

二 使用器材

符號	名稱	規格	數量	備註
	配線板	600mm×500mm×2.3t 或 800mm×600mm×20t	1 塊	
NFB	無熔絲開關	3P，50AF，30AT	1 只	
MC	電磁接觸器	3ϕ，AC 220V，5HP，5a2b	2 只	
TH-RY	積熱電驛	3ϕ，AC 220V，15A	2 只	
TR	限時電驛	AC 220V，0～30 秒，ON-DELAY	1 只	附底座
TR	限時電驛	AC 220V，0～30 秒，OFF-DELAY	1 只	附底座
PB	按鈕開關	PB-2(ON-OFF)	1 只	露出型
GL	指示燈	30ϕ，AC 220/15V，綠色	1 只	附架
RL	指示燈	30ϕ，AC 220/15V，紅色	1 只	附架
YL	指示燈	30ϕ，AC 220/15V，黃色	1 只	附架
BZ	蜂鳴器	AC 220V，圓形，3"	1 只	
TB	端子台	3P，30A	3 只	
TB	端子台	20P，20A	2 只	TB_4，TB_5

三 位置圖

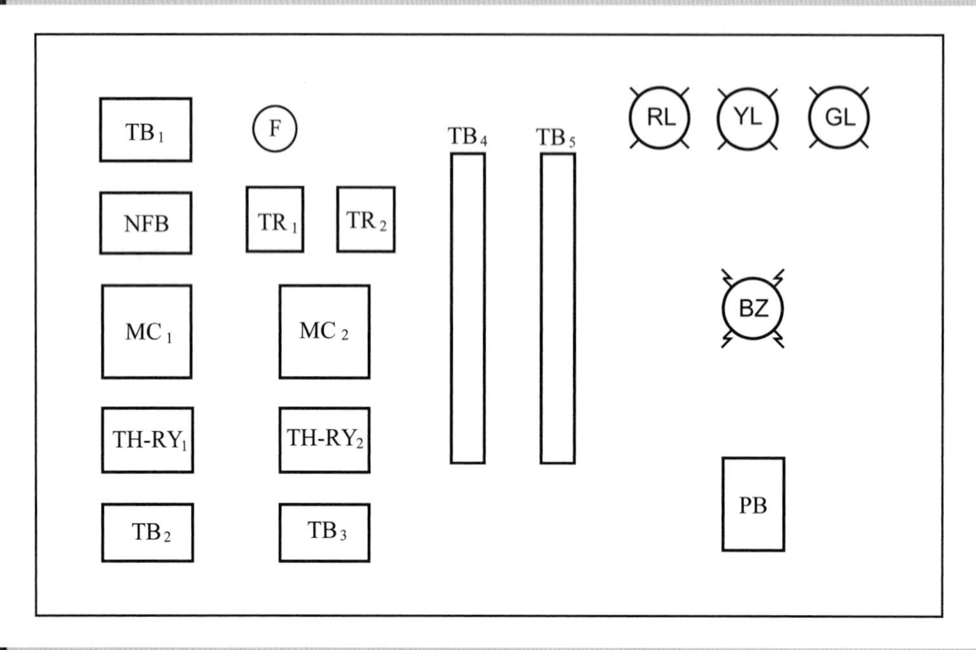
TB1
F
TB4
TB5
RL
YL
GL
NFB
TR1
TR2
BZ
MC1
MC2
TH-RY1
TH-RY2
PB
TB2
TB3

四 線路圖

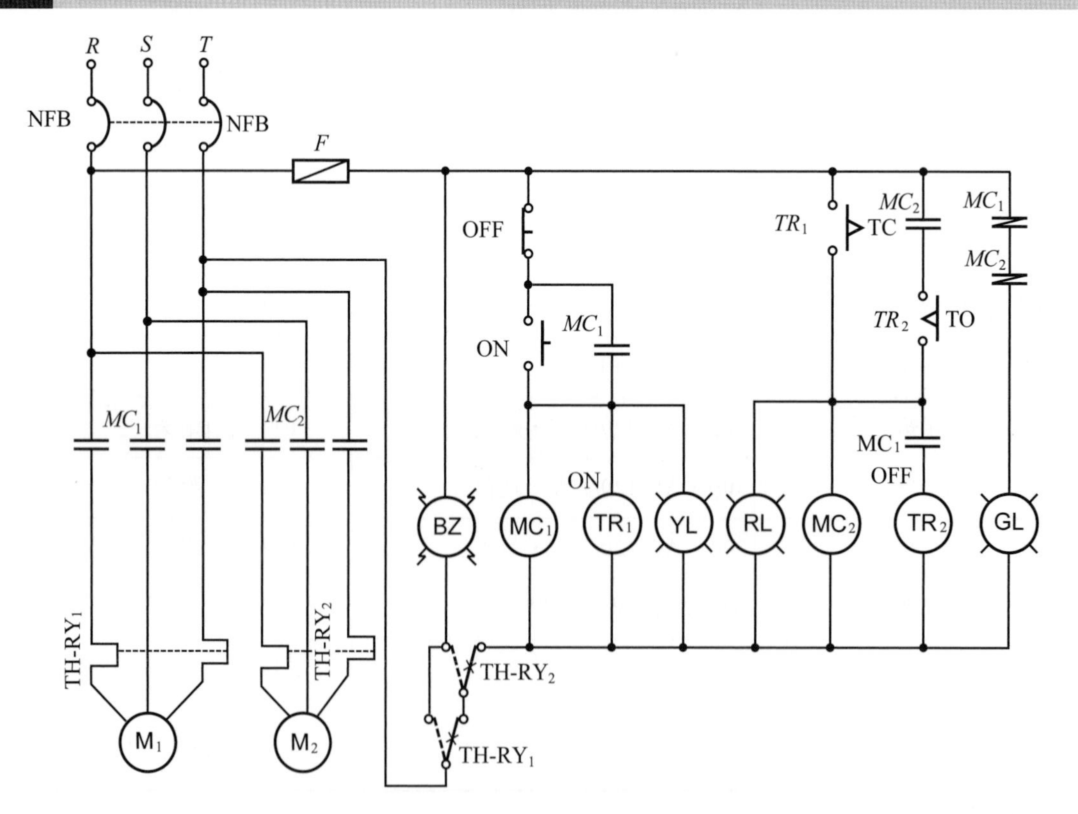
R
S
T
NFB
NFB
F
OFF
ON
MC1
TR1
TC
MC2
MC1
MC2
TR2
TO
MC1
MC2
MC1
OFF
ON
BZ
MC1
TR1
YL
RL
MC2
TR2
GL
TH-RY1
TH-RY2
TH-RY2
TH-RY1
M1
M2

五　動作分析

1. 動作時間表

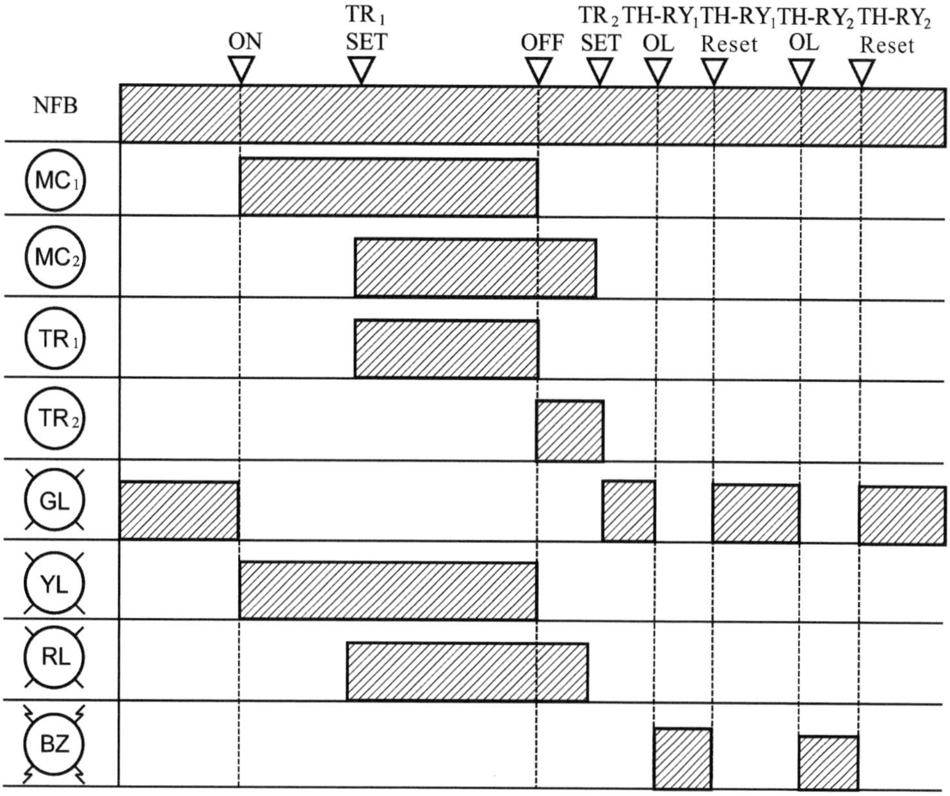

2. 動作說明

⑴ 按下按鈕開關(ON)，電磁接觸器(MC_1)激磁，限時電驛(TR_1)亦開始激磁，電動機(M_1)運轉；經過(TR_1)一段設定時間後，電磁接觸器(MC_2)激磁，限時電驛(TR_2)通電，電動機(M_2)運轉，(RL)及(YL)指示燈均亮，(GL)指示燈熄。

⑵ 按下按鈕開關(OFF)，電磁接觸器(MC_1)失磁，限時電驛(TR_1)失磁，電動機(M_1)停止運轉，(YL)及(GL)指示燈均熄，(RL)指示燈亮，經過一段(TR_2)設定時間後，電磁接觸器(MC_2)失磁，電動機(M_2)停止運轉，(YL)及(RL)指示燈均熄，(GL)指示燈亮。

(3) 線路過載時，積熱電驛跳脫，電動機皆停止運轉，蜂鳴器(BZ)響，指示燈均熄。故障排除後，積熱電驛復歸，蜂鳴器(BZ)停響，(GL)指示燈亮，電動機不會自行起動。

六 相關知識

1. 啓動時：(M_1)運轉，經過一段時間(t_1)，(M_2)運轉，再經過一段時間(t_2)，(M_3)運轉。

   停止時：(M_1)、(M_2)、(M_3)停止運轉。

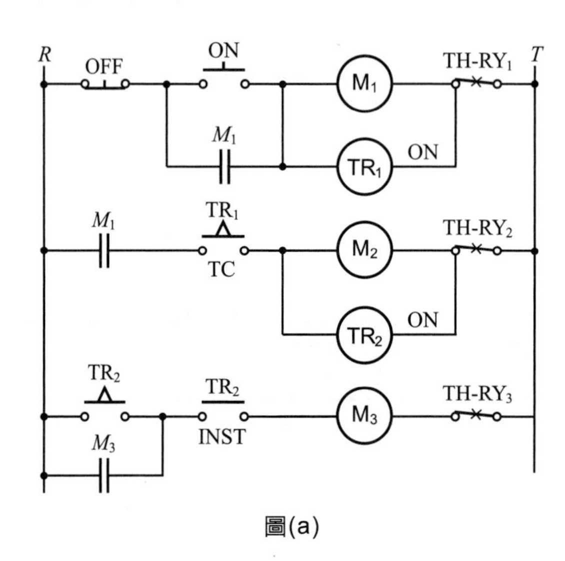

圖(a)

2. 啓動時：(M_1)、(M_2)、(M_3)順序運轉。

   停止時：(M_1)先停止運轉，經過一段時間(t_1)，(M_2)停止運轉，再經過一段時間(t_2)，(M_3)停止運轉。

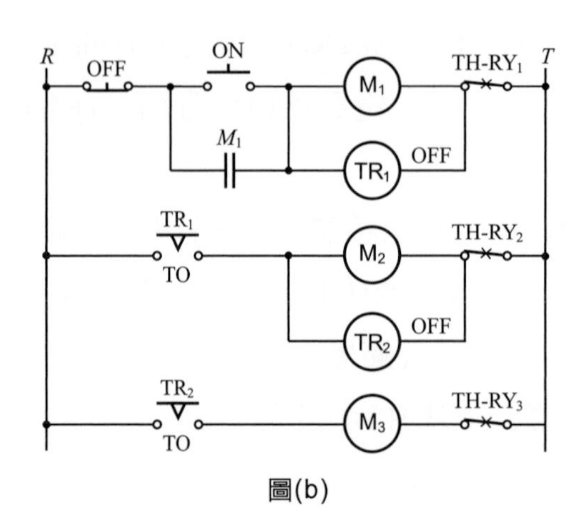

圖(b)

3. 啓動時：(M_1)運轉，經過一段時間(t_1)，(M_2)運轉，再經過一段時間(t_2)，(M_3)運轉。

   停止時：(M_1)停止運轉，經過一段時間(t_3)，(M_2)停止運轉，再經過一段時間(t_4)，(M_3)停止運轉。

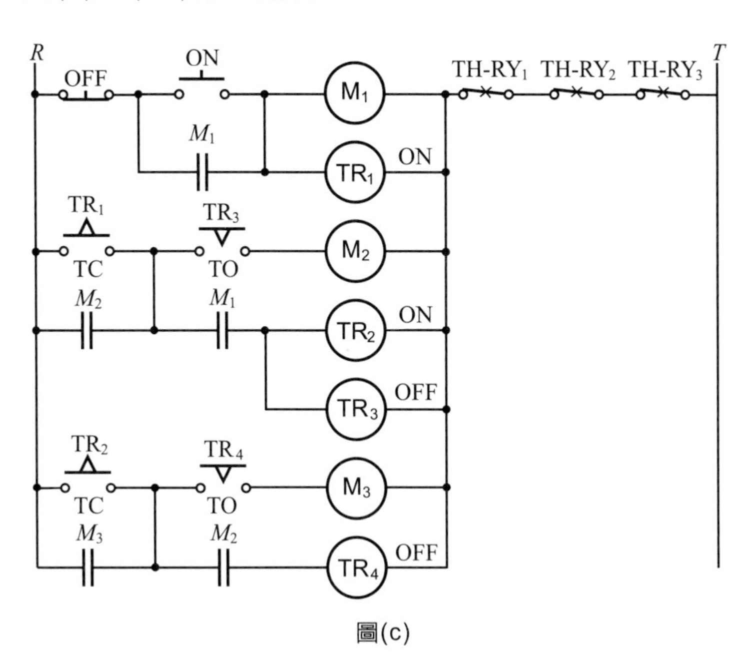

圖(c)

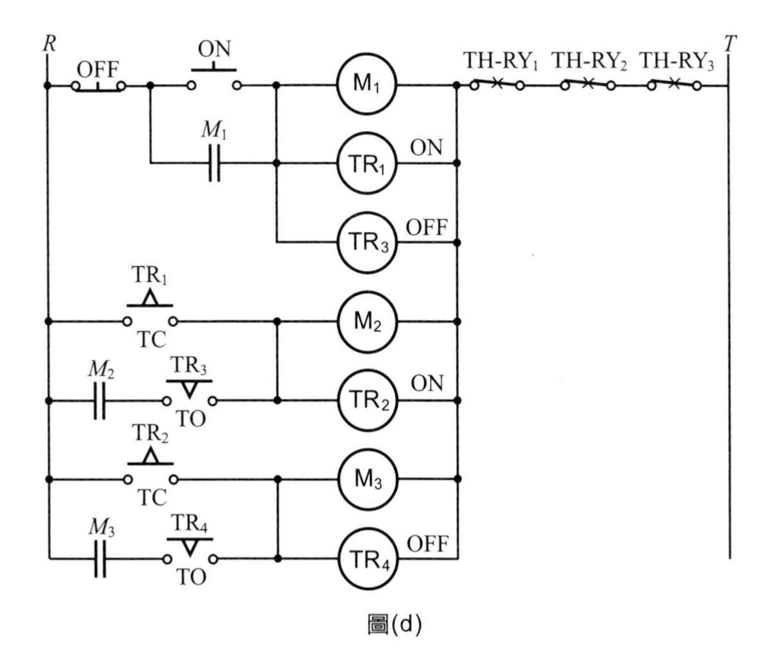

圖(d)

4. 啓動時：(M_1)先啓動運磚，經過一段時間(t_1)，(M_2)跟著運轉。
停止時：(M_2)先停止運轉，經過一段時間(t_1)，(M_1)停止運轉。

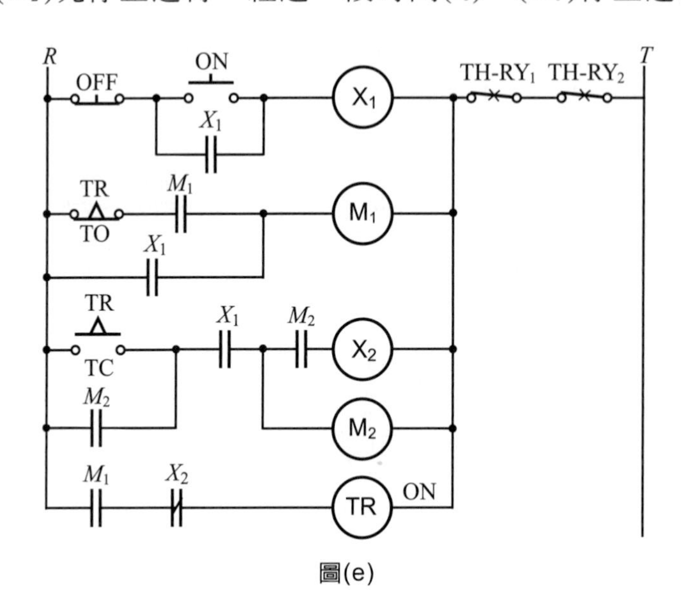

圖(e)

5. 啓動時：(M_1)開始運轉，經過一段時間(t_1)，(M_2)運轉，再經過一段時間(t_2)，(M_3)運轉。
停止時：(M_3)先停止運轉，經過一段時間(t_3)，(M_2)停止運轉，再經過一段時間(t_4)，(M_1)停止運轉。

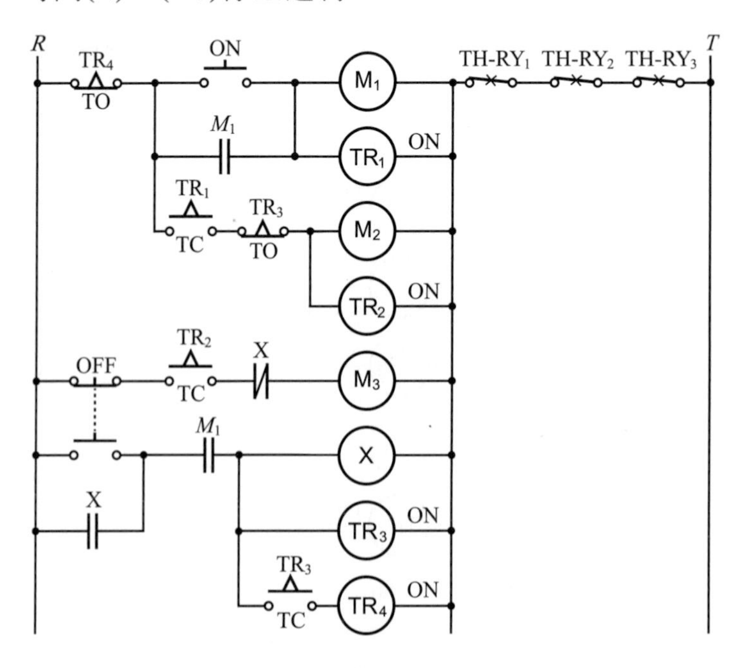

圖(f)

七　問　題

1. 下圖中爲兩部電動機順序控制，試說明其動作順序，並繪出動作時間表。

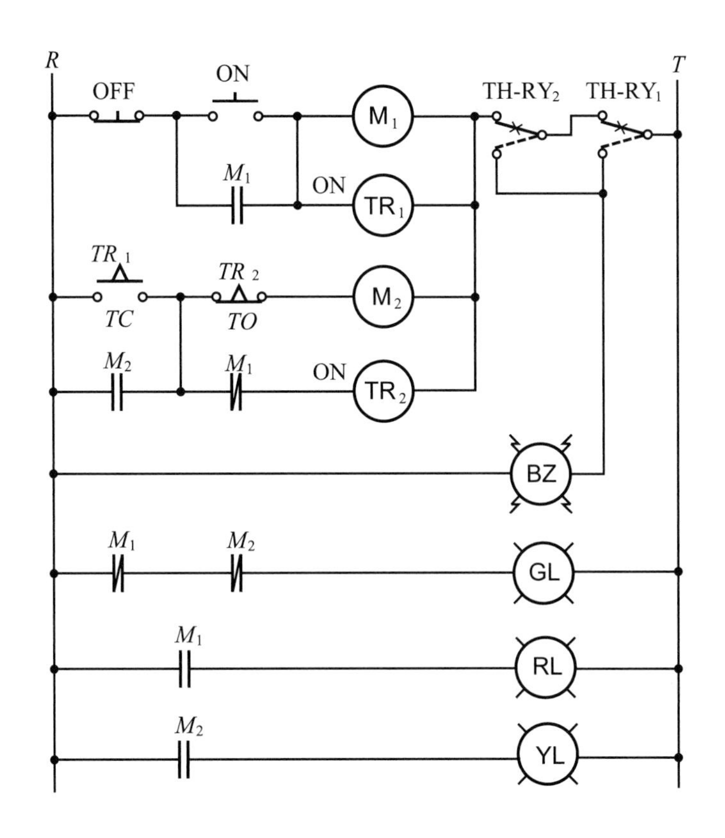

2. 試設計一個順序控制電路，當(M_1)動作後→經過 10 秒，(M_2)動作→經過 10 秒，(M_3)動作→經過 10 秒，(M_4)動作。停止時(M_1)停止→5 秒後，(M_2)停止→5 秒後，(M_3)停止→5 秒後，(M_4)停止。

實習 20 循環控制電路

一 動作順序

1. 按下按鈕開關(ON)時，電磁接觸器(MC_1)激磁，限時電驛(TR_1)開始計時，指示燈紅燈(GL)亮，黃綠燈熄。
2. 經過一段設定時間後，電磁接觸器(MC_1)跳脫，電磁接觸器(MC_2)激磁，指示燈綠燈(GL)亮，紅黃燈熄。
3. 再經過一段設定時間後，電磁接觸器(MC_2)跳脫，電磁接觸器(MC_3)激磁，指示燈黃燈(YL)亮，紅綠燈熄，如此循環不已。
4. 過載時，積熱電驛跳脫，蜂鳴器發出警報，所有廣告燈均熄滅。

二 使用器材

符號	名稱	規格	數量	備註
	配線板	600mm×500mm×2.3*t* 或 800mm×600mm×20*t*	1 塊	
NFB	無熔絲開關	2P，50AF，15AT	1 只	
MC	電磁接觸器	AC 220V，5HP，5*a*2*b*	3 只	
TH-RY	積熱電驛	AC 220V，15A	1 只	
TR	限時電驛	AC 220V，ON-DELAY，0～60 秒，2C	2 只	
TR	限時電驛	AC 220V，OFF-DELAY，0～60 秒	1 只	
X	電力電驛	AC 220V，10A，2C	1 只	附底座
BZ	蜂鳴器	AC 220V，圓形，3"	1 只	
PB	按鈕開關	PB-2(ON-OFF)	1 只	露出型

三 位置圖

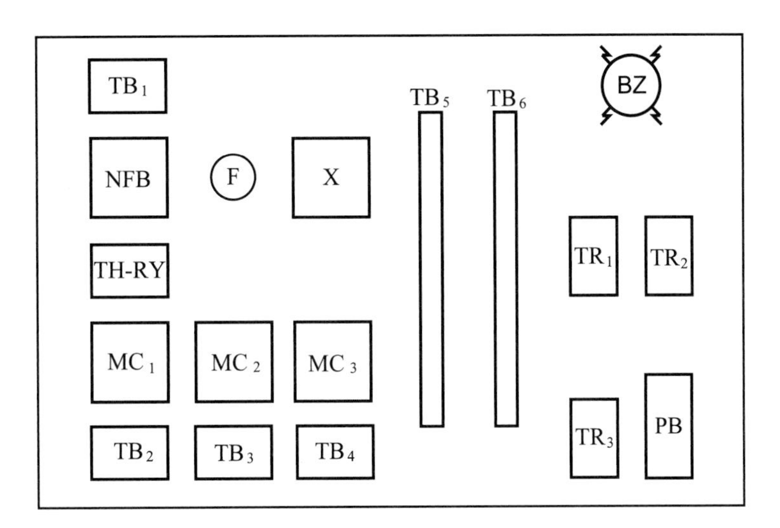

TB1
TB5
TB6
BZ
NFB
F
X
TH-RY
TR1
TR2
MC1
MC2
MC3
TR3
PB
TB2
TB3
TB4

四 線路圖

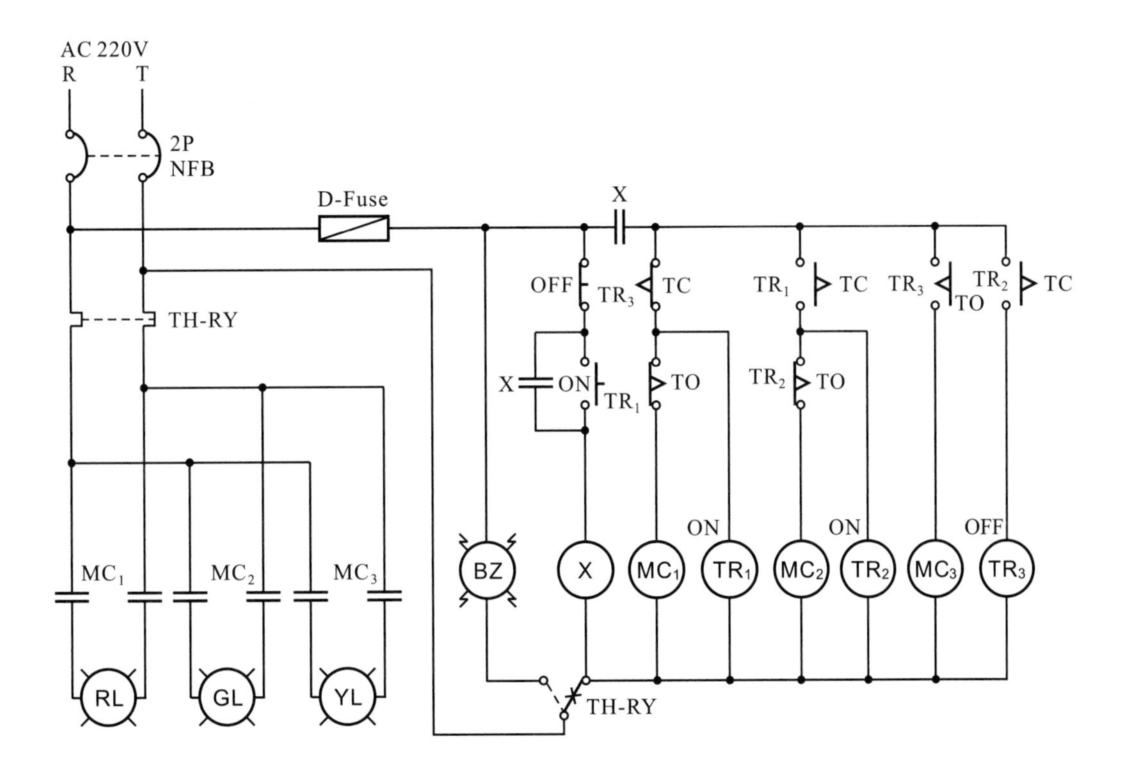

AC 220V
R
T
2P
NFB
D-Fuse
X
OFF
TR3
TC
TR1
TC
TR3
TR2
TC
TO
TH-RY
X
ON
TR1
TO
TR2
TO
ON
ON
OFF
MC1
MC2
MC3
BZ
X
MC1
TR1
MC2
TR2
MC3
TR3
RL
GL
YL
TH-RY

五 動作分析

1. 動作時間表

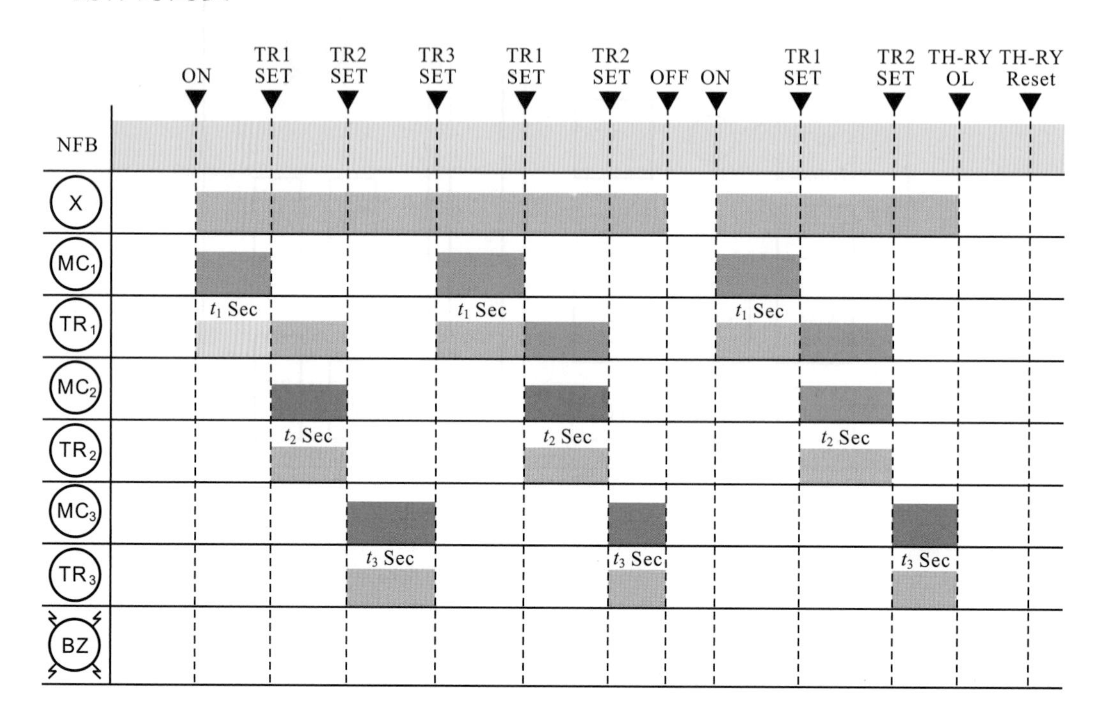

2. 動作說明

⑴ 按下按鈕開關(ON)，電力電驛(*X*)及電磁接觸器(MC_1)激磁，限時電驛(TR_1)開始計時，(RL)廣告燈亮，其餘廣告燈熄，經過(TR_1)之設定時間後，(MC_1)失磁，(MC_2)激磁，(TR_2)開始計時，(GL)廣告燈亮，經過(TR_2)設定時間後，(MC_2)失磁，(MC_3)激磁，(TR_3)先激磁後又失磁，(YL)廣告燈亮，其餘廣告燈熄，同時(TR_1)及(TR_2)均失磁，經過(TR_3)之設定時間後，(MC_1)激磁，限時電驛(TR_1)開始計時，(RL)廣告燈亮，如此週而復始的循環下去。

⑵ 按下按鈕開關(OFF)，廣告燈全部熄滅。

⑶ 過載時，積熱電驛(TH-RY)跳脫，廣告燈全部熄，蜂鳴器(BZ)響。

⑷ 積熱電驛(TH-RY)復歸，蜂鳴器(BZ)停響，廣告燈全部熄滅。

六　其他循環控制電路

1.　單一亮滅控制電路

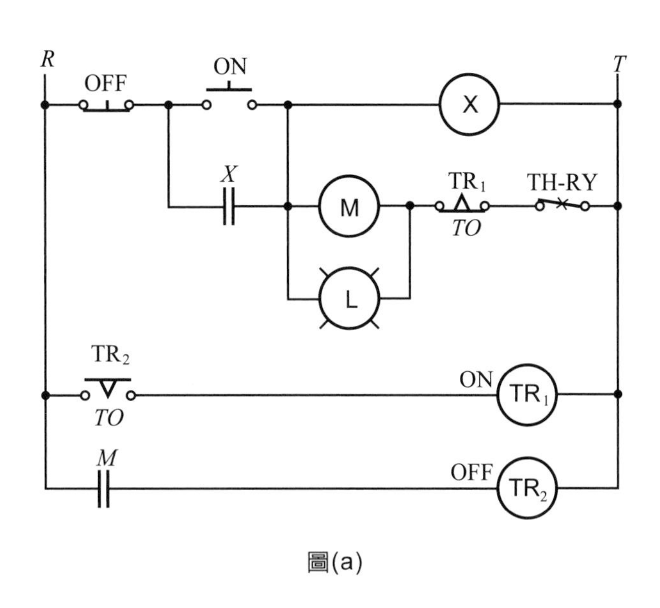

圖(a)

2.　二個循環控制電路

(1)　(M_1)先動作，經過一段時間(M_2)動作，(M_1)失磁，再經過一段時間(M_2)失磁，(M_1)又動作，如此循環控制。

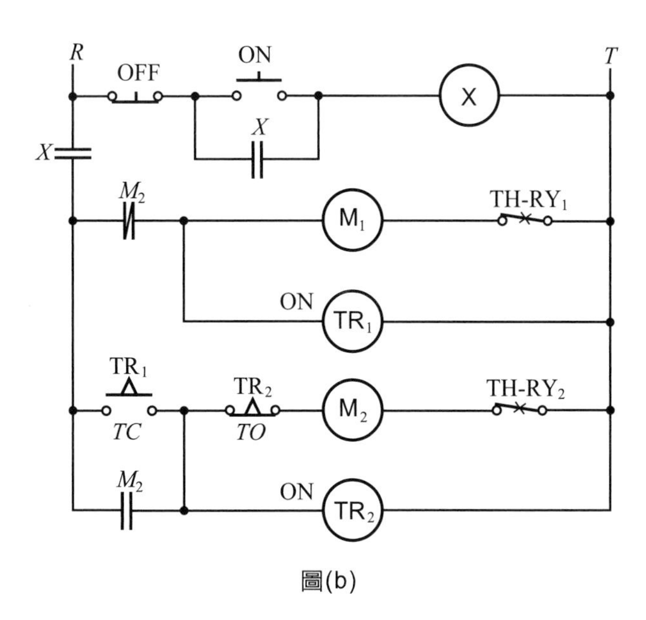

圖(b)

⑵ 利用棘輪電驛及雙設定限時電驛做循環控制。

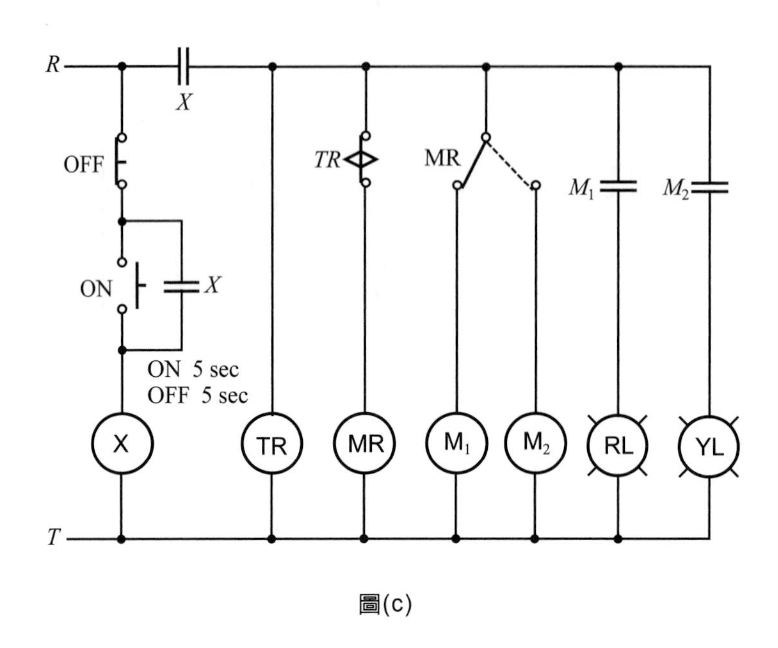

圖(c)

⑶ 利用限時電驛及棘輪電驛做循環控制。

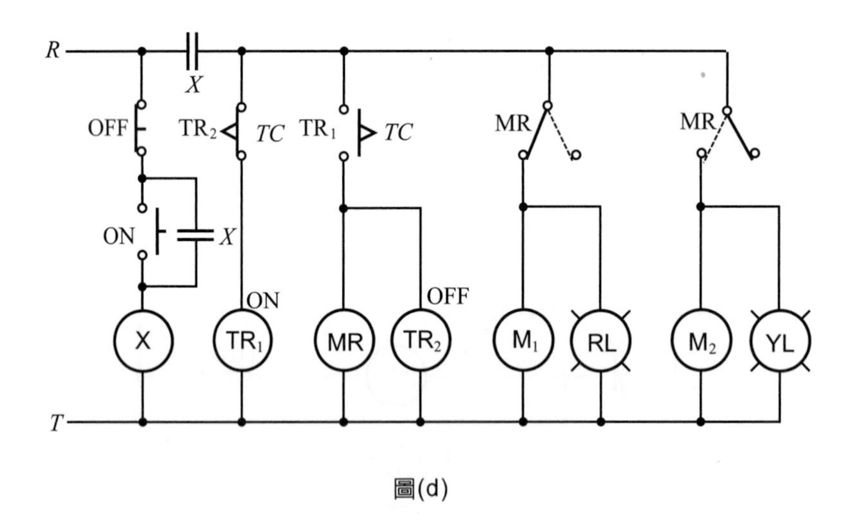

圖(d)

⑷　利用二個通電延遲限時電驛做循環控制。

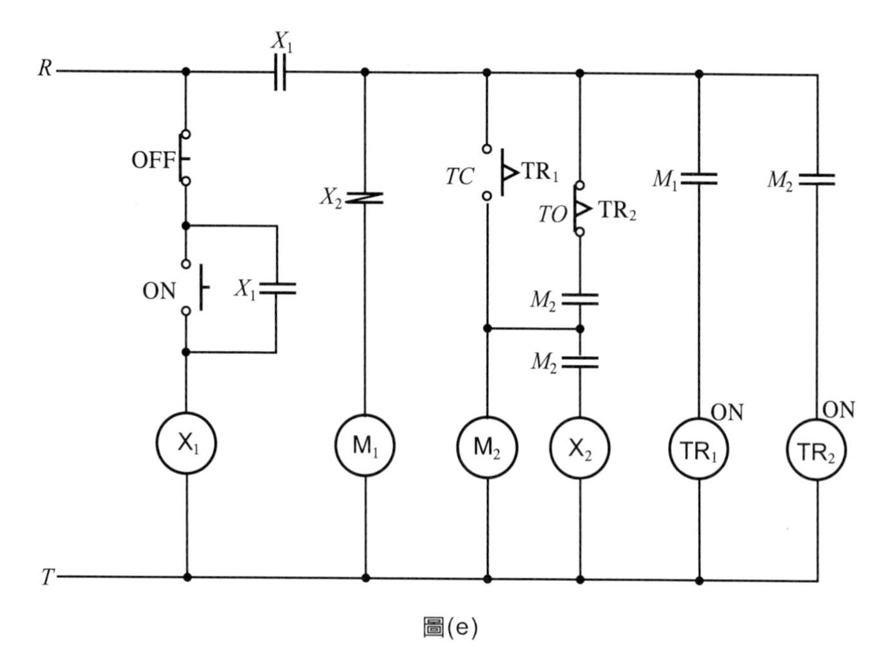

圖(e)

⑸　利用保持電驛做循環控制。

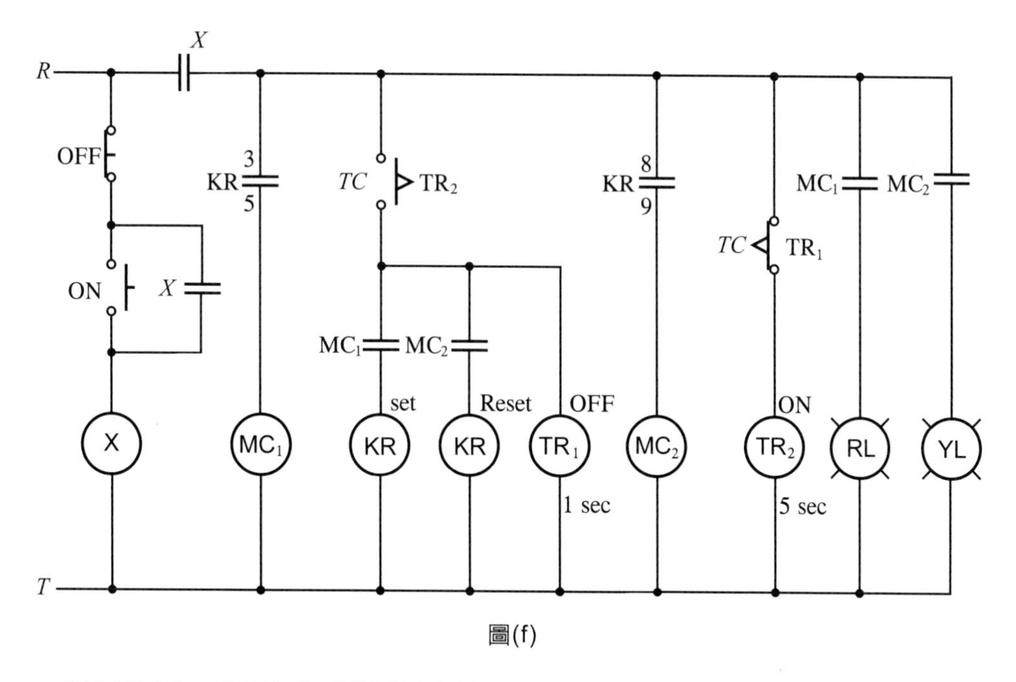

圖(f)

⑹　利用通電延遲限時電驛做循環控制，使(MC_1)及(MC_2)循環動作。

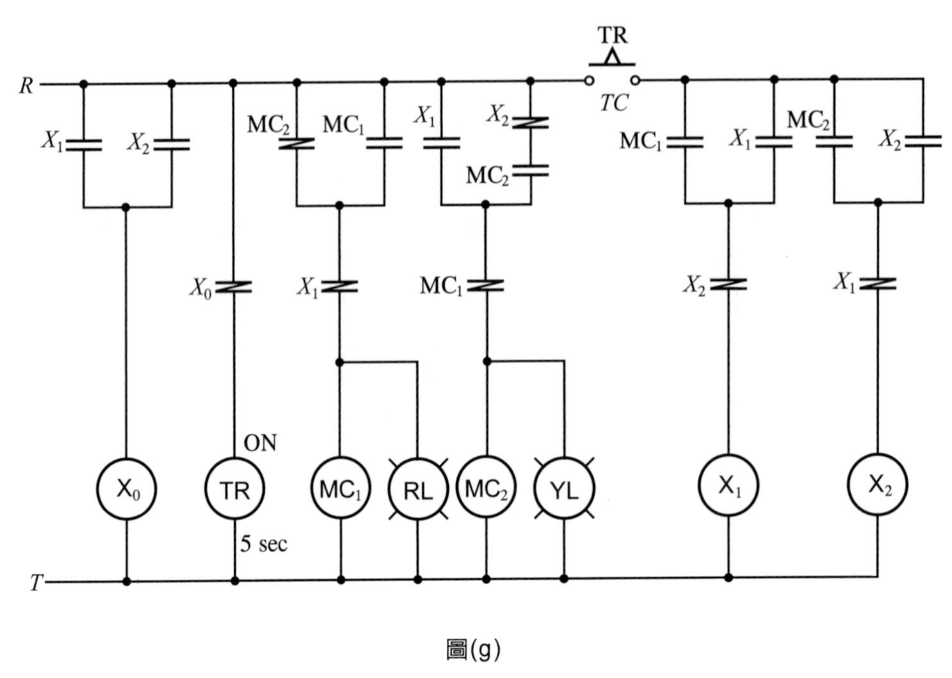

圖(g)

3. 三個循環控制電路

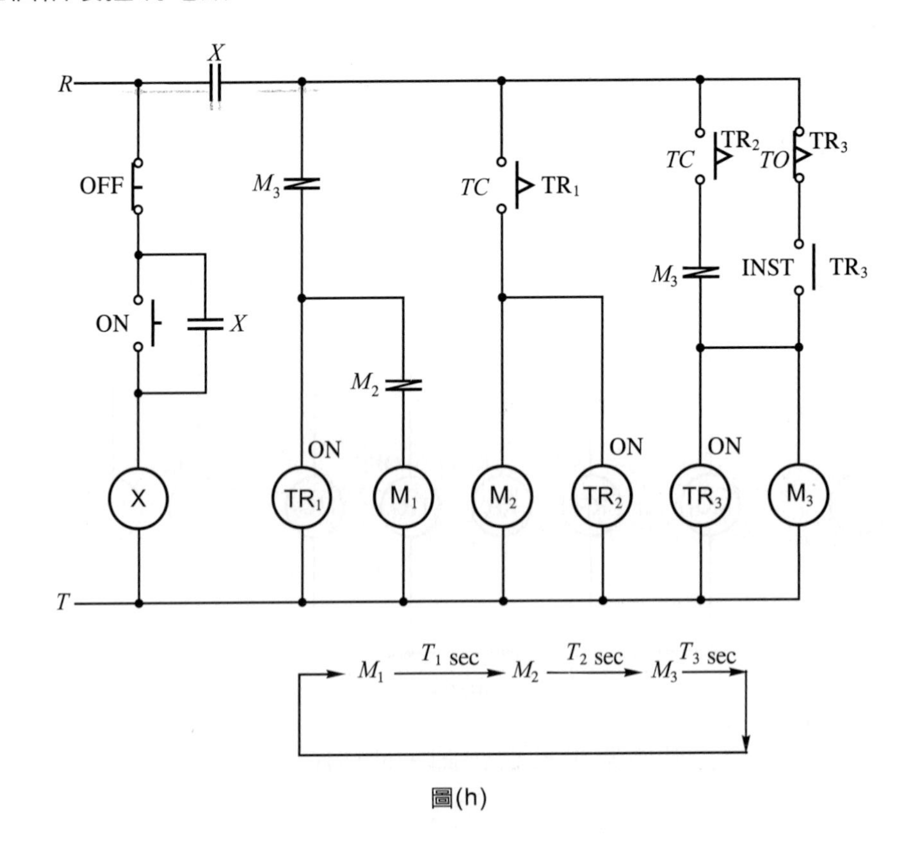

圖(h)

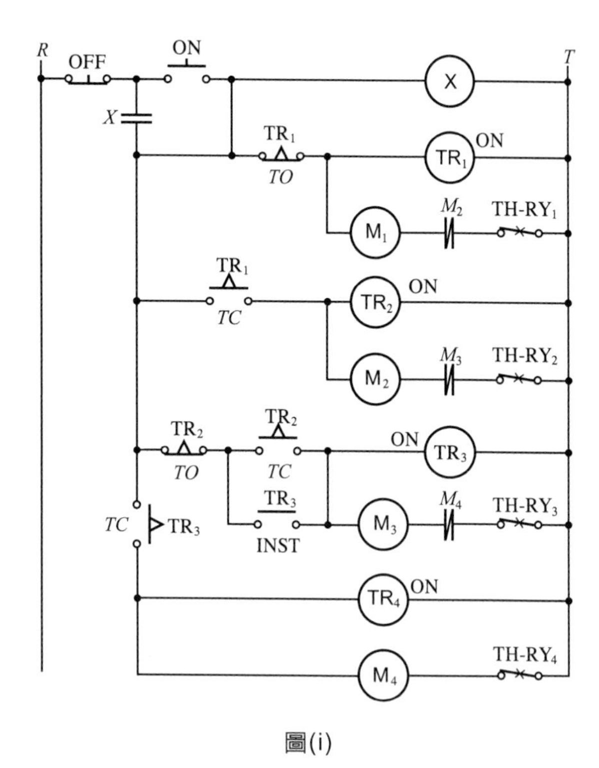

圖(i)

4.　四個循環控制電路

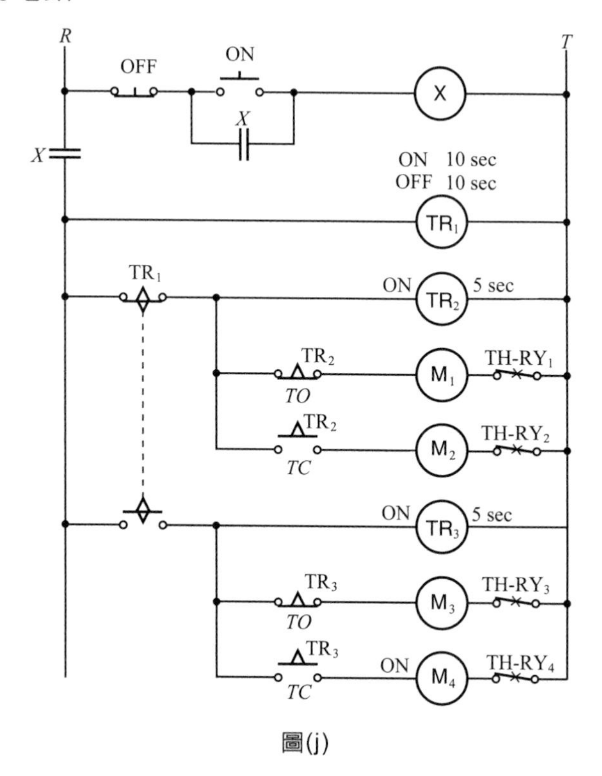

圖(j)

動作：(M_1)先動作→5 秒後(M_2)動作→5 秒後(M_3)動作→5 秒後(M_4)動作→5 秒後又循環到(M_1)動作，如此循環下去。

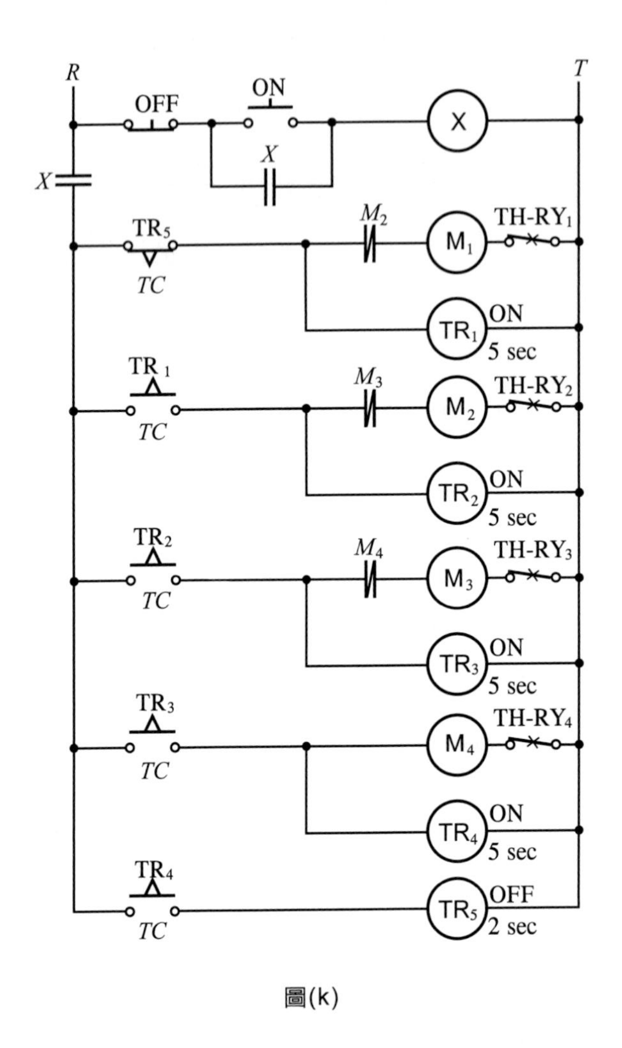

圖(k)

5. 順序控制及循環控制

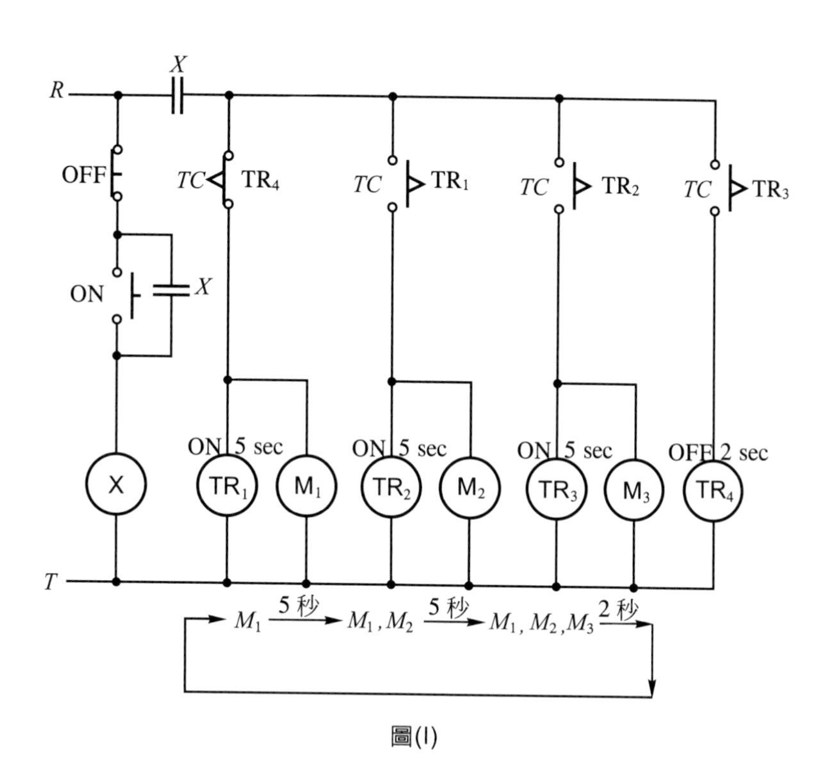

圖(I)

七　問　題

1. 試設計一個廣告燈電路，其動作如下：
   ①四組燈泡，每次一組燈亮，順時間循環 30 秒→②所有燈全亮 3 秒→③所有燈閃爍 5 秒→④重複到步驟①。
2. 試用一只 24 小時限時電驛，控制一廣告燈，早上 5 點開，7 點關掉；下午 6 點開，11 點關掉之控制電路。
3. 說明下圖之動作順序，並劃出其動作時間表。

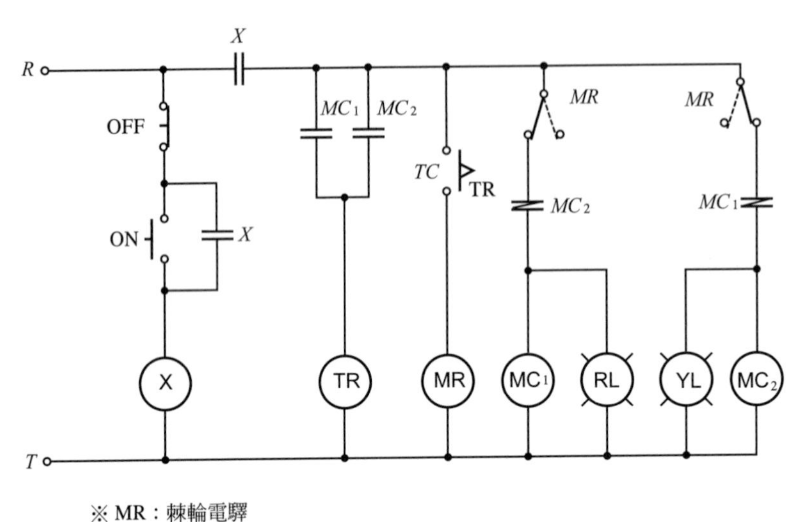

※ MR：棘輪電驛

實習 21 三相感應電動機自動循環正逆轉控制電路

一 動作順序

1. 接上電源，只有指示燈綠燈(GL)亮。
2. 利用雙設定限時電驛，控制電動機(M)做循環正逆轉。
3. 電動機(M)正轉時，指示燈紅燈(RL)亮，黃燈及綠燈均熄；電動機(M)逆轉時，指示燈黃燈(YL)亮，紅燈及綠燈均熄。
4. 過載時，積熱電驛跳脫，蜂鳴器發出警報，指示燈綠燈亮，紅燈及黃燈均熄。

二 使用器材

符號	名稱	規格	數量	備註
	配線板	600mm×500mm×2.3t 或 800mm×600mm×20t	1 塊	
NFB	無熔絲開關	3P，50AF，30AT	1 只	
MC	電磁接觸器	AC 220V，5HP，5a2b	2 只	

(續前表)

符號	名稱	規格	數量	備註
CT	比流器	30/5A，15VA	1只	
TH-RY	積熱電驛	AC 220V，4.4A	1只	
PB	按鈕開關	30ϕ，AC 220V，1a1b	1只	
D-FUSE	栓型熔絲	AC 220V，5A	2只	
TR	限時電驛	AC 220V，ON-OFF DELAY，0～60秒	1只	
BZ	蜂鳴器	AC 220V，圓形，3"	1只	
GL	指示燈	AC 220/15V，綠色	1只	附架
YL	指示燈	AC 220/15V，黃色	1只	附架
RL	指示燈	AC 220/15V，紅色	1只	附架
X	電力電驛	AC 220V，10A，2C	1只	附露出型插座
TB	端子台	3P，30A	2只	TB_1，TB_2
TB	端子台	20P，20A	2只	TB_3，TB_4

三　位置圖

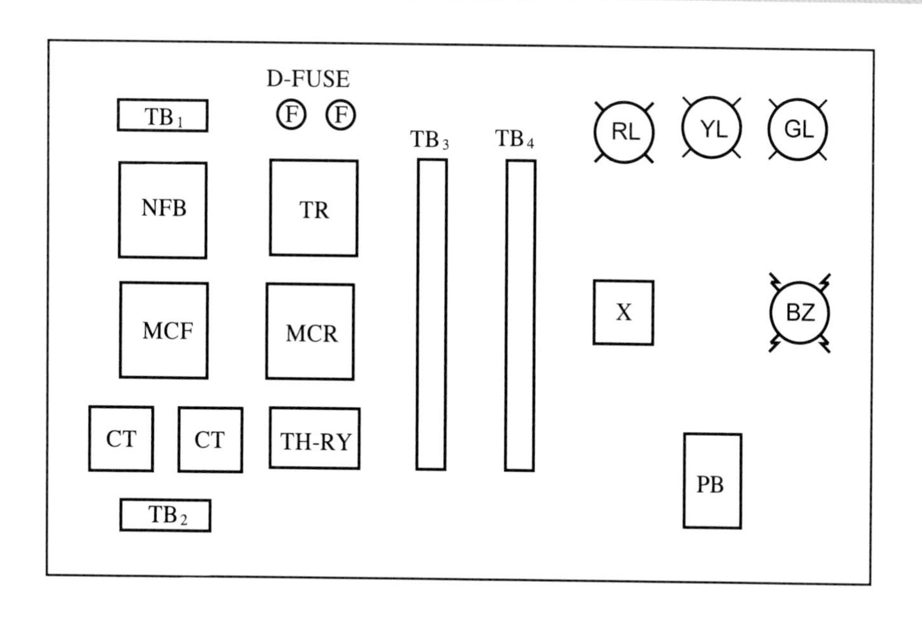

四　線路圖

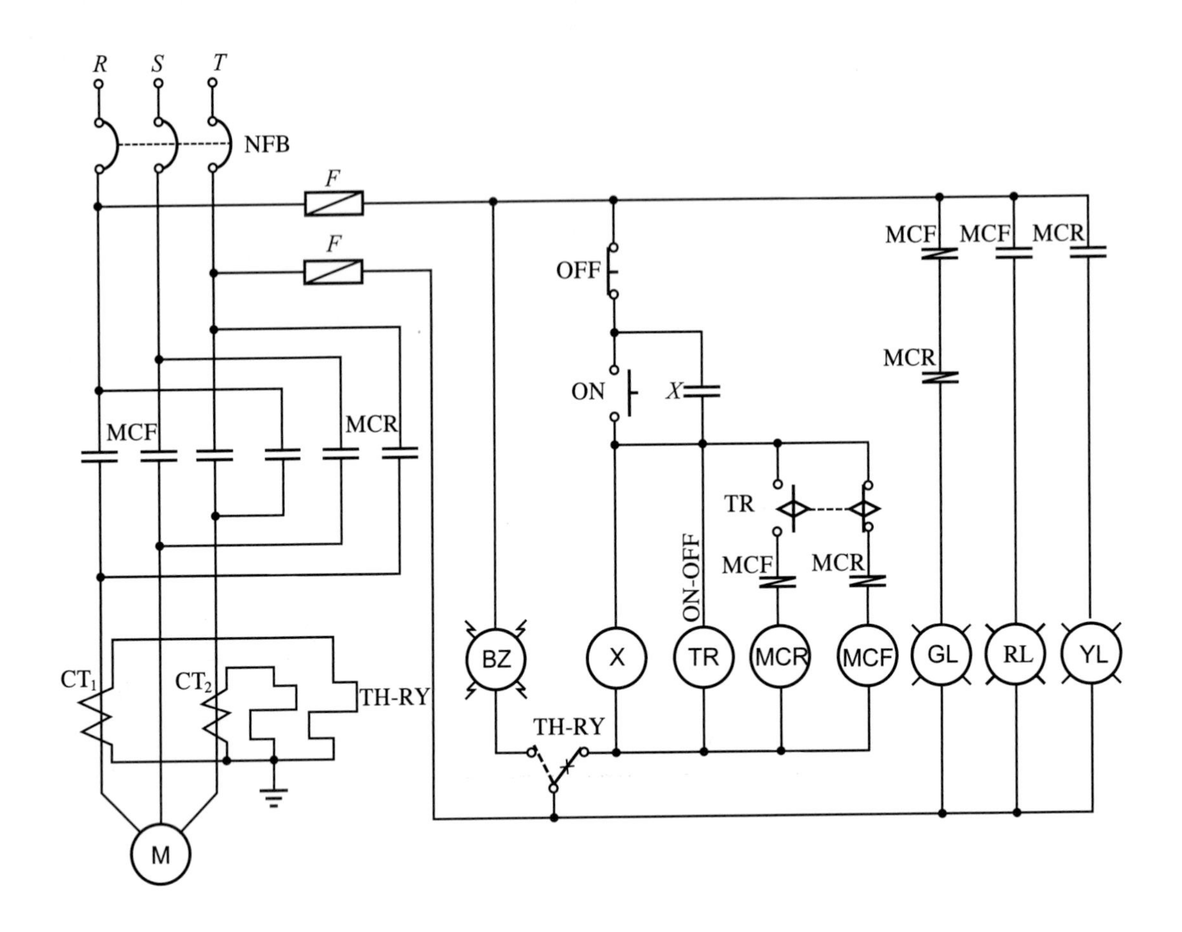
R
S
T
NFB
F
F
MCF
MCR
CT1
CT2
TH-RY
M
OFF
ON
X
TR
ON-OFF
MCF
MCR
MCF
MCF
MCR
MCR
BZ
X
TR
MCR
MCF
GL
RL
YL
TH-RY

五 動作分析

1. 動作時間表

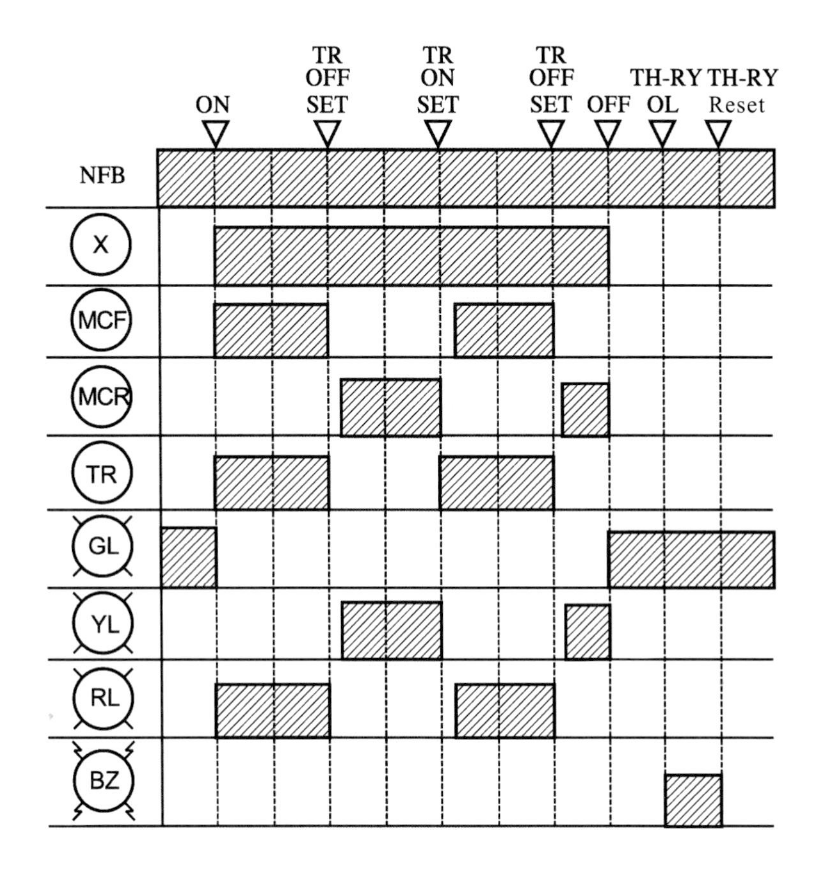

2. 動作說明

(1) 按下按鈕開關(ON)，電力電驛(*X*)激磁，電磁接觸器(MCF)激磁，雙設定限時電驛通電後開始計時，電動機正轉，(RL)指示燈亮，其餘指示燈熄，經過一段設定時間後，電磁接觸器(MCF)失磁，電磁接觸器(MCR)激磁，電動機逆轉，(YL)指示燈亮，其餘指示燈熄，如此循環不已地交替作正逆轉動作。

(2) 過載時，積熱電驛跳脫，電動機停止運轉，蜂鳴器(BZ)響，(GL)指示燈亮，其餘指示燈熄，電動機不會自行起動。

六　相關知識

比流器如與電流表共同使用時，必需配合適當的貫穿匝數才能量得正確的負載電流，因此在工業配線時應特別注意。圖(a)爲比流器上的銘牌，其貫穿匝數公式如下所示：

$$\text{比流器貫穿匝數} = \frac{\text{比流器一次電流(A)} \times \text{基本匝數(匝)}}{\text{電流表刻度(A)}}$$

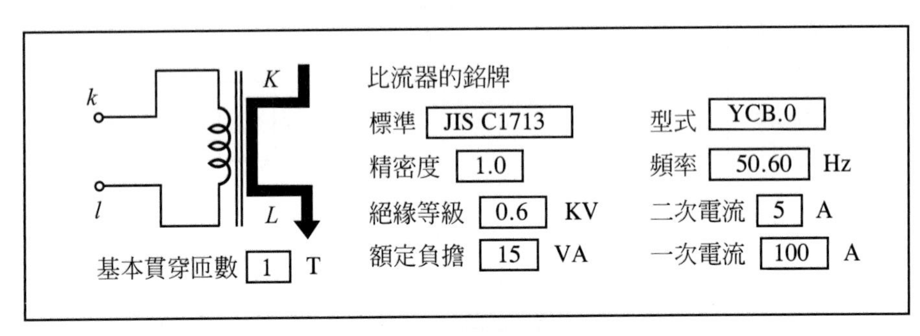

圖(a)　比流器銘牌

例　若比流器(CT)使用 50/5，基本貫穿匝數爲 1 匝時，若與電流表的電流比爲 50/5 搭配使用，試問(CT)應貫穿幾匝？

解　$\text{比流器貫穿匝數} = \frac{50 \times 1}{50} = 1$ 匝

請參考圖(b)

例　有一三相感應電動機 AC 220V 25HP，若比流器(CT)使用 50/5，基本貫穿匝數爲 2 匝，若與電流表爲 50/5 搭配使用，試問(CT)應貫穿幾匝？

解　$\text{比流器貫穿匝數} = \frac{50 \times 2}{50} = 2$ 匝

請參考圖(c)

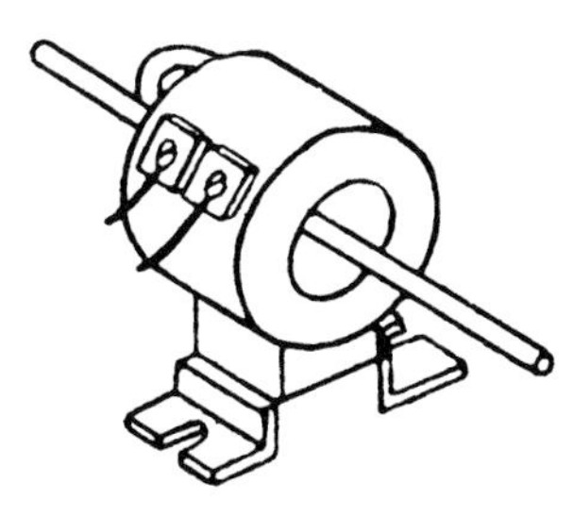

圖(b)　1匝

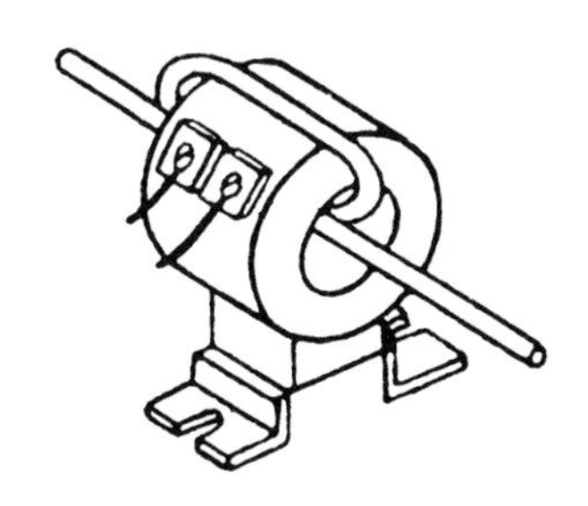

圖(c)　2匝

例　有一負載已知電流爲120A，若比流器(CT)使用100/5，與電流表電流比爲75/5配合使用，試問應貫穿幾匝才可量得正確電流？(基本貫穿匝數爲1匝)

解　比流器貫穿匝數 $=\dfrac{100\times 1}{75}=$ 除不盡

故100/5的CT與75/5的電流表不能配合。

例　有一三相感應電動機AC 220V 50HP，額定電流爲125A，若使用250/5之比流器，試問比流器應貫穿幾匝，(TH-RY)應選用多大容量較便宜？

解　比流器採用基本貫穿匝數

$\dfrac{250}{5}=\dfrac{125}{X}$　$\therefore X=2.5\text{A}$

$2.5\times 1.15=2.875\text{A}$　∴選用3A之積熱電驛較適宜

TH-RY設定於87%位置恰好可以保護125A之主回路

可參考實習之線路圖

七 問 題

1. 比流器依型式之不同可分為哪幾種？若依構造之不同可分為哪幾種？
2. 何謂雙設定限時電驛(ON-OFF DELAY Relay)，與閃爍電驛有何區別，試回答之？
3. 請利用限制開關(Limit Switch)，設計一電路，使感應電動機能夠自動的做正逆轉動作？

實習 22 三相感應電動機 Y-△降壓起動控制電路(一)

一 動作順序

1. 電源送電後，無熔絲開關(NFB)置於 ON 位置，只有綠燈(GL)亮。
2. 按下按鈕開關(ON)時，電磁接觸器(MC)及(MCY)均激磁，指示燈只有黃燈(YL)亮，限時電驛開始計時。
3. 經過一段設定時間後，電磁接觸器(MCY)失磁，電磁接觸器(MC△)激磁，此時只有紅燈(RL)亮。
4. 按下按鈕開關(OFF)時，電磁接觸器(MC)及(MC△)均失磁，限時電驛停止計時。
5. 過載時，積熱電驛跳脫，蜂鳴器(BZ)發出警報，指示燈綠燈(GL)亮。

二 使用器材

符號	名稱	規格	數量	數量
	配線板	600mm×500mm×2.3*t* 或 800mm×600mm×20*t*	1 塊	
NFB	無熔絲開關	AC 220V，3P，50AF，50AT	1 只	
MC	電磁接觸器	AC 220V，35A，2*a*2*b*	1 只	
MC△	電磁接觸器	AC 220V，35A，2*a*2*b*	1 只	
MCY	電磁接觸器	AC 220V，20A，1*a*1*b*	1 只	

(續前表)

符號	名稱	規格	數量	備註
TR	限時電驛	AC 220V，Y△起動專用，0～30 秒	1 只	
F	栓型保險絲	AC 600V，5A	2 組	附底座
TH-RY	積熱電驛	AC 220V，40A	1 只	
GL	指示燈	30ϕ，AC 220/15V，綠色	1 只	附架
RL	指示燈	30ϕ，AC 220/15V，紅色	1 只	附架
YL	指示燈	30ϕ，AC 220/15V，黃色	1 只	附架
PB	按鈕開關	PB-2(ON-OFF)	1 只	露出型
BZ	蜂鳴器	AC 220V，圓形，3"	1 只	
TB	端子台	3P，60A	3 只	
TB	端子台	30P，20A	2 只	TB_4，TB_5

三　位置圖

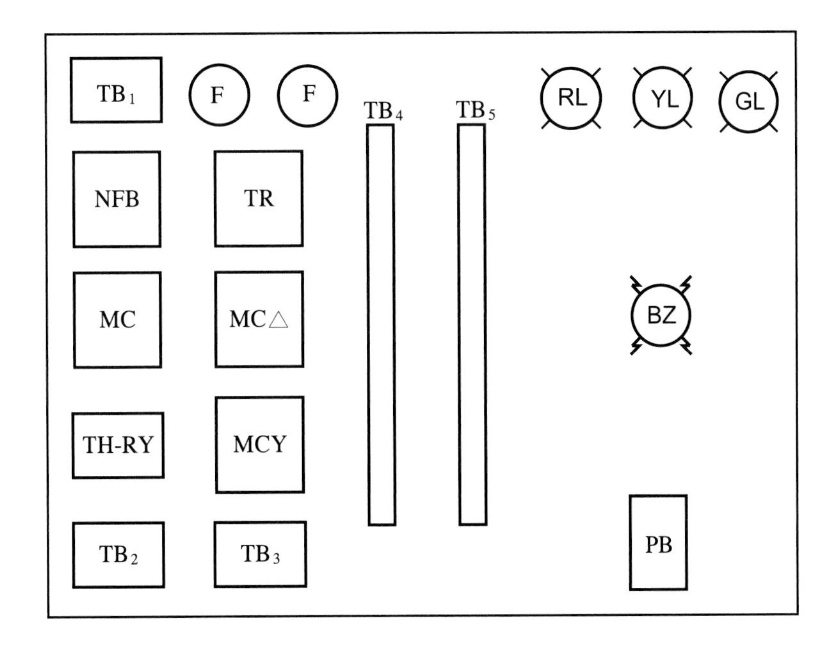

四 線路圖

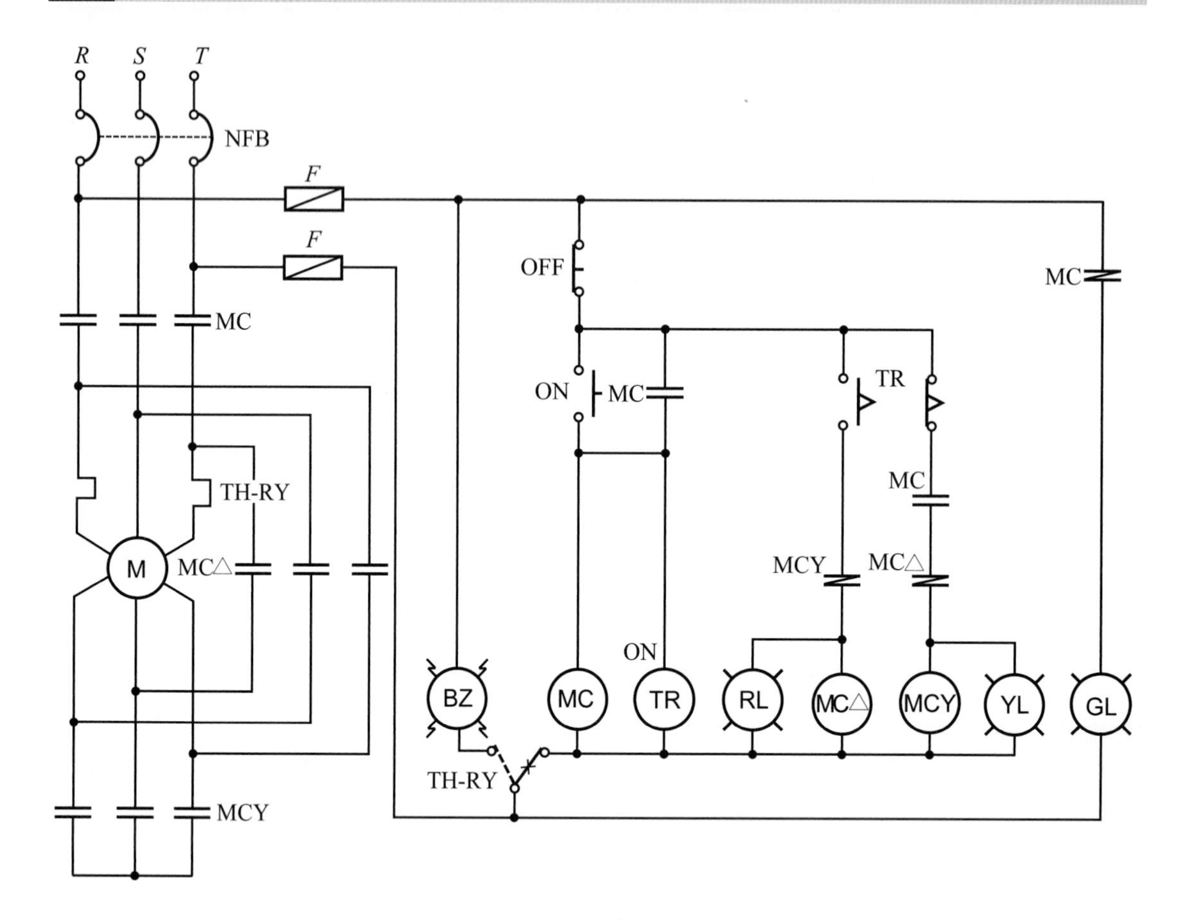
R
S
T
NFB
F
F
MC
TH-RY
M
MC△
MCY
OFF
ON
MC
TR
MC
MCY
MC△
MC
ON
BZ
MC
TR
RL
MC△
MCY
YL
GL
TH-RY

五 動作分析

1. 動作時間表

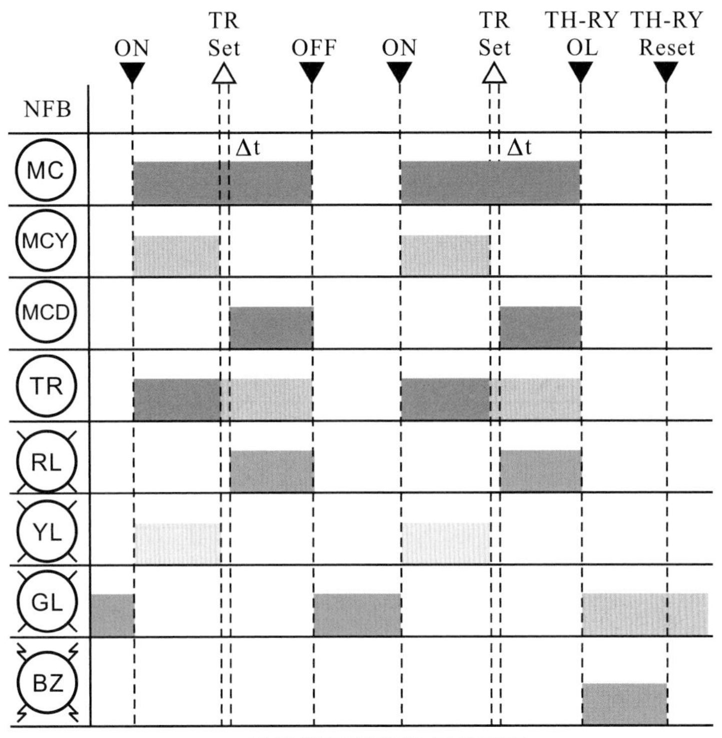

Δt：爲時間電驛接點切換時間

2. 動作說明

(1) 按下按鈕開關(ON)，電磁接觸器(MC)及(MCY)均激磁，電動機以 Y 接起動，(YL)指示燈亮，其餘指示燈熄。

(2) 經過一段設定時間後，限時電驛接點動作，電磁接觸器(MCY)失磁，電磁接觸器(MC△)激磁，電動機△運轉，(RL)指示燈亮，其餘指示燈熄。

(3) 運轉中，如發生過載，電動機停止運轉，蜂鳴器(BZ)發出警報，(GL)指示燈亮，其餘指示燈熄。

(4) 故障排除後，使積熱電驛復歸，蜂鳴器停響，(GL)指示燈亮，其餘指示燈熄，電動機不會自行再起動。

六　相關知識

三相感應電動機Y-△降壓起動法又稱爲星形起動法，可以降低電動機的起動電流爲直接起動之 1/3 倍，且因$T \propto KV^2$，起動時線圈爲 Y 接，相電壓又爲線電壓之$1/\sqrt{3}$，故起動轉矩爲直接起動之 1/3 倍。茲將使用電磁開關作 Y-△起動控制的主電路連接方法說明如下：

1. 使用二個電磁接觸器作 Y-△起動控制(又稱爲二台裝 Y-△起動控制)。
   (1) 主線路較常見者有下列四種：

①

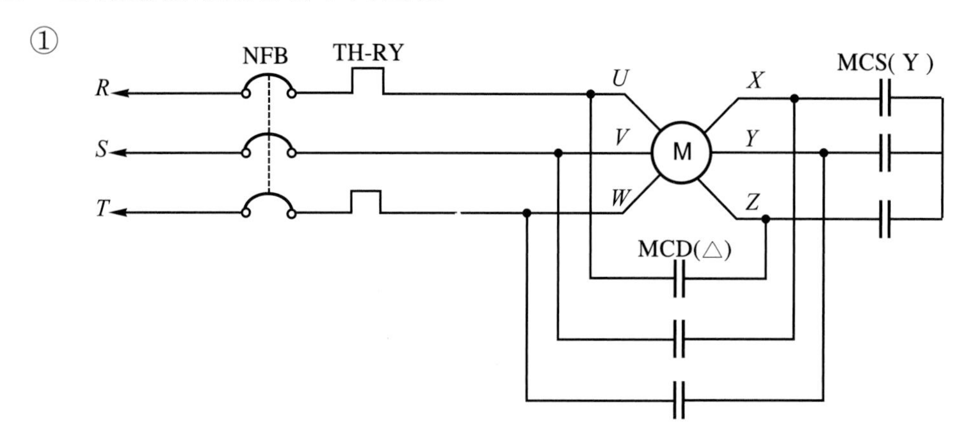

圖(a)　MCS 接成 Y 接

②

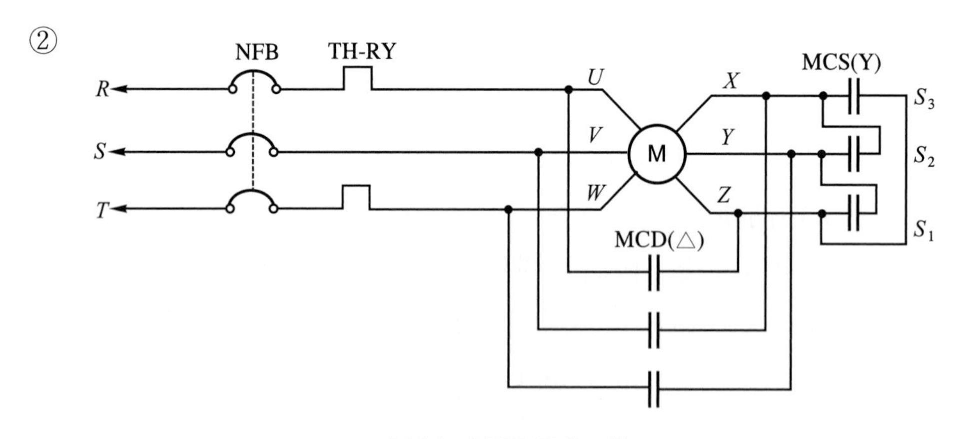

圖(b)　MCS 接成△接

③

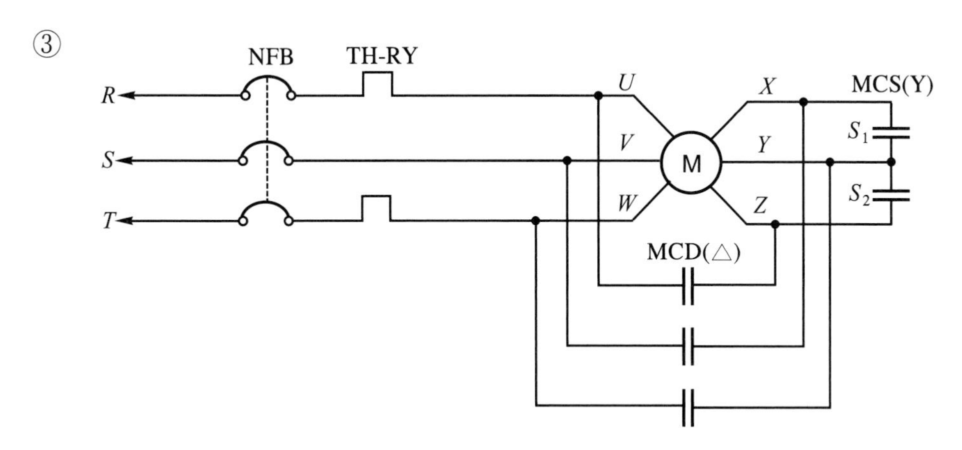

圖(c)　MCS 接成 V 接

④　圖(d)流經(TH-RY)的電流爲線電流的$1/\sqrt{3}$倍。

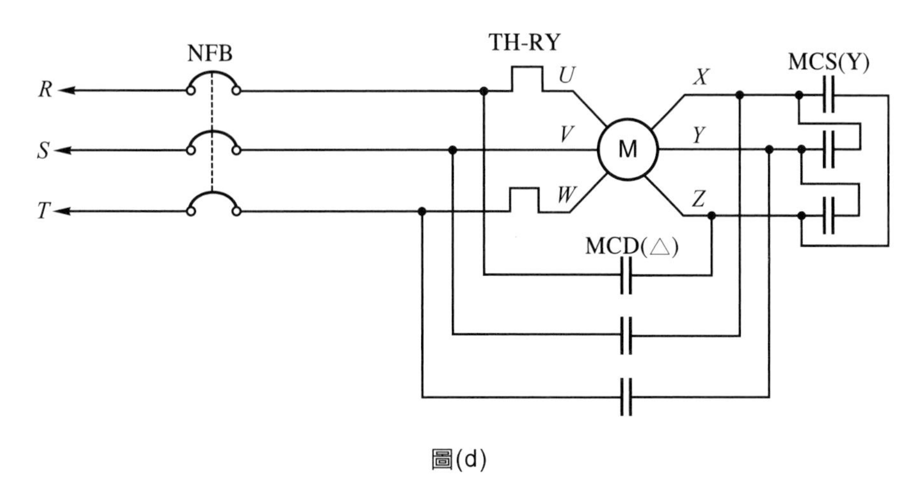

圖(d)

⑵　控制線路較常見者有以下數種接法：

①　轉換完成後(TR)依然受電。

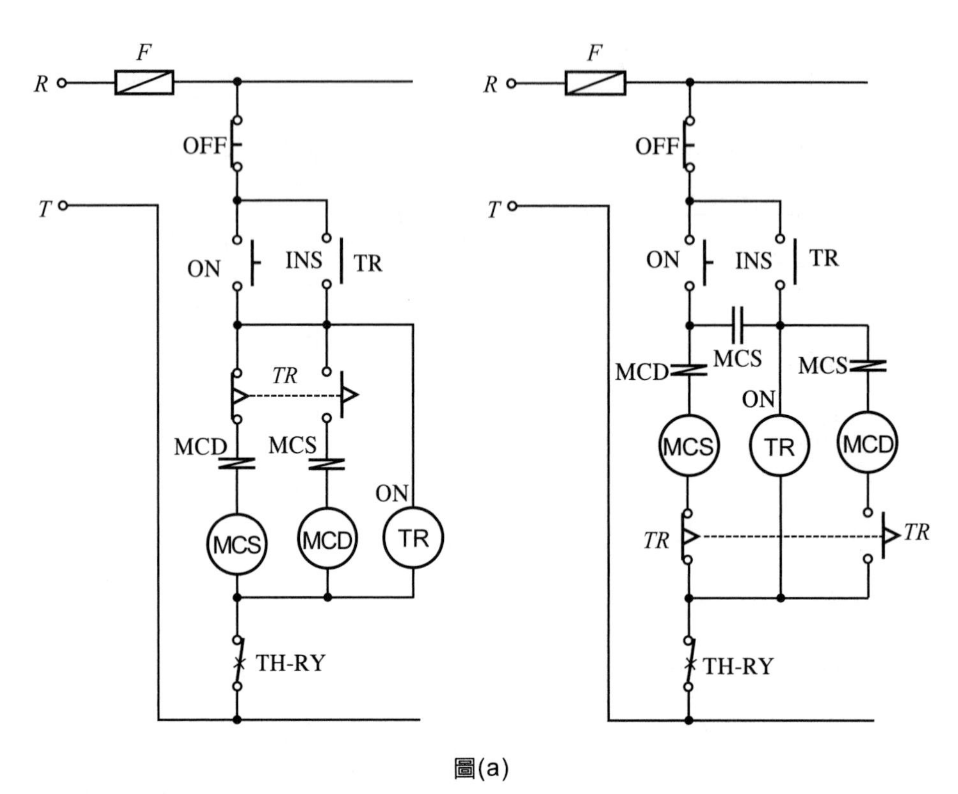

圖(a)

② 轉換完成後(TR)不加電源。

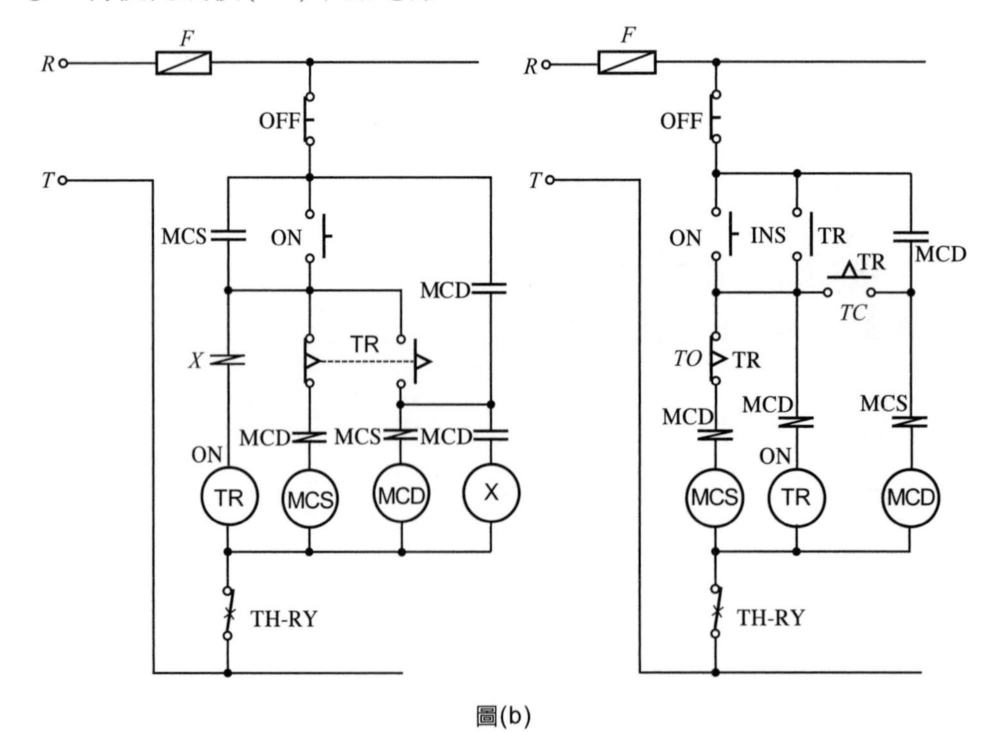

圖(b)

③　利用電力電驛之接點來延長(MCD)電磁接觸器之投入時間，以避免主接點因電弧而短路。

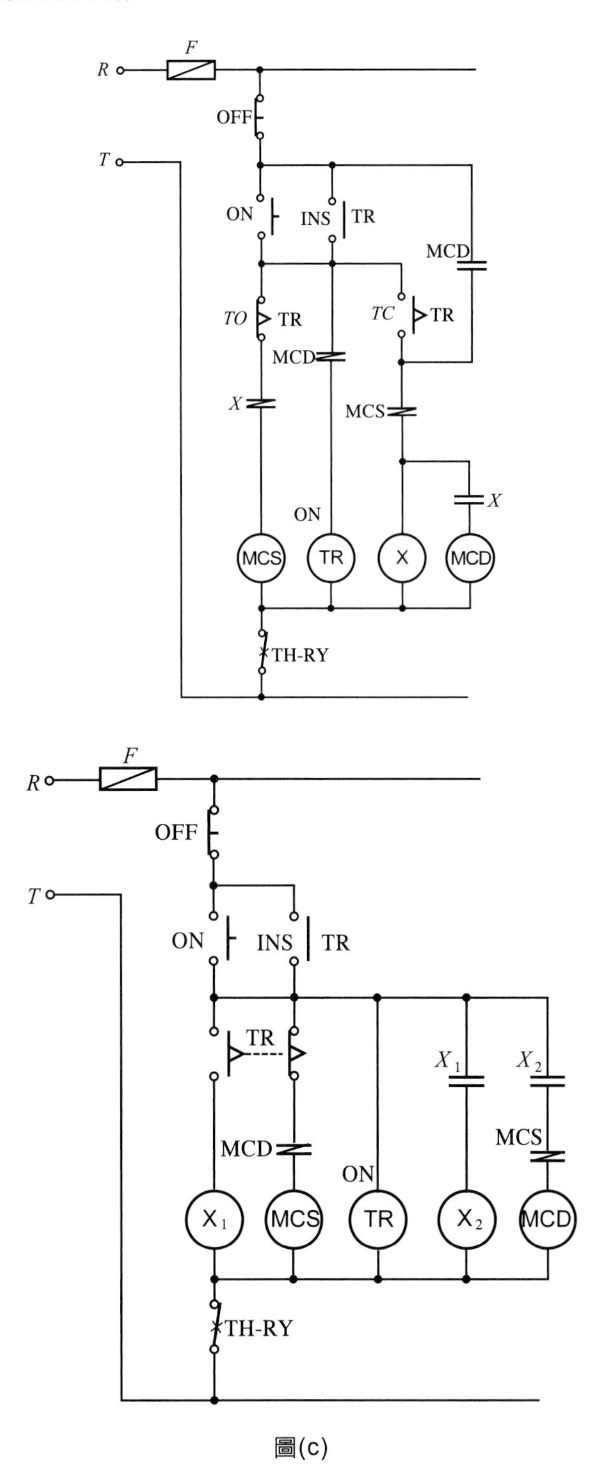

圖(c)

④ 使用 Y-△專用限時電驛。

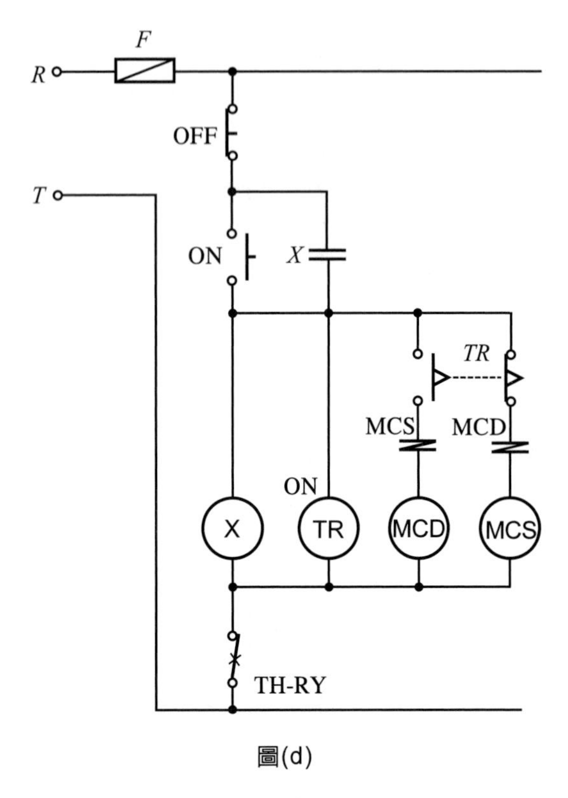

圖(d)

2. 使用三個電磁接觸器作 Y-△起動控制(又稱爲三台裝 Y-△起動控制)。

⑴ 主電路較常見者有下列四種：

①

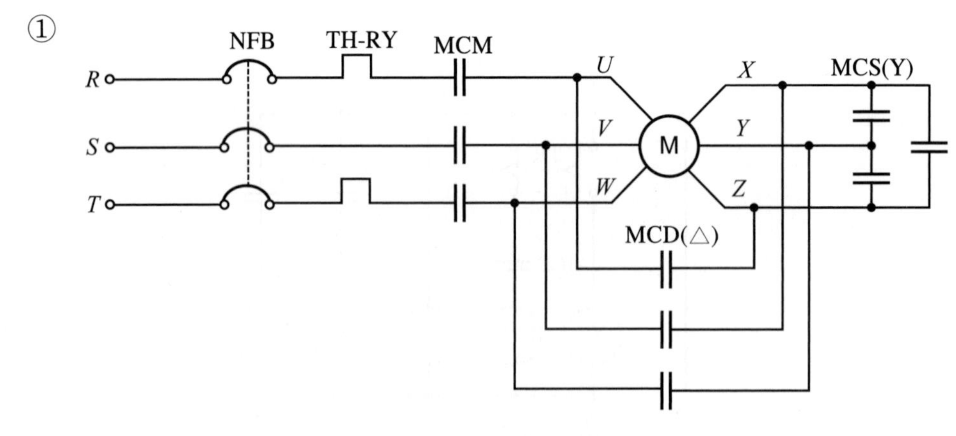

圖(a) MCS △接法

②

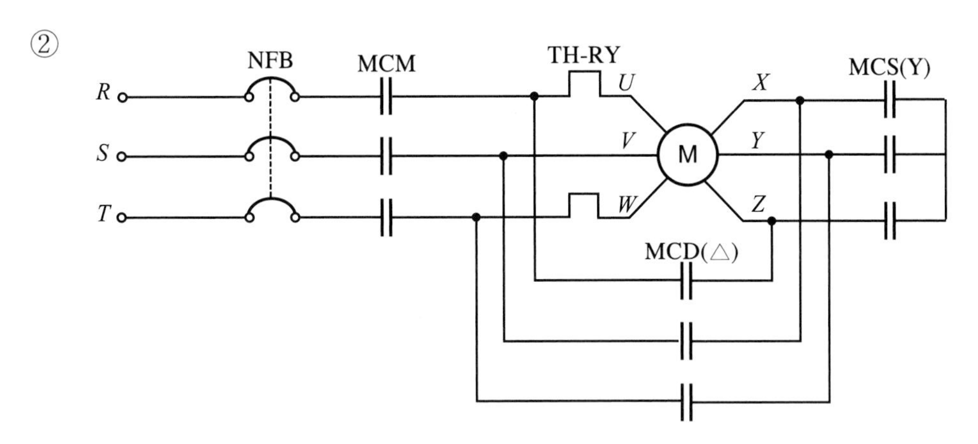

圖(b)　MCS Y 接法

③

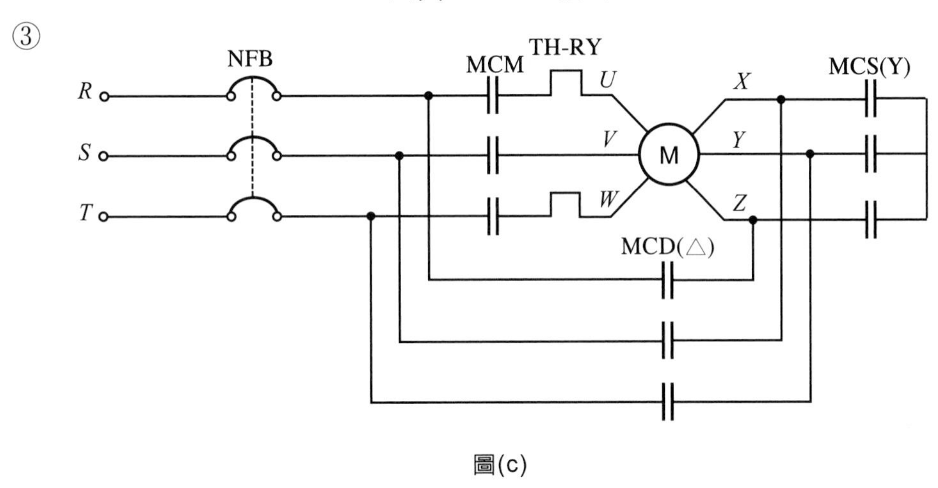

圖(c)

④

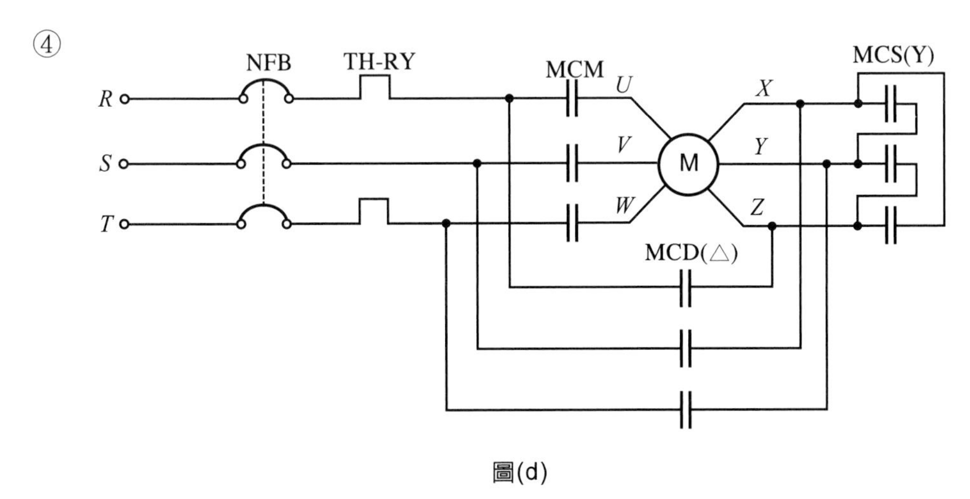

圖(d)

(2)　控制線路較常見者有以下數種：

①　轉換完成後(TR)依然受電(包括實習之線路圖)。

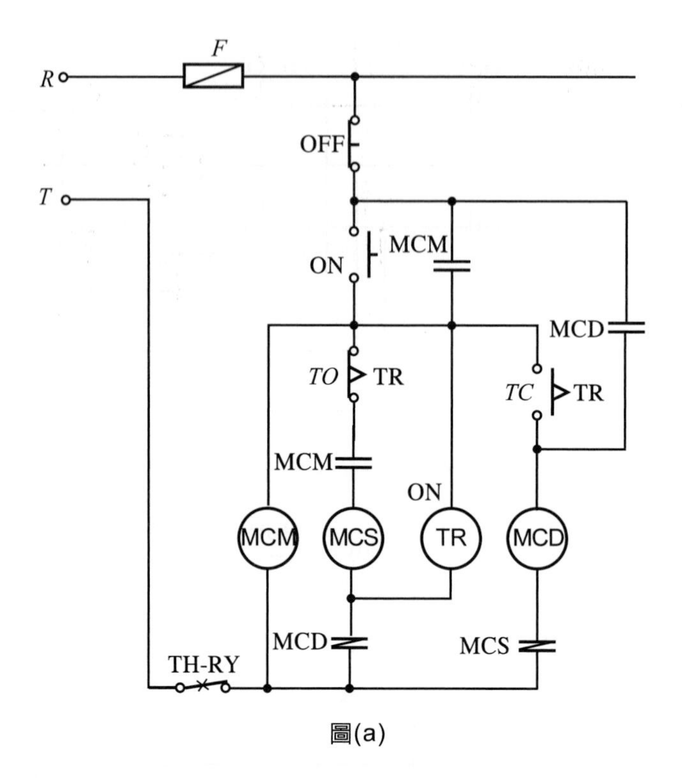

圖(a)

② 轉換完成後(TR)不加電源。

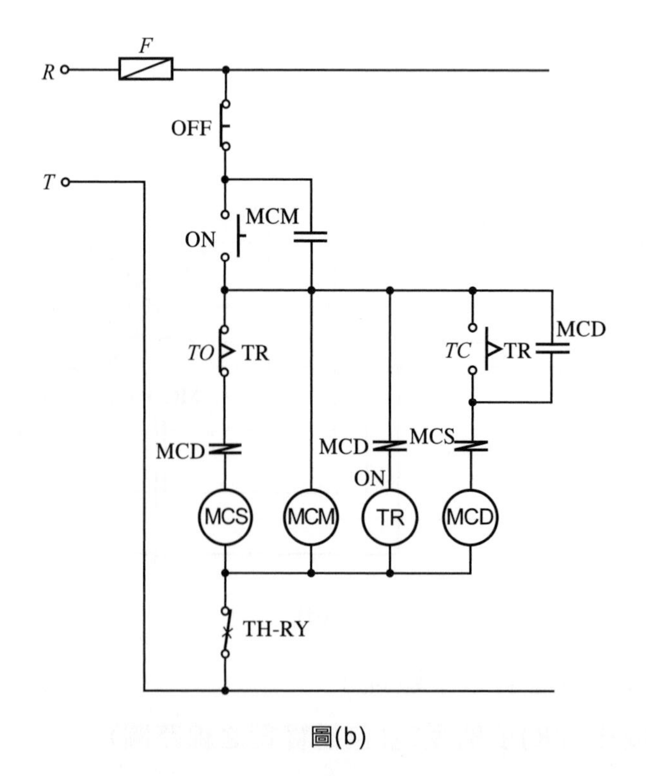

圖(b)

③　加裝電力電驛延長(MCD)投入之時間，以避免主接點因電弧而短路。

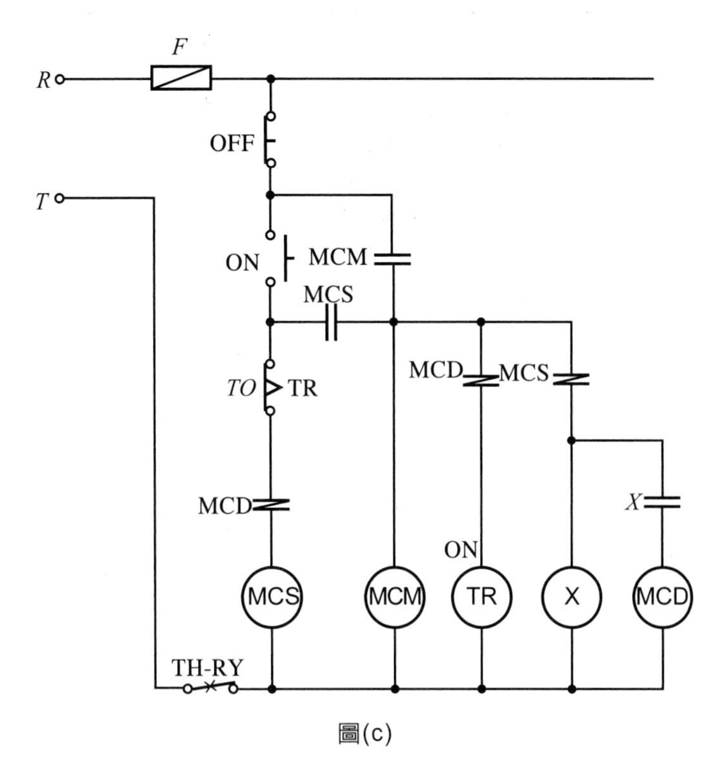

圖(c)

④　使用Y-△專用限時電驛，實習之線路圖即是。

3.　二個電磁接觸器與三個電磁接觸作Y-△起動比較表。

種類	優點及缺點
二個電磁接觸器作Y-△起動	優點：1. 價廉。 2. 配線簡單。 缺點：1. 電動機的線圈經常處於帶電狀態，本身的絕緣較易劣化。 2. 維修時比較危險。
三個電磁接觸器作Y-△起動	優點：電動機的線圈在停止時不帶電，較為安全。 缺點：1. 價格比較貴。 2. 配線比較麻煩。

4.　(MCS)電磁接觸器主電路各種接法比較表。

接法	圖示	優點及缺點
V 接法		優點：接線比 Y 接更簡單，只需要兩組主接點。 缺點：1. 當主接點如有一接點接觸不良時，會造成三相感應電動機單相運轉。 2. 接點閉合瞬間，接點所承受的電流比 Y 連接法大。
Y 接法		優點：接線容易。 缺點：主接點如有一接點接觸不良時，會造成三相感應電動機單相運轉。
△接法		優點：1. 主接點如有一接點接觸不良時，會形成 V 接線，不會有欠相之虞，所以△接法是一種較安全的接法。 2. 接點閉合瞬間，接點所承受電流最小。 缺點：接線較麻煩。

七　問　題

1.　請劃出圖(1)的動作時間表，並敘述其優點？

2.　請設計你認爲最滿意的二台裝及三台裝之Y-△控制之主電路及控制電路。

3.　試述Y-△起動電路爲何需要作互相連鎖保護？種類有哪些？

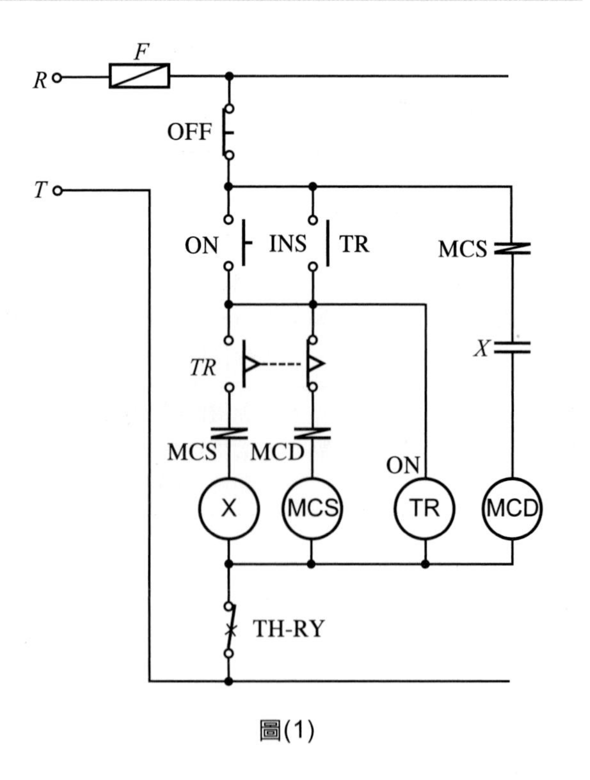

圖(1)

實習 23　三相感應電動機 Y-△降壓起動控制電路(二)

一　動作順序

1. 電源接入時，伏特計(*V*)指示*RT*相電源電壓值。
2. 當無熔絲開關(NFB)ON 時，指示燈(GL)亮。
3. 按下按鈕開關(ON)時，電磁接觸器(MC)及(MCY)均動作，指示燈(YL)亮、(GL)熄，限時電驛開始計時激勵。
4. 經過一段設定時間後，電磁接觸器(MCY)失磁，電磁接觸器(MC△)激磁，黃燈熄、紅燈亮。
5. 按下按鈕開關(OFF)時，電磁接觸器(MC)及(MC△)均失磁，限時電驛(TR)停止計時，指示燈(RL)熄、(GL)亮。
6. 過載時蜂鳴器(BZ)發出警報，指示燈(GL)亮。

二　使用器材

符號	名稱	規格	數量	備註
	配線板	600mm×500mm×2.3*t*　或 800mm×600mm×20*t*	1 塊	
NFB	無熔絲開關	AC 220V，3P，50AF，30AT	1 只	
MC	電磁接觸器	AC 220V，35A，5*a*2*b*	1 只	
MC△	電磁接觸器	AC 220V，35A，5*a*2*b*	1 只	
MCY	電磁接觸器	AC 220V，20HP，5*a*2*b*	1 只	
CT	比流器	60/5A，15VA	2 只	
TR	限時電驛	AC 220V，Y-△起動專用，0～30 秒	1 只	
F-FUSE	栓型保險絲	AC 600V，5A	3 組	附底座
TH-RY	積熱電驛	2.8A	1 只	
V	伏特表	80×80mm 延長刻度，0～300V，2.5 級	1 只	
A	安培表	80×80mm 延長刻度，0～50A，2.5 級	1 只	

(續前表)

符號	名稱	規格	數量	備註
GL YL RL	指示燈	30ϕ，AC 220/15V，綠色、黃色、紅色	3只	附架
PB_1	按鈕開關	30ϕ，AC 220V，1*a*	1只	
PB_2	按鈕開關	30ϕ，AC 220V，1*b*	1只	
BZ	蜂鳴器	AC 220V，圓形，3"	1只	
TB	端子台	3P，20A	3只	
TB	端子台	30P，20A	2只	PB_4，PB_5

三 位置圖

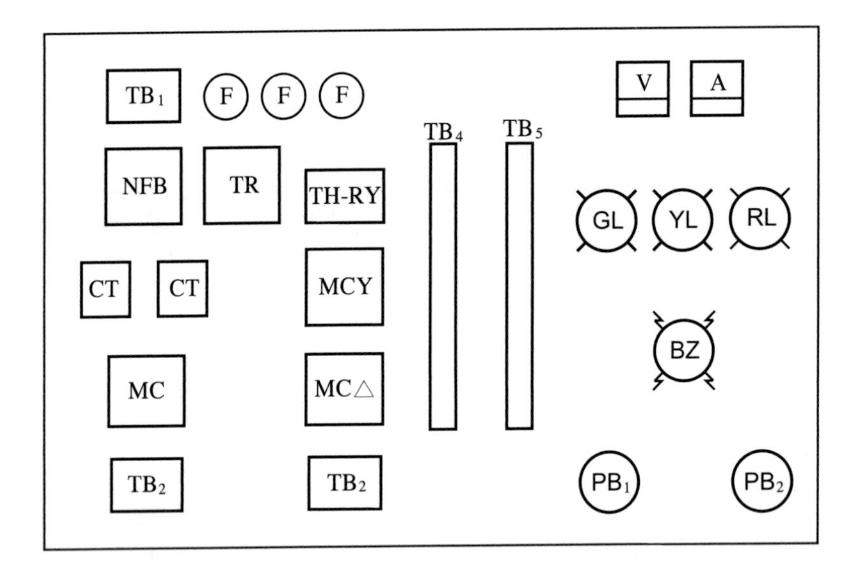

四 線路圖

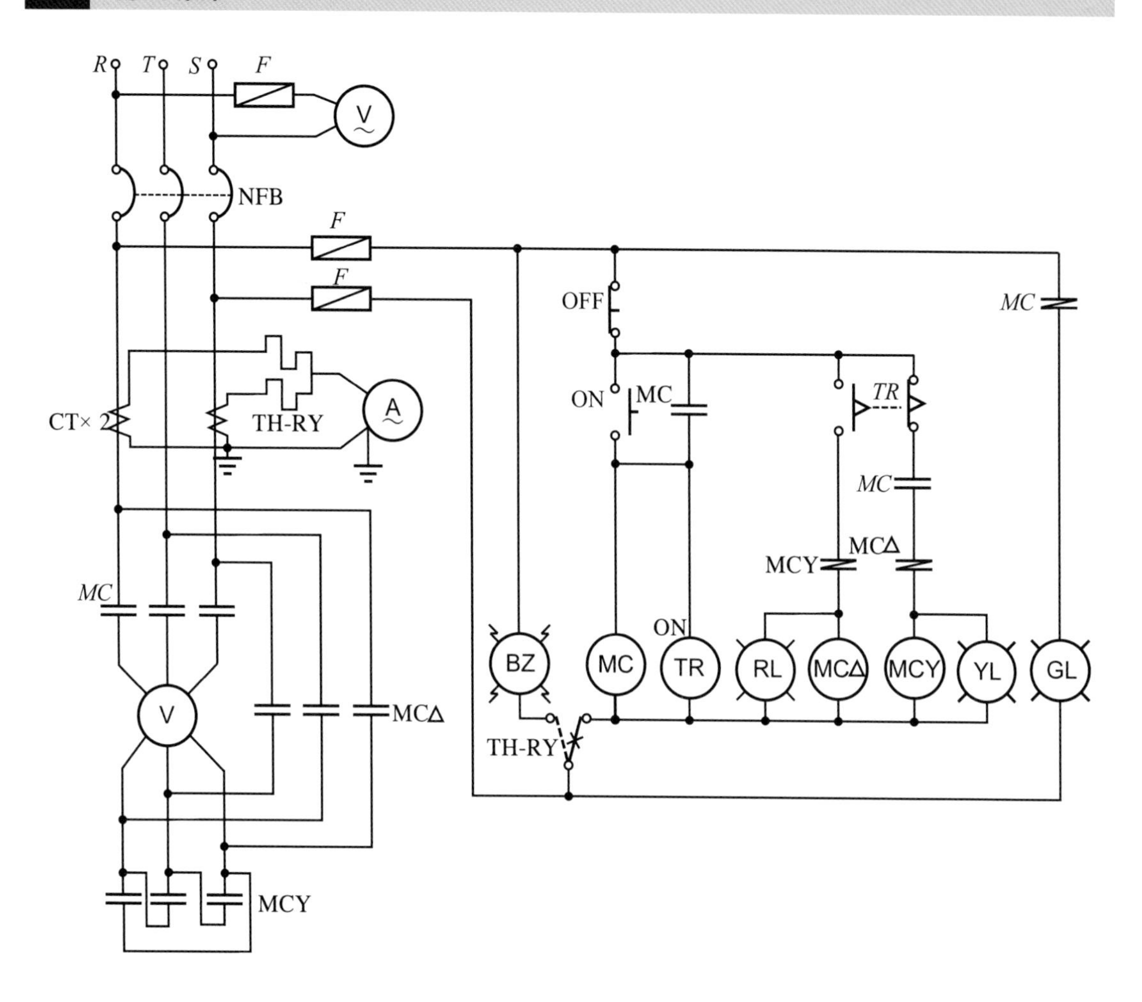
R
T
S
F
V
NFB
F
F
OFF
MC
ON
MC
TR
CT× 2
TH-RY
A
MC
MCY
MCΔ
MC
MCΔ
V
MCY
BZ
MC
ON
TR
RL
MCΔ
MCY
YL
GL
TH-RY

五 動作分析

1. 動作時間表

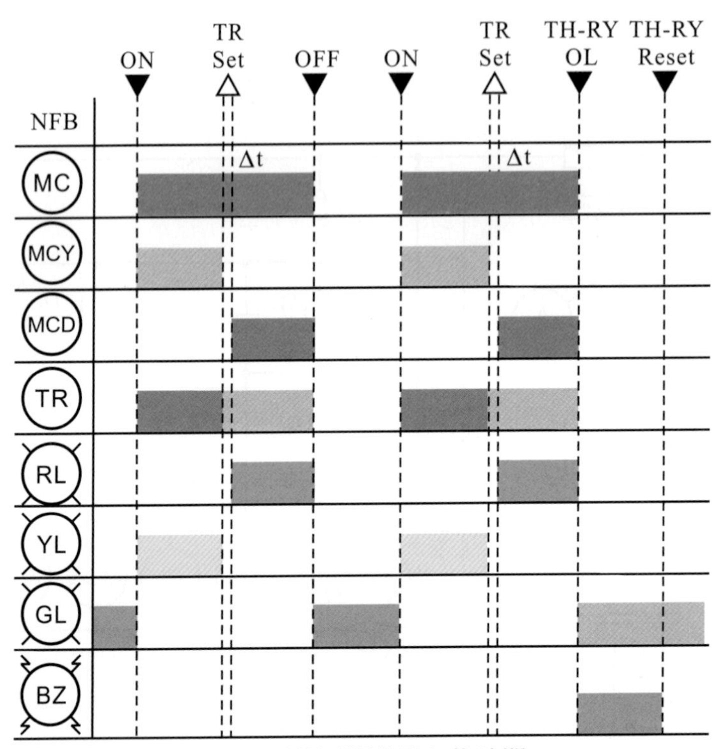

Δt：為時間電驛接點切換時間

2. 動作說明

(1) 按下按鈕開關(ON)，電磁接觸器(MC)及(MCY)均激磁及限時電驛(TR)開始計時，電動機以Y接做降壓起動，(YL)指示燈亮，其餘指示燈熄，經過(TR)之設定時間後，(MCY)失磁，(MC△)激磁，電動機以△接運轉，(RL)指示燈亮，其餘指示燈熄。

(2) 按下按鈕開關(OFF)，電動機停止運轉，(GL)指示燈亮，其餘指示燈熄。

(3) 過載時，積熱電驛(TH-RY)跳脫，電動機停轉，蜂鳴器(BZ)響，只有(GL)指示燈亮。

(4) (TH-RY)復歸後，(BZ)停響，只有(GL)指示燈亮。

六　相關知識

假設電動機額定電流爲I_R安培，直接起動時，起動電流約爲額定電流之 6 倍，再考慮 1.5 倍之安全係數，故需選用大於 6×1.5 = 9 倍之電磁接觸器，即 AC3 級之電磁接觸器。現將二台裝 Y-△起動與三台裝 Y-△起動所需選用之電磁接觸器與積熱電驛的容量說明如下：

1. 二台裝 Y-△起動之電磁接觸器與積熱電驛的容量選擇如表(1)所示。

表(1)

種類		功能	說明	
MCS		Y 起動	其容量需大於$\left(\frac{I_R}{3}\right)$(或$\frac{HP}{3}$)之 AC3 級電磁接觸器	
MCD		△運轉	其容量需大於(或等於)$\left(\frac{I_R}{\sqrt{3}}\right)$(或$\frac{HP}{\sqrt{3}}$)之 AC3 級電磁接觸器	
TH-RY	置於相電流位置	過載保護	其容量需大於$\frac{I_R}{\sqrt{3}}$之積熱電驛	其容量如在 15 馬力以上則可配合 CT 使用
	置於線電流位置	過載保護	其容量需大於I_R之積熱電驛	

例　有一三相鼠籠型感應電動機 AC 220V 15HP，額定電流爲 40A，以二台裝 Y-△起動控制，請問需分別選用多大容量的(MCS)、(MCD)、(TH-RY)？

解　MCS 需採用$=\frac{15HP}{3}=$ 5HP，但由於切換時電弧太大所以採用 7.5HP 較適宜。

MCD 需採用$=\frac{15HP}{\sqrt{3}}=8.66HP \fallingdotseq 10HP$

TH-RY：

置於線電流位置時需採用$= 40A \times 1.15 = 46A$(或 $3A/HP \times 15 = 45$)

置於相電流位置時需採用$=\frac{46A}{\sqrt{3}}=26.6A \fallingdotseq 27A$

2. 三台裝 Y-△起動之電磁接觸器與積熱電驛的容量選擇如下所示。

(1) (MCM)動作一次，(MCS)在無電壓下投入電路，在有電壓下跳脫，所需選用之電磁接觸器與積熱電驛之容量如表(2)所示。

表(2)

<table>
<tr><th colspan="2">種類</th><th>功能</th><th colspan="2">說明</th></tr>
<tr><td colspan="2">MCS</td><td>Y 起動</td><td colspan="2">其容量需大於(或等於)$\left(\frac{I_R}{3}\right)\left(或\frac{HP}{3}\right)$之 AC3 級電磁接觸器</td></tr>
<tr><td colspan="2">MCD</td><td>△運轉</td><td colspan="2">其容量需大於(或等於)$\left(\frac{I_R}{\sqrt{3}}\right)\left(或\frac{HP}{\sqrt{3}}\right)$之AC3 級電磁接觸器</td></tr>
<tr><td rowspan="2">MCM</td><td>置於相電流位置</td><td>開關</td><td colspan="2">其容量需大於(或等於)$\left(\frac{I_R}{\sqrt{3}}\right)\left(或\frac{HP}{\sqrt{3}}\right)$之AC3 級電磁接觸器</td></tr>
<tr><td>置於線電流位置</td><td>開關</td><td colspan="2">其容量需大於(或等於)I_R(或 HP)之 AC3 級電磁接觸器</td></tr>
<tr><td rowspan="2">TH-RY</td><td>置於相電流位置</td><td>過載保護</td><td>其容量需大於$\frac{I_R}{\sqrt{3}}$之積熱電驛</td><td rowspan="2">其容量如在 15 馬力以上則可配合 CT 使用</td></tr>
<tr><td>置於線電流位置</td><td>過載保護</td><td>其容量需大於I_R之積熱電驛</td></tr>
</table>

例 有一三相鼠籠型感應電動機 AC 220V 30HP，額定電流 78A，以三台裝 Y-△起動控制，請問需分別選用多大容量的(MCM)、(MCS)、(MCD)、(TH-RY)？

解 MCS 需採用$=\frac{30HP}{3}=10HP$

MCD 需採用$=\frac{30HP}{\sqrt{3}}=17.3HP\fallingdotseq 20HP$

MCM：

置於線電流位置時採用＝30HP

置於相電流位置時採用＝20HP

TH-RY：

置於線電流位置時採用$=78\times 1.15=89.7=90A$

置於相電流位置時採用$=\frac{90A}{\sqrt{3}}=51.96\fallingdotseq 52A$

⑵　(MCM)動作二次，(MCS)在無電壓下投入，無電壓下跳脫，所選用之電磁接觸器與積熱電驛之容量除(MCS)外均與表(2)相同，而(MCS)之選用如表(3)所示。

表(3)

種類	功能	說明
MCS	Y起動(採用△接)	其容量需大於(或等於)$\frac{1}{\sqrt{3}}\times\frac{I_R}{3}\left(或\frac{1}{\sqrt{3}}\times\frac{HP}{3}\right)=0.2I_R$(或0.2HP)之AC3級電磁接觸器

例　同上

解　MCS需採用$=\frac{1}{\sqrt{3}}\times\frac{30HP}{3}=5.8HP\fallingdotseq 7.5HP$

3. 一般而言，積熱電驛係直接串接於負載回路，但在大電流之回路上，大都配合(CT)使用，一則可以降低成本，二則不會因積熱電驛之故障而影響負載之使用。

例　有一三相感應電動機AC 220V 15HP，額定電流爲40A，利用兩只60/5之(CT)配合3.5A之(TH-RY)，請問此時如何調整(TH-RY)，才可以保護本電動機不致於過載？

解　$60:5=40:X$　　$\therefore X=3.33A$　　$3.33\times 1.15=3.83A$

$3.83A\div 3.5A=1.09=109\%$

即需將(TH-RY)調於109%位置時，才可以保護本電動機不致於過載。

七 問 題

1. 有一三相AC 220V 50HP鼠籠型感應電動機，請你以最經濟原則，設計一個Y-△起動控制電路。
   (1) 標示出主線路及控制線路的線徑大小。
   (2) 分別求出(MCM)、(MCS)、(MCD)、(TH-RY)的容量。
   (3) 綠燈爲電源指示燈，黃燈爲Y起動時指示燈，紅燈爲△運轉時指示燈，試劃出其控制電路圖。
2. 有一三相AC 220V 75HP之感應電動機之額定電流爲185A，使用300/5之(CT)兩個配合(TH-RY)使用，則(TH-RY)之額定值如何？若此(TH-RY)選用3.5A者，應置於多少%位置，才可以保護本電動機不致於過載？
3. 請敘述圖(a)、(b)之動作順序，並劃出其動作時間表。

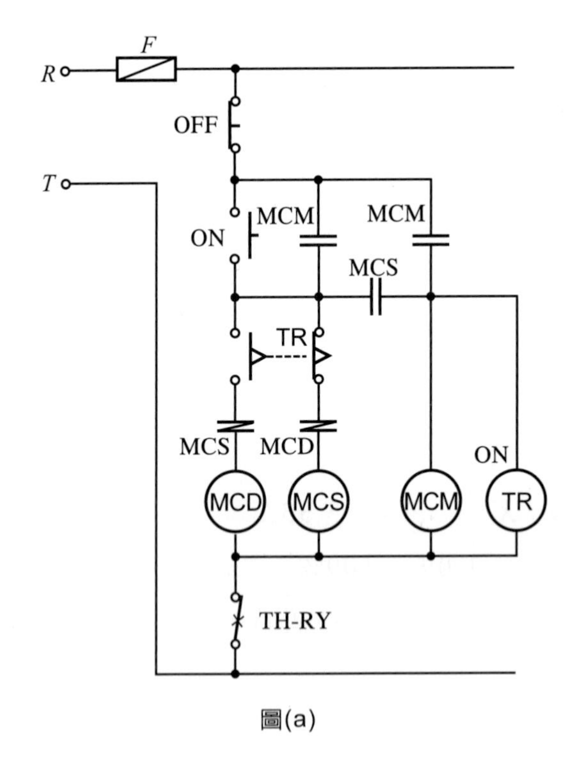

圖(a)

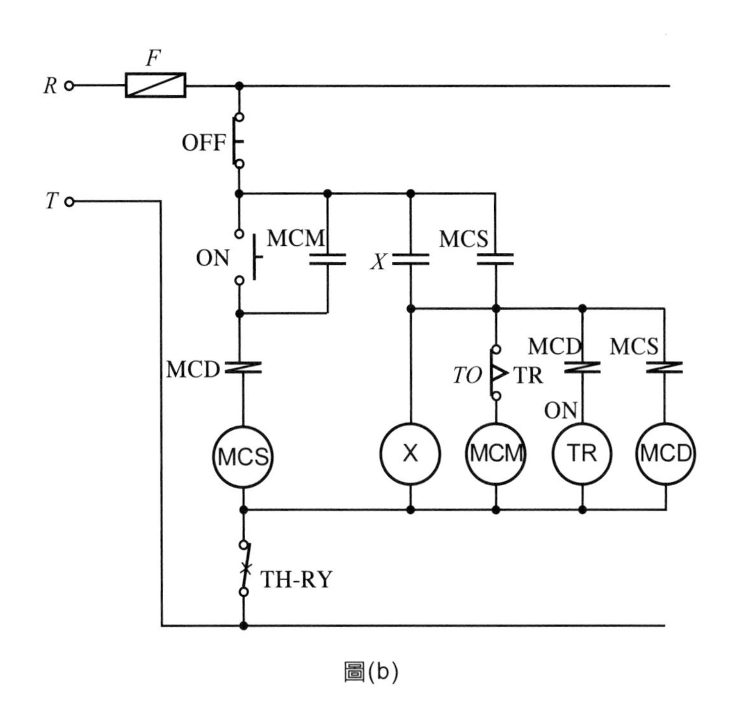

圖(b)

4. 在 Y-△起動中，(MCM)有動作一次、動作二次之分別，請參考上題之圖(a)、(b)兩圖，敘述其作用何在？

實習 24　三相感應電動機一次電阻自動降壓起動控制電路

一　動作順序

1. 無熔絲開關(NFB)ON 後，只有指示燈綠燈(GL)亮。
2. 按下按鈕開關(ON)，指示燈黃燈(YL)亮、綠燈(GL)熄，經過一段設定時間後，電磁接觸器(MC_1)動作，將 1/3 部分電阻短路，再經過一段設定時間後，電磁接觸器(MC_2)動作，又把 1/3 部分電阻短路，再經過一段設定時間後，電磁接觸器(MC_3)動作，指示燈紅燈(RL)亮、黃燈熄，將全部起動電阻短路，電動機起動完成。
3. 過載時，積熱電驛動作，指示燈綠燈(GL)亮、紅黃燈熄，蜂鳴器發出警報，電動機停止運轉。

二 使用器材

符號	名稱	規格	數量	備註
	配線板	600mm×500mm×2.3*t* 或 800mm×600mm×20*t*	1 塊	
NFB	無熔絲開關	3P，50AF，30AT	1 只	
MC	電磁接觸器	AC 220V，5HP，5*a*2*b*	4 只	
TH-RY	積熱電驛	AC 220V，15A	1 只	
F-FUSE	栓型熔絲	AC 220V，5A	2 只	附座
TR	限時電驛	AC 220V，ON-DELAY，0～30 秒	3 只	附座
RES	電阻器	3ϕ，2kVA，50%、65%、85%、100%	1 只	
BZ	蜂鳴器	AC 220V，圓形，3"	1 只	
PB	按鈕開關	PB-2(ON-OFF)	1 只	
GL	指示燈	AC 220/15V，綠色	1 只	附架
YL	指示燈	AC 220/15V，黃色	1 只	附架
RL	指示燈	AC 220/15V，紅色	1 只	附架
TB	端子台	3P，20A	2 只	TB_1，TB_2
TB	端子台	20P，20A	2 只	TB_3，TB_4

三 位置圖

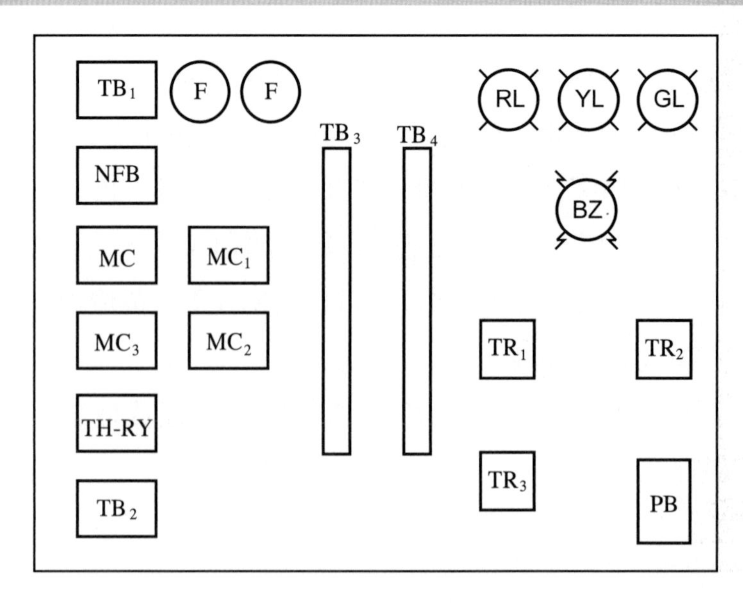

四 線路圖

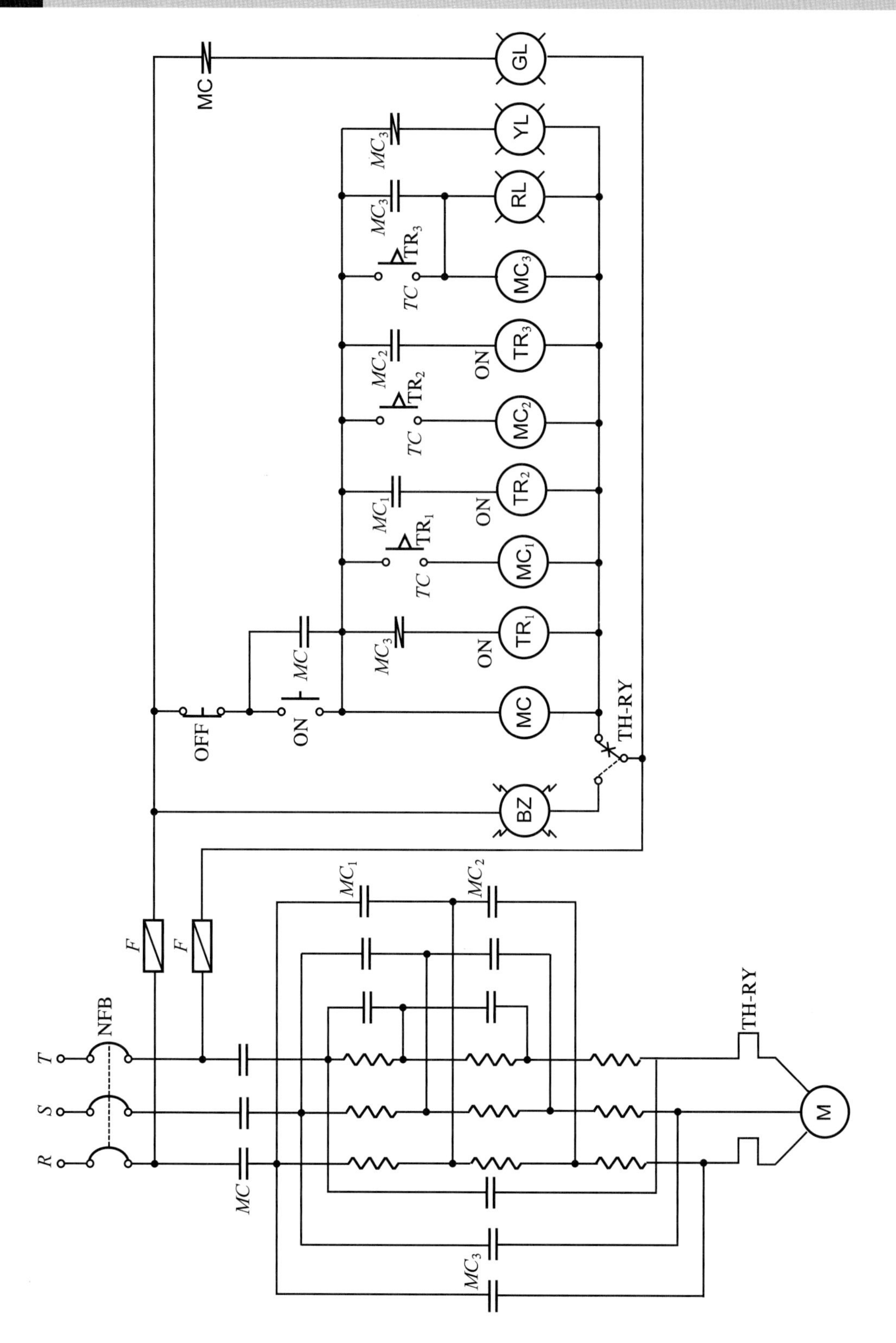
MC
GL
YL
RL
MC_3
TR_3
TC
MC_3
TR_3
ON
MC_2
TR_2
MC_2
MC_1
TR_1
TR_2
MC_1
TR_1
MC_3
MC
OFF
ON
MC
TH-RY
BZ
F
F
NFB
T
S
R
MC_1
MC_2
MC_3
TH-RY
M

五 動作分析

1. 動作時間表

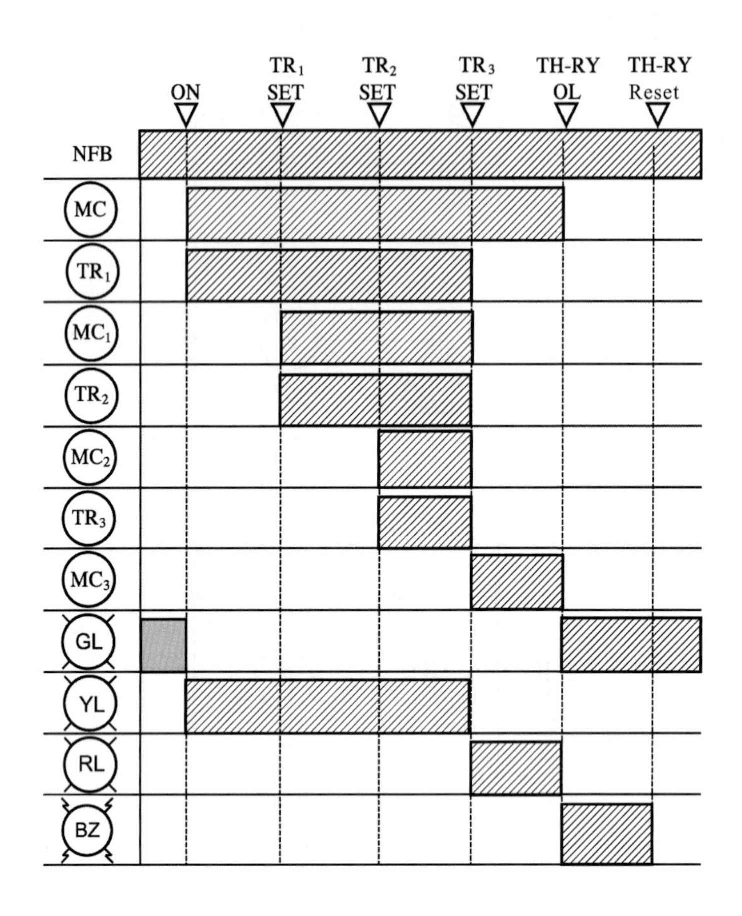

2. 動作說明

(1) 按下按鈕開關(ON)，電磁接觸器(MC)激磁，限時電驛(TR_1)開始計時，電動機串聯全部電阻起動運轉，經過一段設定時間後，(MC_1)激磁及(TR_2)開始計時，電動機串聯 2/3 電阻起動運轉，此時，(YL)指示燈亮、其餘指示燈熄，再經過一段設定時間後，(MC_2)激磁及(TR_3)開始計時，電動機串聯 1/3 電阻起動運轉，再經過一段設定時間後，(MC_3)激磁，電動機全壓正常運轉，且(TR_1)、(MC_1)、(TR_2)、(MC_2)、(MC_3)均失磁，此時，(RL)指示燈亮，其餘指示燈熄。

⑵　按下(OFF)，電動機停止運轉。

⑶　過載時，積熱電驛跳脫，蜂鳴器(BZ)響，(GL)指示燈亮，其餘指示燈熄。

⑷　故障排除後，使積熱電驛復歸，蜂鳴器(BZ)停響，(GL)指示燈亮，其餘指示燈熄，電動機不會自行起動。

六　相關知識

感應電動機一次電阻自動降壓起動使用之電阻器，一般而言其抽頭有 50%、65%、80%等三種，其意爲置於 80%分接頭時，則在起動時會將線電壓降低至爲原來電壓的 80%起動，亦即加於電動機之電壓爲線電壓之 80%，其餘抽頭其理亦同。由此可知抽頭置於 50%處，其電阻最大，置於 80%分接頭之電阻最小。

以這種方法來起動電動機時，當串聯之電阻愈大時，則起動電流愈小，但起動轉矩亦相對減少。其電磁接觸器與積熱電驛容量之選擇方法與電抗起動法計算方法相同，可參閱之。

設有一三相感應電動機，AC 220V 30HP，額定電流爲 78A，若欲使起動時，其電流爲電動機額定電流之 4 倍，試問每線上須串聯電阻若干？設電動機起動時之功率因數爲 0.4(轉子扼住時之功率因數)。(Y 接)

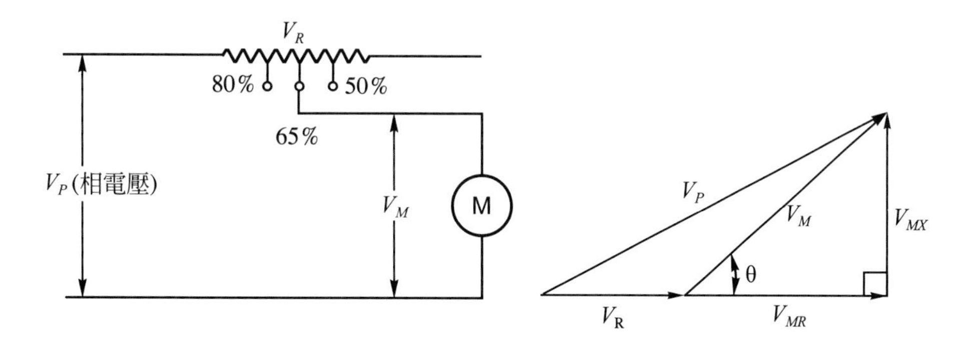

置於 65%分接頭：

$$I_{ST}(\text{起動電流}) = 4 \times 78 = 312\text{A}$$

$$V_P = \frac{220}{\sqrt{3}} = 127\text{V}$$

$$V_M = 0.65 \times 127 = 82.6\text{V}$$

$$\sin\theta = \sqrt{1-\cos^2\theta} = \sqrt{1-(0.4)^2} \doteqdot 0.9$$

$$V_{MX} = V_M \times \sin\theta = 82.6 \times 0.9 = 76\text{V}$$

$$V_{MR} = V_M \times \cos\theta = 82.6 \times 0.4 = 33\text{V}$$

$$V_R + V_{MR} = \sqrt{V_P{}^2 - V_{MX}{}^2} = \sqrt{127^2 - 76^2} = 102\text{V}$$

所以 $V_R = 102\text{V} - 33\text{V} = 69\text{V}$

所以 $R = \dfrac{V_R}{I} = \dfrac{69\text{V}}{312\text{A}} = 0.22\Omega$

故為使此電動機利用一次電阻做自動降壓起動法，其起動電流為額定電流之 4 倍時，其需串聯 0.22Ω之電阻。

七 問 題

1. 試述一次電阻降壓起動的起動特性？
2. 試述一次電阻降壓起動的適用對象？
3. 試述一次電阻降壓起動的起動電流與起動轉矩的關係？

實習 25 三相感應電動機電抗降壓起動控制電路

一 動作順序

1. 無熔絲開關(NFB)ON 後，只有指示燈綠燈(GL)亮。
2. 按下按鈕開關(ON)，則電動機串聯電抗起動運轉，指示燈黃燈(YL)亮、紅燈(RL)及綠燈(GL)均熄，經過一段設定時間後，電動機全壓運轉，此時指示燈紅燈(RL)亮、黃燈(YL)及綠燈(GL)均熄。
3. 過載時，積熱電驛跳脫，指示燈綠燈(GL)亮、紅燈(RL)及黃燈(YL)均熄，蜂鳴器發出警報，電動機停止運轉。

二 使用器材

符號	名稱	規格	數量	備註
	配線板	600mm×500mm×2.3*t*　或 800mm×600mm×20*t*	1 塊	
NFB	無熔絲開關	3P，50AF，30AT	1 只	
MC	電磁接觸器	AC 220V，5HP，5*a*2*b*	2 只	
TH-RY	積熱電驛	AC 220V，15A	1 只	
F	栓型熔絲	AC 600V，5A	2 只	附底座
TR	限時電驛	AC 220V，ON-DELAY，0～60 秒	1 只	
BZ	蜂鳴器	AC 220V，圓形，3"	1 只	
PB	按鈕開關	PB-2(ON-OFF)	1 只	露出型
GL	指示燈	AC 220/15V，綠色	1 只	附架
RL	指示燈	AC 220/15V，紅色	1 只	附架
YL	指示燈	AC 220/15V，黃色	1 只	附架
REA	電抗器	1ϕ，700VA，50%、65%、85%、100%	3 只	
TB	端子台	3P，20A	4 只	
TB	端子台	20P，20A	2 只	TB_5，TB_6

三 位置圖

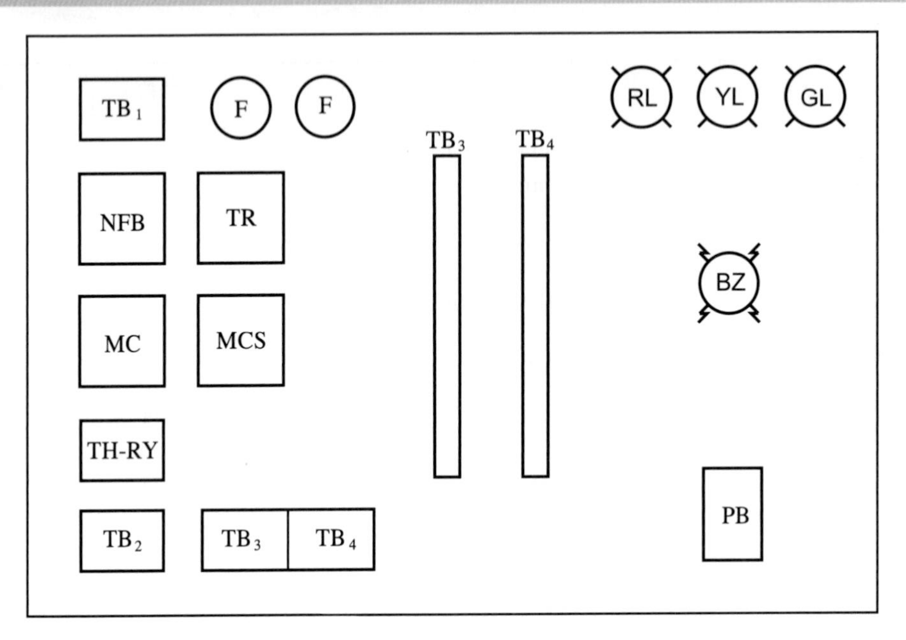
TB1
F
F
RL
YL
GL
TB3
TB4
NFB
TR
BZ
MC
MCS
TH-RY
TB2
TB3
TB4
PB

四 線路圖

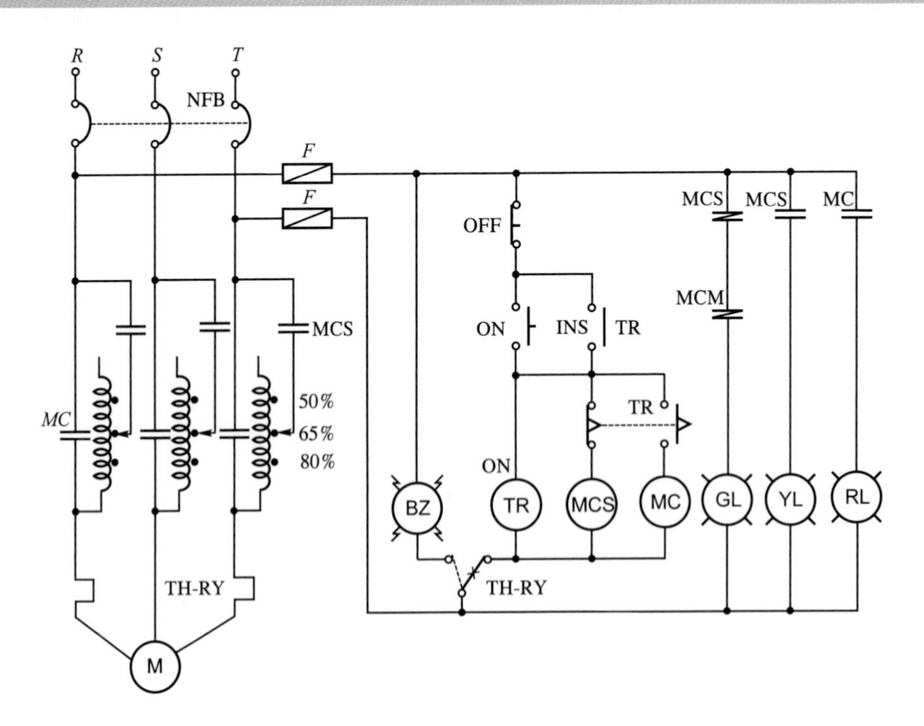
R
S
T
NFB
F
F
MCS
MCS
MC
OFF
MCM
MCS
ON
INS
TR
MC
50%
65%
80%
TR
ON
BZ
TR
MCS
MC
GL
YL
RL
TH-RY
TH-RY
M

五 動作分析

1. 動作勢間表

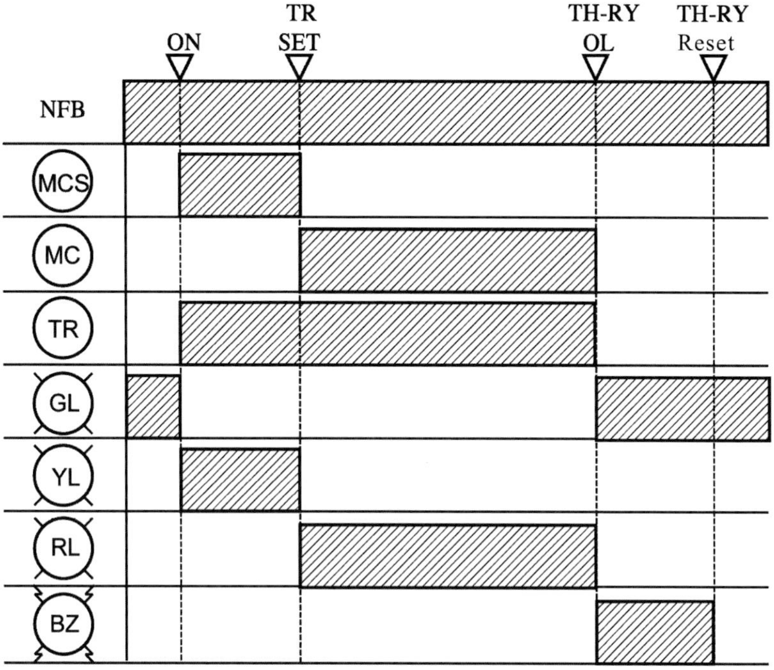

2. 動作說明

(1) 按下按鈕開關(ON)，電磁接觸器(MCS)激磁與限時電驛(TR)開始計時，電動機串聯電抗起動運轉，(YL)指示燈亮，其餘指示燈熄，經過一段設定時間後，(MCS)失磁，(MC)激磁，電動機全壓運轉，(RL)指示燈亮，其餘指示燈熄。

(2) 按下按鈕開關(OFF)，電動機停止運轉，(GL)指示燈亮，其餘指示燈熄。

(3) 過載時，積熱電驛(TH-RY)跳脫，電動機停止運轉，蜂鳴器(BZ)響，(GL)指示燈亮，其餘指示燈熄。

(4) 積熱電驛(TH-RY)復歸後，蜂鳴器(BZ)停響，(GL)指示燈亮，其餘指示燈熄，電動機不會自行起動運轉。

六 相關知識

電抗器是由銅線所繞製而成的線圈，它有 50%、65%、80%等中間抽頭(TAP)，接線圖如圖(a)、(b)所示。

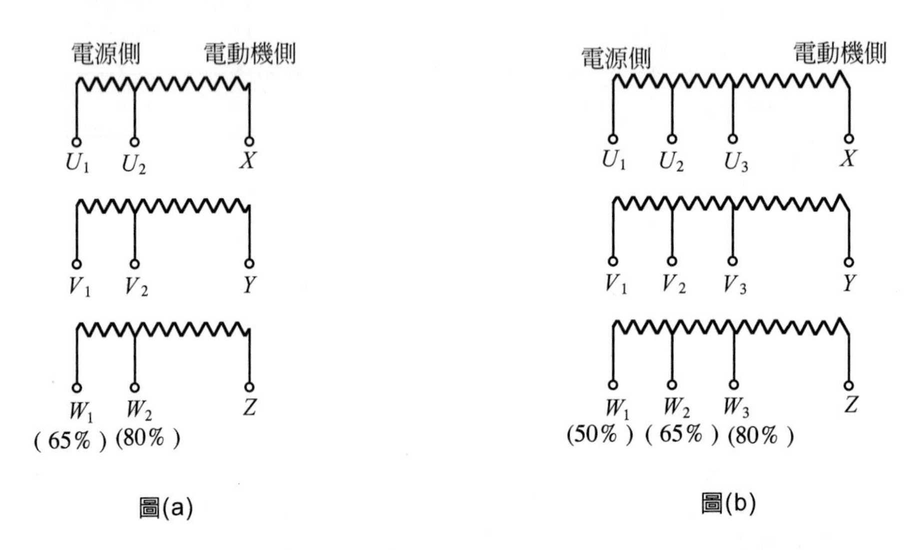

圖(a) 圖(b)

設T為直接起動時之轉矩，因直接起動時起動電流為電動機額定電流的 6 倍，如使用 80%抽頭起動時，會把起動電流降為$6 \times 0.8 = 4.8$倍(其它的抽頭：$6 \times 0.65 = 3.9$倍，$6 \times 0.5 = 3$倍)。但起動轉矩與外加電壓平方成反比，因此使用 80%抽頭起動時，轉矩將降低為$(0.8)^2 = 0.64T$(其它的抽頭：$(0.65)^2 = 0.42T$，$(0.5)^2 = 0.25T$)。

設感應電動機額定電流為I_R，直接起動時，起動電流I_R為$6I_R$，最大起動電流為使用 80%的抽頭，所以 MCS 選用時務需滿足 80%抽頭(TAP)時之起動電流；則$4.8I_R \times 1.5 = 7.2I_R$，如選用 AC3 級電磁接觸器，則 MCS 之容量需選用$\frac{7.2}{10}I_R = 0.72I_R$之AC3 級電磁接觸器，MC之容量需選用$I_R$之AC3 級電磁接觸器。

三相感應電動機電抗降壓起動之電磁接觸器與積熱電驛的容量選擇如表(1)所示。

表(1)

種類	功能	說明
MCS	降壓起動	其容量需大於(或等於)0.72I_R之 AC3 級電磁接觸器
MC	運轉	其容量需大於(或等於)I_R之 AC3 級電磁接觸器
TH-RY	過載保護	其容量需大於I_R之積熱電驛

例　有一三相感應電動機 AC 220V 20HP，額定電流為 52A，採用電抗降壓起動法，若電抗器抽頭置於 80%位置，請問需分別選用多大的(MC)、(MCS)、(TH-RY)？

解　MC 需採用＝20HP(AC3 級)

MCS 需採用＝20×0.72＝14.4HP≒15HP(AC3 級)

TH-RY 需採用＝52×1.15＝60A

七　問　題

1. 試述電抗降壓起動的適用對象？
2. 試述電抗降壓起動的轉速特性？
3. 試述電抗降壓起動的起動電流與起動轉矩的關係？
4. 有一三相感應電動機 AC 220V 25HP，額定電流為 64A，採用電抗降壓起動法，若電抗器抽頭置於 80%位置，試問需分別選用多大的(MC)、(MCS)、(TH-RY)？
5. 題目與第 4.題相同，若(TH-RY)改為圖(1)之接法，而(CT)之規格為 150A/5A，基本貫穿數為 2 匝，而安培表之規格為 75A/5A，則(CT)應貫穿若干匝？(TH-RY)之額定應選用若干安培最恰當？

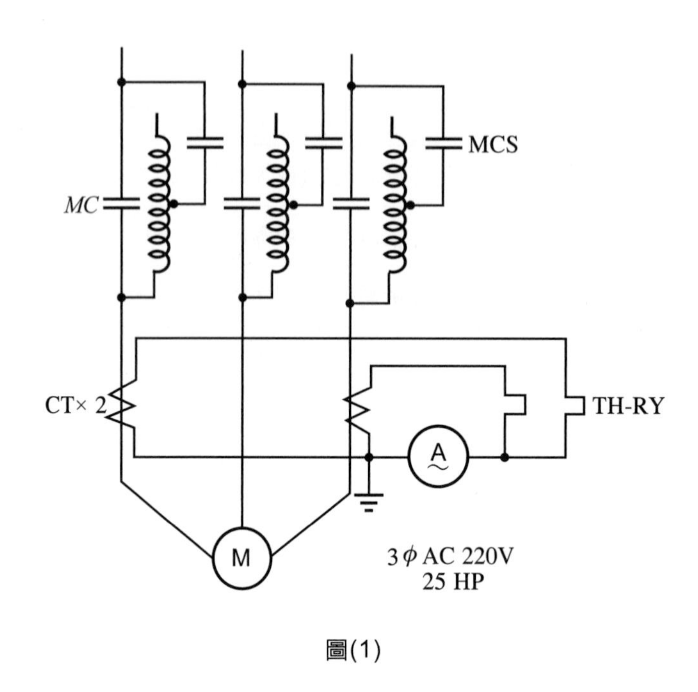

圖(1)

實習 26 三相感應電動機起動補償器(自耦變壓器)降壓起動控制電路

一 動作順序

1. 無熔絲開關(NFB)ON 後，只有指示燈綠燈(GL)亮。
2. 按下按鈕開關(ON)，電磁接觸器(MCS)及(MCN)均激磁動作，限時電驛(TR)開始計時，補償器接成 Y 形，電動機作降壓起動，經過一段設定時間後，電磁接觸器(MCS)及(MCN)均失磁，電磁接觸器(MC)動作，電動機以全壓運轉。
3. 電磁接觸器(MCS)激磁時，指示燈黃燈(YL)亮、紅燈(RL)及綠燈(GL)均熄，電磁接觸器(MC)激磁時，指示燈紅燈(RL)亮、黃燈(YL)及綠燈(GL)均熄。
4. 過載時，積熱電驛跳脫，指示燈綠燈(GL)亮，其餘燈均熄，蜂鳴器發出警報，電動機停止動作。

二 使用器材

符號	名稱	規格	數量	備註
	配線板	600mm×500mm×2.3*t*　或 800mm×600mm×20*t*	1 塊	
NFB	無熔絲開關	3P，50AF，30AT	1 只	
MC	電磁接觸器	AC 220V，5HP，5*a*2*b*	3 只	
TH-RY	積熱電驛	AC 220V，15A	1 只	
F	栓型保險絲	AC 600V，5A	2 只	附底座
TR	限時電驛	AC 220V，ON-DELAY，0～60 秒	1 只	
PB	按鈕開關	PB-2(ON-OFF)	1 只	露出型
BZ	蜂鳴器	AC 220V，圓形，3"	1 只	
GL	指示燈	AC 220/15V，綠色	1 只	附架
YL	指示燈	AC 220/15V，黃色	1 只	附架
RL	指示燈	AC 220/15V，紅色	1 只	附架
REA	電抗器	1ϕ，700VA，50%、65%、80%、100%	3 只	
TB	端子台	3P，20A	2 只	
TB	端子台	30P，20A	2 只	

三 位置圖

見圖於下頁。

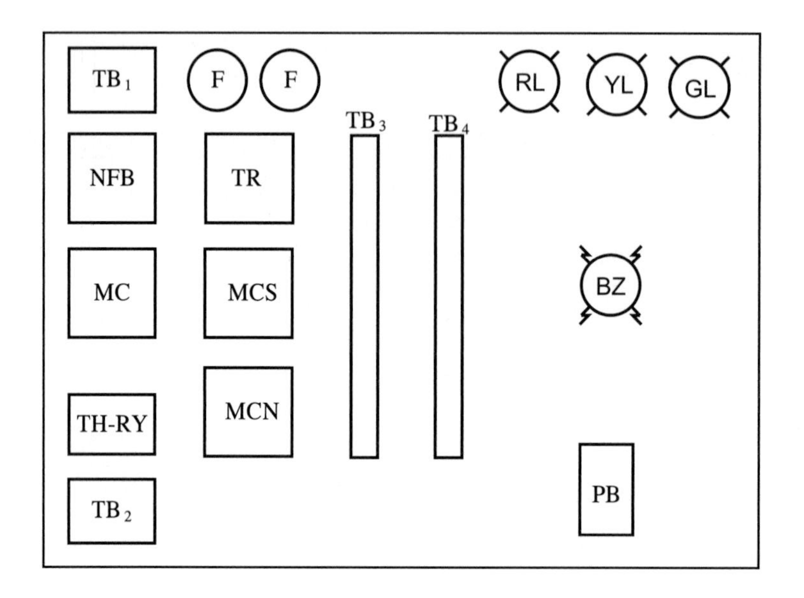
TB1
F
F
RL
YL
GL
TB3
TB4
NFB
TR
BZ
MC
MCS
MCN
TH-RY
PB
TB2

四 線路圖

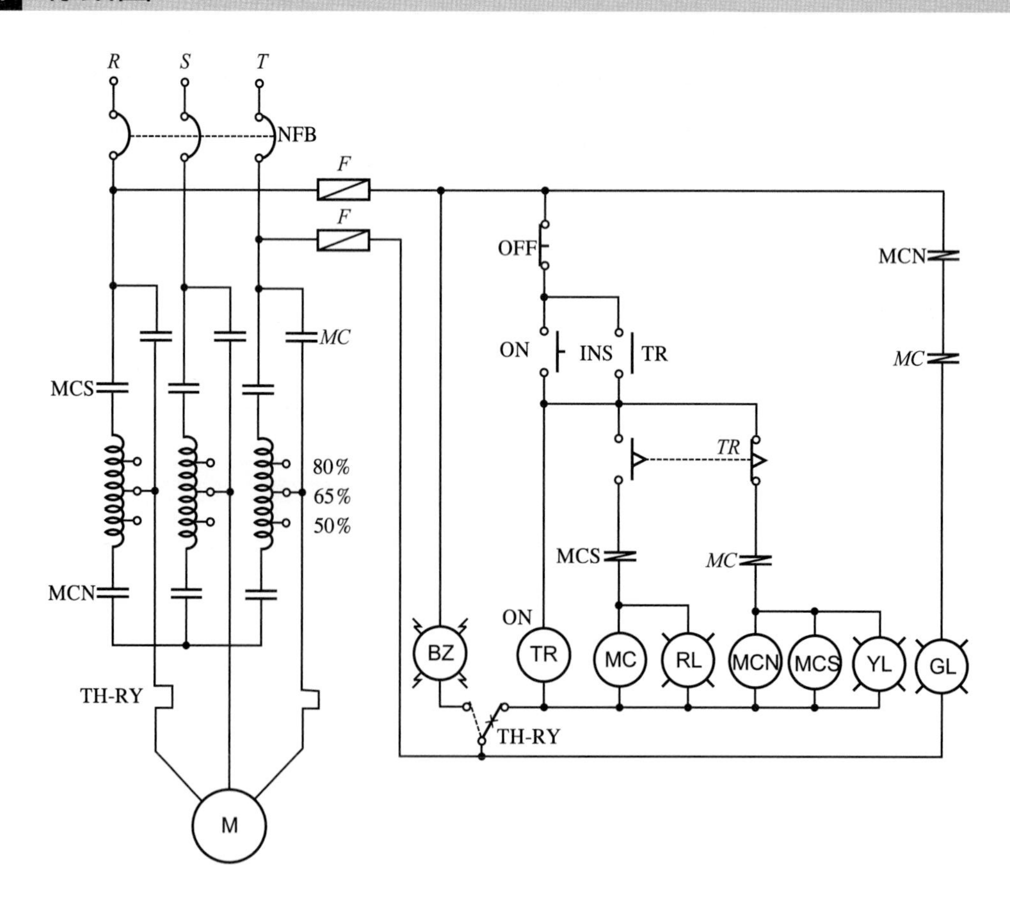
R
S
T
NFB
F
F
OFF
MCN
ON
INS
TR
MC
MC
MCS
TR
80%
65%
50%
MCS
MC
MCN
ON
BZ
TR
MC
RL
MCN
MCS
YL
GL
TH-RY
TH-RY
M

五　動作分析

1. 動作時間表

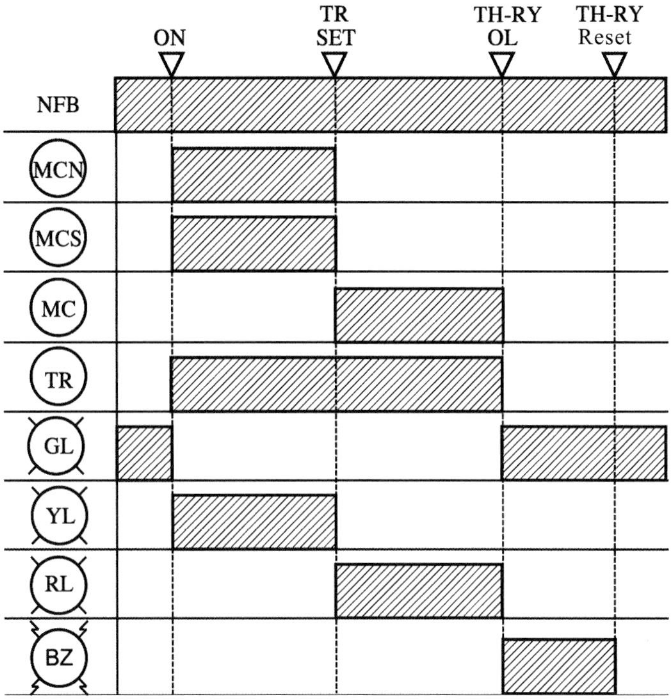

2. 動作說明

(1) 按下按鈕開關(ON)，電磁接觸器(MCN)及(MCS)線圈均激磁及限時電驛(TR)開始計時，電動機降壓起動，(YL)指示燈亮，其餘指示燈熄；經過一段設定時間後，(MCN)及(MCS)均失磁，(MC)激磁，電動機全壓運轉，(RL)指示燈亮，其餘指示燈熄。

(2) 按下按鈕開關(OFF)，(MC)失磁，電動機停止運轉，(GL)指示燈亮，其餘指示燈熄。

(3) 過載時，積熱電驛(TH-RY)跳脫，電動機停止運轉，蜂鳴器(BZ)響，(GL)指示燈亮，其餘指示燈熄。

(4) 積熱電驛(TH-RY)復歸後，(BZ)停響，(GL)亮，其餘指示燈熄，電動機不會自行起動運轉。

六 相關知識

三相感應電動機補償器降壓起動法一般均採用 Y 接線法，利用 Y 接線之自耦變壓器在抽頭 50%、65%、80%位置作降壓起動，當感應電動機轉速到達 75%時，再轉換爲全壓運轉，此種起動方法比利用電阻器作降壓起動來得經濟，比較不會浪費能源。

補償器起動法電壓、電流、轉矩的關係說明如下，請參考圖(1)：

$$\frac{V_L}{V_M}=\frac{I_M}{I_L}=a(\text{自耦變壓器匝數比})$$

$$V_M=\frac{V_L}{a}$$

$$I_M=I_L\left(\frac{V_L}{V_M}\right)=a\cdot I_L$$

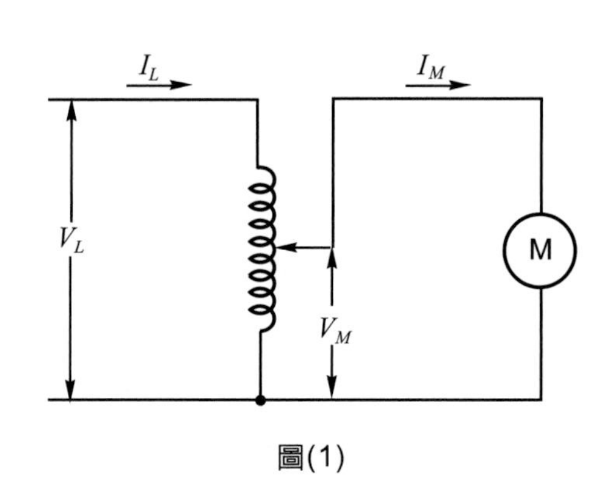

圖(1)

若V_L電壓直接加於電動機，設其起動電流爲I_{ST}，

則 $\frac{I_M}{V_M}=\frac{I_{ST}}{V_L}$ $\therefore I_M=I_{ST}\left(\frac{V_M}{V_L}\right)=I_{ST}\times\frac{1}{a}$

所以 二次側之$I_M=I_L\left(\frac{V_L}{V_M}\right)=I_{ST}\left(\frac{V_M}{V_L}\right)=\frac{I_{ST}}{a}$

所以 一次側之$I_L=I_M\left(\frac{V_M}{V_L}\right)=\frac{I_{ST}}{a}\times\frac{1}{a}=\frac{I_{ST}}{a^2}$

結論：

1. 起動轉矩＝全壓起動的$\frac{1}{a^2}$倍。
2. 一次側之線電流(補償器起動時)＝全壓起動的$\frac{1}{a^2}$倍。
3. 二次側之線電流(補償器起動時)＝全壓起動的$\frac{1}{a}$倍。
4. 此法適用於 15HP 以上之感應電動機。

設T爲直接起動時之轉矩，因直接起動時起動電流爲電動機額定電流的 6 倍。如使用 80%抽頭起動時，一次側之起動電流降爲 $6\times(0.8)^2 = 3.84$ 倍(其它的抽頭：$6\times(0.65)^2 = 2.5$ 倍，$6\times(0.5)^2 = 1.5$ 倍)；二次側之起動電流降爲 $6\times0.8 = 4.8$ 倍(其它的抽頭：$6\times0.65 = 3.9$ 倍，$6\times0.5 = 3$ 倍)，轉矩將降低爲 $(0.8)^2 = 0.64T$(其它的抽頭：$(0.65)^2 = 0.42T$，$(0.5)^2 = 0.25T$)。

設感應電動機額定電流爲I_R，直接起動時，起動電流爲$6I_R$，以實習之線路圖爲例，(MCN)之最大電流發生在 50%的抽頭。所以如抽頭置於 50%起動時，$(0.5)^2\times6 = 1.5I_R$，安全係數考慮爲 1.5 倍，則 $1.5I_R\times1.5 \fallingdotseq 2.3I_R$，故採用AC3級電磁接觸器時(MCN)之容量選用$\frac{2.3I_R}{10} = 0.23I_R$；(MCS)最大電流發生在 80%的抽頭位置，故(MCS)之容量用$\frac{(0.8)^2\times6I_R\times1.5}{10} = 0.58I_R$之 AC3 級電磁接觸器；(MC)之容量則選用$I_R$之 AC3 級電磁接觸器。

三相感應電動機補償器降壓起動之電磁接觸器與積熱電驛的容量選擇如表(1)所示。

表(1)

種類	功能	說明
MCS	降壓起動	其容量需大於(或等於)$0.58I_R$之 AC3 級電磁接觸器
MCN	降壓起動	其容量需大於(或等於)$0.23I_R$之 AC3 級電磁接觸器
MC	運轉	其容量需大於(或等於)I_R之 AC3 級電磁接觸器
TH-RY	過載保護	其容量需大於I_R之積熱電驛

三相感應電動機補償器降壓起動主線路如採用圖(2)接法，則此時(MCN)最大電流是發生在 80%的抽頭位置，故(MCN)之容量需改選用$\frac{0.8\times6I_R\times1.5}{10} = 0.72I_R$之 AC3 級電磁接觸器。

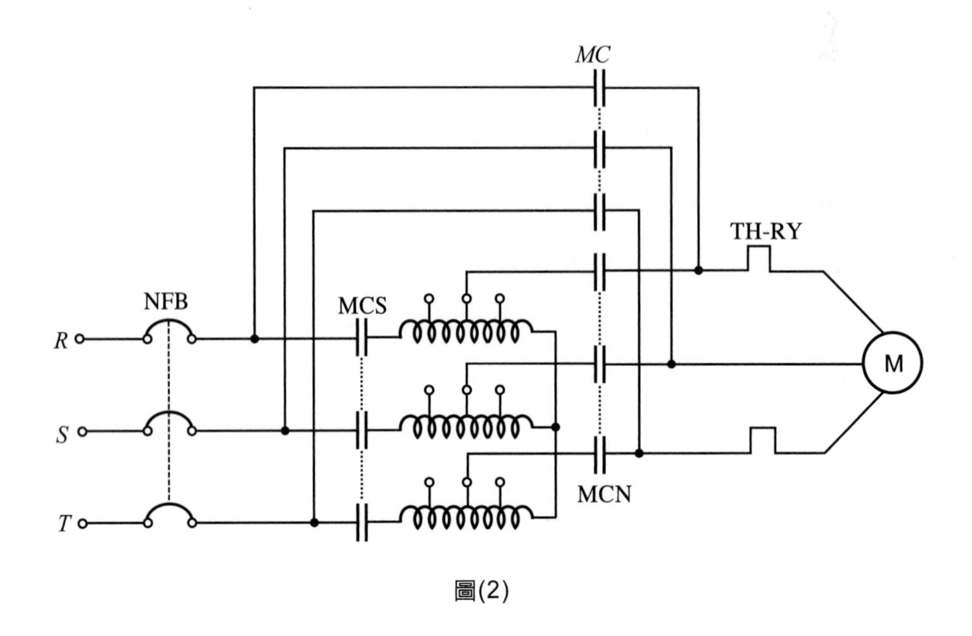

圖(2)

例 有一三相感應電動機AC 220V 40HP，額定電流爲104A，採用補償器(自耦變壓器)降壓起動法，若抽頭置於 80%位置，請問需分別使用多大的(MC)、(MCS)、(MCN)、(TH-RY)？

解 如實習之線路圖：

MC 需採用＝40HP(AC3 級)

MCS 需採用＝40×0.58＝23.2HP≒25HP(AC3 級)

MCN 需採用＝40×0.23＝9.2HP≒10HP(AC3 級)

TH-RY 需採用＝104×1.15＝119.6≒120A

主線路如圖(2)之接線：

MC 需採用＝40HP(AC3 級)

MCS 需採用＝40×0.58＝23.2HP≒25HP(AC3 級)

MCN 需採用＝40×0.72＝28.8HP≒30HP(AC3 級)

TH-RY 需採用＝104×1.15＝119.6≒120A

七 問　題

1. 試述補償器降壓起動與電抗器降壓起動之差別？
2. 試說明補償器降壓起動的適用對象？
3. 試說明補償器起動的起動電流與起動轉矩的關係？
4. 圖(3)爲另一種補償器降壓起動之主線路，試與前面兩圖(圖(1)、圖(2))做一比較？
5. 有一三相感應電動機AC 220V 100HP，額定電流爲246A，採用補償器(自耦變壓器法)降壓起動法，設計一個你認爲最滿意的線路，並分別求出(MC)、(MCS)、(MCN)、(TH-RY)的容量大小？

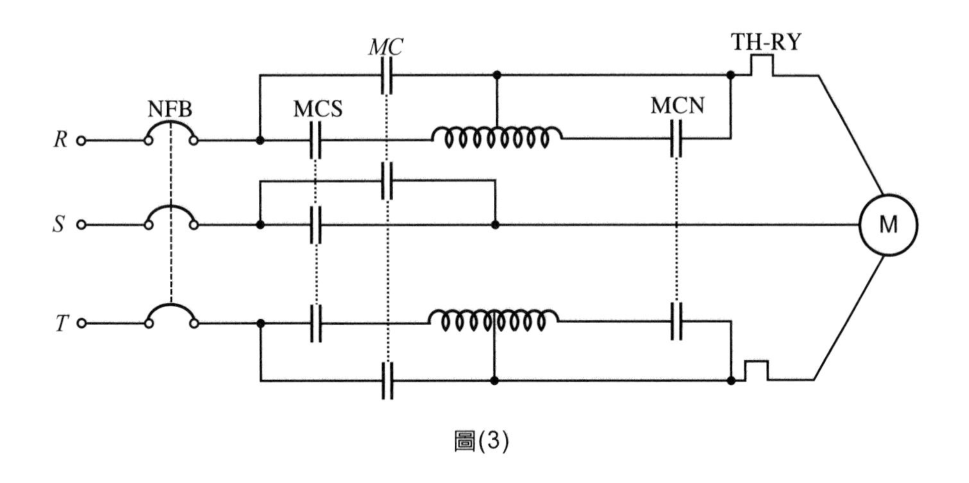

圖(3)

實習 27　三相感應電動機手動 Y-△降壓起動控制電路

一 動作順序

1. 電源接通時，指示燈(GL)亮，其餘指示燈均熄，電動機不動作。
2. 按下按鈕開關(PB_2)，電動機 Y 起動，指示燈(YL)亮、(GL)熄。
3. 按下按鈕開關(PB_3)，電動機△起動，指示燈(RL)亮、(YL)熄。
4. 電動機過載時，積熱電驛(TH-RY)跳脫，指示燈(RL)熄，蜂鳴器(BZ)發出警報，指示燈(GL)亮，電動機停止運轉。

二 使用器材

符號	名稱	規格	數量	備註
	配線板	600mm×500mm×2.3t 或 800mm×600mm×20t	1 塊	
NFB	無熔絲開關	AC 220V，3P，50AF，50AT	1 只	
MCM	電磁開關	AC 220V，25A，5a2b，TH-RY 10A	1 組	
MC△	電磁接觸器	AC 220V，25A，5a2b	1 只	
MCY	電磁接觸器	AC 220V，15A，5a2b	1 只	
F	栓型熔絲	AC 600V，5A	2 只	附底座
PB	按鈕開關	30ϕ，1a1b，紅×1，綠×2	3 只	附座
GL	指示燈	30ϕ，AC 220/15V，綠色	1 只	附座
YL	指示燈	30ϕ，AC 220/15V，黃色	1 只	附座
RL	指示燈	30ϕ，AC 220/15V，紅色	1 只	附座
TB	端子台	3P，60A	3 只	附座
TB	端子台	30P，20A	2 只	附座

三 位置圖

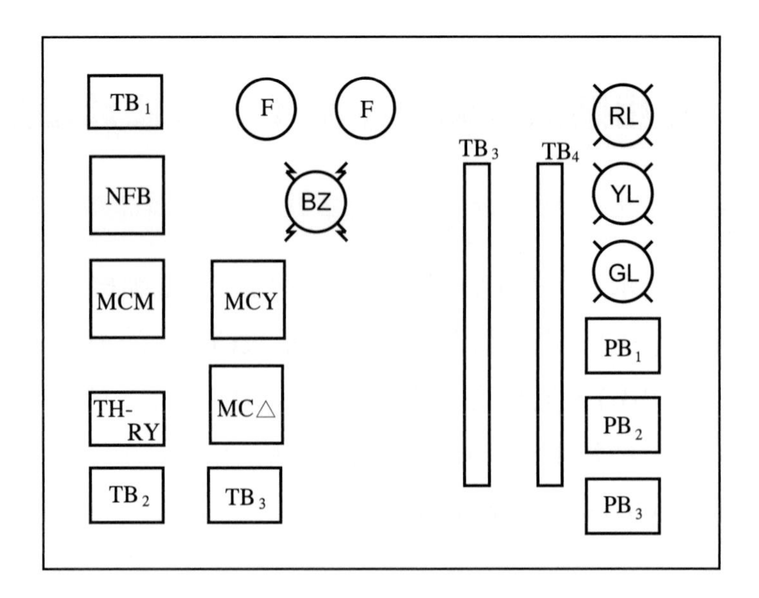

四 線路圖

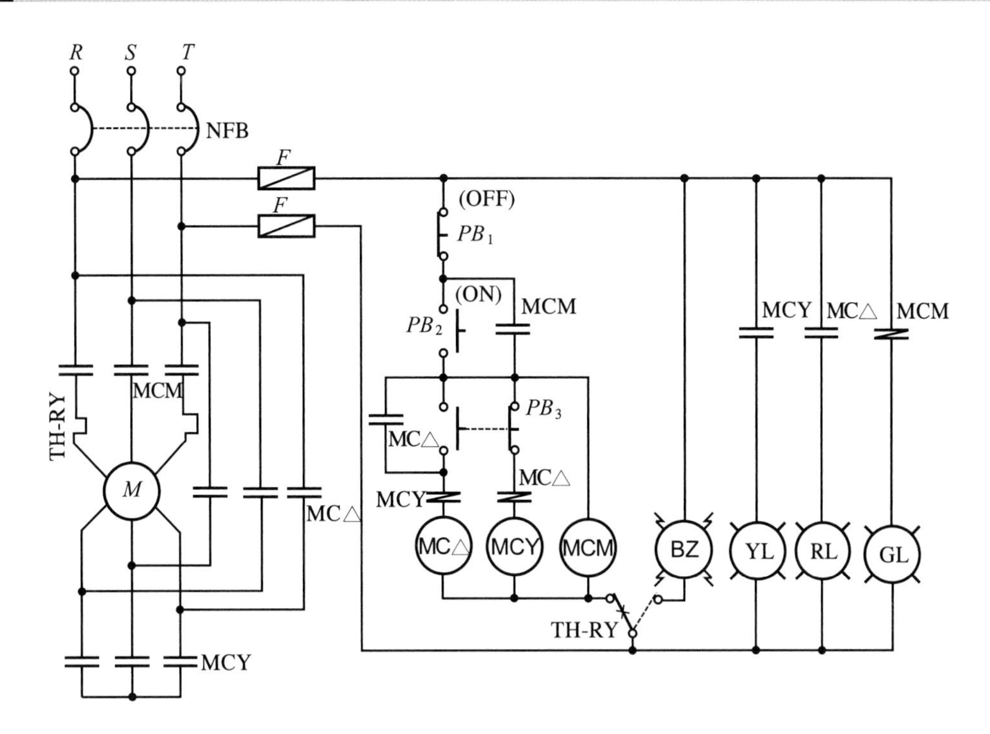

五 動作分析

1. 動作時間表

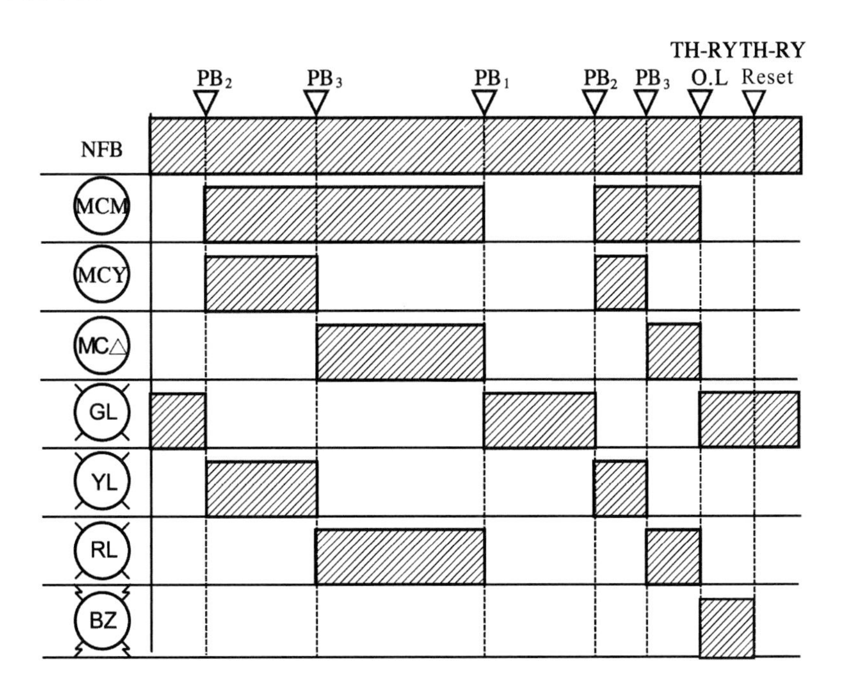

2. 動作說明

(1) 按下按鈕開關(PB_2)，電磁開關(MCM)及電磁接觸器(MCS)激磁，電動機Y起動，指示燈(YL)亮、(GL)熄。

(2) 按下按鈕開關(PB_3)，電磁接觸器(MCS)失磁，(MCD)激磁，指示燈(YL)熄、(RL)亮，電動機△運轉，按下(PB_1)電動機停止運轉。

(3) 電動機過載時，積熱電驛(TH-RY)跳脫，電動機停止運轉，蜂鳴器(BZ)響，(GL)指示燈亮，其餘指示燈熄。

六 相關知識

三相感應電動機Y-△起動控制，除用電磁接觸器控制外，還可以用閘刀開關及鼓形開關來控制，茲分別舉例如下：

1. 利用三刀雙投閘刀開關作Y-△起動

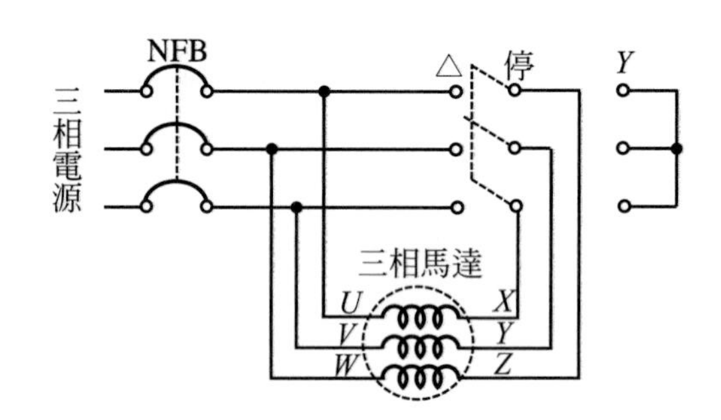

2. Y-△降壓起動原理

低壓三相感應電動機，AC 220V供電下，每台容量超過15HP及AC 380V供電下，每台容量超過 50HP 者，其起動電流應加以限制使其不超過全載電流值之 3.5 倍。因此電動機之容量如超過上述之規定容量時，必須使用降壓型起動，一般最常用之降壓起動是Y-△起動器，此法之起動電流可減低至直接起動時之1/3倍，請參考下圖所示，茲將其原理說明如下：

(1) Y型接線：

$$I_P=\frac{V_P}{Z}，V_P=\frac{V_L}{\sqrt{3}}$$

$$I_Y=I_L=I_P=\frac{\frac{V_L}{\sqrt{3}}}{Z}$$

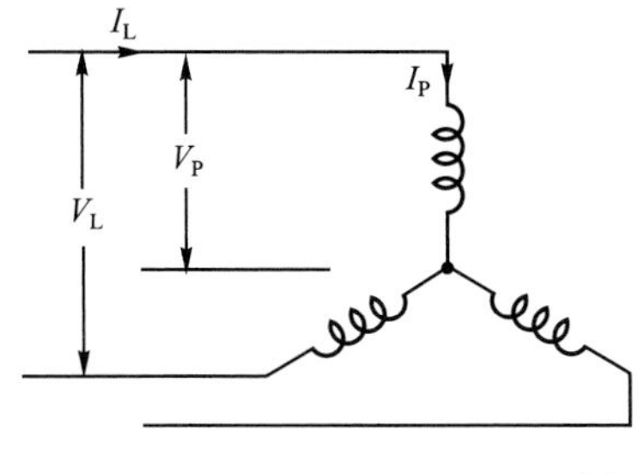

(a)Y 形接線：$I_L = I_P$　　$V_L = \sqrt{3}V_P$

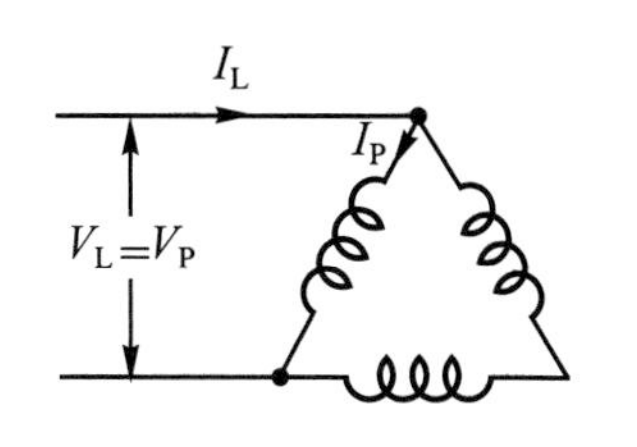

(b)△形接線：$I_L = \sqrt{3}I_P$　　$V_L = V_P$

Y-△接線圖

(2)　△型接線：

$$V_P = V_L \text{，} I_P = \frac{V_L}{Z}$$

$$I_L = \sqrt{3}I_P$$

$$I_\triangle = I_L = \sqrt{3}\frac{V_L}{Z}$$

(3)　I_Y與$I_\triangle$之電流比

$$I_Y : I_\triangle = \frac{\frac{V_L}{\sqrt{3}}}{Z} : \sqrt{3}\frac{V_L}{Z}$$

$$\frac{V_L}{\sqrt{3}Z} \times I_\triangle = \frac{\sqrt{3}V_L}{Z} \times I_Y$$

$$\frac{I_Y}{I_\triangle} = \frac{\frac{V_L}{\sqrt{3}Z}}{\frac{\sqrt{3}V_L}{Z}} = \frac{V_L}{\sqrt{3}Z} \times \frac{Z}{\sqrt{3}V_L}$$

$$\therefore \frac{I_Y}{I_\triangle} = \frac{1}{3}$$

所以 Y 型接線之起動電流為△型接線時之 1/3 倍。

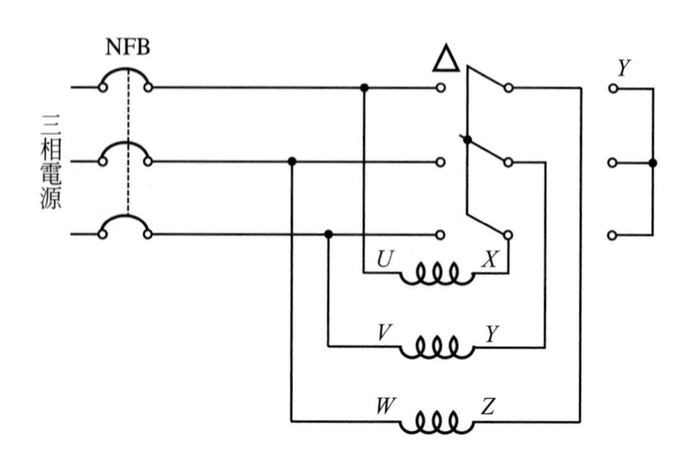

3. 以鼓型開關作 Y-△起動控制，如下圖所示：

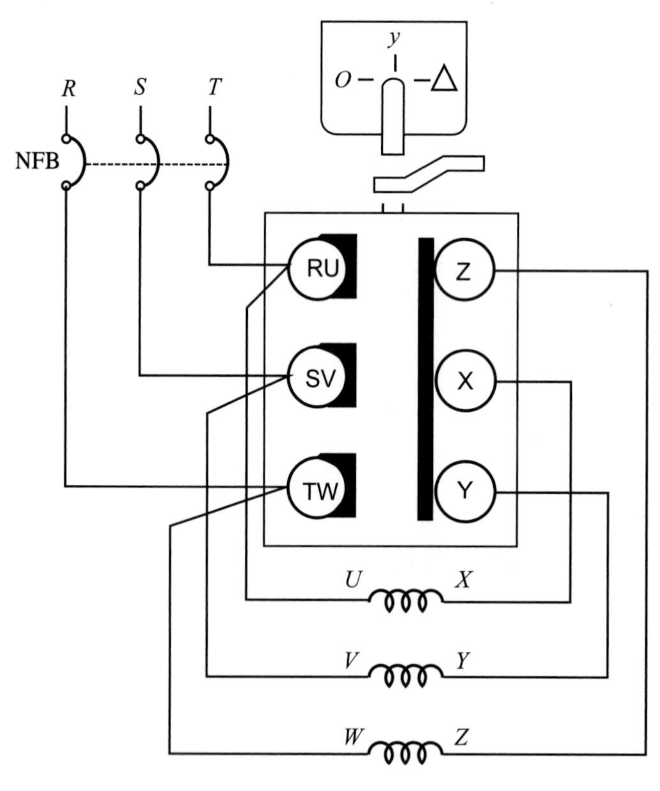

(a) Y 起動

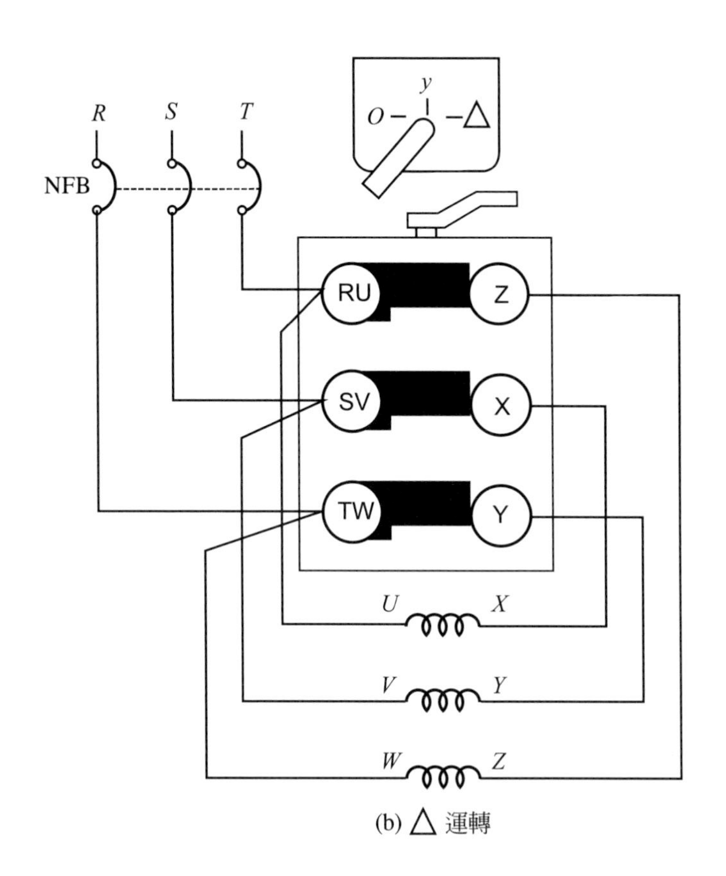

(b) △ 運轉

4. 以電磁接觸器作 Y-△起動控制，如下圖所示：

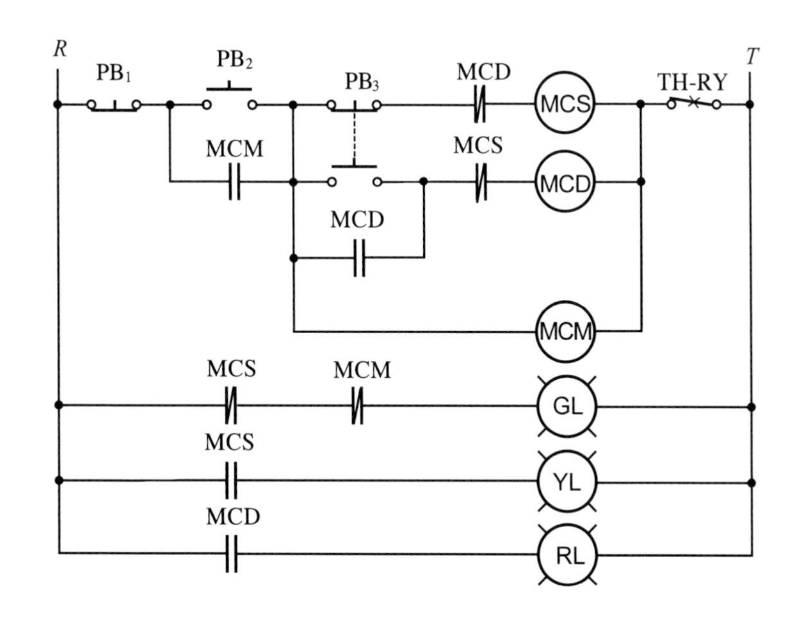

實習 28 三相感應電動機雙繞組變極控制電路

一 動作順序

1. 電源通電時，只有指示燈綠燈(GL)亮。
2. 按下按鈕開關(FAST)，電動機做高速運轉；按下按鈕開關(STOP)，電動機停止運轉；按下按鈕開關(SLOW)，電動機做低速運轉。
3. 電動機做低速運轉時，只有指示燈紅燈(RL)亮；電動機做高速運轉時，只有指示燈黃燈(YL)亮。
4. 過載時，若積熱電驛($TH\text{-}RY_1$)跳脫，則蜂鳴器發出警報，若積熱電驛($TH\text{-}RY_2$)跳脫，則蜂鳴器發出警報，指示燈綠燈(GL)亮。

二 使用器材

符號	名稱	規格	數量	備註
	配線板	600mm×500mm×2.3t 或 800mm×600mm×20t	1 塊	
NFB	無熔絲開關	3P，50AF，30AT	1 只	
MC	電磁接觸器	3ϕ，AC 220V，5HP，5a2b	2 只	
TH-RY	積熱電驛	AC 220V，15A	2 只	
F-FUSE	栓型熔絲	AC 600V，5A	2 只	附底座
PB	按鈕開關	PB-3(FAST-SLOW-STOP)，雙層	1 只	
GL	指示燈	AC 220/15V，綠色	1 只	附架
RL	指示燈	AC 220/15V，紅色	1 只	附架
YL	指示燈	AC 220/15V，黃色	1 只	附架
TB	端子台	3P，20A	3 只	
TB	端子台	20P，20A	2 只	TB_4，TB_5

三 位置圖

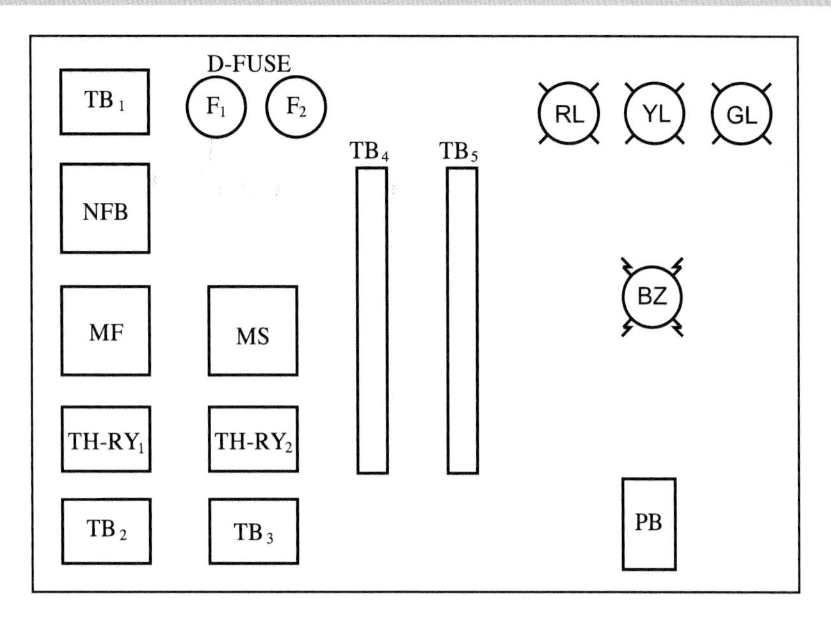
D-FUSE
TB1
F1
F2
RL
YL
GL
TB4
TB5
NFB
BZ
MF
MS
TH-RY1
TH-RY2
TB2
TB3
PB

四 線路圖

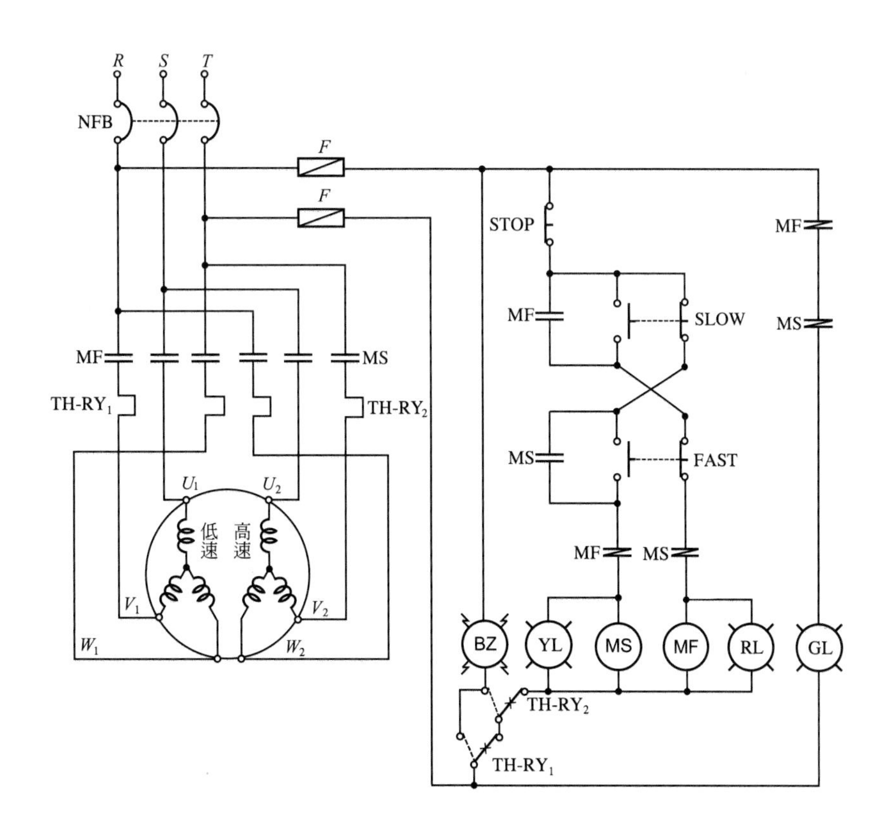
R
S
T
NFB
F
F
STOP
MF
MF
SLOW
MS
MF
MS
MS
TH-RY1
TH-RY2
MS
FAST
U1
U2
低速
高速
MF
MS
V1
V2
W1
W2
BZ
YL
MS
MF
RL
GL
TH-RY2
TH-RY1

五 動作分析

1. 動作時間表

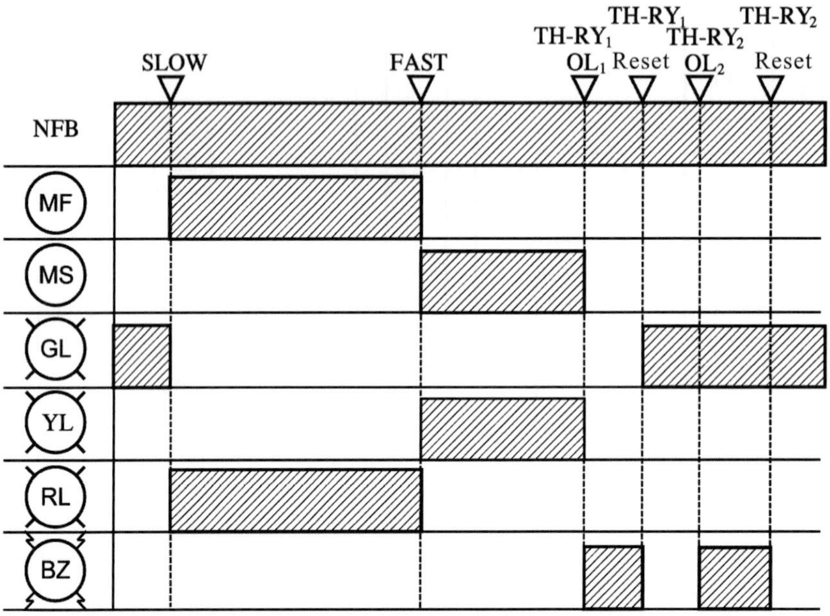

2. 動作說明

(1) 按下按鈕開關(SLOW)，電磁接觸器(MF)激磁，電動機低速運轉，(RL)指示燈亮，其餘指示燈熄；按下按鈕開關(FAST)，(MF)失磁、(MS)激磁，電動機高速運動，(YL)指示燈亮，其餘指示燈熄。

(2) 按下按鈕開關(STOP)，電動機停止運轉，(GL)指示燈亮，其餘指示燈熄。

(3) 過載時，若積熱電驛($TH\text{-}RY_1$)跳脫，則電動機停止運轉，蜂鳴器(BZ)響；若積熱電驛($TH\text{-}RY_2$)跳脫，則電動機停轉，蜂鳴器(BZ)響，(GL)指示燈亮，其餘指示燈熄。

(4) 積熱電驛復歸後，蜂鳴器(BZ)停響，(GL)指示燈亮，其餘指示燈熄，電動機停轉。

六　相關知識

感應電動機速度控制公式

$$N=\frac{120f}{P}(1-s)$$

N＝轉速　　P＝極數

f＝頻率　　s＝轉差率

由以上公式可知改變極數，即可改變感應電動機的轉速，此種方式稱爲變極調速法。

本實習所使用之感應電動機即採用變極調速法來控制轉速；在定子內部有兩個彼此絕緣之獨立繞組，高轉速繞組放在槽(slots)的底部，低轉速繞組，放在高轉速繞組上面，爲避免彼此間互相感應，因此當有一組繞組在使用時，另外一組繞組就必須開路。

此種感應電動機具有兩種速度，但其速度比並不是 2：1 例如在頻率 60Hz 時，其變速比通常設計爲 1800 及 1200rpm(4/6 極)，1200 及 900rpm(6/8 極)，1200 及 720rpm(6/10 極)等。

七　問　題

1. 試設計一線路圖，可使三相雙繞組感應電動機作正逆轉及變速控制？
2. 根據上題說明其動作順序，並劃出其動作時間表？

實習 29　三相感應電動機自動逆向剎車控制電路

一　動作順序

1. 電源通電時，指示燈綠燈(GL)亮，電動機不動作。
2. 按下按鈕開關(ON)，電動機正轉，指示燈紅燈(RL)亮，黃燈(YL)及綠燈(GL)均熄；按下按鈕開關(OFF)，電動機逆轉，指示燈黃燈(YL)亮，紅燈(RL)及綠燈(GL)均熄，限時電驛開始計時，經過一段設定時間後，電動機停止運轉。
3. 過載時，積熱電驛跳脫，蜂鳴器發出警報，綠燈亮，電動機停止運轉。

二 使用器材

符號	名稱	規格	數量	備註
	配線板	600mm×500mm×2.3*t* 或 800mm×600mm×20*t*	1塊	
NFB	無熔絲開關	3P，50AF，20AT	1只	
MC	電磁接觸器	3ϕ，AC 220V，5HP，5*a*2*b*	2只	
TH-RY	積熱電驛	3ϕ，AC 220V，15A	1只	
PB_2	按鈕開關	3ϕ，1*a*1*b*	1只	附架
PB_1	按鈕開關	3ϕ，1*a*	1只	附架
BZ	蜂鳴器	AC 220V，圓形，3"	1只	
X	電力電驛	AC 220V，10A，2C	1只	附露出座
TB	端子台	3P，20A	2只	
TB	端子台	20P，20A	2只	

三 位置圖

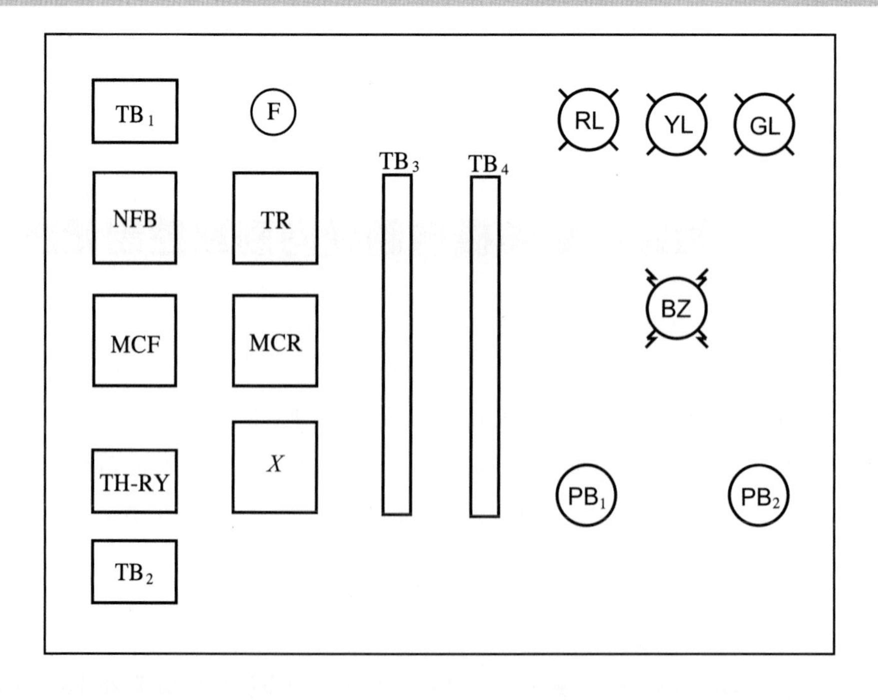

四　線路圖

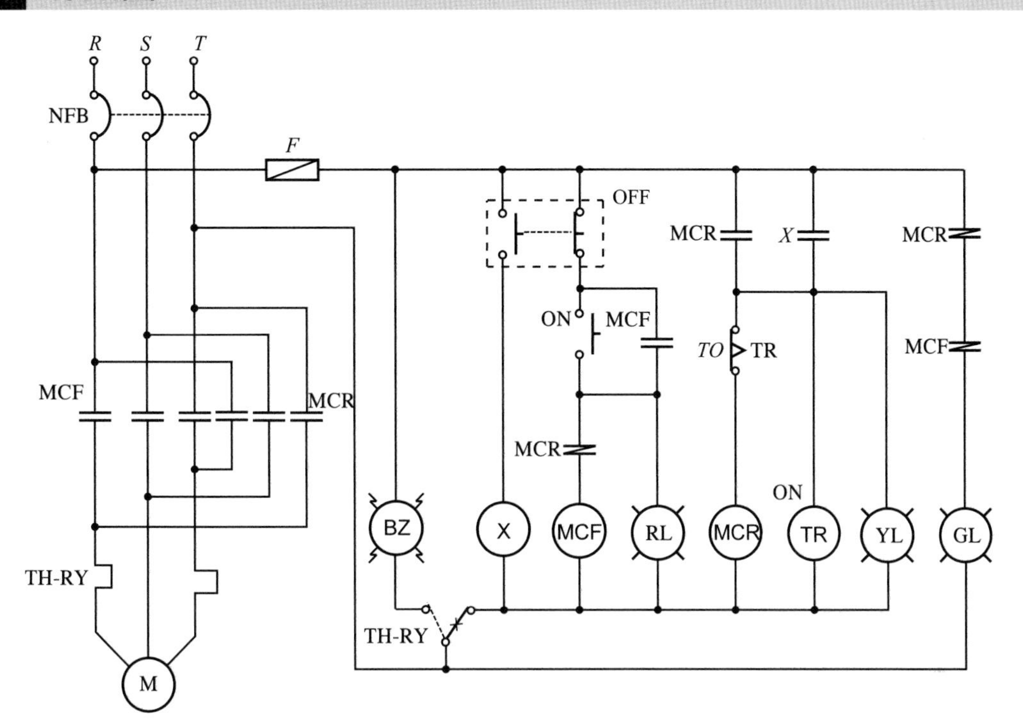

五　動作分析

1. 動作時間表

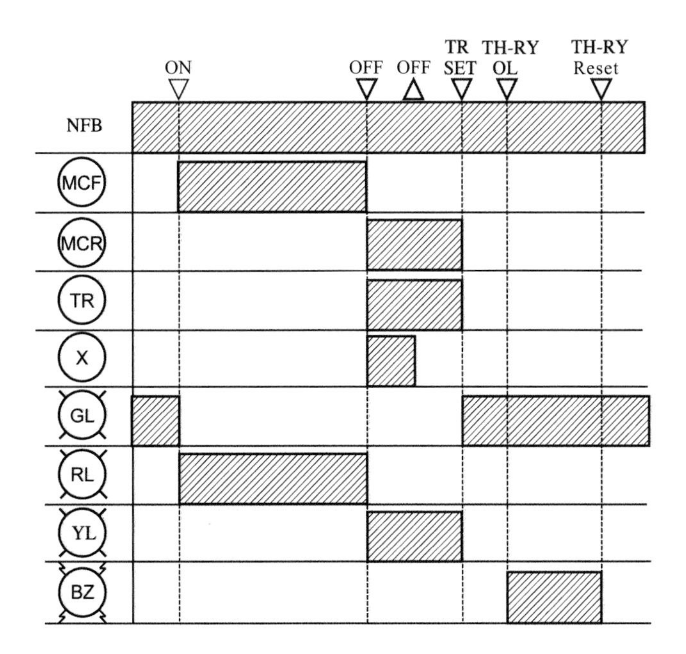

2. 動作說明

(1) 按下按鈕開關(ON)，電磁接觸器(MCF)激磁，電動機正轉，(RL)指示燈亮，其餘指示燈熄。

(2) 按下按鈕開關(OFF)，電力電驛(*X*)激磁，手放開後失磁，電磁接觸器(MCR)激磁，限時電驛(TR)開始計時，電動機逆向刹車，(YL)指示燈亮，其餘指示燈熄，經過(TR)之設定時間後，(MCR)失磁，電動機停止運轉，蜂鳴器(BZ)響，(GL)指示燈亮，其餘指示燈熄。

(3) 過載時，積熱電驛(TH-RY)跳脫，電動機停止運轉，蜂鳴器(BZ)響，(GL)指示燈亮，其餘指示燈熄。

(4) 積熱電驛(TH-RY)復歸，蜂鳴器(BZ)停響，(GL)指示燈亮，其餘指示燈熄，電動機停轉。

六 相關知識

當電動機在運轉時，將電源切斷，電動機之磁場消失，因電動機本身的慣性作用，不能馬上停止運轉，然而在某些場合必需使電動機馬上停止，所以須用制動方法使電動機停止，制動方法分別介紹如下：

1. 直流制動法

當電動機切斷電源後，另經一整流電路把直流電輸入電動機之定部線圈，直流電源在定子產生靜止的*N-S*磁極，吸引轉子鐵心，使轉子停止而達到刹車的目的。刹車的直流電一般不可太高，通常都經一變壓器把交流 220V 變爲 24V 的直流。

2. 逆向制動法

三相感應電動機在正常運轉中，將三相電源任意二相倒接，即產生相反之旋轉磁場，而使轉矩相反，電動機急速停止，在停止的瞬間，電動機之電源必須馬上切斷，否則會變成逆向運轉，這就是逆向刹車原理，此法一般用於繞線式電動機。

3. 交流電磁制動法

交流制動法是用一個刹車器裝置在電動機的轉軸上，刹車器利用電磁線圈控制，當線圈有電時，則無刹車作用，斷電則有，此法一般用於繞線式電動機。

4. 機械制動法

有手動制動、腳踏制動、氣壓制動與油壓制動，其原理是將機械能轉變成摩擦熱能。

5. 發電制動

將電動機切離交流電源之後，利用旋轉動機的可逆性，將其動能轉爲電能予以消耗，以達剎車之目的。

6. 渦電流制動

渦電流制動是由直流激磁的磁極與產生渦電流的圓筒而組成，旋轉中的圓筒因爲切割磁極的電磁束而發生渦電流，經由這渦電流產生的磁場與電磁束所產生的逆向電磁阻力，即成爲剎車的力量。其剎車原理是把機械能轉變成電磁阻力予以消耗，其適合於小容量繞線式感應電動機剎車用。

實習 30　三相非接地系統感應電動機之過載保護、過載警報及接地警報之控制電路

一　動作順序

1. 將無熔絲開關(NFB)置於 ON 位置，電流切換開關(AS)切換時，電流表(A)指示各相電流值。
2. 正常受電中，各接地指示燈(EL)呈半明亮狀態，設某相發生非完全接地故障時，則該相指示燈(EL)較暗，其餘二相之(EL)較亮。電壓表(V_0)之指示即爲接地電壓值。若該值爲 190V，表示該相完全接地，接地警報電驛(X)動作，蜂鳴器(BZ)連續鳴響，該相(EL)全熄，其餘二相呈全亮狀態；此時將(CS)切至 OFF，蜂鳴器(BZ)停響，(V_0)仍指示接地電壓值；待故障排除後，各(EL)恢復半明亮狀態，(V_0)指示值爲零。
3. 按鈕開關(PB)控制電動機之運轉與否，電動機運轉時，指示燈紅燈(RL)亮；電動機停止運轉時，指示燈紅燈(RL)熄。
4. 過載時，積熱電驛(TH-RY)跳脫，電動機停止運轉，指示燈黃燈(YL)亮，

蜂鳴器(BZ)斷續鳴響，將切換開關(CS)切至OFF位置，蜂鳴器(BZ)停響，但黃燈仍亮，待故障排除後，(TH-RY)復歸，(YL)才熄。

5. 故障排除後，切換開關(CS)需復歸。

二 使用器材

符號	名稱	規格	數量	備註
	配線板	600mm×500mm×2.3t 或 800mm×600mm×20t	1塊	
NFB	無熔絲開關	3P，50AF，30AT	1只	
CT	比流器	AC 600V，50/5A	3只	
MC	電磁接觸器	AC 220V，5HP，5a2b	1只	
TH-RY	積熱電驛	AC 220V，15A	1只	
X	電力電驛	AC 220V，10A，2C	1只	
FR	閃爍電驛	AC 220V，0.1～2秒，可調	1只	
PT	比壓器	AC 220/110V，200VA	3只	
V	電壓表	0～300V	1只	
A	電流表	0～50A	1只	
AS	電流切換開關	3ϕ，4W，10A	1只	
CS	切換開關	AC 220V，10A	1只	附架
PB	按鈕開關	PB-2(ON-OFF)	1只	露出型
EL	接地指示燈	AC 110V，白色	3只	附架
RL	指示燈	AC 220/15V，紅色	1只	附架
YL	指示燈	AC 220/15V，黃色	1只	附架
F	栓型保險絲	AC 220V，3A	3只	附座
TB	端子台	3P，50A	2只	
TB	端子台	30P，30A	2只	TB_3，TB_4

三　位置圖

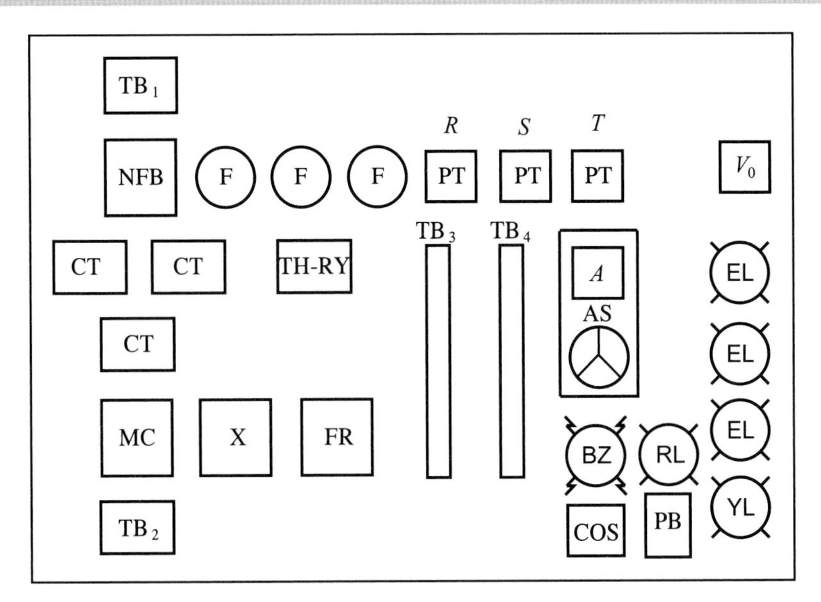

四　線路圖

見圖於下頁。

五　動作分析

1.　動作時間表

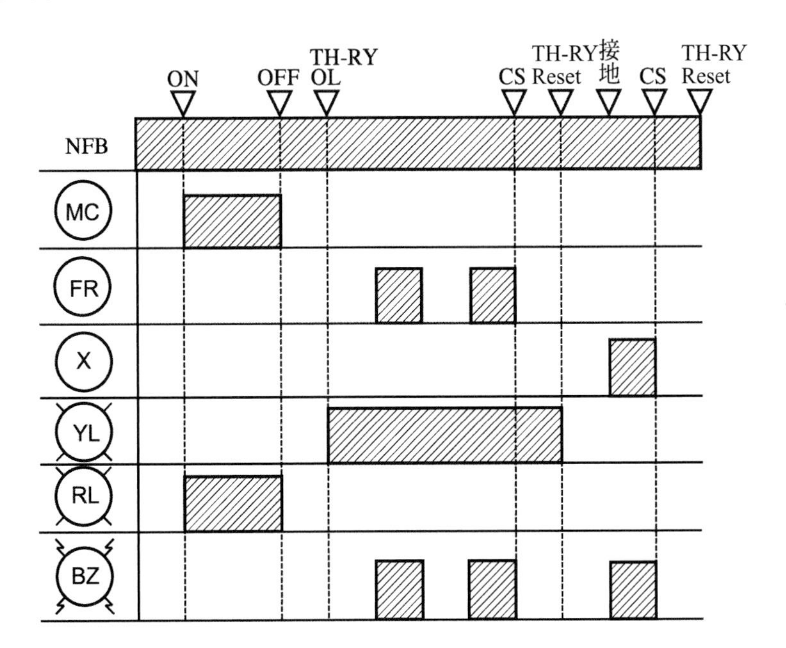

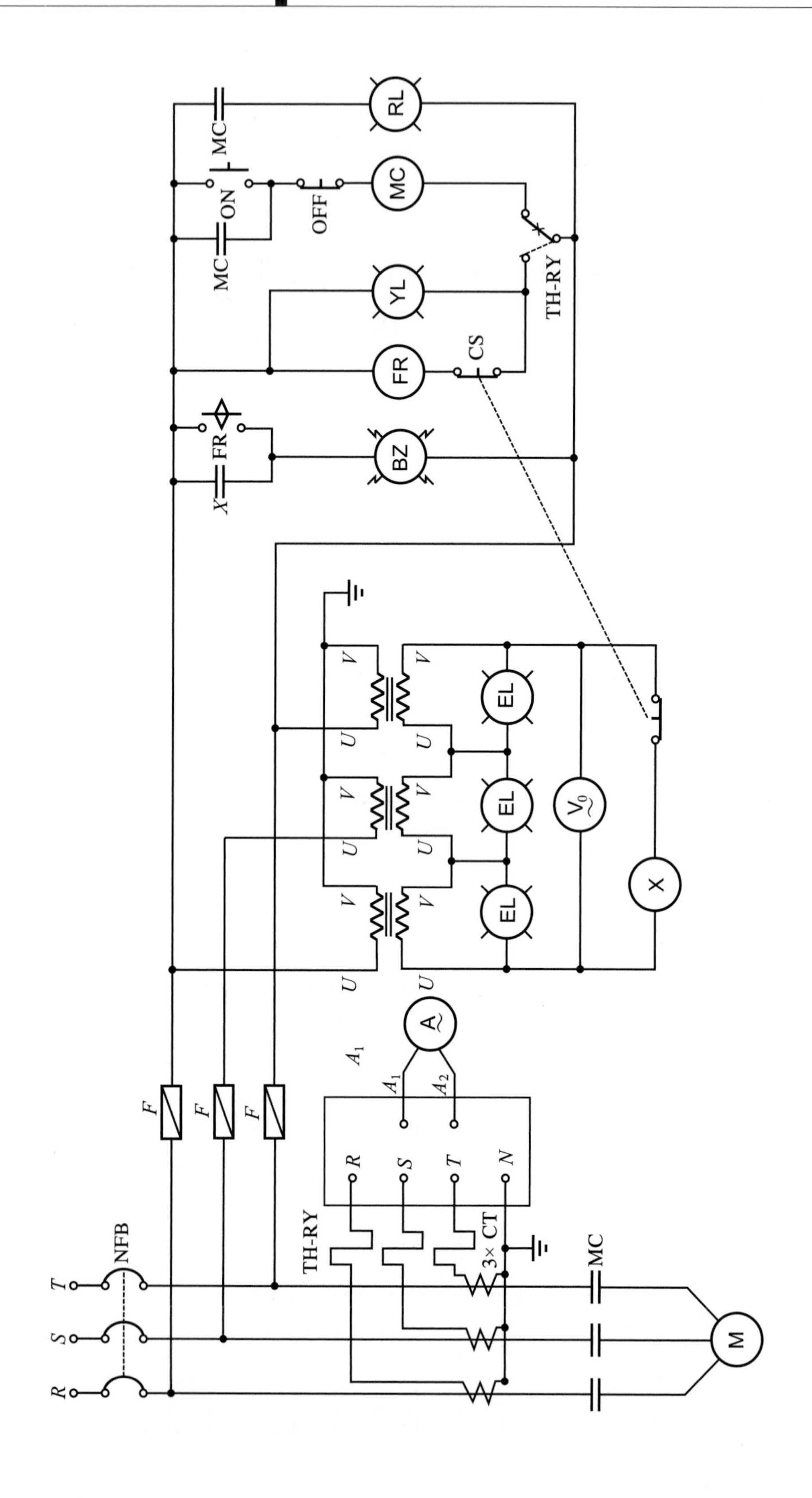
RL
MC
ON
OFF
MC
YL
TH-RY
FR
CS
FR
X
BZ
V
U
EL
EL
EL
V0
X
A
A1
A1
A2
F
F
F
R
S
T
N
TH-RY
3× CT
NFB
T
S
R
MC
M

2. 動作說明

(1) 按下按鈕開關(ON)，電磁接觸器(MC)激磁並自保，電動機運轉，(RL)指示燈亮。

(2) 按下按鈕開關(OFF)，(MC)失磁，電動機停轉，(RL)熄。

(3) 過載時，積熱電驛(TH-RY)跳脫，電動機停轉，(YL)亮，(RL)熄，蜂鳴器(BZ)間歇鳴響，將(CS)切換至OFF位置，蜂鳴器(BZ)停響，積熱電驛(TH-RY)復歸，(YL)熄，電動機停轉。

(4) 如發生接地事故時，電力電驛(X)激磁，蜂鳴器(BZ)響，將(CS)切換至OFF位置，蜂鳴器停響，(YL)及(RL)均熄。

(5) 故障排除後，使(CS)做復歸動作。

六 相關知識

1. 三相正常沒有任何一相接地

三只 PT 做 Y-⊿(星形－開三角)接線，三相電源正常時，比壓器一次側每相電壓爲 127V，因三只額定電壓爲 110V 的(EL)指示燈二端電壓只有 63.5 伏特，所以指示燈的亮度不足。當三相中任一相接地時，該相指示燈依接地電阻大小呈稍暗或全熄，另未接地的二相指示燈因一次側成 V 形接線，故相電壓上升到 220V，所以二次側電壓也隨著上升高到 110 伏特，接地指示燈亮度增加，茲將三相電源正常沒有任何一相接地時之動作原理說明如下：

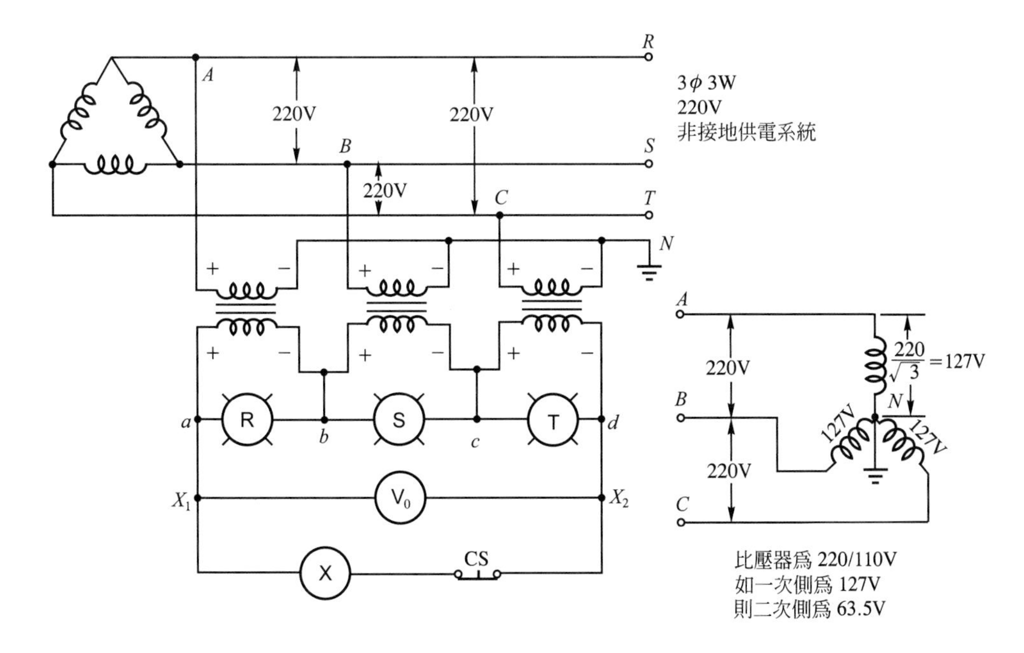

由上圖知

$$V_{AB}=V_{BC}=V_{CA}=220\text{V}(\text{一次側之線電壓})$$

$$V_{AN}=V_{BN}=V_{CN}=220/\sqrt{3}=127\text{V}(\text{一次側之相電壓})$$

$$=\text{比壓器一次側之電壓}$$

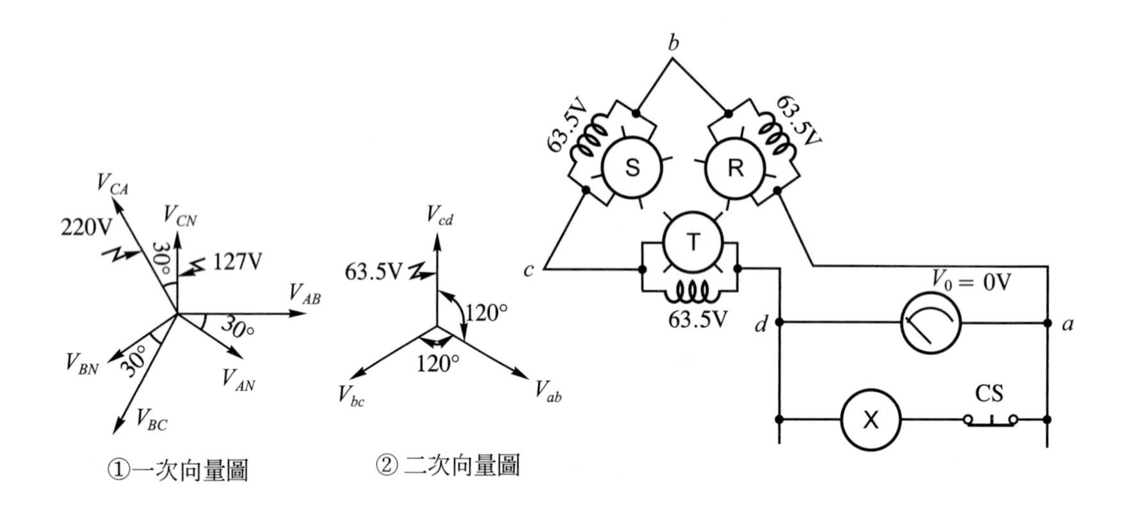

①一次向量圖　　② 二次向量圖

由於$a=2$，所以

$$V_{ab}=V_{bc}=V_{cd}=127/2=63.5\text{V}$$

而使得指示燈R、S、T均為半亮，再由上圖之向量圖知

$$V_{ad}=V_{ab}+V_{bc}+V_{cd}=0\text{V}$$

因此，(V_0)之指示為零伏特。

2. 三相中設R相接地

只要任何一相接地時，接地相指示燈(EL)滅，其他未接地之各相全亮著，電力電驛(X)兩端就有$\sqrt{3}\times 110=190$V電壓，使其動作，(BZ)發出連續警報，轉動切換開關(CS)後，蜂鳴器響聲停止，待故障排除後應再復歸到原位，其動作原理說明如下：

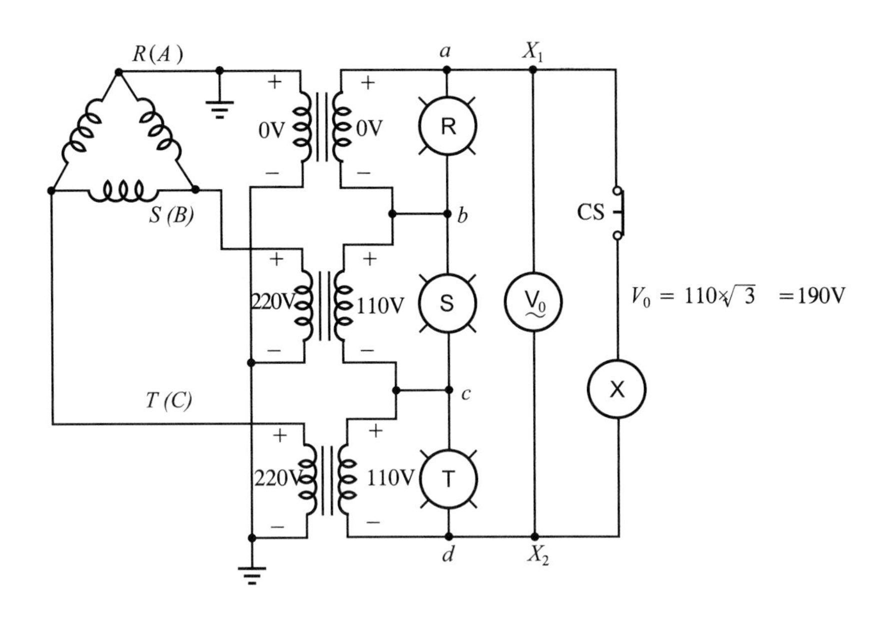

設三相電源的 R 相被接地，則接 R 相的比壓器一次側電壓等於 0，此時三個比壓器一次側所加之電壓變化，如下所示：

$$V_{AN}=0\text{V}，V_{BN}=V_{BA}=220\text{V}，V_{CN}=V_{CA}=220\text{V}$$

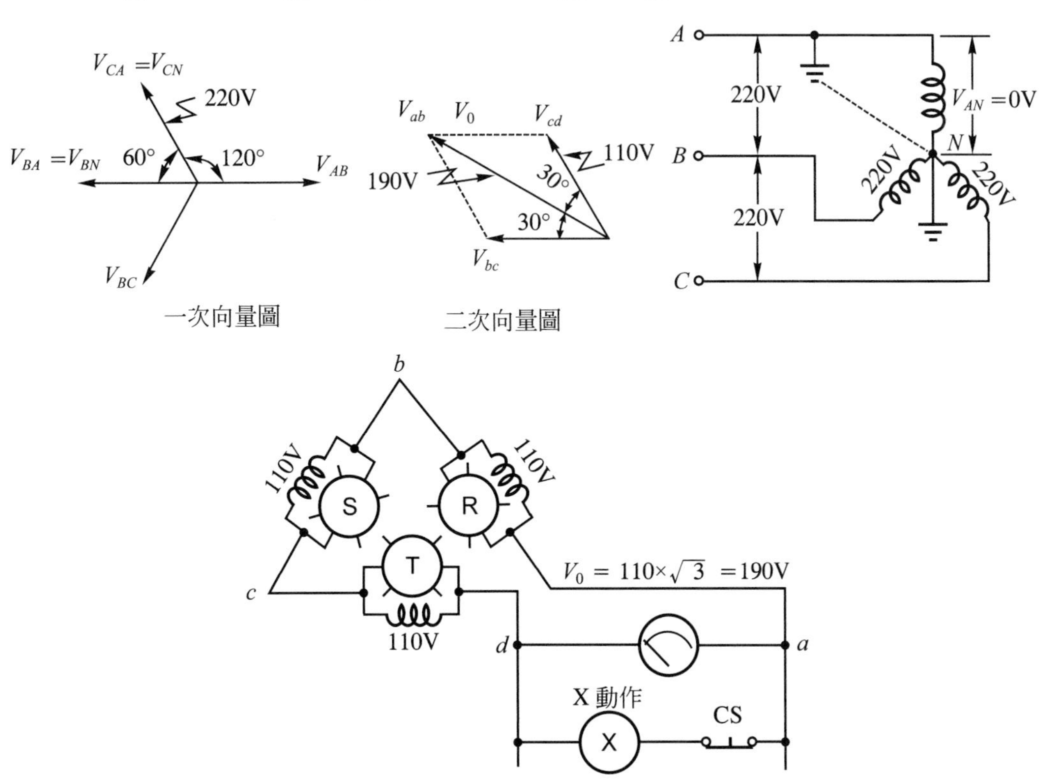

其中因 $V_{ab}=\frac{V_{AN}}{a}=0\text{V}$

$$V_{bc}=\frac{V_{BN}}{a}=\frac{V_{BA}}{a}=\frac{220}{2}\text{V}=110\text{V}$$

$$V_{cd}=\frac{V_{CN}}{a}=\frac{V_{CA}}{a}=\frac{220}{2}\text{V}=110\text{V}$$

所以，由上面之向量知

$$V_{ad}=V_{ab}+V_{bc}+V_{cd}=110\text{V}\times\cos 30^\circ\times 2=110\text{V}\times\frac{\sqrt{3}}{2}\times 2=190\text{V}$$

故當A相接地時，(R)指示燈熄，(S)與(T)指示燈全亮，而(V_0)指示電壓為190V。

七 問題

以第3-195頁之圖形為例，試回答下列問題：

1. 在正常情況時，V_{ad}兩端之電壓為何？
2. 當R相完全接地時，V_{ab}兩端之電壓為何？
3. 當S相完全接地時，V_{bc}兩端之電壓為何？
4. 當T相完全接地時，V_{cd}兩端之電壓為何？

實習 31 低壓三相感應電動機多處正逆轉控制裝置

一 使用器材

符號	名稱	規格	數量	備註
NFB	無熔絲開關	3P，50AF，20AT	1只	
MC	電磁接觸器	AC 220V，5HP，5*a*2*b*	2只	
MC	電磁接觸器	AC 220V，5HP，5*a*2*b*	2只	

(續前表)

符號	名稱	規格	數量	備註
TH-RY	積熱電驛	OL，9A	1 只	
PB	按鈕開關	PB-3，FOR，REV，STOP，雙層	3 只	露出型
GL	指示燈	30ϕ，220/15V，綠色	1 只	
YL	指示燈	30ϕ，220/15V，黃色	1 只	
RL	指示燈	30ϕ，220/15V，紅色	1 只	
COS	選擇開關	30ϕ，3 段	2 只	
TB	端子台	3P，20A	2 只	
TB	端子台	45P，20A	2 只	
TB	端子台	12P，15A	2 只	TB_3，TB_4

二　位置圖

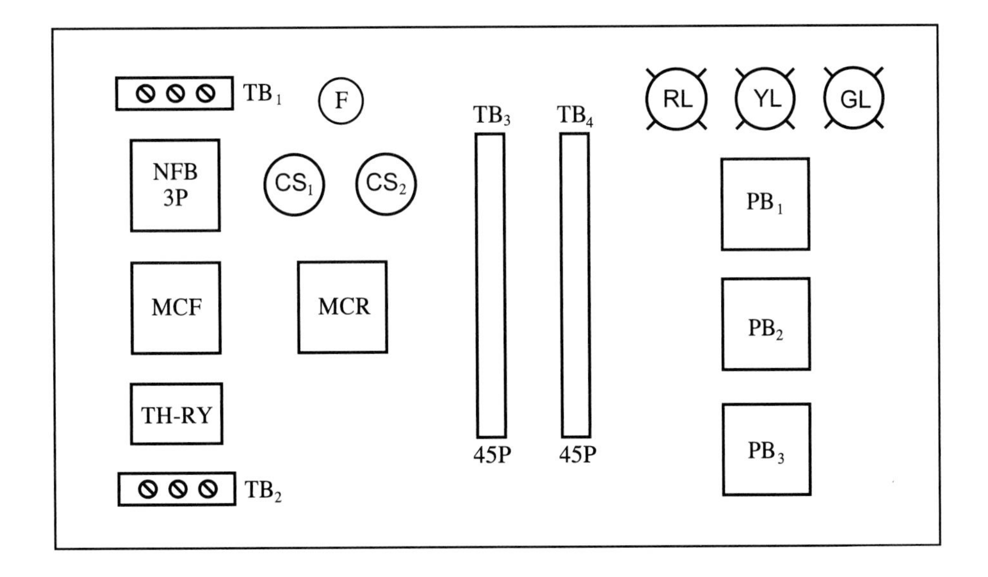

三　線路圖

圖請見於下頁。

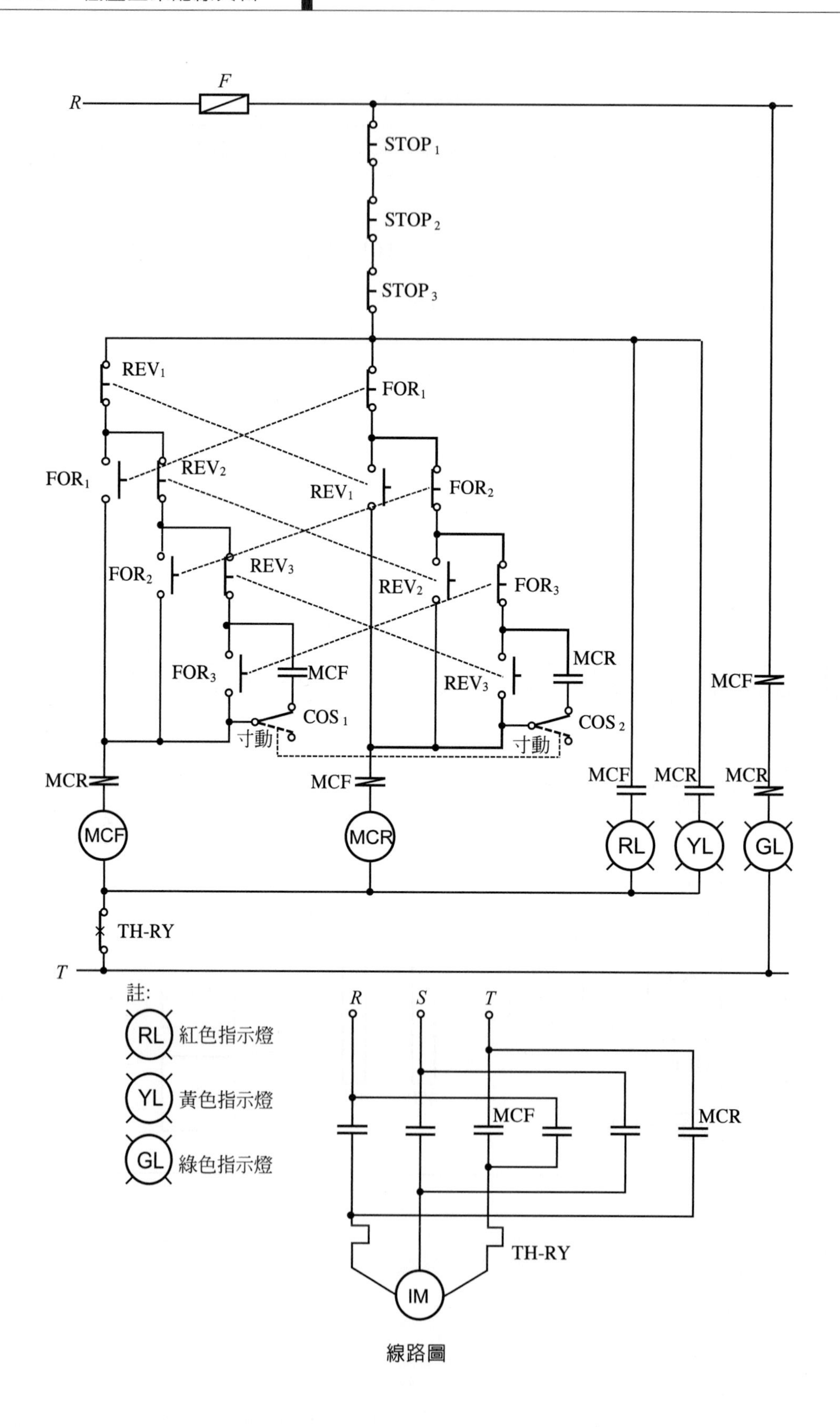
F
R
STOP1
STOP2
STOP3
REV1
FOR1
FOR1
REV2
REV1
FOR2
FOR2
REV3
REV2
FOR3
FOR3
MCF
MCR
REV3
COS 1
COS 2
寸動
寸動
MCF
MCR
MCF
MCR
MCF
MCR
MCF
MCR
RL
YL
GL
TH-RY
T
註:
RL 紅色指示燈
YL 黃色指示燈
GL 綠色指示燈
R
S
T
MCF
MCR
TH-RY
IM

線路圖

四 動作分析

1. 動作時間表

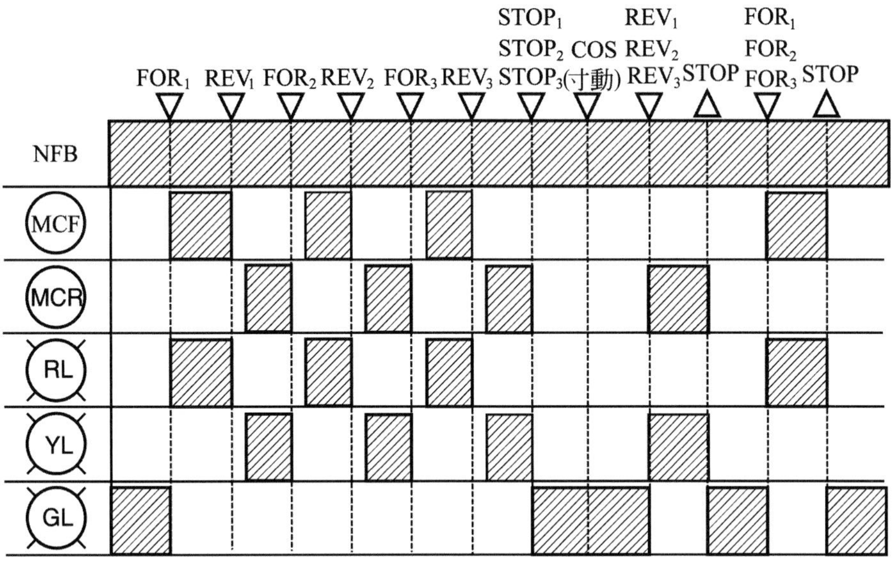

FOR1 REV1 FOR2 REV2 FOR3 REV3 STOP1 STOP2 STOP3 COS(寸動) REV1 REV2 REV3 STOP FOR1 FOR2 FOR3 STOP

NFB
MCF
MCR
RL
YL
GL

2. 動作說明

(1) 接上電源，將無熔絲開關(NFB)置於 ON 位置，綠色指示燈(GL)亮。

(2) 按下按鈕開關(FOR_1)，(MCF)激磁，(GL)熄，(RL)亮，電動機正轉。按下按鈕開關(REV_1)，(MCF)失磁，(MCR)激磁，(YL)亮，(RL)熄，電動機逆轉。

(3) 按下按鈕開關(FOR_2)，(MCR)失磁，(MCF)激磁，(YL)熄，(RL)亮，電動機正轉，按下按鈕開關(REV_2)，(MCF)失磁，(MCR)激磁，(RL)熄，(YL)亮，電動機逆轉。

(4) 按下按鈕開關(FOR_3)，(MCR)失磁，(MCF)激磁，(YL)熄，(RL)亮，電動機正轉，按下按鈕開關(REV_3)，(MCF)失磁，(MCR)激磁，(RL)熄，(YL)亮。

(5) 按下按鈕開關(STOP)，電動機停止運轉。

(6) 將選擇開關(COS)置於寸動位置，電動機應能作寸動控制，按下任一按鈕開關(REV)時爲逆轉寸動，按下任一按鈕開關(FOR)爲正轉寸動控制。

五 測 試

1. 將三用電表置於×R或×10R位置，並做歸零調整。
2. 將測試棒置於RT相，此時可測得綠色指示燈(GL)之電阻值。
3. 按下任一按鈕開關(FOR)，可測得(GL)與(MCF)線圈並聯之電阻值，此時三用電表的指針應向右偏轉(電阻值降低，故向右偏轉)。若分別按下三個按鈕時指針都能向右偏轉，即表示接線正確。
4. 按下任一按鈕開關(REV)，可測得(GL)與(MCR)線圈之並聯電阻值。
5. 上面二步驟測試完畢後，用手壓下電磁接觸器(MCF)，可測得(MCF)與(RL)之並聯電阻值，其與(MCF)與(GL)並聯電阻值差不多。
6. 用手壓下電磁接觸器(MCR)，可測得(MCR)與(YL)並聯之電阻值。
7. 將(COS)置於寸動位置，用手壓下電磁接觸器(MCF)時，只能測得(RL)之電阻值，壓下(MCR)可測得(YL)之電阻值。
8. 將切換開關(COS)置於寸動位置時，按下按鈕開關(FOR)或(REV)時，所測量之電阻值與步驟⑶、⑷相同。

六 問 題

1. 說明下圖之動作順序，並劃出動作時間表。

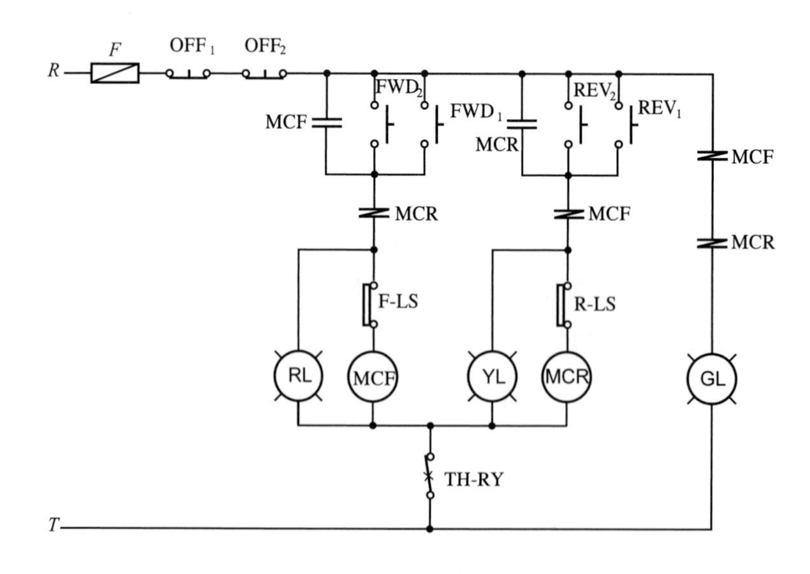

2. 請於上圖中，加上寸動控制，並劃出動作時間表。

實習 32　正逆轉控制與 Y-△起動裝置

一　動作順序

1. 接上電源→將(NFB)開關置於 ON 位置，(GL)燈亮。
2. 按下(FWD)→(MCF)激磁，(GL)指示燈熄滅→(MCS)激磁，(TR)開始計時，經過 T 秒→(MCS)失磁，(MCD)激磁，(RL)指示燈亮，按下(OFF)→(MCF)及(MCD)均失磁，(GL)指示燈亮。
3. 按下(REV)→(MCR)激磁，(GL)指示燈熄滅→(MCS)激磁，(TR)開始計時，經過 T 秒→(MCS)失磁，(MCD)激磁，(RL)指示燈亮，按下(OFF)→(MCR)及(MCD)均失磁，(YL)指示燈熄滅，(GL)指示燈亮。

二　使用器材

符號	名稱	規格	數量	備註
NFB	無熔絲開關	3P，100AF，60AT	1 只	
V	電壓表	AC，60Hz，0～300V	1 只	
VS	電壓切換開關	3ϕ，$3\phi 3\omega$式	1 只	
F	栓型保險絲	2A	5 只	瓷質
PB	按鈕開關	30ϕ，$1a1b$，紅色×1，綠色×2	3 只	
MC	電磁接觸器	220V，60Hz，SA35×3，SA21×1	4 只	
TR	限時電驛	220V，60Hz，ON-DELAY	1 只	
TH-RY	積熱電驛	TH-35，30A	1 只	
M	馬達	3ϕ，220V，5HP	1 只	
RL	指示燈	30ϕ，220/15V，紅色	1 只	
GL	指示燈	30ϕ，220/15V，綠色	1 只	
YL	指示燈	30ϕ，220/15V，黃色	1 只	
TB	端子台	3P，30A	3 只	
TB	端子台	20P，20A	2 只	

三　位置圖

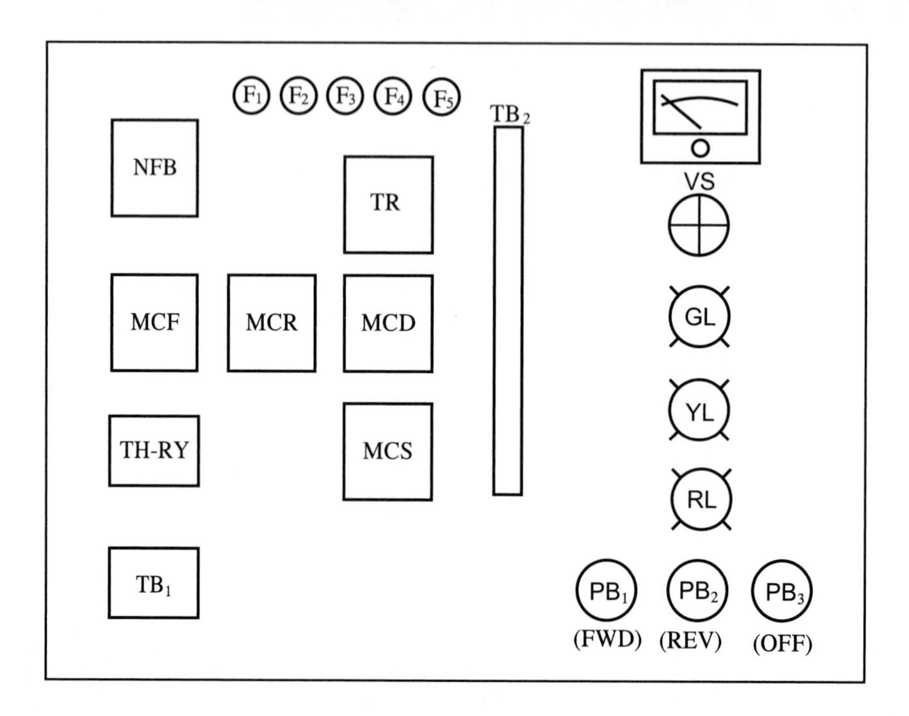

四　線路圖

見圖於下頁。

五　動作分析

1. 接上電源→將(NFB)開關置於ON位置→(GL)指示燈亮。
2. 按下正轉控制開關(FWD)→(MCF)激磁→(MCF)之*b*點打開→(GL)指示燈熄滅→(MCF)之*a*接點閉合，(MCF)自己保持，(RL)指示燈亮，(MCS)激磁，限時電驛(TR)開始計時(Y起動)。
3. 經過(TR)設定時間*T*秒→(TR)之限時接點 $\frac{TR}{TO}$ 打開，(MCS)失磁→限時接點 $\frac{TR}{TC}$ 閉合，(MCD)激磁(△運轉)。
4. 按下(OFF)，(MCD)及(MCF)均失磁→(RL)指示燈熄滅，(GL)指示燈亮。

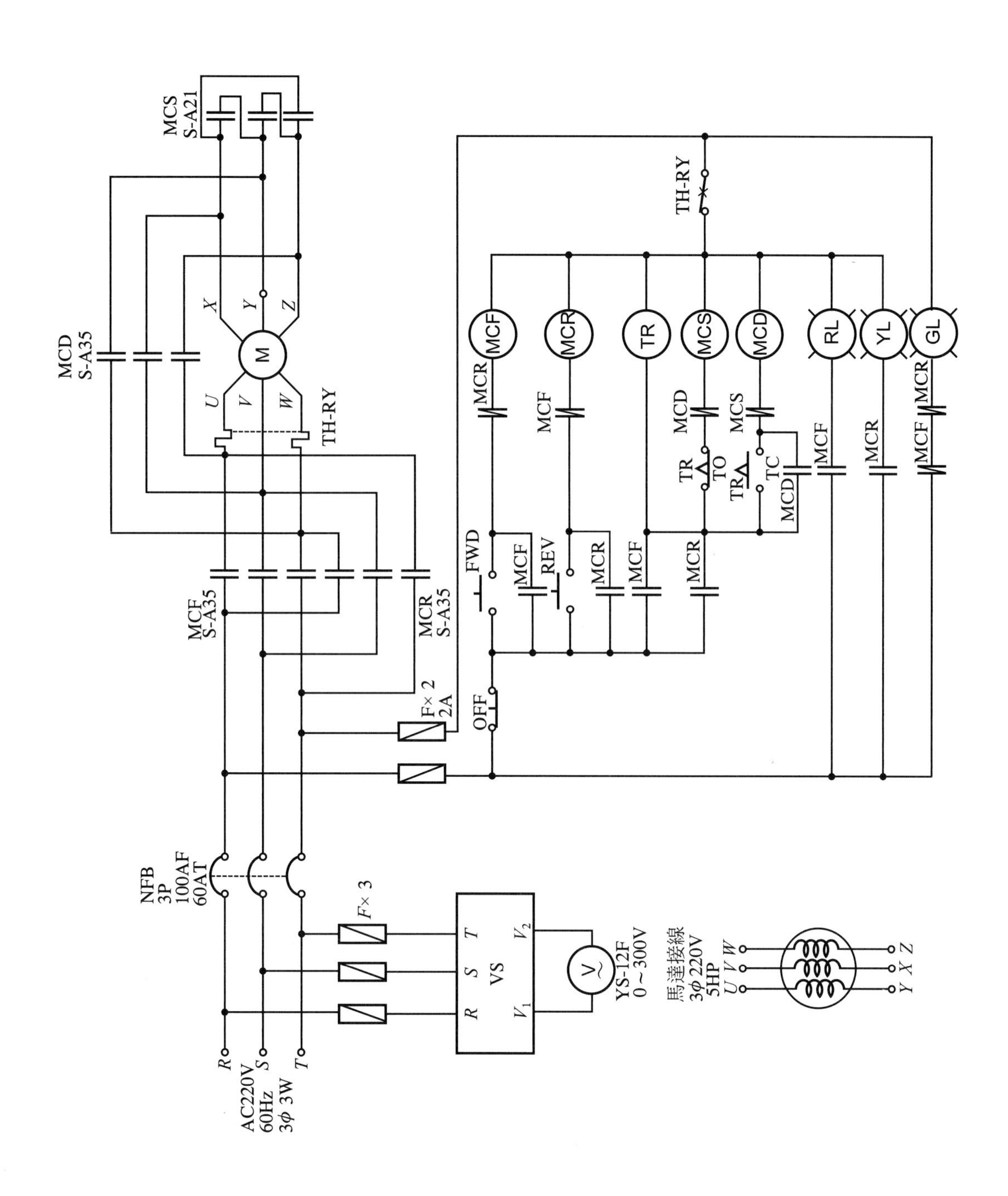
MCS
S-A21
MCD
S-A35
TH-RY
MCF
S-A35
MCR
S-A35
F× 2
2A
NFB
3P
100AF
60AT
F× 3
VS
YS-12F
0～300V
AC220V
60Hz
3φ 3W
馬達接線
3φ 220V
5HP
FWD
REV
OFF
TO
TC
MCF
MCR
TR
MCS
MCD
RL
YL
GL

5. 按下逆轉控制開關(REV)→(MCR)激磁→(MCR)之*b*接點打開→(GL)指示燈熄滅→(MCR)之*a*接點閉合，(MCR)自己保持，(YL)指示燈亮，(MCS)激磁，限時電驛(TR)開始計時(Y 起動)。
6. 其餘動作與(2)、(4)相同。

六 測 試

1. 控制電路
   - ⑴ 將三用電表置於Ω檔之×1 或×10 位置，先做歸零調整，然後置於*RT*相，可測得(GL)指示燈之電阻值。
   - ⑵ 按下(FWD)，可測得(MCF)與(GL)並聯之電阻，故指針會向右偏轉(即電阻值降低)。
   - ⑶ 按下(REV)，可測得(MCR)與(GL)並聯之電阻。
   - ⑷ 壓下(MCF)之電磁接觸器之接點(先將—○△○ $\frac{TR}{TO}$ 短路)可測得(MCF)、(RL)、(MCS)三者之並聯電阻值。然後再將(TR)之—○ △ ○ $\frac{TR}{TC}$ 短路，壓下(MCF)之接點可測得(MCF)、(RL)、(MCD)三者之並聯電阻值。
   - ⑸ 測量逆轉時，方法同測量正轉相同。
2. 主電路
   - ⑴ 電動機不接之測量，壓下(MCF)及(MCS)之電磁接觸器，用三用電表Ω檔×1 或×10 測量*RS*、*ST*、*RT*相之電阻值應爲∞。
   - ⑵ 壓下(MCF)及(MCD)電磁接觸器，測量*RS*、*ST*、*RT*相之電阻值應爲∞。
   - ⑶ 接上電動機，壓下(MCF)電磁接觸器，測量*RS*、*ST*、*RT*相之電阻值，應爲電動機線圈之電阻值(Y 起動)。
   - ⑷ 壓下(MCF)及(MCD)電磁接觸器，測量*RS*、*ST*、*RT*相之電阻，應爲電動機線圈之電阻值，若其中有一次測量沒有電阻值，則表示接錯。
   - ⑸ 逆轉測試步驟與正轉測試相同。

實習 33　三相繞線型感應電動機起動控制及保護電路

一　使用器材

符號	名稱	規格	數量	備註
NFB	無熔絲開關	3P，100AF，75AT	1只	
MC	電磁接觸器	S-A21，線圈 220V	1只	
MC	電磁接觸器	S-A35，線圈 220V	1只	
MC	電磁接觸器	S-A50	1只	
TH-RY	積熱電驛	TH-80，56A	1只	
R	起動電阻器	3ϕ，220V，15kW	1組	
V	電壓表	0～300V	1只	
F	栓型保險絲	2A	2只	瓷質
TR	限時電驛	AC 220V，ON-DELAY，0～60秒	2只	
X	電力電驛	MK-2P，AC 220V	1只	
SE	靜止型馬達保護電驛	SE-K2 附變流器	1組	
BZ	蜂鳴器	AC 220V，強力型，4"	1只	
YL	指示燈	30ϕ，220/15V，黃色	1只	
GL	指示燈	30ϕ，220/15V，綠色	1只	
RL	指示燈	30ϕ，220/15V，紅色	1只	
PB	按鈕開關	30ϕ，$1a1b$，紅色×1，綠色×2	3只	
TB	端子台	3P，60A	5只	
TB	端子台	12P，20A	4只	

二 位置圖

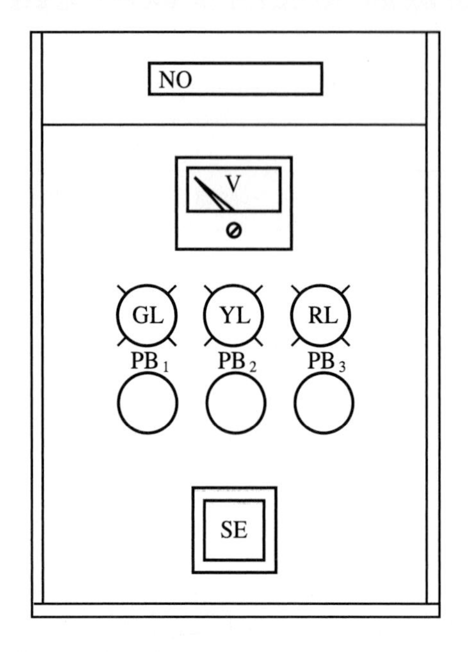

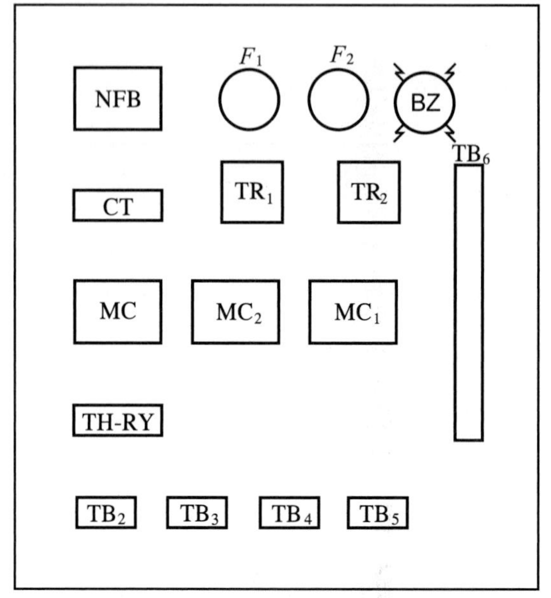

三 線路圖

見圖於下頁。

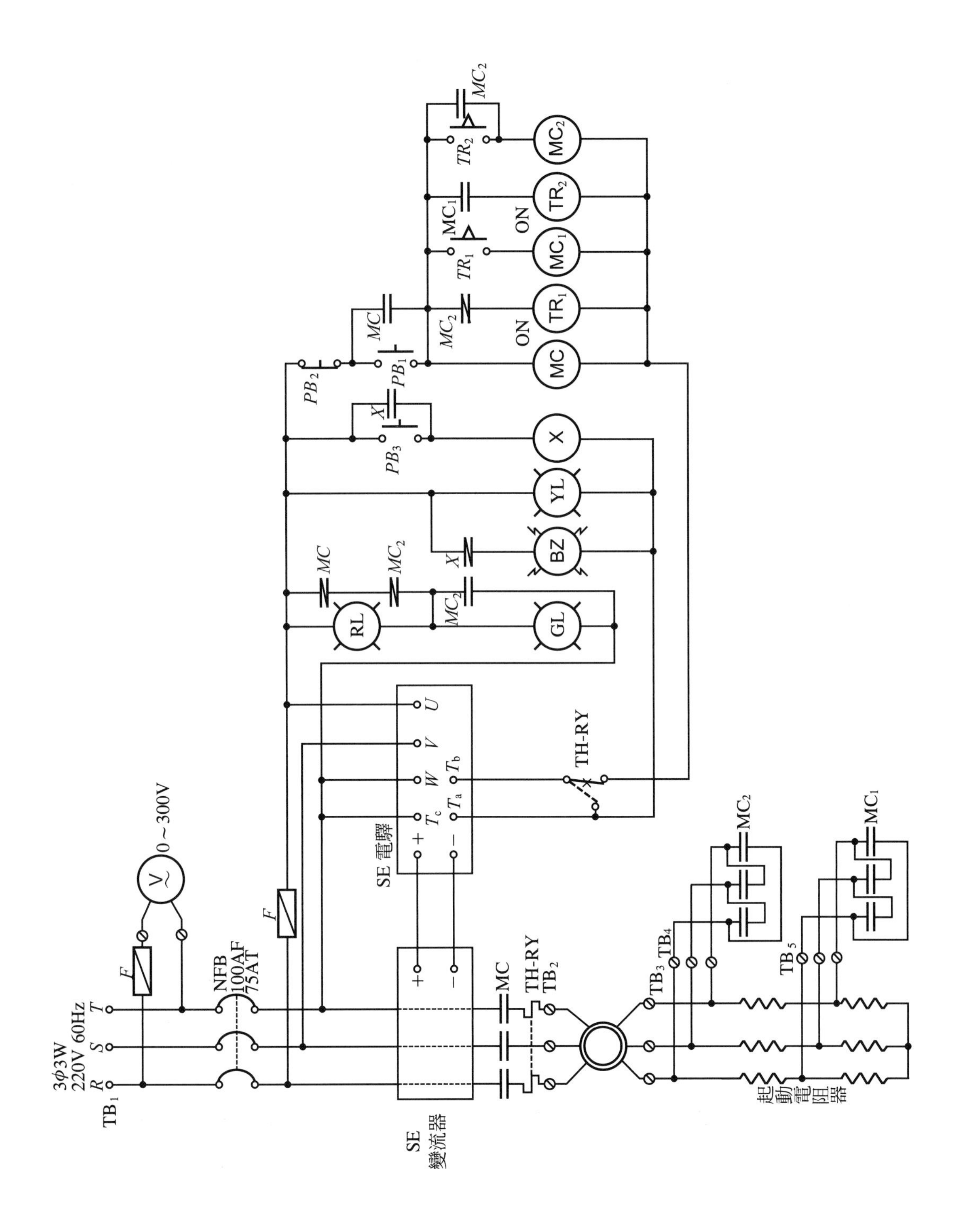
TB1
3φ3W
220V 60Hz
R
S
T
F
V
0～300V
NFB
100AF
75AT
SE
變流器
MC
TH-RY
TB2
TB3
TB4
TB5
MC1
MC2
起動電阻器
SE 電驛
U
V
W
Tb
Ta
Tc
TH-RY
RL
GL
BZ
YL
X
MC
TR1
MC1
TR2
MC2
ON
PB1
PB2
PB3

四 動作分析

1. 動作時間表

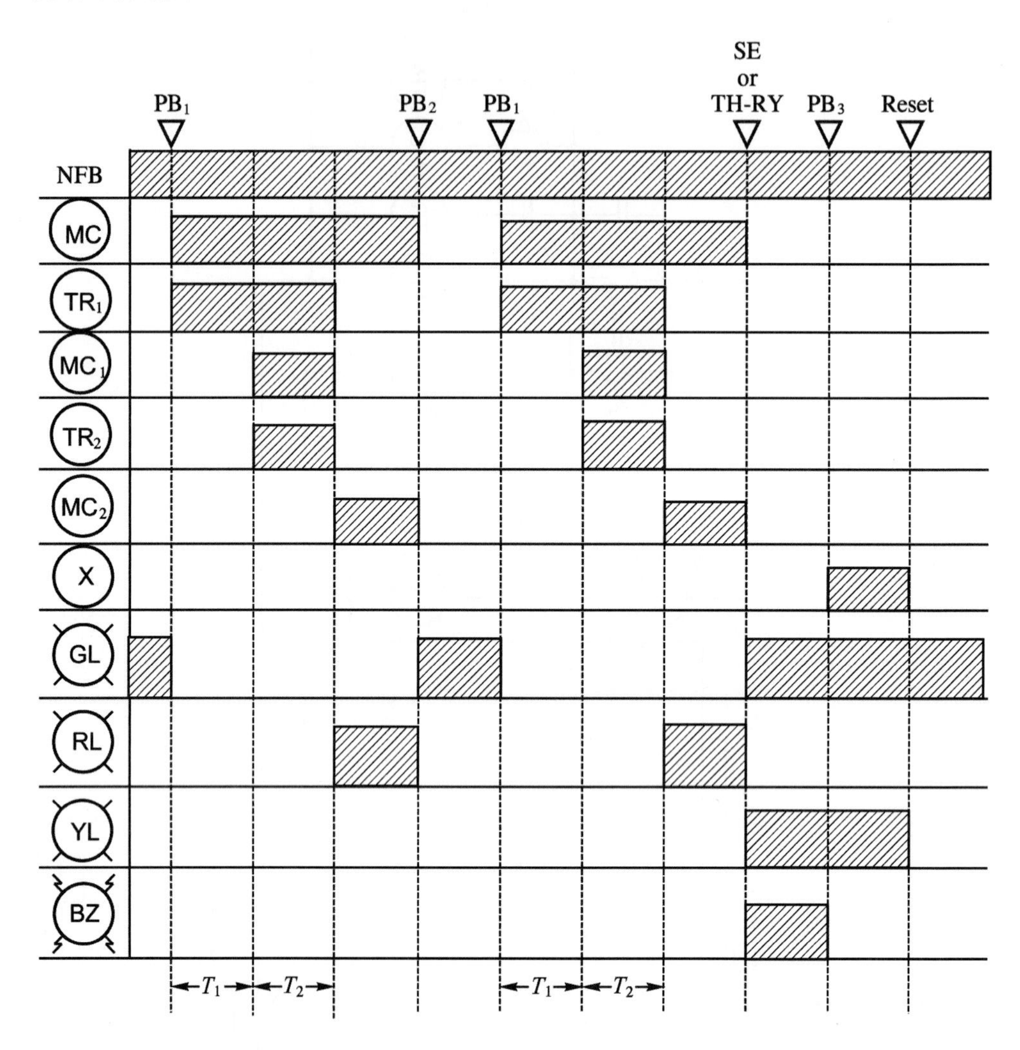

2. 動作說明

(1) 電源有電時，電壓表應指示*RT*相之電壓。

(2) 將無熔絲開關(NFB)置於 ON 位置，綠色指示燈(GL)亮。

(3) 按下按鈕開關(PB_1)，電磁接觸器(MC)激磁，電動機以全電阻起動，(GL)熄，限時電驛(TR_1)開始計時。

(4) 經過(TR_1)所設定時間T_1秒，電磁接觸器(MC_1)激磁，電動機以 50%起動電阻起動，限時電驛(TR_2)開始計時。

(5) 經過(TR_2)所設定時間T_2秒，電磁接觸器(MC_2)激磁，電動機之起動電阻為零，(RL)指示燈亮，(MC_1)及限時電驛(TR_1)及(TR_2)均失磁，電動機完成起動。

(6) 電動機在運轉中，按下按鈕開關(PB_2)，電動機停止運轉，所有電磁接觸器失磁，(RL)熄，(GL)亮。

(7) 電動機正常運轉中，因過載致使積熱電驛或(SE)電驛動作時，(MC_1)及(MC_2)均應立即失磁，電動機停止運轉，黃色指示燈(YL)及綠色指示燈(GL)均亮，蜂鳴器(BZ)響，按下按鈕開關(PB_3)，蜂鳴器停響，當動作中的電驛復歸時，(YL)指示燈熄。

實習 34　三相感應電動機正逆轉控制裝置(光電開關)

一　動作順序

1. 接上電源，將無熔絲開關(NFB)ON後，再將閘刀開關(KS)ON使光電開關之投光器投射出光線到受光器。
2. 按下按鈕開關(FOR)，(MCF)激磁，電動機開始正轉，(RL)指示燈亮，電動機正轉後轉到其所帶動之負載碰到微動開關(F-LS)時，(MCF)失磁，電動機停止運轉，(RL)燈熄。
3. 按下按鈕開關(REV)，電動機開始逆轉，(YL_1)指示燈亮，電動機逆轉碰到微動開關(R-LS)，電動機停止運轉，(MCR)失磁，(YL_1)指示燈亮。
4. 當光電開關之投光1或2光線被遮住時，光電開關(PH_1)或(PH_2)之a接點閉合，致使(M_1)或(M_2)激磁，接點閉合使(MCF)激磁，電動機正轉，轉至碰到微動開關(FL-S)，電動機停止運轉。
5. 當光電開關之投光1或2光線再度被遮住，(M_1)或(M_2)再激磁時，接點閉合使(MCR)激磁，電動機逆轉，轉至碰到微動開關(RL-S)，電動機停止運轉。
6. 當電動機在運轉中，因過載致使積熱電驛跳脫，電動機應停止運轉，(BZ)蜂鳴器響，按下按鈕開關(ON)，(X_0)激磁，蜂鳴器停響，(YL_2)指示燈亮，當故障排除，將積熱電驛復歸(Reset)後，(X_0)失磁，(YL_2)指示燈熄。

二 使用器材

符號	名稱	規格	數量	備註
NFB	無熔絲開關	3P，20AF，15AT	1只	
KS	閘刀開關	2P，250V，20A	1只	
MC	電磁接觸器	S-A35，AC 220V	2只	
X	電力電驛	AC 220V，MK-2	3只	
LS	微動開關	600V，10A，1a1b	2只	
OL	積熱電驛	TH-RY，15A	1只	
L	指示燈	220/15V，紅×1，黃×2	3只	
PB	按鈕開關	單層正逆轉控制，2a1b	1只	露出型
PB	按鈕開關	30ϕ，1a1b	1只	
BZ	蜂鳴器	AC 220V，強力型	1只	
TB	端子台	45P，20A	2只	
TB	端子台	3P，30A	2只	

三 位置圖

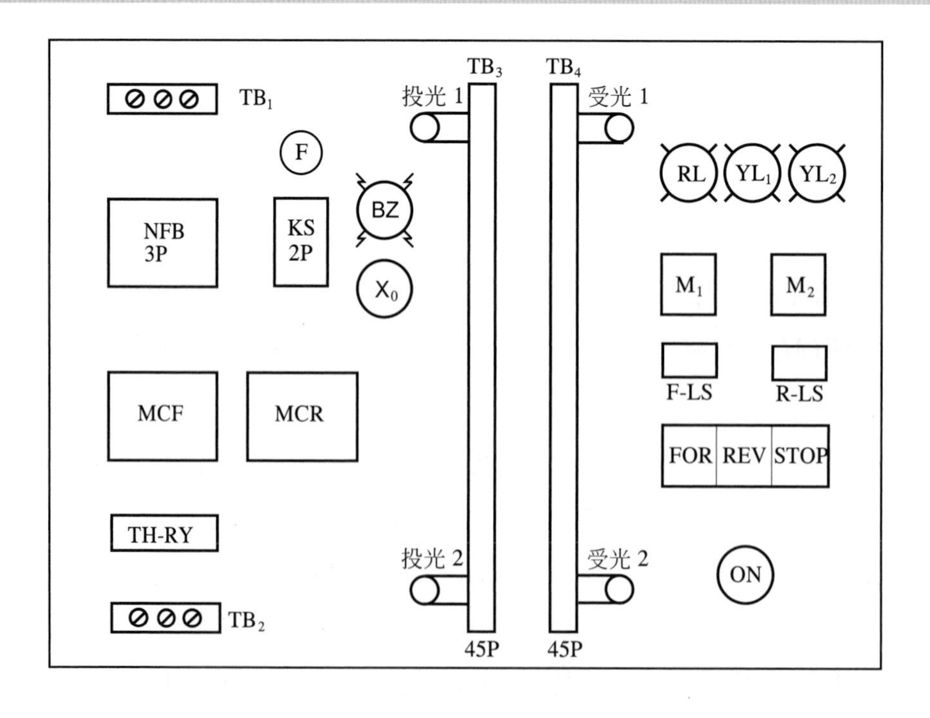

四 線路圖

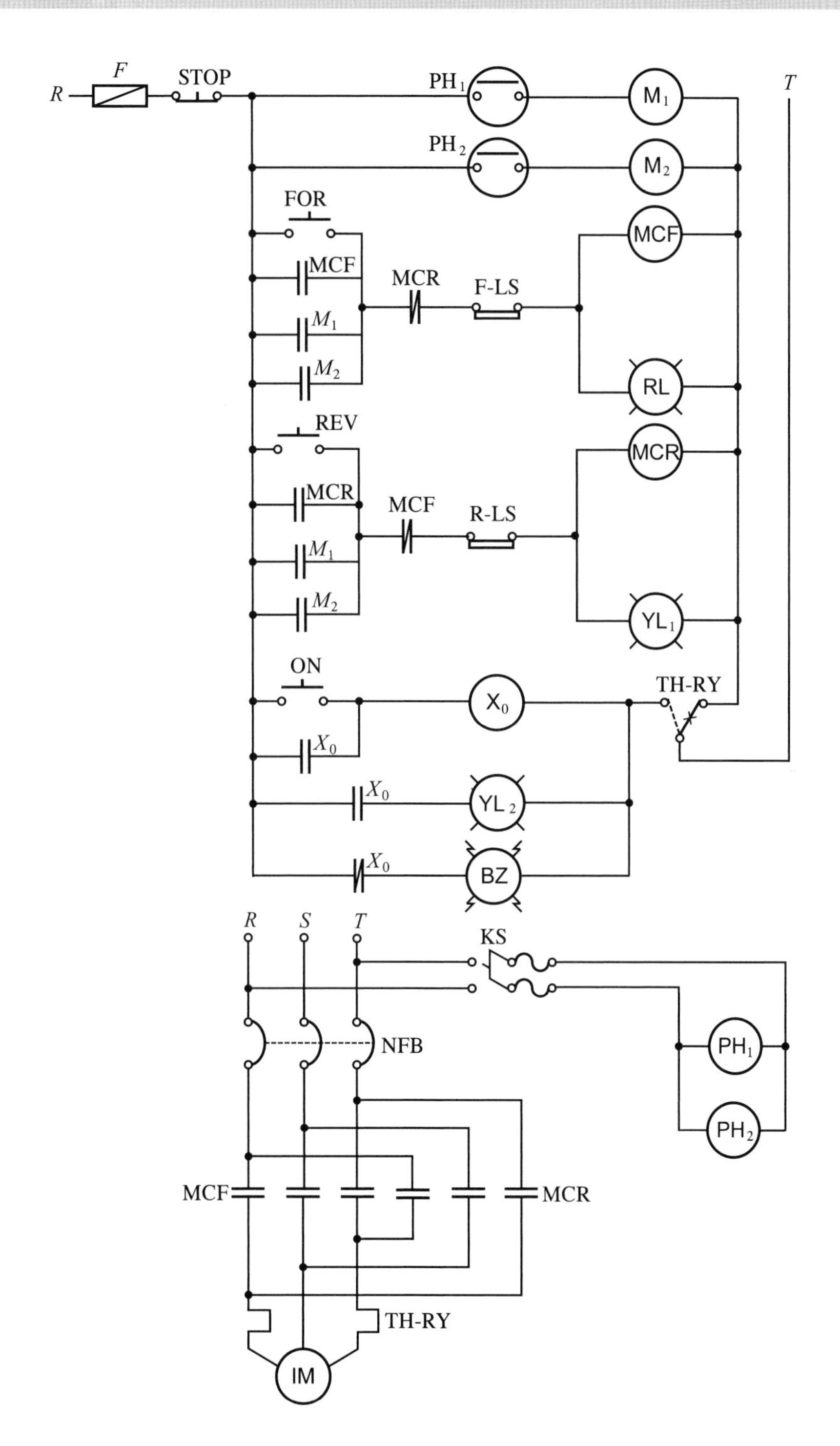
R
F
STOP
PH1
M1
T
PH2
M2
FOR
MCF
MCF
MCR
F-LS
M1
M2
RL
REV
MCR
MCR
MCF
R-LS
M1
M2
YL1
ON
X0
TH-RY
X0
X0
YL2
X0
BZ
R
S
T
KS
NFB
PH1
PH2
MCF
MCR
TH-RY
IM

五　動作分析

1.　動作時間表

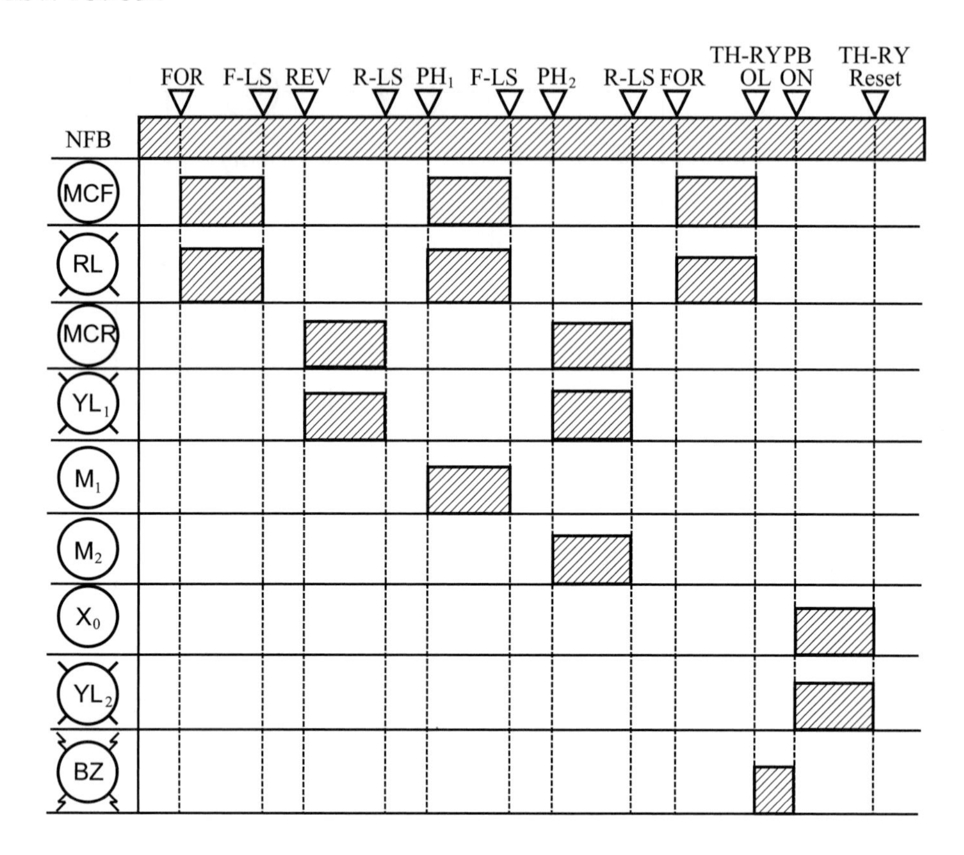

2. 動作說明

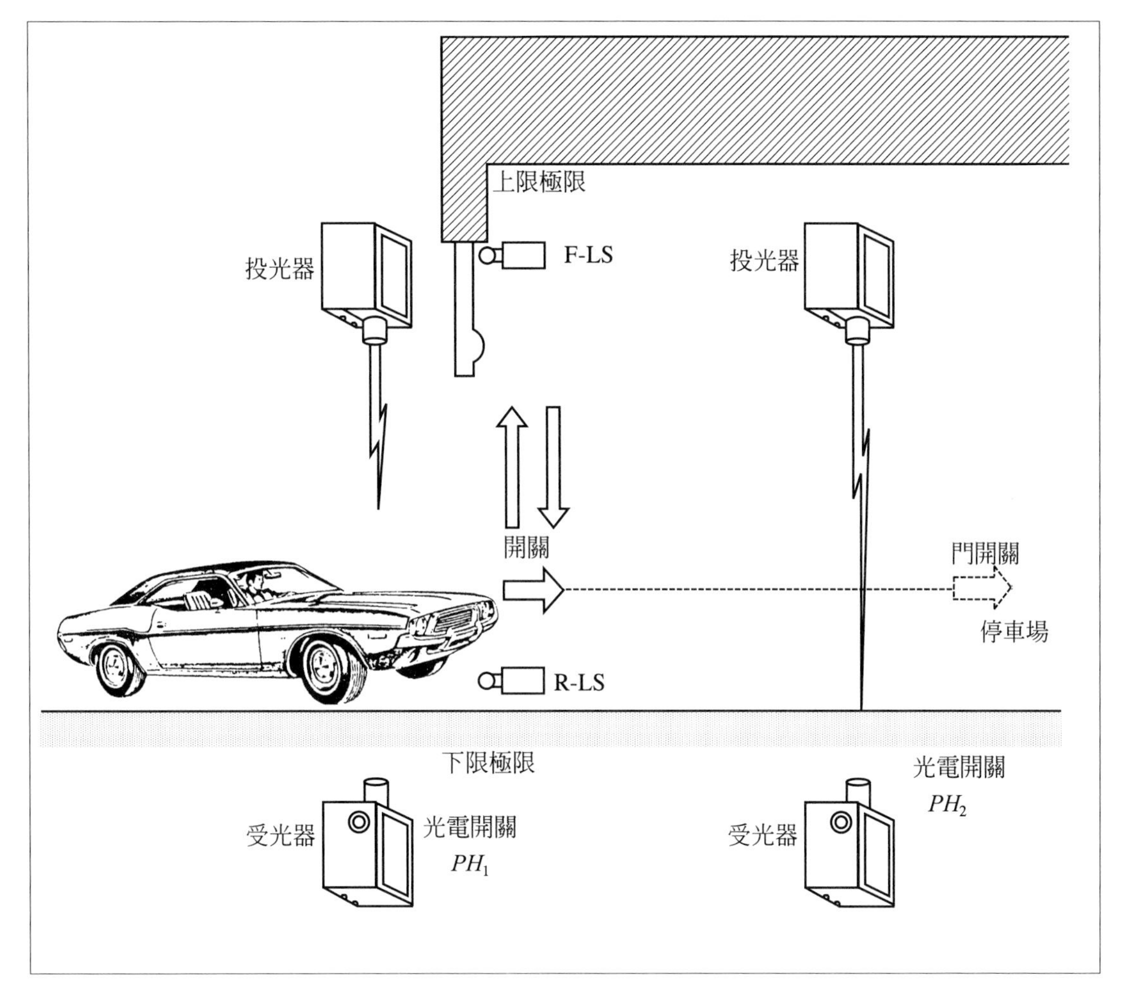

圖(1)

⑴ 圖(1)中當汽車靠近停車場的捲門時，光電開關(PH_1)光被遮斷，自動將門開啓，直到門的凸輪碰到上限的限制開關(F-LS)時才停止。

⑵ 車子通過捲門後，將(PH_2)光電開關的光遮斷，自動將門閉合，直到門的凸輪碰到下限的限制開關(R-LS)後停止。

⑶ 本實習就是一個自動門的控制電路，可爲手動及自動，自動就利用光電開關來達成，手動則用按鈕開關控制。

六 光電開關之構造及接線圖

1. 投光器

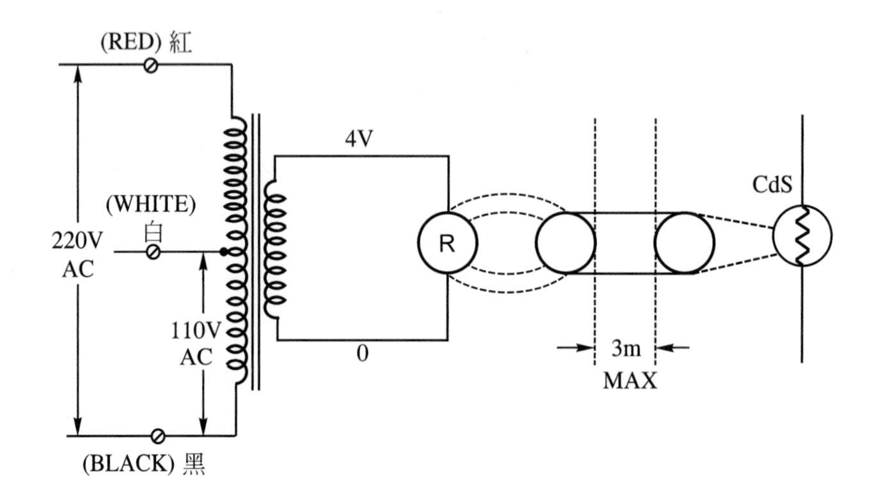

圖(a) 投光器之接線圖

2. 受光器

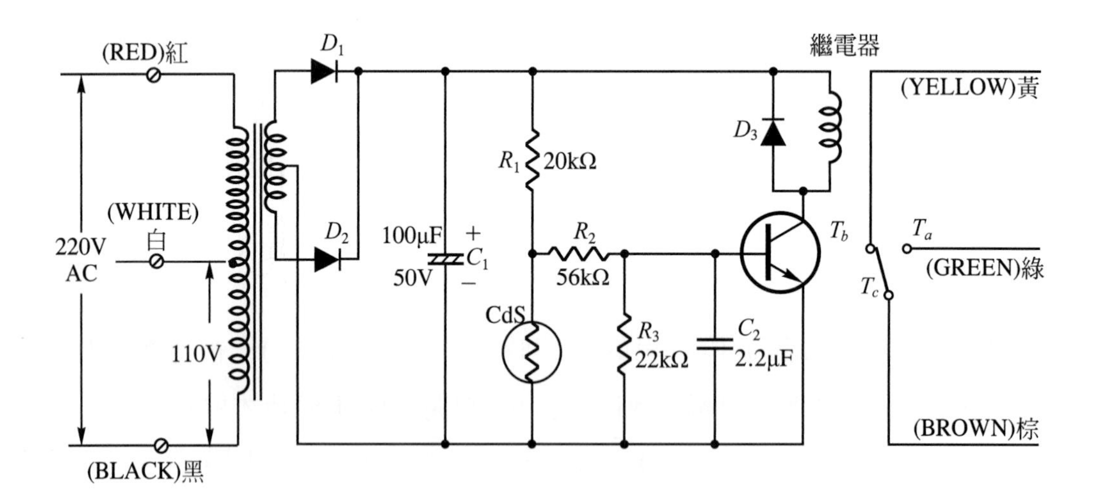

圖(b) 受光器之接線圖

實習 35　低壓三相感應電動機自動正逆轉控制裝置

一　動作順序

1. 接上電源，先按(ON)按鈕後再按(FOR)按鈕或(REV)按鈕時，電動機開始運轉。
2. 按(FOR)按鈕經一段時間後電動機正轉，運轉一段時間後自動逆轉，轉動一段時間後又自動變成正轉，如此順序循環動作，直到按(OFF)按鈕或(TH-RY)跳脫時，電動機才停止運轉。
3. 限時電驛之時間設定如下：

   $TR_2 > TR_1$，$TR_4 > TR_3$

   $TR_2 = TR_4$，$TR_1 = TR_3$

二　使用器材

符號	名稱	規格	數量	備註
NFB	無熔絲開關	3P，50AF，20AT	1 只	
MS	正逆轉電磁開關	AC 220V，5HP，*5a2b*，TH-RY 9A	1 組	
PB	按鈕開關	PB-3，FOR，REV，OFF，雙層	1 只	附固定架
PB	按鈕開關	PB-2，ON、OFF	1 只	附固定架
TR	限時電驛	AC 220V，STP-N，30 秒	4 只	附固定座
X	電力電驛	MK 2P，AC 220V	1 只	附固定座
X	電力電驛	MK 3P，AC 220V	2 只	附固定座
TB	端子台	3P，20A	3 只	
TB	端子台	45P，20A	2 只	

三 位置圖

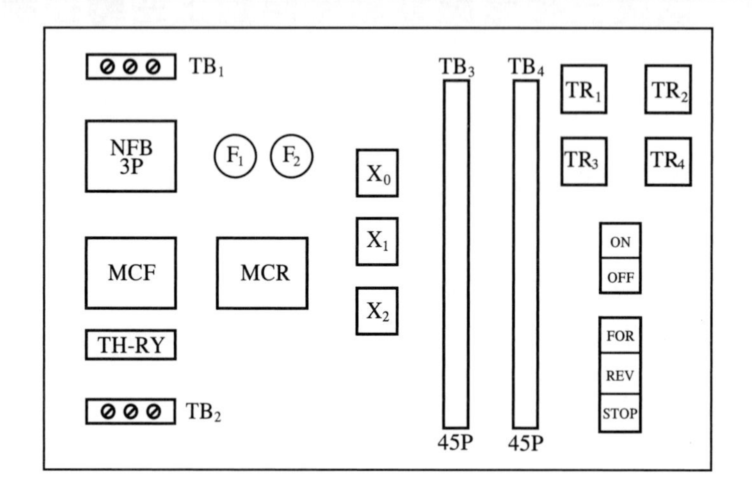

四 線路圖

見圖於下頁。

五 動作分析

1. 動作時間表

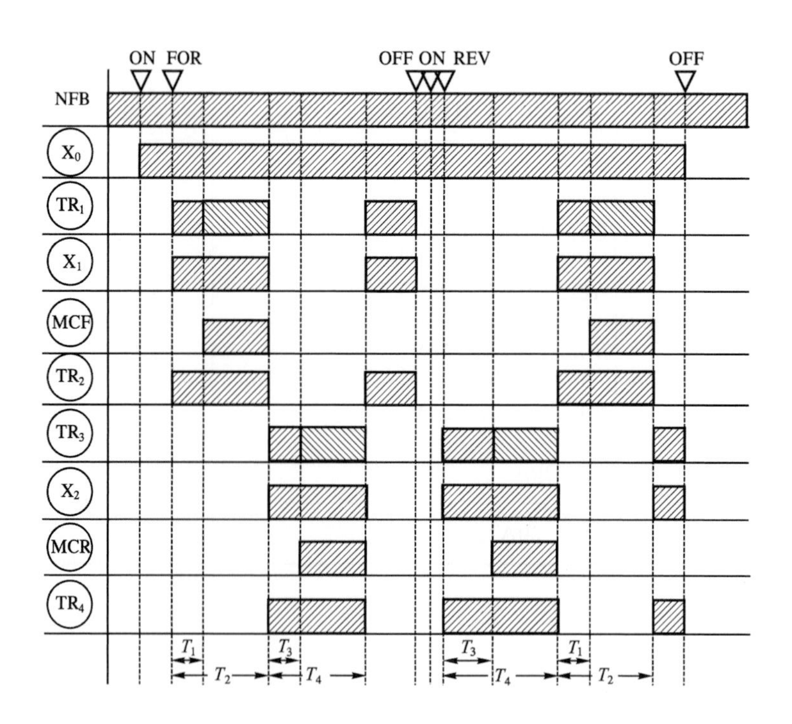

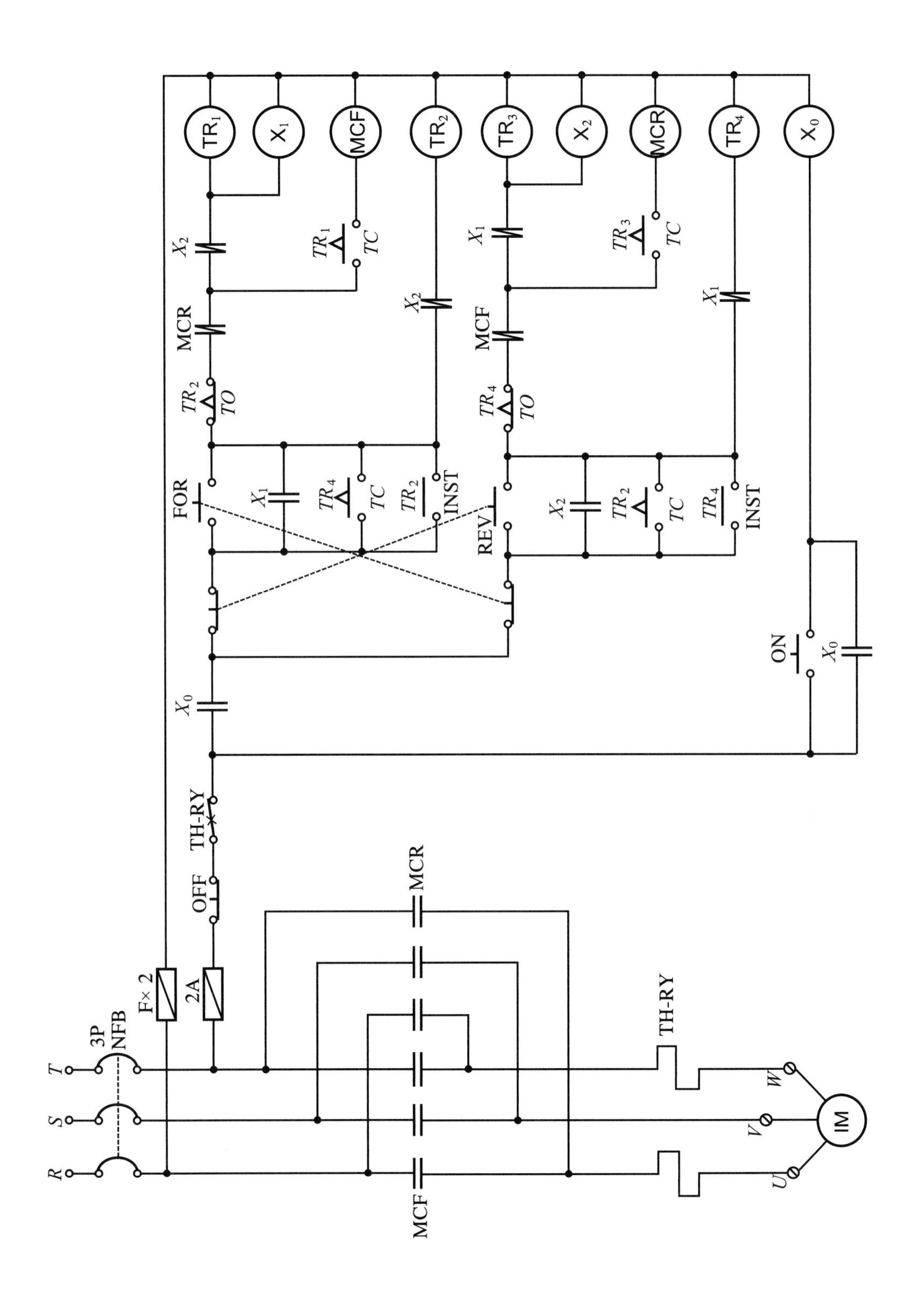
TR1
X1
MCF
TR2
TR3
X2
MCR
TR4
X0
X2
TR1
TC
MCR
TR2
TO
X2
X1
TR3
TC
MCF
TR4
TO
X1
FOR
X1
TR4
TC
TR2
INST
X2
TR2
TC
TR4
INST
REV
ON
X0
X0
TH-RY
OFF
MCR
F× 2
2A
3P
NFB
TH-RY
T
S
R
W
V
U
IM
MCF

2. 動作說明

(1) 接上電源，按(ON)按鈕→(X_0)激磁→再按(FOR)或(REV)按鈕。

(2) 按下(FOR)按鈕→ (TR_1)、(TR_2)、(X_1)均激磁，(TR_2)所設定的時間比(TR_1)長→經過(TR_1)所設定時間T_1，(MCF)激磁，電動機正轉→再經過(TR_2)所設定時間T_2，(TR_1)、(TR_2)、(X_1)、(MCF)均失磁→ (TR_3)、(TR_4)、(X_2)均激磁，(TR_4)所設定的時間比(TR_3)長→經過(TR_3)所設定時間T_3，(MCR)激磁，電動機逆轉→再經過(TR_4)所設定的時間T_4，(TR_3)、(TR_2)、(X_1)、(MCF)均失磁→ (TR_1)、(X_1)、(TR_2)均再激磁，持續循環的作正逆轉變換。

(3) 按下(OFF)按鈕或積熱電驛過載跳脫，馬達停止。

六 注意事項

1. 此題之(TR)應採用—○△○ $\frac{TR}{TO}$ 與—○△○ $\frac{TR}{TC}$ 接點獨立式，一般(TR)之接點都是有一邊是共同點(即其限時接點有一端相通)。
(TR)之限時接點如圖(a)則此題不能使用。若(TR)只有圖(a)這種型式，亦可將(TR)之—○△○ $\frac{TR}{TC}$ 控制一個電磁接觸器，將電磁接觸器之b接點當作—○△○ $\frac{TR}{TO}$，a接點當—○△○ $\frac{TR}{TC}$ 即可，如圖(b)所示。

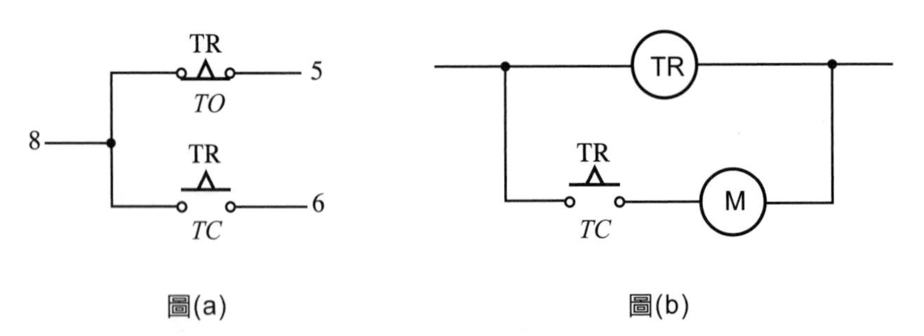

圖(a) 圖(b)

2. 使用(TR)時應注意(TR)之1、2腳是否相通，若1、2腳相連接的(TR)本題不能使用，將使功能錯誤，若將線圈(2腳)接T相，甚至會造成短路。

3. (TR)之時間設定必須$TR_2 > TR_1$，$TR_4 > TR_3$，$TR_2 = TR_4$，$TR_1 = TR_3$，否則動作將錯誤。

實習 36　單相電容分相式感應電動機正逆轉控制裝置

一　動作順序

1. 按下按鈕開關(ON)→(MCF)先動作，馬達正轉。
2. 經過(TR)所設定時間T秒→(MCR)動作，馬達逆轉。
3. 經過(TR)所設定時間T秒→(MCF)又動作，馬達正轉，這樣持續循環正逆轉變換。
4. 按下按鈕開關(OFF)，馬達停止轉動。

二　使用器材

符號	名稱	規格	數量	備註
	電線	PVC 5.5mm^{2}黑色	3 公尺	
	電線	PVC 2.0mm^{2}黃色	8 公尺	
NFB	無熔絲開關	3P，20AF，15AT	1 只	
MS	正逆轉電磁開關	AC 220V，5HP，$5a2b$，TH-RY 9A	1 組	
X	電力電驛	AC 220V，2P	2 只	附固定座
X	電力電驛	AC 220V，3P	2 只	附固定座
TR	限時電驛	AC 220V，0～30 秒，OMRON，STP-N	1 只	附固定座
L	指示燈	3ϕ，220/15V，紅色、綠色、黃色	各 1 只	附固定架
PB	按鈕開關	PB$_2$，ON、OFF	1 只	
TB	端子台	3P，20A	3 只	
TB	端子台	45P，20A	2 只	
	壓著端子	5.5mm^{2}Y 及 O 型	若干	
	壓著端子	2.0mm^{2}Y 及 O 型	若干	
	木螺絲釘	3/4"	若干	
	號碼標誌套管	5.5mm^{2}及 2.0mm^2	若干	

三 線路圖

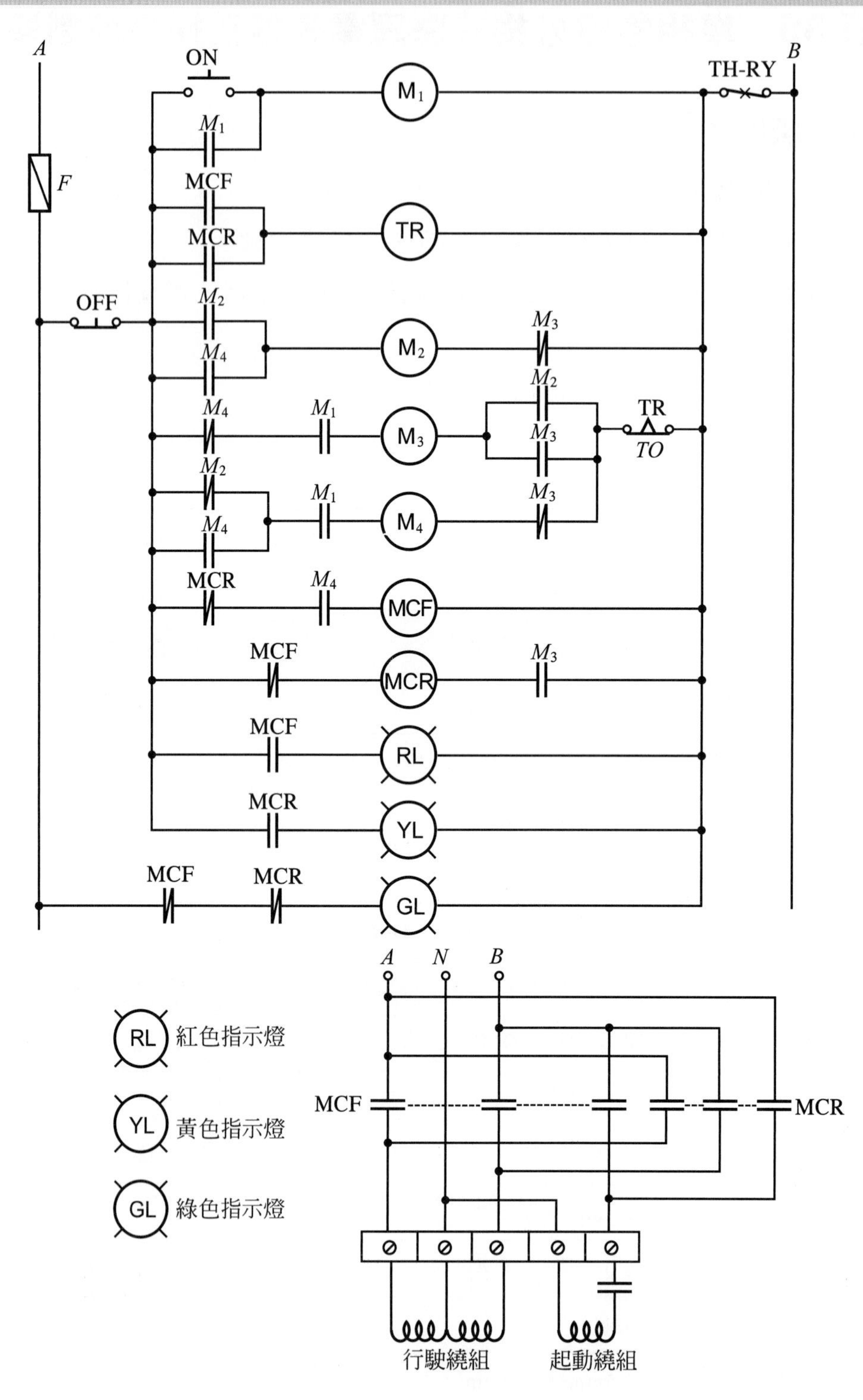
A
ON
M1
TH-RY
B
F
MCF
MCR
TR
OFF
M2
M3
M4
TR
TO
RL
YL
GL
A
N
B
MCF
MCR
紅色指示燈
黃色指示燈
綠色指示燈
行駛繞組
起動繞組

四　位置圖

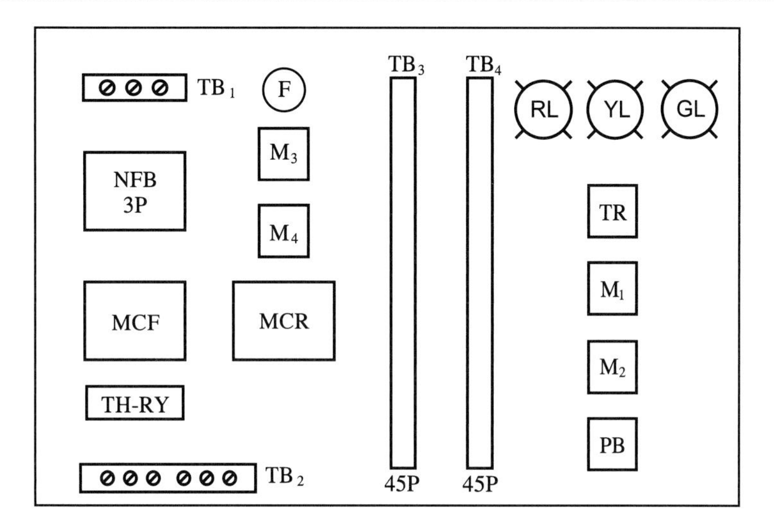

五　動作分析

1.　動作時間表

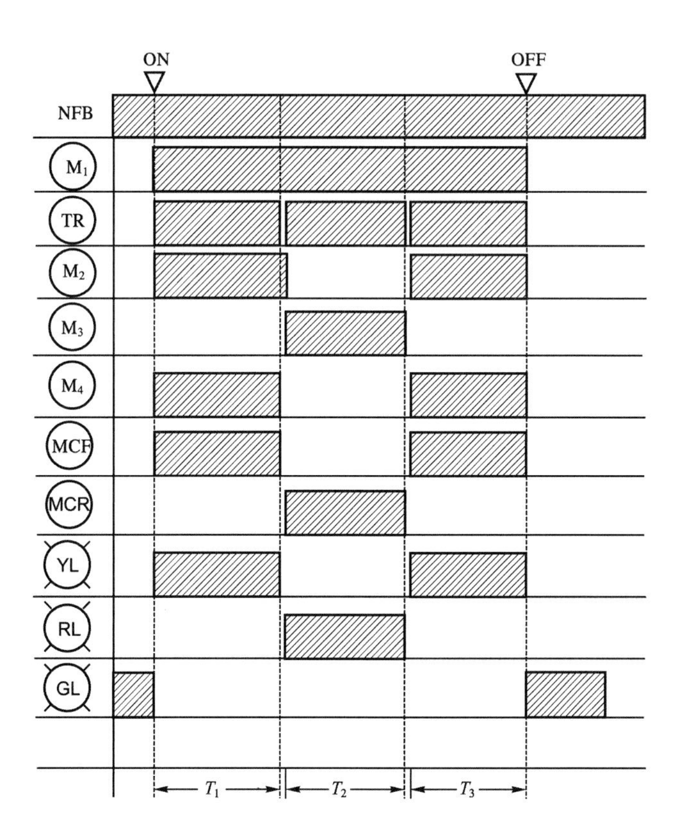

2. 動作說明

(1) 接上電源，將(NFB)開關置於ON位置，(GL)指示燈亮。

(2) 按下按鈕開關(ON)→(X_1)激磁→(M_4)激磁→(M_2)及(MCF)均激磁，馬達正轉→(GL)指示燈熄滅，(RL)指示燈亮，限時電驛(TR)開始計時。

(3) 經過(TR)所設定時間T秒—o△o— $\frac{\text{TR}}{\text{TO}}$ 打開→除(M_2)未失磁外，(M_4)、(MCF)、(TR)均失磁→(TR)失磁後馬上閉合。

(4) —o△o— $\frac{\text{TR}}{\text{TO}}$ 閉合後，(M_3)激磁→(MCR)激磁，馬達逆轉，(YL)指示燈亮、(M_2)失磁→(TR)開始計時。

(5) 經過(TR)所設定之時間T秒→—o△o— $\frac{\text{TR}}{\text{TO}}$ 打開→(M_3)、(MCR)、(TR)均失磁，(YL)指示燈熄滅→(TR)失磁後又馬上閉合，重覆到(1)之步驟，一直重複正逆轉。

(6) 按下按鈕開關(OFF)，馬達停止運轉，(GL)指示燈亮。

實習 37 低壓三相感應電動機順序控制裝置

一 動作順序

1. 按下(ON)→(X_1)激磁→(MC_1)激磁、(TR_1)開始計時，(M_1)馬達運轉，(RL_1)指示燈亮。
2. 經過(TR_1)所設定時間T秒→(MC_2)激磁，(TR_2)開始計時，(M_2)馬達運轉，(RL_2)指示燈亮，(TR_1)及(MC_1)均失磁，(M_1)停止，(RL_1)指示燈滅。
3. 經過(TR_2)所設定時間T秒→(MC_3)激磁，(TR_3)開始計時，(M_3)馬達運轉，(RL_3)指示燈亮，(MC_2)失磁，(M_2)停止，(RL_2)指示燈滅。
4. 經過(TR_3)所設定時間T秒→(X_2)激磁，(TR_3)、(TR_2)、(MC_3)均失磁，(RL_3)指示燈滅，(M_3)停止→(X_2)失磁。
5. (X_2)失磁後→(TR_1)及(MC_1)均激磁，(M_1)運轉，另一循環又重新開始。

二　使用器材

符號	名稱	規格	數量	備註
NFB	無熔絲開關	3P，50AF，30AT	1 只	
X	電力電驛	AC 220V	2 只	
MC	電磁接觸器	AC 220V，5a2b	3 只	
TR	限時電驛	ON-DELAY，AC 220V	3 只	
BZ	蜂鳴器	AC 220V	1 只	
OL	積熱電驛	TH-RY 15A	3 只	
PB	按鈕開關	1a1b型	1 只	
IM	電動機	AC 220V，3HP	3 台	

三　位置圖

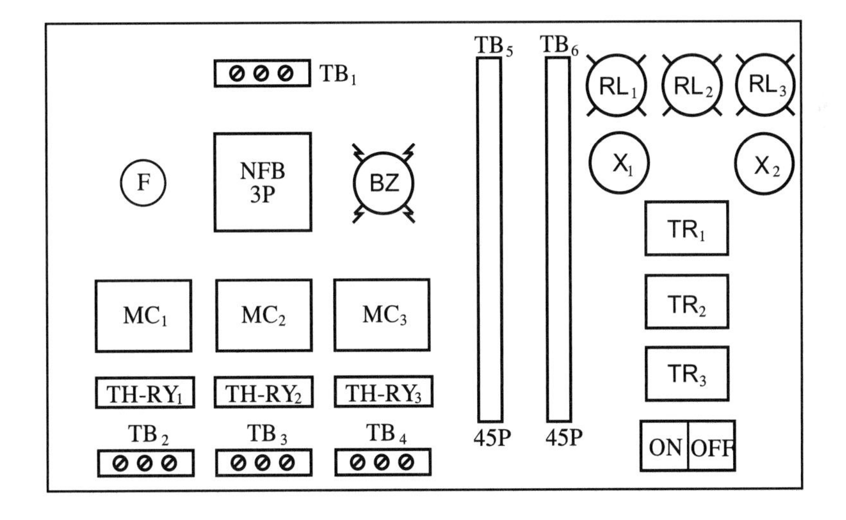

四　線路圖

見下頁圖所示。

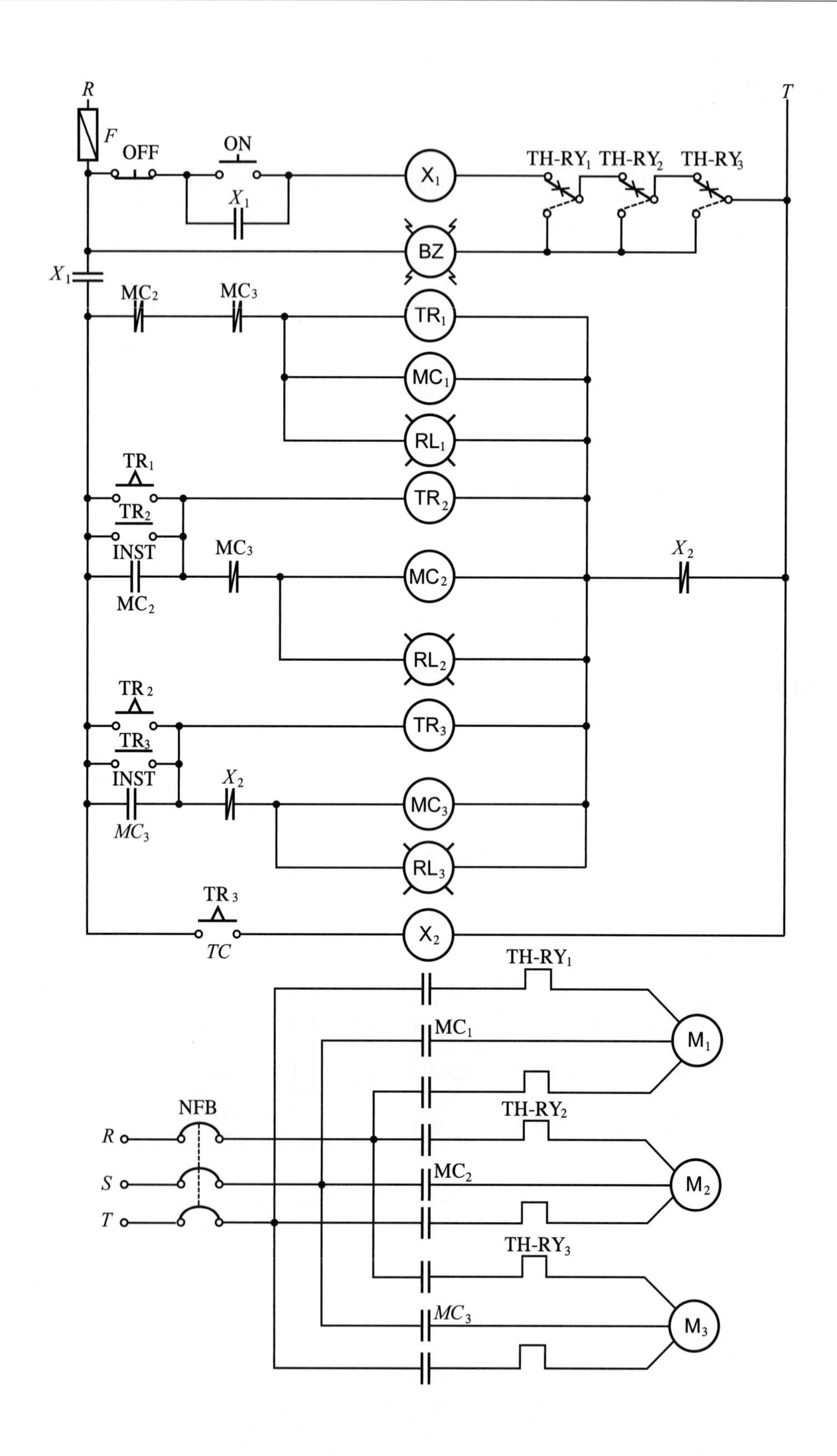
R
T
F
OFF
ON
X1
TH-RY1
TH-RY2
TH-RY3
BZ
MC2
MC3
TR1
MC1
RL1
TR2
INST
RL2
X2
TR3
RL3
TC
NFB
S
M1
M2
M3

五 動作分析

1. 動作時間表

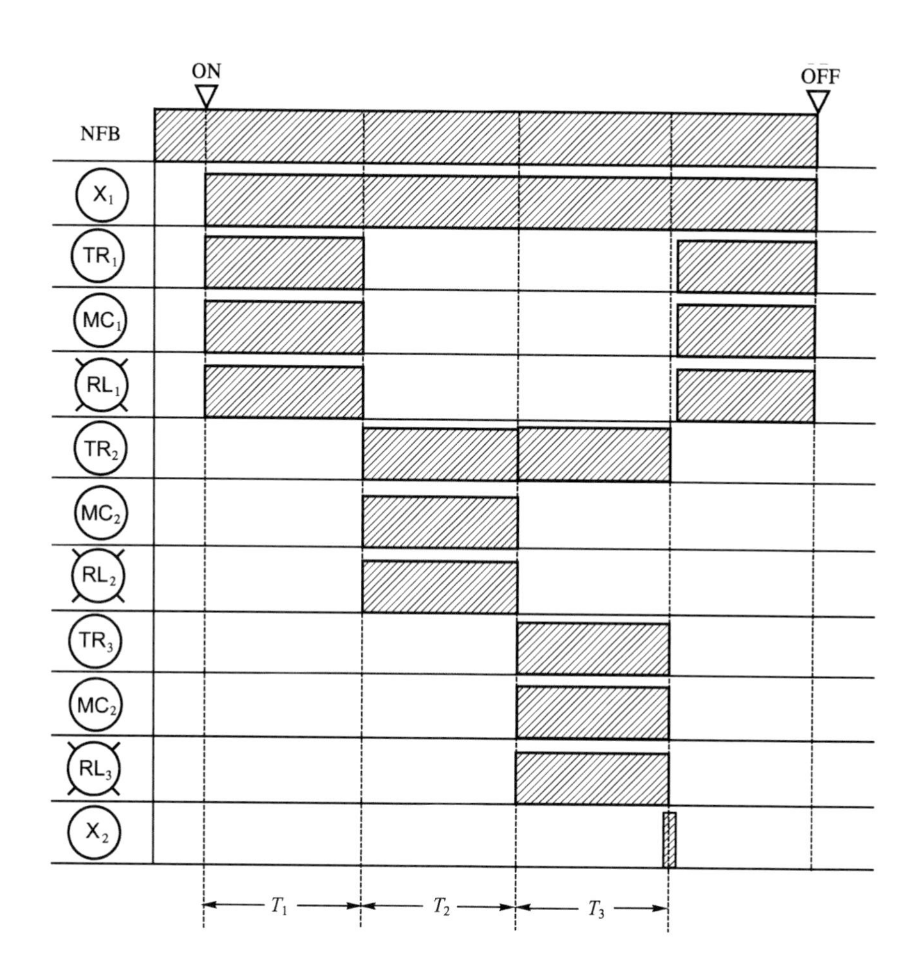

2. 動作說明

⑴ 按下(ON)→(X_1)激磁→(MC_1)激磁，(TR_1)開始計時，第一部馬達(M_1)運轉，(RL_1)指示燈亮。

⑵ 經過(TR_1)所設定時間T秒，(MC_2)激磁，(TR_2)開始計時，第一部馬達(M_1)因(MC_2)的b接點打開，而使(MC_1)失磁而停止，(MC_2)激磁使第二部馬達(M_2)運轉，(RL_2)指示燈亮，(RL_1)指示燈熄。

(3) 經過(TR_2)所設定時間T秒，(MC_3)激磁，(TR_3)開始計時，第二部馬達(M_2)因(MC_3)的b接點打開而停止，第三部馬達(M_3)因(MC_3)激磁而運轉，(RL_3)指示燈亮，(RL_2)指示燈熄。

(4) 經過(TR_3)所設定時間T秒，(X_2)激磁→ (X_2)激磁將b接點打開，(TR_2)、(MC_3)、(TR_3)均失磁，而(X_2)本身亦因自己之b接點打開而失磁→於是第二次循環開始，第一部馬達(M_1)又開始運轉。

實習 38 低壓三相感應電動機起動與停止控制裝置

一 使用器材

符號	名稱	規格	數量	備註
NFB	無熔絲開關	3P，50AF，30AT	1只	
MC	電磁接觸器	S-A21，AC 220V	1只	
MC	電磁接觸器	S-A35，AC 220V	2只	
TH-RY	積熱電驛	TH-18，15A	1只	
TR	限時電驛	AC 220V，ON-DELAY	1只	
X	電力電驛	DC 24V，MK-2P	1只	
KR	保持電驛	DC 24V，MK-2KP	1只	
Tr	變壓器	AC 220/24V，40VA	1只	
REF	橋式整流器	100V，3A	1只	
GL	指示燈	30ϕ，220/15V，綠色	1只	
RL	指示燈	30ϕ，220/15V，紅色	1只	

(續前表)

符號	名稱	規格	數量	備註
YL	指示燈	30ϕ，220/15V，黃色	1 只	
F	栓型保險絲	4A	2 只	瓷質附座
TB	端子台	3P，30A	1 只	
TB	端子台	45P，20A	1 只	
TB	端子台	45P，20A	1 只	

二　位置圖

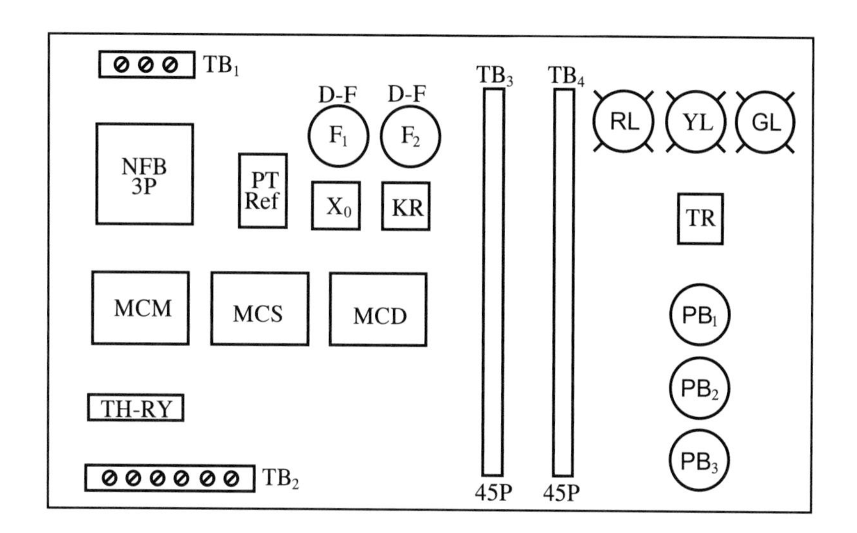

三　線路圖

見圖於下頁。

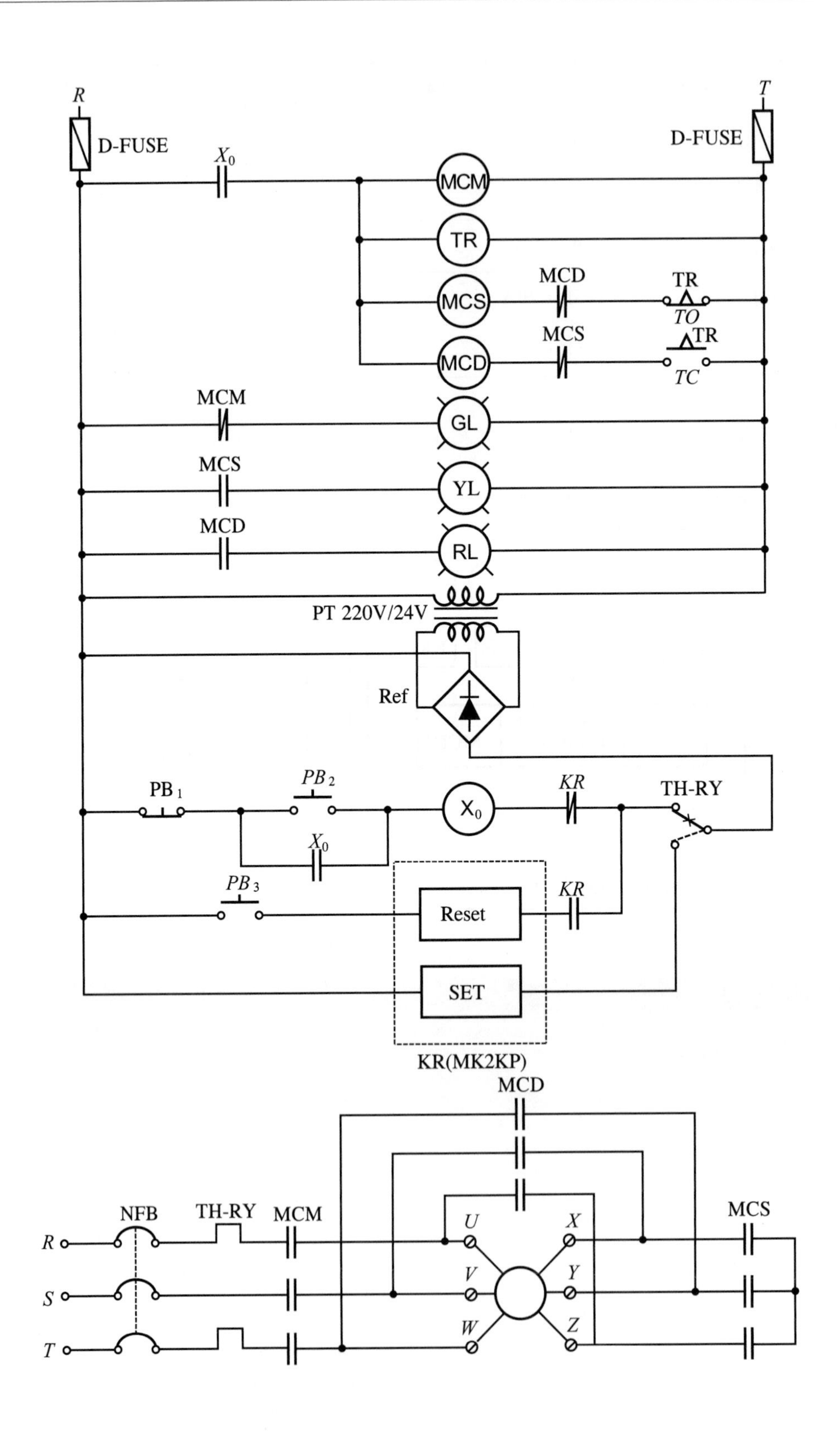
R
T
D-FUSE
D-FUSE
X_0
MCM
TR
MCS
MCD
MCD
TR
TO
MCS
TR
TC
MCM
GL
MCS
YL
MCD
RL
PT 220V/24V
Ref
PB 1
PB 2
X_0
KR
TH-RY
X_0
PB 3
Reset
KR
SET
KR(MK2KP)
MCD
NFB
TH-RY
MCM
MCS
R
S
T
U
V
W
X
Y
Z

四　動作分析

1. 動作時間表

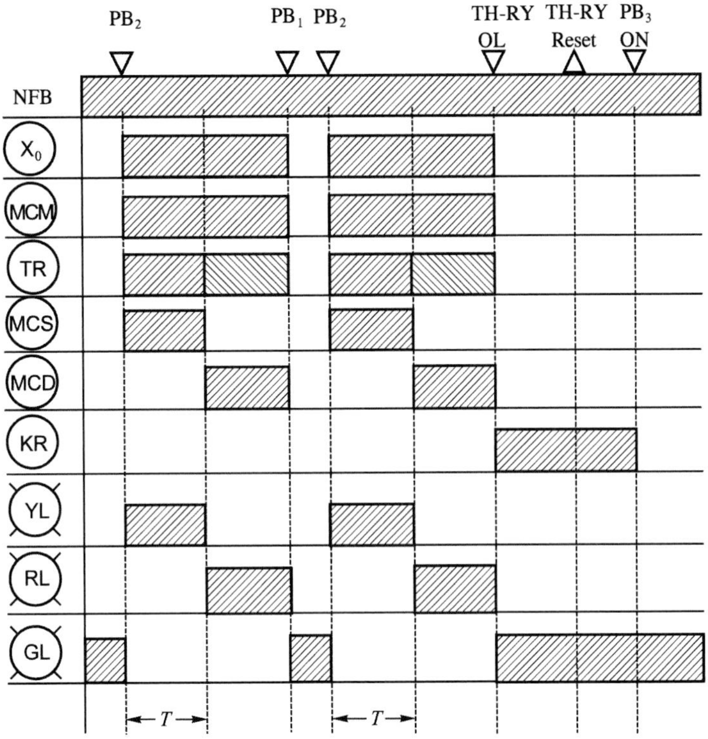

2. 動作說明

(1) 接上電源，將無熔絲開關(NFB)置於ON位置，按下按鈕開關(PB_2)，(X_0)激磁，(X_0)一激磁後，(MCM)及(MCS)均激磁，(YL)指示燈亮，電動機開始起動(Y 起動)，同時(TR)線圈激磁並開始計時，經過(TR)所設定時間T秒，(MCS)失磁，(MCD)激磁，電動機正常運轉(△運轉)，(YL)指示燈熄，(RL)指示燈亮。

(2) 按下按鈕開關(PB_1)，(X_0)失磁，(MCM)及(MCD)均失磁，(GL)指示燈亮，(RL)指示燈熄。

(3) 當電動機過載時，積熱電驛動作，保持電驛(KR)SET 線圈激磁。

(4) 當積熱電驛復歸(Reset)後，按下(PB_2)時，(X_0)仍不能激磁，必須先按下(PB_3)後，再按下(PB_2)，(X_0)線圈才能再次激磁。

實習 39 抽水電動機之 Y-△起動及液面控制裝置

一 動作順序

1. 切換開關(COS_1)置於手動時：
   ⑴ 按下按鈕開關(ON)時，(MCS)及(MCM)順序激磁，抽水機立即起動，限時電驛(TR)開始計時，經過(TR)所設定時間T秒，(MCS)失磁，(MCD)激磁，抽水機正常運轉(△運轉)。
   ⑵ 按下按鈕開關(OFF)時，各動作中之(MCM)、(MCD)、(TR)均失磁，運轉中之抽水機停止。
2. 切換開關(COS_1)置於自動時：
   ⑴ 當水源之水位正常，(U_1)電驛動作，而使a接點接通。此時若高架蓄水池降至下水位時，(U_2)電驛復歸而接通，電磁接觸器(MCS)及(MCM)順序激磁，抽水機開始起動抽水。限時電驛(TR)開始計時，經過(TR)所設定時間T秒，(MCS)失磁，(MCD)激磁，抽水機△運轉。
   ⑵ 當高架蓄水池達滿水位，(U_2)電驛動作，(MCM)、(MCD)、(TR)均失磁，抽水機停止抽水。
3. 抽水機在起動或運轉中，因過載而致使積熱電驛(TH-RY)動作時，電磁接觸器應失磁，(YL)指示燈亮，當故障排除後，積熱電驛復歸，(YL)指示燈熄。
4. 當(COS_1)置於自動而(COS_2)置於正常點(Normal)時，若水源之自動給水裝置失效或停水，(U_1)復歸，電磁接觸器應失磁，停止抽水，蜂鳴器(BZ)響，發出缺水警報。將(COS_2)切至警報停止點(Alarm Stop)位置時，(BZ)響聲停止。當水源又回復正常滿水位時，(U_1)電驛動作，(BZ)再響，將(COS_2)切回正常點，(BZ)響聲停止。
5. 高架蓄水池之電極端定爲E_1、E_2、E_3，水源之電極端定爲E'_1、E'_2、E'_3。
6. 電源正常時，(GL)指示燈亮，(MCM)激磁時，(GL)指示燈熄，(MCD)激磁後，(RL)指示燈亮。

二　使用器材

符號	名稱	規格	數量	備註
NFB	無熔絲開關	3P，30AT	1 只	
TH-RY	積熱電驛	3ϕ，9A	1 只	
MC	電磁接觸器	AC 220V，5HP	3 只	
TR	限時電驛	220V，ON-DELAY，0～30 秒	1 只	
61F-G_1	液面控制器	OMRON，附電極棒，AC 110/220V	1 組	
COS	切換開關	1A1B 式	2 只	
PB	按鈕開關	1A1B 式，ON-OFF	1 只	
X	電力電驛	AC 220V	1 只	
BZ	蜂鳴器	AC 220V	1 只	
TB	端子台	3P，30A	4 只	
TB	端子台	12P，20A	2 只	
GL	指示燈	30ϕ，AC 220V/15V，綠色	1 只	
RL	指示燈	30ϕ，AC 220V/15V，紅色	1 只	
YL	指示燈	30ϕ，AC 220V/15V，黃色	1 只	

三　位置圖

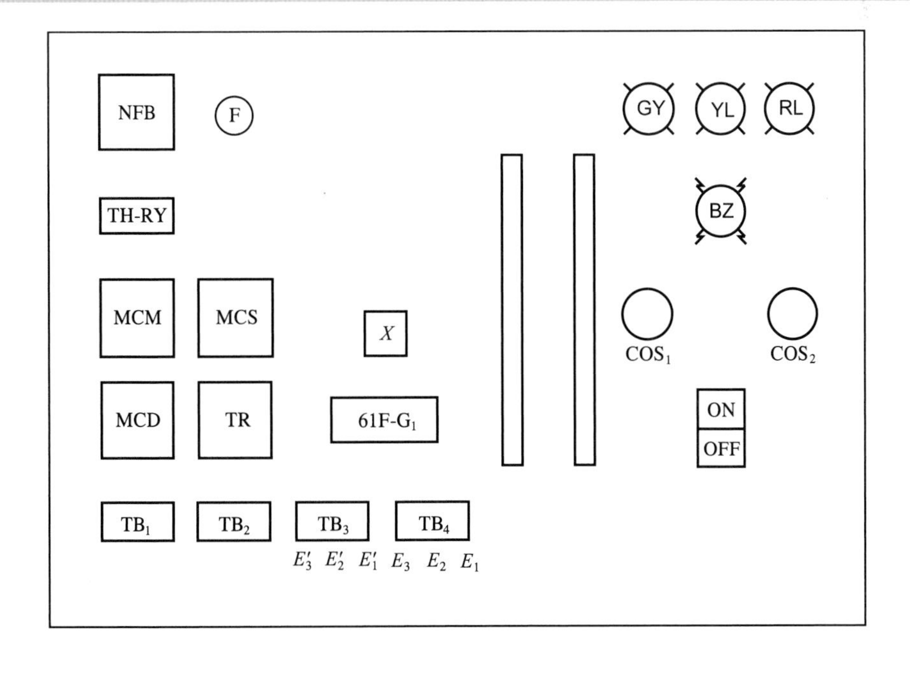

四 線路圖

1.

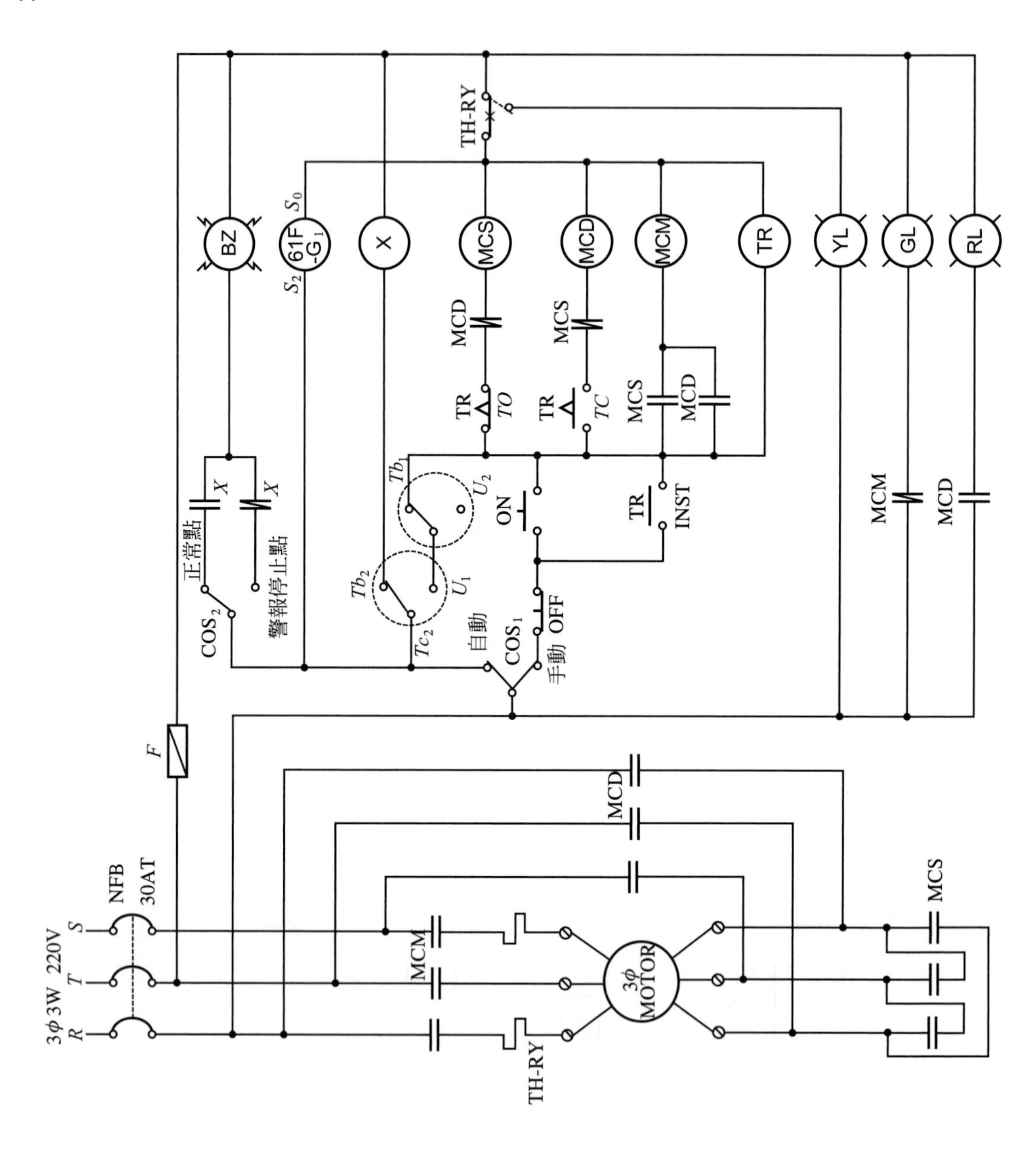
3φ3W 220V
R
T
S
NFB
30AT
F
TH-RY
BZ
61F
-G1
S0
S2
X
MCS
MCD
MCM
TR
YL
GL
RL
TO
TC
正常點
警報停止點
COS2
COS1
Tb1
Tb2
Tc2
U1
U2
ON
OFF
INST
自動
手動
3φ
MOTOR

2.　電極式液面控制器接線圖

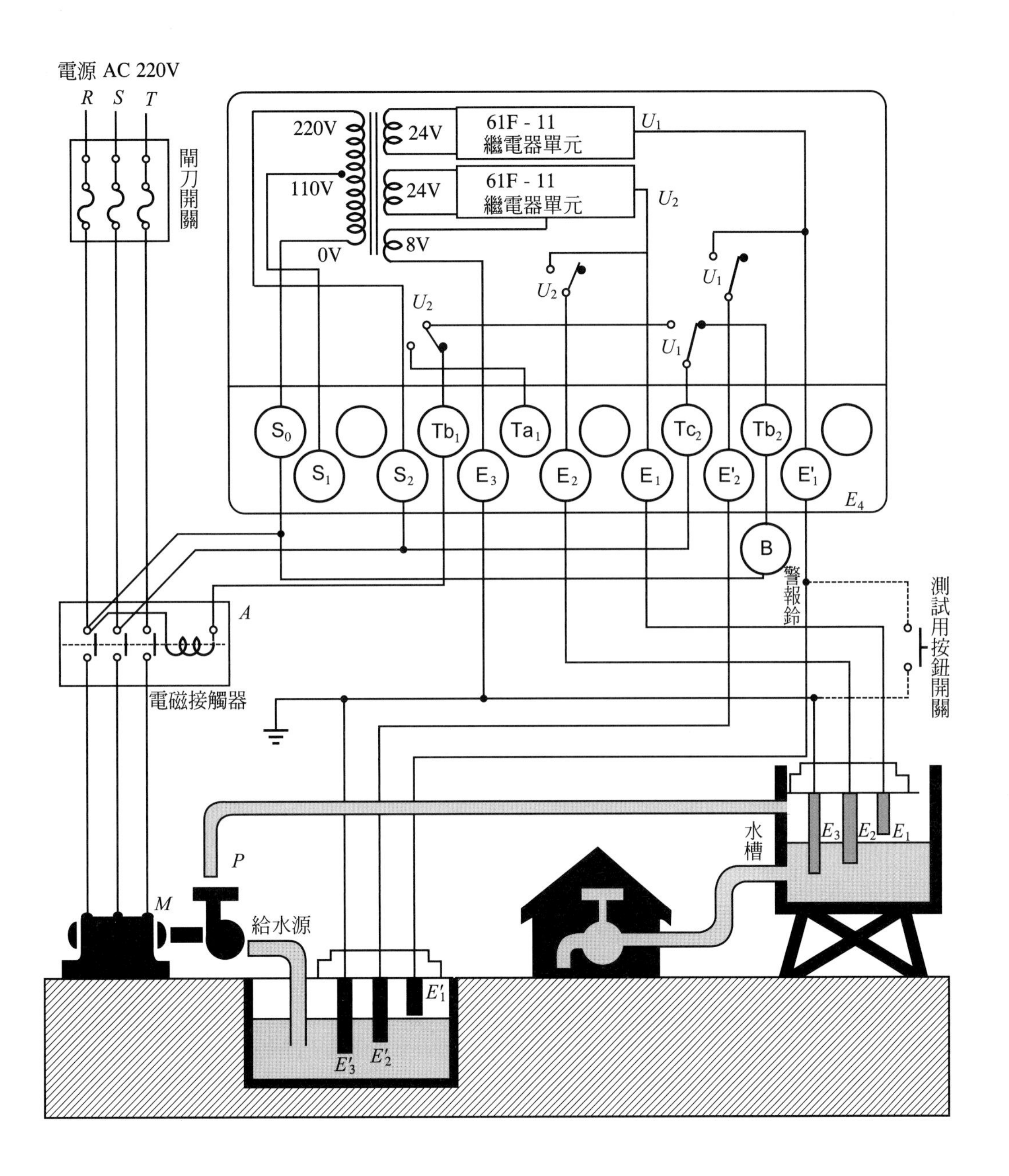

五 動作時間表

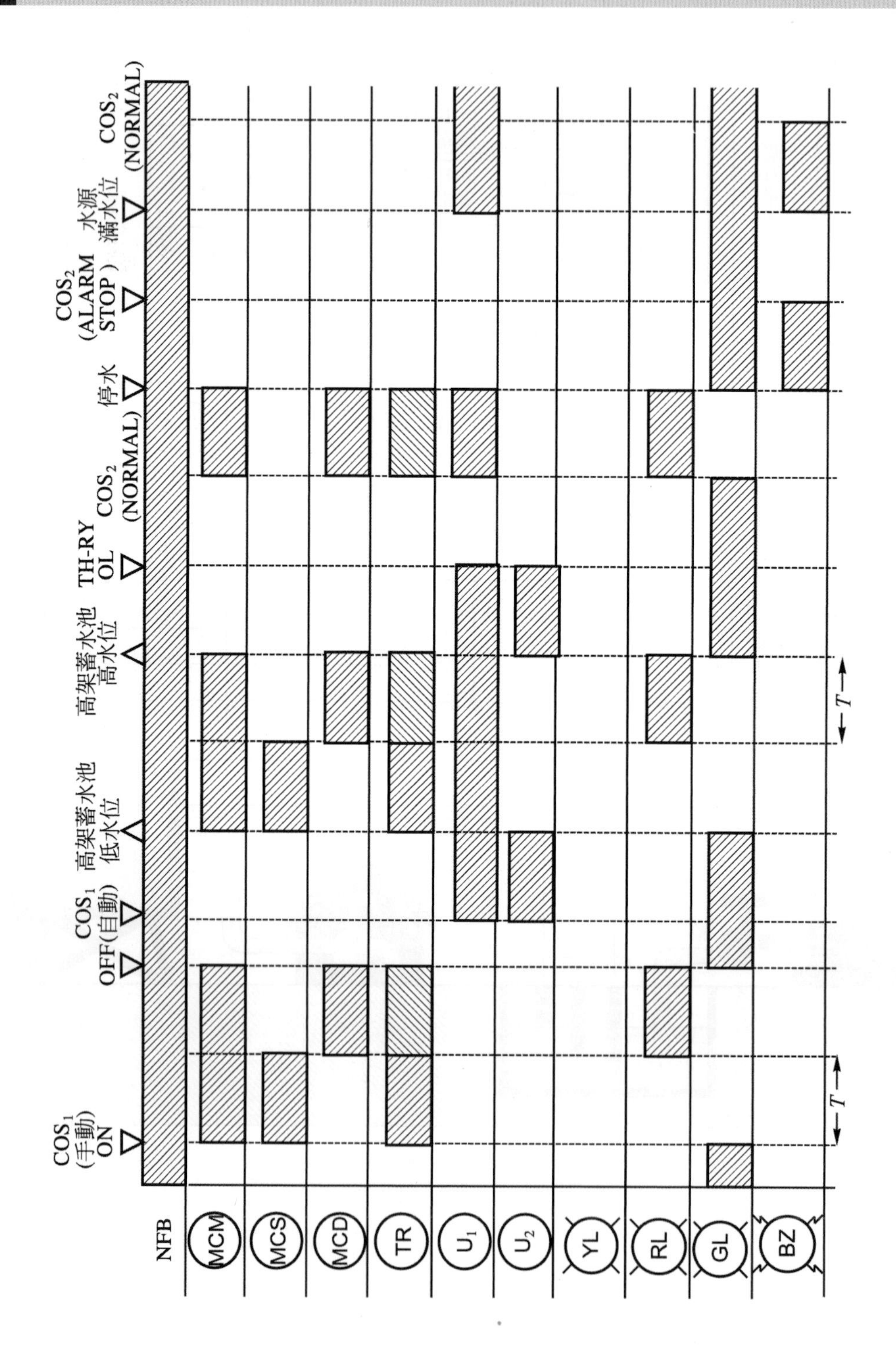
NFB
MCM
MCS
MCD
TR
U1
U2
YL
RL
GL
BZ
COS1 (手動) ON
OFF
COS1 (自動)
高架蓄水池 低水位
高架蓄水池 高水位
TH-RY OL
COS2 (NORMAL)
停水
COS2 (ALARM STOP)
水源 滿水位
COS2 (NORMAL)
T
T

實習40　感應電動機之過載保護和警報及接地警報接線

一 動作順序

1. 接上電源後，將無熔絲開關(NFB)置於 ON 位置，按下按鈕開關(ON_1)或(ON_2)，(MC)激磁，電動機開始運轉。
2. 按下按鈕開關(OFF_1)或(OFF_2)，(MC)失磁，電動機停止運轉。
3. 按下($INCH_1$)或($INCH_2$)時，電動機寸動控制。
4. 電動機在運轉中，因過載致使積熱電驛(TH-RY)跳脫，則蜂鳴器(BZ)斷續鳴響，(YL)指示燈亮，將切換開關(COS)切至OFF位置，蜂鳴器停止響，(YL)指示燈仍亮。(TH-RY)復歸後，(YL)指示燈熄。
5. 正常受電時，各接地指示燈(EL)呈半明亮狀態，假設某相發生非完全接地故障時，則該相(EL)比較暗，其餘二相較亮，電壓表(V_0)指示出接地電壓值。若該值爲190伏時，則表示該相爲完全接地，此時電力電驛(X)激磁，(BZ)連續鳴響，該相(EL)指示燈全熄，其餘二相呈完全明亮狀態。此時將(COS)切至OFF，蜂鳴器(BZ)停響，(V_0)仍指示接地電壓。待故障排除後，各(EL)指示燈恢復半明亮狀態，(V_0)指示值爲零。

二 使用器材

符號	名稱	規格	數量	備註
NFB	無熔絲開關	3P，50AF，30AT	1只	
MS	電磁開關	AC 220V，15A，OL 15A	1只	
X	電力電驛	AC 190V	1只	
FR	閃爍電驛	AC 220V，1秒	1只	
CT	比流器	30/5	3只	
PT	比壓器	220/110V，15VA	3只	
F	栓型保險絲	2A	3只	瓷質附座
AS	電流切換開關	$3\phi4\omega$式	1只	
EL	指示燈	接地指示用白色，AC 110/15V	3只	

(續前表)

符號	名稱	規格	數量	備註
A	電流表	30/5 CT 用	1只	
V_0	接地電壓表	AC 0～300V	1只	
BZ	蜂鳴器	AC 220V	1只	
YL	指示燈	AC 220V/15V，黃色	1只	
PB	按鈕開關	ON-OFF，單層	2只	露出型
TB	端子台	3P，30A	1只	
TB	端子台	20P，20A	2只	
COS	切換開關	$2a2b$，三段式	1只	
PB	按鈕開關	30ϕ，$1a1b$式，雙層(平頭)	2只	

三 位置圖

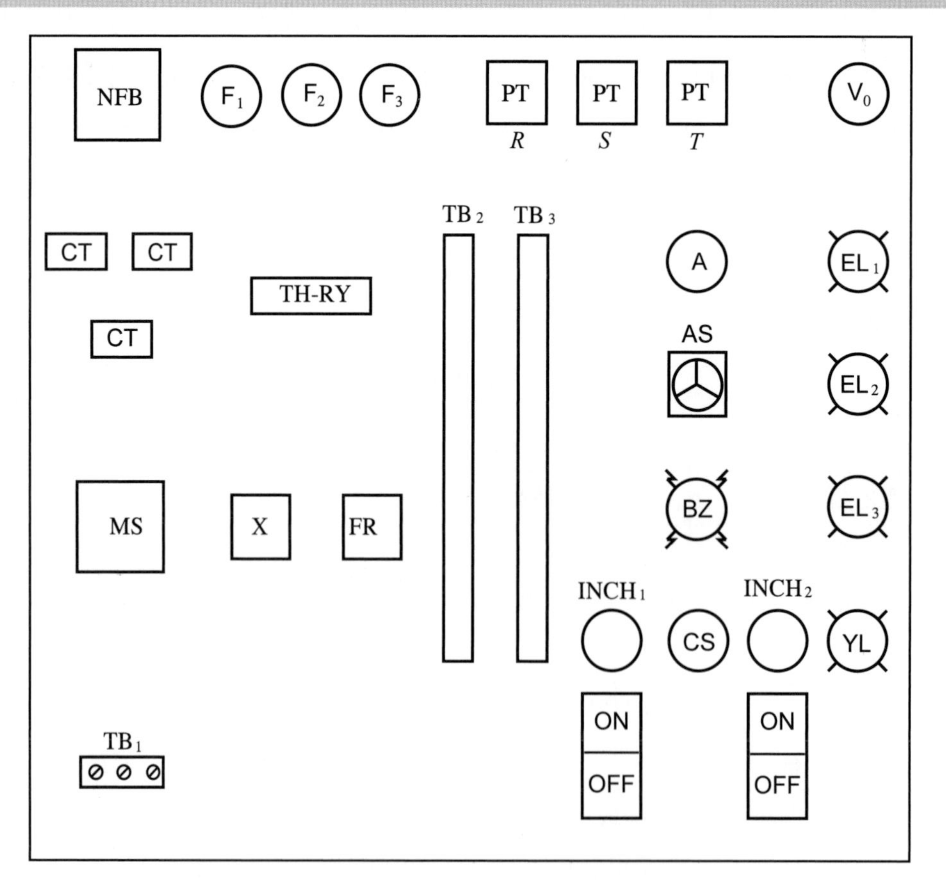

四　線路圖

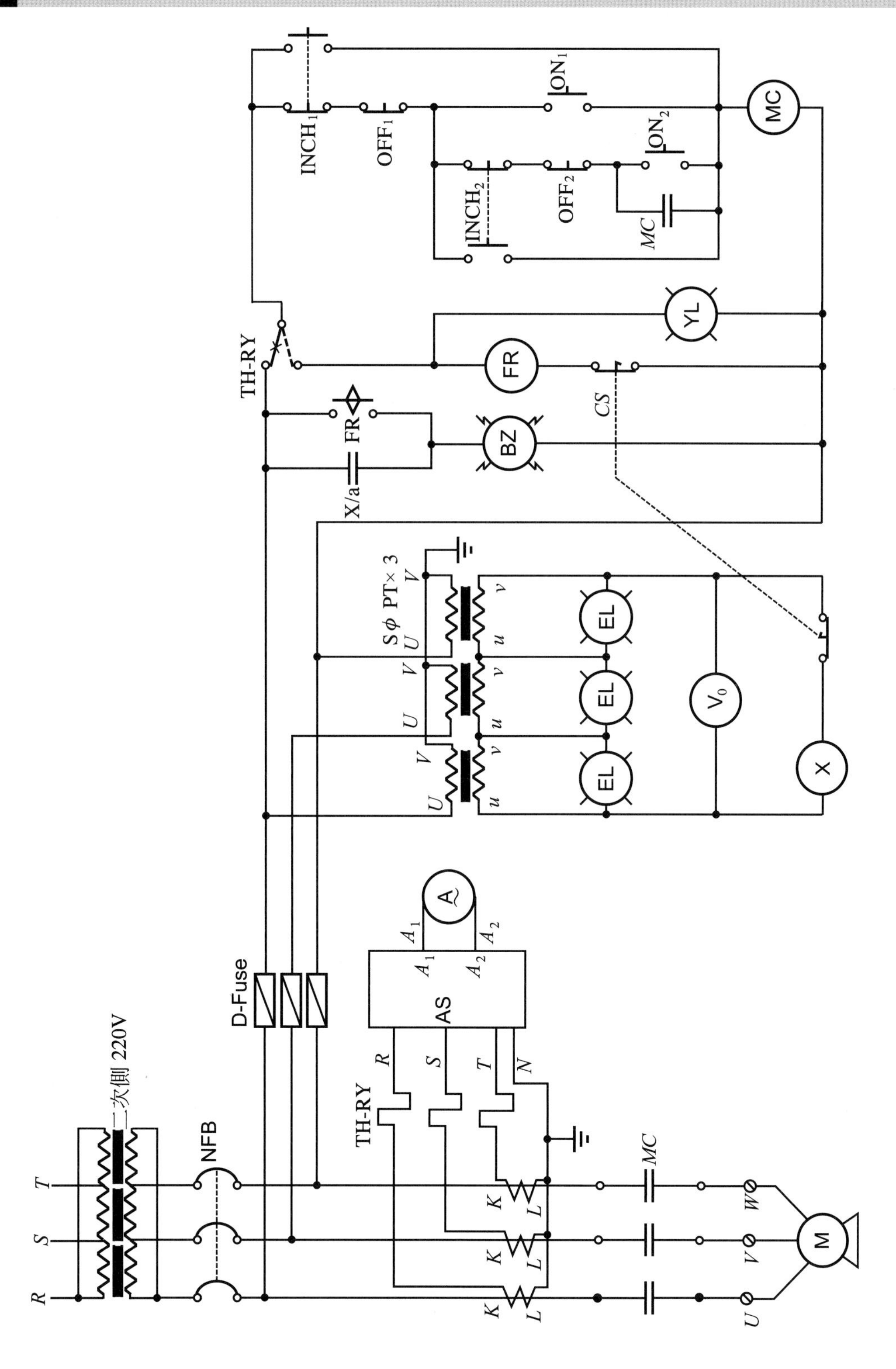

INCH1
OFF1
ON1
MC
INCH2
OFF2
ON2
MC
YL
TH-RY
FR
CS
FR
BZ
X/a
SΦ PT× 3
U
V
u
v
EL
EL
EL
V0
X
A
A1
A2
AS
R
S
T
N
D-Fuse
TH-RY
二次側 220V
NFB
MC
K
L
U
V
W
M
R
S
T

實習 41 交通號誌燈(一)

一 使用器材

符號	名稱	規格	數量	備註
NFB	無熔絲開關	2P，30AF，15AT	1 只	
X	電力電驛	MK 2P，線圈 220V	2 只	
TR	限時電驛	AC 220V，ON-DELAY，0～60 秒	4 只	
GL	指示燈	30ϕ，AC 220/15V，綠色	4 只	
RL	指示燈	30ϕ，AC 220/15V，紅色	4 只	
YL	指示燈	30ϕ，AC 220/15V，黃色	4 只	
PB	按鈕開關	30ϕ，1a1b，紅色×1，綠色×1	2 只	

二 位置圖

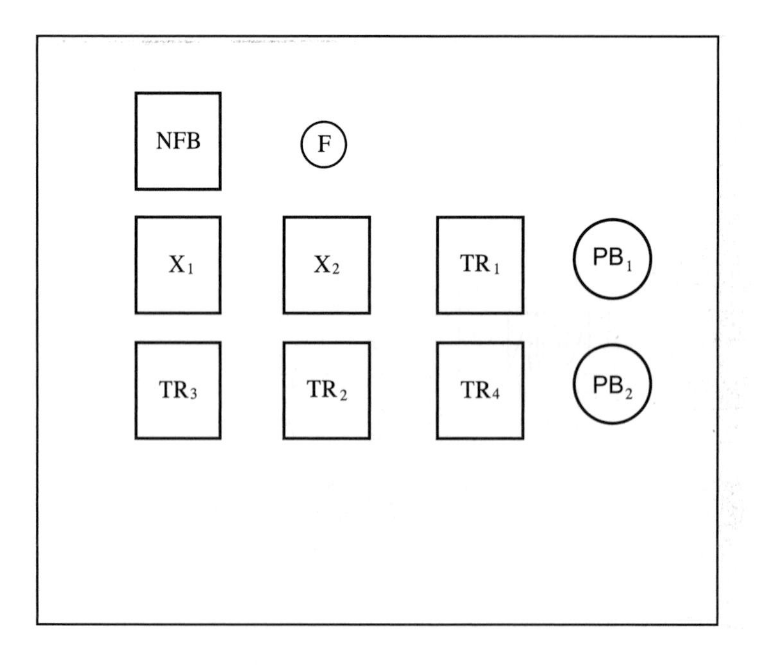

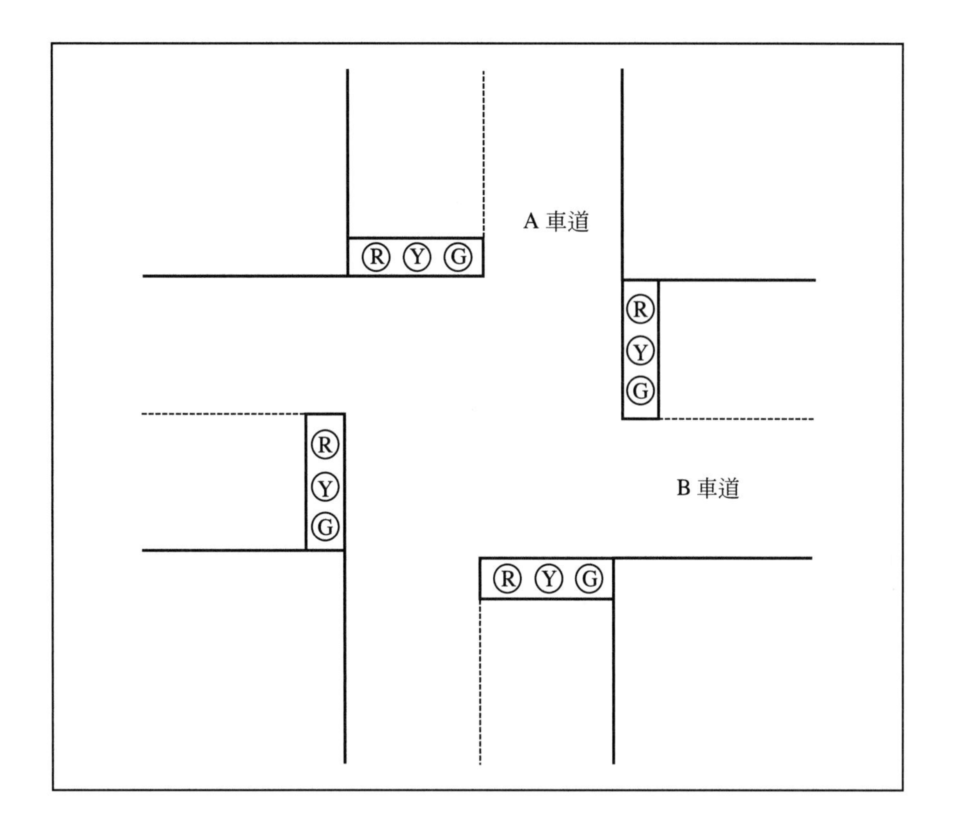
A 車道
B 車道
R
Y
G

三 線路圖

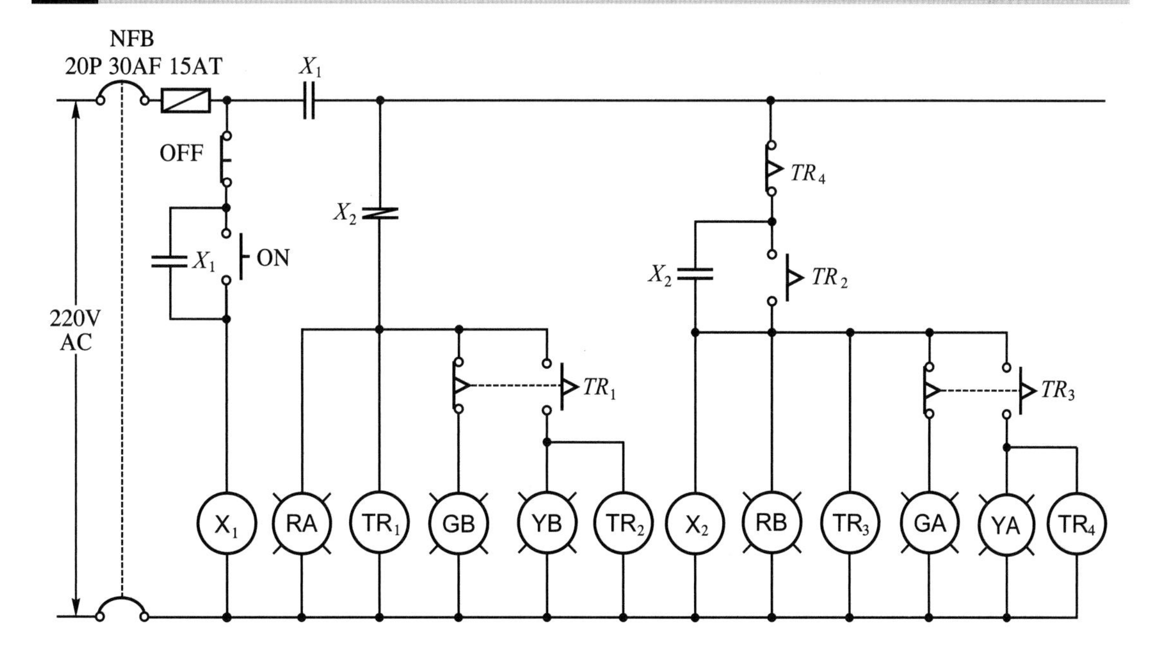
NFB
20P 30AF 15AT
220V
AC
OFF
ON
X1
X2
TR1
TR2
TR3
TR4
RA
GB
YB
RB
GA
YA

四 動作分析

1. 動作時間表

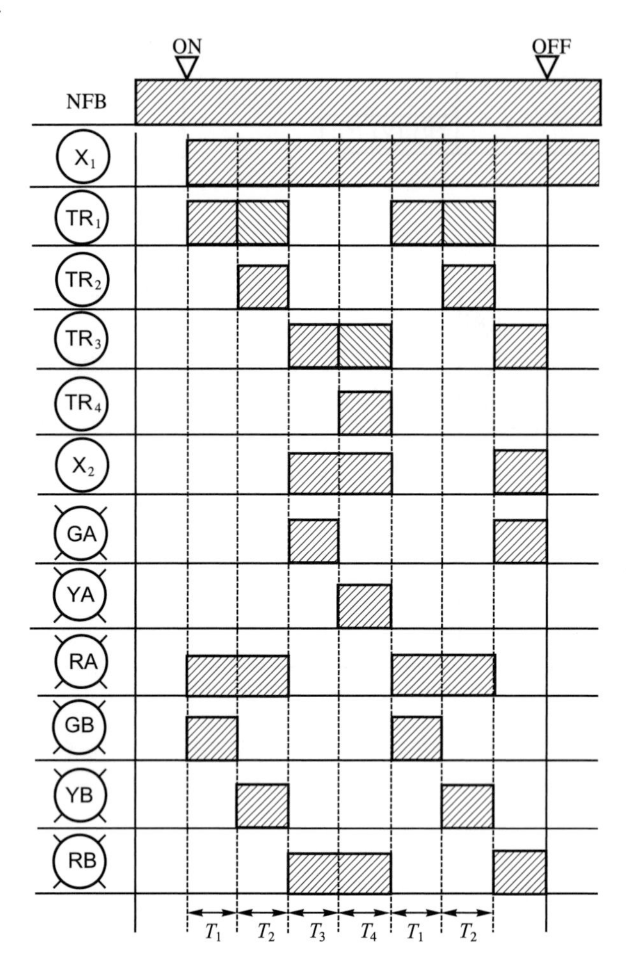

2. 動作說明

(1) 電源有電，將無熔絲開關(NFB)置於 ON 位置，按下按鈕開關(ON)，電力電驛(X_1)激磁，*A*車道紅燈(RA)及*B*車道綠燈(GB)均亮，限時電驛(TR_1)開始計時。

(2) 經過(TR_1)所設定時間T_1秒，(GB)熄，(YB)亮，(TR_2)開始計時。

(3) 經過(TR_2)所設定時間T_2秒，電力電驛(X_2)激磁，(RA)及(YB)燈均熄，*B*車道之紅燈(RB)及*A*車道綠燈(GA)均亮，(TR_3)開始計時。

(4) 經過(TR_3)所設定時間T_3秒，(GA)燈熄，(YA)亮，(TR_4)開始計時。

⑸　經過(TR$_4$)所設定時間T_4秒，(RB)及(YA)燈均熄，又回復到步驟⑴之狀態，如此重複循環。

實習 42　交通號誌燈(二)

一　使用器材

符號	名稱	規格	數量	備註
NFB	無熔絲開關	3P，30AF，20AT	1 只	
X	補助電驛	AC 220V，4*a*4*b*	3 只	R，Y，G
X	電力電驛	AC 220V，MK-3P	2 只	RX，C
TR	限時電驛	AC 220V，ON-DELAY，0～60 秒	2 只	
PB	按鈕開關	30ϕ，1*a*1*b*，紅色×1，綠色×2	3 只	
RL	指示燈	30ϕ，220/15V，紅色	4 只	
YL	指示燈	30ϕ，220/15V，黃色	4 只	
GL	指示燈	30ϕ，220/15V，綠色	4 只	

二　位置圖

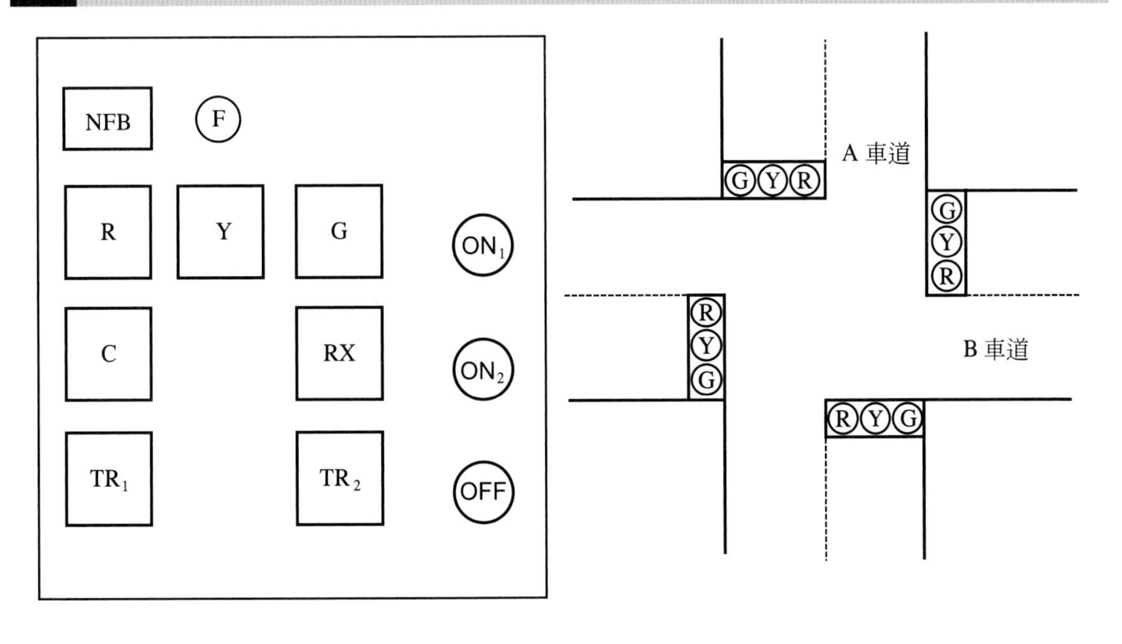

三 線路圖

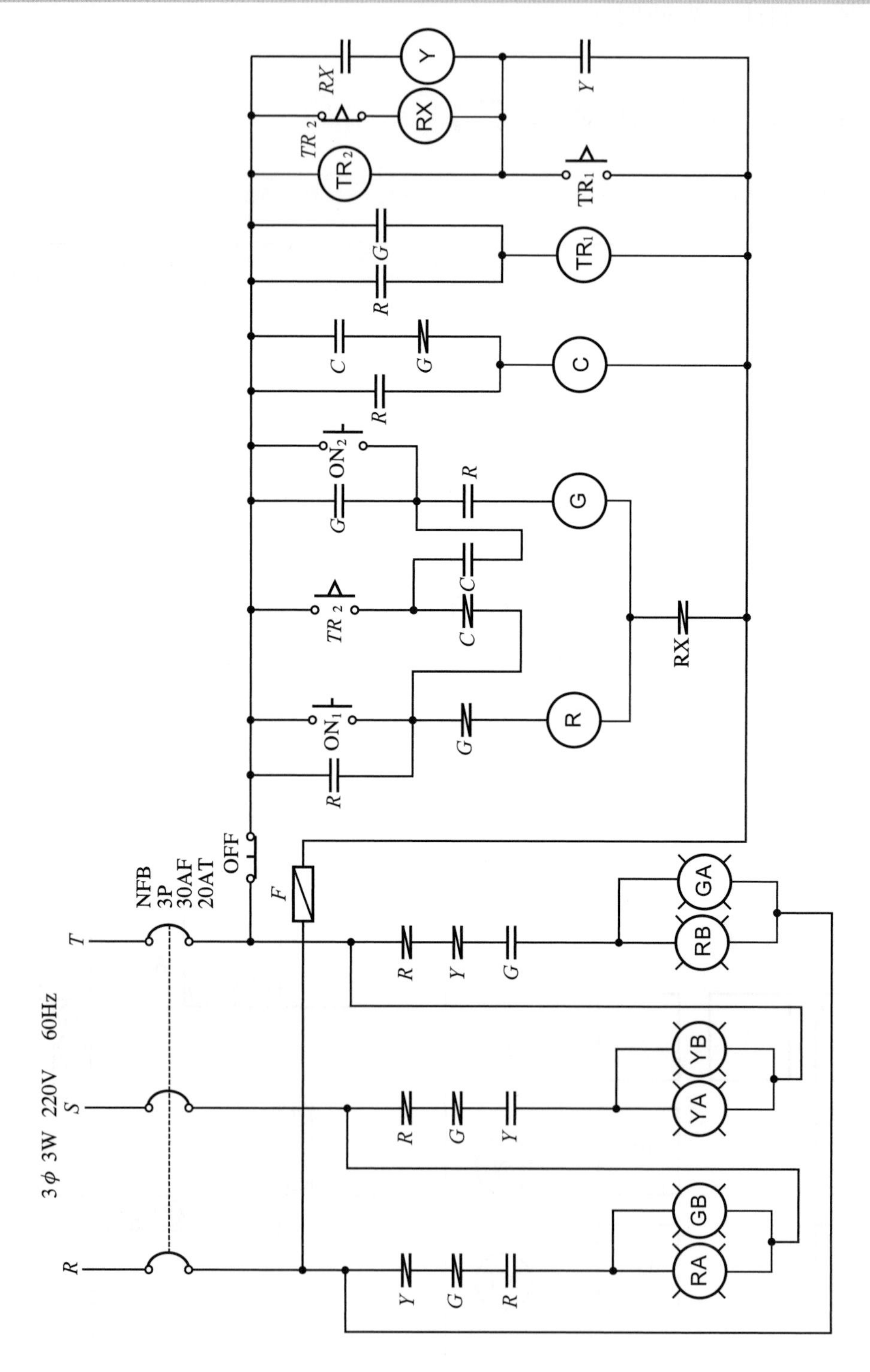
3φ 3W 220V 60Hz
R
S
T
NFB
3P
30AF
20AT
OFF
F
ON1
ON2
TR 2
TR2
TR1
RX
Y
R
G
C
RA
GB
YA
YB
RB
GA

四　動作分析

1.　動作時間表

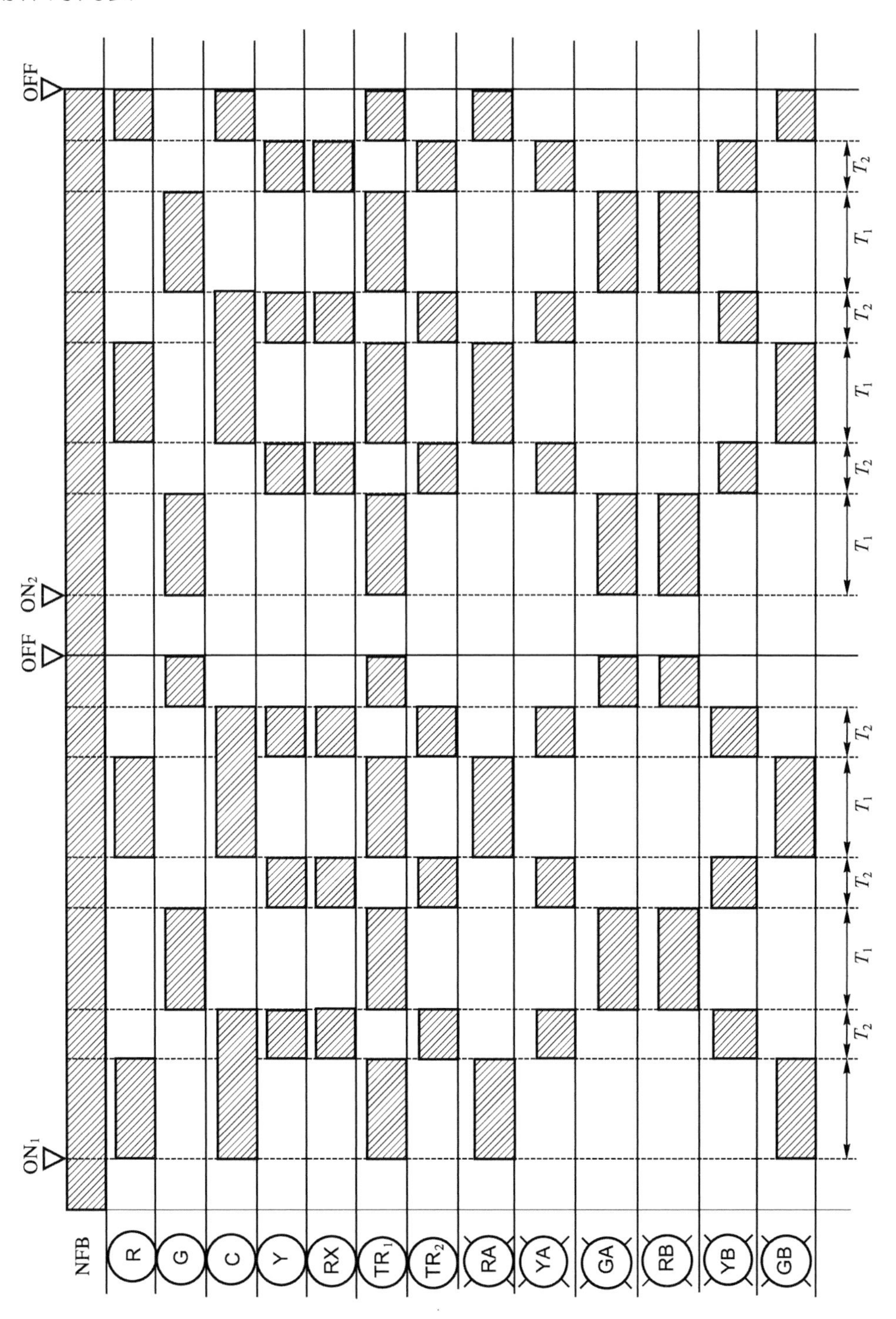

2. 動作說明

⑴ 接上電源，將無熔絲開關置於 ON 位置，按下按鈕開關(ON_1)，*A*車道紅燈(RA)及*B*車道綠燈(GB)均亮，(TR_1)開始計時，經過(TR_1)所設定時間T_1秒，(RA)及(GB)均熄，*A*車道及*B*車道黃燈均亮，(TR_2)開始計時，經過(TR_2)所設定時間T_2秒，*A*車道綠燈(GA)及*B*車道紅燈(RB)均亮，(YA)及(YB)均熄，同時(TR_1)開始計時，經過(TR_1)所設定時間T_1秒，(GA)及(RB)均熄，(YA)及(YB)均亮，(TR_2)開始計時，經過(TR_2)所設定時間T_2秒，又重覆到(RA)及(GB)均亮，如此循環下去。

⑵ 按下按鈕開關(OFF)，所有動作中之電磁接觸器及限時電驛均應失磁，各指示燈熄。

⑶ 若是按下按鈕開關(ON_2)，則是*B*車道紅燈(RB)及*A*車道綠燈(GA)均亮，其餘動作如步驟⑴相同的循環下去。

⑷ 說明下圖之動作順序，並劃出其動作時間表。

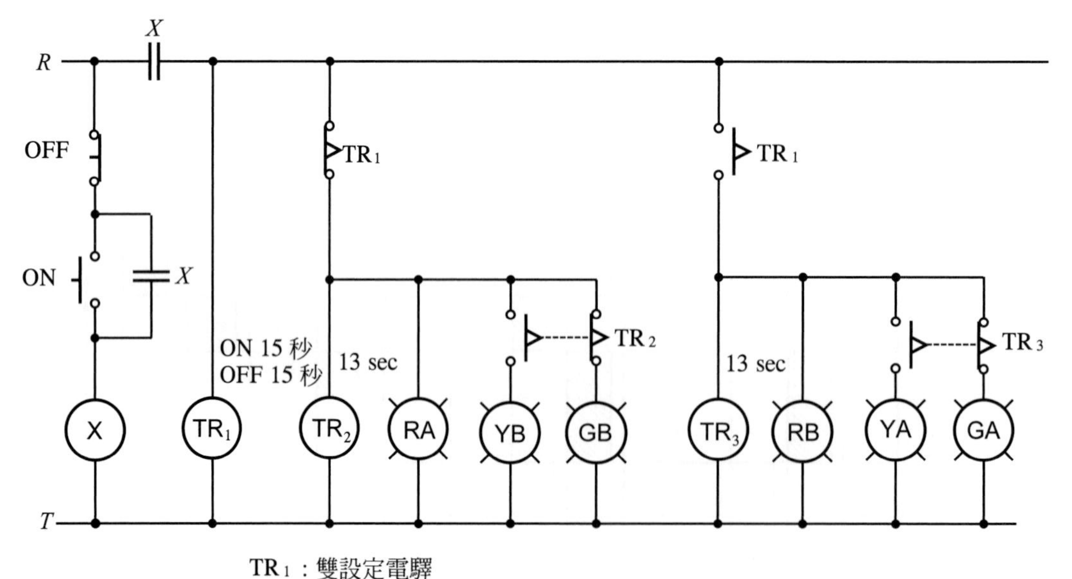

TR1：雙設定電驛

TR2及TR3：ON DELAY

實習 43　交通號誌燈(三)

一　使用器材

符號	名稱	規格	數量	備註
NFB	無熔絲開關	2P，30AF，15AT	1 只	
R	電力電驛	MK-3P，AC 220V	2 只	R_2，R_3，R_4
R	電力電驛	MK-2P，AC 220V	3 只	R，R_1
TR	限時電驛	AC 220V，ON-DELAY	3 只	
PB	按鈕開關	1*a*1*b*式，(ON-OFF)單層	1 只	
GL	指示燈	30ϕ，220/15V，綠色	4 只	
YL	指示燈	30ϕ，220/15V，黃色	4 只	
RL	指示燈	30ϕ，220/15V，紅色	4 只	

二　位置圖

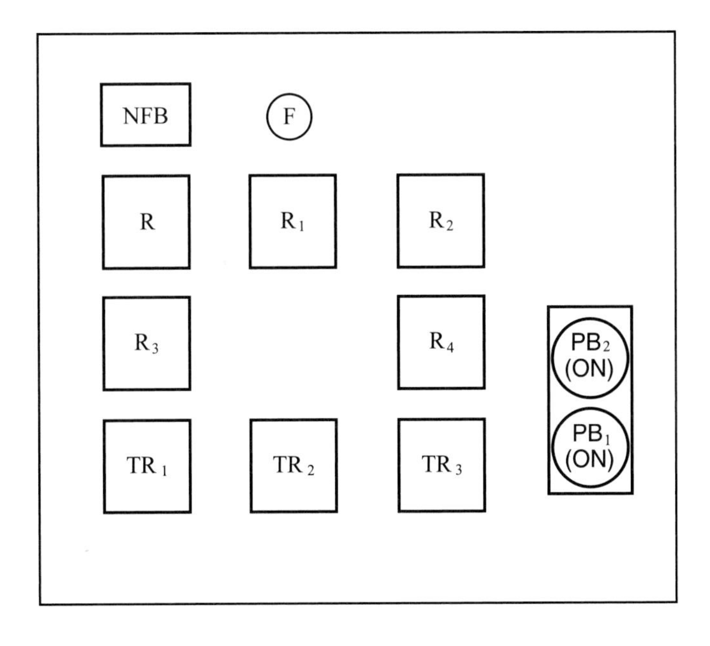

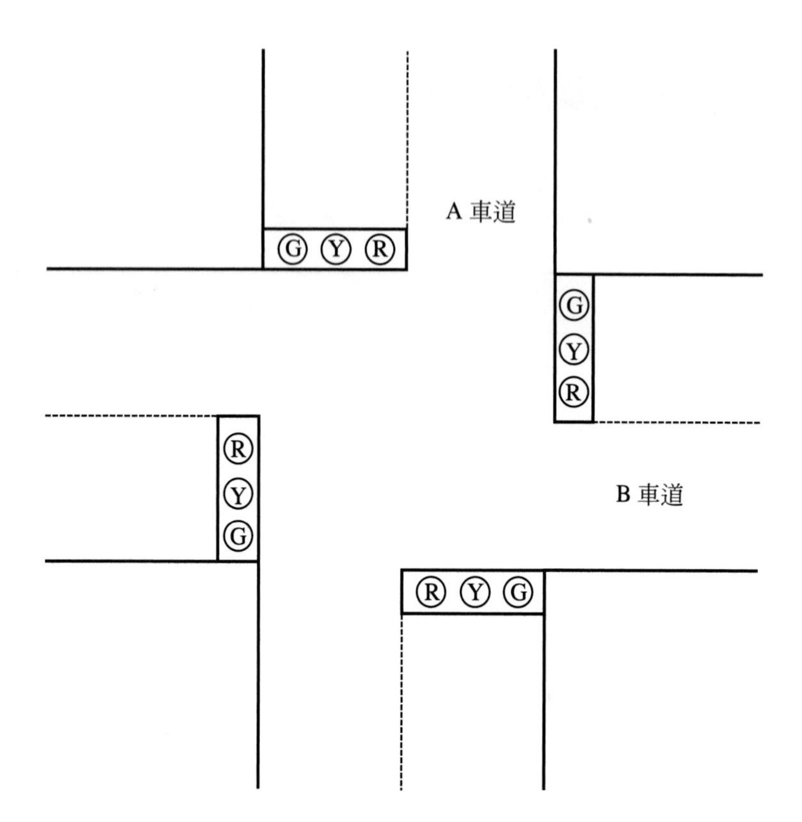
A 車道
B 車道
G
Y
R

三 線路圖

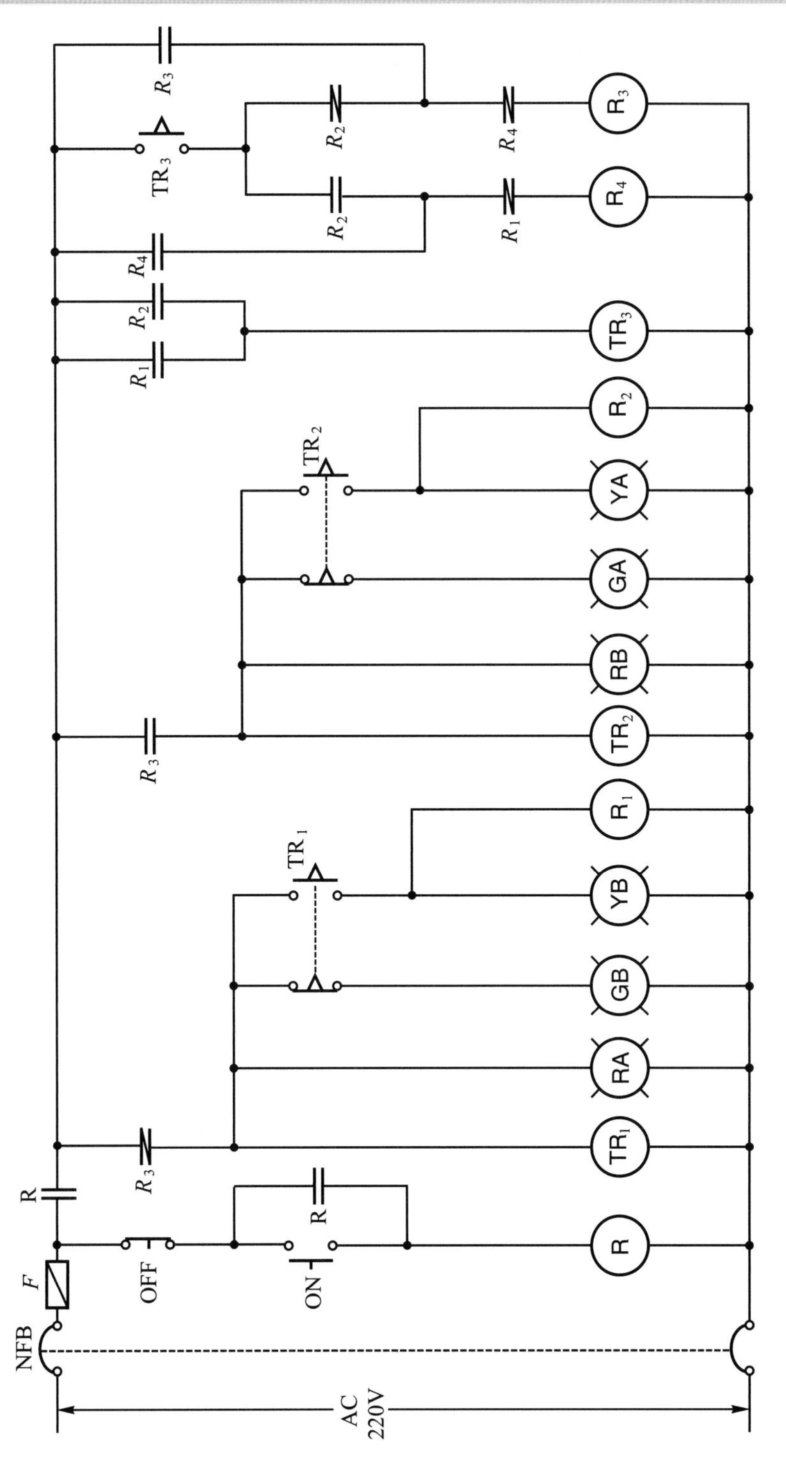
R3
TR3
R2
R4
R3
R4
R2
R1
R4
R2
TR3
R1
TR2
R2
YA
GA
RB
R3
TR2
TR1
R1
YB
GB
RA
R3
TR1
R
R
F
OFF
ON
R
NFB
AC
220V

四　動作分析

1.　動作時間表

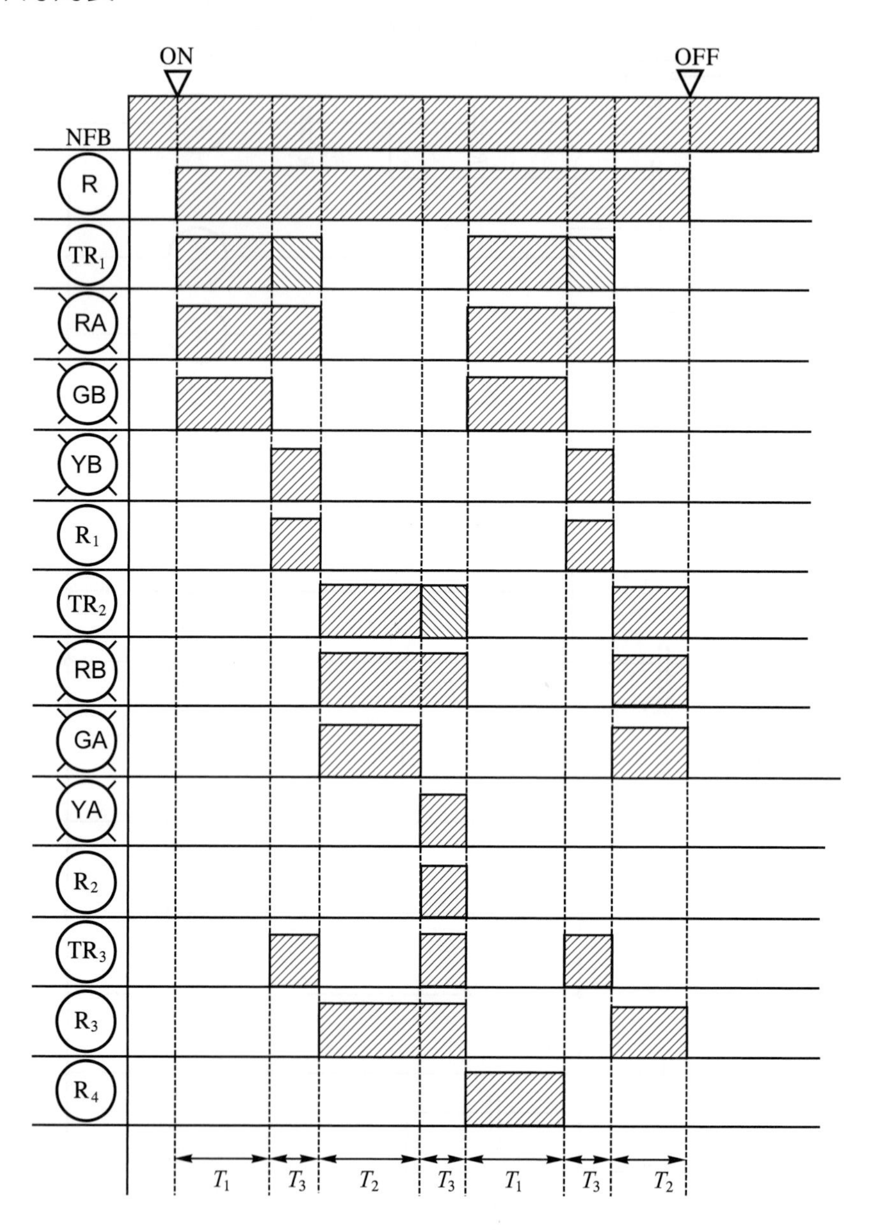

2. 動作說明

(1) 接上電源，將無熔絲開關置於 ON 位置，按下按鈕開關(ON)時，電力電驛(R)激磁，*A*車道紅燈(RA)及*B*車道綠燈(GB)均亮，經過(TR_1)所設定時間，*B*車道黃燈(YB)亮，綠燈(GB)熄，限時電驛(TR_3)開始計時，經過(TR_3)所設定時間T_3秒，電力電驛(R_3)激磁，*B*車道紅燈(RB)及*A*車道綠燈(GA)均亮，*A*車道紅燈(RA)及*B*車道黃燈(YB)均熄。限時電驛(TR_2)開始計時，經過(TR_2)所設定時間T_2秒，*A*車道綠燈(GA)熄，黃燈(YA)亮，限時電驛(TR_3)開始計時，經過(TR_3)所設定時間T_3秒，電力電驛(R_3)失磁，*A*車道紅燈(RA)及*B*車道綠燈(GB)均亮，如此的循環動作。按下按鈕開關(OFF)，所有動作中之電驛均失磁，指示燈均熄。

(2) 限時電驛(TR_2)及(TR_1)是分別控制*A*車道及*B*車道的綠燈(GA、GB)變成黃燈(YA、YB)的動作時間，(TR_3)是控制紅燈(RA、RB)的變換時間。

(3) 按下按鈕開關(OFF)，電力電驛(R)失磁，所有的動作停止，且指示燈均熄滅。

五 將電路中增加一個限時電驛之線路圖

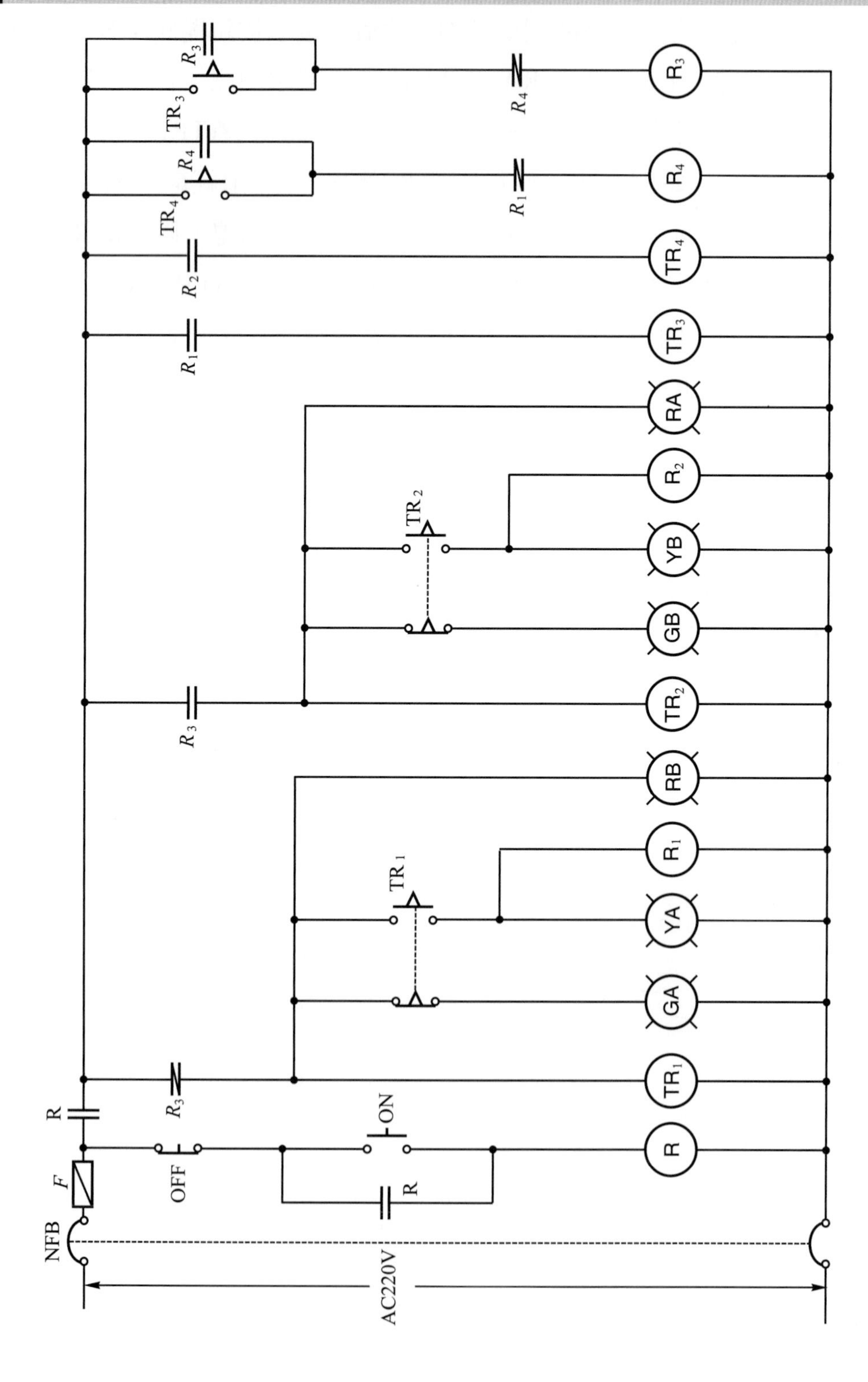

實習 44　交通號誌燈(四)

一　使用器材

符號	名稱	規格	數量	備註
NFB	無熔絲開關	2P，30AF，20AT	1只	
TR	限時電驛	AC 220V，ON-DELAY，0-60sec	5只	
R	電力電驛	AC 220V，MK-3P	4只	
X	電力電驛	AC 220V，MK-2P	1只	
COS	選擇開關	$2a2b$，二段式	1只	
YL	指示燈	30ϕ，AC 220/15V，黃色	4只	
RL	指示燈	30ϕ，AC 220/15V，紅色	4只	
GL	指示燈	30ϕ，AC 220/15V，綠色	4只	
R	電阻	1kΩ，5W	1只	
	整流器	600V，3A	1只	
X	電力電驛	OMRON，MY_4，220V	1只	
C	電容器	20μF，350WV	1只	

二　位置圖

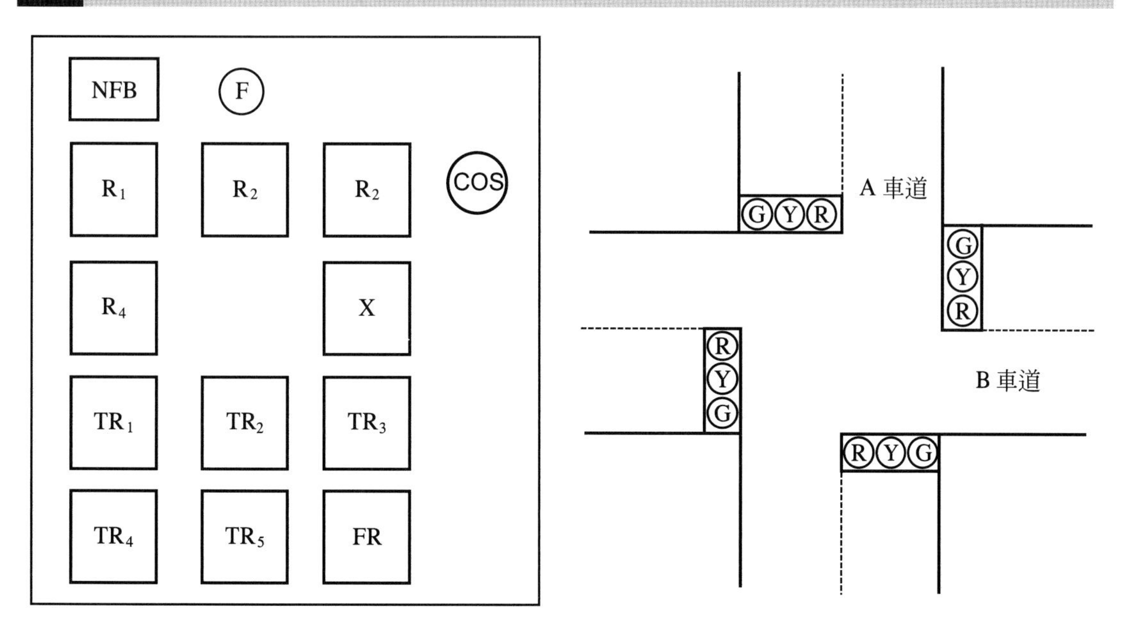

三　線路圖

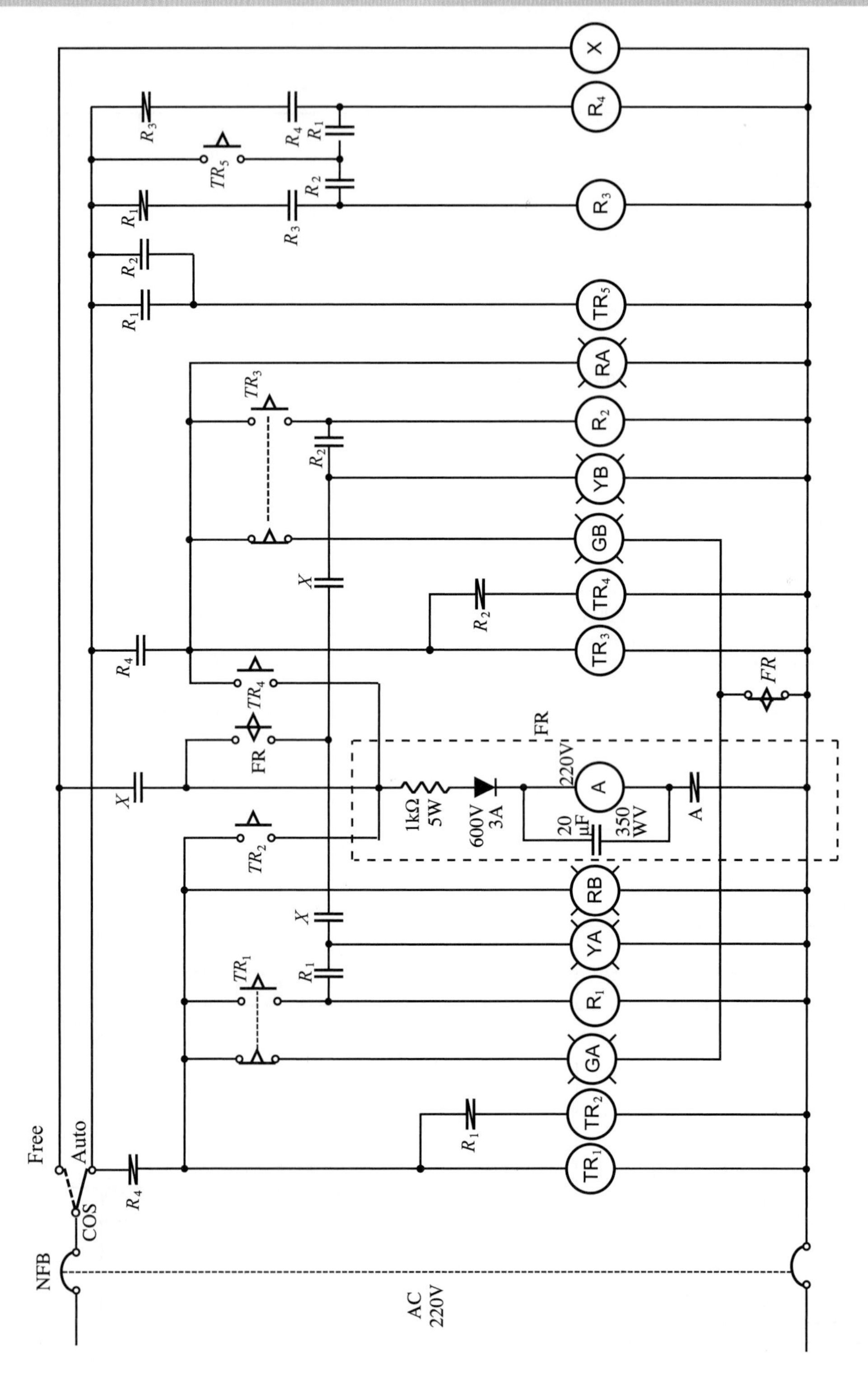

X
R4
R3
R1
R2
TR5
RA
TR3
YB
GB
X
TR4
FR
X
1kΩ
5W
600V
3A
220V
A
20
μF
350
WV
TR2
RB
YA
TR1
R1
GA
TR2
TR1
Free
Auto
COS
NFB
AC
220V

四　動作分析

1.　動作時間表

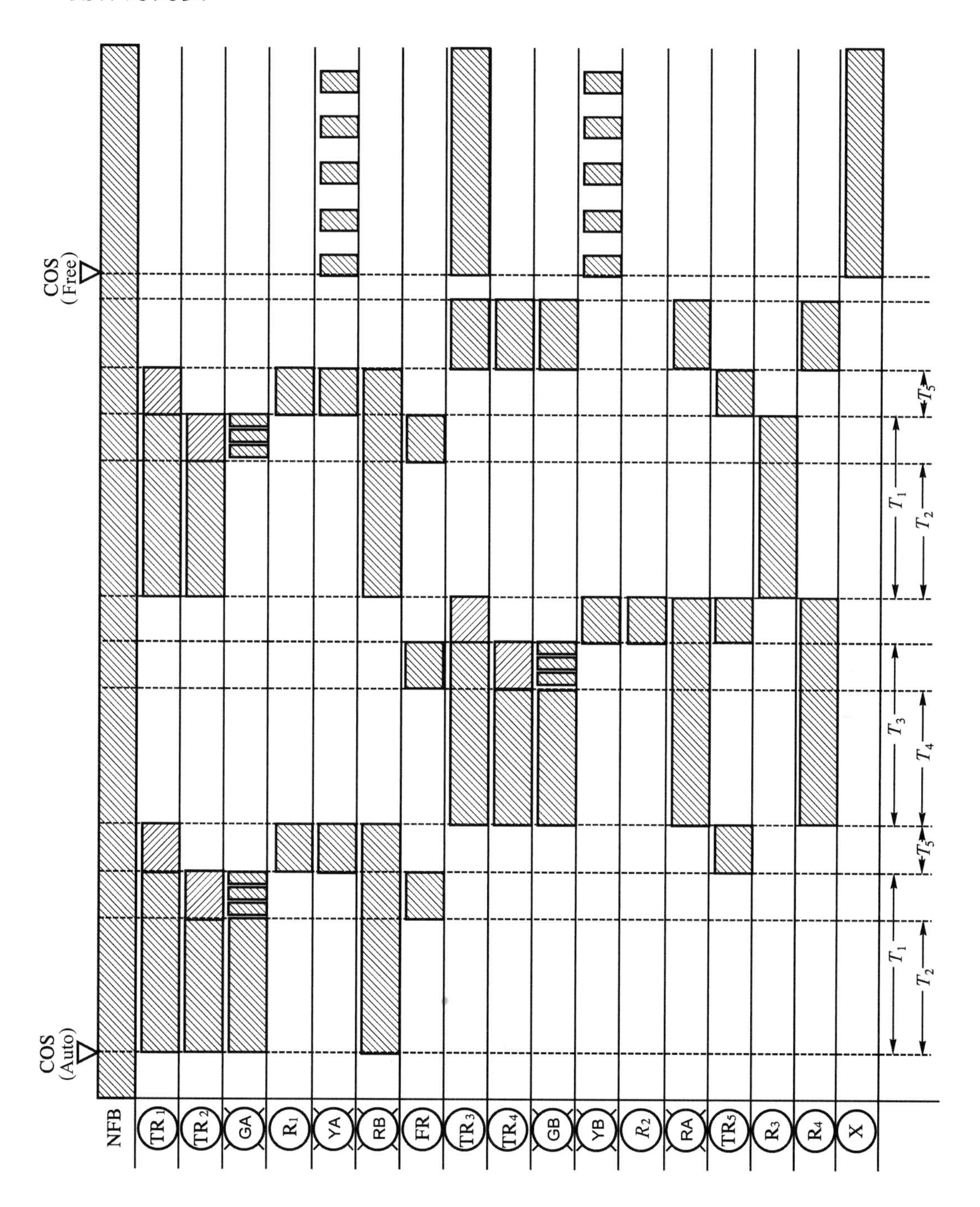

2. 動作說明

(1) 接上電源，將無熔絲開關(NFB)置於 ON 位置，將選擇開關(COS)置於 Free 位置，(X)激磁，(YA)及(YB)均閃爍。

(2) 將(COS)置於Auto位置，B車道紅燈(RB)及A車道綠燈(GA)均亮，(TR_1)及(TR_2)均開始計時，經過(TR_2)所設定時間T_2秒，(GA)開始閃爍，經過一段時間T_1秒，(GA)熄，(YA)燈亮，(TR_5)開始計時T_5秒，A車道紅燈(RA)及B車道綠燈(GB)均亮，其餘燈熄，表示由B車道之禁止通行改變爲可以通行。

(3) 經過一段時間T_4秒，(GB)開始閃爍，閃爍一段時間(GB)熄，(YB)燈亮，(TR_5)開始計時，經過一段時間T_5秒，又變爲(GA)及(RB)均亮，如此循環。

(4) (TR_2)控制(GA)閃爍，(TR_1)控制(YA)亮，(TR_4)控制(GB)閃爍，(TR_3)控制(YB)亮，(TR_5)控制(GA)(RB)及(GB)(RA)的變換。

實習 45 交通號誌燈(五)

一 使用器材

符號	名稱	規格	數量	備註
NFB	無熔絲開關	3P，30AF，15AT	1只	
TR	限時電驛	AC 220V，ON-DELAY，0～30秒	3只	
FR	閃爍電驛	AC 220V	1只	
TR	雙設定限時電驛	AC 220V，雙設定，ON、OFF 0～60秒	1只	
X(R)	電力電驛	MK-3P，220V	3只	
GL	指示燈	30ϕ，AC 220/15V，綠色	4只	
YL	指示燈	30ϕ，AC 220/15V，黃色	4只	
RL	指示燈	30ϕ，AC 220/15V，紅色	4只	
COS	選擇開關	2a2b，三段式	1只	

二 位置圖

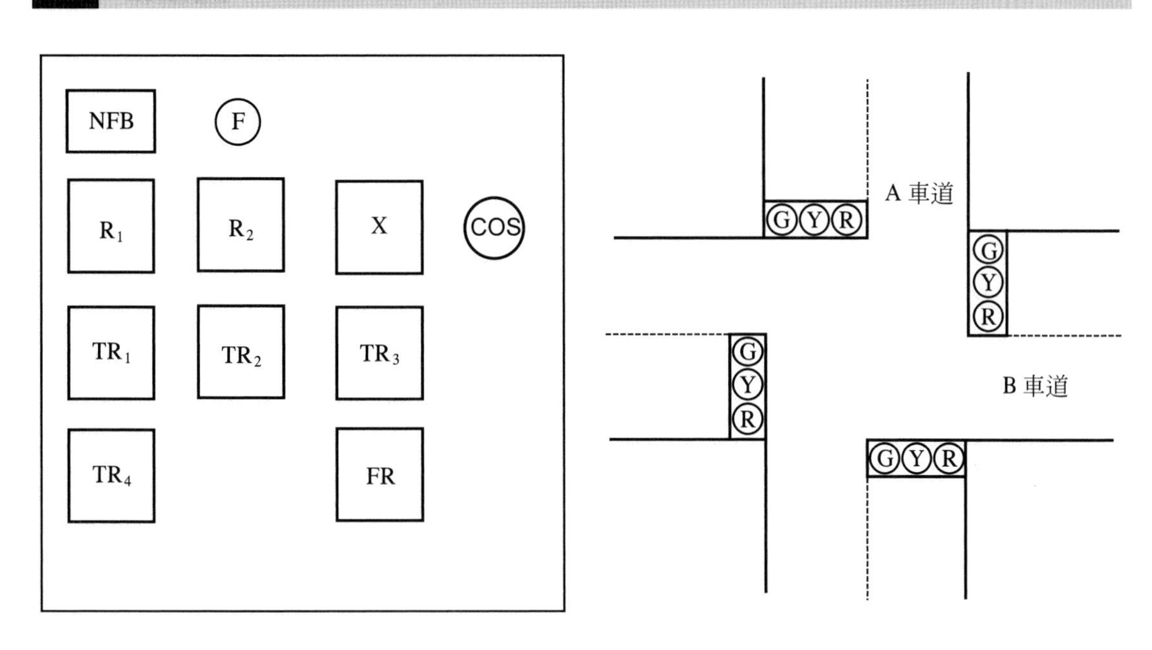

三 線路圖

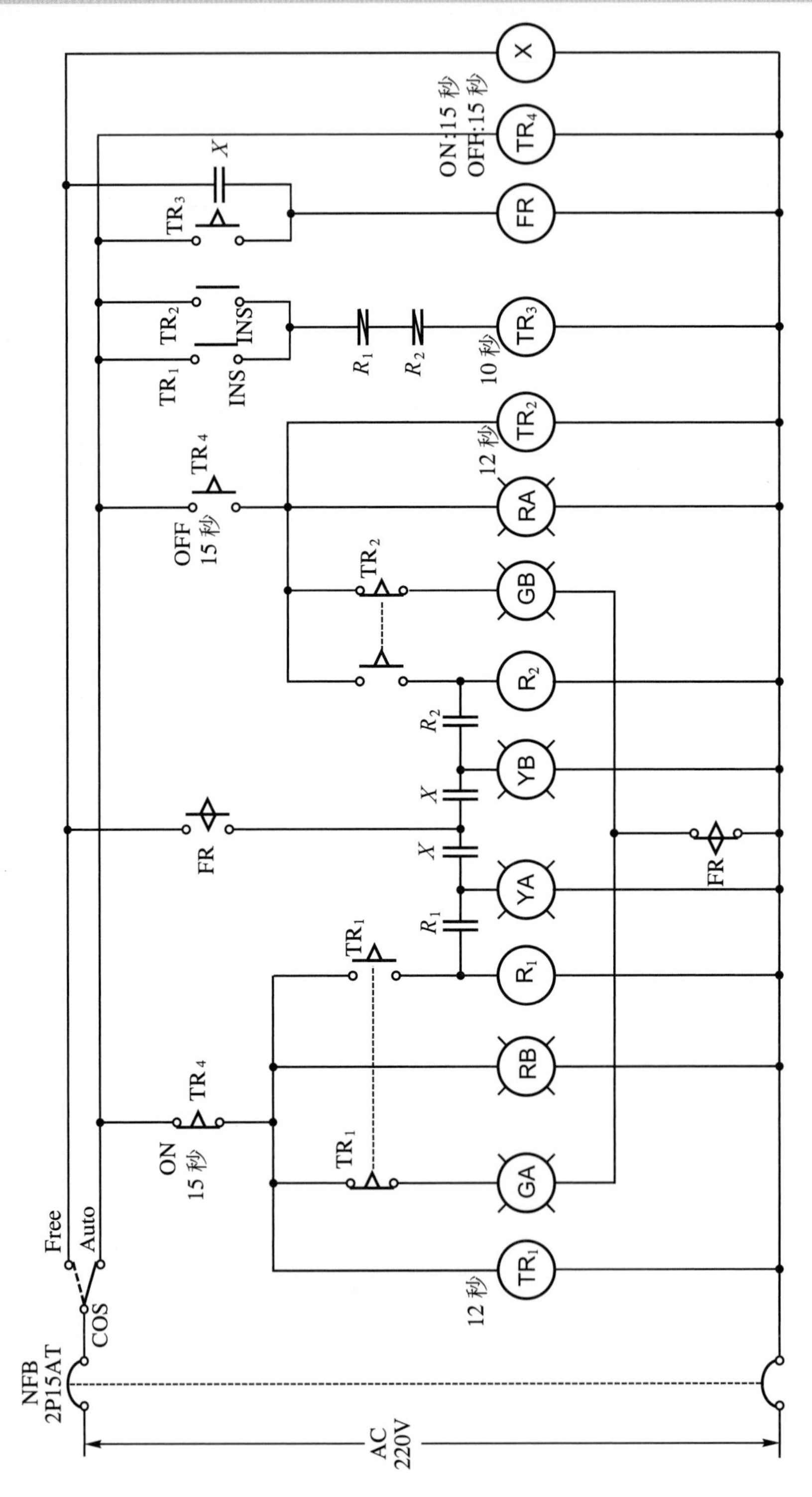

X
TR4
ON:15 秒
OFF:15 秒
FR
TR3
X
TR1
TR2
INS
INS
R1
R2
TR3
10 秒
TR2
12 秒
TR 4
OFF
15 秒
RA
TR2
GB
R2
R2
YB
X
X
FR
FR
YA
R1
TR1
R1
RB
TR 4
ON
15 秒
TR1
GA
TR1
12 秒
Free
Auto
COS
NFB
2P15AT
AC
220V

四　動作分析

1.　動作時間表

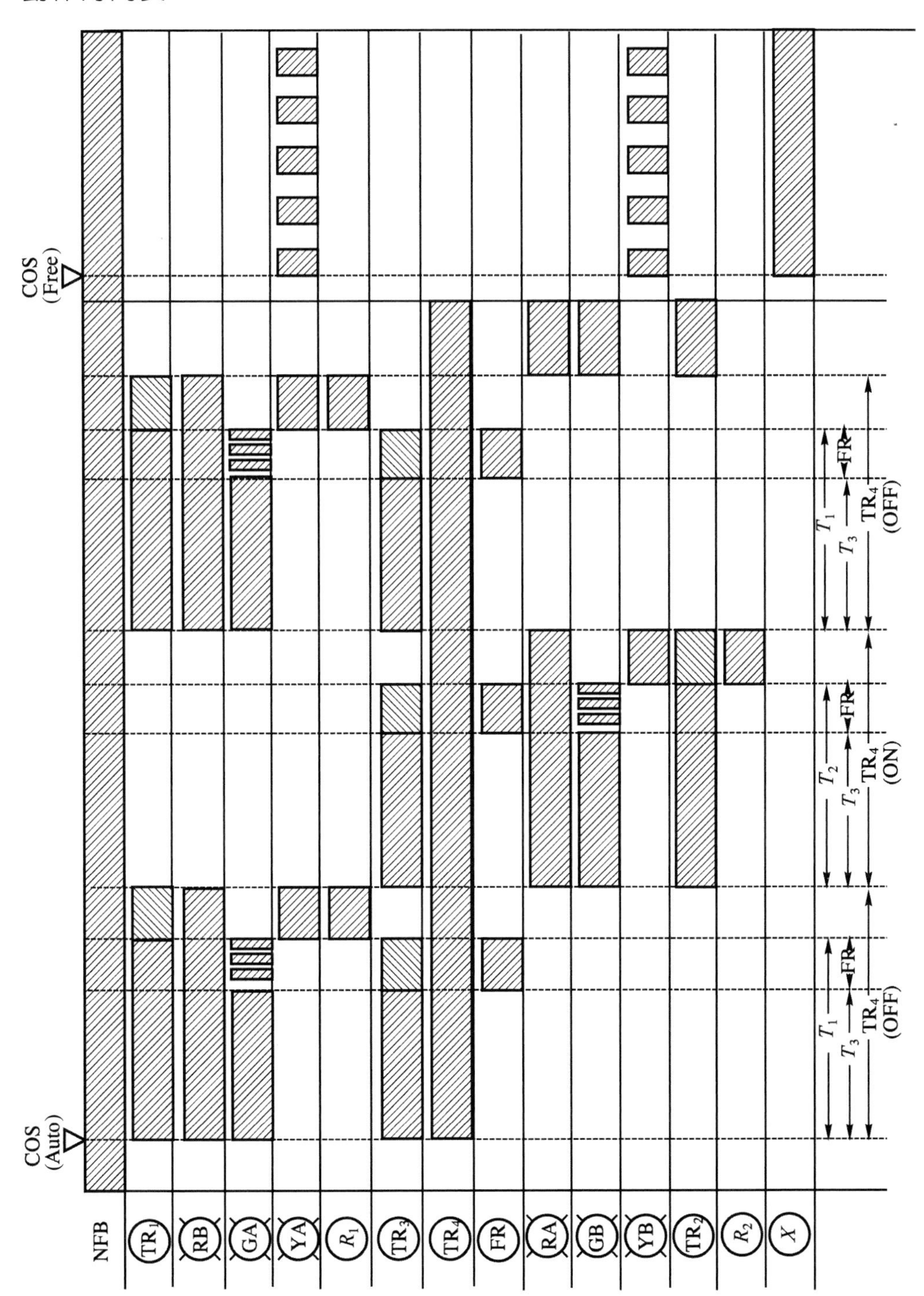

2. 動作說明

(1) 接上電源，將無熔絲開關(NFB)置於 ON 位置。

(2) 將選擇開關(COS)置於 Auto 位置：

① *B*車道紅燈(RB)及*A*車道綠燈(GA)均亮，(TR_1)、(TR_3)、(TR_4)均開始計時($TR_3 < TR_1 < TR_4$)。經過(TR_3)所設定時間T_3秒，(GA)開始閃爍，一直到(TR_1)所設定時間T_1秒到，(YA)燈亮，(GA)燈熄，經過一段時間(TR_4)所設定時間到，*B*車道紅燈(RB)及*A*車道黃燈(YA)均熄。

② (TR_4)動作後，(R_1)及(TR_1)均失磁，*A*車道之紅燈(RA)及*B*車道之綠燈(GB)均亮，(TR_2)、(TR_3)、(TR_4)均開始計時($TR_3 < TR_2 < TR_4$)，經過(TR_3)所設定時間T_3秒，閃爍電驛(FR)動作，(GB)開始閃爍，一直到(TR_2)所設定時間T_2秒到，*B*車道黃燈(YB)亮、綠燈(GB)熄，R_2激磁，(TR_3)失磁，(TR_4)設定時間到，*A*車道紅燈(RA)及*B*車道黃燈(YB)均熄，*B*車道紅燈(RB)及*A*車道綠燈(GA)均亮，又重覆第二次的循環。

(3) 將選擇開關(COS)置於 Free 位置：

① 將(COS)置於 Free 位置時，(*X*)激磁，閃爍電驛(FR)動作，*A*車道及*B*車道之黃燈不停的閃爍。

② 將(COS)置於 OFF，黃燈停止閃爍。

實習 46　交通號誌燈(六)

一　使用器材

符號	名稱	規格	數量	備註
NFB	無熔絲開關	2P，30AF，20AT	1只	
COS	選擇開關	2*a*2*b*，三段式	1只	
X(R)	電力電驛	MK 3P，AC 220V	5只	

(續前表)

符號	名稱	規格	數量	備註
TR	限時電驛	AC 220V，0～60 秒，ON-DELAY	4 只	
FR	閃爍電驛	AC 220V	1 只	
GL	指示燈	30ϕ，AC 220/15V，綠色	4 只	
YL	指示燈	30ϕ，AC 220/15V，黃色	4 只	
RL	指示燈	30ϕ，AC 220/15V，紅色	4 只	

二　位置圖

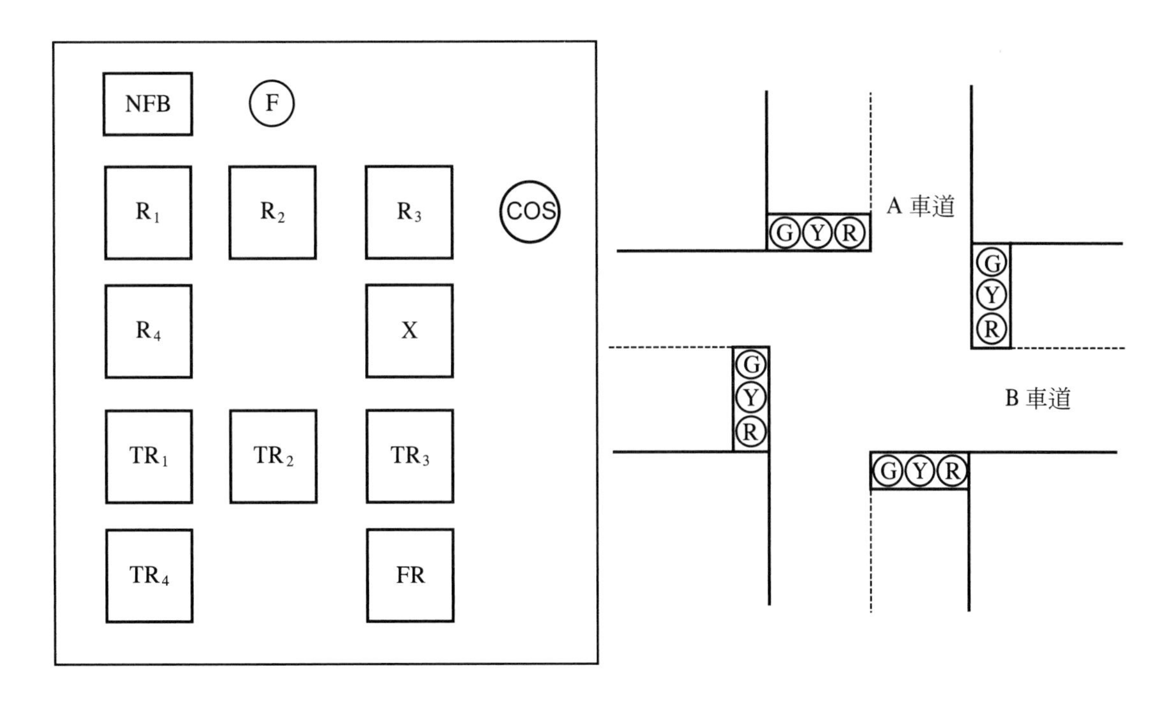

三　線路圖

見下頁圖所示。

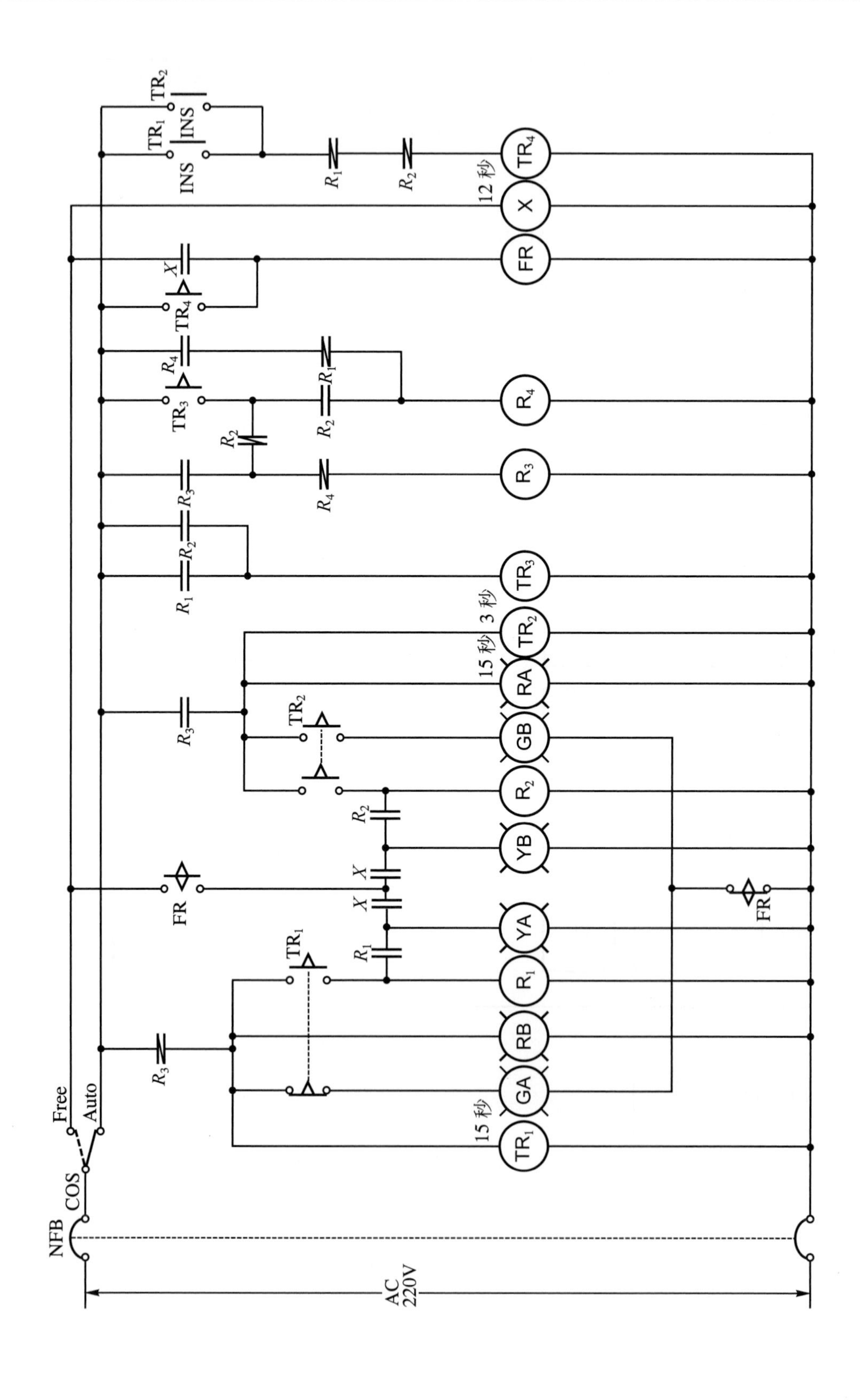

TR₁
TR₂
INS
INS
R₁
R₂
12 秒
TR₄
X
FR
R₄
R₃
TR₃
3 秒
15 秒
TR₂
RA
GB
R₂
YB
YA
R₁
RB
GA
15 秒
TR₁
FR
FR
Free
Auto
COS
NFB
AC
220V

四　動作分析

1. 動作時間表

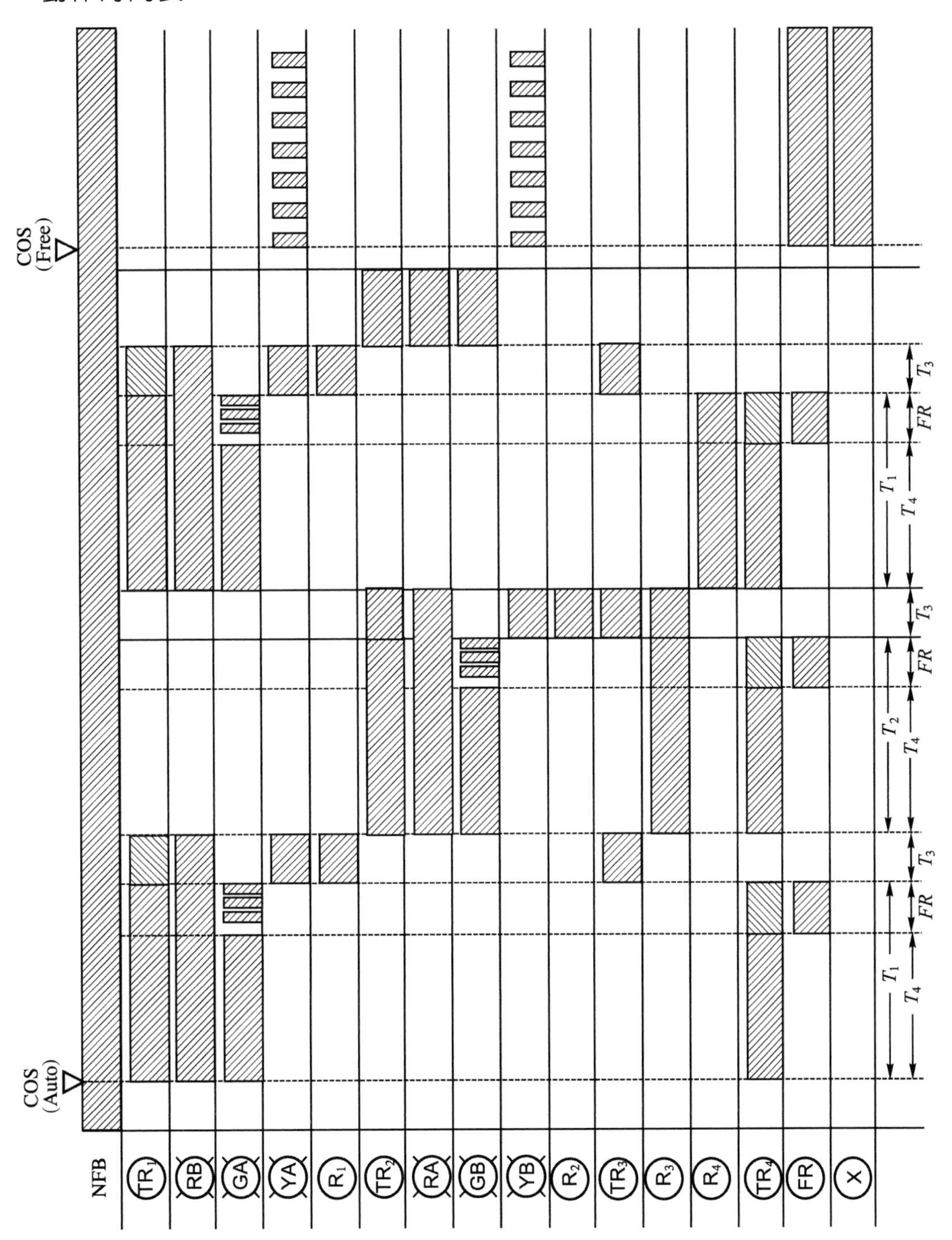

2. 動作說明

⑴ 接上電源，將無熔絲開關(NFB)置於 ON 位置。

⑵ 將選擇開關(COS)置於 Auto 位置：

① *B*車道紅燈(RB)及*A*車道綠燈(GA)均亮，(TR_1)及(TR_4)開始計時，(TR_4)所設定之時間比(TR_1)短，當(TR_4)計時到，閃爍電驛(FR)開始動作，*A*車道之綠燈(GA)開始閃爍，當(TR_1)計時到，*A*車道之綠燈(GA)熄、黃燈(YA)亮，(R_1)激磁，當(TR_3)計時到，(R_3)激磁。

② (R_3)激磁後，*B*車道之紅燈(RB)及*A*車道之黃燈(YA)均熄，*A*車道紅燈(RA)及*B*車道綠燈(GB)均亮，(TR_2)及(TR_4)均開始計時，(TR_4)所設定之時間比(TR_2)短，閃爍電驛(FR)動作，*B*車道綠燈(GB)開始閃爍，直到(TR_2)所設定時間T_2秒到，(GB)停止閃爍(不亮)、(YB)燈亮，(R_2)激磁，經過(TR_3)所設定時間T_3秒，(R_4)激磁。

③ (R_4)激磁後，使(R_3)失磁，*A*車道之(RA)及*B*車道之(YB)均熄，*B*車道之(RB)及*A*車道之(GA)均亮，回到步驟①，這樣循環的動作。

⑶ 將選擇開關(COS)置於 Free 位置：

① 當夜晚車輛少時，只讓黃燈(YL)閃爍，可將選擇開關(COS)置於 Free 位置。

② 將(COS)置於 Free 位置時，(X)激磁，閃爍電驛(FR)動作，所以只有*A*車道及*B*車道之黃燈(YA)及(YB)不停的閃爍。

實習 47 三相感應電動機 Y-△起動控制及保護電路

一 動作順序

1. 接上電源，將(NFB)開關置於 ON 位置，指示燈(GL)亮。
2. 按下按鈕(PB_1)時，(MCS)激磁→(MCM)順序動作，電動機即時起動，(YL)指示燈亮，(GL)指示燈熄。
3. 經(TR)所設定之時間*T*秒→(MCM)→(MCS)順序失磁→(MCD)及(MCM)激磁，指示燈(RL)亮，黃燈(YL)熄。

4. 按下(PB_2)按鈕或積熱電驛(TH-RY)過載跳脫時，電動機停止運轉，(RL)指示燈熄，(GL)指示燈亮。

二 使用器材

符號	名稱	規格	數量	備註
	低壓配電箱	700W×1500H×550D	1 只	
V	電壓計	0～300V，AC，60Hz	1 只	
GL	指示燈	30ϕ，220/15V，綠色	1 只	
RL	指示燈	30ϕ，220/15V，紅色	1 只	
YL	指示燈	30ϕ，220/15V，黃色	1 只	
PB	按鈕開關	30ϕ，1*a*1*b*，紅色×1，綠色×1	2 只	
AS	電流切換開關	3ϕ3W 式	1 只	
VS	電壓切換開關	3ϕ3W 式	1 只	
F	栓型保險絲	E-16，2A	5 只	
NFB	無熔絲開關	100AF，60AT，3P	1 只	
CT	比流器	150/5A，15VA	2 只	
TH-RY	積熱電驛	TH-18，OL 2.8A	1 只	
BZ	蜂鳴器	AC 220V	1 只	
TR	限時電驛	SRT-N，線圈 220V	1 只	
TB	端子台	3P，60A	2 只	
TB	端子台	12P，20A	2 只	
A	電流計	0～75/5A，延長刻度	1 只	
A	電流計	0～50/5A，延長刻度	1 只	
MC	電磁接觸器	S-A35，線圈 220V	3 只	
MC	電磁接觸器	S-A21，線圈 220V	3 只	

三 位置圖

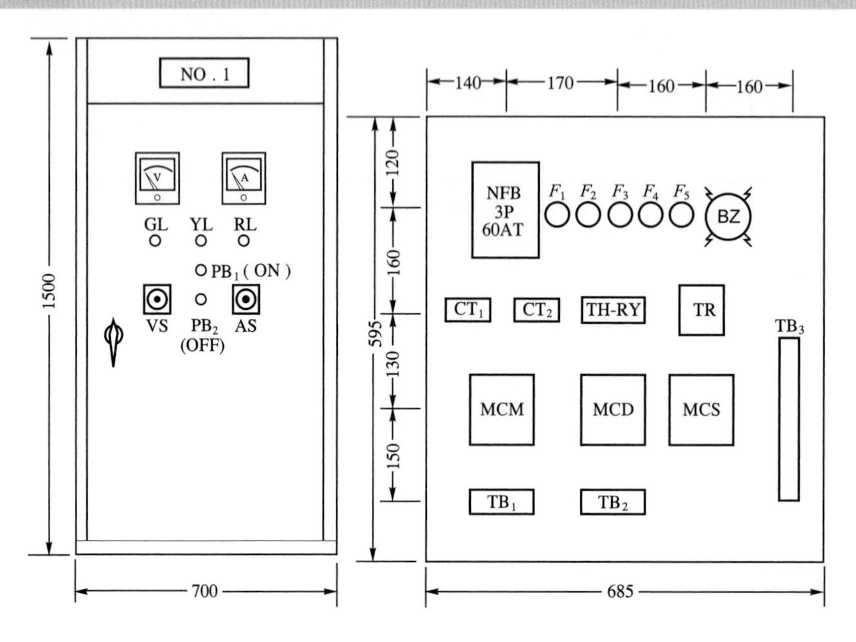

四 線路圖

1. 單線圖

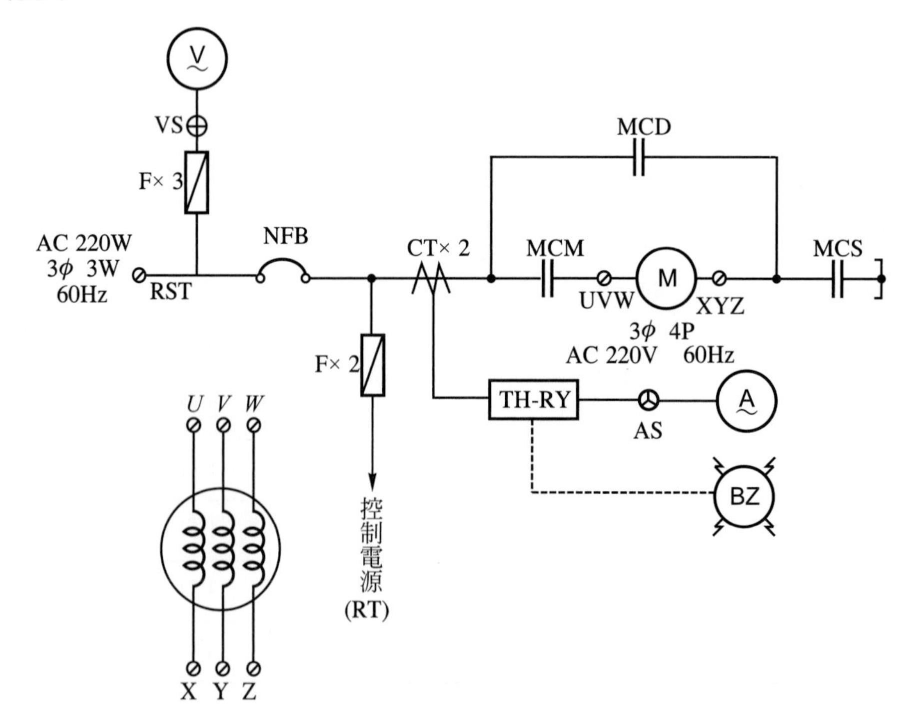

2.　複線圖

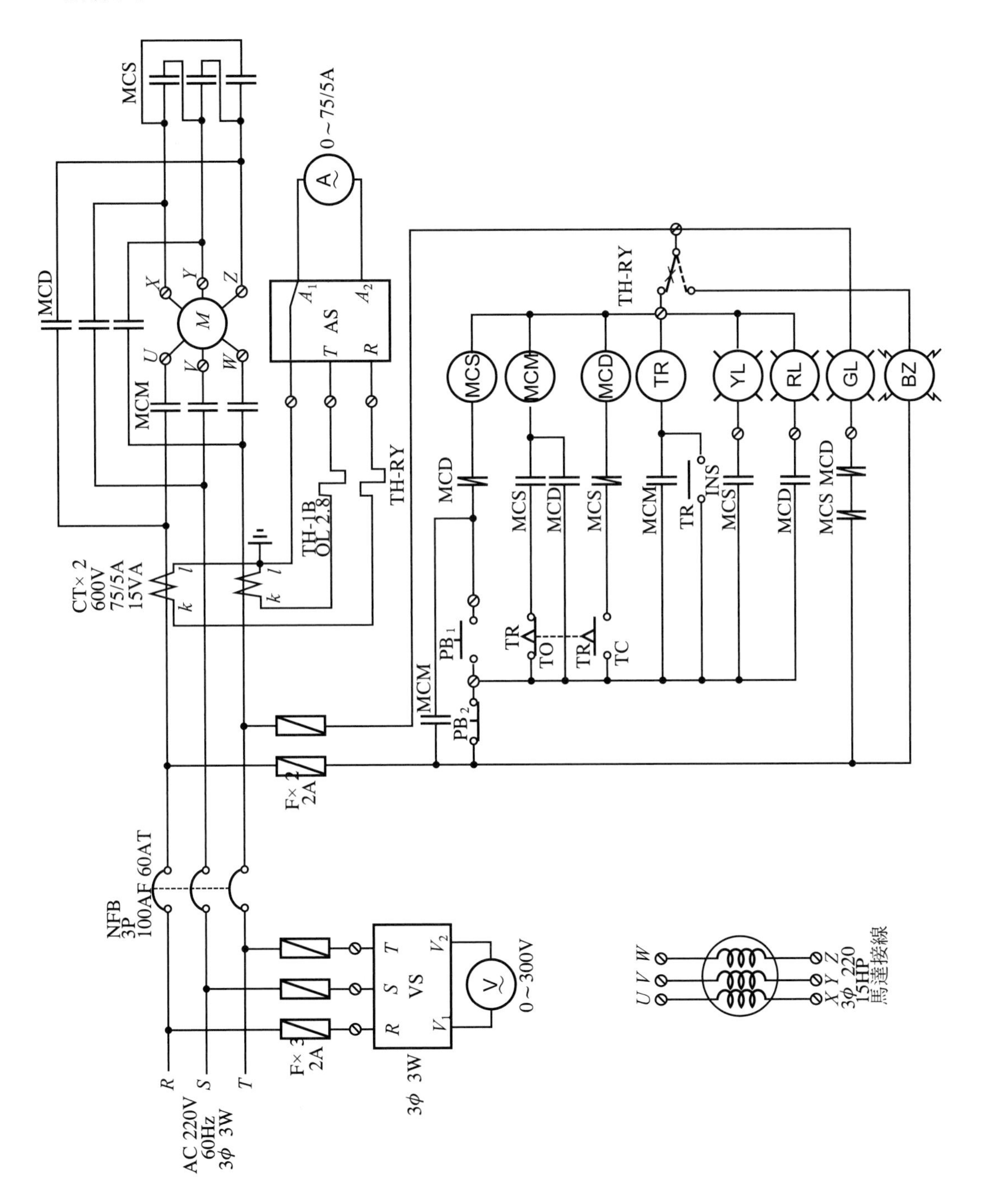
MCS
0～75/5A
MCD
MCM
TH-RY
AS
TH-1B
OL 2.8
CT× 2
600V
75/5A
15VA
PB1
PB2
TR
TO
TC
INS
MCS
MCM
MCD
TR
YL
RL
GL
BZ
F× 2
2A
NFB
3P
100AF 60AT
VS
0～300V
F× 3
2A
3φ 3W
AC 220V
60Hz
3φ 3W
U V W
X Y Z
3φ 220
15HP
馬達接線

五 動作分析

1. 動作時間表

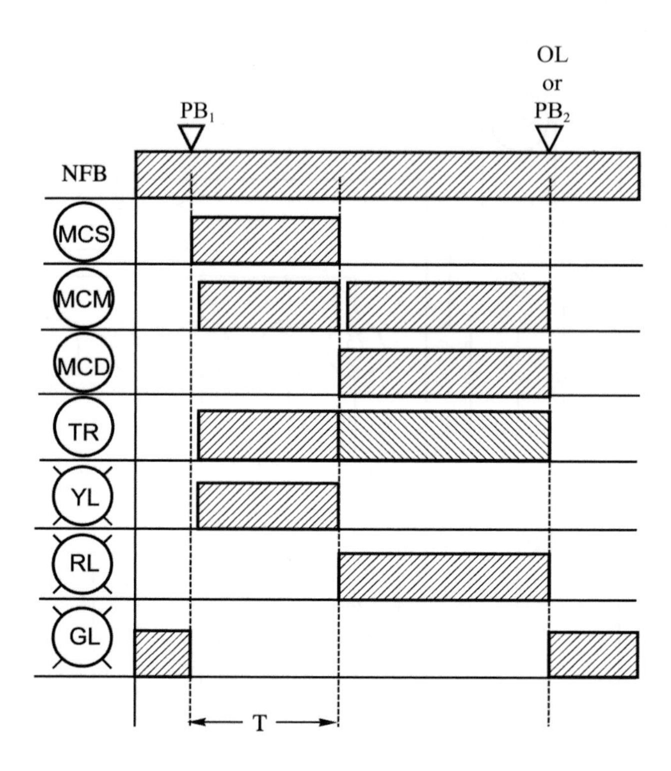

2. 動作說明

(1) 接上電源，將(NFB)開關置於 ON 位置，(GL)指示燈亮。

(2) 按下(PB_1)按鈕→(MCS)激磁→(MCM)激磁，綠色指示燈(GL)熄，(YL)指示燈亮，電動機開始起動運轉。

(3) 經過(TR)所設定之時間T秒→ $\frac{TR}{TC}$ 接點打開，(MCM)失磁，(MCM)之a點打開→(MCS)失磁→ $\frac{TR}{TC}$ 接點閉合，(MCD)激磁→(MCM)再激磁，(YL)指示燈熄，(RL)指示燈亮。

(4) 按下(PB_2)按鈕開關或積熱電驛(TH-RY)過載跳脫時，電動機停止運轉，(RL)指示燈熄，(GL)指示燈亮，過載跳脫時，蜂鳴器(BZ)響。

六 測　試

1. 將電表置於Ω檔之×10 位置，測試棒置於 RT 相，可測得(GL)指示燈之電阻值。
2. 按下(PB_1)，可測得(MCS)與(GL)並聯電阻，然後將 TR—TO 短路，先按下(MCS)電磁接觸器，再按下(PB_1)，可測得(MCM)、(MCS)與(YL)三個並聯之電阻值。
3. 將 TR—TC 短路，先按下(MCM)電磁接觸器，再按下PB_1，可測得(MCD)、(MCM)與(RL)三個並聯之電阻值。
4. 測試前(TR)先不要裝，測試完成後，再裝(TR)送電觀察其動作是否符合動作要求。

實習 48　三相繞線型感應電動機起動控制及保護電路裝配

一 動作順序

1. 電源有電時，電壓計(V)應指示RT相之電壓。
2. 無熔絲開關(NFB)置於 ON 位置時，指示燈(GL)亮，其餘指示燈均熄，電動機不得轉動。
3. 按下按鈕開關(PB_1)時，電磁接觸器(MC)動作，電動機即以全電阻起動，指示燈黃燈(YL)亮，綠燈(GL)熄。
4. 電動機起動時，電磁接觸器應由(MC_1)至(MC_3)順序動作，使起動電阻逐段減少至零。其動作時間由限時電驛來設定，每段時間暫定爲 5 秒鐘。
5. 當電磁接觸器(MC_3)動作後，(MC_1)及(MC_2)均應跳脫，使電動機進入正常運轉狀態，指示燈(RL)亮，黃燈(YL)熄。
6. 按下按鈕開關(PB_2)時，電磁接觸器(MC)及(MC_3)均應立即跳脫，電動機停止運轉，指示燈綠燈(GL)亮，紅燈(RL)熄。
7. 電動機正常運轉中，電流計(A)應指示各相之電流。

8. 電動機正常運轉中，因過載或其他故障發生致積熱電驛過載動作或(3E)電驛動作時，電磁接觸器(MC)及(MC_3)均應立即跳脫，電動機立即停止運轉，蜂鳴器發出警報，指示燈綠燈(GL)亮，紅燈(RL)熄。當跳脫的積熱電驛復歸時，蜂鳴器(BZ)停響，但電動機不得自行再起動。
9. 電磁接觸器(MC)未動作時，(MC_1)、(MC_2)、(MC_3)均不得動作。

二 使用器材

符號	名稱	規格	數量	備註
	低壓配電箱	700W×1500H×550D	1只	
V	電壓計	AC，60Hz，0～300V	1只	
GL	指示燈	30ϕ，AC 220/15V，綠色	1只	
RL	指示燈	30ϕ，AC 220/15V，紅色	1只	
YL	指示燈	30ϕ，AC 220/15V，黃色	1只	
PB	按鈕開關	30ϕ，1*a*1*b*，綠色×1，紅色×1	2只	
3E	3E 電驛	YPC-20T，220V	1只	
F	栓型保險絲	E-16，2A	3只	
NFB	無熔絲開關	100AF，60AT，3P	1只	
R	起動用電阻器	3ϕ，220V，15kW	1組	
TR	限時電驛	SRT-N，0～60秒，AC 220V	3只	
CT	比流器	600V，150/5A，15VA	2只	
BZ	蜂鳴器	AC 220V	1只	
A	電流計	AC，60Hz，0～50/5A	1只	延長刻度
MC	電磁接觸器	S-A65，線圈 220V	2只	
MC	電磁接觸器	S-A50，線圈 220V	2只	
MC	電磁接觸器	S-A35，線圈 220V	2只	
MC	電磁接觸器	S-A21，線圈 220V	2只	
TH-RY	積熱電驛	TH-80，56A	1只	

三　位置圖

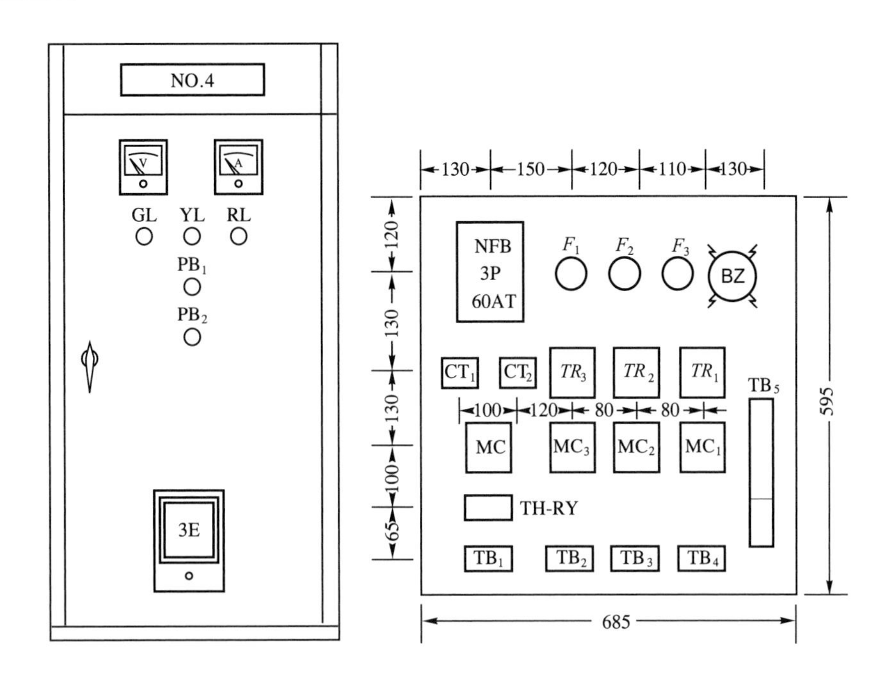

四　線路圖

1.　單線圖

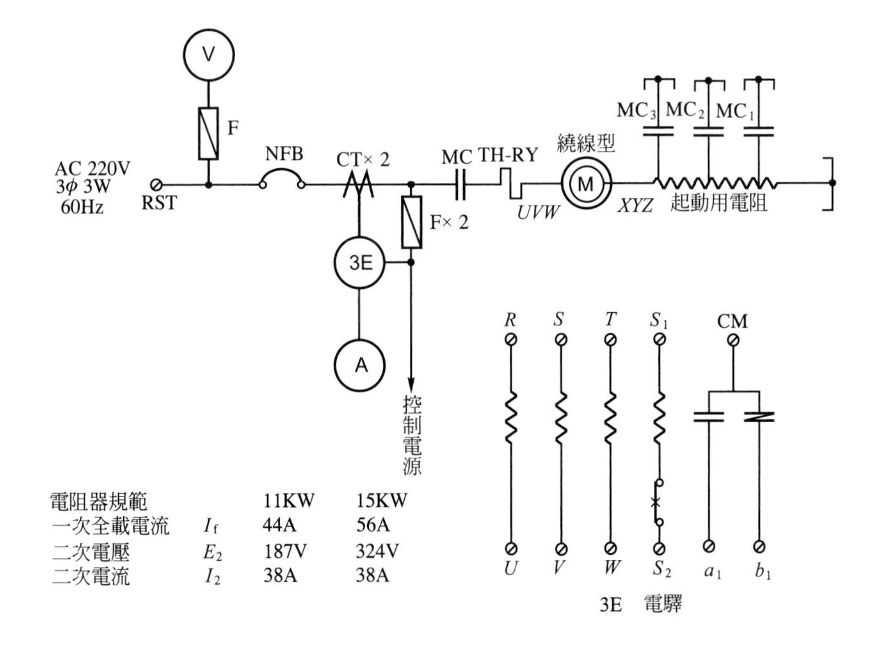

電阻器規範		11KW	15KW
一次全載電流	I_f	44A	56A
二次電壓	E_2	187V	324V
二次電流	I_2	38A	38A

2. 複線圖

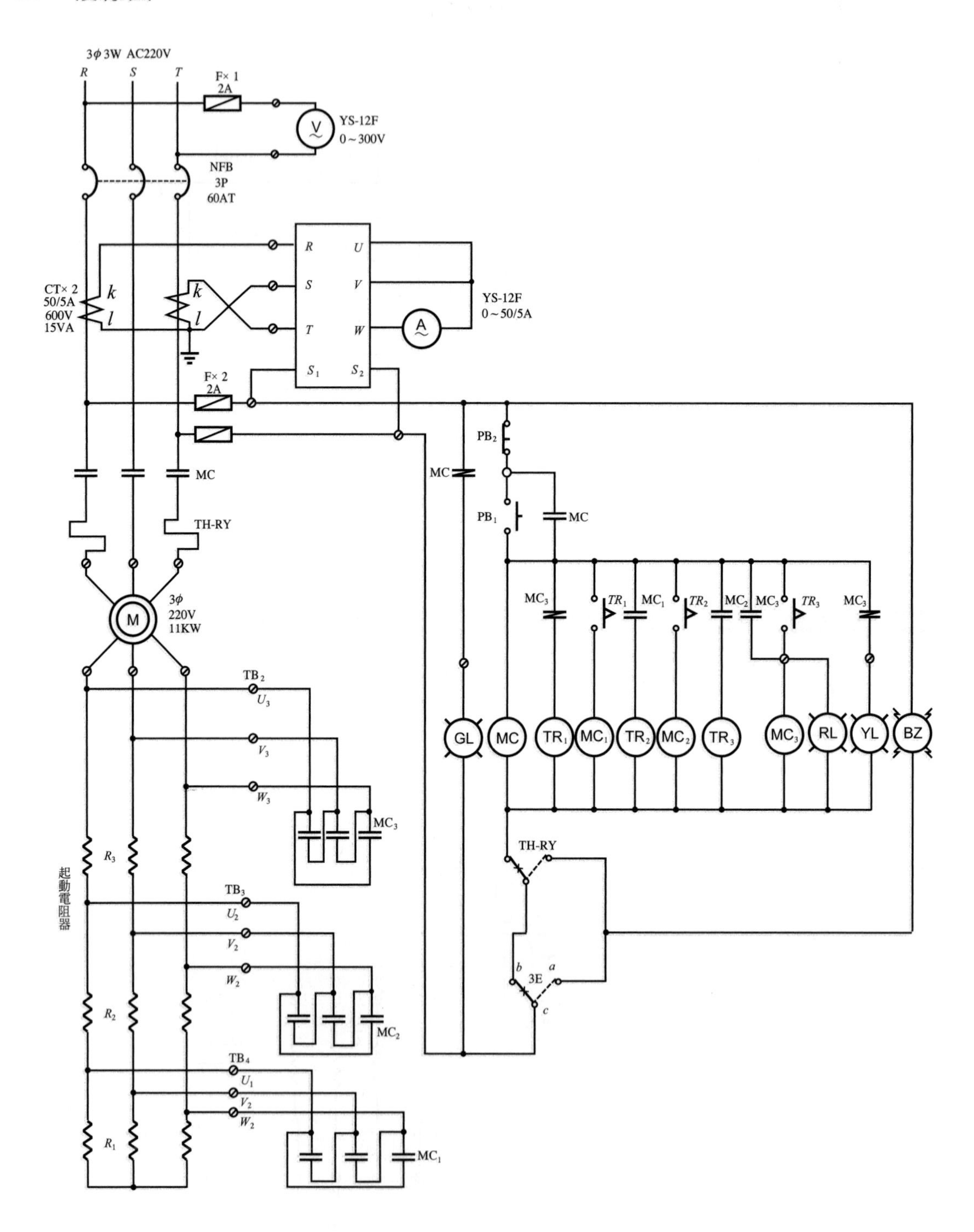
3φ 3W AC220V
R S T
F× 1
2A
YS-12F
0～300V
NFB
3P
60AT
CT× 2
50/5A
600V
15VA
k
l
R U
S V
T W
S1 S2
YS-12F
0～50/5A
F× 2
2A
MC
TH-RY
3φ
220V
11KW
M
PB2
PB1
MC3
TR1
MC1
TR2
MC2
TR3
GL
MC
RL
YL
BZ
TB2
U3
V3
W3
R3
起動電阻器
TB3
U2
V2
W2
R2
TB4
U1
V2
W2
R1
3E
a
b
c

五　動作分析

1. 動作時間表

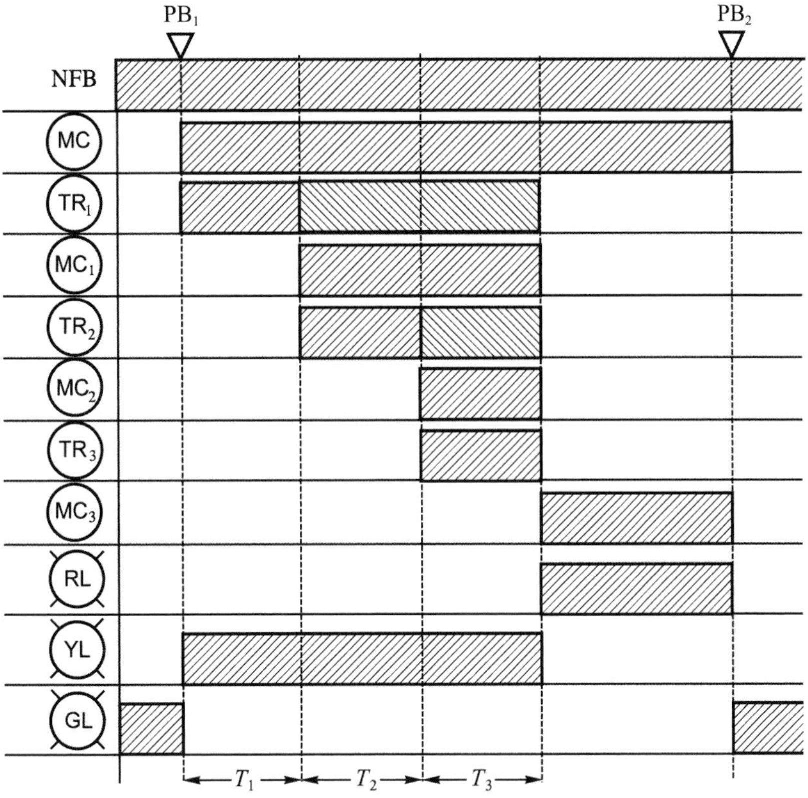

2. 動作說明

(1) 接上電源→無熔絲開關(NFB)置於ON位置→(GL)指示燈亮。

(2) 按下(PB_1)按鈕開關(MC)電磁接觸器激磁，電動機以全電阻起動，(YL)指示燈亮，(GL)指示燈熄。

(3) 經過(TR_1)所設定之時間T秒(電動機起動後，因(MC_1)到(MC_3)順序動作，使起動電阻逐段減至零，其動作時間以限時電驛設定時間為依據，每段時間為5秒。)→ (MC_1)激磁→經過(TR_2)所設定時間T秒→ (MC_2)激磁→經過(TR_3)所設定之時間T秒→(MC_3)激磁，此時電動機之起動電阻為零。

(4) (MC_3)激磁後，其於(TR_1)串聯之b接點打開，使(TR_1)失磁，(TR_1)失磁

後→ (MC_1)、(TR_2)、(MC_2)、(TR_3)均相繼失磁，僅(MC)與(MC_3)均動作，(YL)指示燈熄，(RL)指示燈亮。

(5) 按下按鈕開關(PB_2)時，電磁接觸器(MC)及(MC_3)均失磁，電動機停止運轉，(GL)指示燈亮，紅燈(RL)熄。

(6) 電動機正常運轉中，因過載或其他故障原因致使積熱電驛或(3E)電驛動作時→(MC)及(MC_3)均應立即失磁，電動機停止運轉，蜂鳴器(BZ)應發出警報，指示燈(GL)亮，(RL)指示燈熄。

六 測　試

1. 將三用電表置於 R×10Ω檔，並做歸零調整，將測試棒置於*RT*相，電表應能指示(GL)指示燈之電阻值。
2. 按下(PB_1)，電表應能指示(GL)、(MC)、(YL)三者並聯之電阻值。
3. 將(TR_1)之接點短路，按下(PB_1)可測得(GL)、(MC)、(MC_1)、(YL)四者之並聯電阻值(其向右偏轉之角度應比步驟(2)大)。
4. 依步驟(3)之方法逐段測試(MC_2)及(MC_3)，測試(MC_2)其指針偏轉和步驟(3)相同，測試(MC_3)時，因(MC_3)又並聯一個(RL)，所以其電阻值，應比步驟(3)之電阻值小。

   註：上面測試時(TR)還沒有裝上，故沒有(TR)線圈之電阻值。

實習 49　低壓三相感應電動機正逆轉起動附直流剎車系統控制電路

一 動作順序

1. 電源有電時，電壓計(*V*)應指示*RT*相之電壓。
2. 無熔絲開關(NFB)置於ON位置時，指示燈綠燈(GL)亮，其餘指示燈均熄，電動機不得轉動。
3. 按下按鈕開關(PB_1)時，電磁接觸器(MCF)動作，電動機立即正轉，指示燈紅燈(RL_1)亮，綠燈(GL)熄。

4. 按下按鈕開關(PB_3)時，激磁中的電磁接觸器(MCF 或 MCR)應失磁，指示燈紅燈(RL_1或RL_2)熄，綠燈(GL)亮，然後剎車系統之電磁接觸器(MCB)激磁，將直流 24V電源輸入電動機線圈中進行剎車，指示燈白燈(WL)亮，經 5 秒鐘後剎車系統自動放開，指示燈白燈(WL)熄。
5. 按下按鈕開關(PB_2)時，電磁接觸器(MCR)激磁，電動機立即逆轉，指示燈紅燈(RL_2)亮，綠燈(GL)亮。
6. 電動機正常運轉中，電流計(A)應指示各相之正確電流。
7. 電動機正常運轉中，因過載或其他故障發生致使積熱電驛動作時，電動機應立即停止運轉，蜂鳴器發生警報，指示燈黃燈(YL)亮，其餘動作步驟與第(4)項相同。積熱電驛復歸時，蜂鳴器(BZ)停響，指示燈黃燈(YL)熄，但電動機不得自行再起動。
8. 電磁接觸器(MCF與MCR)應有電氣互鎖，不得同時動作，又(MCF)或(MCR)動作時，即電動機正常運轉中時，(MCB)不得動作。

二 使用器材

符號	名稱	規格	數量	備註
	低壓配電箱	700W×1500H×550D	1 具	
V	電壓計	AC，60Hz，0～300V	1 具	
A	電流計	AC，60Hz，0～50/5A	1 具	延長刻度
GL	指示燈	30ϕ，AC 220/15V，綠色	1 具	
RL	指示燈	30ϕ，AC 220/15V，紅色	2 具	
YL	指示燈	30ϕ，AC 220/15V，黃色	1 具	
WL	指示燈	30ϕ，AC 220/15V，白色	1 具	
PB	按鈕開關	30ϕ，1a1b，紅色×1，黑色×2	3 具	
NFB	無熔絲開關	100AF，60AT，3P	1 具	
MC	電磁接觸器	S-A35，Coil 220V	2 具	
MC	電磁接觸器	S-A21，Coil 220V	1 具	
TH-RY	積熱電驛	TH-35，30A	1 具	

(續前表)

符號	名稱	規格	數量	備註
CT	比流器	600V，50/5A，15VA	1 具	
F	栓型保險絲	E-16，2A	3 具	
Tr	自耦變壓器	220/24V，300VA	1 具	
TR	限時電驛	SRT-N，220V，60sec	1 具	
BZ	蜂鳴器	AC 220V	1 具	
TB	端子台	3P，60A	1 具	
TB	端子台	12P，20A	2 具	
TB	端子台	6P，20A	2 具	
X	電力電驛	AC 220V，$2a2b$	1 具	
	電木板附固定片	2T×100×100	1 組	
	整流子	50V，10A	4 只	

三　位置圖

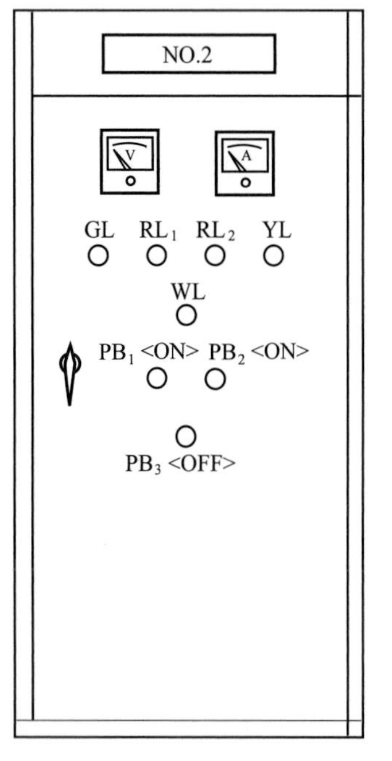

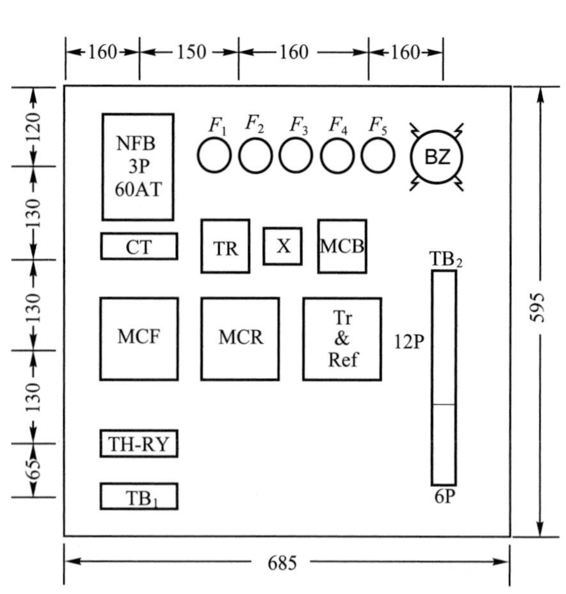

四　線路圖

1. 單線圖

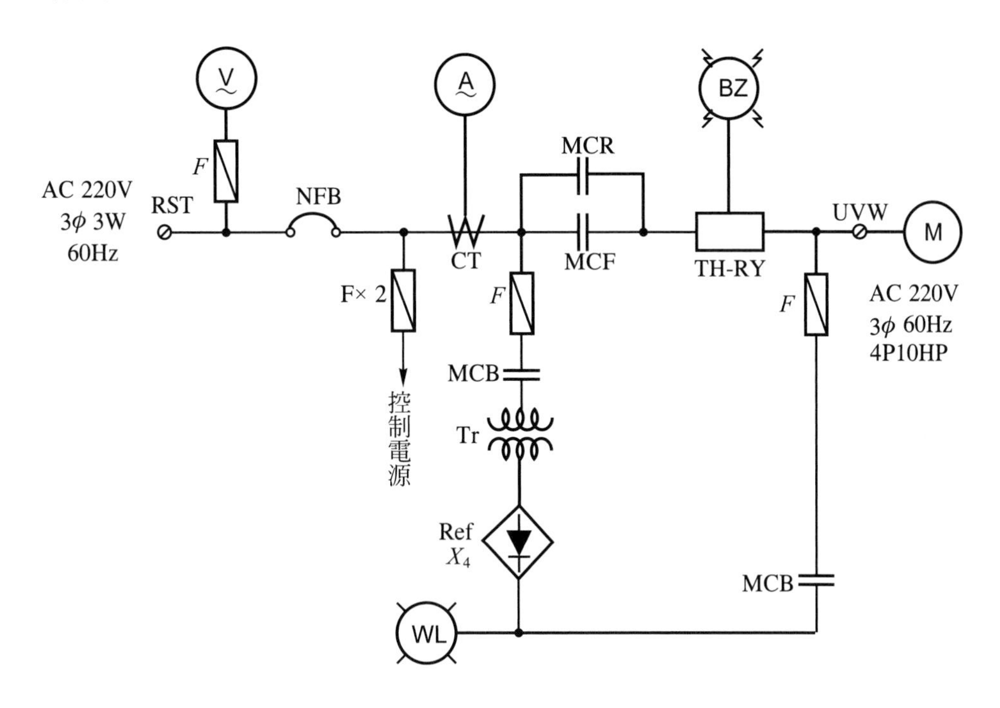

2. 複線圖

見圖於下頁。

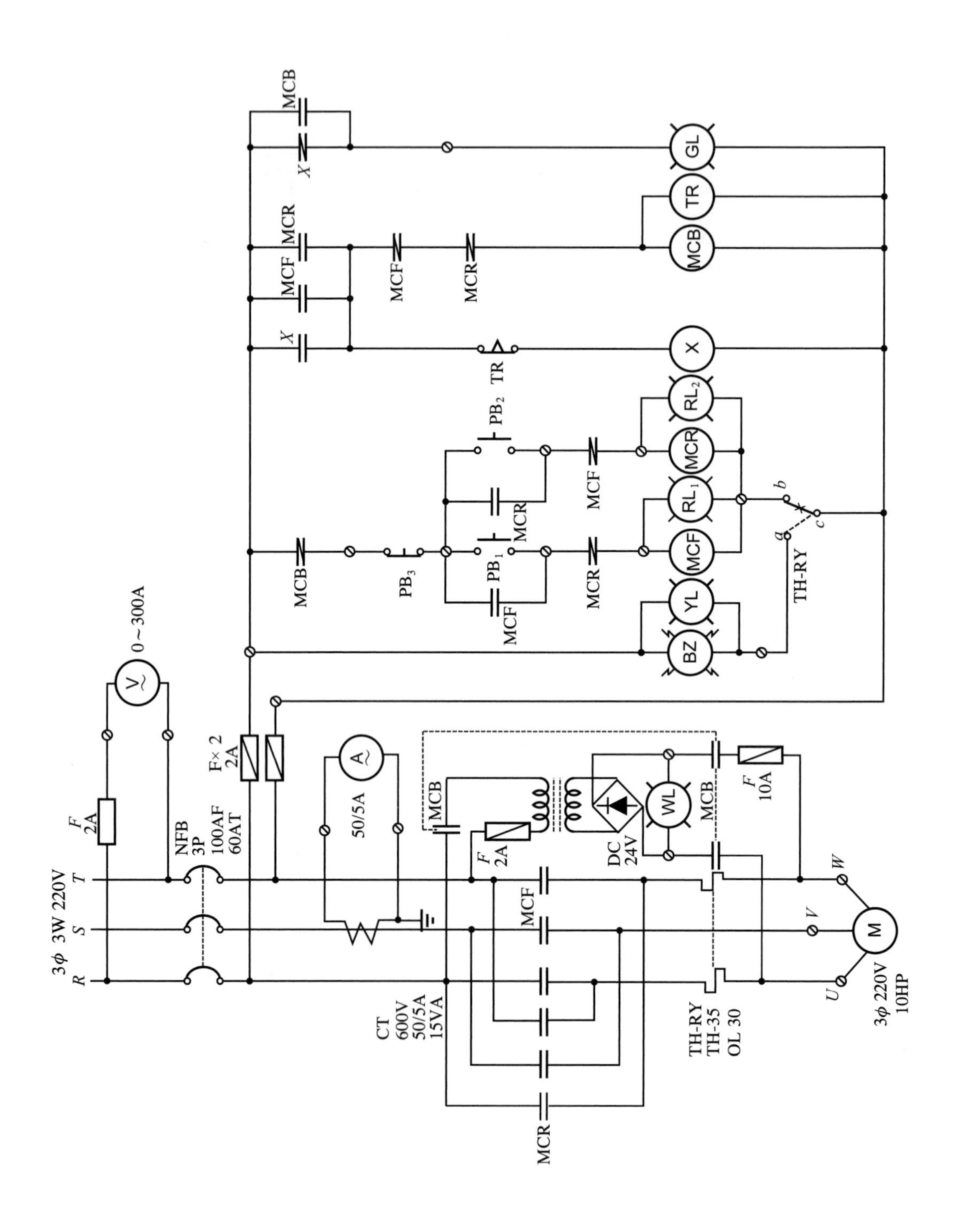
3φ 3W 220V
R
S
T
F
2A
0~300A
NFB
3P
100AF
60AT
F× 2
2A
50/5A
CT
600V
50/5A
15VA
MCF
MCR
MCB
DC
24V
WL
F
10A
TH-RY
TH-35
OL 30
U
V
W
M
3φ 220V
10HP
X
TR
GL
PB1
PB2
PB3
BZ
YL
RL1
RL2
a
b
c

五　動作分析

1. 動作時間表

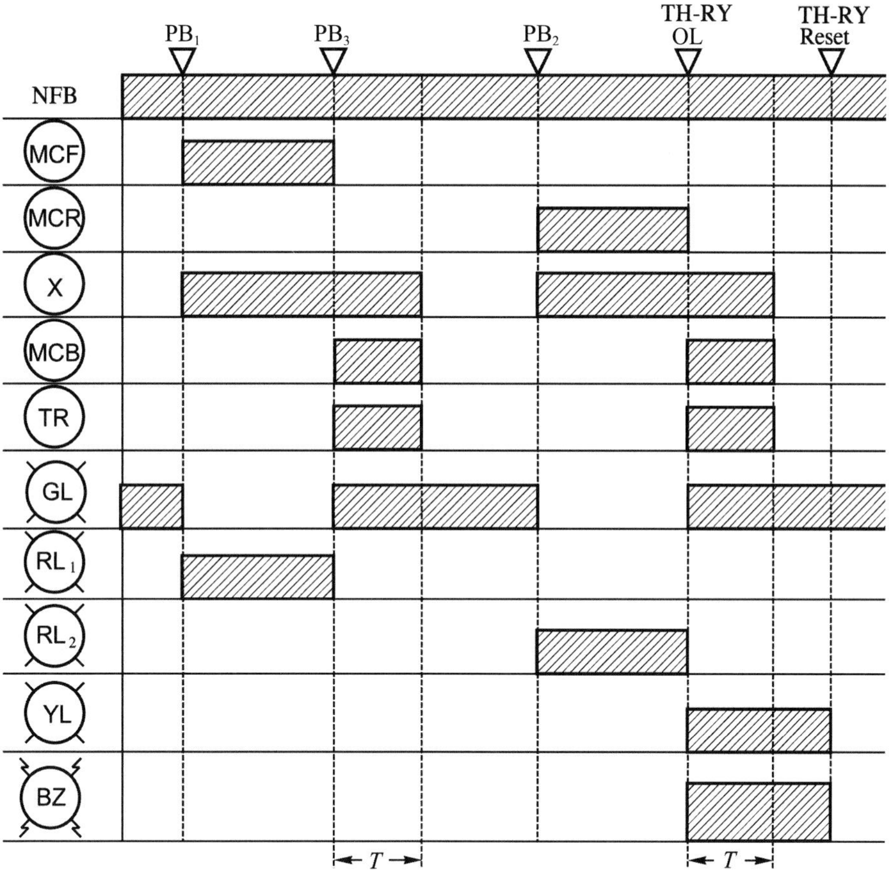

PB$_1$　PB$_3$　PB$_2$　TH-RY OL　TH-RY Reset

NFB
MCF
MCR
X
MCB
TR
GL
RL$_1$
RL$_2$
YL
BZ

T　T

2. 動作說明

⑴ 按下按鈕開關(PB$_1$)時，電磁接觸器(MCF)激磁，電動機正轉(RL)指示燈亮，(GL)指示燈熄，(X)激磁。

⑵ 按下按鈕開關(PB$_3$)時，(MCF)失磁，(RL$_1$)指示燈熄，(GL)綠燈亮，(MCB)激磁，限時電驛(TR)開始計時，將24V直流電輸入電動機進行刹車，(WL)指示燈亮，經過(TR)所設定時間T(5)秒，刹車系統放開。(TR)之—∘△∘ $\frac{TR}{TO}$ 接點打開，使(X)線圈失磁。

(3) 按下(PB_2)時，電磁接觸器(MCR)激磁，電動機逆轉，(RL_2)指示燈亮，(GL)指示燈熄。(MCR)激磁後，(X)線圈激磁。

(4) 按下(PB_3)時，(MCR)失磁，(MCB)激磁，限時電驛(TR)開始計時，將24V直流電送入馬達進行剎車，(WL)指示燈亮，經(TR)所設定時間T秒，剎車系統放開，即(MCB)、(X)、(TR)均失磁。

(5) 電動機正常運轉中，因過載或其它故障原因，致使積熱電驛過載跳脫，電動機立即停止，(YL)指示燈亮，(BZ)蜂鳴器響。

實習 50 三相單繞組雙速雙方向感應電動機起動控制及保護電路

一 動作順序

1. 電源有電時，電壓計(V)應指示RT相之正確電壓。
2. 將無熔絲開關(NFB)置於 ON 位置：

(1) 按下按鈕開關(PB_1)時，電磁接觸器(MC_1)激磁，電動機立即高速度正轉，指示燈紅燈(RL_1)亮，其餘指示燈均熄，但電磁接觸器(MC_2)、(MC_3)、(MC_4)、(MC_5)均不得激磁。

(2) 按下按鈕開關(PB_5)時，激磁中之電磁接觸器(MC)應立即跳脫，指示燈紅燈(RL)熄。

(3) 按下按鈕開關(PB_2)時，電磁接觸器(MC_2)激磁，電動機立即高速度逆轉，指示燈紅燈(RL_2)亮，其餘指示燈均熄，但其餘電磁接觸器不得動作，按下按鈕開關(PB_5)時，其動作順序如上述(2)。

(4) 按下按鈕開關(PB_3)時，電磁接觸器(MC_3及MC_5)均激磁，電動機立即低速度正轉，指示燈紅燈(RL_3)亮，其餘指示燈均熄，但其餘電磁接觸器均不得動作，按下按鈕開關(PB_5)時，其動作順序如上述(2)。

(5) 按下按鈕開關(PB_4)時，電磁接觸器(MC_4及MC_5)均激磁，電動機立即低速度逆轉，指示燈紅燈(RL_4)亮，其餘指示燈均熄，但其餘電磁接觸器均不得動作，按下按鈕開關(PB_5)時，其動作順序如上述(2)。

3. 電動機正常運轉中，電流計(*A*)應指示*S*相之正確電流。
4. 電動機正常運轉中，因過載或其他故障發生，致使積熱電驛動作時，電動機應立即停止運轉，動作中之電磁接觸器(MC)應立即跳脫。動作中之指示燈紅燈(RL)熄，蜂鳴器(BZ)發出警報，積熱電驛復歸時，蜂鳴器(BZ)停響，但電動機不得自行再起動。
5. 電動機之起動運轉，高速度正轉，高速度逆轉，低速度正轉及低速度逆轉等四步驟，均應有相互連鎖保護裝置。又高速度與低速度及正轉與逆轉，均不得直接切換。
6. 當積熱電驛($THRY_1$或$THRY_2$)動作時，所有電磁接觸器(MC)均應跳脫。

二 使用器材

符號	名稱	規格	數量	備註
	低壓配電箱	700W×1500H×550D	1具	
V	電壓計	AC，60Hz，0～300V	1具	
A	電流計	AC，60Hz，0～50/5A	1具	延長刻度
RL	指示燈	30ϕ，220/15V，紅色	4具	
PB	按鈕開關	30ϕ，1*a*1*b*，紅色×1，綠色×4	5具	
F	栓型保險絲	E-16，2A	3具	
NFB	無熔絲開關	3P，100AF，60AT	1具	
CT	比流器	50/5A，15VA	1具	
MC	電磁接觸器	S-A35，Coil 220V	4具	
MC	電磁接觸器	S-A21，Coil 220V	1具	
TH-RY	積熱電驛	TH-35，30A	2具	
BZ	蜂鳴器	AC 220V	1具	
TB	端子台	3P，60A	2具	
TB	端子台	12P，20A	4具	

三　位置圖

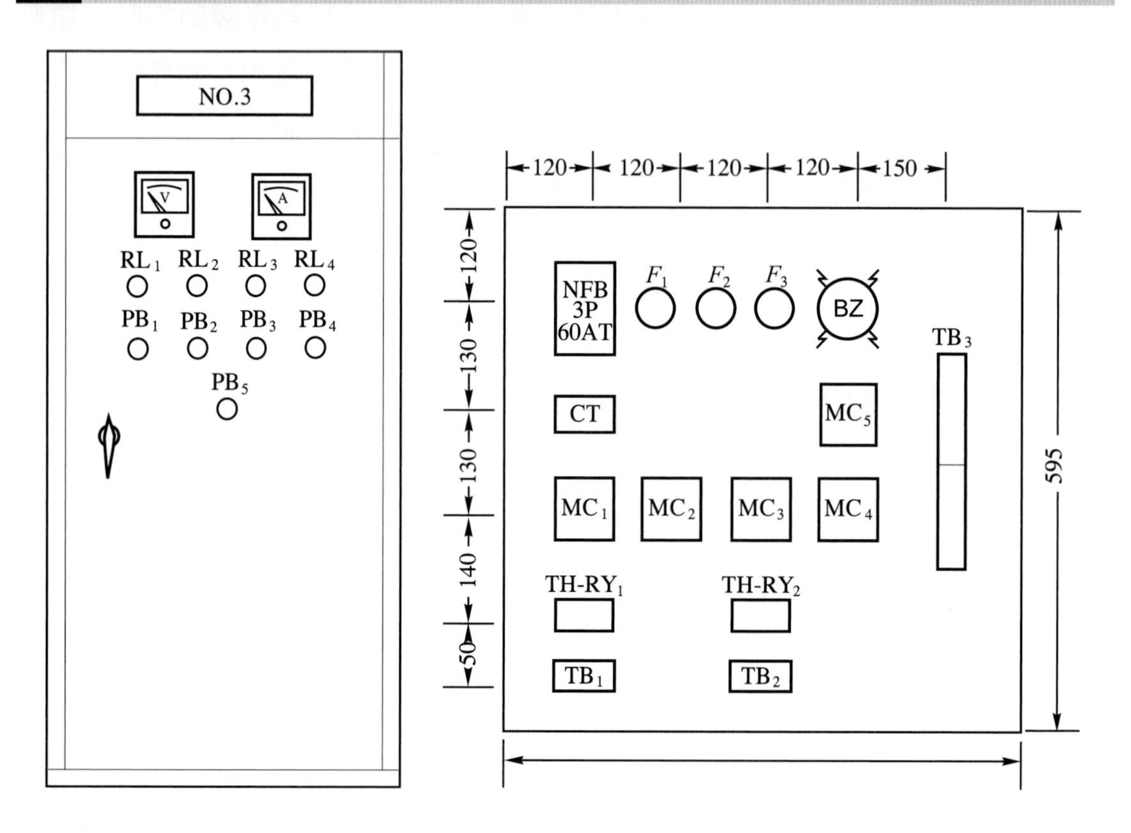

四　線路圖

1.　主電路複線圖

見圖於下頁。

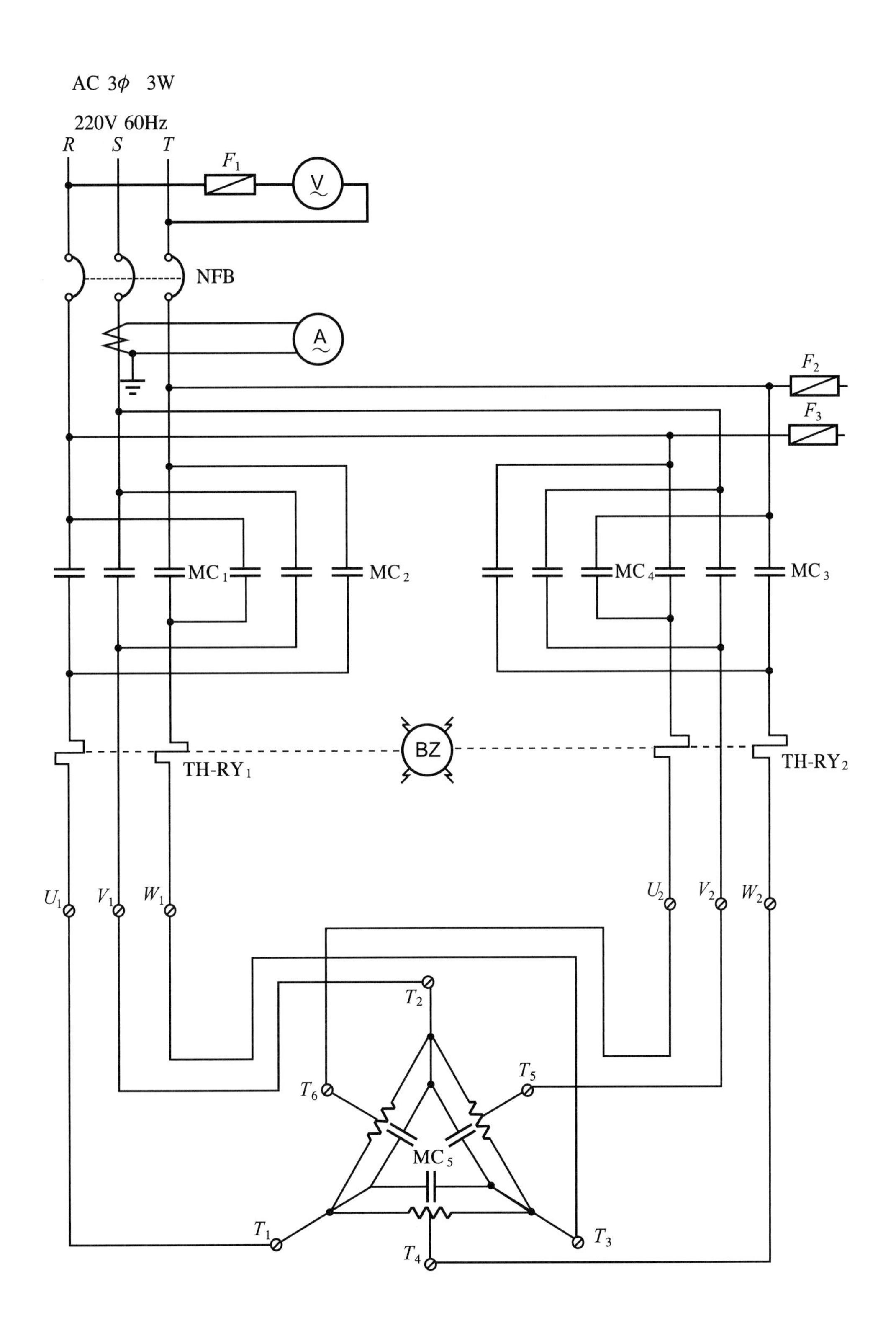
AC 3ϕ 3W
220V 60Hz
R S T
F1
V
NFB
A
F2
F3
MC1
MC2
MC4
MC3
BZ
TH-RY1
TH-RY2
U1 V1 W1
U2 V2 W2
T2
T5
T6
MC5
T1
T3
T4

2. 控制電路圖

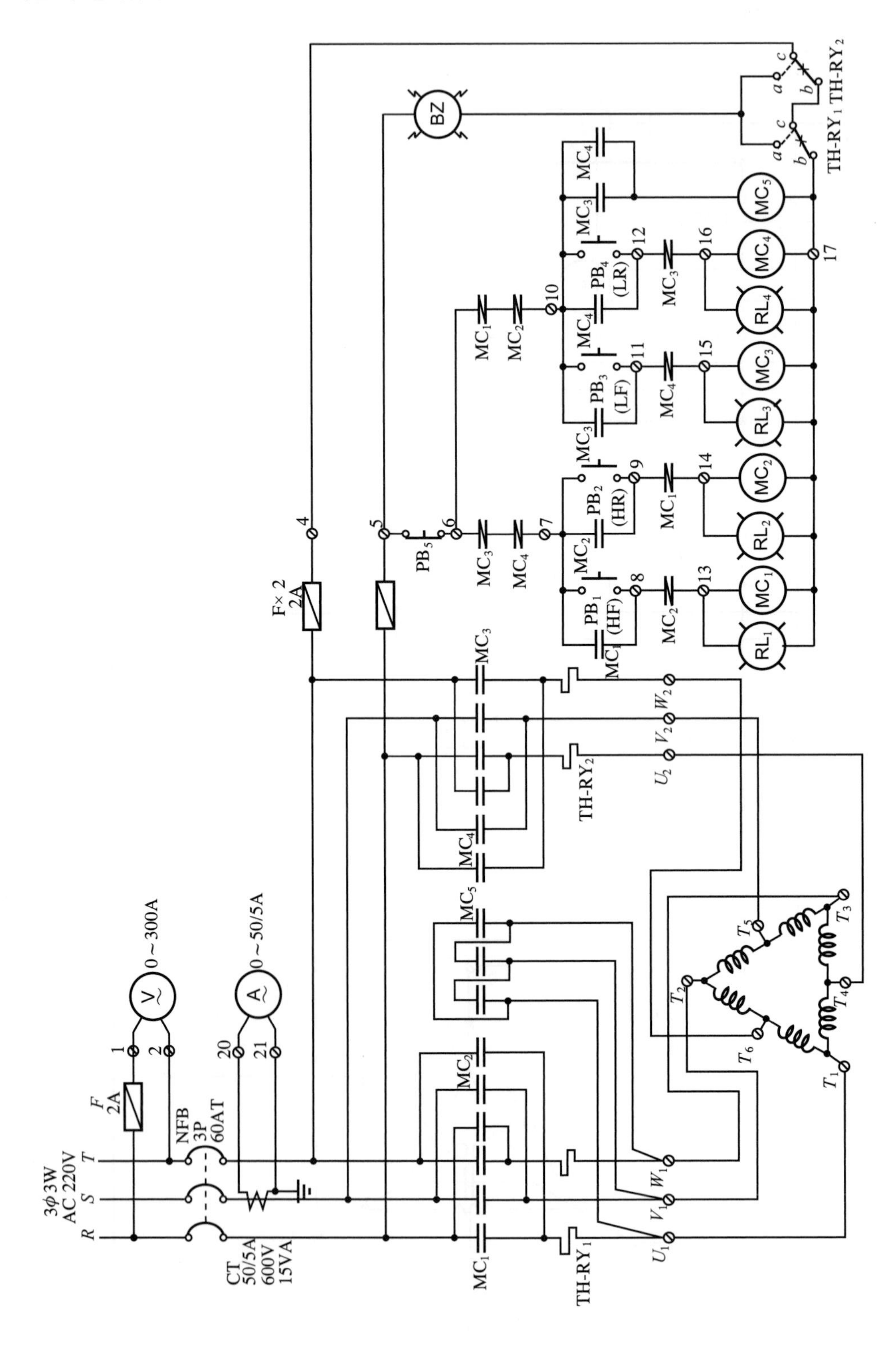

五　動作分析

1. 動作時間表

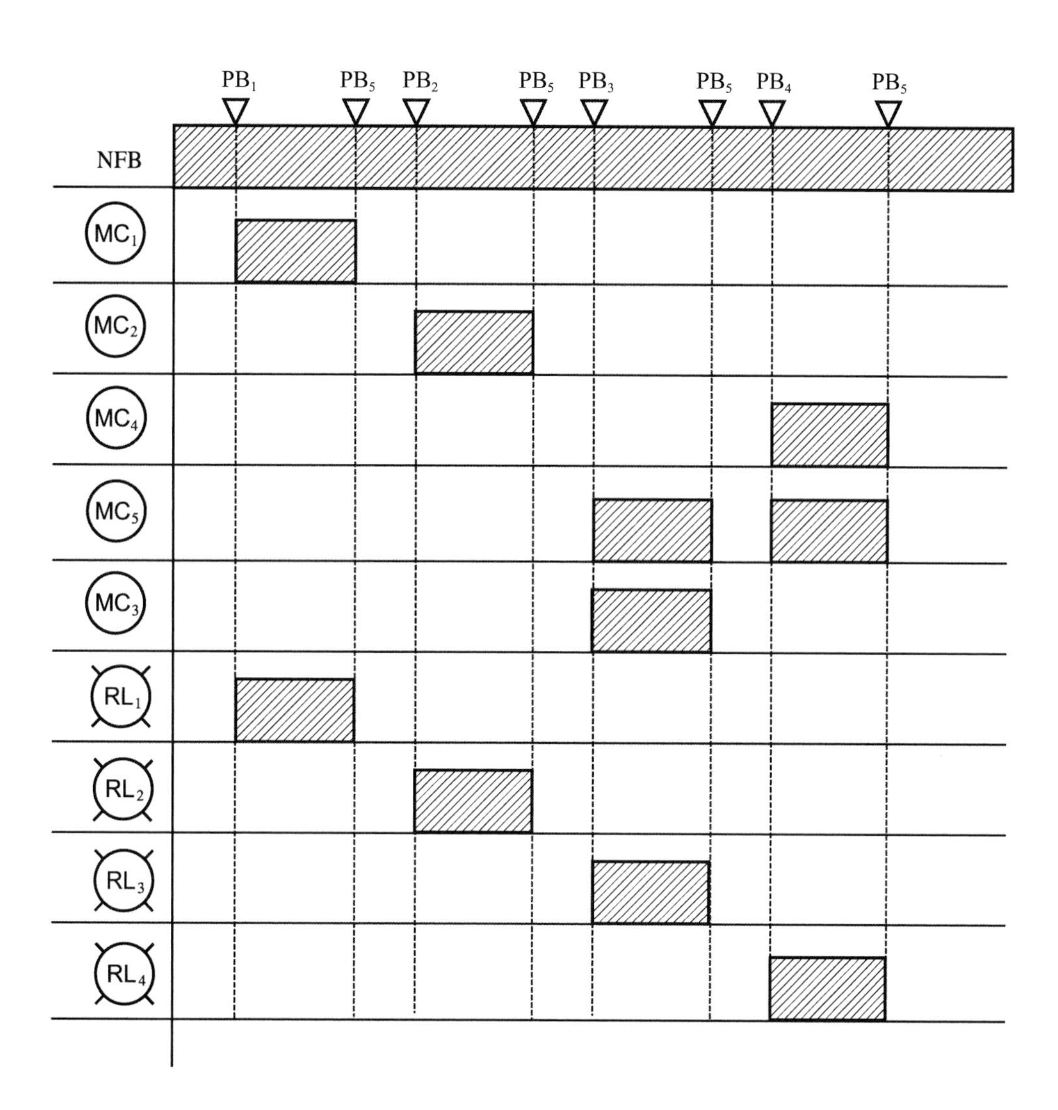

2. 動作說明

(1) 雙向雙速感應電動機之控制，其方向改變，只需將三相電源中之任二相更換即可，至於雙速之設計則採用極數之改變。

$$N(\text{rpm}) = \frac{120f}{P}(1-s)$$

因此極數愈多，則電動機的轉數愈慢，反之則愈快。

⑵ 接上電源，將無熔絲開關(NFB)置於ON位置，按下(PB_1)，(MC_1)激磁，電動機高速正轉運轉，指示燈(RL_1)亮。按下(PB_5)，(MC_1)失磁，電動機停止轉動，(RL_1)指示燈熄。

⑶ 按下(PB_2)，(MC_2)激磁，電動機立即高速逆轉，(RL_2)指示燈亮。按下(PB_5)，(MC_2)失磁，電動機停止運轉，(RL_2)指示燈熄。

⑷ 電動機以高速運轉時，其四極接線如圖(1)所示，此電動機採用八極變四極方式來改變電動機的運轉速度。

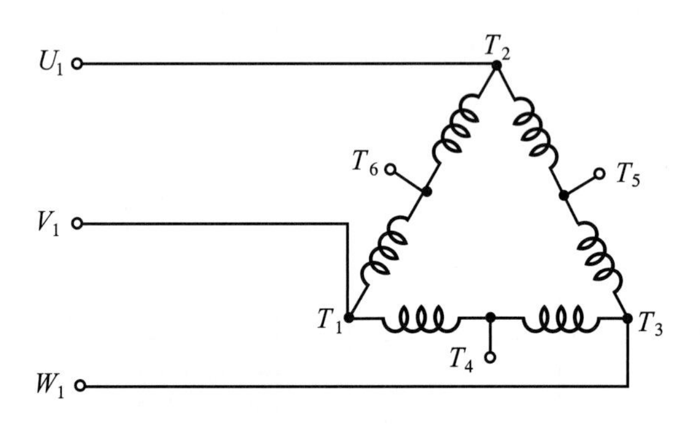

圖(1) 四極接線

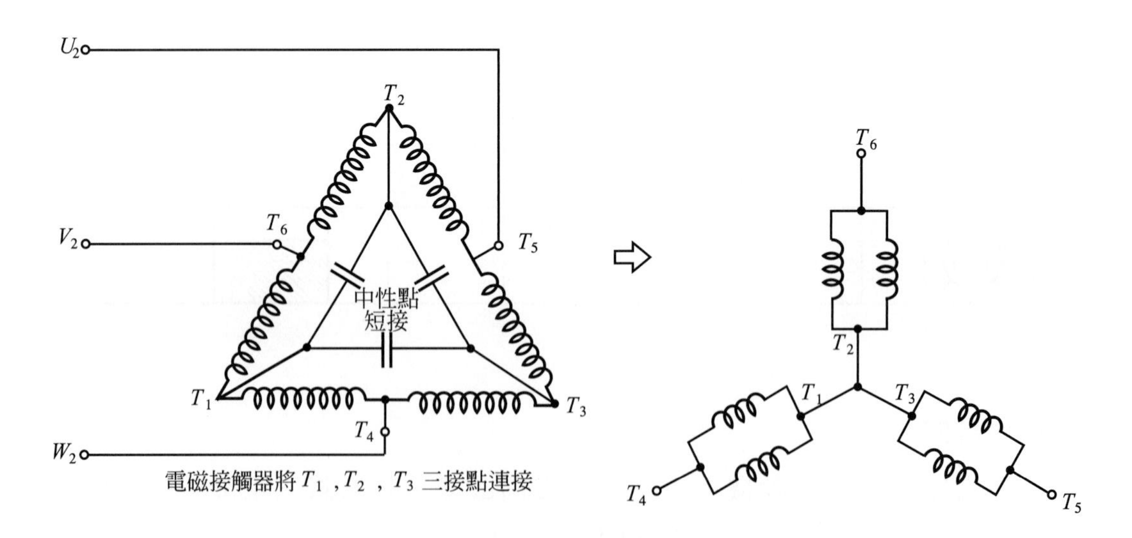

圖(2) 八極接線

⑸ 按下(PB_3)時，(MC_3)及(MC_5)均激磁，電動機低速正轉，(RL_3)亮。按下(PB_5)時，(MC_3)及(MC_5)均失磁，電動機停止運轉，(RL_3)熄。

⑹ 按下(PB_4)時，(MC_4)及(MC_5)均激磁，電動機低速逆轉，(RL_4)亮。按下(PB_5)時，(MC_4)及(MC_5)均失磁，電動機停止運轉，(RL_4)熄。

⑺ 電動機以低速運轉時，其八極接線圖如圖(2)所示。

實習 51　三相極數變換感應電動機起動控制及保護電路

一　動作順序

1. 電源有電時，電壓計(V)應指示RT相之電壓。
2. 無熔絲開關(NFB)置於ON位置，指示燈綠燈(GL)亮，其餘指示燈熄。
3. 選擇開關(COS)置於手動位置後：

⑴ 按下按鈕開關(PB_1)時，電磁接觸器(L-MC)激磁，電動機立即低速度起動，指示燈黃燈(YL)亮，綠燈(GL)熄。

⑵ 按下按鈕開關(PB_2)時，電磁接觸器(L-MC)應立即失磁，電動機停止運轉，指示燈黃燈(YL)熄，綠燈(GL)亮。

⑶ 按下按鈕開關(PB_3)時，電磁接觸器($H_2MC \rightarrow H_1MC$)順序激磁，電動機立即變換極數呈高速度起動，指示燈紅燈(RL)亮，綠燈(GL)熄。

⑷ 按下按鈕開關(PB_4)時，電磁接觸器(H_1MC與H_2MC)同時失磁，電動機停止運轉，指示燈紅燈(RL)熄，綠燈(GL)亮。

4. 將選擇開關(COS)置於自動位置後，按下按鈕開關(PB_5)，即因限時電驛(TL)動作並開始計時，使電磁接觸器(L-MC)激磁，電動機立即低速度起動，指示燈黃燈(YL)亮，綠燈(GL)熄。經低速度運轉1分鐘後，電動機即將自動變換極數，電磁接觸器(L-MC)自動跳脫，(H_2MC)與(H_1MC)順序動作，變換爲高速度運轉。指示燈紅燈(RL)亮，黃燈(YL)熄。同時限時電驛(TH)動作並開始計時，再經高速度運轉1分鐘後，電磁接觸器(H_1MC與H_2MC)自動跳脫，電動機自動停止運轉。指示燈紅燈(RL)熄，綠燈(GL)亮。
5. 電動機正常運轉中，電流計(A)應指示R相之電流。

6. 電動機正常運轉中，因過載或其它故障發生，致積熱電驛(TH-RY)或(3E)電驛動作時，動作中之電磁接觸器(MC)均應即時失磁，電動機立即停止運轉，蜂鳴器(BZ)發出警報，動作中之指示燈紅燈(RL)或黃燈(YL)應熄，綠燈(GL)亮。當動作中之積熱電驛復歸時，蜂鳴器(BZ)停響，但電動機不得自行再起動。
7. 電動機運轉中，如以手動操作變換極數時，必須先行停止電動機之運轉，然後始可變換極數，重新起動。
8. 低速度運轉與高速度運轉應有安全連鎖(INTER-LOCK)裝置，不得同時動作。

二 使用器材

符號	名稱	規格	數量	備註
	低壓配電箱	700W×1500H×550D	1具	
V	電壓計	AC，60Hz，0～300V	1具	
A	電流計	AC，60Hz，0～50/5A	1具	延長刻度
GL	指示燈	30ϕ，220/15V，綠色	1具	
YL	指示燈	30ϕ，220/15V，黃色	1具	
RL	指示燈	30ϕ，220/15V，紅色	1具	
PB	按鈕開關	30ϕ，1*a*1*b*，紅色×2，綠色×3	5具	
COS	選擇開關	AC，220V，ON-OFF-ON	1具	
NFB	無熔絲開關	100AF，60AT，3P	1具	
F	栓型保險絲	E-16，2A	3具	
CT	比流器	600V，50/5A，15VA	2具	
MC	電磁接觸器	S-A35，線圈220V	1具	
MC	電磁接觸器	S-A21，線圈220V	2具	
TH-RY	積熱電驛	TH-35，30A	1具	
TH-RY	積熱電驛	TH-18，15A	1具	

(續前表)

符號	名稱	規格	數量	備註
3E	3E 電驛	YPC-20T，220V	1 具	
T	限時電驛	SRT-N，AC 220V，60 秒	2 具	
BZ	蜂鳴器	AC 220V	1 具	
TB	端子台	3P，60A	1 具	
TB	端子台	3P，30A	1 具	
TB	端子台	12P，20A	4 具	
TB	端子台	6P，20A	2 具	
X	電力電驛	AC 220V，2*a*2*b*	1 具	

三　位置圖

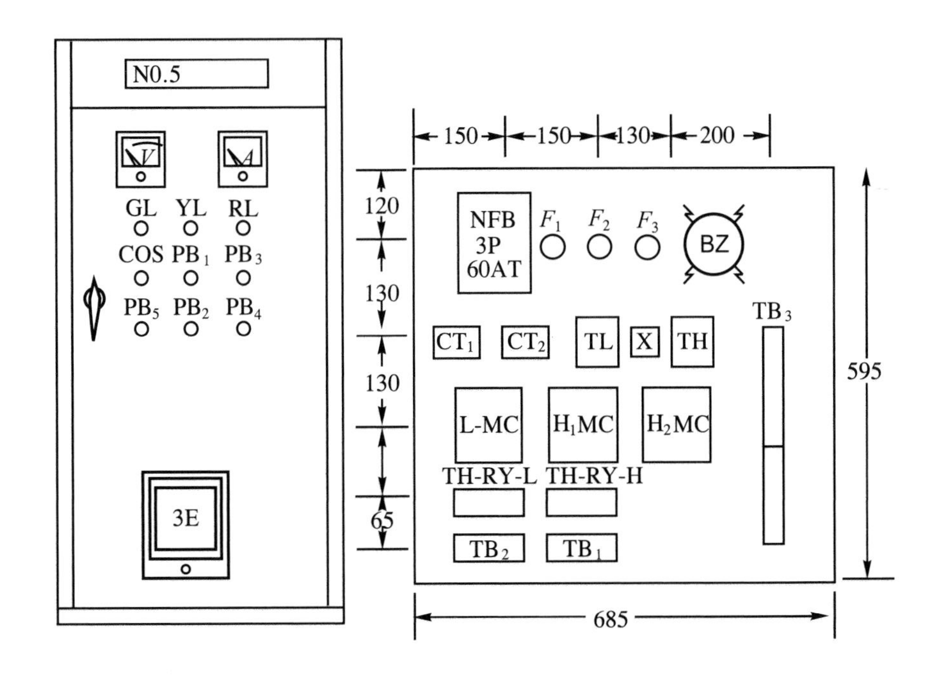

四 線路圖

1. 單線圖

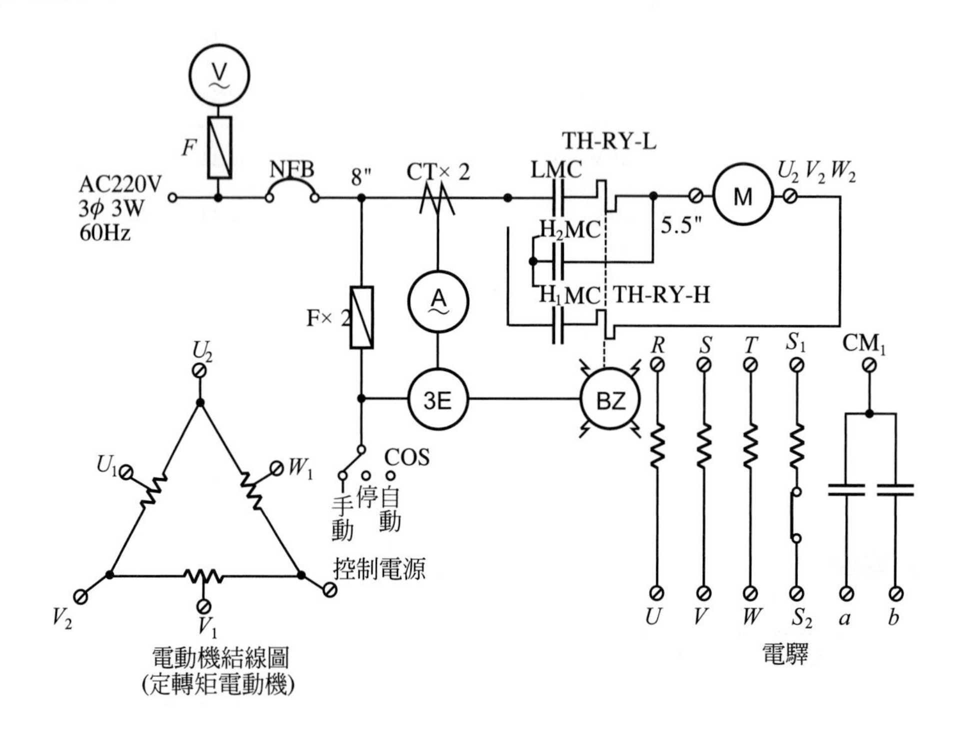
V
F
AC220V
3φ 3W
60Hz
NFB
8"
CT× 2
TH-RY-L
LMC
M
U2 V2 W2
5.5"
H2MC
H1MC
TH-RY-H
F× 2
A
3E
BZ
R
S
T
S1
CM1
U2
U1
W1
COS
手動
停
自動
控制電源
V2
V1
U
V
W
S2
a
b
電動機結線圖
(定轉矩電動機)
電驛

2. 複線圖

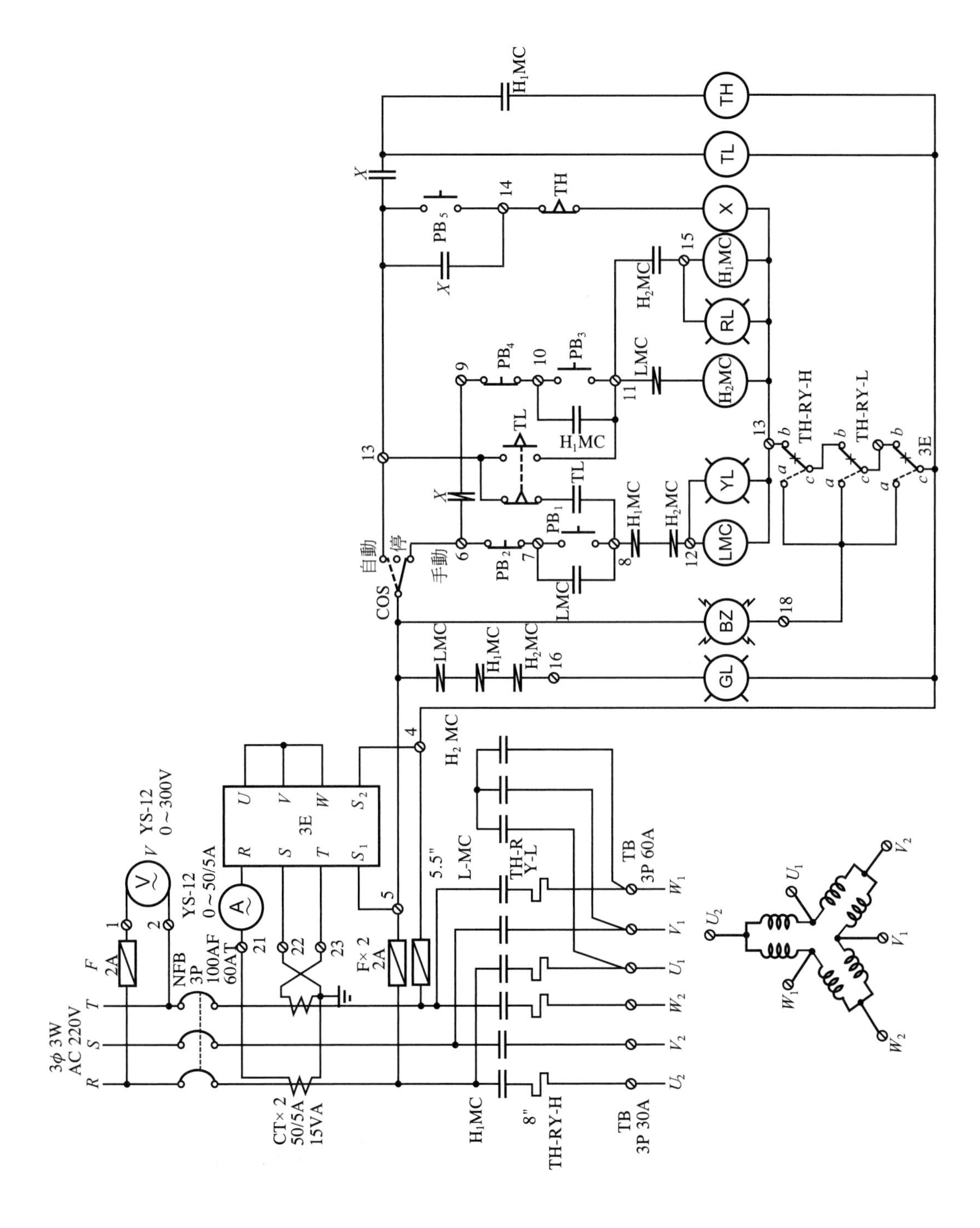

3φ 3W
AC 220V
R
S
T
F
2A
NFB
3P
100AF
60AT
V
YS-12
0～300V
YS-12
0～50/5A
A
CT× 2
50/5A
15VA
3E
F× 2
2A
5.5"
L-MC
H2 MC
H1MC
8"
TH-RY-H
TH-RY-L
TB
3P 60A
TB
3P 30A
COS
自動
停
手動
PB1
PB2
PB3
PB4
PB5
TH
TL
X
LMC
H1MC
H2MC
RL
YL
GL
BZ
3E

五 動作分析

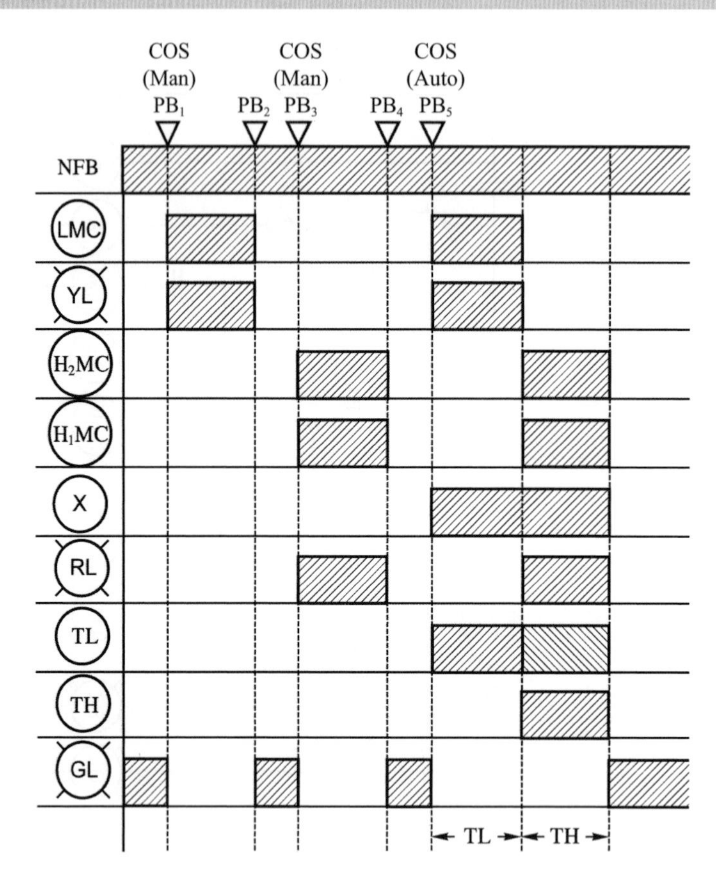

實習 52 二台抽水機之自動交替與手動控制裝置

一 動作順序

1. 切換開關(COS)置於手動(Man)位置時：

   ⑴ 按下按鈕(ON_1)，電磁接觸器(MC_1)激磁，第一台抽水機運轉，(RL_1)指示燈亮，按下按鈕(OFF_1)，該抽水機停轉，(RL_1)熄。

   ⑵ 按下按鈕(ON_2)，(MC_2)激磁，第二台抽水機運轉，(RL_2)指示燈亮，按下按鈕(OFF_2)，第二台抽水機停轉，(RL_2)熄。

   ⑶ 若同時按下(ON_1)與(ON_2)，二台抽水機同時運轉。

2. 切換開關(COS)置於自動(Auto)時：

(1) 當高架蓄水池在下水位，而使浮球開關(FL)接點閉合時，(MC_1)激磁，(RL_1)指示燈亮，第一台抽水機自動運轉，當水位逐漸上升，使(FL)接點啓開，該機停止抽水。

(2) 當水位再降至下水位，而使(FL)接點再次閉合時，(MC_2)激磁，(RL_2)亮，第二台抽水機自動運轉，當水滿後，該機停止抽水。

(3) 當(FL)第三次閉合時，輪回第一台抽水機抽水，第四次則由第二台抽水，……如此自動交替抽水。

3. 運轉中，若因過載或其它故障，致使積熱電驛($TH\text{-}RY_1$或 $TH\text{-}RY_2$)動作，抽水機停轉，蜂鳴器(BZ)響，等故障排除後，積熱電驛復歸，才能再自動或手動抽水。

二 使用器材

符號	名稱	規格	數量	備註
GLB	漏電斷路器	3P，30A	1只	或NFB
MC	電磁接觸器	AC 220V，SA-21	2只	
TH-RY	積熱電驛	0.25～21A	2只	
F	栓型保險絲	2A 瓷質附座	1只	
X(R)	電力電驛	AC 220V，MK-2P	4只	
FL	浮球開關	雙球式	1只	
RL	指示燈	紅色，AC 220V/15V	2只	
COS	切換開關	二段式	1只	
PB	按鈕開關	紅色×2，綠色×2	4只	
BZ	蜂鳴器	AC 220V	1只	
TB	端子台	20P，20A	2只	
(M)	電動機	3ϕ，3HP	2台	

三 位置圖

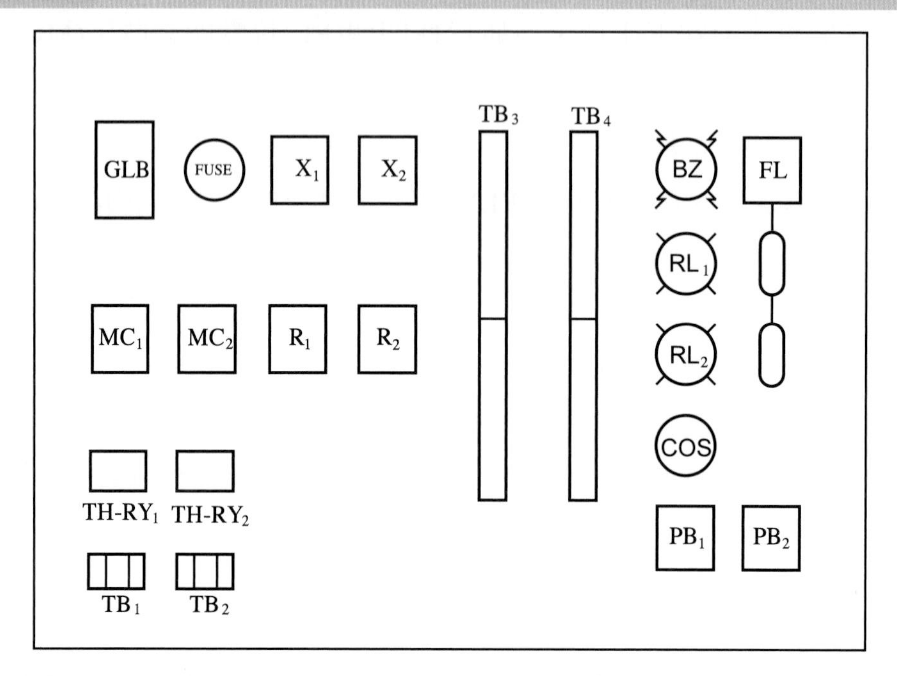
GLB
FUSE
X1
X2
TB3
TB4
BZ
FL
RL1
RL2
COS
MC1
MC2
R1
R2
TH-RY1
TH-RY2
TB1
TB2
PB1
PB2

四 線路圖

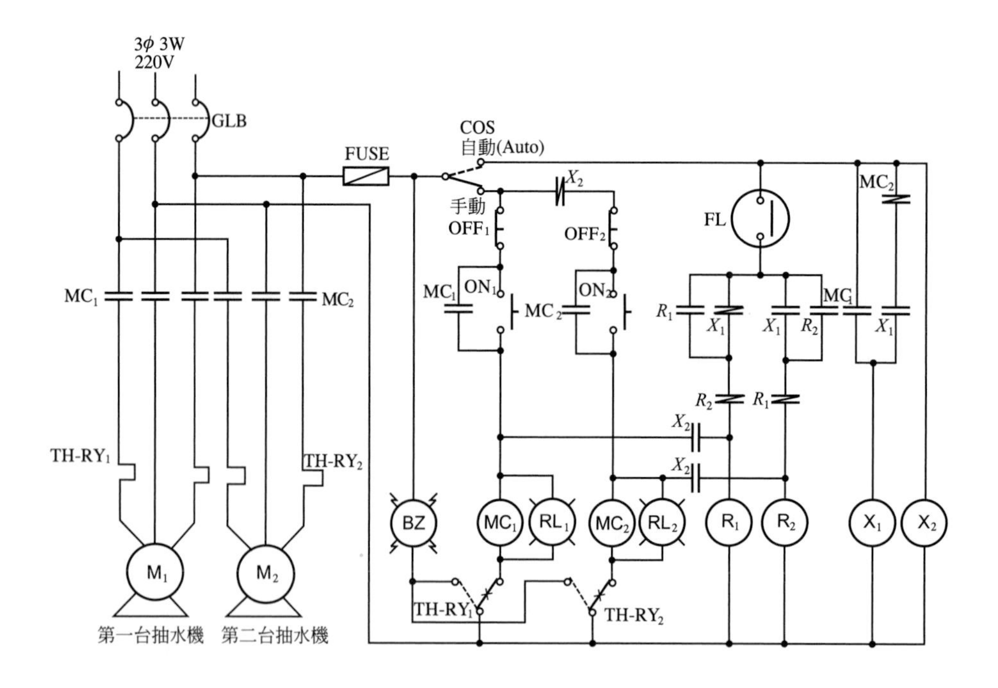
3φ 3W
220V
GLB
FUSE
COS
自動(Auto)
手動
OFF1
OFF2
ON1
ON2
MC1
MC2
TH-RY1
TH-RY2
FL
BZ
RL1
RL2
R1
R2
X1
X2
M1
M2
第一台抽水機
第二台抽水機

五　動作分析

1. 動作時間表

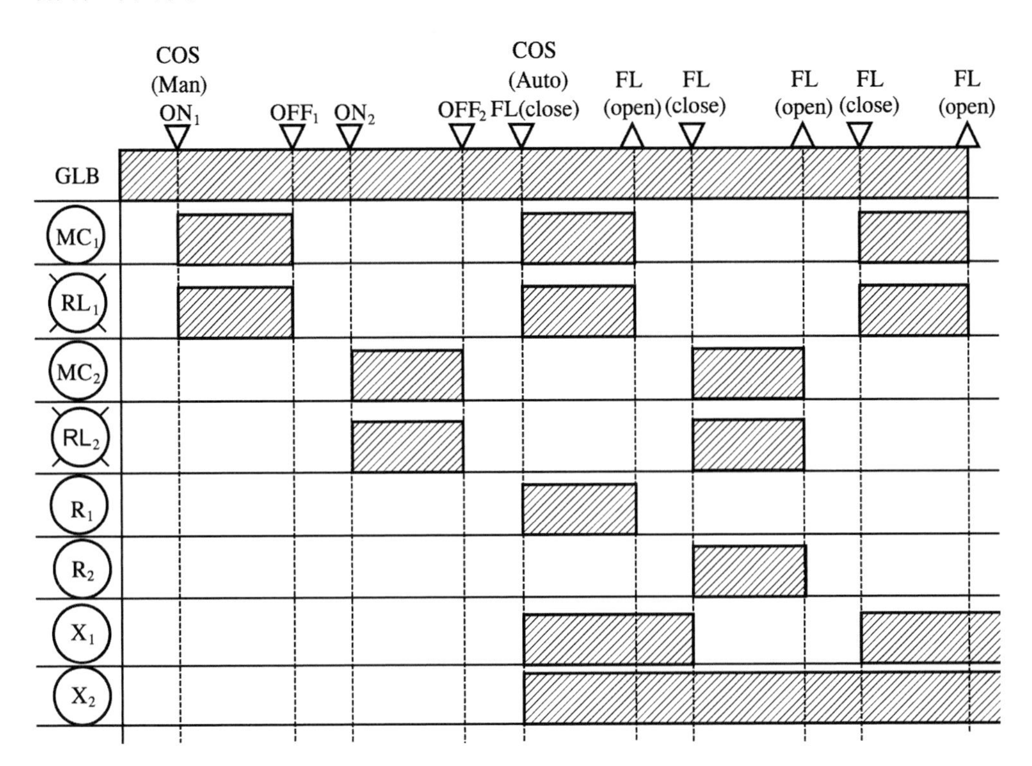

2. 動作說明

(1) 將切換開關(COS)置於(Man)手動位置：

① 接上電源，按下按鈕開關(ON_1)，(MC_1)激磁，(RL_1)指示燈亮，第一部抽水機開始運轉，按下(OFF_1)第一台抽水機停止運轉，(RL_1)燈熄，(MC_1)失磁。

② 按下按鈕開關(ON_2)後，(MC_2)激磁，(RL_2)指示燈亮，第二台抽水機開始運轉，按下(OFF_2)第二台抽水機停止運轉，(MC_2)失磁，(RL_2)指示燈熄。

(2) 將切換開關(COS)置於自動(Auto)位置：

① 當切換開關置於(Auto)位置時，(X_2)立即激磁，使(X_2)之a接點閉合，b接點打開，(X_2)主要作用是將抽水機之控制電磁接觸器聯接到(FL)開關，使(FL)開關能自動控制二部抽水機。

② 當(FL)開關接點閉合(在下水位)，電流→(FL)→X_1/b→R_2/b→X_2/a→(MC_1)，使(MC_1)激磁，第一台抽水機運轉，(RL_1)指示燈亮。同時電力電驛(R_1)亦同時激磁，以做(MC_1)之自保接點，因(MC_1)之另一接點控制電力電驛(X_1)，(X_1)激磁並自保持。

③ 當(FL)開關接點打開(水滿)，(MC_1)及(R_1)均失磁，第一台抽水機停止，但(X_1)線圈並未失磁。

④ 因(X_1)線圈未失磁，故當第二次(FL)開關再閉合時，(MC_2)及(R_2)均激磁，第二台抽水機運轉，(RL_2)指示燈亮，(MC_2)一激磁後，將使(X_1)線圈失磁。

⑤ 當(FL)開關接點打開後(水滿)，(MC_2)及(R_2)均失磁，第二台抽水機停止運轉，因(X_1)在(MC_2)動作時即已失磁，故當(FL)開關再閉合時，將使第一台抽水機運轉，這樣的持續輪流的運轉(抽水)。

實習 53　排抽風機之定時交替與手動控制裝置

一　動作順序

1. 切換開關(COS)置於手動(Man)位置時：
   (1) 按下按鈕(FWD)或(REV)時，(MCF)或(MCR)激磁，電動機正轉排風(逆轉抽風)，按下按鈕(OFF)，電動機停轉。
   (2) (FWD)與(REV)，(MCF)與(MCR)應有電氣互鎖。
2. 切換開關(COS)置於自動(Auto)位置時：
   (1) 按下(FWD)時，(MCF)激磁，電動機正轉排風，限時電驛(TR_1)動作(開始計時)，經過(TR_1)所設定時間後，停止排風，此時限時電驛(TR_3)開始計時，經過(TR_3)所設定時間後，電動機自動逆轉抽風，(TR_2)限時電驛開始計時，經過(TR_2)所設定時間後，停止抽風，接著(TR_3)又開始計時，再經(TR_3)所設定時間後，電動機又開始排風，電動機將依此定時自動交替排、抽風。
   (2) 排(抽)風停止後，再按下(FWD)或(REV)時，則無法保持運轉，若於(TR_3)所設定時間內，按下(FWD)或(REV)時，可立即排(抽)風。
   (3) 因過載或其它故障，致使積熱電驛(TH-RY)動作，電動機停轉。

二 使用器材

符號	名稱	規格	數量	備註
NFB	無熔絲開關	3P，30AF、30AT	1 只	
MC	電磁接觸器	AC 220V，SA-21	2 只	
TH-RY	積熱電驛	30A	1 只	
TR	限時電驛	AC 220V，ON-DELAY，0～30 秒	3 只	附瞬時接點
X	電力電驛	AC 220V	2 只	
F	栓型保險絲	2A，瓷質附座	1 只	
COS	切換開關	三段式，ON-OFF-ON	1 只	
PB	按鈕開關	雙層式正逆轉控制用	1 只	露出型
TB	端子台	3P，30A	1 只	
TB	端子台	20P，20A	2 只	
L	指示燈			RL，YL，GL

三 位置圖

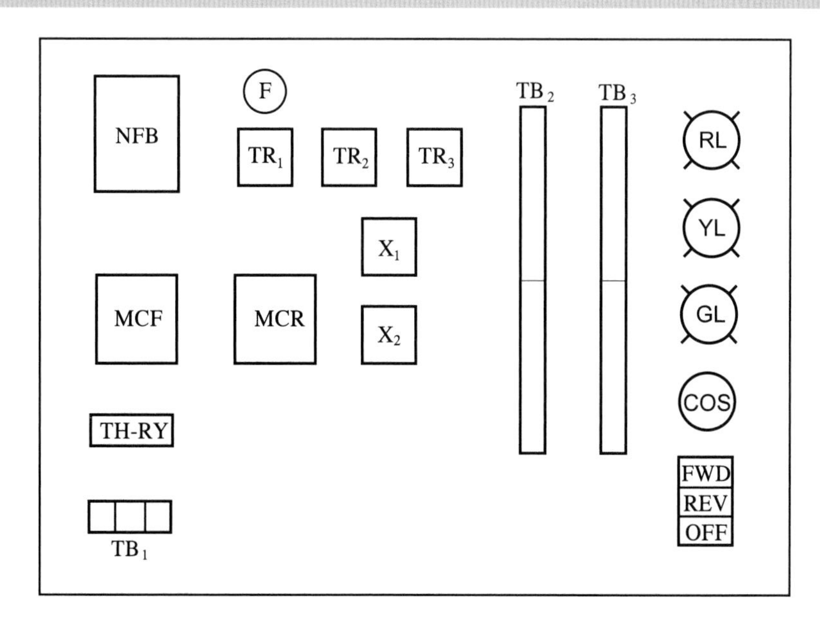

四 線路圖

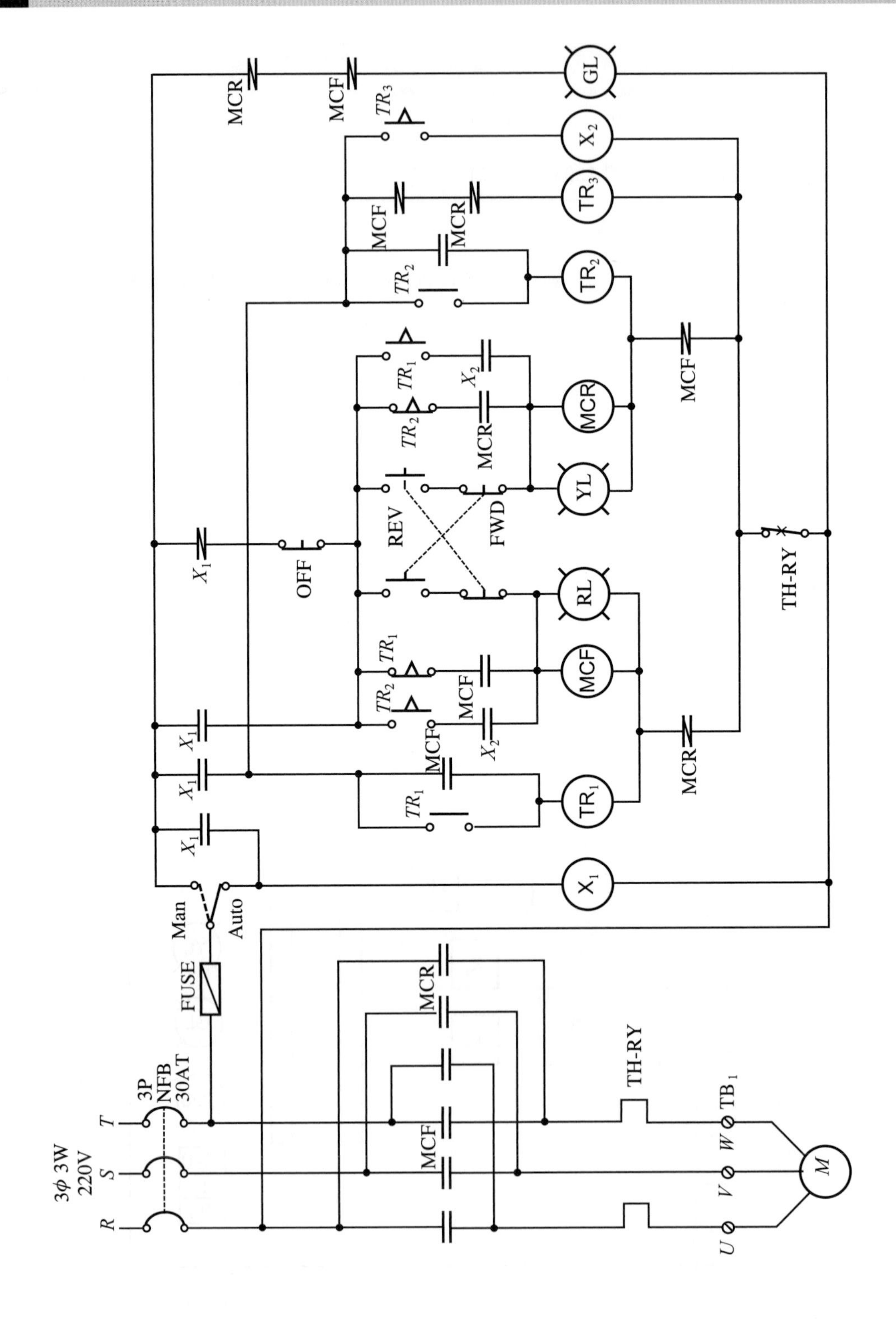

3φ 3W
220V
R
S
T
3P
NFB
30AT
FUSE
Man
Auto
MCR
MCF
TH-RY
TB1
U
V
W
M
X1
TR1
TR2
TR3
X2
MCF
MCR
OFF
REV
FWD
RL
YL
GL

五　動作分析

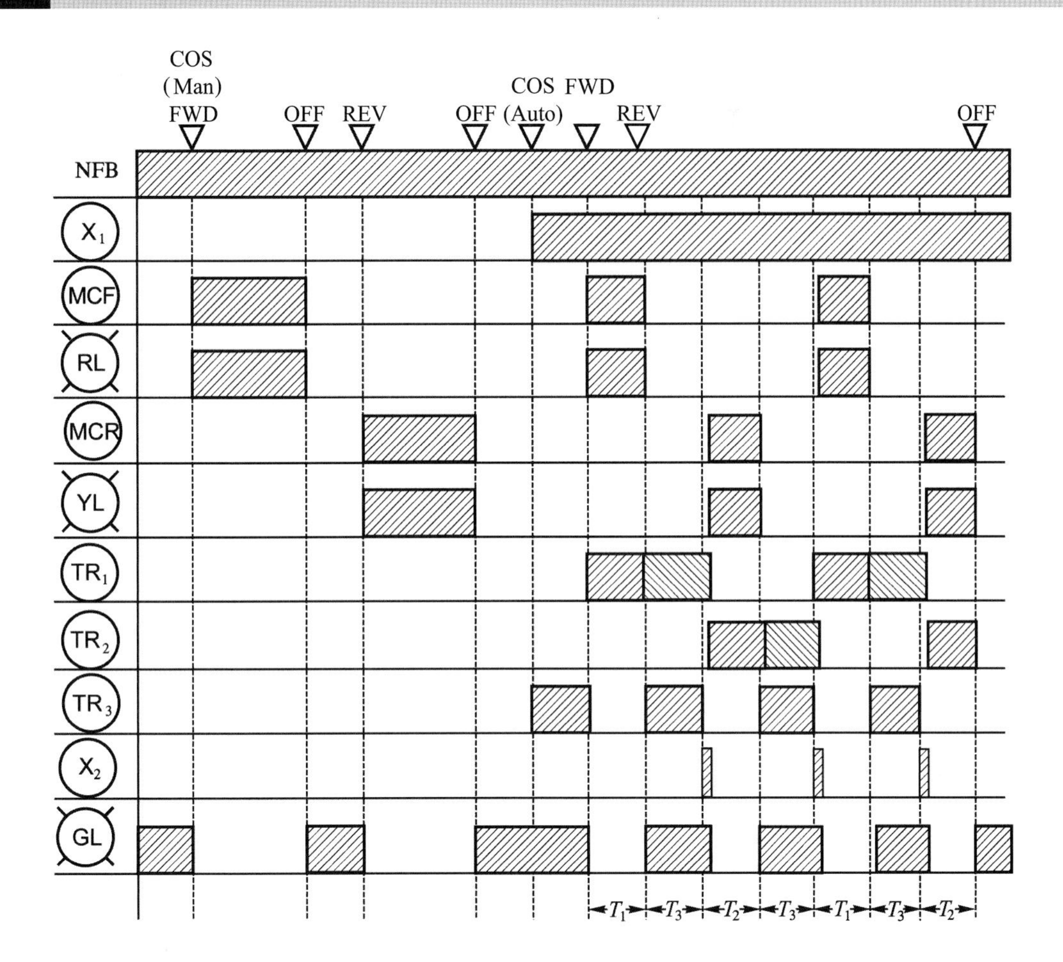

實習 54　預備機之自動起動電路

一　動作順序

1. 接上電源，將無熔絲開關(NFB)置於ON位置，故障檢出繼電器(X_1)及(X_2)激磁，(GL_1)及(GL_2)指示燈均亮。
2. 按下按鈕開關(ON_1)，(MC_1)激磁，限時電驛(TR_1)開始計時，(M_1)電動機開始運轉，(RL_1)指示燈亮，按下按鈕開關(OFF_1)，電動機(M_1)停止運轉，指示燈(RL_1)熄，(GL_1)指示燈亮。

3. (M_1)在正常運轉中，若因過載或其它故障，致使積熱電驛(TH-RY$_1$)跳脫，(MC$_1$)失磁，(TR)失磁，(RL$_1$)指示燈熄，(GL$_1$)指示燈亮。(MC$_2$)即應自動激磁，限時電驛(TR$_2$)開始計時，(M_2)電動機立即起動，(RL$_2$)指示燈亮，(GL$_2$)指示燈熄。

二 使用器材

符號	名稱	規格	數量	備註
V	電壓表	0～300V，AC	1具	
A	安培表	0～50/5A，AC	1具	
VS	電壓切換開關	$3\phi3$W式	1具	
AS	電流切換開關	$3\phi3$W式	1具	
PB	按鈕開關	30ϕ，$1a1b$，紅色×2，綠色×2	4具	
RL	指示燈	30ϕ，紅，AC 220/15V	2具	
GL	指示燈	30ϕ，綠，AC 220/15V	2具	
NFB	無熔絲開關	3P，60AT	1只	
F	栓型保險絲	E-16，2A	5具	
CT	比流器	15VA，150/5A	2具	
MC	電磁接觸器	220V，SA-35	2具	
X	電力電驛	220V	2具	
TR	限時電驛	220V，OFF-DELAY	2具	
TH-RY	積熱電驛	TH-18，12～18A	2具	
TB	端子台	3P，60A	2具	
TB	端子台	12P，20A	2具	

三 位置圖

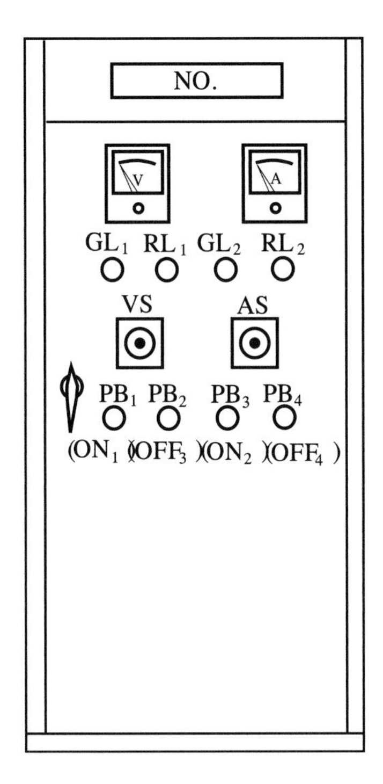
NO.
V
A
GL1 RL1 GL2 RL2
VS
AS
PB1 PB2 PB3 PB4
(ON1)(OFF3)(ON2)(OFF4)

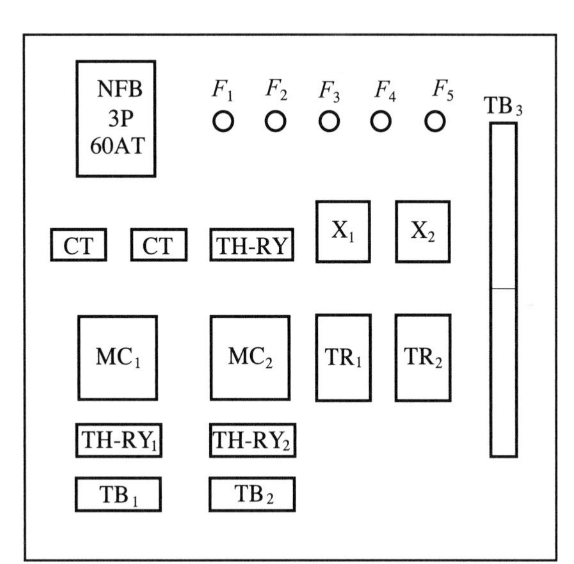
NFB
3P
60AT
F1 F2 F3 F4 F5
TB3
CT
CT
TH-RY
X1
X2
MC1
MC2
TR1
TR2
TH-RY1
TH-RY2
TB1
TB2

四　線路圖

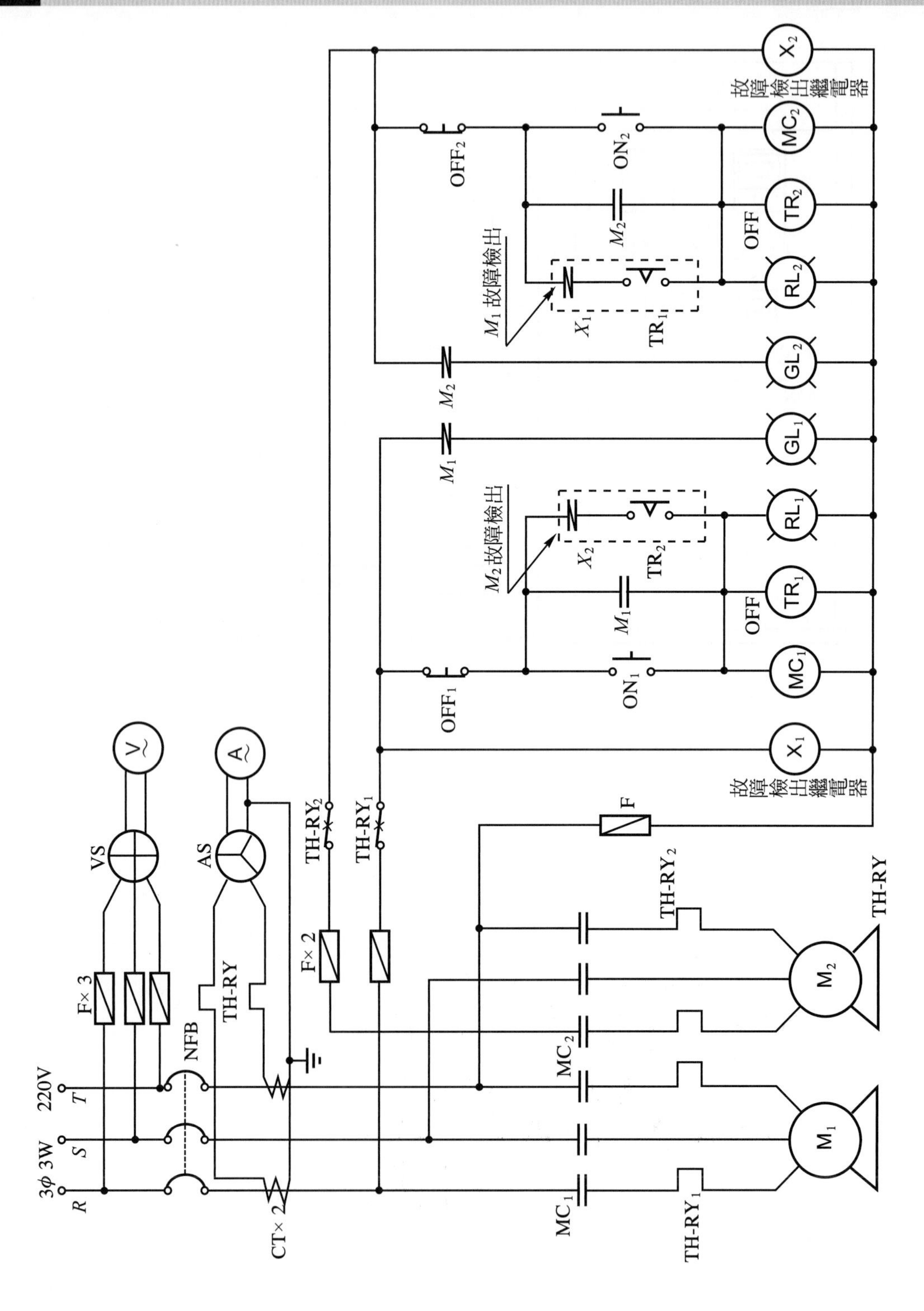

3φ 3W 220V
R S T
NFB
F× 3
VS
AS
TH-RY
CT× 2
F× 2
TH-RY2
TH-RY1
F
MC1
MC2
TH-RY1
TH-RY2
TH-RY
M1
M2
X1
故障檢出繼電器
MC1
TR1
RL1
GL1
GL2
RL2
TR2
MC2
X2
故障檢出繼電器
OFF1
ON1
M1
OFF
X2
TR2
M2故障檢出
M1
M2
X1
TR1
M1故障檢出
M2
OFF
OFF2
ON2

五 動作分析

1. 動作時間表

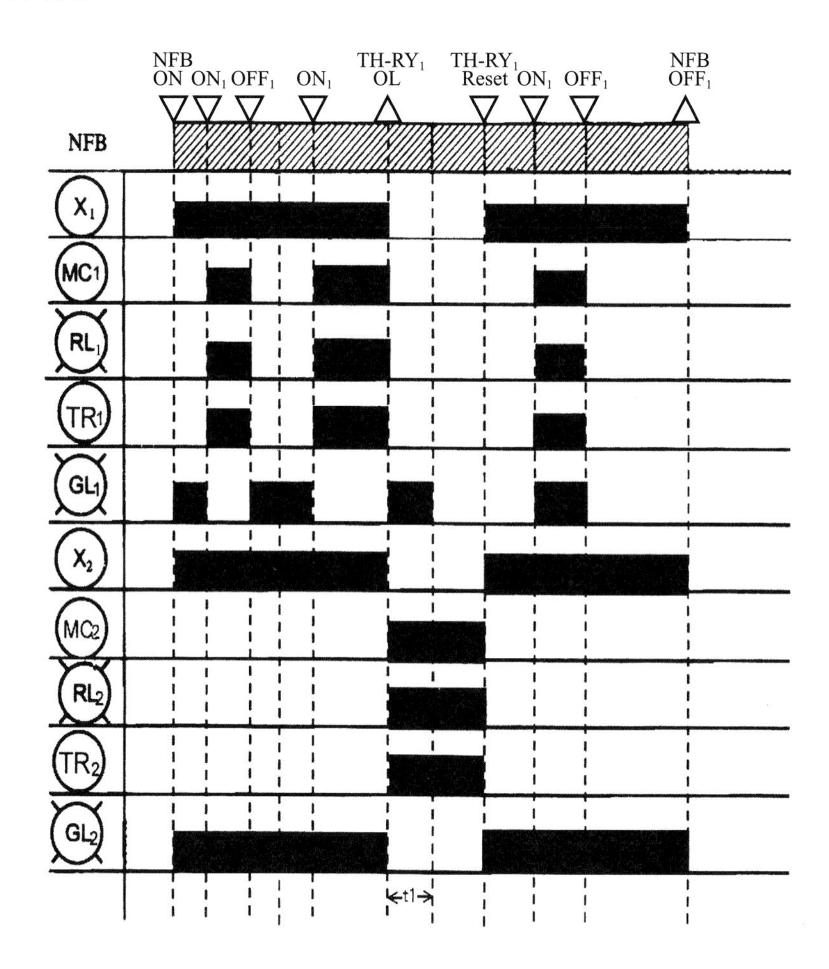

2. 動作說明

(1) 當(NFB)送上電源後，(X_1)及(X_2)故障檢出繼電器激磁，使其在故障檢出之b接點打開。

(2) 設(M_2)是預備機，(M_1)是常用機，按下按鈕開關(ON_1)，(MC_1)激磁，(M_1)馬達開始運轉，(MC_1)激磁，限時電驛(TR_1)動作，(TR_1)一激磁，瞬時將 TR_1 TO 閉合，但因(X_1)激磁，故(MC_2)線圈不能激磁。

(3) 當(M_1)電動機因過載或其它故障原因，使積熱電驛跳脫，積熱電驛一跳脫，(X_1)、(MC_1)、(TR_1)均失磁，(M_1)馬達停止，(X_1)一失磁，其b接點閉合，又因(TR_1)是斷電延時限時電驛，所以，當(M_1)發生過載，而使控制回路斷路時，其(TR_1)的限時接點可保持到所設定時間再打開，故(M_2)預備機在(M_1)停止後，立即自動起動運轉。

實習 55 主電源與備用電源停電自動切換控制

一 使用器材

符號	名稱	規格	數量	備註
NFB	無熔絲開關	3P，50AF，50AT	2只	
MC	電磁接觸器	AC 220V，35A，*5a2b*	2只	
D-Fuse	栓型保險絲	2A	4只	
TR	限時電驛	AC220V，ON-DELAY，0～10秒	2只	
X	電力電驛	AC 220V，*5a2b*	1只	
WL	指示燈	30ϕ，220/15V，白色	2只	
GL	指示燈	30ϕ，220/15V，綠色	1只	

二 電路圖

見圖於下頁。

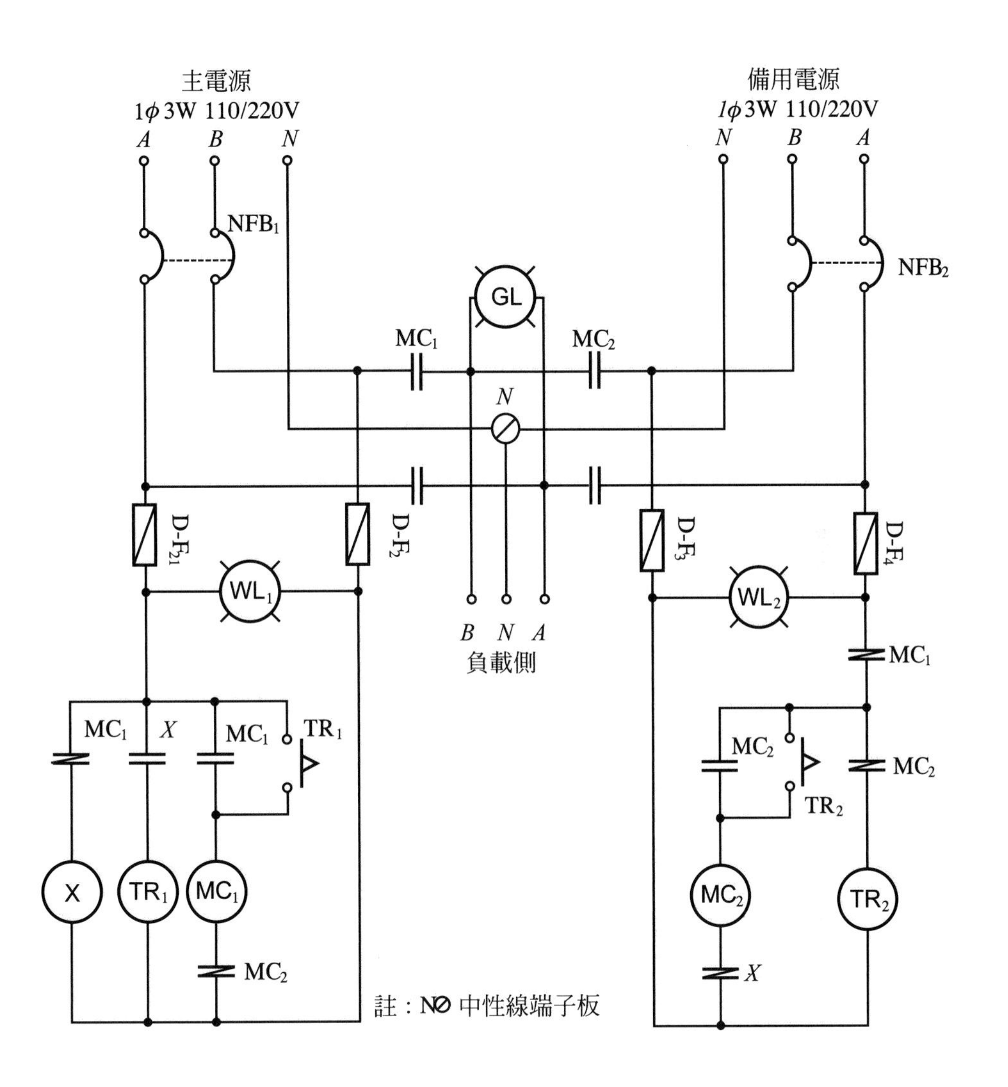

三　動作說明

1. 當主電源及備用電源均正常時，且無熔絲開關(NFB_1)及(NFB_2)均置於 ON 位置時，白燈(WL_1)及白燈(WL_2)均亮，限時電驛(TR_1)激磁，經一段時間後，電磁接觸器(MC_1)激磁，負載側由主電源供電，綠燈(GL)、白燈(WL_1)及白燈(WL_2)均亮。

2. 當主電源斷電時，電磁接觸器(MC_1)失磁，白燈(WL_1)及綠燈(GL)皆熄，白燈(WL_2)亮，限時電驛(TR_2)激磁，經一段設定時間後，電磁接觸器(MC_2)激磁，負載側由備用電源供電，綠燈(GL)亮及白燈(WL_2)均亮。
3. 當主電源恢復正常供電時，電磁接觸器(MC_2)失磁，其餘動作與 1.項同。
4. 主電源及備用電源需電氣互鎖。

四 相關知識

電源自動切換開關(Automatic Transfer Switches)簡稱 ATS，主要功用是當正常供電電源發生斷電或供電不穩定時，(ATS)會將起動信號給予備用電源(發電機)的控制系統，備用電源(發電機)即會自動起動，並將正常供電電源切換至緊急電源繼續供電；待正常電源恢復供電時，再從緊急供電電源切換至正常供電電源，繼續供電。並使發電機在一定時間內，自動停機。其切換過程完全自動，不需要人去操作。其構造依主電路切換開關之不同，可分為無熔絲開關型、電磁接觸器型、負載開關型及空氣斷路器型四種，最常見的是無熔絲開關型及電磁接觸器型，其外觀如圖(a)所示。

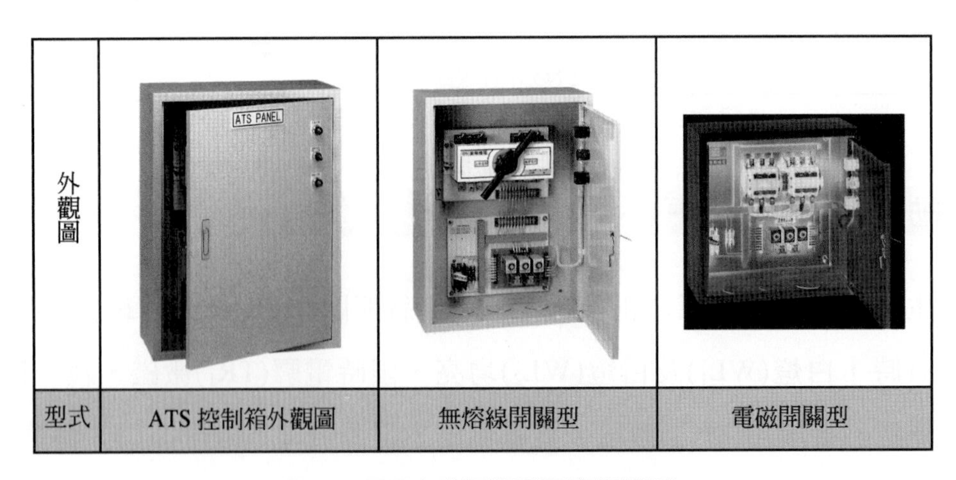

圖(a) 電源自動切換開關(麥斯機電)

1. 電源自動切換開關分類：自動切換開關設備可分為CB級與PC級兩種。

(1) CB級：此級之(ATS)具有過電流保護裝置，且其主接點有投入啓斷短路電流的能力。

(2) PC級：PC級之(ATS)是對短路電流有投入及承受的能力，但不期望啓斷短路電流。

2. 電源自動切換開關的構造及應用：

電源自動切換開關的基本構造分成三大部份：

(1) 主斷路器：主斷路器的功能是作為電源切換之用，用來供應負載之電源切換，是電源切換開關的主題，如無熔絲開關型是由二只無熔絲開關所組成，電磁接觸型則由二只電磁接觸器組成。(請參考圖(c))

(2) 切換機構：切換機構是兩組斷路器 ON/OFF 的動作機構，電源自動切換開關能夠將電源做切換改變，主要靠切換機構來操作，依主斷路器之不同，其切換機構有所差異，茲分別說明如下：(請參考圖(b))

① 電磁接觸器型：因其動作方式是利用電磁接觸器上的線圈激磁來做切換，所以只要在主斷路器上加上機械互鎖裝置及控制線路再加上電氣互鎖即可。

② 無熔絲開關型：無熔絲開關型因主電路切換時需要扳動開關裝置，故需要有傳動馬達及傳動馬達的減速齒輪裝置來驅動翹翹板狀的操作把手，使斷路器能做切換工作。

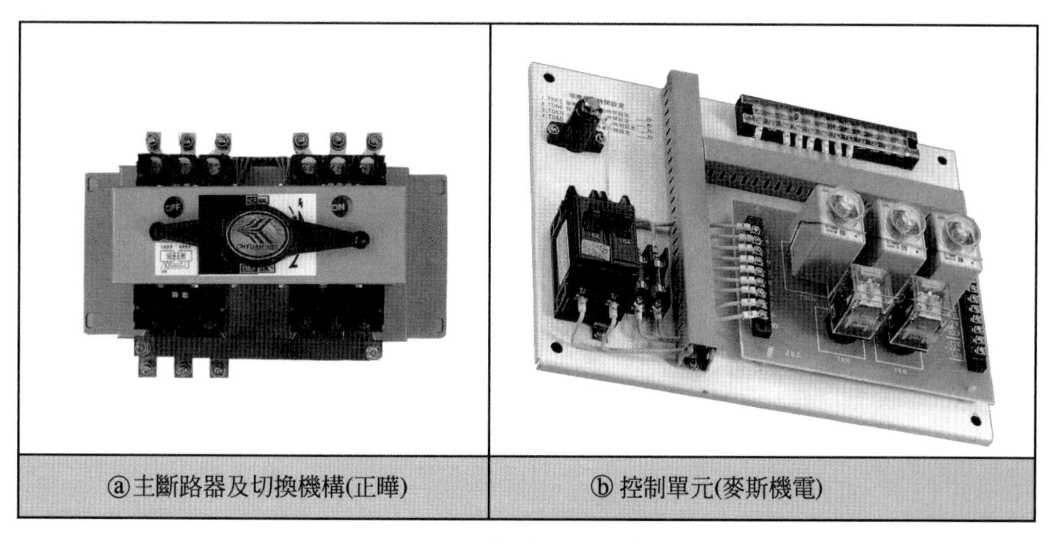

ⓐ主斷路器及切換機構(正曄)　　ⓑ 控制單元(麥斯機電)

圖(b)　電源自動切換開關構造圖

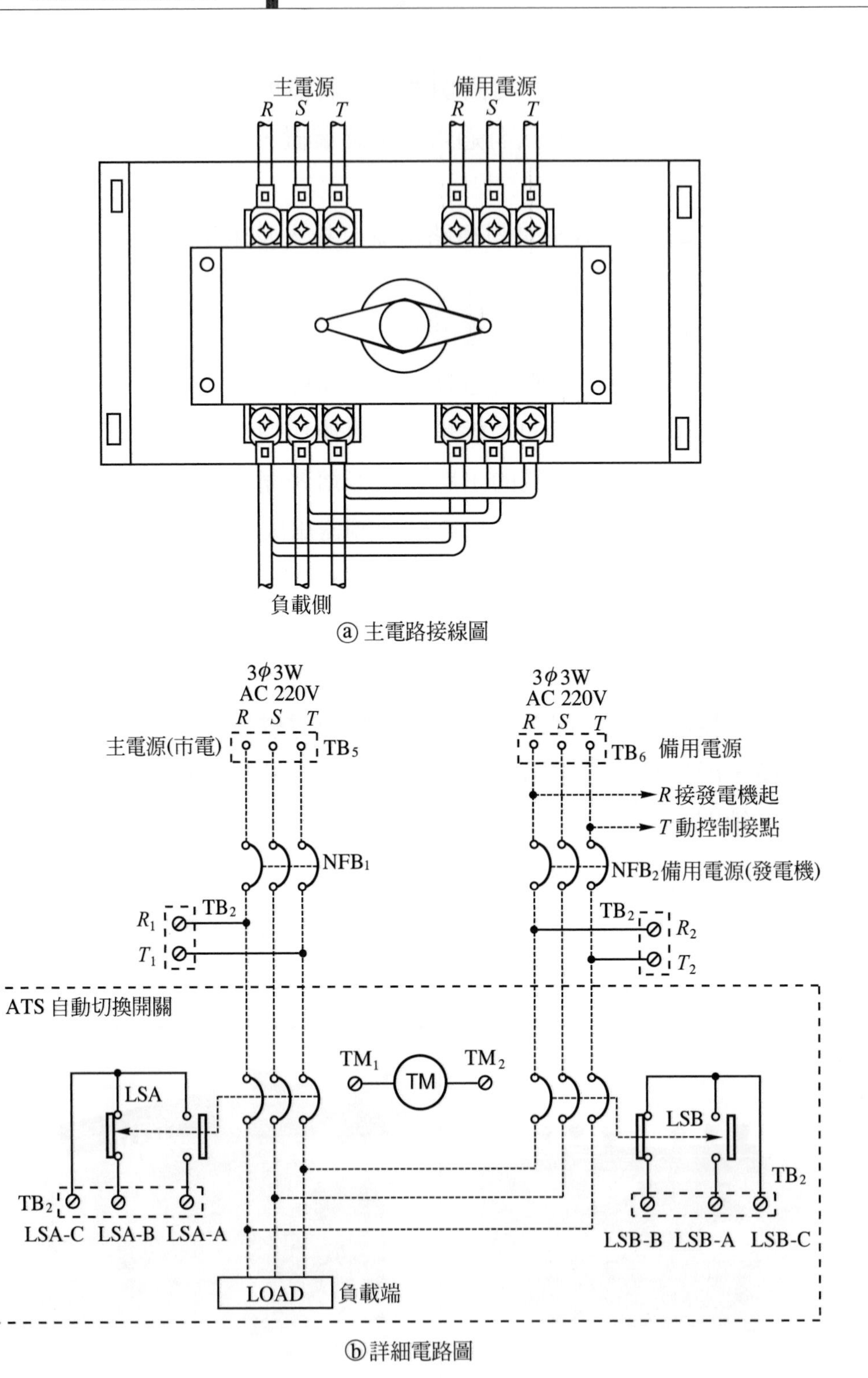

圖(c) ATS 主電路接線圖

(3) 控制單元：利用控制單元來監測電路，以維持電路正常供電。控制單元主要由限時電驛及控制繼電器組成，也有些產品利用數位電路來做控制。

(4) 動作說明：(請參考圖(d))

① 此控制電路是無熔絲開關型(ATS)控制電路圖。

② 主電源有電時，指示燈(GL)亮。

③ 當主電源供電失常時，指示燈(GL)熄滅，電力電驛(X_1及X_2)失磁，限時電驛(TR_1、TR_2及TR_3)均失磁，(TR_1)開始計時。

④ 經過(TR_1)設定時間後，黃色指示燈(YL)亮，發電機完成起動，電力電驛(X_4)激磁，限時電驛(TR_4)開始計時。

⑤ 經過(TR_4)設定時間後，電力電驛(X_3)激磁，切換馬達起動指示燈(RL_2)亮。

⑥ 切換馬達將無熔絲開關切換到備用電源位置後，碰觸極限開關(LSB)，切換馬達停止運轉，指示燈(RL_2)熄滅，指示燈(RL_1)亮。

⑦ 當主電源恢復正常供電後，電力電驛(X_1)激磁，電力電驛(X_3)失磁，限時電驛(TR_1及TR_2)均激磁，限時電驛(TR_4)失磁。

⑧ 經過(TR_2)設定時間後，切換馬達轉動，指示燈(RL_2)亮。

⑨ 切換馬達到達定位後，碰觸極限開關(LSA)，指示燈(RL_2)熄滅，切換馬達停止運轉，指示燈(GL)亮，限時電驛(TR_3)開始計時。

⑩ 經過限時電驛(TR_3)所設定的時間後，指示燈(YL)熄，(ATS)恢復由主電源供電。

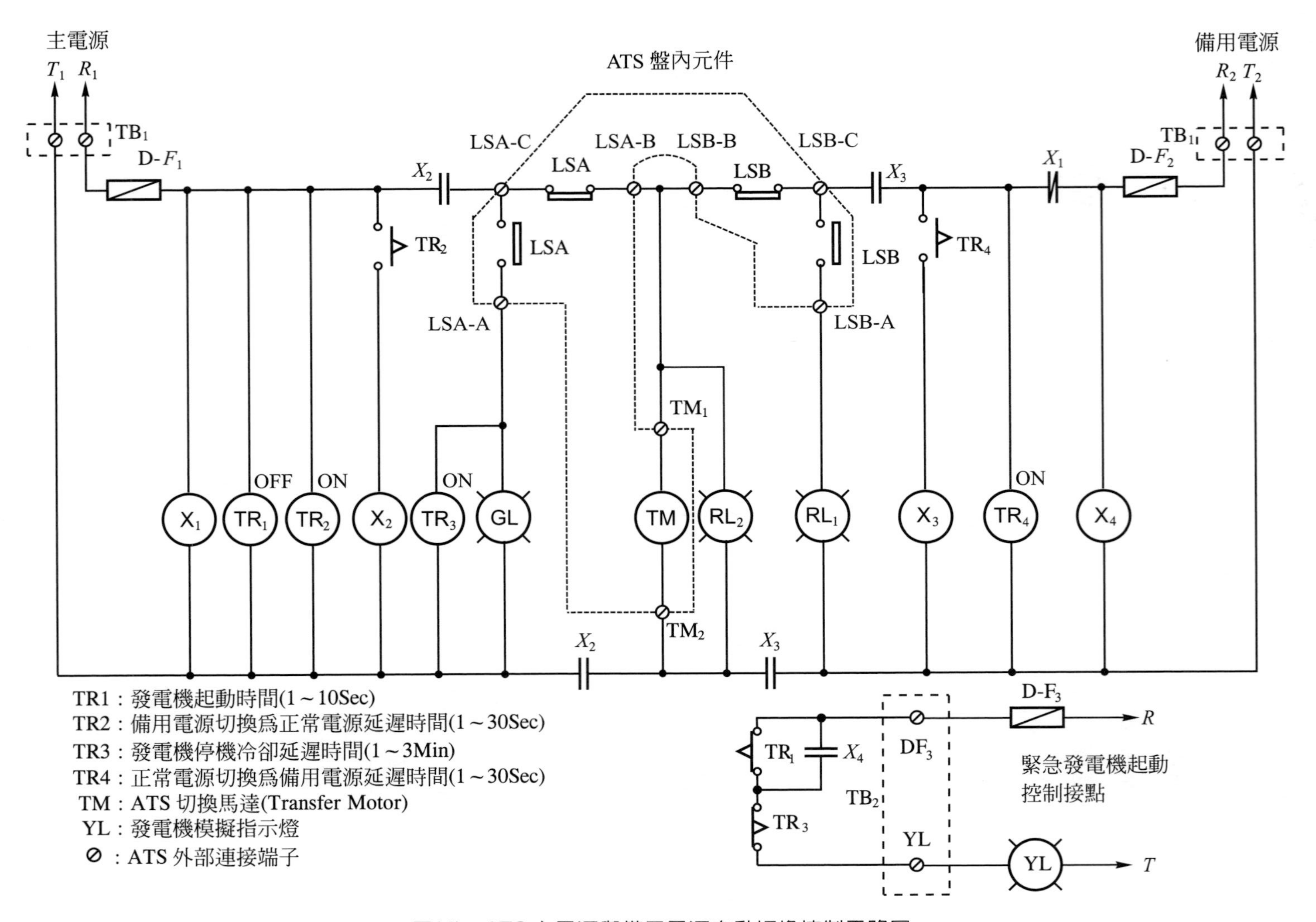

圖(d) ATS 主電源與備用電源自動切換控制電路圖

實習 56　手動自動正反轉定時交替電路

一　使用器材

符號	名稱	規格	數量	備註
NFB	無熔絲開關	3P，50AF，20AT	1只	
MC	電磁接觸器	AC 220V，20A，5*a*2*b*	2只	
CT	比流器	600V，50/5A，15VA	1只	
A	電流表	0～50/5A	1只	
V	電壓表	0～300V	1只	
X	電力電驛	AC220V，4*a*4*b*	1只	
TH-RY	積熱電驛	2.5A～25A	1只	
PB	按鈕開關	30ϕ，1*a*1*b*，紅色×1，綠色×2	3只	
TR	限時電驛	AC 220V，ON-DELAY，0～30秒	4只	
F	栓型保險絲	2A	4只	瓷質
YL	指示燈	30ϕ，AC 220/15V，黃色	1只	
GL	指示燈	30ϕ，AC 220/15V，綠色	1只	
RL	指示燈	30ϕ，AC 220/15V，紅色	1只	
TB	端子台	3P，30A	2只	
TB	端子台	20P，20A	2只	
COS	切換開關	1*a*-0-1*a*，三段式	1只	

二 位置圖

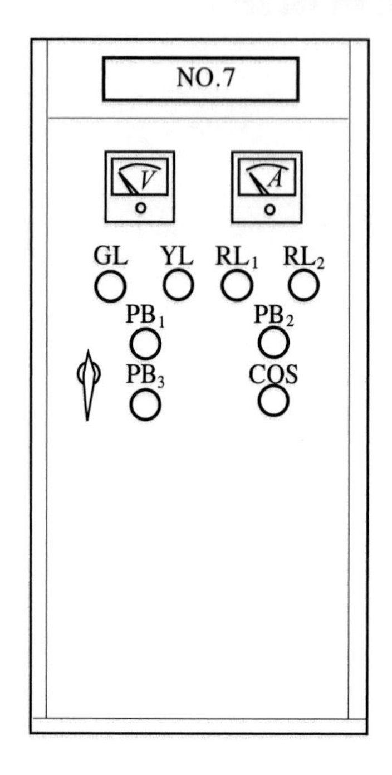
NO.7
V
A
GL
YL
RL1
RL2
PB1
PB2
PB3
COS

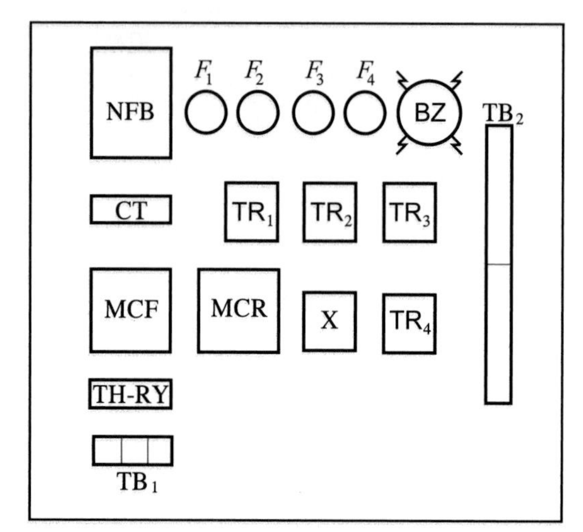
NFB
F1
F2
F3
F4
BZ
TB2
CT
TR1
TR2
TR3
MCF
MCR
X
TR4
TH-RY
TB1

三　線路圖

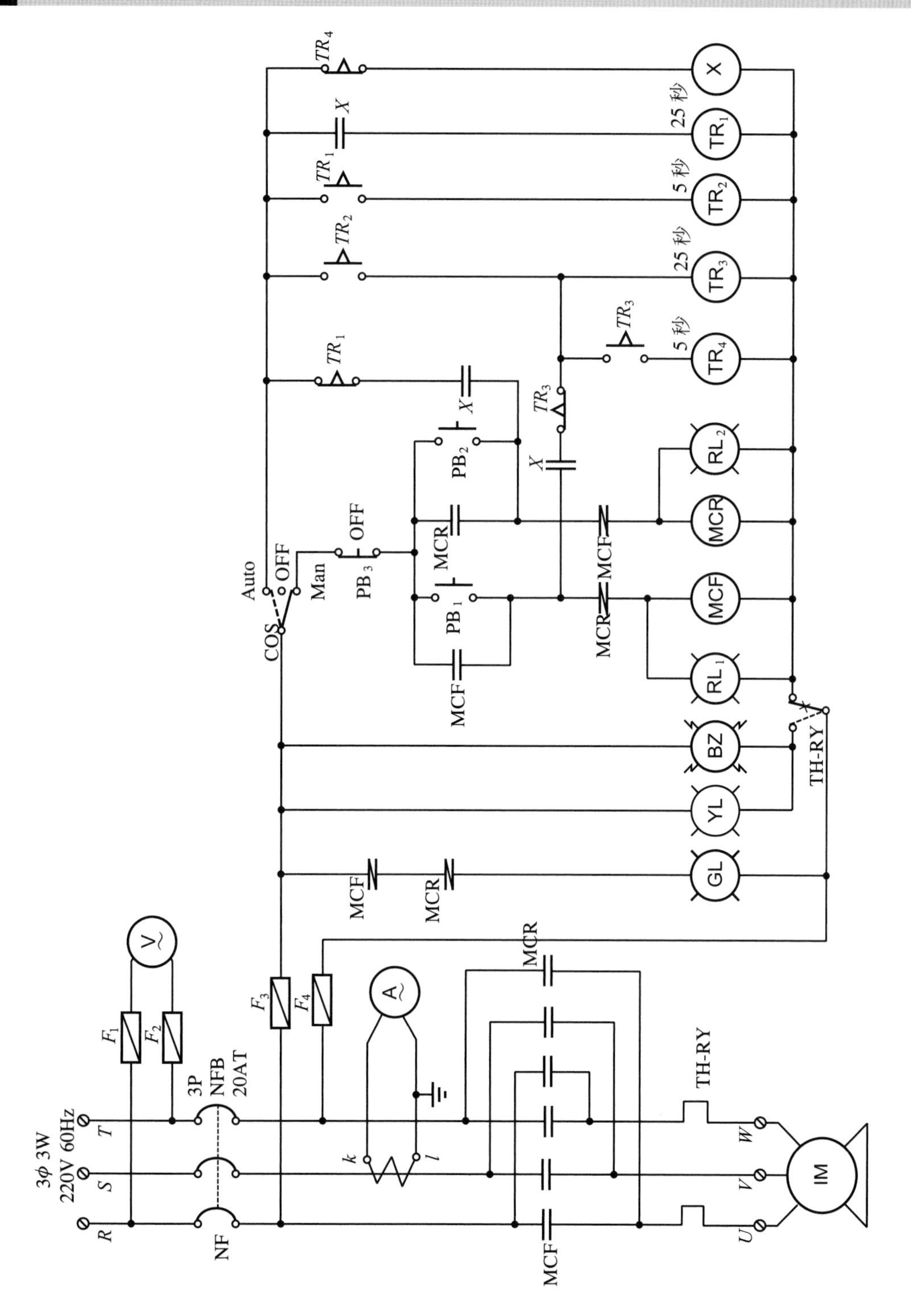
3ϕ 3W
220V 60Hz
R
S
T
3P
NFB
20AT
NF
F1
F2
F3
F4
V
A
k
l
MCF
MCR
TH-RY
U
V
W
IM
GL
YL
BZ
RL1
RL2
MCF
MCR
PB1
PB2
PB3
OFF
COS
Auto
Man
X
TR1
TR2
TR3
TR4
25 秒
5 秒

四 動作分析

1. 動作時間表

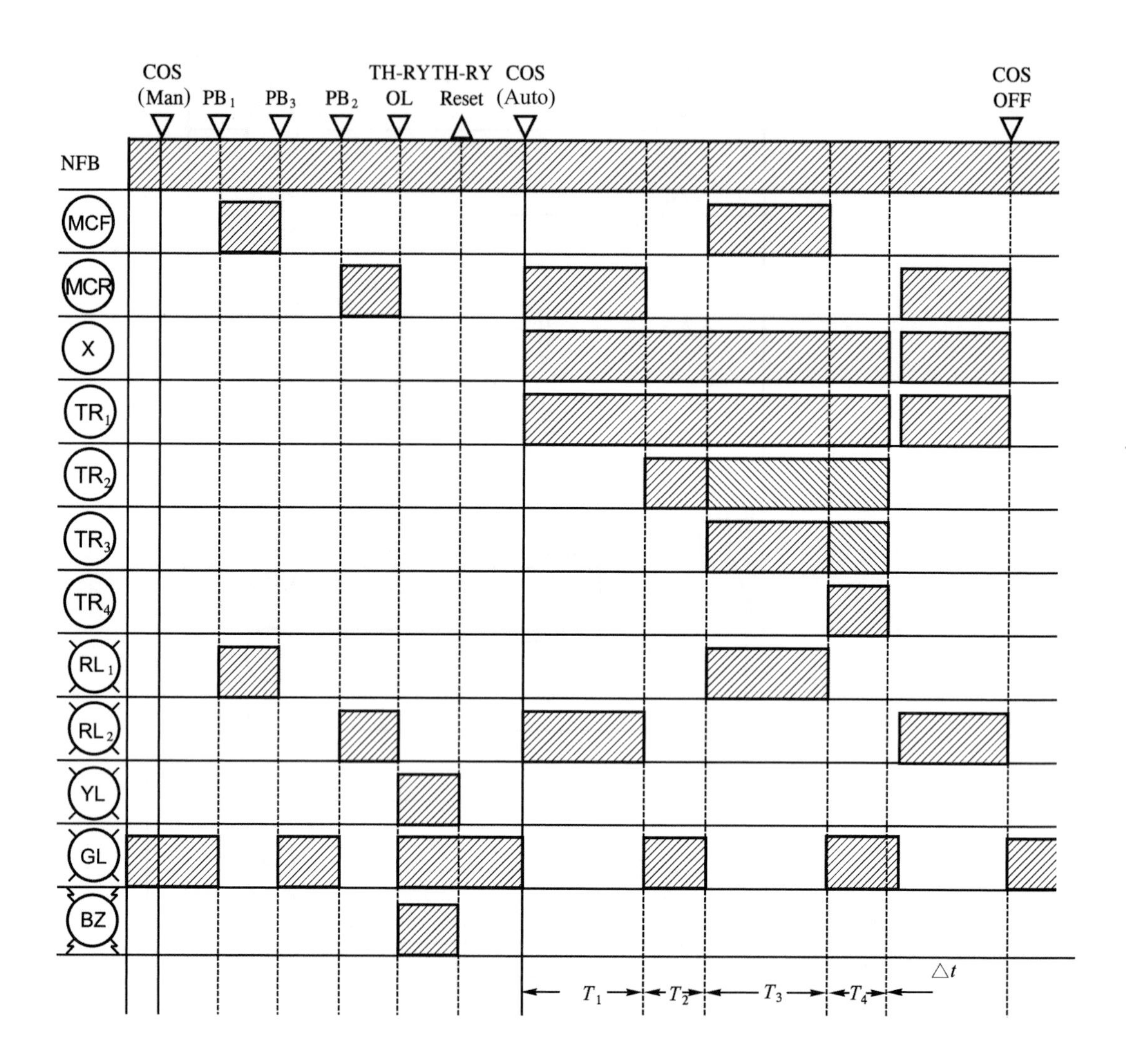

2. 動作說明

(1) 電源有電時，電壓表(V)指示RT相電壓，電流表指示S相電流。

(2) 無熔絲開關(NFB)置於 ON 位置，綠色指示燈(GL)亮。

(3) 將切換開關(COS)置於手動(Man)位置時：

① 按下按鈕開關(PB_1)，電動機正轉，指示燈(RL_1)亮，(GL)熄。

② 電動機正轉中，按下按鈕開關(PB_3)，電動機停止運轉，指示燈(GL)亮，(RL_1)熄。

③ 按下按鈕開關(PB_2)，電動機逆轉，指示燈(RL_2)亮，(GL)熄。

④ 電動機逆轉中，按下按鈕開關(PB_3)，電動機停止運轉，指示燈(GL)亮，(RL_2)熄。

(4) 將切換開關(COS)置於自動(Auto)位置時：

① 電磁接觸器(MCR)激磁，電動機逆轉，指示燈(RL_2)亮，(GL)熄，限時電驛(TR_1)開始計時。

② 經過(TR_1)所設定時間T_1(25)秒，電動機停止運轉，(RL_2)熄，(GL)亮，限時電驛(TR_2)開始計時。

③ 經過(TR_2)所設定時間T_2(5)秒，電動機正轉，指示燈(RL_1)亮，(GL)熄，限時電驛(TR_3)開始計時。

④ 經過(TR_3)所設定時間T_3(25)秒，電動機停止運轉，(RL_1)熄，(GL)亮，限時電驛(TR_4)開始計時。

⑤ 經過(TR_4)所設定時間T_4(5)秒，電力電驛(X)失磁，所有限時電驛亦失磁(包括TR_4)，經過Δt秒，電力電驛又激磁，電磁接觸器(MCR)激磁，電動機逆轉，又重複到步驟①，如此交替的正逆轉動作。

(5) 將切換開關(COS)置於 OFF 位置，電動機停止運轉，(GL)指示燈亮，其餘電磁接觸器及限時電驛均失磁，指示燈均熄。

(6) 電動機在運轉中，因過載致使積熱電驛動作時，電動機應停止運轉，蜂鳴器(BZ)響，(YL)及(GL)指示燈均亮，其餘均熄，將積熱電驛復歸(Reset)後，蜂鳴器(BZ)停響，(YL)指示燈熄。

實習 57 重型攪拌機控制電路裝配

一 使用器材

符號	名稱	規格	數量	備註
NFB	無熔絲開關	3P，100AF，60AT	1只	
V	電壓表	AC 0～300V	1只	
F	栓型保險絲	2A	3只	瓷質
A	電流表	0～75/5A，刻度延長100%	1只	
CT	比流器	75/5A，100VA	1只	
MC	電磁接觸器	AC 220V，$5a2b$，SA-50	1只	MCR
MC	電磁接觸器	AC 220V，$5a2b$，SA-35	1只	MCN
MC	電磁接觸器	AC 220V，$5a2b$，SA-21	1只	MCS
TR	限時電驛	AC 220V，ON-DELAY，0～30秒	2只	
FR	閃爍電驛	AC 220V	1只	
X	補助電驛	AC 220V，$2a2b$，10A	4只	
PB	按鈕開關	30ϕ，$1a1b$，紅色×2，綠色×3	5只	
RL	指示燈	AC 220/15V，30ϕ，紅色	2只	
YL	指示燈	AC 220/15V，30ϕ，黃色	1只	
BZ	蜂鳴器	AC 220V，強力型	1只	
TH-RY	積熱電驛	$TH\text{-}RY_1$，41A，$TH\text{-}RY_2$，2.1A	2只	
REA	起動電抗器	3ϕ 700VA，50%、65%、80%、100%	3只	
TB	端子台	3P，60A	3只	TB_1，TB_3，TB_4
TB	端子台	12P，20A	3只	TB_2，TB_5，TB_6

二　位置圖

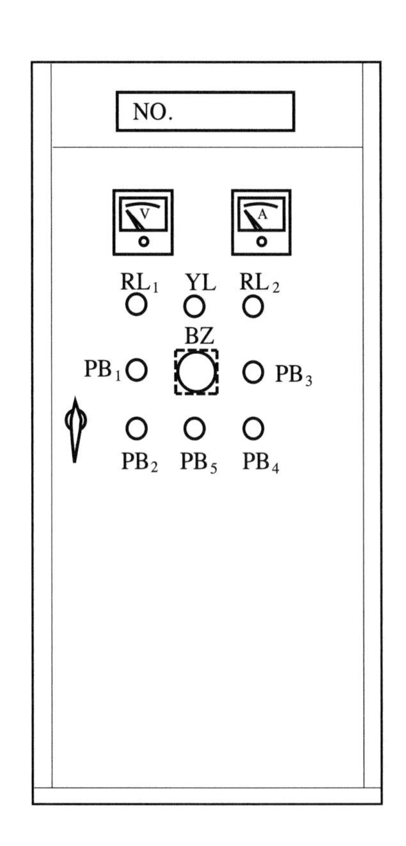

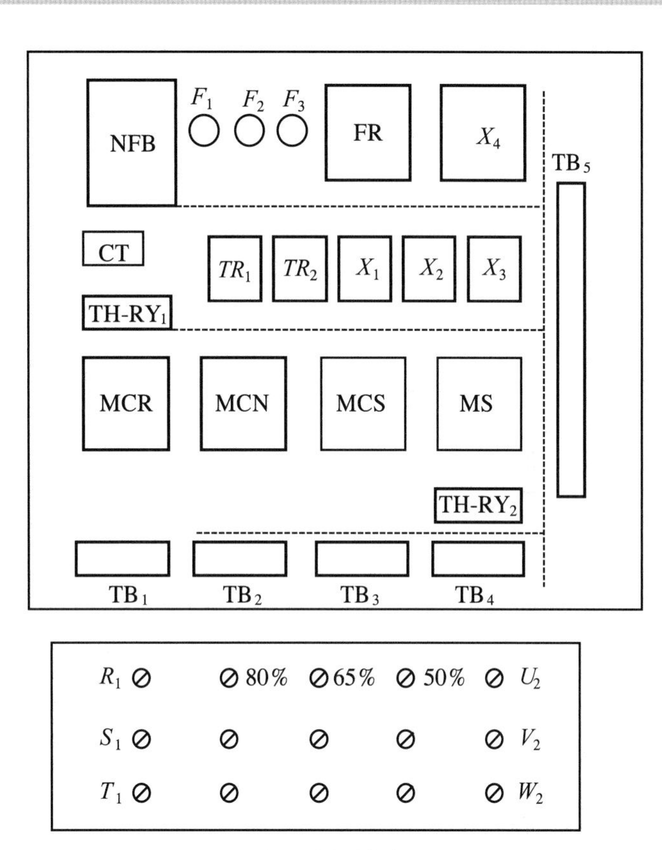

起動用自耦變壓器

三 線路圖

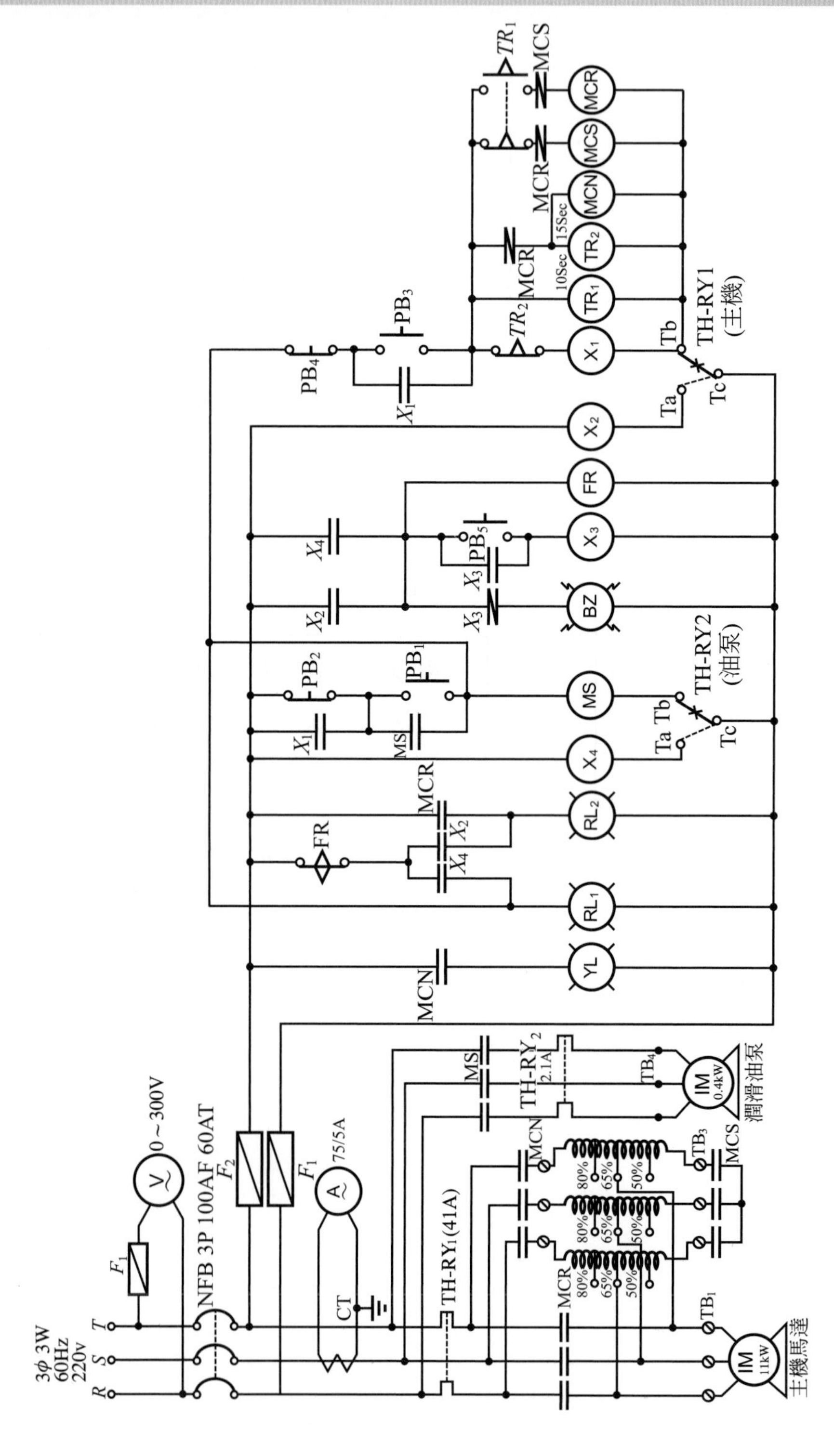

3φ 3W
60Hz
220v
R
S
T
F1
NFB 3P 100AF 60AT
0～300V
F2
F1
75/5A
CT
TH-RY1(41A)
MCR
MCN
MCS
80%
65%
50%
TB1
TB3
TB4
IM
11kW
主機馬達
IM
0.4kW
潤滑油泵
MS
TH-RY2
2.1A
YL
RL1
RL2
X1
X2
X3
X4
FR
BZ
PB1
PB2
PB3
PB4
PB5
TR1
TR2
10Sec
15Sec
Ta
Tb
Tc
TH-RY1
(主機)
TH-RY2
(油泵)

四　動作分析

1. 動作時間表

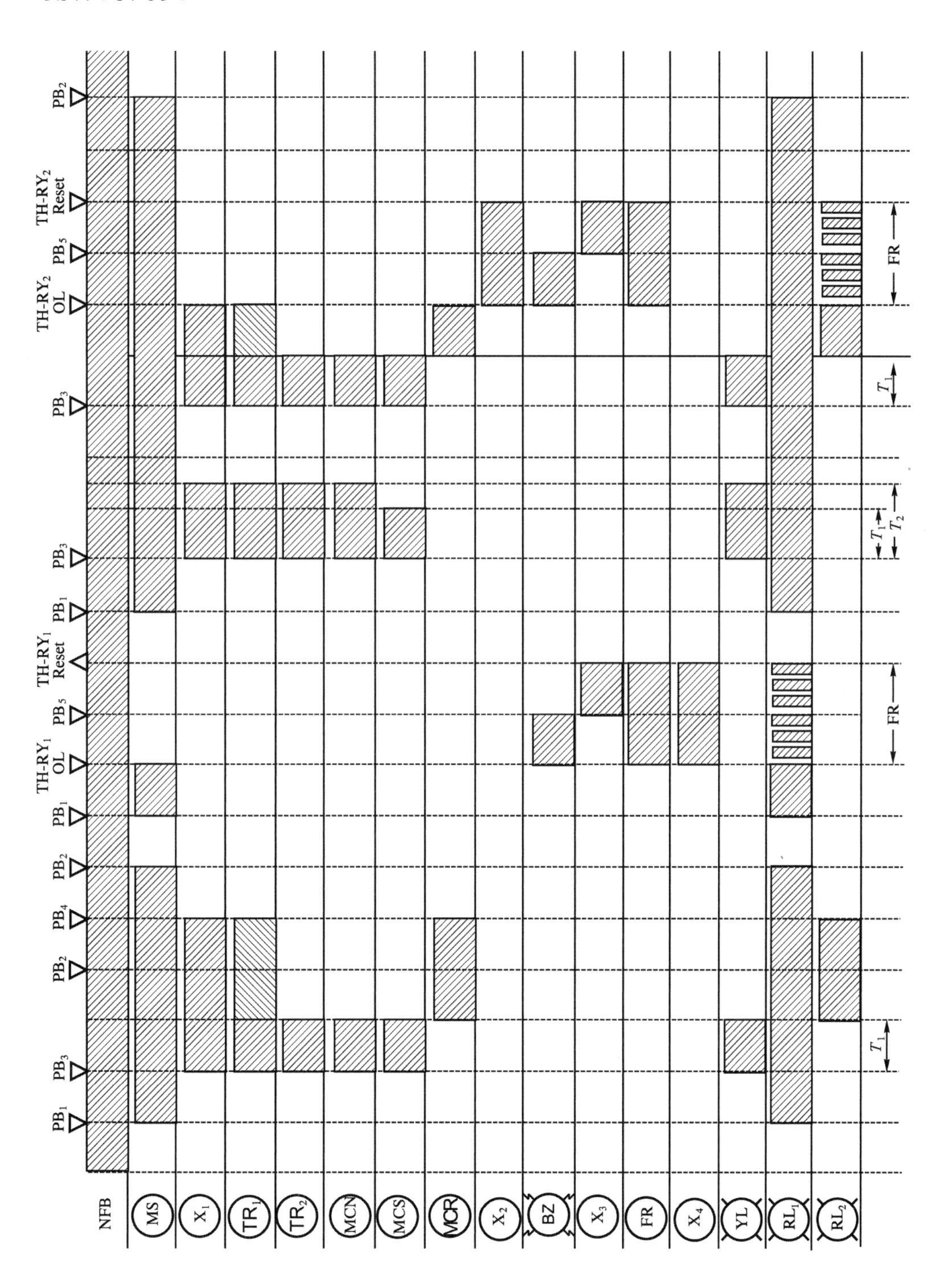

2. 動作說明

(1) 電源有電時，電壓表(V)指示RT相之電壓。

(2) 將無熔絲開關(NFB)置於ON位置，按下按鈕開關(PB_1)，電磁開關(MS)激磁，潤滑油泵開始運轉，指示燈(RL_1)亮。按下按鈕開關(PB_2)時，電磁開關(MS)失磁，潤滑油泵停止運轉，指示燈(RL_1)熄。

(3)① 當潤滑油泵開始運轉後，按下按鈕開關(PB_3)時，電磁接觸器(MCN及MCS)動作，指示燈(YL)亮，主機馬達起動，限時電驛(TR_1及TR_2)均開始計時(TR_2＞TR_1)，經過(TR_1)所設定時間T_1(10)秒後，電磁接觸器(MCS)跳脫，電磁接觸器(MCR)動作，接著電磁接觸器(MCN)跳脫，指示燈(RL_2)亮，(YL)熄，主機馬達進入正常運轉。

② 若是限時電驛(TR_1)達設定時間(10)秒後，電磁接觸器(MCR)沒有動作時，限時電驛(TR_2)設定時間(15)秒後，即將所有動作中之電磁接觸器跳脫。

③ 若主機馬達順利進入正常運轉時，限時電驛(TR_2)即失去作用。

(4) 主機馬達起動或運轉中按下按鈕開關(PB_4)時，動作中之電磁接觸器(MCS、MCN或MCR)均應跳脫，指示燈(RL_2)熄。

(5) 主機馬達在起動或運轉中，按下按鈕開關(PB_2)時，電磁開關(MS)不得跳脫。

(6) 主機馬達在運轉中，因過載或其它故障原因致使積熱電驛($TH\text{-}RY_1$或$TH\text{-}RY_2$)動作時，蜂鳴器(BZ)響，各動作中之電磁接觸器應跳脫。

① 當積熱電驛($TH\text{-}RY_2$)動作時，油泵停止運轉，蜂鳴器(BZ)響，閃爍電驛(FR)動作，指示燈(RL_1)閃爍，按下按鈕開關(PB_5)，蜂鳴器停響，將積熱電驛復歸(Reset)，(RL_1)停止閃爍(熄)。

② 當積熱電驛($TH\text{-}RY_1$)動作時，主機馬達停止運轉，蜂鳴器(BZ)響，閃爍電驛(FR)動作，指示燈(RL_2)閃爍，按下按鈕開關(PB_5)，蜂鳴器停響，將積熱電驛復歸(Reset)，(RL_2)停止閃爍(熄)。

(7) 主機馬達運轉中電流表指示S相之電流。

(8) 電磁接觸器(MCR與MCS)應有電氣互鎖裝置，不得同時動作。

(9) 潤滑油不動作時，主機馬達不得起動或運轉。

(10) 起動自耦變壓器(補償器)抽頭置於65%位置。

實習58　單相感應電動機自動交替正逆轉

一　使用器材

符號	名稱	規格	數量	備註
NFB	無熔絲開關	3P，30AF，20AT	1只	
MC	電磁接觸器	AC 220V，20V，5*a*2*b*	2只	
X	電力電驛	AC 220V，2*a*2*b*	6只	
TR	限時電驛	AC 220V，ON-DELAY，0～30秒	2只	
COS	選擇開關	30ϕ，1*a*1*b*二段式	1只	
F	栓型保險絲	2A	3只	瓷質
TH-RY	積熱電驛	OL-15A，TH-18	1只	
D	整流子	110V，10A	4只	
Tr	變壓器	AC 220V/24V，100VA	1只	
V	電壓表	AC 0～300V	1只	
A	電流表	0～30/5A，延長100%	1只	
CT	比流器	600V，30/5A，15VA	1只	
PB	按鈕開關	30ϕ，1*a*1*b*，綠色×3，紅色×2	5只	
TB	端子台	3P，30A	1只	
TB	端子台	5P，30A	1只	
TR	限時電驛	AC 220V，OFF-DELAY，0～15秒	1只	

二 位置圖

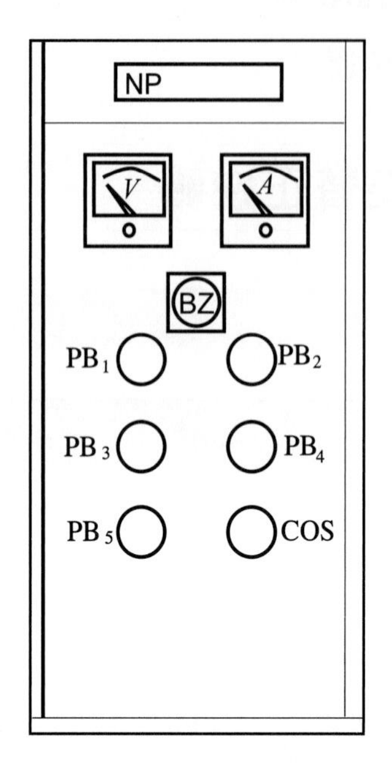
NP
V
A
BZ
PB1
PB2
PB3
PB4
PB5
COS

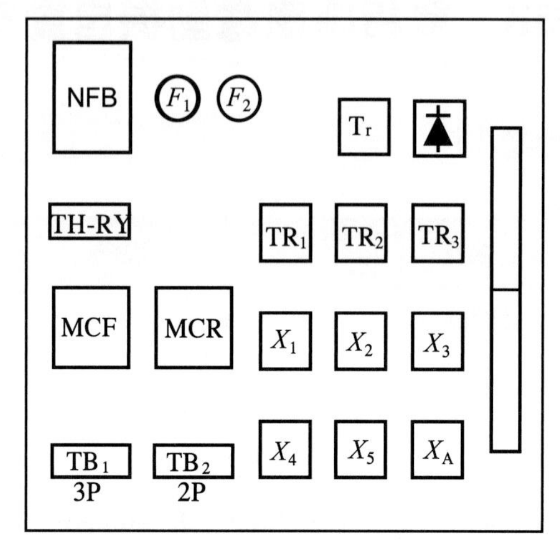
NFB
F1
F2
Tr
TH-RY
TR1
TR2
TR3
MCF
MCR
X1
X2
X3
TB1
3P
TB2
2P
X4
X5
XA

三　線路圖

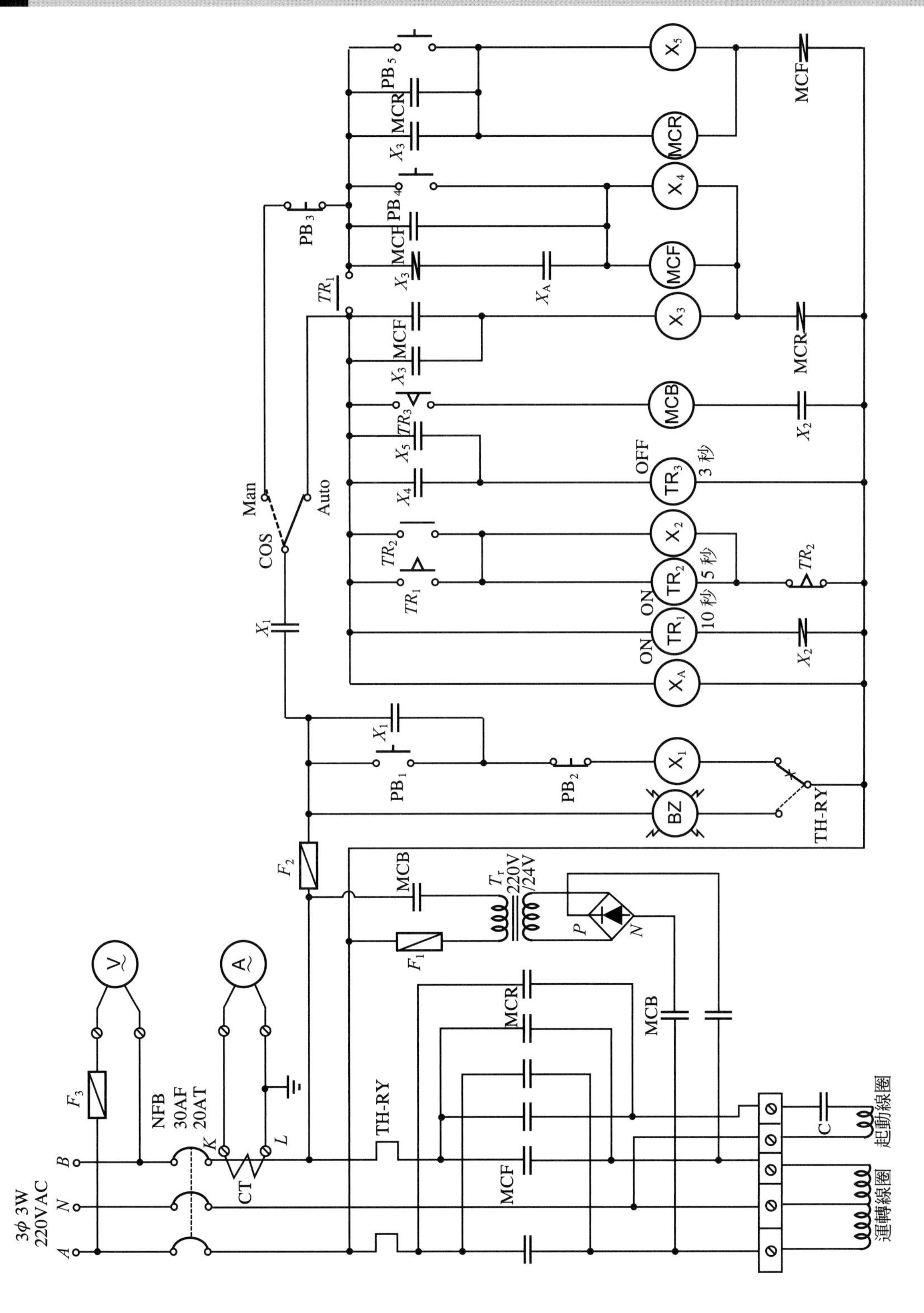
3φ 3W
220VAC
A
N
B
F3
NFB
30AF
20AT
K
L
CT
TH-RY
MCF
MCR
MCB
F1
F2
Tr
220V
24V
P
N
C
起動線圈
運轉線圈
PB1
PB2
X1
BZ
TH-RY
COS
Man
Auto
XA
TR1
TR2
TR3
X2
X3
X4
X5
ON
OFF
10 秒
5 秒
3 秒
PB3
PB4
PB5

四 動作分析

1. 動作時間表

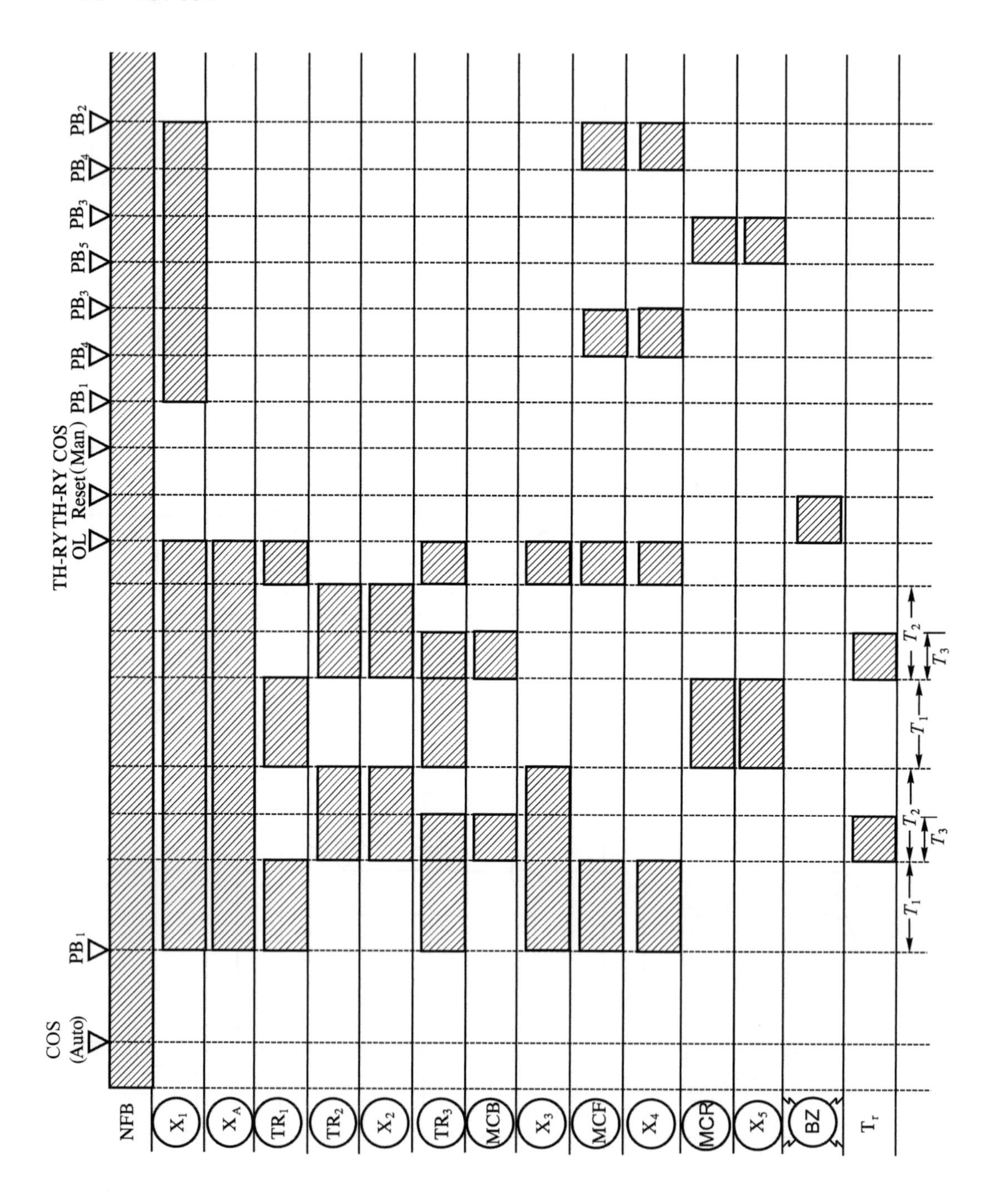

2. 動作說明

(1) 電源有電時，電壓表(V)指示線電壓(V_{AB})之值。

(2) 切換開關(COS)置於自動(Auto)位置：

① 按下(PB_1)，電動機正轉，(TR_1)開始計時，經過(TR_1)之設定時間T_1(10)秒，電動機停止運轉，(TR_2)及(TR_3)均開始計時。

② (TR_2)控制電動機停止時間，(TR_3)控制刹車時間，經過(TR_3)之設定時間T_3(3)秒，(MCB)失磁，刹車停止。

③ 經過一段時間，(TR_2)之設定時間 5 秒到，電動機開始逆轉，(TR_1)開始計時，經過(TR_1)之設定時間T_1(10)秒，電動機停止運轉，(TR_2)及(TR_3)均開始計時，電動機加直流刹車，經過T_3秒，刹車停止。

④ 經過一段時間，(TR_2)之設定時間到，電動機正轉，又重複到步驟①，如此交替正逆轉。

⑤ 電動機在運轉中，按下按鈕開關(PB_2)，電動機停止運轉，但不加刹車。

(3) 將切換開關置於手動(Man)位置：

① 按下按鈕開關(PB_1)，(X_1)激磁。

② 再按下按鈕開關(PB_4)，電動機正轉，按下按鈕開關(PB_3)，電動機停止運轉，不加刹車。

③ 再按下按鈕開關(PB_5)，電動機逆轉，按下按鈕開關(PB_3)，電動機停止運轉，不加刹車。

(4) 電動機在運轉中，因過載致使積熱電驛(TH-RY)跳脫，電動機應停止運轉，蜂鳴器(BZ)響。

(5) 電流表(A)應指示B相之電流值。

實習 59 常用電源與預備電源供電電路裝置

一 使用器材

符號	名稱	規格	數量	備註
NFB	無熔絲開關	3P，50AF，30AT	2只	
MC	電磁接觸器	AC 220V，20A，5*a*2*b*，OL-15A	2只	
CT	比流器	600V，30/5A，15VA	2只	貫穿式
AS	電流切換開關	3ϕ3W 式	1只	
A	電流表	0～30/5A，延長至 100%	1只	
COS	切換開關	2*a*-0-2*a*，30ϕ，三段式	1只	
F	栓型保險絲	2A	4只	瓷質
X	電力電驛	AC 220V，10A，2*a*2*b*	4只	
TR	限時電驛	AC 220V，0～10 秒，ON-DELAY	2只	
WL	指示燈	30ϕ，AC 220/15V，白色	2只	
YL	指示燈	30ϕ，AC 220/15V，黃色	2只	
IPB	照光式按鈕開關	30ϕ，1*a*1*b*，220V/15V，紅色×2，綠色×2	4只	
TB	端子台	3P，30A	1只	
TB	端子台	12P，20A	4只	

二　位置圖

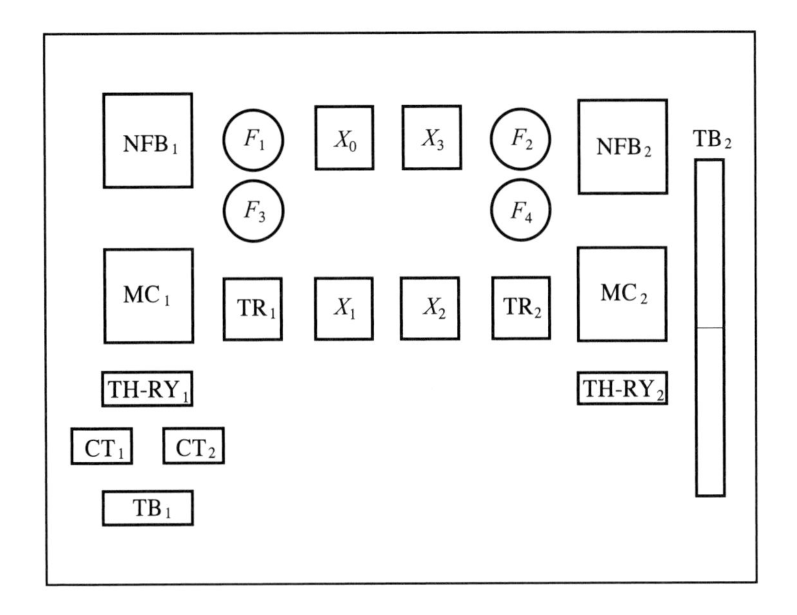
NFB1
F1
X0
X3
F2
NFB2
TB2
F3
F4
MC1
TR1
X1
X2
TR2
MC2
TH-RY1
TH-RY2
CT1
CT2
TB1

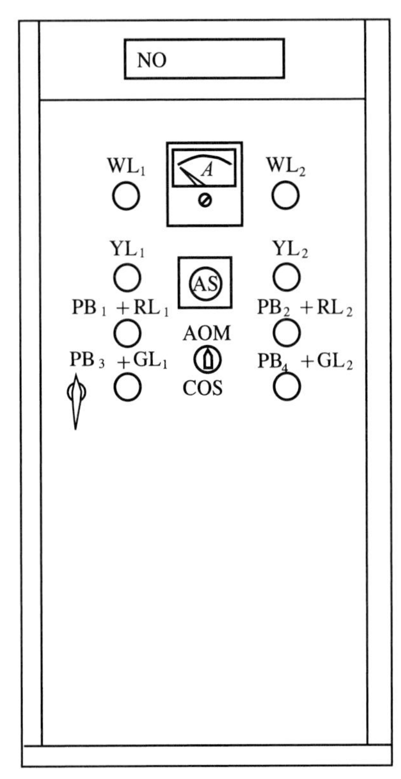
NO
WL1
A
WL2
YL1
YL2
AS
PB1 +RL1
PB2 +RL2
AOM
PB3 +GL1
PB4 +GL2
COS

三 線路圖

1. 單線圖

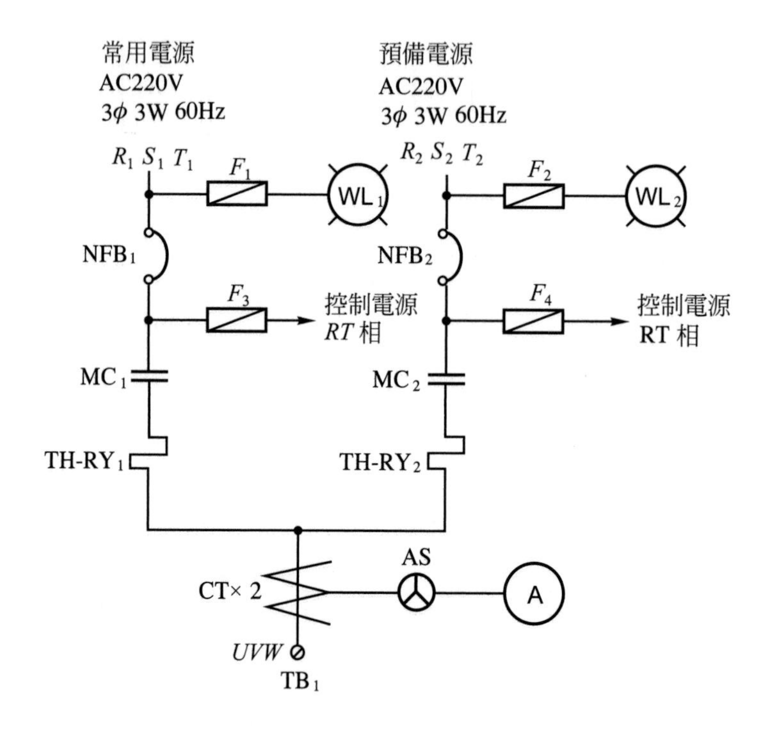
常用電源
AC220V
3φ 3W 60Hz
R1 S1 T1
F1
WL1
NFB1
F3
控制電源
RT 相
MC1
TH-RY1
預備電源
AC220V
3φ 3W 60Hz
R2 S2 T2
F2
WL2
NFB2
F4
控制電源
RT 相
MC2
TH-RY2
AS
A
CT× 2
UVW
TB1

2. 複線圖

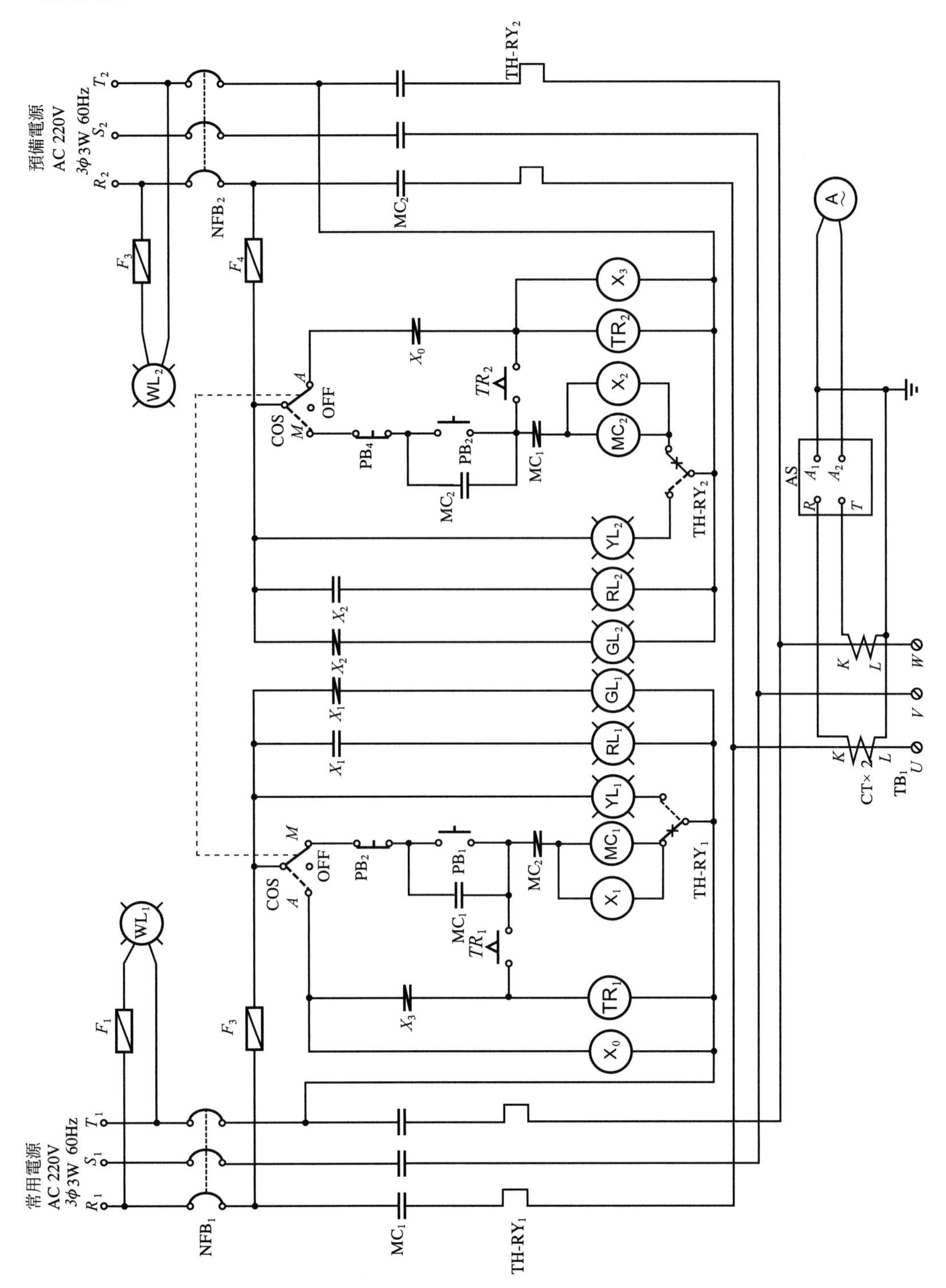
預備電源
AC 220V
3φ3W 60Hz
常用電源
AC 220V
3φ3W 60Hz
NFB2
NFB1
MC2
MC1
TH-RY2
TH-RY1
COS
OFF
AS
CT×2
TB1

四 動作分析

1. 動作時間表

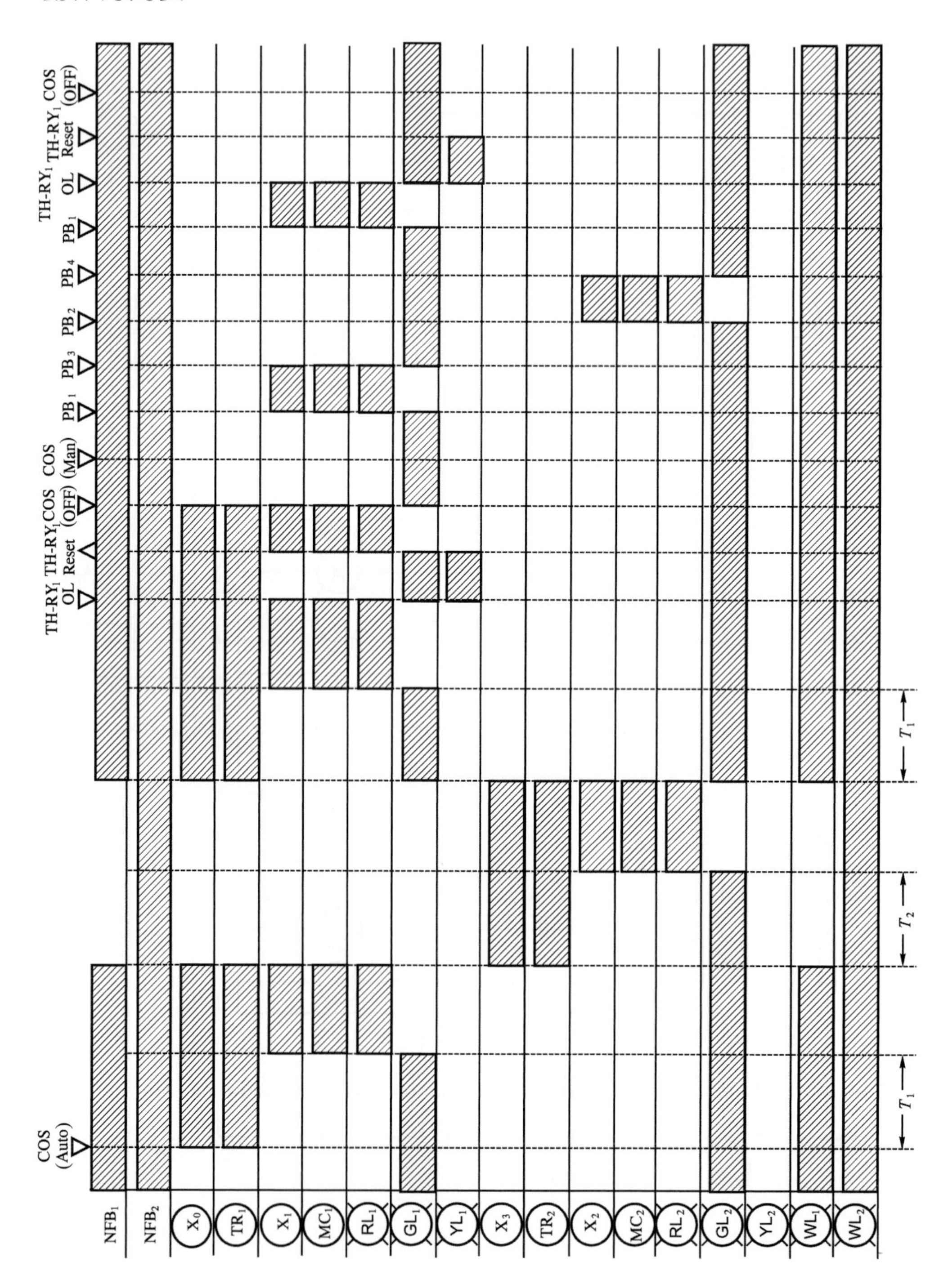

2. 動作說明

(1) 常用電源有電時指示燈(WL_1)亮；預備電源有電時，指示燈(WL_2)亮。

(2) 無熔絲開關(NFB_1)置於ON位置，指示燈(GL_1)亮，(NFB_2) ON，指示燈(GL_2)亮。

(3) 切換開關(COS)置於手動(Man)位置時：

① 按下按鈕開關(PB_1)時，電磁接觸器(MC_1)激磁，(RL_1)亮，(GL_1)熄，電動機由常用電源供電。

② 當電動機由常用電源供電中，按下按鈕開關(PB_2)時，(MC_1)失磁，(RL_1)熄，(GL_1)亮，電動機停止運轉。

③ 按下按鈕開關(PB_2)時，電磁接觸器(MC_2)激磁，(RL_2)亮，(GL_2)熄，電動機由預備電源供電。

④ 當電動機由預備電源供電中，按下按鈕開關(PB_4)時，(MC_2)失磁，(RL_2)熄，(GL_2)亮，電動機停止運轉。

(4) 切換開關(COS)置於自動(Auto)位置時：

① 當常用電源與預備電源均有電時，限時電驛(TR_1)開始計時，經10秒後，(MC_1)激磁，指示燈(RL_1)亮，(GL_1)熄，此時電動機由常用電源供電。

② 當常用電源停止供電時(MC_1)失磁，限時電驛(TR_2)開始計時，經5秒後，(MC_2)激磁，(RL_2)亮，(GL_2)熄，此時電動機由預備電源供電。

③ 預備電源供電中，常用電源復電時(MC_2)失磁，(RL_2)熄，(GL_2)亮，而(TR_1)開始計時，經(10)秒後，(MC_1)激磁，(RL_1)亮，(GL_1)熄，此時電動機由常用電源供電。

(5) 電動機在正常運轉中，電流切換開關(AS)應能使電流表(A)指示各相電流。

(6) 電動機正常運轉中：

① ($TH\text{-}RY_1$)動作時，(MC_1)失磁，電動機停止運轉，(RL_1)熄，(YL_1)及(GL_1)均亮，($TH\text{-}RY_1$)復歸，在手動時電動機不得自行起動運轉。

② ($TH\text{-}RY_2$)動作時，(MC_2)失磁，電動機停止運轉，(RL_2)熄，(YL_2)及(GL_2)均亮，($TH\text{-}RY_2$)復歸，在手動時電動機不得自行起動運轉。

(7) (MC_1)及(MC_2)應有電氣互鎖，不得同時動作。

實習 60　三部抽水機順序運轉電路

一　使用器材

符號	名稱	規格	數量	備註
NFB	無熔絲開關	3P，50AF，30AT	1 只	
MC	電磁接觸器	AC 220V，20A，$5a2b$	3 只	
TH-RY	積熱電驛	TH-18，OL-15A	3 只	
V	電壓表	AC 0～300V	1 只	
A	電流表	AC 30/5A，延長 100%	1 只	
CT	比流器	600V，30/5A，15VA	1 只	貫穿式
F	栓型保險絲	2A	4 只	瓷質
COS	切換開關	30ϕ，$1a$-0-$1a$，三段式	1 只	
X	電力電驛	AC 220V，$4a4b$，10A	3 只	A，H，X_1
X	電力電驛	AC 220V，$2a2b$	1 只	X_2
RL	指示燈	30ϕ，220V/15V，紅色	3 只	
PB	按鈕開關	30ϕ，$1a1b$，紅色×3，綠色×3	6 只	
FS	液位控制器	61F-G 或同等品	1 只	
BZ	蜂鳴器	AC 220V，3"，露出型	1 只	
TB	端子台	3P，30A	4 只	
TB	端子台	12P，20A	4 只	

二 位置圖

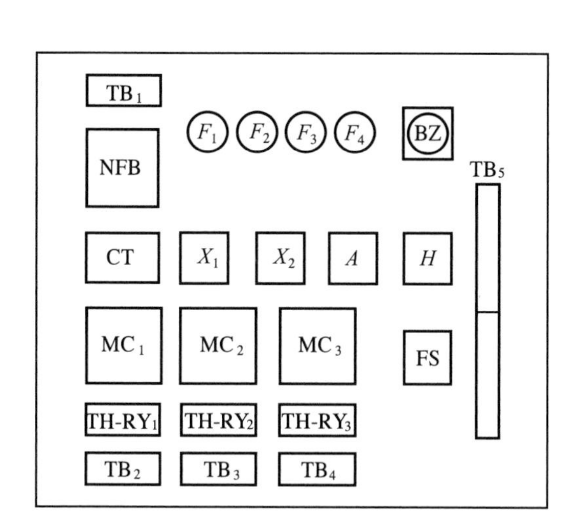

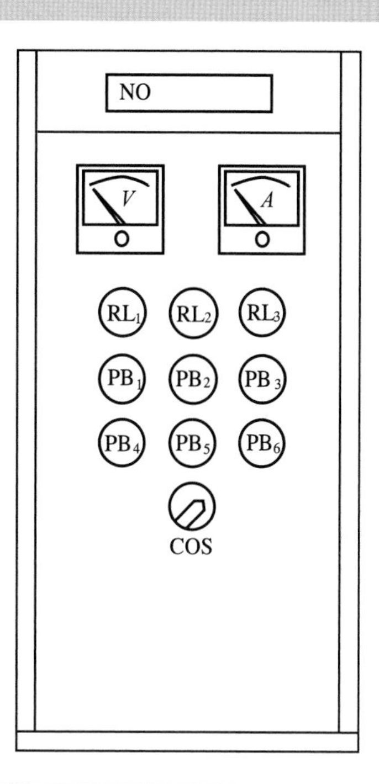

三 線路圖

1. 單線圖

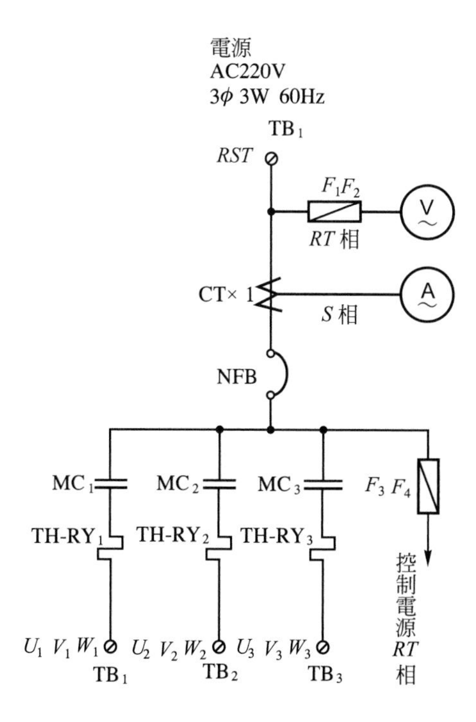

2. 複線圖

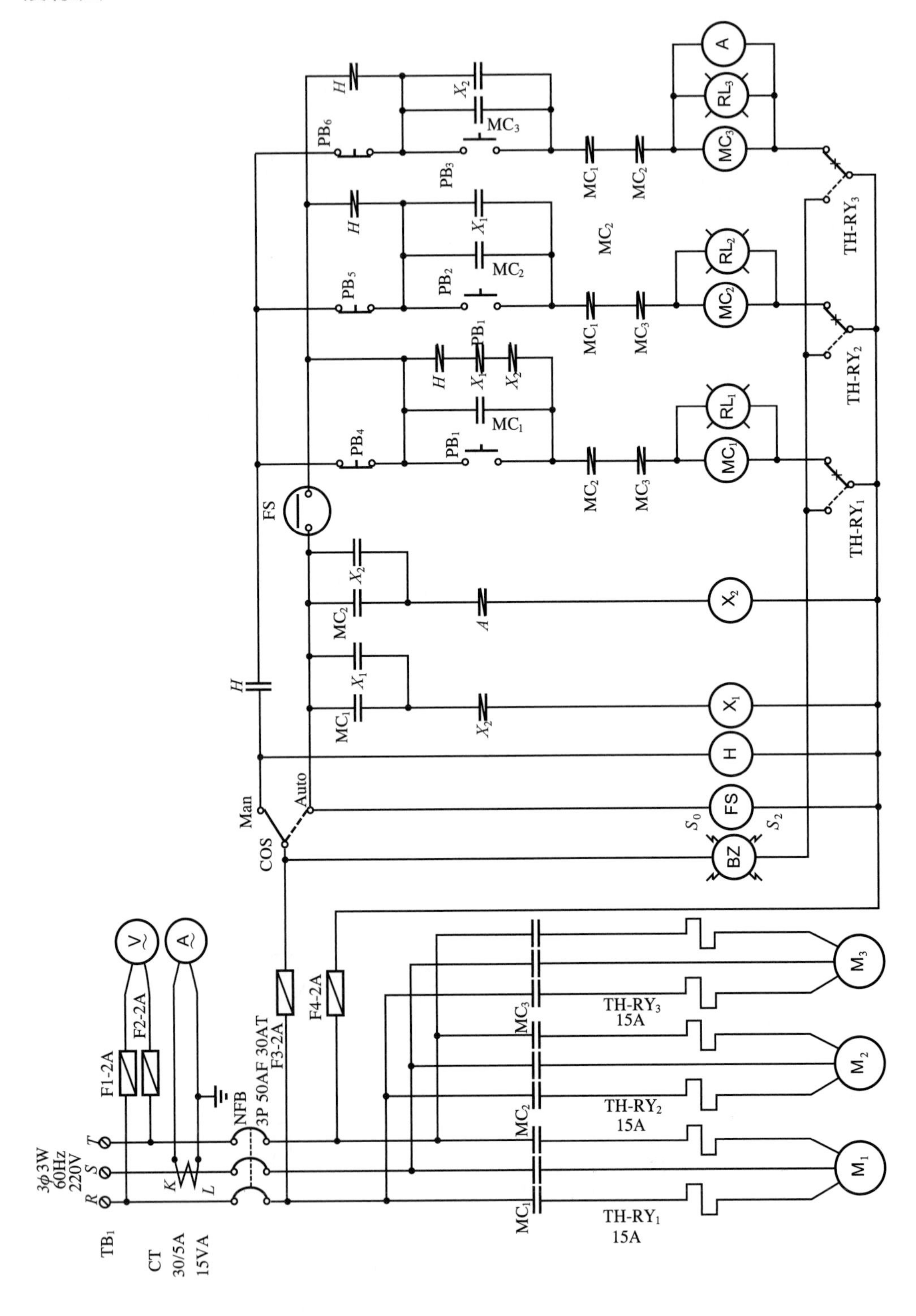

四　動作分析

1. 動作時間表

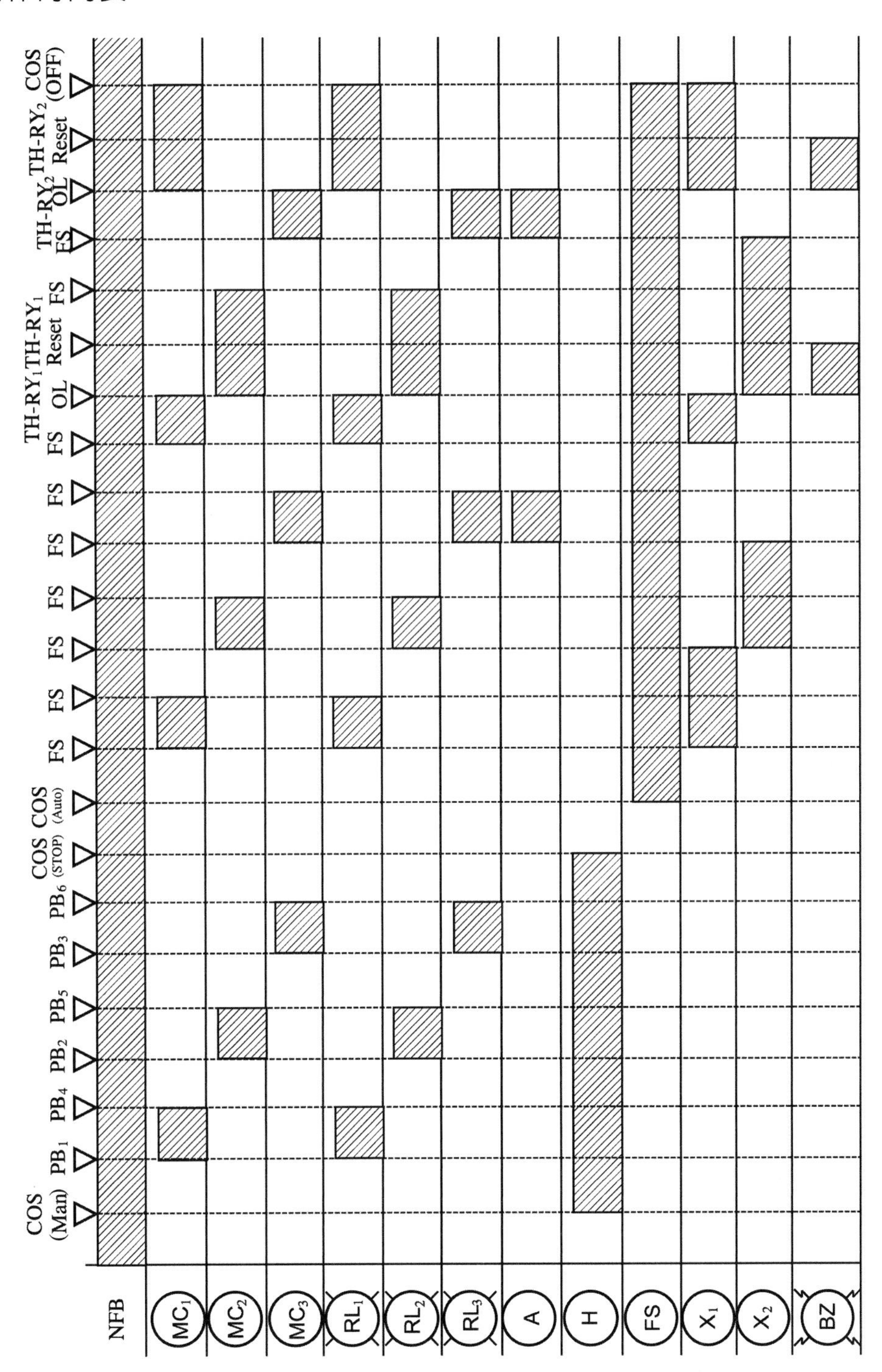

2. 動作說明

⑴ 電源有電時，電壓計(V)所指示為線電壓(V_{RT})之值。

⑵ 切換開關(COS)置於手動(Man)位置時：

① 按下按鈕開關(PB_1)，電磁開關(MC_1)激磁，電動機(M_1)運轉，指示燈(RL_1)亮，按下按鈕開關(PB_4)，(MC_1)失磁，電動機(M_1)停止運轉，(RL_1)熄。

② 按下按鈕開關(PB_2)，電磁開關(MC_2)激磁，電動機(M_2)運轉，指示燈(RL_2)亮，按下按鈕開關(PB_5)，(MC_2)失磁，電動機(M_2)停止運轉，(RL_2)熄。

③ 按下按鈕開關(PB_3)，電磁開關(MC_3)激磁，電動機(M_3)運轉，指示燈(RL_3)亮，按下按鈕開關(PB_6)，(MC_3)失磁，電動機(M_3)停止運轉，(RL_3)熄。

⑶ 切換開關(COS)置於自動(Auto)位置時：

① 液面控制開關(FS)接點，第一次閉合時(MC_1)激磁，電動機(M_1)運轉，指示燈(RL_1)亮，(FS)接點打開，(MC_1)失磁，電動機(M_1)停止運轉，(RL_1)熄。

② (FS)接點，第二次閉合時，(MC_2)激磁，電動機(M_2)運轉，(RL_2)亮。(FS)接點打開，(MC_2)失磁，電動機(M_2)停止運轉，(RL_2)熄。

③ (FS)接點，第三次閉合時，(MC_3)激磁，電動機(M_3)運轉，(RL_3)亮。(FS)接點打開，(MC_3)失磁，電動機(M_3)停止運轉，(RL_3)熄。

④ (FS)接點，第四次閉合時，重複①至③動作。

⑷ (COS)置於停止位置時，電動機應立即停止運轉，指示燈均熄。

⑸ (COS)置於手動或自動位置，(MC_1)、(MC_2)、(MC_3)均應有電氣互鎖。

⑹ 電動機在正常運轉中，電流計(A)應指示S相電流。

⑺ 積熱電驛(TH-RY_1、TH-RY_2或TH-RY_3)動作時，蜂鳴器(BZ)響，各該動作中之電磁接觸器應失磁，電動機立即停止運轉，指示燈熄，在自動時，按順序轉入次一部電動機動作，積熱電驛復歸後，電動機不得自行起動。

實習 61　三部電動機順序運轉電路

一　使用器材

符號	名稱	規格	數量	備註
MCB	無熔絲開關	3P，50AF，30AT	3 只	NFB
MC	電磁接觸器	AC 220V，20A，$5a2b$	3 只	
TH-RY	積熱電驛	OL，15A	3 只	
V	電壓表	AC 0～300V	1 只	
A	電流表	AC 0～75/5A，延長爲 100%	1 只	
CT	比流器	600V，75/5A，15VA	1 只	貫穿式
F	栓型保險絲	2A	2 只	瓷質
COS	切換開關	30ϕ，$2a$-0-$2a$，三段式	1 只	
X	電力電驛	AC 220V，10A，$4a4b$	1 只	
X	電力電驛	AC 220V，10A，$2a2b$	3 只	
TR	限時電驛	AC 220V，ON-DELAY，0～10 秒	2 只	
PB	按鈕開關	30ϕ，$1a1b$，紅色×4，綠色×4	8 只	
RL	指示燈	30ϕ，紅色，AC 220/15V	3 只	
YL	指示燈	30ϕ，黃色，AC 220/15V	1 只	
GL	WL 指示燈	30ϕ，白色，AC 220/15V	1 只	
TB	指示燈	30ϕ，綠色	1 只	
TB	端子台	3P，60A	1 只	
TB	端子台	3P，30A	3 只	
TB	端子台	12P，20A	4 只	

二 位置圖

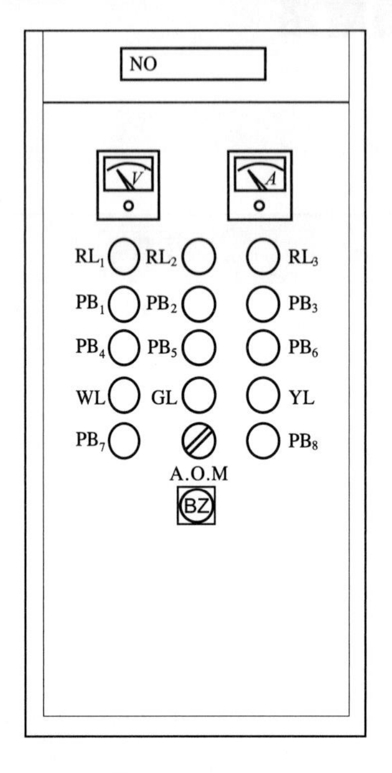

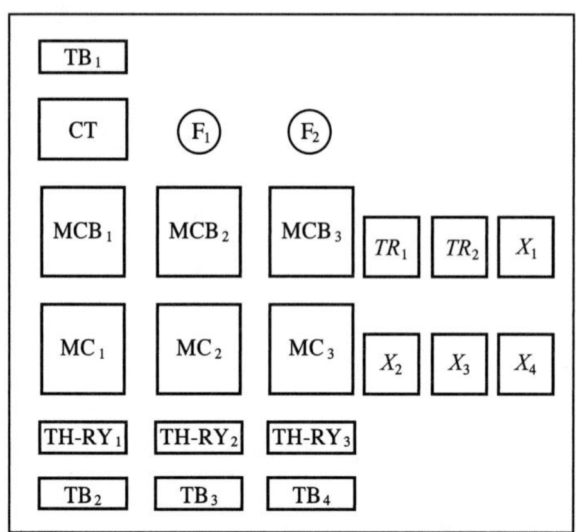

三 線路圖

1. 單線圖

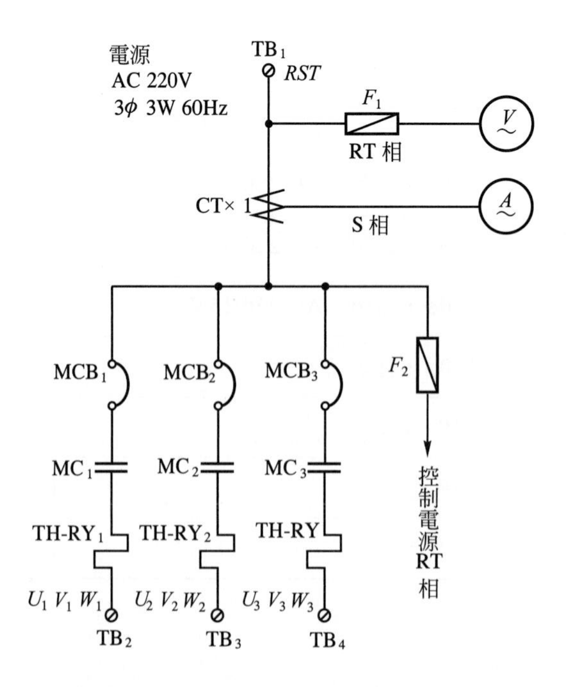

2.　複線圖

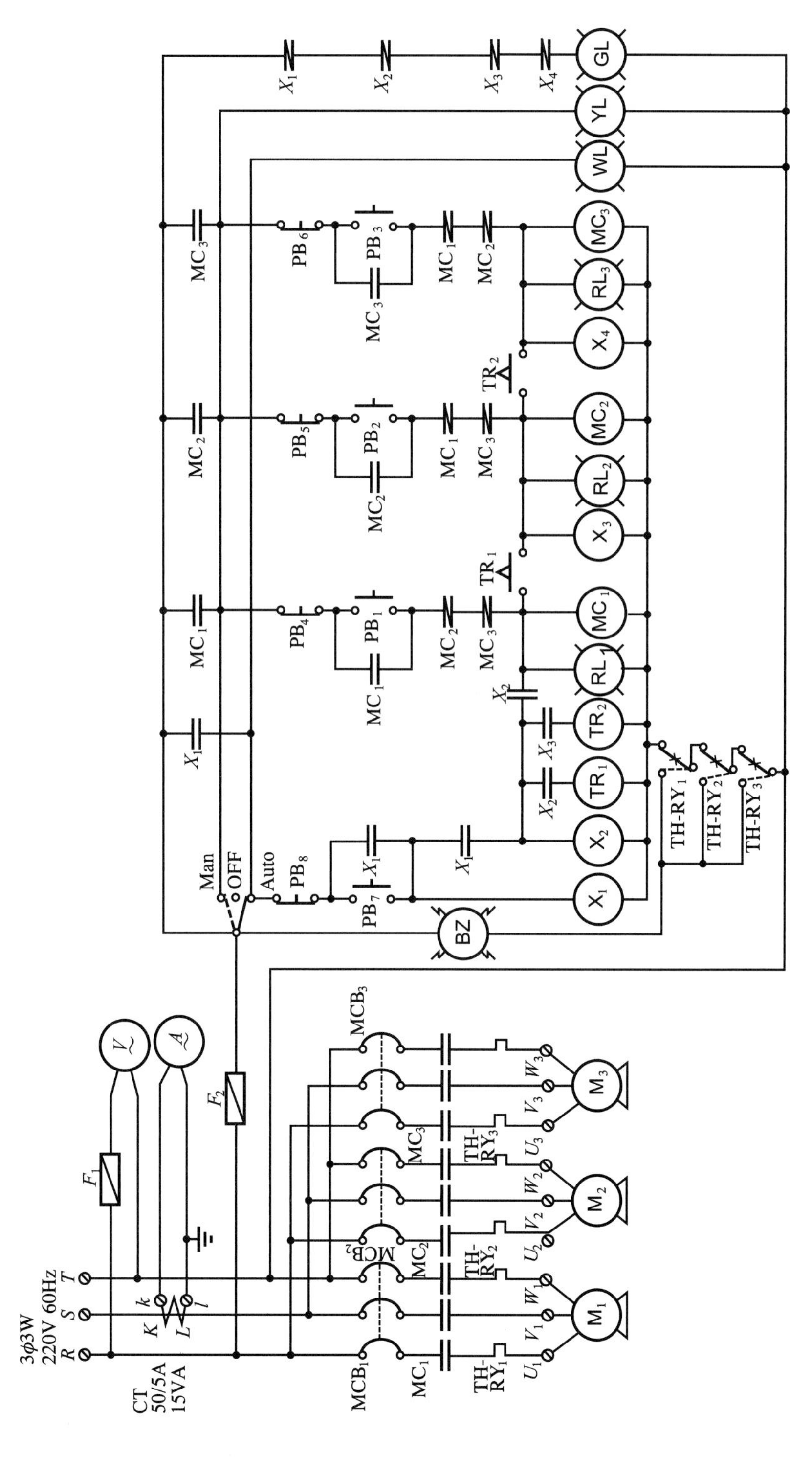

四 動作分析

1. 動作時間表

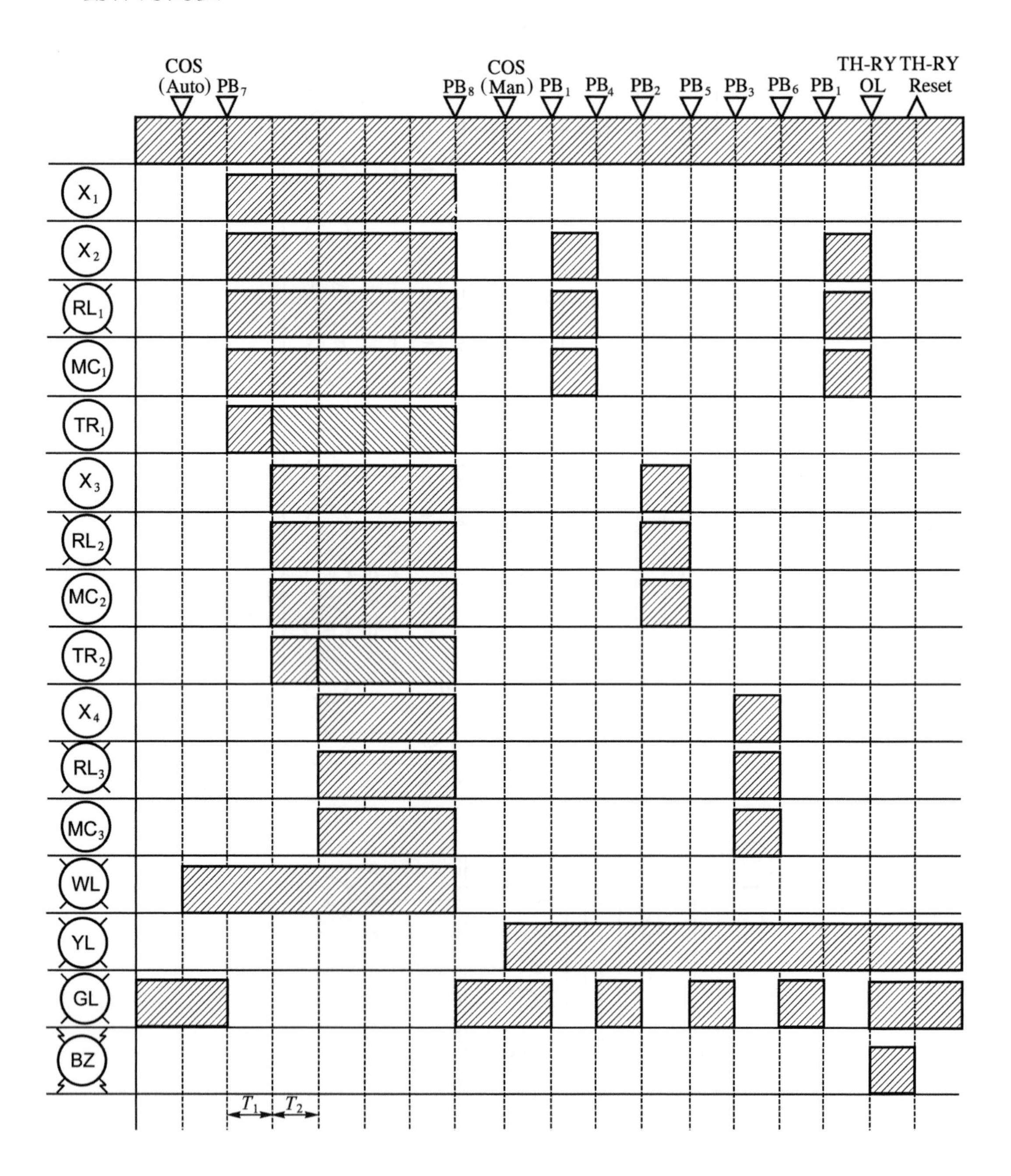

2.　動作說明

(1)　電源有電時，電壓表(V)應指示電壓(V_{RT})之值，指示燈(GL)亮。

(2)　切換開關(COS)置於測試(Man)位置時：

①　指示燈(YL)亮。

②　按下按鈕開關(PB_1)時，電磁接觸器(MC_1)激磁，電動機(M_1)運轉，指示燈(RL_1)亮，(GL)熄。

③　電動機(M_1)運轉中，按下按鈕開關(PB_4)時，(MC_1)失磁，電動機(M_1)停止運轉，(RL_1)熄，(GL)亮。

④　按下按鈕開關(PB_2)時，電磁接觸器(MC_2)激磁，電動機(M_2)運轉，指示燈(RL_2)亮，(GL)熄。

⑤　電動機(M_2)運轉中，按下按鈕開關(PB_5)時，(MC_2)失磁，電動機(M_2)停止運轉，(RL_2)熄，(GL)亮。

⑥　按下按鈕開關(PB_3)時，電磁接觸器(MC_3)激磁，電動機(M_3)運轉，指示燈(RL_3)亮，(GL)熄。

⑦　電動機(M_3)運轉中，按下按鈕開關(PB_6)時，(MC_3)失磁，電動機(M_3)停止運轉，(RL_3)熄，(GL)亮。

⑧　(MC_1)、(MC_2)、(MC_3)均應有電氣互鎖，不得同時動作。

(3)　切換開關(COS)置於自動(Auto)位置時：

①　指示燈(WL)亮。

②　按下按鈕開關(PB_7)時，(MC_1)激磁，電動機(M_1)運轉，(GL_1)亮，(GL)熄，限時電驛(TR_1)開始計時，經 5 秒後，(MC_2)激磁，電動機(M_2)運轉，(RL_2)亮，限時電驛(TR_2)開始計時，經 5 秒後，(MC_3)激磁，電動機(M_3)運轉，指示燈(RL_3)亮，三部電動機即進入運轉狀態。

③　按下按鈕開關(PB_8)時，(MC_1)、(MC_2)、(MC_3)均應跳脫，(RL_1)、(RL_2)、(RL_3)均熄，而(GL)亮。

(4)　切換開關(COS)置於停止(OFF)位置時，所有電動機均無法起動，(GL)亮，其餘燈熄。

(5) 電動機正常運轉中，電流計(A)應指示S相之電流。

(6) 切換開關(COS)若置於自動(Auto)或手動(Man)位置時，如電動機已在運轉中，操作切換開關(COS)不得影響電動機之運轉狀態。

(7) 切換開關(COS)若置於自動或手動位置時，任一電動機在正常運轉中，積熱電驛(TH-RY)動作時，動作中之電磁接觸器應立即跳脫，電動機停止運轉，指示燈均熄，蜂鳴器(BZ)響，當積熱電驛(TH-RY)復歸後，蜂鳴器停響，電動機不得自行起動。

實習 62　同步電動機發電機組控制電路

一　使用器材

符號	名稱	規格	數量	備註
MCB	無熔絲開關	3P，50AF，50AT	1只	NFB
MC	電磁接觸器	線圈 220V，$5a2b$，35A	2只	
TH-RY	積熱電驛	OL，30A	1只	
V	電壓表	0～300VAC	1只	
A	電流表	AC 0～30/5A，延長 100%	1只	
F	栓型保險絲	2A	4只	瓷質
CT	比流器	600V，0～30/5A，15VA	1只	貫穿式
X	電力電驛	AC 220V，10A，$4a4b$	3只	
TR	限時電驛	AC 220V，ON-DELAY，0～30 秒	5只	
PT	比壓器	1ϕ，220V/24V，50VA	1只	
D	整流子	50V，10A	4只	
EPB	緊急開關	30ϕ，$1a1b$	1只	
PB	按鈕開關	30ϕ，$1a1b$，綠色×1，紅色×1	2只	
BZ	蜂鳴器	AC 220V，3"，露出型	1只	

(續前表)

符號	名稱	規格	數量	備註
GL	指示燈	30ϕ，AC 220/15V，綠色	1 只	
YL	指示燈	30ϕ，AC 220/15V，黃色	1 只	
RL	指示燈	30ϕ，AC 220/15V，紅色	2 只	
WL	指示燈	30ϕ，24VDC	2 只	
TB	端子台	3P，60A	3 只	
TB	端子台	12P，20A	4 只	
TB	端子台	6P，20A	2 只	
電木板	附固定片	2T×100×100	1 片	

二　位置圖

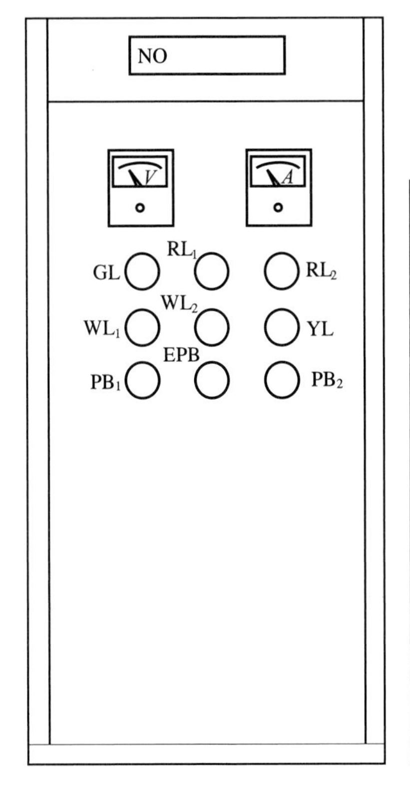

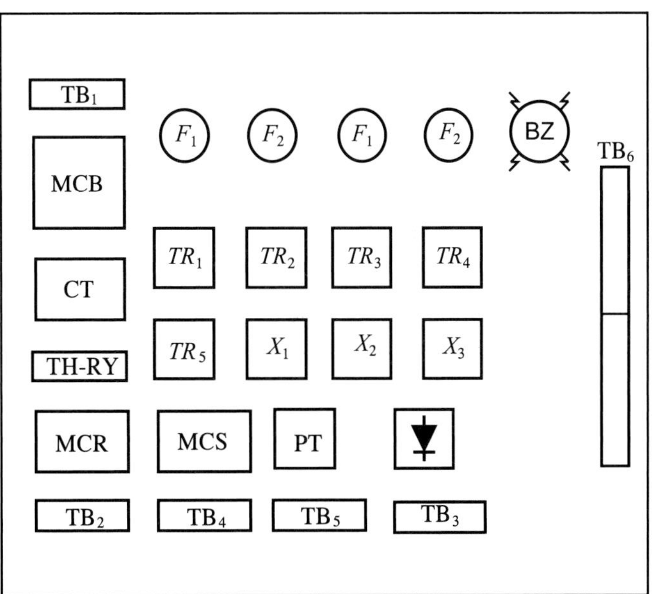

三 線路圖

1. 單線圖

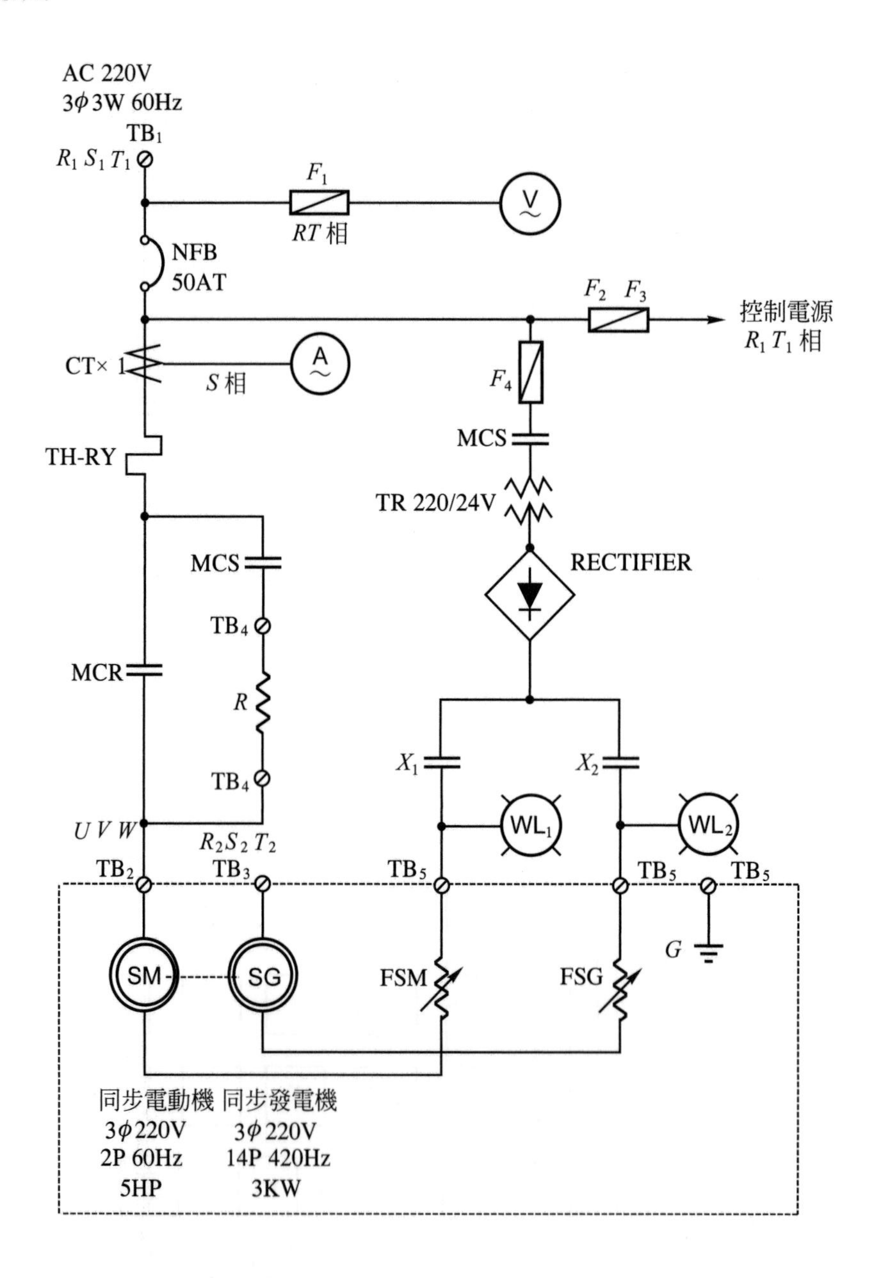
AC 220V
3φ3W 60Hz
TB1
R1 S1 T1
F1
RT相
V
NFB
50AT
F2 F3
控制電源
R1 T1 相
CT× 1
A
S相
F4
MCS
TH-RY
TR 220/24V
RECTIFIER
MCS
TB4
MCR
R
TB4
X1
X2
WL1
WL2
U V W
R2S2 T2
TB2
TB3
TB5
TB5
TB5
G
SM
SG
FSM
FSG
同步電動機
3φ220V
2P 60Hz
5HP
同步發電機
3φ220V
14P 420Hz
3KW

2. 複線圖

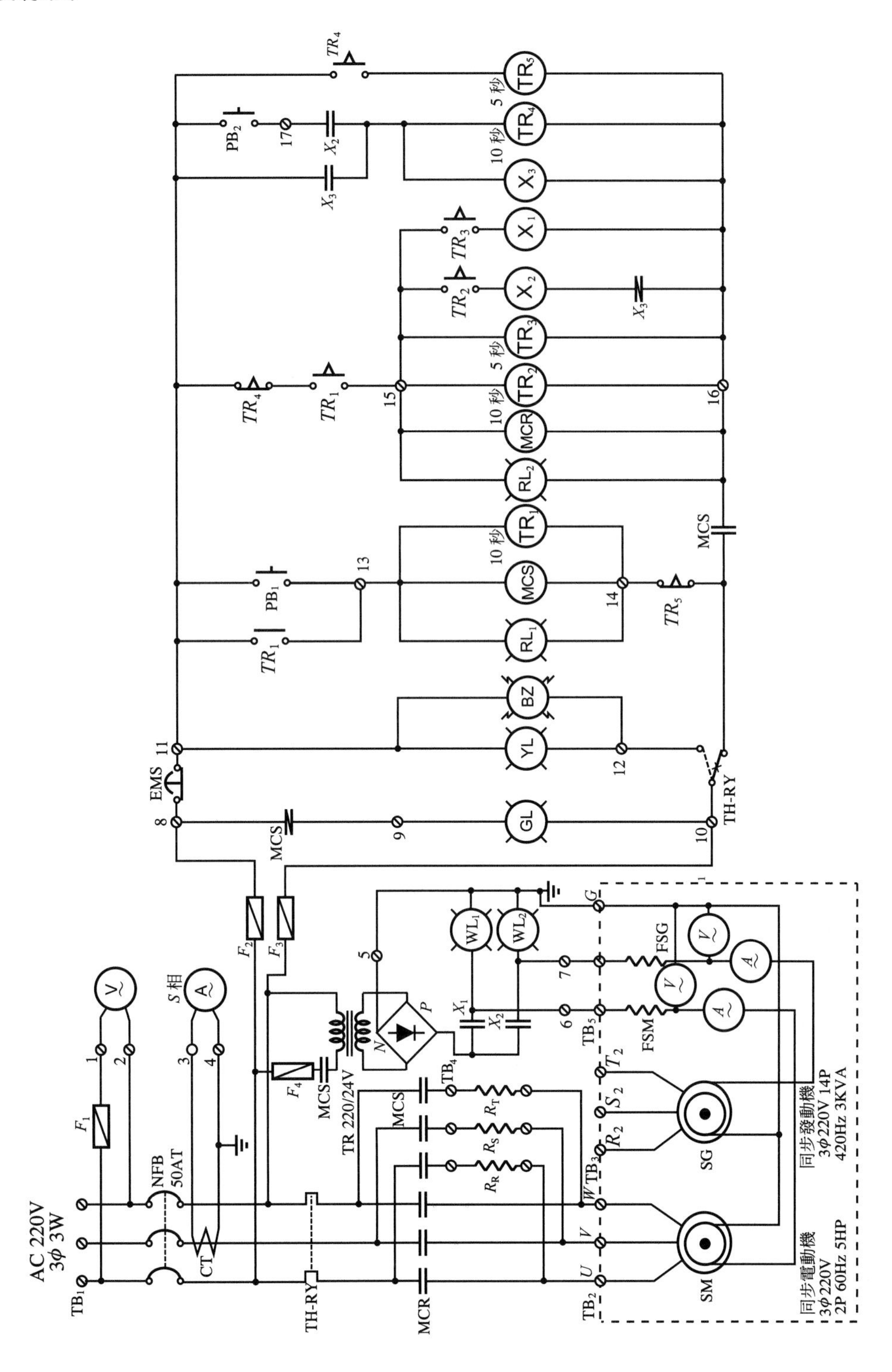

四 動作分析

1. 動作時間表

PB1 PB2 PB1 EMS PB1 TH-RY OL TH-RY Reset

NFB
MCS
TR1
RL1
MCR
RL2
TR2
TR3
X1
X2
X3
TR4
TR5
Tr
GL
YL
BZ
WL1
WL2

T1 T3 T2 T4 T5 T1 T1

2. 動作說明

(1) 電源有電時，電壓表(V)應指示相電壓(V_{RT})之值。

(2) 無熔絲開關(NFB)置於 ON 位置時，指示燈(GL)亮。

(3) 同步電動機(SM)與發電機(SG)組之「起動→運轉」。

① 按下按鈕開關(PB_1)，電磁接觸器(MCS)激磁，同步電動機(SM)降壓起動，指示燈(RL_1)亮，(GL)熄，變壓器(Tr)一次側通電，限時電驛(TR_1)開始計時，經 10 秒後，電磁接觸器(MCR)激磁，(SM)全壓運轉，指示燈(RL_2)亮，限時電驛(TR_2)及(TR_3)均開始計時。

② (TR_3)經 5 秒後，電力電驛(X_1)激磁，(SM)之磁場(field)開始激磁，指示燈(WL_1)亮。

③ (TR_2)經 10 秒後，電力電驛(X_2)激磁，(SG)之磁場(field)開始激磁，指示燈(WL_2)亮。

(4) 同步電動機(SM)發電機(SG)組之「運轉→停止」。

按下按鈕開關(PB_2)，電力電驛(X_2)失磁，(SG)之磁場斷電，(WL_2)亮，限時電驛(TR_4)開始計時，經 10 秒後，(MCR)、(TR_2)、(TR_1)、(X_1)均失磁，(RL_2)及(WL_1)均熄，限時電驛(TR_5)開始計時，經 5 秒後，(MCS)失磁，(SM)停止運轉，(RL_1)熄，(GL)亮，(Tr)一次側斷電。

(5) 按下緊急按鈕(EMS)，動作中之電磁接觸器、電力電驛和限時電驛全部失磁，(GL)仍亮，其餘全熄。

(6) (SM)運轉中，電流表(A)應指示S相之電流。

(7) (SM)運轉中，積熱電驛(TH-RY)動作，蜂鳴器(BZ)響，指示燈(YL)亮，動作中之電磁接觸器、電力電驛和限時電驛全部失磁，(GL)仍亮。

實習63 三部電動機二部順序運轉電路之裝配

一 使用器材

符號	名稱	規格	數量	備註
NFB	無熔絲開關	3P，50AF，30AT	3只	NFB
MS	電磁開關	AC 220V，20A，線圈220V，補助接點2*a*2*b*，OL 15A	3只	
V	電壓表	AC 0～300V	1只	
A	電流表	AC 0～50/5A，延長100%	1只	
CT	比流器	AC 600V，50/5A，15VA	1只	貫穿式
F	栓型保險絲	2A	4只	
X	電力電驛	AC 220V，10A，線圈220V，2*a*2*b*	2只	X_6，X_2
X	電力電驛	AC 220V，5A，線圈220V，4*a*4*b*	4只	X_1，X_3，X_4，X_5
TR	限時電驛	AC 220V，雙設定，0～60秒	1只	ON-OFF-DELAY
YL	指示燈	30ϕ，AC 220/15V，黃色	1只	
RL	指示燈	30ϕ，AC 220/15V，紅色	3只	
PB	按鈕開關	30ϕ，1*a*1*b*，綠色×1，紅色×1	2只	
COS	切換開關	30ϕ，1*a*-0-1*a*，三段式	1只	
BZ	蜂鳴器	AC 220V，3"，露出型	1只	
TB	端子台	3P，30A	3只	
TB	端子台	3P，60A	1只	
TB	端子台	12P，20A	4只	

二　位置圖

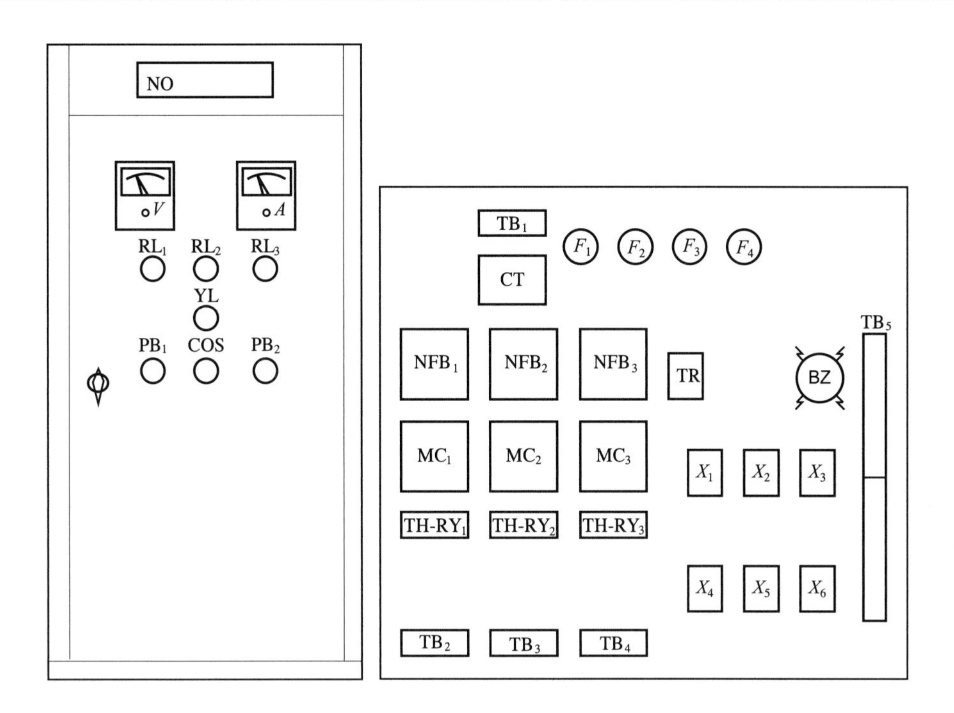

三　線路圖

1.　單線圖

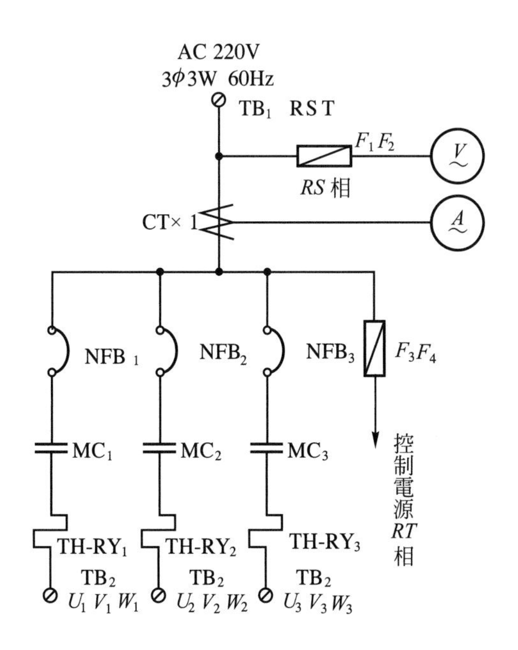

2. 複線圖

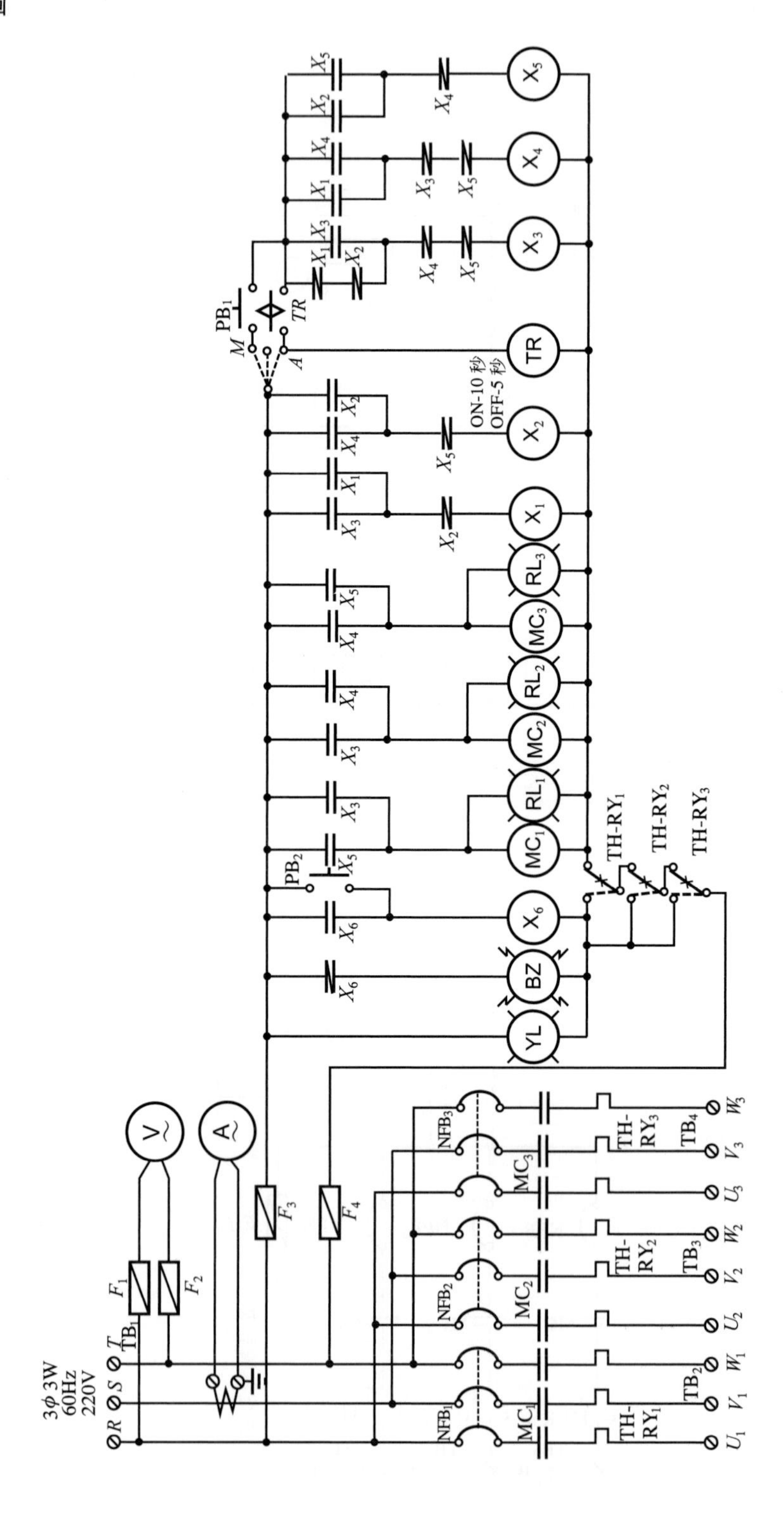

3φ3W
60Hz
220V
R
S
T
TB1
F1
F2
F3
F4
V
A
NFB1
NFB2
NFB3
MC1
MC2
MC3
TH-RY1
TH-RY2
TH-RY3
TB2
TB3
TB4
U1
V1
W1
U2
V2
W2
U3
V3
W3
YL
BZ
X6
PB2
X5
X3
X4
RL1
RL2
RL3
X1
X2
X2
TR
ON-10秒
OFF-5秒
PB1
M
A
TR

四 動作分析

1. 動作時間表

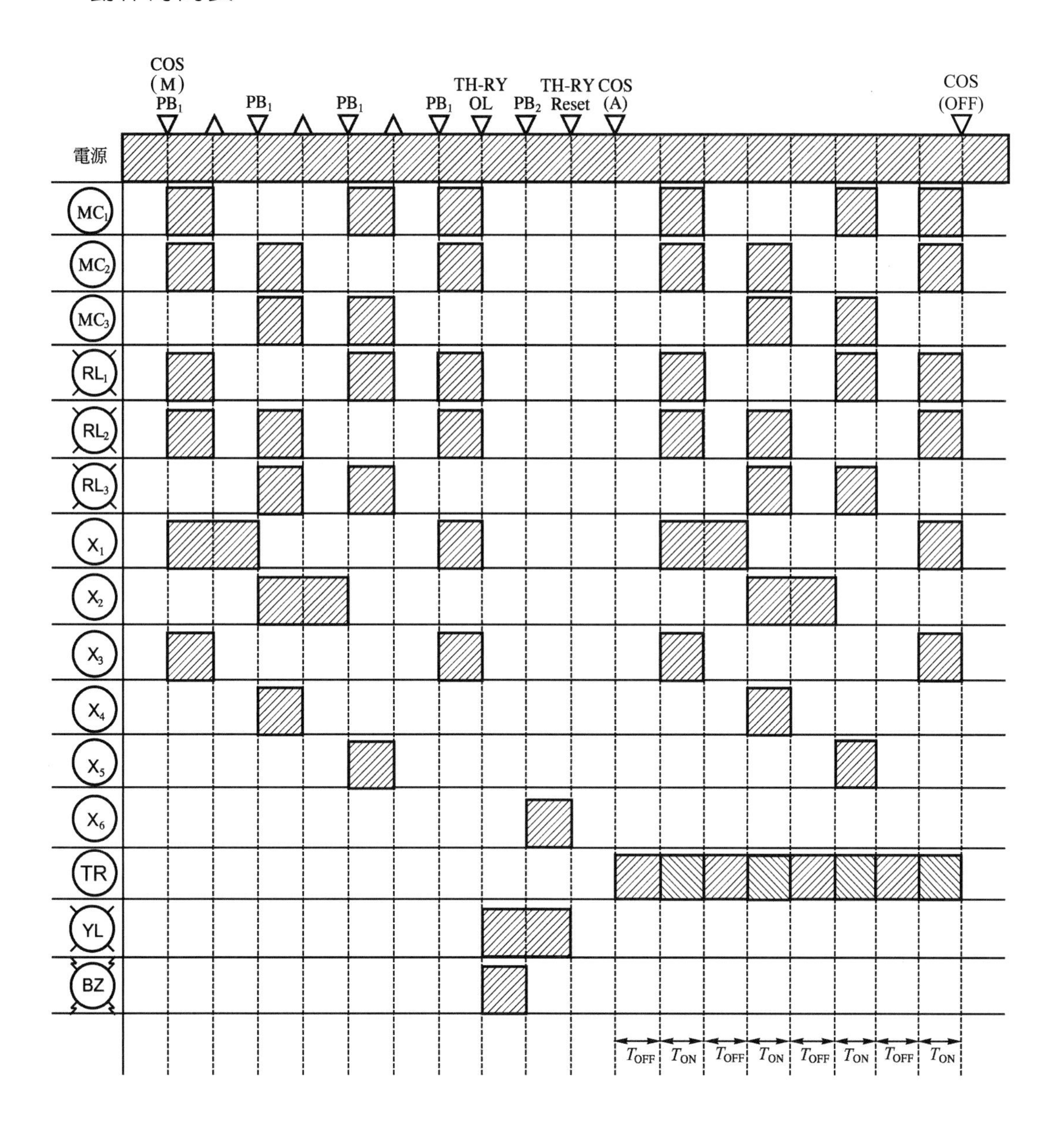

2. 動作說明

⑴ 電源有電時，電壓計(V)指示線電壓(V_{RT})之值。

⑵ 切換開關(COS)置於手動(M)位置時：

① 按下按鈕開關(PB_1)時，電磁接觸器(MC_1)(MC_2)激磁，電動機(M_1)(M_2)運轉，指示燈(RL_1)(RL_2)亮後，放開(PB_1)時，(MC_1)(MC_2)失磁，電動機(M_1)(M_2)停止運轉，(RL_1)(RL_2)熄。

② 第二次按下(PB_1)時，電磁接觸器(MC_2)(MC_3)激磁，電動機(M_2)(M_3)運轉，指示燈(RL_2)(RL_3)亮後，放開(PB_1)時，(MC_2)(MC_3)失磁，電動機(M_2)(M_3)停止運轉，(RL_2)(RL_3)熄。

③ 第三次按下(PB_1)時，電磁接觸器(MC_3)(MC_1)激磁，電動機(M_3)(M_1)運轉，指示燈(RL_3)(RL_1)亮後，放開(PB_1)時，(MC_3)(MC_1)失磁，電動機(M_3)(M_1)停止運轉，(RL_3)(RL_1)熄。

④ 第四次按下(PB_1)時，重複①、②、③動作。

⑶ 切換開關(COS)置於自動(A)位置時：

① 限時電驛(TR)動作，其限時接點 ON，(MC_1)(MC_2)激磁，電動機(M_1)(M_2)運轉，(RL_1)(RL_2)亮，經 10 秒後，限時接點OFF，(MC_1)(MC_2)失磁，電動機(M_1)(M_2)停止運轉，(RL_1)(RL_2)熄。

② (MC_1)(MC_2)失磁後，經 5 秒後，限時接點 ON，(MC_2)(MC_3)激磁，電動機(M_2)(M_3)運轉，(RL_2)(RL_3)亮，經 10 秒後，限時接點OFF，(MC_2)(MC_3)失磁，電動機(M_2)(M_3)停止運轉，(RL_2)(RL_3)熄。

③ (MC_2)(MC_3)失磁後，經 5 秒後，限時接點 ON，(MC_3)(MC_1)激磁，電動機(M_3)(M_1)運轉，(RL_3)(RL_1)亮，經 10 秒後，限時接點OFF，(MC_3)(MC_1)失磁，電動機(M_2)(M_1)停止運轉，(RL_3)(RL_1)熄。

④ (MC_3)(MC_1)失磁後，經 5 秒後，又重複至①、②、③之動作。

⑷ 切換開關(COS)置於停止(OFF)位置時，所有電動機均即停止，指示燈均熄。

⑸ 電動機正常運轉中，電流計(A)應指示S相之電流。

(6) 切換開關(COS)置於手動或自動時，任一電動機在正常運轉中，積熱電驛(TH-RY)動作，動作中之電磁接觸器立即失磁，電動機停止運轉，蜂鳴器(BZ)發出警報，指示燈(YL)亮，按下按鈕開關(PB_2)時，蜂鳴器(BZ)停響，但指示燈(YL)仍亮，當(TH-RY)復歸後，(YL)熄，但手動時電動機不得自行起動。

實習 64　三相感應電動機定時正逆轉電路裝置

一　使用器材

符號	名稱	規格	數量	備註
NFB	無熔絲開關	3P，50AF，30AT	1 只	
MC	電磁接觸器	線圈 220V，5*a*2*b*，20A	2 只	
TH-RY	積熱電驛	OL-15A	1 只	
V	電壓表	AC 0～300V	1 只	
A	電流表	AC 0～30/5A，延長 100%	1 只	
CT	比流器	600V，0～30/5A，15VA	1 只	
F	栓型保險絲	2A	2 只	貫穿式
COS	切換開關	30ϕ，1*a*-0-1*a*，三段式	1 只	
X	電力電驛	AC 220V，4*a*4*b*，10A	8 只	
TR	限時電驛	AC 220V，0～10 秒，ON-DELAY	3 只	
PB	按鈕開關	30ϕ，1*a*1*b*，紅色×2，綠色×2	4 只	
RL	指示燈	30ϕ，AC 220/15V，紅色	4 只	
GL	指示燈	30ϕ，AC 220/15V，綠色	2 只	
TB	端子台	3P，30A	1 只	
TB	端子台	12P，20A	4 只	

二 位置圖

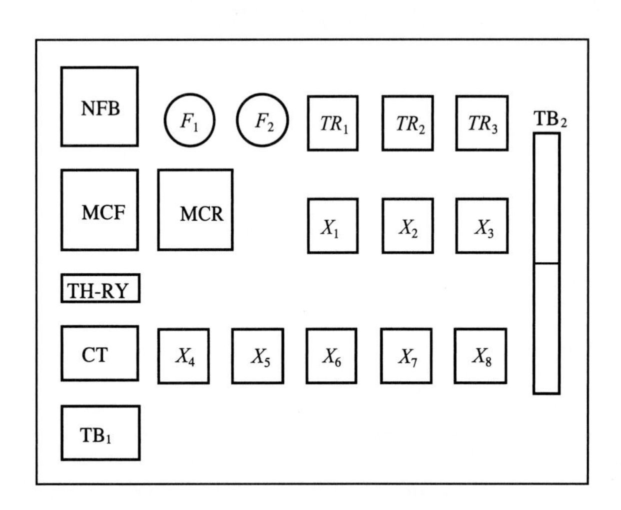

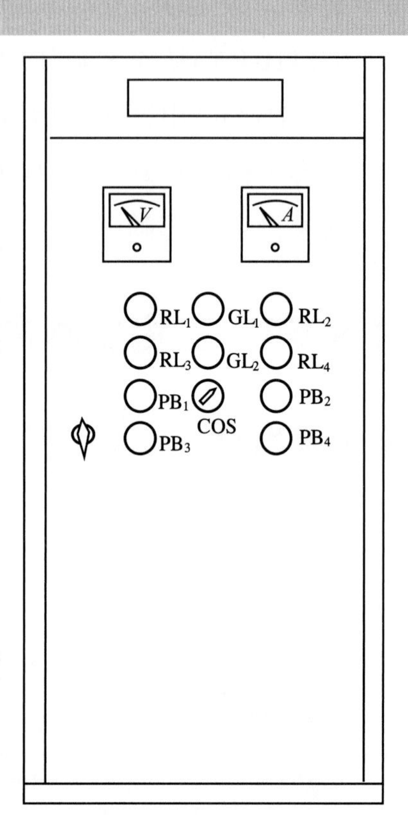

三 線路圖

1. 單線圖

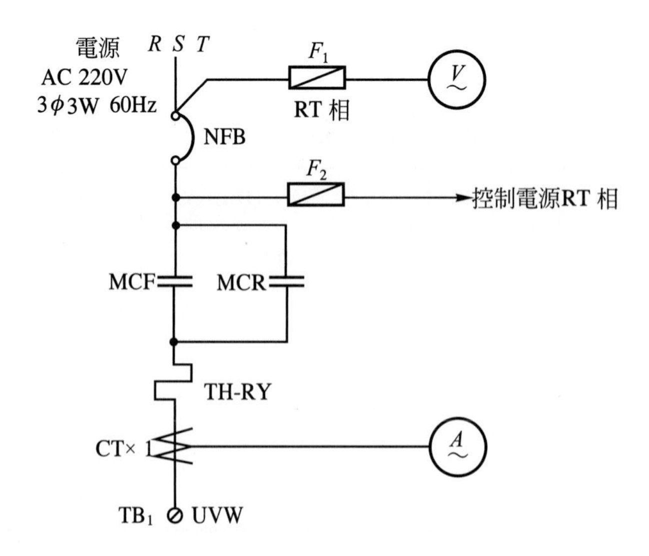

2. 複線圖

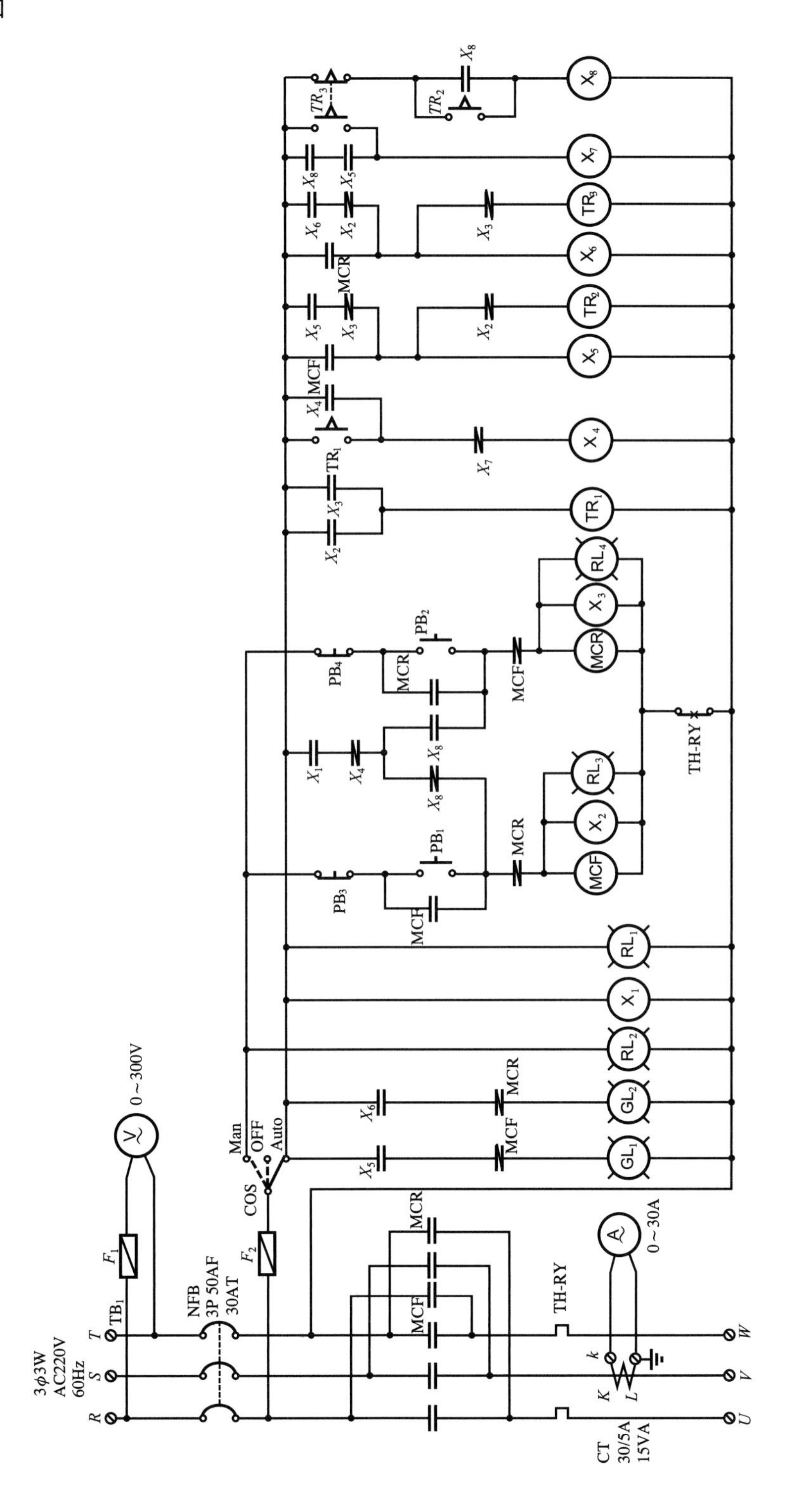

四 動作分析

1. 動作時間表

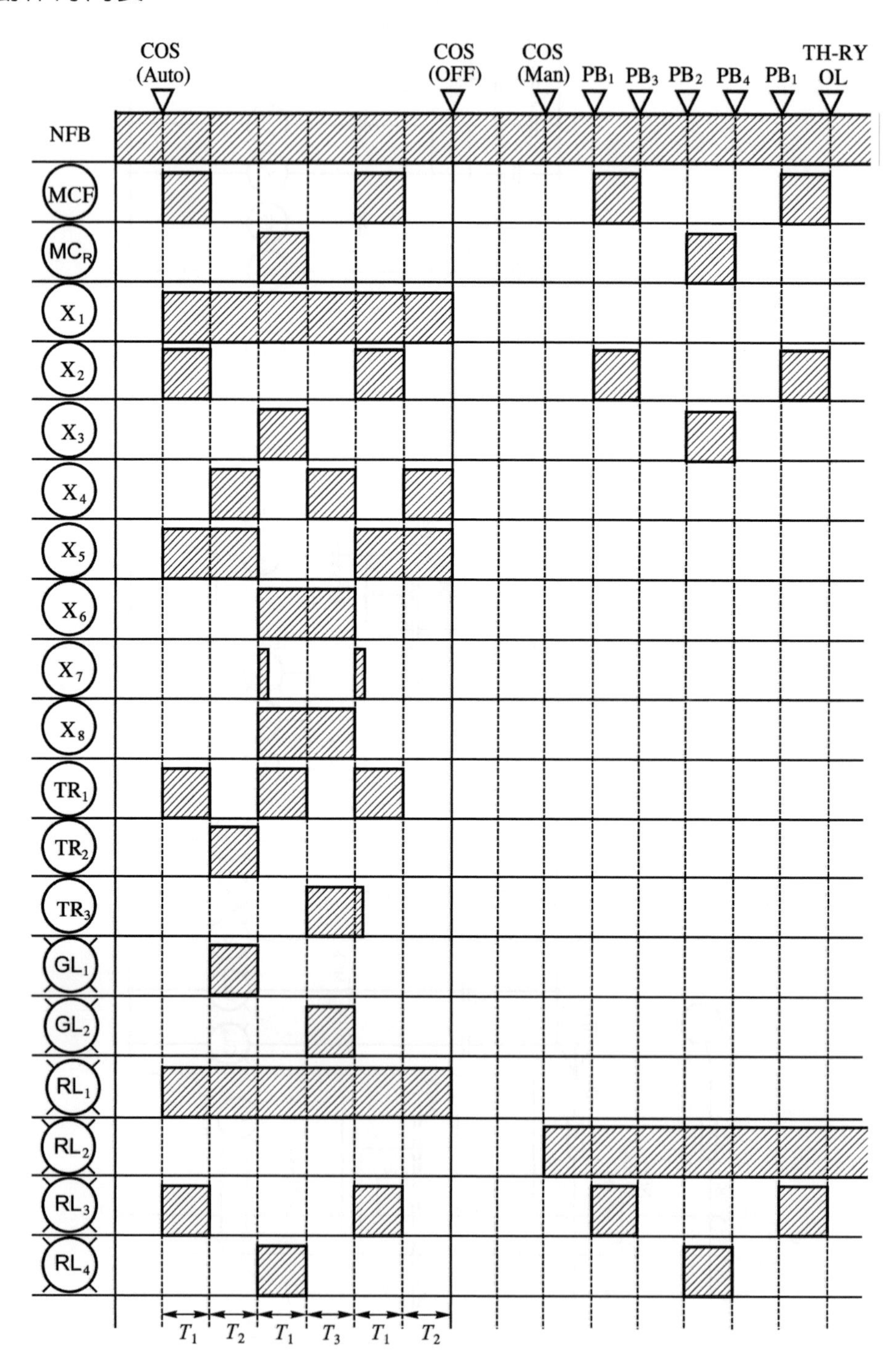

2. 動作說明

(1) 電源有電時，電壓計(V)指示線電壓(V_{RT})之值。

(2) 切換開關(COS)置於手動(Man)位置時：

① 指示燈(RL_2)亮。

② 按下按鈕開關(PB_1)時，電磁接觸器(MCF)激磁，電動機正轉，指示燈(RL_3)亮。

③ 電動機正轉中，按下按鈕開關(PB_3)時，(MCF)失磁，電動機停止運轉，(RL_3)熄。

④ 按下按鈕開關(PB_2)時，電磁接觸器(MCR)激磁，電動機逆轉，指示燈(RL_4)亮。

⑤ 電動機逆轉中，按下按鈕開關(PB_4)時，(MCR)失磁，電動機停止運轉，(RL_4)熄。

(3) 切換開關(COS)置於自動(Auto)位置時：

① 指示燈(RL_1)亮，(RL_2)熄。

② (MCF)激磁，電動機即正轉，(RL_3)亮，限時電驛(TR_1)開始計時，經 10 秒後，(MCF)失磁，電動機停止運轉，(RL_3)熄，指示燈(GL_1)亮。

③ (MCF)失磁後，限時電驛(TR_2)開始計時，經 5 秒後，(MCR)激磁，電動機逆轉，(RL_4)亮，(GL_1)熄，限時電驛(TR_1)開始計時，經 10 秒後，(MCR)失磁，電動機停止運轉，指示燈(RL_4)熄，指示燈(GL_2)亮。

④ (MCR)失磁後，限時電驛(TR_3)開始計時，經 6 秒後，(GL_2)熄，動作又重複②、③之順序，而交替換向。

(4) 切換開關(COS)若置於停止(OFF)位置時，運轉中之電動機應即停止，所有指示燈全熄。

(5) 電動機在正常運轉中，電流計(A)應指示S相之電流。

(6) 電動機正常運轉中，積熱電驛(TH-RY)跳脫時，動作中之電磁接觸器應即失磁，電動機停止運轉，指示燈(RL_3)或(RL_4)熄，(TH-RY)復歸後，在手動時電動機不得自行起動運轉。

(7) 電磁接觸器(MCF 及 MCR)應有電氣互鎖，不得同時動作。

實習 65　昇降機控制電路

一　使用器材

符號	名稱	規格	數量	備註
NFB	無熔絲開關	3P，50AF，50AT	1 只	
NFB	無熔絲開關	2P，30AF，15AT	1 只	
NFB	無熔絲開關	2P，30AF，20AT	1 只	
MC	電磁接觸器	AC 220V，40A，5*a*2*b*	2 只	
X	電力電驛	AC 220V，10A，4*a*4*b*	9 只	
LS	微動開關	250V，20A	9 只	
Tr	變壓器	220/110V	1 只	
D	整流子	20A	4 只	
B	剎車線圈	110V	1 只	
PB	控制開關	30ϕ，綠色，1*a*1*b*	9 只	
TH-RY	積熱電驛	40A	1 只	

二　位置圖

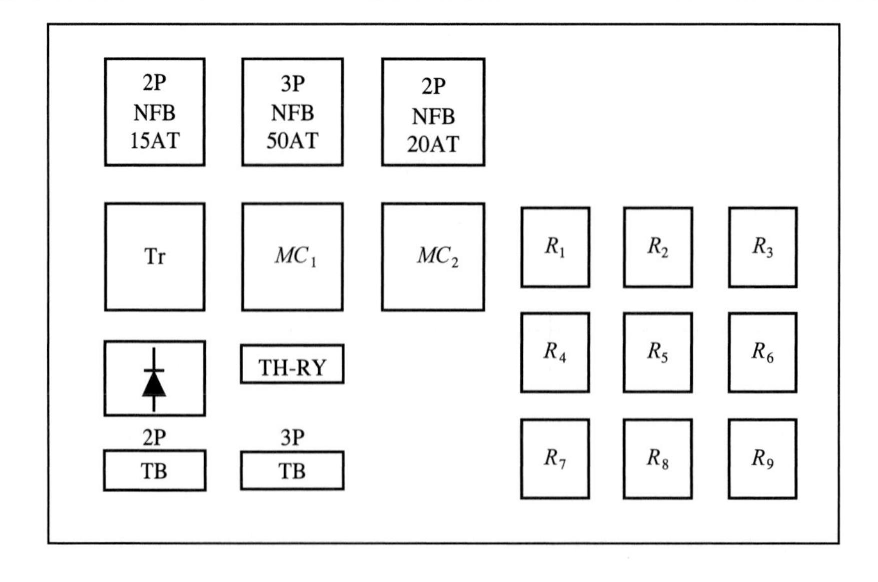

三　線路圖

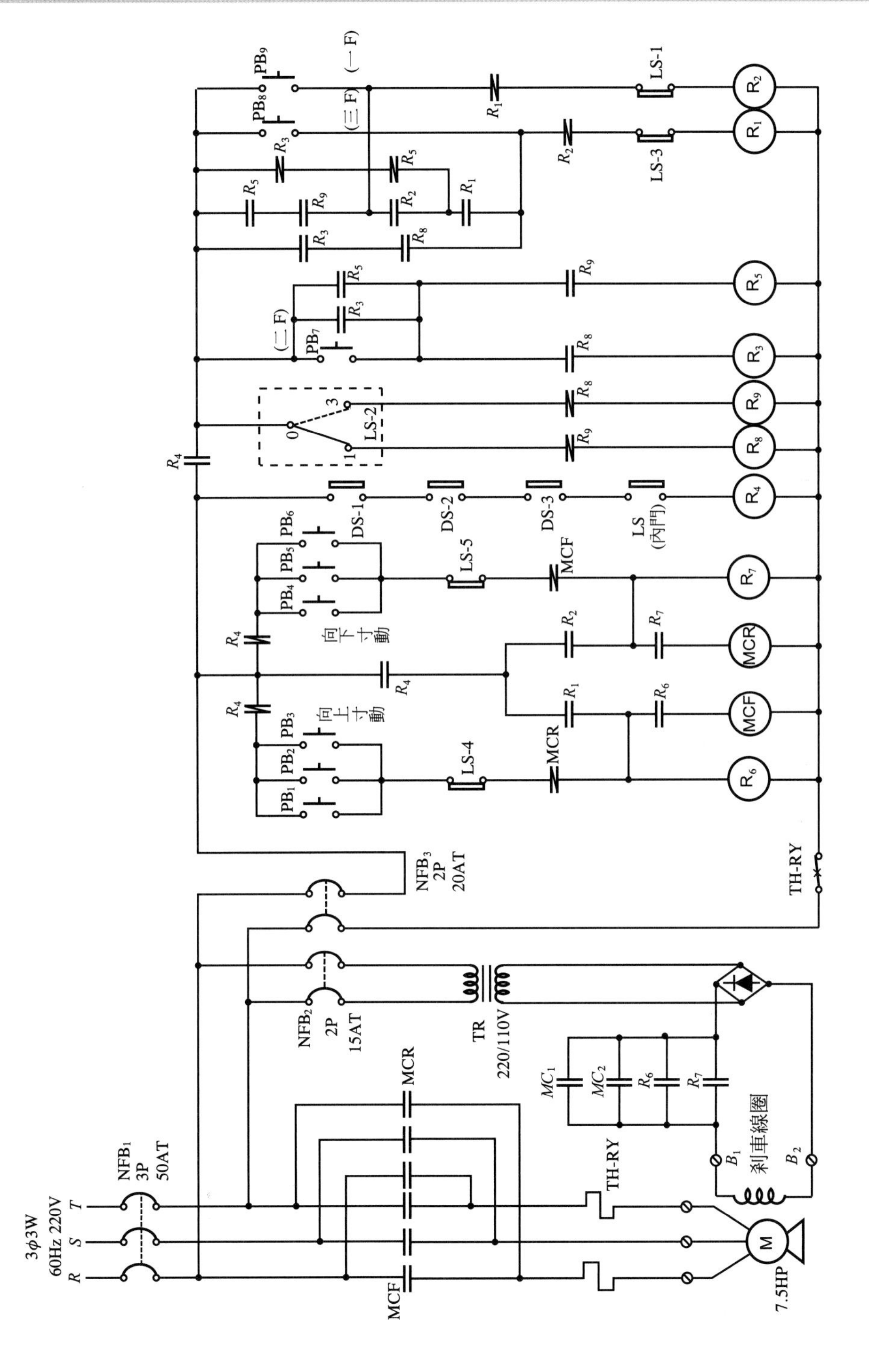
3φ3W
60Hz 220V
R
S
T
NFB₁
3P
50AT
MCF
MCR
TH-RY
M
7.5HP
NFB₂
2P
15AT
NFB₃
2P
20AT
TR
220/110V
MC₁
MC₂
R₆
R₇
B₁
B₂
剎車線圈
PB₁
PB₂
PB₃
PB₄
PB₅
PB₆
PB₇
PB₈
PB₉
向上寸動
向下寸動
LS-1
LS-2
LS-3
LS-4
LS-5
DS-1
DS-2
DS-3
LS
(內門)
(一 F)
(二 F)
(三 F)
R₁
R₂
R₃
R₄
R₅
R₆
R₇
R₈
R₉
MCR
MCF
0
1
3

四 動作說明

(1) 接上電源，將無熔絲開關(NFB_1)、(NFB_2)、(NFB_3) ON。

(2) 電路中，(DS-1)、(DS-2)、(DS-3)分別是一、二、三樓昇降機外門之微動開關，(LS)是內門微動開關，要操作昇降機時，必須先將各樓的外門及內門關好以後，才能操作。

(3) 按鈕開關(PB_1)、(PB_2)、(PB_3)是各樓調整昇降機向上寸動控制用按鈕開關。按鈕開關(PB_4)、(PB_5)、(PB_6)是各樓調整昇降機向下寸動控制用按鈕開關。

(4) 按鈕開關(PB_7)是二樓控制按鈕，(PB_8)是三樓控制按鈕開關，(PB_9)是一樓控制按鈕開關。

(5) 當昇降機停在一樓時，微動開關(LS-1)的接點被打開，按(PB_7)時，昇降機昇到二樓時，碰到(LS-2)，電磁接觸器(R_8)及(R_3)失磁，昇降機停止，若按(PB_8)時，昇降機上昇到三樓。

(6) 若昇降機在二樓時，應可以上昇到三樓也可以下降到一樓，若按下按鈕開關(PB_8)時，昇降機上昇到三樓，若是按下按鈕開關(PB_9)時，昇降機下降到一樓，碰到極限開關(LS-1)後，昇降機停止。

(7) 當昇降機停在三樓時，昇降機只能做下降動作，按下按鈕開關(PB_7)時，昇降機下降到二樓，按下按鈕開關(PB_9)，昇降機下降至一樓。

(8) 極限開關(LS-4)是上限開關，(LS-5)是下限開關。

(9) 各樓之內外門未關好時，昇降機不能操作。

(10) (LS-2)當昇降機在三樓時0與3點通，當昇降機由三樓降到一樓時，其接點爲0與1點通。

實習 66　自動攪拌機控制電路之裝配工作

一　使用器材

符號	名稱	規格	數量	備註
	器具板	600×500×2.3mm$t$	1 塊	如配置圖所示
NFB	無熔絲開關	3P，50AF，30AT	1 只	
MS	電磁開關	AC 220V，12A，coil 220V OL 3.5A，補助接點　1a1b	3 只	MS_1，MS_2，MS_3
F	栓型保險絲	550V 2A	2 組	F_1，F_2
TR	限時電驛	AC 220V，0～30 秒 ，ON-DELAY	4 只	TR_1，TR_2，TR_3，TR_4
X	電力電驛	AC 220V，5A，1a1b	1 只	
	操作板	600×500×2.3mm$t$	1 塊	如配置圖所示
PL	指示燈	30ϕ，AC 220/15V	4 只	RL_1，RL_2，RL_3，GL
PB	按鈕開關	30ϕ，1a1b	2 只	PB_1紅色、PB_2綠色
BZ	蜂鳴器	AC 220V，3"，露出型	1 只	
TB	端子台	12P，250V，20A	1 只	TB_5
	螺絲及螺帽	M8×25(P1.25)	3 組	
	連接線束		1 式	TB_4與TB_5間連接用

二　位置圖

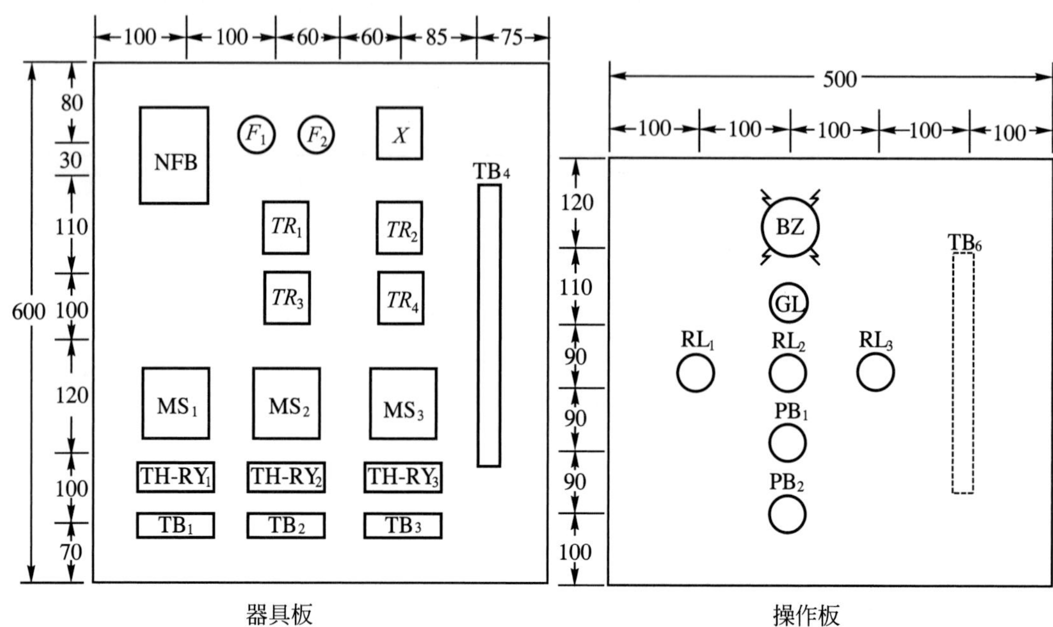
100
100
60
60
85
75
80
30
110
100
600
120
100
70
NFB
F_1
F_2
X
TB4
TR_1
TR_2
TR_3
TR_4
MS1
MS2
MS3
TH-RY1
TH-RY2
TH-RY3
TB1
TB2
TB3
500
100
100
100
100
100
120
110
90
90
90
100
BZ
TB6
GL
RL1
RL2
RL3
PB1
PB2

器具板　　操作板

三　線路圖

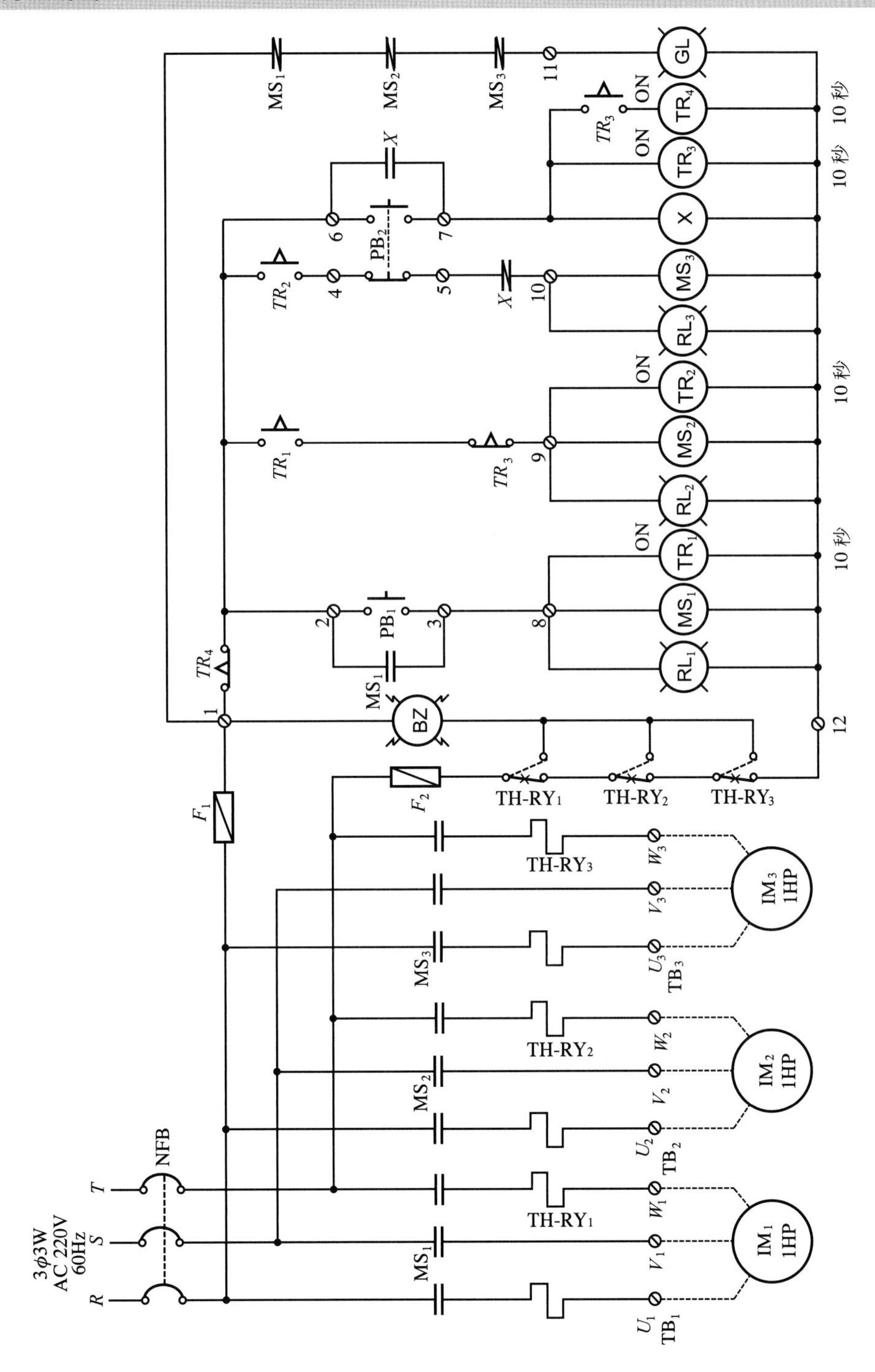

3φ3W
AC 220V
60Hz
R
S
T
NFB
F1
F2
TR4
MS1
MS2
MS3
11
GL
TR4
TR3
ON
10秒
X
PB2
PB1
TR2
TR1
TR3
1
2
3
4
5
6
7
8
9
10
12
MS3
RL3
TR2
MS2
RL2
TR1
MS1
RL1
BZ
TH-RY1
TH-RY2
TH-RY3
U1
V1
W1
TB1
U2
V2
W2
TB2
U3
V3
W3
TB3
IM1
1HP
IM2
1HP
IM3
1HP

四 動作分析

1. 動作時間表

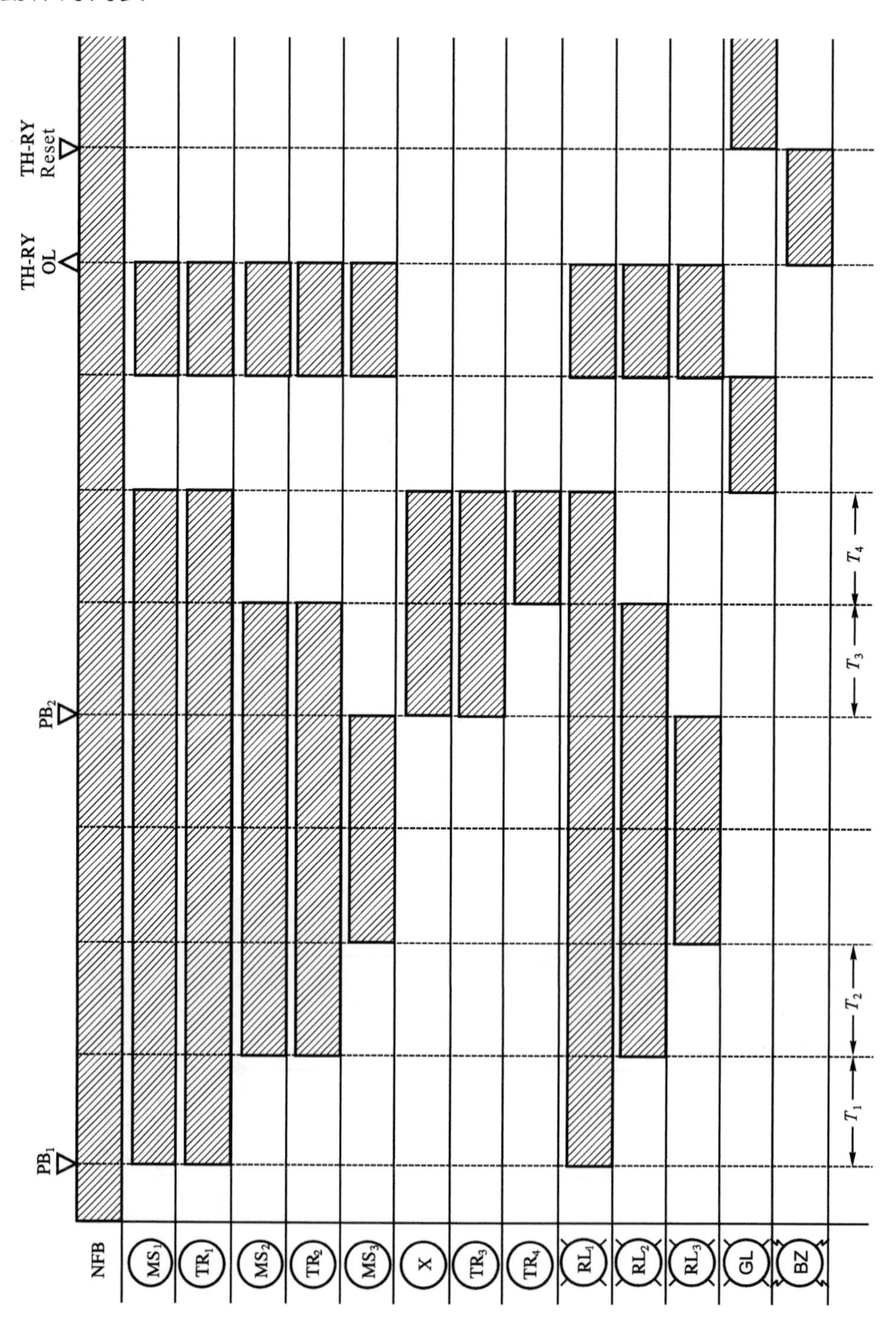

2. 動作說明

⑴ 接上電源，將無熔絲開關(NFB)置於ON位置，指示燈(GL)亮。

⑵① 按下按鈕開關(PB_1)，電磁接觸器(MS_1)激磁，限時電驛(TR_1)開始計時，指示燈(RL_1)亮，第一台電動機運轉。

② 經過(TR_1)所設定之時間(10 秒)後，電磁接觸器(MS_2)激磁，限時電驛(TR_2)開始計時，指示燈(RL_2)亮，第二台電動機運轉。

③ 經過(TR_2)所設定之時間(10 秒)後，電磁接觸器(MS_3)激磁，指示燈(RL_3)亮，第三台電動機運轉。

⑶① 按下按鈕開關(PB_2)，電力電驛(X)激磁，限時電驛(TR_3)開始計時，電磁接觸器(MS_3)失磁，第三台電動機停止運轉，指示燈(RL_3)熄。

② 經過(TR_3)所設定時間(10 秒)後，限時電驛(TR_4)開始計時，電磁接觸器(MS_2)失磁，第二台電動機運轉，指示燈(RL_2)熄。

③ 經過(TR_4)所設定之時間(10秒)後，所有動作中之電磁接觸器、限時電驛均失磁，第一台電動機停止運轉，指示燈(RL_1)熄，(GL)亮。

⑷ 電動機在正常運轉中，因過載或其他故障原因，致使積熱電驛(TH-RY)動作，所有運轉中之電動機機均應停止運轉，蜂鳴器(BZ)應發出警報。

實習 67 交流電動機手動、自動連鎖，順序控制

一 使用器材

符號	名稱	規格	數量	備註
	器具板	600×500×2.3mm*t*	1塊	
NFB	無熔絲開關	3P，100AF，50AT	1只	
F	栓型保險絲	AC 550V，2A	2組	F_1，F_2
TR	限時電驛	AC 220V，0～30秒 ，ON DELAY	1只	附底座
X	電力電驛	AC 220V，5A，2C	1只	X_1，附底座
X	電力電驛	AC 220V，5A，3C	1只	X_2，附底座
MC	電磁接觸器	AC 220V，20A，coil 220V，補助接點2*a*2*b*	2只	MC_1，MC_2
TH-RY	積熱電驛	OL-18A，1*c*	2只	
TB	端子台	3P，250V，30A	2只	TB_1，TB_2
TB	端子台	16P，250V，20A	1只	TB_3
	操作板	600×500×2.3mm*t*	1塊	如配圖所示
COS	選擇開關	30ϕ，三段式，1*a*1*b*	1只	
PL	指示燈	30ϕ，AC 220/15V	3只	WL、RL_1、RL_2
PB	按鈕開關	30ϕ，1*a*1*b*	3只	PB_1紅色，PB_2、PB_3綠色
TB	端子台	16P，250V，20A	1只	TB_4
V	伏特表	80×80mm，AC，0～300V，2.5級	1只	
VS	電壓切換開關	3ϕ3W式	1只	
BZ	蜂鳴器	AC 220V，3"，露出型	1只	

二 位置圖

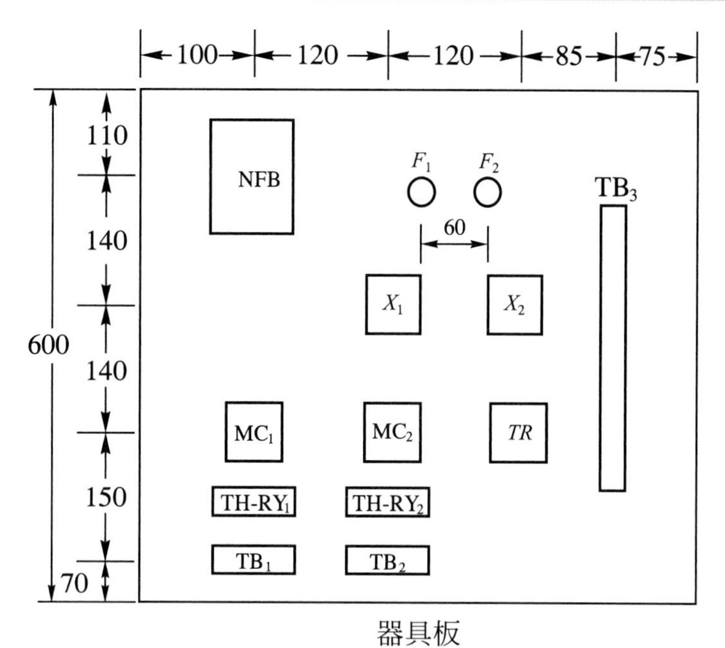
100
120
120
85
75
110
140
140
150
70
600
NFB
F_1
F_2
60
X_1
X_2
TB3
MC1
MC2
TR
TH-RY1
TH-RY2
TB1
TB2

器具板

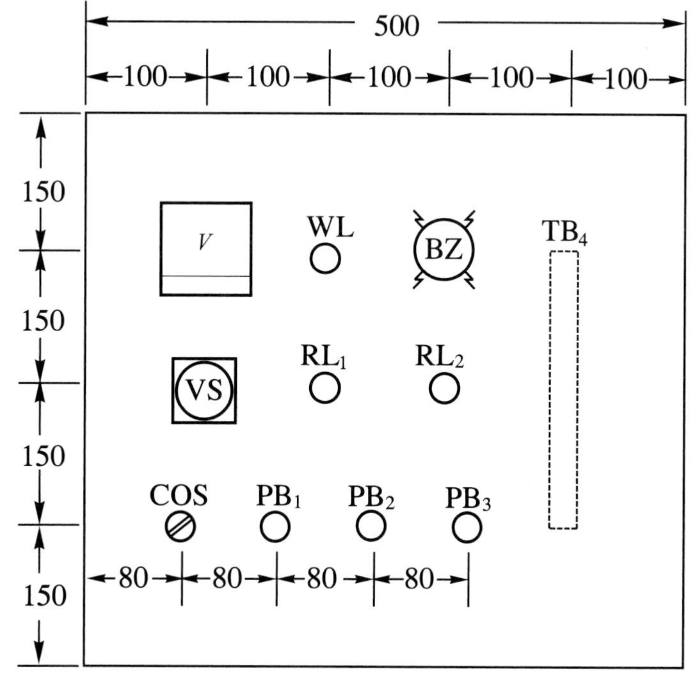
500
100
100
100
100
100
150
150
150
150
V
WL
BZ
TB4
VS
RL1
RL2
COS
PB1
PB2
PB3
80
80
80
80

操作板

三 線路圖

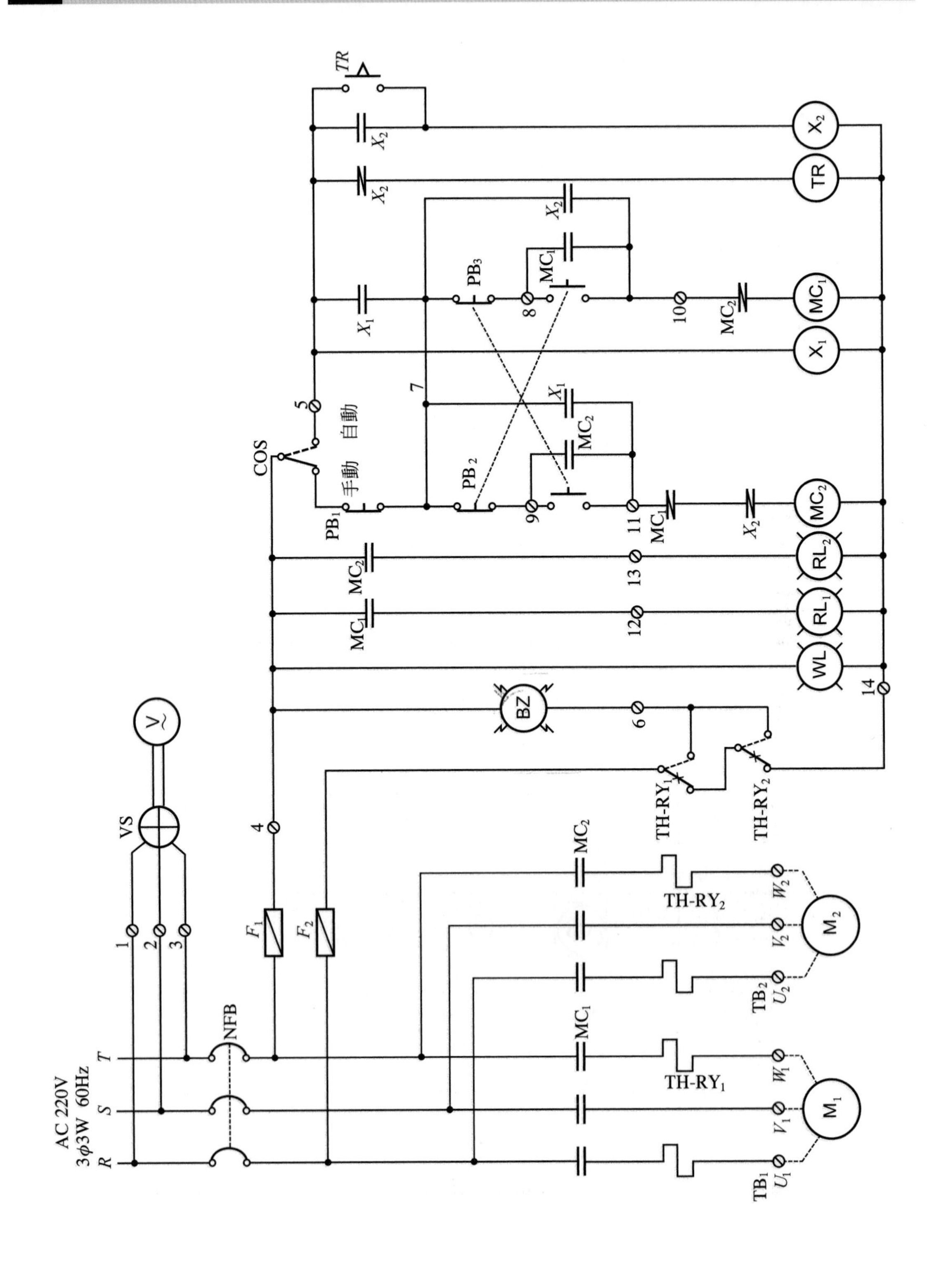

AC 220V
3φ3W 60Hz
R
S
T
NFB
VS
V
1
2
3
4
5
6
7
8
9
10
11
12
13
14
F1
F2
COS
手動
自動
PB1
PB2
PB3
TR
X1
X2
MC1
MC2
BZ
WL
RL1
RL2
TH-RY1
TH-RY2
TB1
TB2
U1
V1
W1
U2
V2
W2
M1
M2

四　動作分析

1. 動作時間表

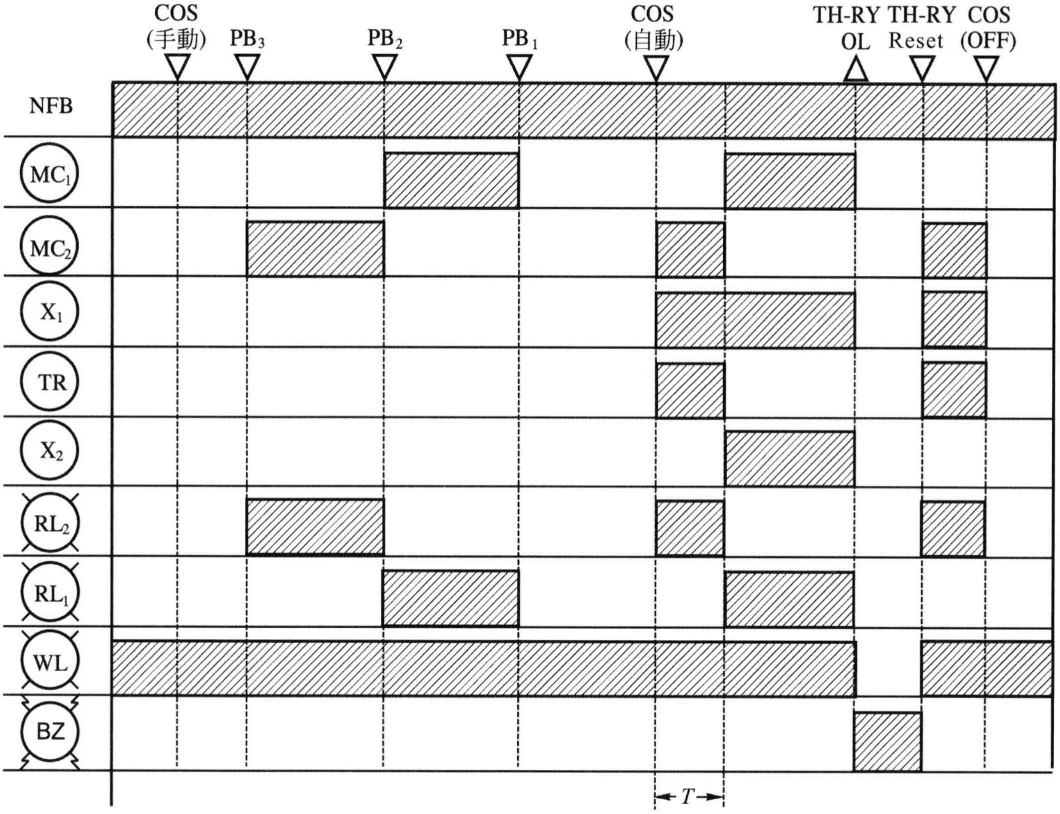

2. 動作說明

(1) 接上電源，將無熔絲開關(NFB)置於 ON 位置，指示燈(WL)亮。

(2) 將選擇開關(COS)置於手動位置：

① 按下按鈕開關(PB_2)，電磁接觸器(MC_1)激磁，指示燈(RL_1)亮。第一台電動機運轉。

② 按下按鈕開關(PB_3)，電磁接觸器(MC_1)失磁，指示燈(RL_1)熄，第一台電動機停止運轉，電磁接觸器(MC_2)激磁，指示燈(RL_2)亮，第二台電動機運轉。

③ 按下按鈕開關(PB_1)，電動機停止運轉，(RL_2)指示燈熄。

(3) 將選擇開關(COS)置於自動位置：

① 電力電驛(X_1)激磁，電磁接觸器(MC_2)激磁，第二台電動機運轉，限時電驛(TR)開始計時，指示燈(RL_2)亮。

② 經過(TR)所設定時間T秒，電力電驛(X_2)激磁，電磁接觸器(MC_2)失磁，第二台電動機停止運轉，指示燈(RL_2)熄，電磁接觸器(MC_1)激磁，第一台電動機運轉，指示燈(RL_1)亮。

(4) 將選擇開關(COS)置於 OFF 位置，電動機停止運轉，指示燈(RL_1)熄。

(5) 電動機在運轉中，因過載或其他故障原因致使積熱電驛(TH-RY)動作，運轉中之電動機停止運轉，蜂鳴器(BZ)發出警報。

實習 68　自動洗車電路

一　使用器材

符號	名稱	規格	數量	備註
	器具板	600×500×2.3mm*t*	1 塊	如配置圖所示
NFB	無熔絲開關	3P，50AF，30AT	1 只	
MS	電磁開關	AC 220V，20A，coil 220V OL-18A，補助接點2*a*2*b*	1 組	
TR	限時電驛	AC 220V，0～30 秒 瞬時接點1*a*，延時接點1*c*	3 組	TR_1，TR_2，TR_3(含底座)
MC	電磁接觸器	AC 220V，10A，coil 220V 補助接點1*a*1*b*	3 只	MC_1，MC_2，MC_3
X	電力電驛	AC 220V，5A，4*c*	1 只	
F	栓型保險絲	550V，2A	2 組	
TB	端子台	3P，30A，250V	1 只	TB_1
TB	端子台	3P，30A，250V	1 只	TB_2
TB	端子台	12P，250V，20A	1 只	TB_3
	操作板	600×500×2.3mm*t*	1 塊	如配置圖所示
BZ	蜂鳴器	AC 220V，3"，露出型	1 只	
BL	電鈴	AC 220V	1 只	
PL	指示燈	30ϕ，AC 220/15V	5 只	YL、RL、OL、GL、WL
PB	按鈕開關	30ϕ，1*a*1*b*	3 只	PB_1綠色，PB_2、PB_3紅色
LS	限制開關	AC 600V，10A，1*a*1*b*	2 只	LS_1，LS_2
COS	選擇開關	30ϕ非自動復歸 三段式，1*a*1*b*，5A	1 只	附銘板「自動-切-手動」
TB	端子台	12P，250V，20A	2 只	TB_4

二 位置圖

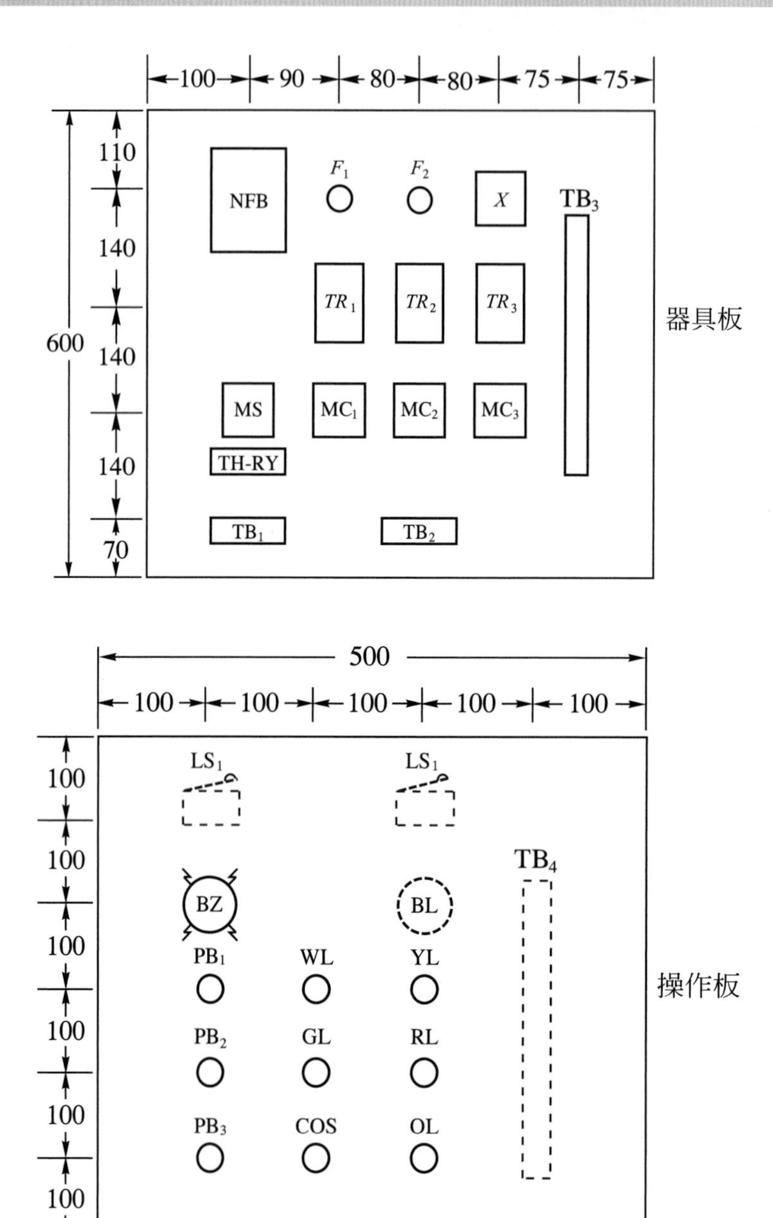
100
90
80
80
75
75
110
140
140
140
70
600
NFB
F1
F2
X
TB3
TR1
TR2
TR3
MS
MC1
MC2
MC3
TH-RY
TB1
TB2
器具板
500
100
100
100
100
100
LS1
LS1
TB4
BZ
BL
PB1
WL
YL
PB2
GL
RL
PB3
COS
OL
操作板

三　線路圖

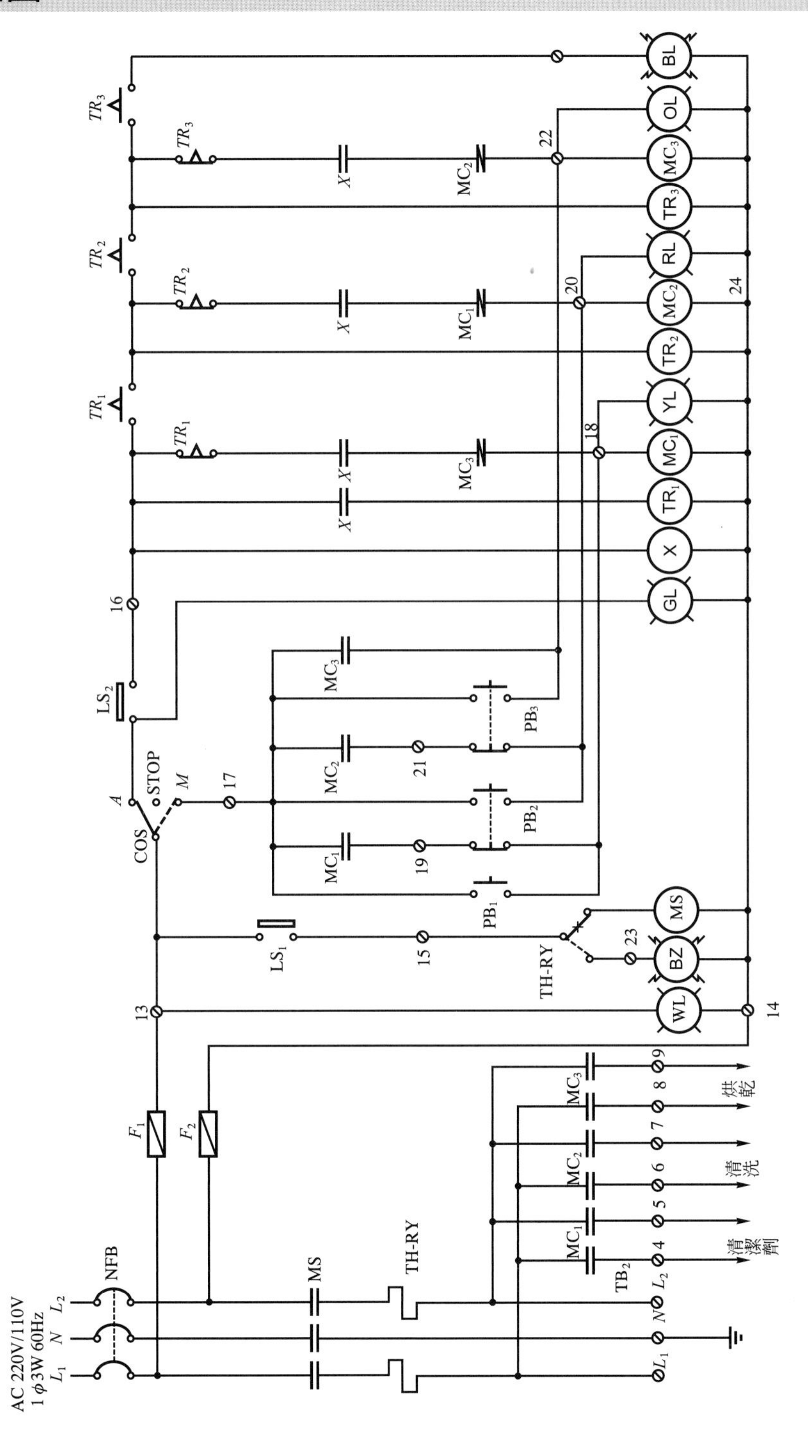
AC 220V/110V
1φ3W 60Hz
L1 N L2
NFB
MS
TH-RY
F1
F2
TB2
MC1
MC2
MC3
清潔劑
清洗
烘乾
13
14
15
16
17
18
19
20
21
22
23
24
COS
A
STOP
M
LS1
LS2
PB1
PB2
PB3
WL
BZ
MS
GL
X
TR1
MC1
YL
TR2
MC2
RL
TR3
MC3
OL
BL

四 動作分析

1. 動作時間表

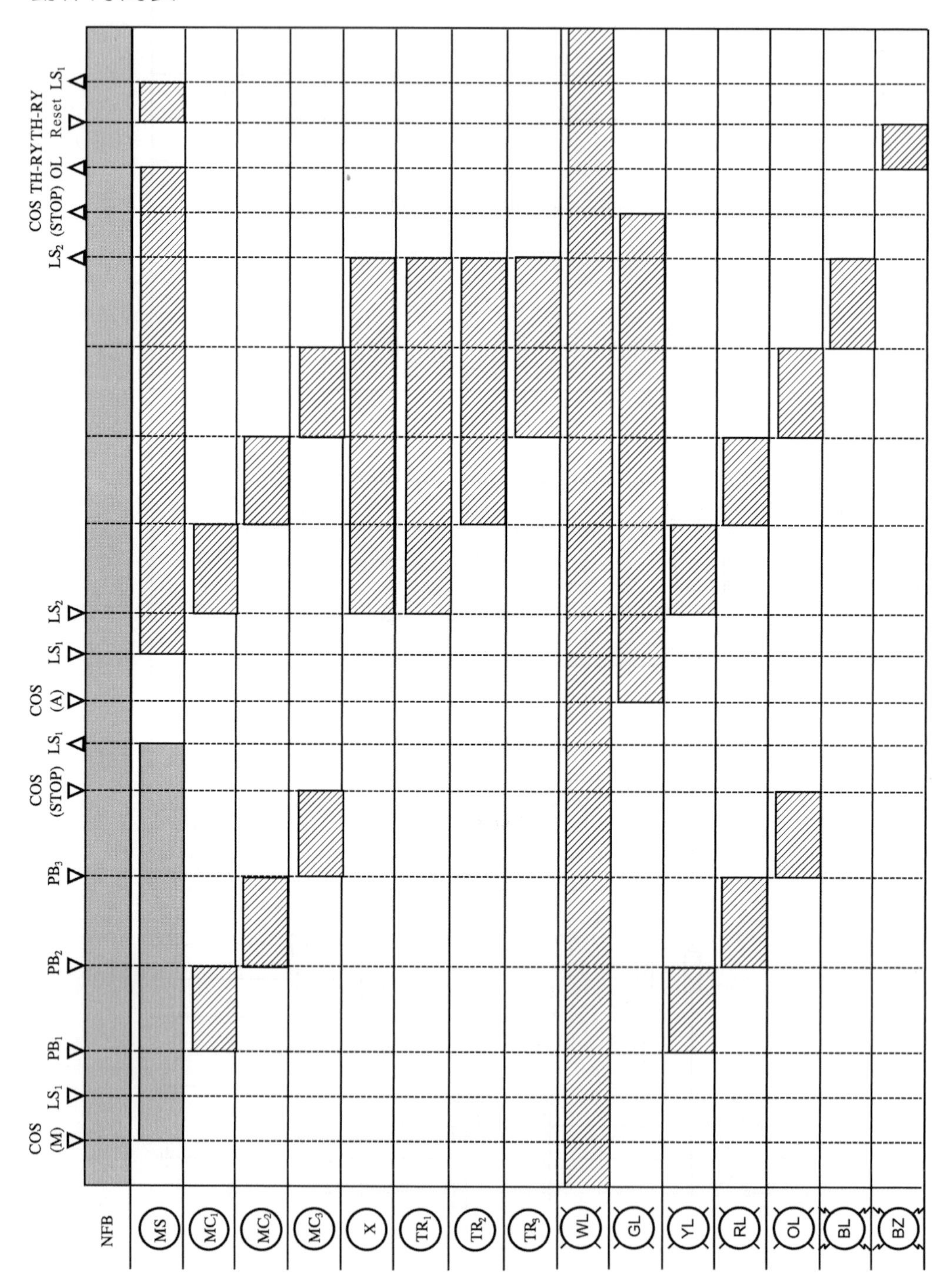

2. 動作說明

(1) 接上電源，將無熔絲開關(NFB)置於 ON 位置，指示燈(WL)亮。

(2) 將選擇開關置於手動(M)位置：

① 當車進入洗車位置時，微動開關(LS_1)接點閉合，電磁接觸器(MS)激磁。

② 按下按鈕開關(PB_1)，電磁接觸器(MC_1)激磁，指示燈(YL)亮，清潔劑回路動作。

③ 加完清潔劑後，按下按鈕開關(PB_2)，電磁接觸器(MC_1)失磁，清潔劑回路停止動作，電磁接觸器(MC_2)激磁，指示燈(RL)亮，開始清洗。

④ 清洗完畢，按下按鈕開關(PB_2)，清洗動作停止，(MC_2)失磁，電磁接觸器(MC_3)激磁，指示燈(OL)亮，開始烘乾。

⑤ 烘乾完畢後，將選擇開關(COS)置於 STOP 位置，烘乾動作停止。

(3) 將選擇開關置於自動(A)位置，指示燈(GL)亮。

① 當微動開關(LS_2)閉合時，輔助電驛(X)激磁，電磁接觸器(MC_1)激磁，指示燈(YL)亮，開始加清潔劑，限時電驛(TR_1)開始計時。

② 經過(TR_1)所設定時間T_1秒，(MC_1)失磁，指示燈(YL)熄，停止加清潔劑，電磁接觸器(MC_2)激磁，指示燈(RL)亮，開始清洗，限時電驛(TR_2)開始計時。

③ 經過(TR_2)所設定時間T_2秒，(MC_2)失磁，指示燈(RL)熄，清洗完畢，電磁接觸器(MC_3)激磁，指示燈(OL)亮，開始烘乾，限時電驛(TR_3)開始計時。

④ 經過(TR_3)所設定時間T_3秒，(MC_3)失磁，指示燈(OL)熄，同時電鈴(BL)發出警報，烘乾完畢。

(4) 在清洗過程中，因過載或其他故障原因，致使積熱電驛動作，應停止清洗，蜂鳴器(BZ)發出警報。

實習 69 空調系統之起動及保護電路之裝配

一 使用器材

符號	名稱	規格	數量	備註
	器具板	600×500×2.3mm$t$	1 塊	
NFB	無熔絲開關	3P，50AF，50AT	1 只	
F	栓型保險絲	550V，2A	2 組	
MS	電磁開關	AC 220V，20A，coil 220V OL-35A，補助接點2a2b	1 組	MS_2
MS	電磁開關	AC 220V，35A，coil 220V OL-35A，補助接點2a2b	1 組	MS_1
TR	限時電驛	AC 220V，0～30 秒；ON-delay 瞬時接點1a，延時接點1c	1 組	
TB	端子台	3P，250V，30A	2 只	TB_1，TB_2
TB	端子台	12P，250V，20A	2 只	TB_3
PB	按鈕開關	30ϕ，1a1b	2 只	PB_1綠色，PB_2紅色
PL	指示燈	30ϕ，AC 220/15V	4 只	WL、YL、GL、RL
BZ	蜂鳴器	AC 220V，3"，露出型	1 只	
V	伏特表	80×80mm，2.5 級，AC 0～300V	1 只	
PB	按鈕開關	三聯式	1 組	PB_3，PB_4，PB_5
TB	端子台	12P，250V，20A	4 只	TB_4
SE	靜止型保護電驛	AC 220V，1～80A，60Hz	1 組	電子式露出型附座

二　位置圖

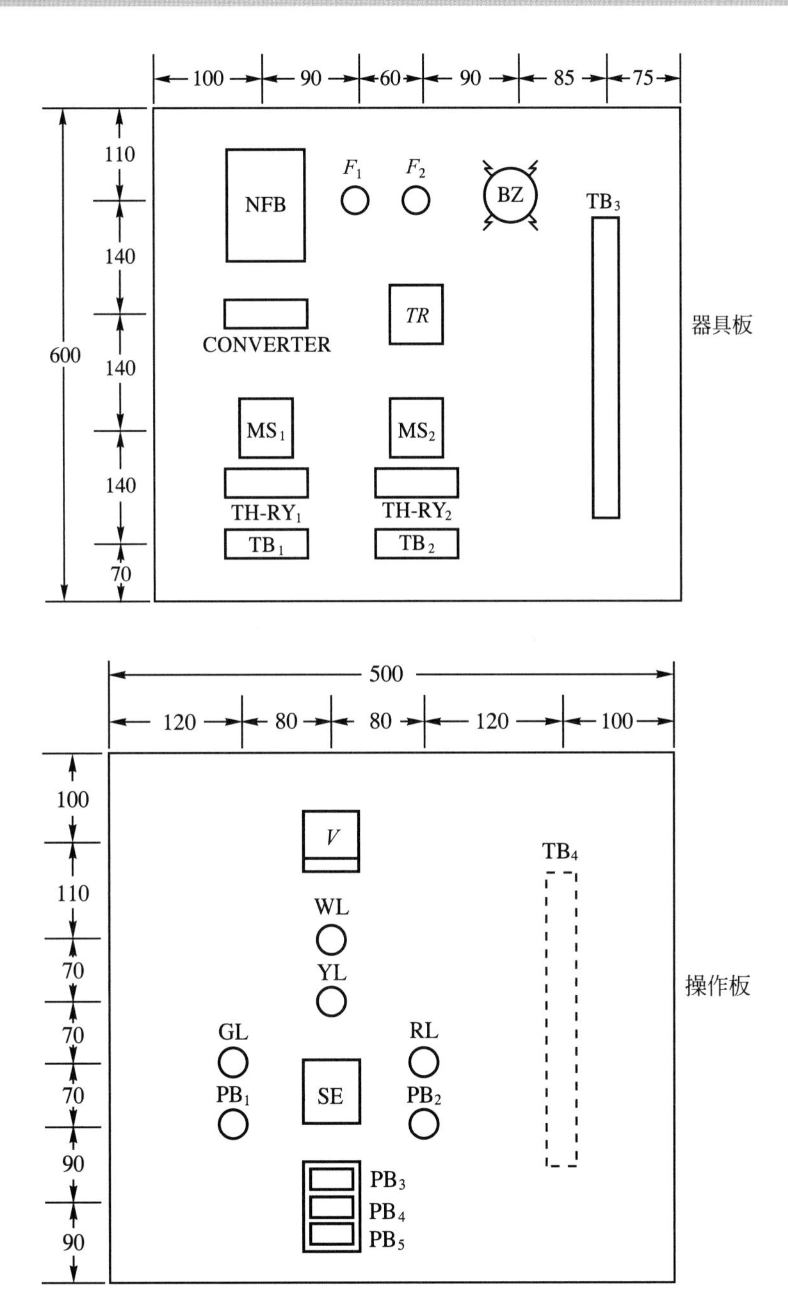
100
90
60
90
85
75
110
140
140
140
70
600
NFB
F1
F2
BZ
TB3
CONVERTER
TR
MS1
MS2
TH-RY1
TH-RY2
TB1
TB2
器具板
500
120
80
80
120
100
100
110
70
70
70
90
90
V
TB4
WL
YL
GL
RL
SE
PB1
PB2
PB3
PB4
PB5
操作板

三 線路圖

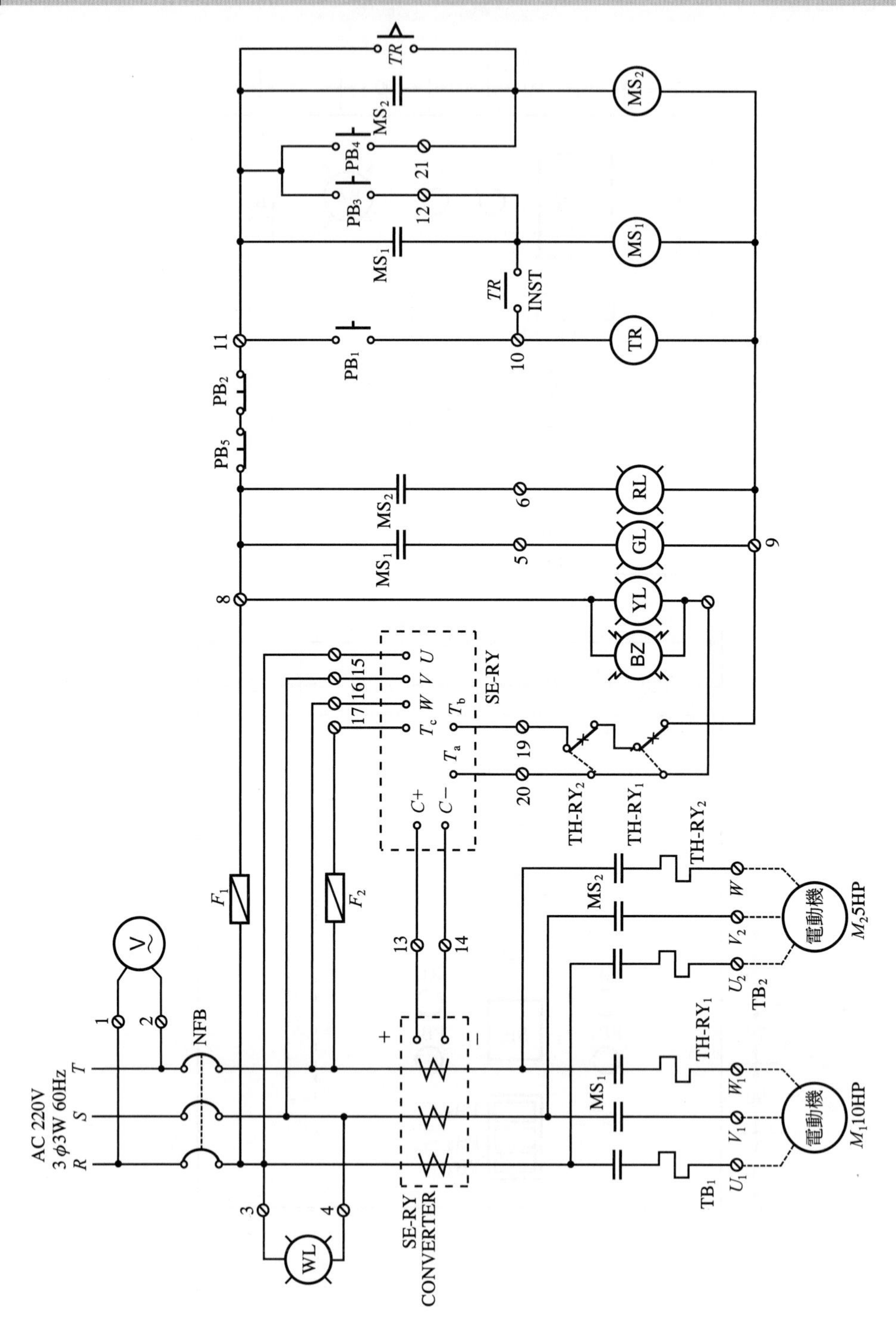
AC 220V
3φ3W 60Hz
R
S
T
NFB
WL
SE-RY
CONVERTER
SE-RY
C+
C−
T_a
T_b
T_c
U
V
W
F_1
F_2
TH-RY_1
TH-RY_2
MS_1
MS_2
TB_1
TB_2
U_1
V_1
W_1
U_2
V_2
W
電動機
M_1 10HP
電動機
M_2 5HP
BZ
YL
GL
RL
TR
INST
PB_1
PB_2
PB_3
PB_4
PB_5

四　動作分析

1.　動作時間表

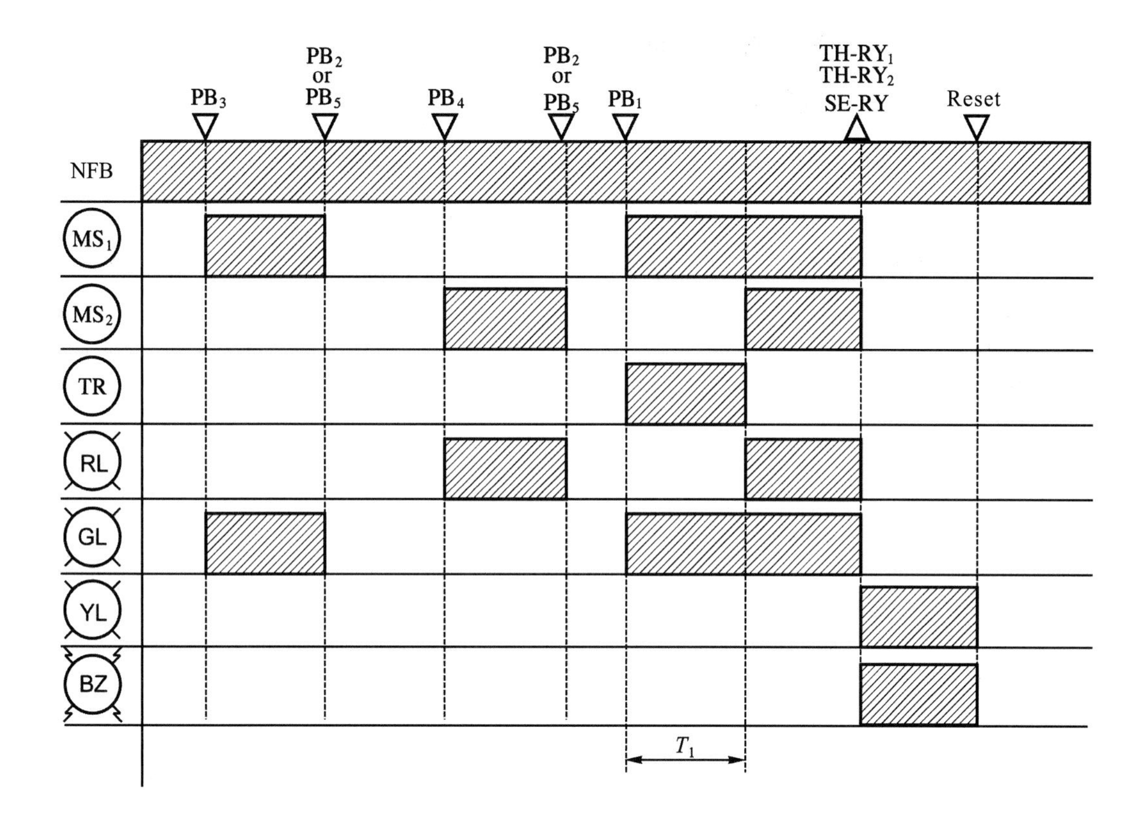

2. 動作說明

(1) 接上電源，將無熔絲開關(NFB)置於ON位置，指示燈(WL)亮。

(2)① 按下按鈕開關(PB_1)，電磁接觸器(MS_1)激磁，指示燈(GL)亮，10HP電動機(M_1)開始運轉，限時電驛(TR)開始計時。

② 經過(TR)之設定時間T秒，電磁接觸器(MS_2)激磁，指示燈(RL)亮，5HP電動機(M_2)開始運轉。

(3) 按下按鈕開關(PB_2)或(PB_5)，所有電磁接觸器均失磁，電動機停止運轉。

(4) 按下按鈕開關(PB_3)，電磁接觸器(MS_1)激磁，指示燈(GL)亮，10HP電動機(M_1)開始運轉。

(5) 按下按鈕開關(PB_4)，電磁接觸器(MS_2)激磁，指示燈(RL)亮，5HP電動機(M_2)開始運轉。

(6) 按下按鈕開關(PB_2)或(PB_5)，(M_1)及(M_2)電動機均停止運轉。

(7) 電動機在運轉中，因過載，欠相或逆相致使(SE)電驛或積熱電驛跳脫，所有電動機應停止運轉，蜂鳴器(BZ)發出警報，指示燈(YL)亮。

附 錄

APPENDIX

附錄 A 單相感應電動機實用資料表

單相電動機資料		電動機容量	HP	1/8	1/4	1/3	1/2	3/4	1	1 1/2	2	3	5	7 1/2
110V 單相感應電動機		額定電流	A	3.7	5.5	7.2	8.6	12	15	22	28	44	70	104
	最小線徑——(銅)	線徑大小	mm²	2	2	2	2	2	3.5	5.5	8	14	30	60
	無熔絲開關(NFB)	框架容量	AF	30	30	30	30	30	30	50	50	100	225	225
		跳脫電流選定值	AT	15	15	15	20	30	30	40	50	75	125	175
	刀型開關	額定電流	A	20	20	20	20	30	30	50	60	100	150	200
		熔絲容量	A	10	10	15	20	30	30	30	50	75	100	150
	電磁開關	額定馬力	HP	0.5	0.5	0.5	0.5	1	1	1.5	2	3	5	7.5
		過載電流選定值	A	4.2	6.3	8.3	9.9	13.8	17.3	25	32	51	81	120
220V 單相感應電動機		額定電流	A	1.9	2.8	3.6	4.3	6	7.5	11	14	22	35	52
	最小線徑——(銅)	線徑大小	mm²	2	2	2	2	2	2	2	3.5	5.5	14	22
	無熔線開關(NFB)	框架容量	AF	30	30	30	30	30	30	30	30	50	100	100
		跳脫電流選定值	AT	15	15	15	15	15	15	20	30	50	75	100
	刀型開關	額定電流	A	20	20	20	20	20	20	30	30	50	75	100
		熔絲容量	A	5	5	15	10	15	15	30	30	30	50	75
	電磁開關	額定馬力	HP	1	1	1	1	1	1	1.5	2	3	5	7.5
		過載電流選定值	A	2.2	3.2	4.1	4.9	6.9	8.6	12.6	16	25	40	60

附錄 B　三相感應電動機實用資料表

三相電動機資料		電動機容量 HP	1	1.5	2		3	4	5		7.5	10		15	20	25		30		35	40	50
		電動機容量 kW	0.75	1.1	1.5	2	2.2	3	3.7	5	5.5	7.5	10	11	15	19	20	22	25	26	30	37
220V 三相感應電動機		額定電流 A	3.5	5	6.5	8.1	9	12	15	19	22	27	37	40	52	64	70	78	87	91	104	125
	最小線徑——(銅)	線徑大小 mm^2	2	2	2	2	2	2	3.5	5.5	5.5	8	14	14	22	30	30	38	50	50	60	80
	無熔絲開關 (NFB)	框架容量 AF 跳脫電流選定值AT	30 15	30 15	30 15	30 20	30 20	30 20	30 30	50 40	50 50	100 60	100 75	100 100	100 100	100 100	225 125	225 150	225 150	225 150	225 175	225 225
	刀型開關	額定電流 A 熔絲容量 A	20 10	20 10	20 15	20 20	20 20	30 30	30 30	50 30	50 30	60 50	75 50	100 75	100 75	150 100	150 100	200 150	200 150	200 150	200 150	300 200
	電磁開關	額定馬力 HP 過載電流選定值 A	1.5 4	1.5 5.8	2 7.5	3 9.3	3 10.4	5 13.8	5 17.3	7.5 22	7.5 25	10 31	15 43	15 46	20 60	25 74	30 81	30 90	35 100	35 105	40 120	50 144
	安培表	標示值 A	5	10	10	20	20	20	30	30	30	50	75	75	100	100	100	150	150	150	200	200
440V 三相感應電動機		額定電流 A	1.8	2.5	3.3	4.1	4.5	6	7.5	9.5	11	14	18.5	20	26	32	35	39	43.5	45.5	52	63
	最小線徑——(銅)	線徑大小 mm^2	2	2	2	2	2	2	2	2	2	3.5	5.5	5.5	8	8	14	14	14	14	22	30
	無熔絲開關 (NFB)	框架容量 AF 跳脫電流選定值AT	30 15	30 15	30 15	30 15	30 15	30 15	30 15	50 20	50 20	50 30	50 40	50 40	50 50	100 60	100 75	100 75	100 100	100 100	100 100	100 100
	刀型開關	額定電流 A 熔絲容量 A	20 5	20 5	20 10	20 10	20 10	20 15	20 15	20 20	30 30	30 30	50 30	50 30	60 50	75 50	75 50	100 75	100 75	100 75	100 75	150 100
	電磁開關	額定馬力 HP 過載電流選定值 A	2 2	2 2.9	2 3.8	3 4.7	3 5.2	5 6.9	5 8.6	7.5 11	7.5 13	10 16	15 21	15 23	20 30	25 37	30 40	30 45	35 50	35 52	40 60	50 72
	安培表	標示值 A	5	5	5	10	10	10	20	20	20	30	30	30	50	50	75	75	75	100	100	100

附錄C 三相380V感應電動機配線線徑及保護開關的選用表

電動機容量		功率因數PF%	效率EFFY%	額定電流(A)	分路最小線徑mm²	分段開關(A)	過電流保護器額定電流(A)		電流表之額定(A)	
HP	kW						熔絲	斷路器	一般刻度	超過刻度
1/4	0.19	0.7	60	0.7	2	20	15	15	5	5
1/2	0.37	0.7	64	1.3		20	15	15	5	5
3/4	0.55	0.75	69	1.6		20	15	15	5	5
1	0.75	0.79	74	2.0		20	15	15	5	5
1 1/2	1.1	0.8	76	2.8		20	15	15	5	5
2	1.5	0.8	77	3.7	2	20	15	15	10	5
3	2.2	0.8	79	5.4		20	15	15	10	5
4	3.0	0.82	85	6.5		20	15	15	15	10
5	3.7	0.82	85	8.1		20	15	15	15	10
6	4.5	0.83	86	9.6		30	15	15	15	10
7 1/2	5.5	0.83	86	11.9	2.0	30	20	20	20	15
10	7.5	0.83	86	15.9	3.5	30	30	30	30	30
12 1/2	9.3	0.83	87	19.6	5.5	50	40	50	40	30
15	11.0	0.83	87	23.5	5.5	50	40	50	40	30
20	15.0	0.84	89	30.3	8	60	50	50	50	30
25	18.6	0.85	90	37.0	14	75	60	75	75	60
30	22.0	0.85	90	44.0	14	100	75	75	75	60
40	30	0.85	90	59.3	22	150	100	100	100	60
50	37	0.85	91	73.3	30	150	125	125	150	100
60	45	0.85	91	87.9	38	200	150	150	150	100
75	55	0.86	91	108.6	50	200	200	175	200	150
100	75	0.86	92	144	80	300	250	225	300	150
125	90	0.87	92	177	100	400	300	300	300	200
150	110	0.88	92	210	125	500	400	350	400	300
175	132	0.88	92	245	150	500	400	400	400	300
200	150	0.88	92	280	200	600	500	500	500	300
250	185	0.88	93	346	325	700	600	600	600	400
300	225	0.88	93	415	400	900	700	600	750	500
400	300	0.88	93	554	2×200	1200	900	700	1000	600

附錄D　導線管的選擇與變壓器額定電流表

銅導線 mm 或mm²				1.6	2.0	2.6	3.5	5.5	8	14	22	30	38	50	60
安全電流表(A)	金屬管配線	導線數	1～3	13	18	27	19	28	35	51	65	80	94	108	124
			4	12	16	25	17	25	32	46	58	72	84	97	112
			5～6	11	14	22	15	22	28	41	52	64	75	87	99
			7～9	9	12	19	13	20	25	36	45	56	66	76	87
	硬質 PVC 管配線		1～3	13	18	24	19	25	33	50	60	75	85	100	115
			4	12	16	22	16	23	30	40	55	65	75	90	105
			5～6	10	14	19	14	20	25	35	50	55	65	80	90
			7～9	9	12	16	12	17	20	30	40	50	55	65	75

配電用單相變壓器額定電流表(A)						配電用三相變壓器額定電流表(A)					
KVA	110V	220V	440V	3300V	6600V	KVA	110V	220V	440V	3300V	6600V
3	27.3	13.6	6.82	0.91	0.45	3	7.87	4.56	3.94	0.53	0.26
5	45.5	22.7	11.4	1.52	0.76	6	15.7	9.12	7.87	1.05	0.53
10	90.9	45.5	22.7	3.03	1.52	9	23.6	13.7	11.8	1.57	0.79
15	136	68.2	34.1	4.55	2.27	15	39.4	22.8	19.7	2.62	1.31
25	227	114	56.8	7.58	3.79	30	78.7	45.6	39.4	5.25	2.62
37.5	341	170	85.2	11.4	5.68	45	118	68.4	59.1	7.87	3.94
50	455	227	114	15.2	7.58	75	197	114	98.4	13.1	6.56
75	682	341	170	22.7	11.4	100	262	152	131	17.5	8.75
100	909	455	227	30.3	15.2	150	394	228	197	26.2	13.1
150	1364	682	341	45.5	22.7	200	525	304	262	35.0	17.5
200	1818	909	455	60.6	30.3	250	656	380	328	43.7	21.9

導線的安全電流表(A)

種類	1.6mm	2.0mm	2.6mm	3.5mm²	5.5mm²	8mm²	14mm²	22mm²	30mm²	38mm²	50mm²	60mm²
PVC 管	13	18	24	19	25	33	50	60	75	85	100	115
鐵管	13	18	27	19	28	35	51	65	80	94	108	124

*電纜線的安全電流同鐵管

附錄 E　電工實用公式表

計算項目	直流電(DC)	交流電(AC)	
		單相(1ϕ)	三相(3ϕ)
求 kVA	無	$\frac{I\times E}{1000}$	$\frac{\sqrt{3}\times I\times E}{1000}$
已知 kVA 求I	無	$\frac{\text{kVA}\times 1000}{E}$	$\frac{\text{kVA}\times 1000}{\sqrt{3}\times E}$
求 kW	$\frac{I\times E}{1000}$	$\frac{I\times E\times\cos\theta}{1000}$	$\frac{\sqrt{3}\times I\times E\times\cos\theta}{1000}$
已知 kW 求I	$\frac{\text{kW}\times 1000}{E}$	$\frac{\text{kW}\times 1000}{E\times\cos\theta}$	$\frac{\text{kW}\times 1000}{\sqrt{3}\times E\times\cos\theta}$
求馬力 HP	$\frac{I\times E\times\eta}{746}$	$\frac{I\times E\times\cos\theta\times\eta}{746}$	$\frac{\sqrt{3}\times I\times E\times\cos\theta\times\eta}{746}$
已知 HP 求I	$\frac{\text{HP}\times 746}{E\times\eta}$	$\frac{\text{HP}\times 746}{E\times\cos\theta\times\eta}$	$\frac{\text{HP}\times 746}{\sqrt{3}\times E\times\cos\theta\times\eta}$

*η表示效率，$\cos\theta$表示功率因數，I表示額定電流，E表示額定電壓。

附錄 F　本書主要參考資料及書籍

1. 乙(丙)級室內配線(屋內線路裝修)檢定試題　　職業訓練局　　編印
2. 室內配線(乙級)術科專題實習　　鄧登木　　編著
3. 台灣歐姆龍(OMRON)股份有限公司產品目錄
4. 安良電氣有限公司產品目錄
5. 日本東芝(TOSHIBA)電機股份有限公司產品目錄
6. 士林電機股份有限公司產品目錄
7. 日本富士(FUJI)電機股份有限公司產品目錄
8. 日本三菱電機股份有限公司產品目錄
9. 高低壓工業配線實習　　黃盛豐・楊慶祥編著
10. 工業配線實習——低壓篇　　黃盛豐・楊慶祥編著
11. 迦南通信工業股份有限公司產品目錄
12. 理研電器股份有限公司　馬達資料計算尺

13.電機自動控制實習　　簡詔群　編著
14.圖解控制盤裝配方法(全華科技圖書公司)　　尤炳榮　編譯
15.圖解配電盤裝配(全華科技圖書公司)　　張政蔺　編譯、李來發　校閱
16.最新電工實習-工業配線組(華興書局)　　郭塗註、黃錦華　編著
17.實際配電盤控制(文笙書局)　　潘錫淵　編著
18.日本日立(HITACHI)公司斷路器產品型錄
19.日本天寶牌(テンバール)配線用斷路器、漏電斷路器產品型錄
20.日本國際(PANASONIC)公司產品型錄
21.中國端子公司產品型錄
22.名富利工業股份有限公司端子產品型錄
23.精固端子有限公司產品型錄

國家圖書館出版品預行編目資料

低壓工業配線實習 / 黃盛豐, 楊慶祥編著. -- 七版. -- 新北市 : 全華圖書股份有限公司, 2023.03
面 ; 公分
ISBN 978-626-328-421-0(平裝)

1.CST: 電力配送 2.CST: 教學實驗

448.331034 112003752

低壓工業配線實習

作者 / 黃盛豐、楊慶祥
發行人 / 陳本源
執行編輯 / 張峻銘
出版者 / 全華圖書股份有限公司
郵政帳號 / 0100836-1 號
印刷者 / 宏懋打字印刷股份有限公司
圖書編號 / 0542306
七版二刷 / 2024 年 3 月
定價 / 新台幣 580 元
ISBN / 978-626-328-421-0(平裝)
全華圖書 / www.chwa.com.tw
全華網路書店 Open Tech / www.opentech.com.tw
若您對本書有任何問題，歡迎來信指導 book@chwa.com.tw

臺北總公司(北區營業處)
地址：23671 新北市土城區忠義路 21 號
電話：(02) 2262-5666
傳真：(02) 6637-3695、6637-3696

中區營業處
地址：40256 臺中市南區樹義一巷 26 號
電話：(04) 2261-8485
傳真：(04) 3600-9806(高中職)
(04) 3601-8600(大專)

南區營業處
地址：80769 高雄市三民區應安街 12 號
電話：(07) 381-1377
傳真：(07) 862-5562

版權所有・翻印必究

歡迎加入

全華會員

● 會員獨享

會員享購書折扣、紅利積點、生日禮金、不定期優惠活動…等。

● 如何加入會員

掃 QRcode 或填妥讀者回函卡直接傳真（02）2262-0900 或寄回，將由專人協助登入會員資料，待收到 E-MAIL 通知後即可成為會員。

如何購買 全華書籍

1. 網路購書

全華網路書店「http://www.opentech.com.tw」，加入會員購書更便利，並享有紅利積點回饋等各式優惠。

2. 實體門市

歡迎至全華門市（新北市土城區忠義路 21 號）或各大書局選購。

3. 來電訂購

(1) 訂購專線：(02) 2262-5666 轉 321-324
(2) 傳真專線：(02) 6637-3696
(3) 郵局劃撥（帳號：0100836-1　戶名：全華圖書股份有限公司）
※ 購書未滿 990 元者，酌收運費 80 元。

全華網路書店 www.opentech.com.tw
E-mail: service@chwa.com.tw

※ 本會員制如有變更則以最新修訂制度為準，造成不便請見諒。

廣告回信
板橋郵局登記證
板橋廣字第540號

行銷企劃部　收

23671
新北市土城區忠義路21號
全華圖書股份有限公司

讀者回函卡

掃 QRcode 線上填寫 ▶▶▶

姓名：＿＿＿＿＿＿＿＿ 生日：西元＿＿＿年＿＿＿月＿＿＿日 性別：□男 □女

電話：（ ）＿＿＿＿＿ 手機：＿＿＿＿＿＿＿

e-mail：（必填）＿＿＿＿＿＿＿＿＿＿＿＿＿＿＿

註：數字零，請用 Φ 表示，數字 1 與英文 L 請另註明並書寫端正，謝謝。

通訊處：□□□□□＿＿＿＿＿＿＿＿＿＿＿＿＿＿＿

學歷：□高中・職 □專科 □大學 □碩士 □博士

職業：□工程師 □教師 □學生 □軍・公 □其他

學校／公司：＿＿＿＿＿＿＿＿ 科系／部門：＿＿＿＿＿＿＿＿

・需求書類：

□ A. 電子 □ B. 電機 □ C. 資訊 □ D. 機械 □ E. 汽車 □ F. 工管 □ G. 土木 □ H. 化工 □ I. 設計

□ J. 商管 □ K. 日文 □ L. 美容 □ M. 休閒 □ N. 餐飲 □ O. 其他

・本次購買圖書為：＿＿＿＿＿＿＿＿＿＿ 書號：＿＿＿＿＿＿＿

・您對本書的評價：

封面設計：□非常滿意 □滿意 □尚可 □需改善，請說明＿＿＿＿＿＿＿＿

內容表達：□非常滿意 □滿意 □尚可 □需改善，請說明＿＿＿＿＿＿＿＿

版面編排：□非常滿意 □滿意 □尚可 □需改善，請說明＿＿＿＿＿＿＿＿

印刷品質：□非常滿意 □滿意 □尚可 □需改善，請說明＿＿＿＿＿＿＿＿

書籍定價：□非常滿意 □滿意 □尚可 □需改善，請說明＿＿＿＿＿＿＿＿

整體評價：請說明＿＿＿＿＿＿＿＿＿＿＿＿＿＿＿＿

・您在何處購買本書？

□書局 □網路書店 □書展 □團購 □其他＿＿＿＿＿＿＿＿＿＿

・您購買本書的原因？（可複選）

□個人需要 □公司採購 □親友推薦 □老師指定用書 □其他＿＿＿＿＿＿

・您希望全華以何種方式提供出版訊息及特惠活動？

□電子報 □ DM □廣告（媒體名稱＿＿＿＿＿＿＿＿＿＿＿＿＿＿）

・您是否上過全華網路書店？（www.opentech.com.tw）

□是 □否 您的建議＿＿＿＿＿＿＿＿＿＿＿＿＿＿＿＿

・您希望全華出版哪方面書籍？＿＿＿＿＿＿＿＿＿＿＿＿＿＿

・您希望全華加強哪些服務？＿＿＿＿＿＿＿＿＿＿＿＿＿＿

感謝您提供寶貴意見，全華將秉持服務的熱忱，出版更多好書，以饗讀者。

填寫日期：　　/　　/

2020.09 修訂

親愛的讀者：

感謝您對全華圖書的支持與愛護，雖然我們很慎重的處理每一本書，但恐仍有疏漏之處，若您發現本書有任何錯誤，請填寫於勘誤表內寄回，我們將於再版時修正，您的批評與指教是我們進步的原動力，謝謝！

全華圖書　敬上

勘誤表

書　號		書　名		作　者	
頁　數	行　數	錯誤或不當之詞句		建議修改之詞句	

我有話要說：（其它之批評與建議，如封面、編排、內容、印刷品質等・・・）